国家社会科学基金资助项目（04CKG001）
新世纪优秀人才支持计划资助项目
北京市属市管高校人才强教计划资助项目

中国西北地区先秦时期的
自然环境与文化发展

韩建业　著

文物出版社

北京·2008

封面设计：张希广

责任印制：张道奇

责任编辑：杨新改

图书在版编目（CIP）数据

中国西北地区先秦时期的自然环境与文化发展/韩建
业著. —北京：文物出版社，2008.9
ISBN 978－7－5010－2456－8

Ⅰ.中… Ⅱ.韩… Ⅲ.①自然环境－演变－研究－
西北地区－先秦时代②文化史－研究－西北地区－先秦
时代 Ⅳ.X21 K294

中国版本图书馆 CIP 数据核字（2008）第 054230 号

中国西北地区先秦时期的
自然环境与文化发展

韩建业 著

*

文 物 出 版 社 出 版 发 行
（北京市东直门内北小街 2 号楼）
http://www.wenwu.com
E-mail:web@wenwu.com
北京达利天成印刷装订有限责任公司印刷
新 华 书 店 经 销
787×1092 1/16 印张：32.25 插页2
2008 年 9 月第 1 版 2008 年 9 月第 1 次印刷
ISBN 978－7－5010－2456－8 定价：200.00 元

序

严文明

　　《中国西北地区先秦时期的自然环境与文化发展》是 2004 年国家社会科学基金支持的项目。千禧年伊始，国家启动了西部大开发战略的环境背景研究，主要工作由中国工程院担当，下分若干课题组。有关部门积极配合。国家社会科学基金在课题指南中也列入了西北古代文化与自然环境演变关系的项目。韩建业申请的课题正好与课题指南相合，他本人又是最有条件完成这一课题的，申请被顺利通过。

　　这事跟我也有一点关系。记得 2001 年秋，西部大开发战略的研究刚刚启动。担任其中重要项目的刘东生先生亲临寒舍，邀请我参与部分工作，具体任务是研究全新世以来西北地区的文化发展与自然环境演变的关系。刘先生是第四纪地学的泰斗，对考古学十分关注，对我本人也多有教益，如此盛情实在难以推却。12 月 13 日课题组召开第一次会议，我作了《从新石器时代文化演变看 4~8 千年前黄土高原的自然环境》的报告，得到了积极的评价，同时要求把研究的范围扩大，内容要更加深化。我感到有点力不从心，于是找了我的两个博士生韩建业和陈洪海帮忙。原因是韩建业曾经参与内蒙古岱海地区的考古工作和《岱海考古》报告的编写，又曾经对冀北、晋北、陕北等地做过广泛的考古调查，与地学界也多有接触，对北方地区史前时期的人地关系颇有研究。陈洪海多年在陕西、甘肃和青海做考古工作，对那里的情况也比较了解。经过多次会议和研究，最后完成了《黄土高原新石器时代－青铜时代环境变迁的考古学观察》，收入钱正英主编的《西北地区水资源配置生态环境建设和可持续发展战略研究》（共 10 卷）的《自然历史卷》（刘东生主编）中。不但如此，韩建业在这些研究的基础上，将博士论文修改充实，于 2003 年出版专著《中国北方地区新石器时代文化研究》。其中除详细讨论北方地区新石器时代文化的分期、谱系、聚落形态演变及其所反映的社会发展的特殊道路以外，还特别注意文化发展与自然环境的关系，几乎可以看做是本书的预演。当时没有涉及新疆，所以后来又专程到新疆进行考古调查，于 2007 年出版了专著《新疆的青铜时代和早期铁器时代文化》。在这期间还发表了多篇相关的学术论文，从而为本课题的研究打下了坚实的基础。

　　本书将西北地区划分为三区，即半干旱半湿润的黄土高原区，贺兰山以东的内蒙古半干旱草原区和贺兰山以西直到新疆的西北内陆干旱区。首先考察了每一区的自然环境及其在全新世期间演变的情况，接着考察各区考古学文化的演变发展，最后讨论自然环境与文化发展的关系，为西部大开发提供某些对策性意见。所以本书既是一部环境考古的综合性著作，又对当前西北地区的经济文化建设具有一定的参考价值。

　　根据本书的研究，无论是黄土高原区、内蒙古半干旱草原区还是西北内陆干旱区，都经历了早全新世回暖期、中全新世适宜期和晚全新世降温干旱期，每个时期中又还有一些较小的波动。由于各区所处地理位置和地貌、水文特征等情况不同，对气候的敏感程度不同，因而对文化发展的影响也各不相同。

　　黄土高原尽管也是半干旱半湿润地区，但是在三区中毕竟所处纬度较低，又处于黄河中游地带，水热条件相对较好。从史前文化分布的态势来看又最接近中原文化区，有些甚至可视为中原文化区的组成部分。所以从新石器时代中期起，在中原地区裴李岗文化等的影响下，逐渐发展了以粟和黍为主要作物的旱地农业。开始仅限于渭河盆地，到新石器时代晚期的仰韶文化前期，正值气候最适宜期，旱作农业几乎遍及整个黄土高原的河谷地带，部分甚至到达内蒙古半干旱草原的边缘。不过黄土高原的自然生态环境毕竟比较脆弱，一遇较大的气候波动，农业文化就会萎缩。例如距今 5500 年左右，整个欧亚大陆北部气候趋于冷湿，距今 5000 年左右更趋寒冷，黄土高原北部的岱海—黄旗海一带原有的农业文化突然中断或纷纷南移，或者增加狩猎与养畜业的比重以补农业生产之不足。到青铜时代，文化格局发生了很大的变化。各地文化的分化加剧，中原的商文明进入黄土高原南部的渭河流域，促进了先周和周文化的发展，使其率先进入文明社会。其他地区的社会发展则相对滞后，这还是与各地的自然环境有关。因为黄土极易侵蚀，高原地区历来水土流失严重，地形破碎，到处是沟谷梁峁，难得形成较大的经济政治中心。与此同时，远在中亚的青铜文化通过新疆、甘肃带来了羊、马和北方式青铜器，促进了高原地区畜牧业和半农半牧文化的发展，对商周文化也有一定的影响。

　　黄土高原腹地的文化是在仰韶文化后期才真正发展起来的。在庙底沟期文化大发展之后，人口随之大幅度增长，需要开辟新的生活空间。最近的地方就是黄土高原腹地。例如陕北一带以前很少居址，从仰韶后期到龙山时期就出现了大批遗址。这时恰遇气候转向干冷，人们只可能在沟沟坎坎的狭窄地带种植有限的粟、黍等耐旱作物，兼营养畜、狩猎和采集。这样的经济虽然难以发展扩大，却足以维持生计。这里缺乏森林资源，不大可能像在渭河盆地那样用大量木料来建造房屋。人们注意到无所不在的黄土坡，开始在坡上打主意。黄土质地比较均匀而松软，很容易掏挖；又具有垂直节理，挖出的窑洞不会垮塌，完全不用木质建材也能够保证安全。这里气候干燥，不用担心洞内过于潮湿，而且冬暖夏凉，防沙避风。窑洞可说是黄土高原居民的天才发明，是人类适应和利用环境以发展自己的极好例证，直到近代仍然是当地人民重要的居住场所。

内蒙古半干旱草原区对气候最为敏感。气候最适宜期南部有些地方会有少量农业，气候干冷期则基本上只有狩猎或游牧经济。人口流动性大，一方面有利于某些文化因素的远地传播，如较早从西北传来羊、马和草原风格的青铜器等；另一方面又时常对南方农业区造成冲击。为了应对这种局面，早在距今 5000 年左右，在南部与农业区交界的地方就先后出现了几条大致呈东西向的石城带，可说是后来长城的原型。战国以来多次修筑长城，位置南北时有变动，一方面反映南北力量的消长，而主要还是由于因气候的变化而形成的农牧交界的变化。

西北内陆干旱区面积最大，又深处内陆，高山、盆地相间分布。降水稀少，气候严酷。尽管在旧石器时代就有人居住，但人烟稀少，发展缓慢，整个新石器时代都基本还处在狩猎采集经济的阶段。不过在这广阔的内陆区还有许多由高山雪水浇灌而形成的绿洲，新疆北部和柴达木等地还有很大的草原，有发展农牧业的潜力。大约从距今 5000 年开始，农业文化首先进入东部的河西走廊等地，进而影响到新疆的部分地区。大约距今 4000 年或稍晚，中亚等地的青铜文化传入新疆乃至甘肃等地，从而在本区出现了一系列兼营农牧业的青铜文化。之后又再次受到中亚的影响而较早地进入铁器时代。

由于降水稀少，这里的农牧业和生活用水要靠高山雪水，受气候波动的影响反而较小，形成一种相对稳定的绿洲文化。由于每个绿洲的面积都不很大，难得形成大规模的经济文化中心。但各绿洲多分布在山前地带，跟着山脉的走势便形成联珠状的排列，成为东西交通的重要渠道。汉唐以来的丝绸之路就是走的这个渠道。而在丝绸之路形成以前，东西方实际上已经有许多来往。从东向西，最早有彩陶和粟、黍等旱地作物；从西向东则有小麦、羊、马、铜器和铁器等。而新疆本身的特产和田玉等也成为远地交往的重要物品。由此可见，由于本区特殊的地理位置和特殊的自然环境，在中西文化交流上曾经长期起着不可替代的积极作用。而在绿洲的开发方面，也曾发生过度开发的惨重教训，对当前进行西部大开发也是一种警示。

总起来说，黄土高原的自然环境支持了旱作农业的发展，气候的波动虽然有一些影响但不严重，经济文化还是得到了稳步的发展而较早地步入文明社会。由于资源有限，生态环境比较脆弱，到一定阶段必然会向环境更加优越的东南部发展，这就是从西周到东周和秦代统一所走过的道路。内蒙古半干旱草原区对气候的敏感度最高，人口流动性大，时常对南部农业区造成冲击，但在传播文化上还是起过不少积极的作用。西北内陆干旱区虽然环境比较严酷，却有许多天然的绿洲，东西方文化相继传入后就可以得到比较稳定而缓慢的发展。而特殊的地理位置和社会的相对稳定则为东西方文化之间长距离的交流提供了契机。在相当长的时期内，这里几乎是东方与西方两大古文明之间唯一的交通渠道，对于促进整个人类文化的发展起了不可替代的作用。

最后作者在结语中还对西北地区先秦时期的自然环境和文化发展归纳出五条显著的特征，每一条都经过了深思熟虑。以上就是本书的基本内容。

本书收集的资料既全面又十分丰富，而且差不多对每项资料都进行了认真的鉴别与分析。同时又非常注意前人和当代学者研究的成果。扎扎实实，既不追求标新立异，又勇于提出自己的创见，在多年研究的基础上初步形成了自己的体系。我在上面简单的概括不一定准确，但大致可以看出本书的基本内容和作者研究的着力点之所在。要了解详细的内容，还是请看全书吧！

目　　录

插图目录

第一章　绪　论

　　本书研究的中国西北地区是指"新疆、青海、甘肃、宁夏、陕西和内蒙古等6省、自治区范围内的内陆河流域和黄河流域"①。这个界定在一般所说西北五省区的基础上，增加了内蒙古中南部和西部地区，舍去了陕西、甘肃省的汉水长江流域以及青海省昆仑山脉以南的高寒地域，使涵盖区域的自然环境更具一致性。这个方案当然也有照顾我国现行的行政区划的一面。比如山西中北部和河北西北部，无论在自然环境还是文化谱系方面，都与陕北和内蒙古中南部更为接近②；但山西和河北省属于一般所谓华北，不宜将其纳入西北地区。先秦时期是指秦皇朝建立以前的时期，本书从新石器时代算起。这主要是由于西北地区旧石器时代的考古资料极为有限，还难以据其全面探讨自然环境与文化发展的关系。另外，秦皇朝的建立并未对新疆地区文化发展产生直接影响，目前还很难将该地区秦建立前和建立后的遗存明确区分开来，所以本书关于新疆地区的讨论大致要延续至西汉前后。

　　苏秉琦和殷玮璋讨论考古学文化的区系类型时，将中国早期文化概括为面向内陆和面向海洋两大区，西北地区即属于面向内陆区域的主要组成部分③。这里的"面向内陆"，既可理解为地理上接近欧亚大陆腹地从而在气候环境上表现出大陆性、干旱化和生态环境脆弱性的特点，也可理解为其文化与欧亚大陆中西部广泛交流而彼此间存在诸多共性的一面。这片广袤的内陆地域，有着复杂多变的略显严酷的自然环境，在先秦时期长达万年的历史长河中，更孕育过波澜壮阔的颇为豪迈的人类文化。经过历史上长时期的有时是不当的开发，生态环境已存在诸多问题，有的地方已出现生态危机。在以后的大开发中，如何在保护和重建生态环境的条件下，使社会经济得到持续发展，对于西北地区来说，面临着极大的挑战。揭示该地区先秦时期特殊的人地关系机制，对于客观评价秦汉以后人类对西北地区的开发有重要参考价值，对现在我国西部大开

---

① 钱正英主编：《西北地区水资源配置生态环境建设和可持续发展战略研究》（综合卷），科学出版社，2004年，第2页。

② 韩建业：《中国北方地区新石器时代文化研究》，文物出版社，2003年，第1页。

③ 苏秉琦、殷玮璋：《关于考古学文化的区系类型问题》，《文物》1981年第5期，第10～17页。

发战略的正确实施也有一定的启示作用。这是写作本书的出发点之一。

从文化上来说，西北地区主要由三大部分构成：一是与中原有一定联系的新疆，二是和中原关系密切的"以长城地带为重心的北方地区"①，三是本身就属于中原一部分的关中地区。从中原的角度或许可以认为，西北大部地区的农业文化本身就属于中原文化，或者不过是"华北系统"文化②的派生文化；即使新疆文化也通过甘青受到中原间接的影响③；而在长城地带勃起的畜牧—游牧业也不过是在当地农业文化基础上发展变异的结果④。反过来，如果从西方的角度看，新疆文化更像是中西亚和西伯利亚文化的变体，长城地带的畜牧—游牧业正是"东学西渐"的产物，而中原青铜文化和早期铁器时代文化的崛起也离不开为其提供原动力的欧亚大陆中西部⑤。那么，这两种观点是否就水火不容？如何才能正确认识西北地区先秦文化的历史地位？如何才能正确评价东西方古代文明对西北地区的丰厚馈赠，以及西北地区对东西方古代文明发展所起的重要作用？这是写作本书的出发点之二。

研究自然环境主要依靠地质学和地理学，研究文化发展主要依赖考古学和历史学，而将二者结合起来进行研究就产生了环境考古学。同整个中国地质地理学和考古学研究一样，对西北地区先秦时期自然环境和文化发展的研究也大致经历了三个大的阶段。

第一阶段为 20 世纪 50 年代以前的初创阶段。

人们对于自己所赖以生存的自然环境的关注由来已久。无论是先秦时期的《诗经》、《禹贡》、《山海经》，还是秦汉以后的《汉书·地理志》、《水经注》、《元和郡县图志》等文献当中，都有对西北地区自然环境的记述。19 世纪中叶地质学传入我国，尤其是 1913 年中国地质调查所成立后，对西北地区地质和自然环境的调查研究更加广泛

---

① 苏秉琦、殷玮璋：《关于考古学文化的区系类型问题》，《文物》1981 年第 5 期，第 10～17 页。

② 严文明：《中国古代文化三系统说——兼论赤峰地区在中国古代文化发展中的地位》，《中国北方古代文化国际学术研讨会论文集》，中国文史出版社，1995 年，第 17～18 页。

③ "在西边的甘青地区，沿河西走廊到新疆东部一带，古文化面貌也有很多相似之处，可以把这里出现的细石器和彩陶，看作是甘青地区古文化的延伸"，见苏秉琦、殷玮璋：《关于考古学文化的区系类型问题》，《文物》1981 年第 5 期，第 17 页。

④ 俞伟超：《关于"卡约文化"和"唐汪文化"的新认识》，《先秦两汉考古学论集》，文物出版社，1985 年，第 193～210 页；田广金、郭素新：《中国北方畜牧—游牧民族的形成与发展》，《中国商文化国际学术讨论会论文集》，中国大百科全书出版社，1998 年，第 310～322 页。

⑤ Elena E. Kuzmina, Cultural Connections of the Tarim Basin People and Andronovo Culture: Shepherds of the Asian Steppes during the Bronze Age, In Victor H. Mair (ed.). *The Bronze Age and Early Iron Age Peoples of Eastern Central Asia*. *The Journal of Indo-European Studies*, Monograph No.26, Washington: Institute for the Study of Man, 1998, pp.68-70.

而深入。这些研究或者对现代自然环境进行描述，或者致力于大尺度地理环境演变的研究，并形成地文期学说和冰期学说。侯德封和孙健初剖析了黄河上游地区环境与人生的关系①，张印堂对岱海气候变迁②、周廷儒对西北地区历史时期气候变化③等研究则涉及全新世。此外，顾颉刚所代表的《禹贡》学者们，还宣扬环境对文化的重要性。

在考古学方面，早在19世纪末和20世纪初，就有英国、俄国、法国、瑞典、德国等国人员组成的调查团在西北地区进行调查或发掘，并采集到若干先秦时期的遗物④。但那时候近代考古学在中国还没有诞生，对遗物时代和归属都没有条件作适当的判断。比较正式的先秦考古工作应当从20世纪20年代算起，在此时发生了两件有重要影响的事：一是安特生对西北地区考古遗址的调查和发掘。1923～1924年，受聘于中国政府的瑞典学者安特生，在当时的甘肃省境内（包括现在青海省东部地区）调查发现50多处遗址，并将先秦文化遗存分为六期，依次为齐家期、仰韶期（半山）、马厂期、辛店期、寺洼期、沙井期，并认为其中的前三期属于新石器时代，后三期属于青铜时代⑤。二是中瑞西北科学考察团的调查工作。1927～1935年，考察团在东起内蒙古西至新疆的广大地区，发现罗布泊小河墓地、哈密七角井等许多重要遗址，还采集到不少先秦时期的遗物⑥。此外，30年代还有北平研究院史学研究会对周人史迹的调查⑦，苏秉琦等对宝鸡斗鸡台先周和西周墓葬的发掘⑧。40年代，夏鼐等还通过宁定阳洼湾齐家文化墓葬的发掘，在地层上证明齐家文化晚于马家窑类"仰韶文化"⑨，并

---

① 侯德封、孙健初：《黄河上游之地质与人生》，《地理学报》第1卷第2期，1934年，第1～10页。
② 张印堂：《岱海岸线之变迁及其气候的意义》，《地质论评》第2卷第3期，1937年，第263～266页。
③ 周廷儒：《环青海湖区之山牧季移》，《地理》第2卷第3～4期，1942年。
④ 陈星灿：《中国史前考古学史研究（1895～1949）》，三联书店，1997年，第46～49页。
⑤ 安特生著、乐森璕译：《甘肃考古记》，地质专报甲种第五号，1925年；J.G.Andersson, Researches into the Chinese, *Bulletin of the Museum of the Eastern Antiquities*, No.15, Stockholm, 1943.
⑥ P. Teihard de Chardin and C.C. Young, On Some Neolithic (and Possibly Paleolithic) Finds in Mongolia, Sinkiang and West China, *Bulletin of the Geological Society of China*, Vol. XII. No. 1. Peiping1932；J. Maringer, Contribution to the Prehistory of Mongolia, *The Sino-Swedish Expedition* - Publication 34, Stockholm, 1950；贝格曼著、王安洪译：《新疆考古记》，新疆人民出版社，1997年，第75～183页；陈星灿：《内蒙古巴彦淖尔盟的史前时代遗存——中瑞西北科学考察团考古资料的整理与研究之一》，《考古学集刊》第11集，中国大百科全书出版社，1997年，第1～31页。
⑦ 徐炳昶、常惠：《陕西调查古迹报告》，《北平研究院院务汇报》第4卷第6期，1933年，第1～17页。
⑧ 苏秉琦：《斗鸡台沟东区墓葬》，北平研究院史学研究所，1948年。
⑨ 夏鼐：《齐家期墓葬的新发现及其年代的修订》，《中国考古学报》第三册，1948年，第101页。

提出马家窑文化的命名①。石璋如等调查关中，寻找周人都邑，发现武功浒西庄等遗址②；裴文中在甘肃发现不少史前遗址③。50 年代初，苏秉琦等在西安客省庄遗址发现三种依次早晚的文化遗存，"文化一"为仰韶文化，"文化二"即后来命名的客省庄二期文化，"文化三"为周文化④。

截至 20 世纪 40 年代末，虽然发现了不少先秦遗址，但尚未确立西北地区先秦考古学文化的时空框架；虽然有研究古代自然环境的尝试，但对西北地区全新世早中期的自然环境状况还缺乏了解，也基本没有认识到它的重要性，更谈不上研究先秦时期自然环境与文化发展的关系。

第二阶段为 20 世纪 50 年代至 70 年代末期以前的初步发展阶段。

从 50 年代中期至 60 年代初，在第四纪地理环境演变研究方面取得了重要的进展⑤，如刘东生对中国第四纪黄土的研究⑥，周廷儒对第三纪和第四纪以来地带性与非地带性分化的研究⑦，任美锷对第四纪海平面变化的研究⑧，侯仁之等对乌兰布和沙漠与毛乌素沙漠环境变迁的考察⑨等。这些研究或者重点研究西北地区，或者对于了解该地区的环境演变有参考价值。尤其重要的是周昆叔对西安半坡遗址进行孢粉分析⑩，开创了利用科技手段了解西北地区先秦时期古植被状况的先河。1966～1976 年虽然总体停滞，但也出现了竺可桢对中国 5000 年来气候变迁的研究这样高水平的成果⑪。

---

① 夏鼐：《临洮寺洼山发掘记》，《中国考古学报》第四册，1949 年，第 71～137 页。
② 石璋如：《传说中周都的实地考察》，《中央研究院历史语言研究所集刊》第 20 本下册，1949 年，第 91～122 页；石璋如：《关中考古调查报告》，《中央研究院历史语言研究所集刊》第 27 本，1956 年，第 205～323 页。
③ 裴文中：《甘肃史前考古报告》，《裴文中史前考古学论文集》，文物出版社，1987 年，第 208～255 页；裴文中：《中国西北甘肃走廊和青海地区的考古调查》，《裴文中史前考古学论文集》，文物出版社，1987 年，第 256～273 页。
④ 苏秉琦、吴汝祚：《西安附近古文化遗存的类型和分布》，《考古通讯》1956 年第 2 期，第 32～37 页。
⑤ 周廷儒：《近三十年来中国第四纪古地理研究的进展》，《地理学报》第 34 卷第 4 期，1979 年，第 279～292 页。
⑥ 刘东生等：《黄河中游黄土》，科学出版社，1964 年；刘东生等：《中国的黄土堆积》，科学出版社，1965 年；刘东生等：《黄土的物质成分和结构》，科学出版社，1966 年。
⑦ 周廷儒：《中国第三纪、第四纪以来地带性与非地带性的分化》，《北京师范大学学报》（自然科学版）1960 年第 2 期，第 63～78 页。
⑧ 任美锷：《第四纪海面变化及其在海岸地貌上的反映》，《海洋与湖沼》第 7 卷第 3 期，1965 年，第 295～305 页。
⑨ 侯仁之、俞伟超：《乌兰布和沙漠的考古发现和地理环境的变迁》，《考古》1973 年第 2 期，第 92～107 页。
⑩ 周昆叔：《西安半坡新石器时代遗址的孢粉分析》，《考古》1963 年第 9 期，第 520～521 页。
⑪ 竺可桢：《中国近五千年来气候变迁的初步研究》，《考古学报》1972 年第 1 期，第 15～38 页。

从 1955 年开始，对黄河流域的陕西、甘肃进行普查，发现很多文化遗址。还发掘了陕西省的西安半坡①、客省庄、张家坡②，华阴横阵③、华县元君庙④、泉护村⑤、宝鸡北首岭⑥等遗址，甘肃省的兰州白沟道坪⑦，武威黄娘娘台⑧，永靖大何庄⑨、秦魏家⑩、张家嘴、姬家川⑪等遗址，以及新疆哈密焉不拉克、库车哈拉墩等遗址⑫，其中半坡遗址的发掘揭开了利用聚落考古方法探讨古代社会状况的序幕。60 年代初期，还在内蒙古中南部调查发现大量仰韶和龙山时期遗址⑬，发掘了新疆昭苏夏台、波马墓葬⑭，并发现河西走廊的四坝文化⑮、柴达木盆地的诺木洪文化⑯等。1966～1976 年还有青海乐都柳湾

① 中国科学院考古研究所、陕西省西安半坡博物馆：《西安半坡——原始氏族公社聚落遗址》，文物出版社，1963 年。

② 中国科学院考古研究所沣西发掘队：《沣西发掘报告》，文物出版社，1962 年。

③ 中国社会科学院考古研究所陕西工作队：《陕西华阴横阵遗址发掘报告》，《考古学集刊》第 4 集，中国社会科学出版社，1984 年，第 1～39 页。

④ 北京大学历史系考古教研室：《元君庙仰韶墓地》，文物出版社，1983 年。

⑤ 黄河水库考古队华县队：《陕西华县柳子镇考古发掘简报》，《考古》1959 年第 2 期，第 71～75 页；黄河水库考古队华县队：《陕西华县柳子镇第二次发掘的主要收获》，《考古》1959 年第 11 期，第 585～587 页；北京大学考古学系：《华县泉护村》，科学出版社，2003 年。

⑥ 中国社会科学院考古研究所：《宝鸡北首岭》，文物出版社，1983 年。

⑦ 《甘肃兰州白沟道坪发掘出古代遗址及墓葬》，《文物参考资料》1955 年第 5 期，第 110～111 页；甘肃省文物管理委员会：《兰州新石器时代的文化遗存》，《考古学报》1957 年第 1 期，第 1～8 页；甘肃省博物馆：《甘肃古文化遗存》，《考古学报》1960 年第 2 期，第 11～52 页。

⑧ 甘肃省博物馆：《甘肃武威黄娘娘台遗址发掘报告》，《考古学报》1960 年第 2 期，第 53～72 页；甘肃省博物馆：《武威黄娘娘台遗址第四次发掘》，《考古学报》1978 年第 4 期，第 421～448 页。

⑨ 中国科学院考古研究所甘肃工作队：《甘肃永靖大何庄遗址发掘报告》，《考古学报》1974 年第 2 期，第 29～62 页。

⑩ 中国科学院考古研究所甘肃工作队：《甘肃永靖秦魏家齐家文化墓地》，《考古学报》1975 年第 2 期，第 57～96 页。

⑪ 黄河水库考古队甘肃分队：《甘肃永靖县张家嘴遗址发掘简报》，《考古》1959 年第 4 期，第 181～184 页；黄河水库考古队甘肃分队：《甘肃临夏姬家川遗址发掘简报》，《考古》1962 年第 2 期，第 69～71 页；中国社会科学院考古研究所甘肃工作队：《甘肃永靖张家嘴与姬家川遗址的发掘》，《考古学报》1980 年第 2 期，第 187～220 页。

⑫ 黄文弼：《新疆考古发掘报告（1957～1958）》，文物出版社，1983 年，第 93～118 页。

⑬ 内蒙古历史研究所：《内蒙古中南部黄河沿岸新石器时代遗址调查》，《考古》1965 年第 10 期，第 487～497 页。

⑭ 新疆维吾尔自治区博物馆、新疆社会科学院考古研究所：《建国以来新疆考古的主要收获》，《文物考古工作三十年（1949～1979）》，文物出版社，1979 年，第 174～175 页。

⑮ 安志敏：《甘肃山丹四坝滩新石器时代遗址》，《考古学报》1957 年第 3 期，第 7～16 页。

⑯ 青海省文管会等：《青海都兰县诺木洪搭里他里哈遗址调查与试掘》，《考古学报》1963 年第 1 期，第 17～44 页。

墓地①、内蒙古杭锦旗桃红巴拉墓葬②等重要发现。这些发现的时空范围都大大超出以往，田野工作水平也明显提高，各遗存间的地层关系不断被发现。其中张学正的《甘肃古文化遗存》代表这时的研究水平③。特别值得一提的是，1972 年有了第一批碳－14 数据的发表，对研究西北地区先秦考古年代产生了革命性的影响。

20 世纪 50 年代中期至 70 年代中期，先秦考古学研究取得较大进展，大致确定了一些主要考古学文化的时空框架；对先秦时期的自然环境和气候变化有了初步探索，对遗址区域古植被有了初步认识，为进一步探讨先秦时期自然环境与文化发展的关系准备了一定基础。

第三阶段为 20 世纪 70 年代末期以后的全面发展阶段。

20 世纪 70 年代末期以后，对第四纪自然环境演变尤其是全新世自然环境演变的研究取得长足进展。一是研究方法日益多样化，获取的信息越来越丰富，涉及科学观察、文献记载、考古资料、地貌与沉积相信息、陆上古生物与古土壤信息、海洋沉积与海洋生物信息、冰芯信息，甚至天文和地球物理方面的信息；二是研究范围广泛、成果丰硕，出现了《黄土高原地区自然环境及其演变》④、《中国全新世大暖期气候与环境》⑤、《西北地区水资源配置生态环境建设和可持续发展战略研究》（自然历史卷)⑥等代表性成果。尤其值得一提的是，刘东生将黄土高原主体的全新世黄土命名为坡头黄土⑦，周昆叔将黄土高原东南边缘的全新世黄土命名为周原黄土⑧，这就为了解先秦时期黄土高原区农业文化的物质基础准备了条件。

考古学上的进展更加显著，主要表现在以下四个方面：一是大量文化遗址被发现，尤其是新石器时代中期的白家文化（即以前所称老官台文化）被发现，除新疆以外的

①　青海省文物管理处考古队、中国社会科学院考古研究所：《青海柳湾——乐都柳湾原始社会墓地》，文物出版社，1984 年。

②　田广金：《桃红巴拉的匈奴墓》，《考古学报》1976 年第 1 期，第 131～144 页。

③　甘肃省博物馆：《甘肃古文化遗存》，《考古学报》1960 年第 2 期，第 11～52 页。

④　中国科学院黄土高原综合科学考察队：《黄土高原地区自然环境及其演变》，科学出版社，1991 年。

⑤　施雅风主编：《中国全新世大暖期气候与环境》，海洋出版社，1992 年。

⑥　刘东生主编：《西北地区水资源配置生态环境建设和可持续发展战略研究》（自然历史卷），科学出版社，2004 年。

⑦　刘东生等：《黄土与环境》，科学出版社，1985 年；Liu Tungsheng and Yuan Baoyin, Paleoclimatic Cycles in Northern China: Luochuan Loess Section and its Environmental Implication. *Aspects of Loess Research*, China Ocean Press, Beijing, 1987, pp.3～26.

⑧　周昆叔、张广如：《关中环境考古调查简报》，《环境考古研究》（第一辑），科学出版社，1991 年，第 44～46 页；周昆叔：《周原黄土及其与文化层的关系》，《第四纪研究》1995 年第 2 期，第 174～181 页。

先秦考古学文化谱系基本建立。严文明先生依据考古资料，将彩陶自东向西渐次发展的过程清晰地描述出来，标志着仰韶文化西来说的终结，以及甘青地区先秦文化谱系的基本确立①。二是聚落考古的方法得到普遍应用，并揭露出一批较为完整的聚落和墓地，为再现当时的社会状况提供了丰富资料，重要者如陕西的临潼姜寨、宝鸡北首岭，甘肃的秦安大地湾，青海的同德宗日，内蒙古的凉城园子沟、老虎山和伊金霍洛旗朱开沟，宁夏海原的菜园村，以及新疆罗布泊的小河墓地及和静察吾呼沟墓地等。三是自然科学技术给考古学提供了越来越多的信息，涉及冶金、陶器、玉石器、动植物、种族人类学等多个方面，极大地拓展了研究深度。四是研究范围广泛、成果众多，尤其国内外学术界就新疆和长城沿线文化的诸多讨论更具有时代性。

这一阶段，将自然环境和文化发展结合起来进行的研究，也就是环境考古学的研究，得到前所未有的发展，还成立了中国第四纪研究委员会环境考古专业委员会。对遗址及其周围区域进行环境信息的收集和分析已经逐渐成为田野考古学的常规内容，而更高层次的小区环境考古也陆续开展起来②，代表性的工作出现在内蒙古岱海盆地③、陕西周原、甘肃葫芦河流域④等地区。还有些研究已经超出小区范围，着重对西北气候敏感地带的人地关系进行探讨，如田广金、史培军等对长城地带⑤、水涛对甘青地区的研究⑥等。此外，俞伟超还探讨了环境变化在甘青地区从农业向畜牧业转化过程中的作用⑦，童恩正从宏观角度提出了以西北地区为纽带的中国从东北至西南的"半月形文化传播带"，探讨了其与生态环境的关系⑧，伊泽生则讨论了西北干旱区全新世环境变迁与人类文明兴衰的关系⑨。

---

① 严文明：《甘肃彩陶的源流》，《文物》1978年第10期，第62～76页。
② 严文明：《环境考古研究的展望》，《环境考古研究》（第二辑），科学出版社，2000年，第3～5页。
③ 田广金、唐晓峰：《岱海地区距今7000～2000年间人地关系研究》，《中国历史地理论丛》第16卷第3辑，2001年，第4～12页。
④ 李非、李水城、水涛：《葫芦河流域的古文化与古环境》，《考古》1993年第9期，第822～842页。
⑤ 田广金、史培军：《中国北方长城地带环境考古学的初步研究》，《内蒙古文物考古》1997年第2期，第44～51页；田广金：《岱海地区考古学文化与生态环境之关系》，《环境考古学研究》（第二辑），科学出版社，2000年，第72～80页。
⑥ 水涛：《甘青地区青铜时代的文化结构和经济形态研究》，《中国西北地区青铜时代考古论集》，科学出版社，2001年，第193～327页。
⑦ 俞伟超：《关于"卡约文化"和"唐汪文化"的新认识》，《先秦两汉考古学论集》，文物出版社，1985年，第193～210页。
⑧ 童恩正：《试论我国从东北至西南的边地半月形文化传播带》，《文物与考古论集》，文物出版社，1986年，第17～43页。
⑨ 伊泽生等：《西北干旱区全新世环境变迁与人类文明兴衰》，地质出版社，1992年。

　　尽管如此，至今还缺乏着眼于整个西北地区先秦时期文化发展的综合性研究，更没有人将整个西北地区如此长的时期内自然环境和文化发展之间的关系结合起来进行考察。本书拟主要分为三部分，第一部分（第二章）讨论自然环境，首先根据气候、土壤、植被等特征将西北地区分为三区，然后分别对各区全新世环境演变的具体过程进行梳理，最后再归纳出整个西北地区全新世环境演变的基本脉络。第二部分分区讨论考古学文化的动态发展过程（第三～五章），在文化谱系方面着重于先秦文化的兴衰盛亡、发展更替、传播迁徙，在聚落形态方面着重于各区域聚落形态及社会发展的演变及其自身特点，在经济形态方面着重于探讨农业经济和畜牧—游牧经济的转化问题。第三部分（第六章）将文化发展和环境演变过程互相对照，试图理清自然环境对西北地区先秦文化的制约、环境演变对文化发展的影响、人类开发对脆弱的西北自然环境的破坏，以及环境的反馈作用。在此基础上还进一步讨论西北地区先秦文化的历史地位，评价东西方古代文明在西北地区的交融和相互关系，并针对"西部大开发"提出一些对策性的建议。

第二章 西北地区的自然环境

西北地区的具体范围，西至新疆帕米尔高原国境线，东至内蒙古锡林郭勒盟与兴安盟交界处和陕西省与山西省交界的黄河，北到中国与蒙古国交界处，南至长江、黄河分水岭。东西长约 3800 公里，南北宽约 2100 公里，土地总面积约 345 万平方公里，占全国陆地面积的 35.9%[①]。

第一节 自然环境概况

根据气候、土壤和植被等自然特征，西北地区由西向东可分为三区，即贺兰山以西的西北内陆干旱区，贺兰山以东的内蒙古半干旱草原区，以及半干旱和半湿润区的黄河流域（简称黄土高原区）（图一）[②]。

西北地区地跨全国三大地形阶梯中的第一级和第二级阶梯，山地、高原、盆地相间分布，地形地貌复杂多样。

西北地区以贺兰山为界，气候状况明显分野。贺兰山以东受太平洋副热带高压控制，属大陆性季风气候；其他大部分地区主要受蒙古高压、大陆气团控制，为典型的内陆性气候，干燥少雨，蒸发强烈，多风沙。降水总体来说西端和东部大，向中部递减；南部大，向北部递减。降水的年内分布不均匀，降水量少的地方更是集中分布。一般连续最大 4 个月降水量占全年降水量的 40%～70%，降水量大部分地区在 50～600 毫米之间，部分沙漠和戈壁地区在 10 毫米以下。西北地区各地温差大，垂直变化明显，年较差和日较差大。年平均气温总的分布趋势为北部低于南部，山区低于平原。区内无霜期变化大，高山区短，一般 85～135 天；平原区长，一般 120～160 天。西北地区是我国日照最长的地区，日照时数 2550～3600 小时以上，年辐射量 50.24 亿～78.29 亿焦每平方米。蒸发量与降水量分布相反，即山区小平原大，降水少的地区蒸发

① 陈志恺主编：《西北地区水资源配置生态环境建设和可持续发展战略研究》（水资源卷），科学出版社，2004 年，第 57 页。

② 陈志恺主编：《西北地区水资源配置生态环境建设和可持续发展战略研究》（水资源卷），科学出版社，2004 年，第 58～65 页。

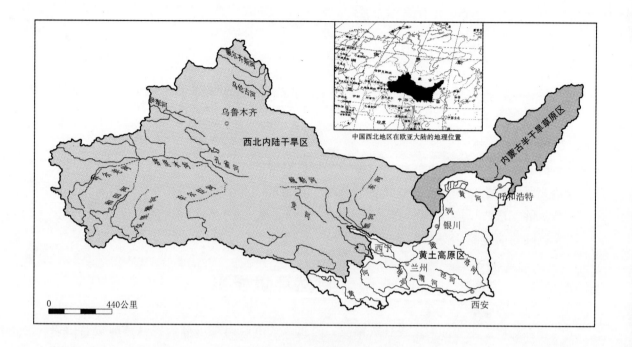

图一　西北地区自然环境分区示意图

（根据中国地图出版社 1995 年出版的《中华人民共和国分省地图集》、星球地图出版社 2002 年出版的《世界地图集》和《西北地区水资源配置生态环境建设和可持续发展战略研究》（水资源卷）附图一改绘）

量大，降水多的地区蒸发量小，平原区的蒸发量在 1200～2200 毫米，部分地区可达 2400 毫米以上，山区低于 1200 毫米。

西北地区土壤的垂直分布明显，高山区自上而下分布着高山冰沼土、高山荒漠土、高山草甸土；亚高山区分布有山地灰褐土、栗钙土；低山丘陵区分布有灰钙土、棕钙土、淡棕钙土等。植被与降水量有密切的关系，也随高程有明显的变化。盆地中部由于降水量少，植被很少，准噶尔、塔里木、柴达木盆地的荒漠区及河西走廊北部地区，植被率均低于 10%；平原区河流两岸及盆地周围水源丰富的农业区及宜农荒地植被率为 20%～40%。本区森林覆盖面积极少，主要分布在天山、祁连山、阴山等地区。西北地区由于其特殊的地理位置，高山与盆地、山地与平原、沙漠与绿洲①相间的复杂地貌特征，以及差异极大的水热条件，从而使土壤植被的形成与分布在各区有明显的不同。

① 绿洲是西北地区最有特点的非地带性景观，按人类活动情况可以分为天然绿洲、开发绿洲和人造绿洲。参见黄盛璋主编：《绿洲研究》，科学出版社，2003 年。

一、黄土高原区

大致相当于《中国自然区域及开发整治》一书所划"华北区"黄土高原亚区的陇西高原小区、陕北—陇东高原小区和渭河平原小区，以及"内蒙古区"内蒙古中部亚区的河套平原小区、鄂尔多斯高原小区[①]。黄河是本区最大的外流河，发源于青海境内的巴颜喀拉山北侧，流经区内的青海、甘肃、宁夏、内蒙古、陕西等省区。岱海、黄旗海现在虽为内陆湖，但根据总体环境特点也可将其所在区域纳入该区。

1．地形地貌

除昆仑山脉、阴山山脉、秦岭山脉和青藏高原的黄河河源区外，大部分是黄土高原，其他还有鄂尔多斯台地、河套平原、关中盆地等地理单元。

黄土高原指中国北方以广泛分布黄土及黄土状物质为最突出特征的高原地区，厚度一般为 50～200 米，海拔 1000～2000 米，黄土甚至可到达海拔 3000 米的六盘山高峰。主要范围在乌鞘岭以东、太行山以西、长城以南、秦岭以北，占据西北地区东部主体，涉及青海、甘肃、宁夏、陕西，大部分在黄河中游。地貌主要由黄土塬、梁、峁、沟壑组成，塬面和梁峁顶部距河床底部高差达数十米甚至两三百米。该地区黄土质地疏松，垂直节理发育，土层深厚，肥力较强，是早期农业文化的良好温床。但抗蚀力弱，植被稀少，生态环境脆弱，水土流失严重，是黄河泥沙的主要来源区[②]。该区黄河支流主要有渭河、洮河，以及渭河的支流泾河、洛河等，在陕北还有延河、无定河等，形成峡谷与盆地相间的地形格局。

鄂尔多斯台地三面被黄河环绕，东南部以长城为界与黄土高原相连，西北部高于东南部并向东倾斜，涉及陕北的延安、榆林地区，内蒙古的鄂尔多斯市（原伊克昭盟）和乌海市，宁夏的盐池、灵武。东部属外流区，西部为内流区。其北部有库布齐沙漠，南部有毛乌素沙地，沙地中分布有冲积—湖积平原，当地称为滩地，从而形成梁、滩、山地平行排列的景观结构。东部为黄土丘陵，更新世以来黄土的广泛堆积和流水的常年冲蚀切割，使原来的地表破碎成千沟万壑，形成特殊的黄土梁、峁地貌。地面海拔800～1800 米，黄土厚度数十米至百余米不等。陕北一带是我国水土流失最严重的地区，年侵蚀数可高达 2.0 万吨～3.0 万吨每平方公里甚至更多。地表切割极为破碎，沟谷纵横，其中沟谷与沟间地面积之比约为 1:1。中西部为起伏和缓的塬面与风蚀凹地构成的波状地形，河流稀少，风沙地貌发育。

　　①　任美锷、包浩生主编：《中国自然区域及开发整治》，科学出版社，1992 年。
　　②　刘东生等：《黄土与环境》，科学出版社，1985 年。

河套平原是夹在阴山和鄂尔多斯高原之间的断陷冲积平原，又分银川平原、后套平原和土默特平原。黄河流贯整个平原，地势平坦、沃野千里。民间有"黄河唯富一套"和"塞外米粮川"的说法。关中盆地介于黄土高原和秦岭山地之间，东起潼关，西至宝鸡，是在汾渭地堑构造盆地的基础上，经黄土次生沉积和河流冲积而形成。渭河两岸地势低平，形成渭河平原。渭河两侧阶梯状升高，由一、二级河流冲积阶地逐渐过渡到黄土台塬。该区地势平坦，海拔322～600米，地下水埋藏浅，农业发达，有"八百里秦川"之称。

阴山山地东段的岱海和黄旗海为构造盆地区，现为内陆湖流域，更新世中期水量大时也属于黄河流域。

2. 气候特征

该区地处我国东部季风区的中纬度地带，冬夏季风交替，季节变化明显，属于暖温带—温带大陆性季风气候。大致以环县、静宁、通渭、临洮一线为界，以北属温带，以南属暖温带。

该区属于半干旱和半湿润区，年降水量200～800毫米，自东向西、从南而北渐次减少。黄土高原西北部年降水量在400毫米以下，属于半干旱气候；黄土高原东南部和关中盆地年降水400～700毫米，属于半湿润气候。山地往往为多雨中心，陕北南部山区一般在700毫米以上，六盘山地为600毫米。降水季节分配不均，全年降水量的60%～70%集中在夏季，而且表现出暴雨多、强度大、降水变率大的特点。黄土高原一天的降水量多在50～100毫米以上，暴雨使得黄土沟谷遭到强烈侵蚀，山洪暴发。此外，由于每年冬夏季风强弱的变化，夏季降水变率达50%以上。春季升温迅速但降水不多，春旱频率高。

冬季受蒙古高压控制和极地大陆气团影响，总体比较寒冷。1月平均气温在0～-10℃之间。尤其寒潮以后气温急剧下降，极端最低温度可达-30℃以下。夏季气温较高，7月平均气温一般高于24℃，极端最高气温可达40℃左右。气温年较差大多在30℃以上，最大日较差在20℃以上。日较差大有利于作物果实糖分的积累，但在春秋季节却容易造成霜冻，缩短了无霜期。此外，春秋两季的长短变化幅度也较大，春季最长和最短天数可相差4倍，对农作物生长有显著影响。

3～6月空气干燥，日照充足，太阳辐射仅次于青藏高原和西北内陆干旱区。

3. 土壤植被

随着水热条件从东南向西北递减，依次出现暖温带半湿润落叶阔叶林—褐土、暖温带半干旱森林草原—黑垆土、温带半干旱草原—栗钙土、温带半干旱荒漠草原—灰钙土。

褐土主要发育在黄土母质之上，钙积层明显，落叶树种以辽东栎最多，还有油松、华山松、侧柏等，主要分布在关中平原。由于长期施肥耕作，使褐色土埋藏于下部，上覆熟化楼土层。

黑垆土发育于温带气候及黄土母质条件下，有较厚的腐殖质层，主要分布在黄土高原及鄂尔多斯台地东南部。经长期的耕种和侵蚀，使栗钙土及大部分黑垆土腐殖质层被剥蚀，而形成目前有机质很少的风沙土和黄绵土，少量的黑垆土残存于梁峁洼地、沟头平地和塬地、川台地等处。

栗钙土主要分布在长城沿线，腐殖质层较薄，钙化过程强烈，植被多为旱生多年生草本植物，以丛生禾本科为主，草原灌木、半灌木也占一定比重。

灰钙土腐殖质层更薄，土壤肥力不高，草本植被以短花针茅等荒漠草类为主。分布在华家岭以北、黄河以南的广大黄土丘陵沟壑区，以及内蒙古鄂尔多斯市。

此外，宁夏北部有较多的沙丘分布，引黄灌区由于地下水位较高和长期灌溉耕作的影响，形成潮土、灌淤土、龟裂碱土、盐土、沼泽土等非地带性土壤。关中平原还有一定面积的盐碱土、沼泽土、草甸土及水稻土等非地带性土壤。贺兰山、六盘山有亚高山草甸土和灰褐土的分布。

二、内蒙古半干旱草原区

大致相当于《中国自然区域及开发整治》一书所划"内蒙古区"内蒙古东部亚区的锡林郭勒高原小区、阴山山地东段小区，以及内蒙古中部亚区的乌兰察布高原小区。该区位于内蒙古自治区境内，是以广袤草原为主的内陆河流域。

1．地形地貌

该区总体为波状起伏的高原地貌，位于蒙古高原东南部，海拔多在500～1000米，地势由南向北、自东而西逐渐降低。除锡林郭勒草原外，还分布着众多的低缓丘陵、干谷，以及库布齐、乌兰布和、腾格里、巴音温都尔、巴丹吉林五大沙漠，以及浑善达克沙地。大兴安岭、阴山、贺兰山等山地由东北向西南呈弧形贯于中部，海拔1000～2000米。阴山山地东西狭长，多为块状剥蚀中山和低山，是一条重要的地理分界线。大青山一带海拔1800～2000米，东段一般海拔1000～1800米，山坡堆积沙黄土。

区内河流稀少，降水主要消耗于植被和地表的蒸发，不能形成常年有水的河流，只有一些分散的季节性溪流。

2．气候特征

该区终年受西风带影响，同时临近蒙古高压，一年中大部分时间都受大陆气团控制；加之地势较高，离海洋较远，海洋水汽进入有限，总体上属于半干旱气候。降水较少，分布不均。年降水量200～400毫米，大约90％的地区年降水量150～250毫米，由东向西递减，而蒸发则由东向西递增。就全区来说，夏季降水量占全年降水量的60%～70%，冬春两季雨雪稀少，春季特别干旱。降水多为暴雨形式，降低了利用率。不过由于雨热同季，给农牧业发展带来有利条件。由于处于夏季风的边缘地带，因此雨量年际变化很敏感，一般雨量年变率在30%～50%之间，各地极端最大与最小年降水量相差3～4倍，甚至5～6倍。

该区冬季长而寒冷、夏季短而温暖，温差较大，日照充足。从东向西，年均气温在−2～−8℃之间。冬季从11月至3月有长达5个月的平均温度在0℃以下的寒冷期，最冷的1月份平均温度为−9～−28℃。春季晚于华北，但增温迅速，尤其北部增温比南部快，所以夏季南北温差仅有5℃左右。7月份平均温度为18～24℃。9月份以后冷空气南下，气温迅速下降。由于冬季严寒、纬度较高等原因，该区气温年较差较大，一般在35～40℃之间。日照充足，全年实际日照数在大部分地区达2800～3300小时，可一定程度上弥补生长季节短的缺陷。

该区处于气候过渡带，气候变化敏感，灾害天气较多，主要有干旱（春旱）、大风、沙暴、霜冻、冰雹，以及积雪过深造成的"白灾"，和无积雪或积雪过少造成的"黑灾"等，春旱、霜冻、冰雹等影响农业生产，白灾、黑灾对畜牧业有很大破坏。

3. 土壤植被

属于典型的温带草原土壤，富含钙质。草原植被地下根系有强大的巩固有机质的作用，地下部分重量一般超过地上部分的5～20倍，高者可超过30倍。地下有机质明显受气候地带性影响，草甸草原有机质最高，草原土壤其次，荒漠草原土壤很低。由于土壤生态环境条件复杂，因此土壤类型多样，地带性土壤有灰褐土、淡黑钙土、栗钙土、棕钙土，非地带性土壤有山地草甸土、草甸土、沼泽土、盐土、碱土、石质土、粗骨土、风沙土等。

最具代表性的草原土壤类型为淡黑钙土、栗钙土、棕钙土。淡黑钙土腐殖质层为很淡的暗棕灰色，腐殖质厚度40～70厘米，主要分布在森林草原、森林、灌木草原区。栗钙土腐殖质颜色呈栗色或灰棕色，腐殖质厚度30～55厘米，主要分布在大针茅、克氏针茅草原带。棕钙土腐殖质颜色呈浅灰棕色，腐殖质厚度20～35厘米，主要分布在荒漠草原。

高原地貌、半干旱的温带气候、富钙土壤，使得该区形成广阔的温带草原植被，属于泛北极植物区系，且以欧亚草原植物区为核心，总体以半干旱和干旱地区种类占据主导地位。乔木所组成的森林植物群落仅分布在山地、丘陵、沙地、河谷等特殊环境，灌木为灌木草原植被的基本成分；草本植物是草原植被的主体，大多数属于多年生草本植物，也有一二年生的草本植物，针茅属植物占绝对优势。植被地带大致分为温带森林灌丛草原带、温带草原带、温带荒漠草原。

锡林郭勒草原为典型温带草原区，主要植被为大针茅、克氏针茅。浑善达克沙地绝大部分为固定和半固定沙丘，植被生长较好；丘陵间低地分布有草甸、沼泽，水分条件较好，一半以上有植被覆盖，为重要牧场。

三、西北内陆干旱区

该区位于贺兰山以西，面积250余万平方公里。大致相当于《中国自然区域及开发整治》一书所划的"西北区"，该书又将其细分为北疆、南疆、天山山地、阿拉善河西、祁连山—阿尔金山、柴达木盆地几个亚区。

1. 地形地貌

本区地貌的最大特点是高山和大盆地相间分布，在阿尔泰山和天山之间为准噶尔盆地，天山与昆仑山、阿尔金山之间为塔里木盆地，北山山地以北为阿拉善高原，北山和祁连山之间为河西走廊，阿尔金山、祁连山与布尔汗布达山、祁曼塔格之间为柴达木盆地。山区河流搬运下来的物质堆积于山前，相互毗连形成山前倾斜平原；河床深切，地下水埋藏深度一般在数十米以下。山前倾斜平原以下则为广阔而平坦的冲积平原，河道上游段下切而形成阶地，中游坡度变缓而沉积作用增强，河流分叉多，洪水期泛滥而形成泛滥平原。盆地中心冲积、洪积、湖积的物质，经风吹播而形成广阔的沙漠。这些沙漠大部分是复合新月形沙丘，或者是巨大的金字塔形沙山。沙漠区自然生态环境十分恶劣，水分条件较好的地方形成被沙生荒漠植物固定或半固定的沙丘。

新疆北部的阿尔泰山呈西北—东南走向，山势由西北向东南倾斜，海拔1000～3500米，中山有茂密的林带。发源于山地的河流多顺南或南偏西方向下流到山前平原，山地物质不断被携带到准噶尔盆地。横亘新疆中部的天山是亚洲最大山脉之一，一般山峰海拔3500～4500米，中间夹有众多山间盆地和谷地，很多高峰终年积雪。新疆的南部和东南部为昆仑山和阿尔金山，昆仑山从帕米尔一直延伸到柴达木盆地边缘，一般山峰海拔5000～6000米，阿尔金山海拔3000～4000米。祁连山地由一系列西北—东南走向的山脉组成，山地东端有冷龙岭、达阪山、拉脊山，海拔3000～4500米，山峰海拔4000米以上终年积雪，发育着现代冰川，降水充沛，植被良好，是河西内陆河流域的产流区。龙首山等北山山地由东北向西南呈弧形贯于中部，海拔1000～2000米。这些高山为盆地中地表堆积物提供了来源。

准噶尔盆地西部有几处地势较低的山口，地势由东北向西南倾斜。盆地平均海拔不到600米，最低处艾比湖海拔189米；中部为库尔班通古特沙漠，南缘为广阔的玛纳斯河平原等。塔里木盆地仅东端有缺口，西高东低，平均海拔约1000米，最低处罗布泊海拔783米；中部有我国最大的沙漠塔克拉玛干沙漠，还有塔里木河平原、叶尔羌河平原等。哈密—吐鲁番盆地地势低下，海拔多在 200 米以下，艾丁湖海拔－154 米，为我国大陆最低点。

柴达木盆地是一个封闭的内陆高原盆地，自盆地边缘至中心依次为高山、戈壁、沙丘、平原、沼泽和盐湖等地貌类型。盆地中部地势平坦，海拔 2675～3200 米；东南部是一片广布河流的平原，东北部自西向东有马海、鱼卡、大柴旦、德令哈、希里沟等一连串小型山间盆地，西部是以剥蚀作用占优势的沙丘区。

祁连山山地南部为青海湖盆地和哈拉湖，海拔 3196 米；北侧为河西走廊，海拔 1000～1500 米，东南高、西北低，在自然景观上表现为绿洲、戈壁与沙漠断续分布，有疏勒河平原。阿拉善高原有巴丹吉林沙漠、腾格里沙漠、乌兰布和沙漠，额济纳河下游两岸有大片绿洲。

青藏高原是由昆仑山、巴颜喀拉山、可可西里山、唐古拉山、阿尼玛卿山等为骨架构成的高原，山脉海拔一般在 5000 米以上，山脉间的平原海拔多在 4000 米以上。黄河、长江、澜沧江均发源于该地区。青藏高原中、西部地势较为开阔平坦，河流切割作用较弱，许多地区有永冻层，形成众多沼泽地和大小湖泊。东北部的共和、贵南、兴海、同德一带，地势较低，黄河及其支流切割较深，形成许多台地和谷地，海拔 2500～3500 米之间。

2. 河湖水系

本区除新疆北部的额尔齐斯河和新疆西南部的奇普恰普河外，其余均属内陆河流域。河流大多发源于周围山地，构成向盆地中心汇流的向心状水系。包括新疆内陆河、河西内陆河、青海内陆河、羌塘内陆河四个区域。新疆内陆河按地形可划分为中亚细亚、准噶尔盆地和塔里木盆地三水系，共有大小河流 570 条；河西内陆河由西向东依次有疏勒河、黑河、石羊河三水系；青海内陆河由柴达木、青海湖、哈拉湖、茶卡—沙珠玉、祁连山地和可可西里等六个内陆水系组成。面积广大的冲积平原为河流冲积泛滥而成，但现多仅在地面上保留一些古河道。

干旱地区河流补给形式主要有三种。首先，大的河流均为高山冰雪融水补给，在天山西、东段冰雪融水占河川径流量的 30%～50%，祁连山为 10%～30%，柴达木盆地为 20%～50%。其次，中、低山在暖季有雨水补给河流，尤其是阿尔泰山西北部、天山西段、祁连山东段北坡等山地，为河流提供了丰富水源。再次，是地下径流补给，如河西走廊的党河、踏实河，柴达木盆地的木洪河，新疆的博尔塔拉河、白杨河等，地下水补给占到年径流的 70% 以上。有些河流则为泉流河，如河西走廊的金川河，天山地区的胜金河等。

大河流的尾闾常有湖泊，由于河水流量的变化和河道的迁徙，湖泊的位置、范围常发生变化。这些湖泊多为咸水湖或盐湖，如准噶尔盆地的乌伦古湖、玛纳斯湖、艾比湖，塔里木盆地的罗布泊、台特马湖，吐鲁番盆地的艾丁湖，柴达木盆地的达布逊湖、茶卡盐湖，以及阿拉善的居延海等。由于近代大量引用河水灌溉农田，使得河流下游水量日趋减少，造成尾闾湖萎缩甚至干涸，如罗布泊、休屠泽、冥泽、居延海等。

3．气候特征

本区由于深居大陆腹部，四周又有高山阻挡，来自海洋的潮湿气流很难深入，降水稀少，相对湿度小，具有典型的大陆性温带荒漠气候特征，是我国最干旱的区域。年降水量除海拔很高的山区外，都在200毫米以下，北疆平原地区为100～200毫米，南疆普遍不足80毫米，甘肃西部不足30毫米，部分沙漠和戈壁在10毫米以下，如吐鲁番盆地托克逊、觉罗塔格等处。降水量最少的区域为甘新交界和新疆腹地，但伊犁河和额尔齐斯河流域的山区可达1000毫米。降水量的垂直分布明显，山区大于盆地平原，并有冰川和终年积雪分布。降水的季节分布也存在明显的区域性差异。河西走廊和新疆东部以7、8月份多雨，夏季降水量占全年降水量的60%以上；北疆和塔里木盆地西部夏季降水仅占全年降水量的40%，而伊犁、塔城地区则以春季降水最多。

冬季受蒙古冷高压控制，形成较为稳定的逆温层，天气严寒、降水稀少；冷空气南下时则容易引起急剧降温和降雪。夏季受大陆热低压和干热的副热带大陆性气团控制，天气晴朗、干燥，尤其盆地增温迅速，热量又不易扩散，炎热程度更甚。受大陆热低压引导有小股冷空气进入而形成降水，山区还出现暴雨。荒漠盆地边缘的高山的排列形式对气流的运行和气候形成有很大影响，高山对气流的屏障作用在天山南北侧表现得最为明显，致使迎风的天山北坡降水较多而冬季草场发育，背风的天山南坡降水稀少而森林带不明显，山坡物理风化强烈。北方来的冷空气要越过天山才能进入塔里木盆地，在此过程中冷空气变性而气温增高，因此天山南北气温有显著差异，尤以冬季为甚。准噶尔盆地年平均气温5～8℃，阿勒泰、塔城一带为2.5～5℃，天山以南则为10～12℃。此外，冷锋越过山地而下沉增温，使大气干旱程度增强，形成焚风效应。

冷热差异悬殊，温度年变化、日变化大。"火洲"吐鲁番盆地绝对最高气温47.6℃，成为我国夏季最热的地方之一；阿尔泰山区富蕴县可可托海实测最低气温－58.1℃。最冷月与最热月平均气温之差高达35℃以上，准噶尔盆地更高达40～45℃。月平均气温在0℃以下的时间，北疆大约5个月，南疆3个月，阿拉善地区约4个月。气温平均日变化都大于11℃，南疆和河西走廊可达16～20℃，最大20～30℃。

春季空气不稳定而常有大风和沙暴，区内风能资源丰富，新疆吐鲁番、哈密一带有"世界风库"之称；特别是山谷隘口风力更大，如阿拉山口、老风口、达坂城、七角井等处。区内云量稀少而日照充分，全年实际日照数达2550～3500小时，光照资源仅次于青藏高原。

4. 土壤植被

大部分属于温带和暖温带荒漠，土壤有机质含量很低，大多仅为 0.5%，甚至在 0.3%以下。由于地形闭塞，周围高山和盆地的风化产物在低地发生积聚，容易引起大范围的土壤盐渍化。又由于土壤母质较粗，使得其上发育的土壤性状不稳定，表现为薄层性和粗骨性。受气候制约，原生矿物分解很弱，黏土少，风化时形成物质一般多为粗粉粒和细沙。荒漠土壤类型复杂多样，属于地带性土类的有灰漠土、灰棕漠土和棕漠土，非地带性土壤有草甸土、盐土、风沙土、龟裂土等。

灰漠土主要分布在准噶尔盆地南部和乌伦古河南岸、河西走廊中段和阿拉善高原东部，是温带荒漠边缘的过渡性土壤，反映出稍微湿润的特点。灰棕漠土广布于阿拉善高原、河西走廊西段、准噶尔盆地东西部的砂质戈壁、柴达木盆地，代表温带极端干旱气候和粗骨性母质上发育的荒漠土壤类型。棕漠土主要分布在塔里木盆地、哈密山间盆地、河西走廊最西端，是极端干旱的暖温带半灌木和灌木荒漠条件下发育的土壤。

极端干旱的气候和贫瘠多盐的土壤，使得该区植被种类贫乏、结构简单，而且绝大部分在山地，平原盆地不过 1/5 左右。本区由于地处中亚、西伯利亚、蒙古、西藏和华北交汇地带，加上地理条件多样化，因此植物区系十分复杂，除作为主体的亚洲中部成分外，还有相当数量的中亚、古地中海、南哈萨克斯坦—准噶尔成分，以及少量北温带、温带亚洲、喜马拉雅、北方和极地成分。

平地及山前地带植被以特殊的超旱生、强旱生灌木、半灌木，或者盐生、旱生的肉质半灌木为主，这些植被组成贫乏、结构简单，而且覆盖度很低。荒漠区乔木树种很是贫乏，天然树种有沙枣、榆树、胡杨等，胡杨一般分布在新疆、阿拉善荒漠、柴达木盆地的河道沿岸。盆地边缘高山植被具有明显的垂直分布规律，包括山地荒漠带、山地草原带、山地森林草原带、亚高山灌丛草甸带、高山草甸带、高山垫伏植被带、高山稀疏植被带等。

第二节　全新世环境演变

第三纪早期开始的印度板块和欧亚大陆板块的碰撞，以及后来青藏高原的持续隆起，改变了亚洲地区的大气环流与地理格局，从 2200 万年以来就形成了西北地区气候的基本格局，并形成和加强了西南季风和东南季风，在我国北方造成东部湿润和西部干旱的东西向分异。中亚干旱环境为风尘提供了物质来源，而亚洲冬季风则为风尘搬运提供了动力条件，戈壁、沙漠大面积形成，并在其南侧地区堆积形成厚达数百米的黄土。第四纪以来气候波动的幅度较大，有数十次较大的冷暖干湿变化，最显著的特征是周期性、不稳定性和干旱化加剧。距今 20000～14000 年的末次盛冰期和距今8500～3000 年的全新世适宜期（大暖期），代表了距今最近的最劣和最佳的两种极端气候和生态环境。现代气候介于这两种气候类型之间，更接近全新世适宜期。末次盛冰期时，温度比现在低 5～8℃，降水量总体少于现在，森林带大规模南移，沙漠面积扩大。全新世适宜期，温度比现在高约 2～3℃，多数地区降水量比现在大，森林带北移，沙漠缩小，在贺兰山以东半干旱区的沙漠表面形成薄层土壤和草原景观[①]。

中国全新世气候仍存在多次波动，表现出相对的不稳定性，全新世大暖期或适宜期就是指其中较为稳定暖湿的一段时间[②]。有研究者还辨认出若干次寒冷期[③]，或者认为存在 2000 年的准周期[④]，或 500、1000、1300 年的不同尺度的周期[⑤]。这种周期性的变化还具有全球性[⑥]，显示了千年尺度的温度变化主要受全球性因素制约，而降水变化的地方性则要远大于温度变化[⑦]。

鉴于气候变化存在明显的区域性差异，本节主要依据西北地区自身的资料，先分别讨论三个地理分区各自的特点，再归纳出整个西北地区全新世气候变化概况。

---

①　施雅风、孔昭宸、王苏民等：《中国全新世大暖期鼎盛阶段的气候与环境》，《中国科学》（B辑）第 23 卷第 8 期，1993 年，第 865～873 页；刘东生主编：《西北地区水资源配置生态环境建设和可持续发展战略研究》（自然历史卷），科学出版社，2004 年，第 109 页。

②　施雅风、孔昭宸、王苏民等：《中国全新世大暖期气候与环境的基本特征》，《中国全新世大暖期气候与环境》，海洋出版社，1992 年，第 1～18 页。

③　王绍武等：《中国气候变化的研究》，《气候与环境研究》第 7 卷第 2 期，2002 年，第 137页。

④　史培军：《地理环境演变研究的理论与实践——鄂尔多斯地区晚第四纪以来地理环境演变研究》，科学出版社，1991 年；史培军等：《10000 年来河套及邻近地区在几种时间尺度上的降水变化》，《黄河流域环境演变与水沙运行规律研究文集》（第二集），地质出版社，1991 年，第 57～63 页；张兰生、史培军、方修琦：《中国北方农牧交错带（鄂尔多斯地区）全新世环境演变及未来百年预测》，《中国北方农牧交错带全新世环境演变及预测》，地质出版社，1992 年，第 1～15 页。

⑤　方修琦等：《全新世寒冷事件与气候变化的千年周期》，《自然科学进展》第 14 卷第 4 期，2004 年，第 456～461 页。

⑥　Bond, G., Shower, W., Cheseby, M. et al., A Pervasive Millennial – Scale Cycle in North Atlantic Holocene and Glacial Climates, Science, 1997, 278: pp.1257 – 1266.

⑦　史培军、方修琦：《中国北方农牧交错带与非洲萨哈尔带全新世环境演变的比较研究》，《中国北方农牧交错带全新世环境演变及预测》，地质出版社，1992 年，第 87～92 页；周尚哲等：《中国西部全新世千年尺度环境变化的初步研究》，《环境考古研究》（第一辑），科学出版社，1991 年，第 230～236 页；王绍武、朱锦红：《全新世千年尺度气候振荡的年代学研究》，《气候变化研究进展》第 1 卷第 4 期，2005 年，第 157～160 页。

一、黄土高原区

黄土高原地处中国东部季风区向西北内陆干旱区的过渡地带，大陆性季风气候显著，气候变化较为敏感。根据研究，距今8500～3000年为中全新世大暖期或适宜期[①]，西北地区也不例外；加上此前的早全新世回暖期和此后的晚全新世降温期，就可以将全新世气候分为三大阶段。降水与温度变化基本一致但略有错位，降水大约滞后于温度变化50～100年，总体显示出干旱化趋势。在全新世气候条件下，黄土高原区大部发育了黑垆土及其上覆的晚近黄土，被称为坡头黄土[②]；关中盆地则自下而上形成杂色黄土、褐红色埋藏土、褐色埋藏土和新近黄土，被称为周原黄土[③]。

（一）早全新世回暖期（距今11500～8500年）

随着末次盛冰期的结束，气温显著上升，降水相应增多，但总体还比现在凉干。

该期地层在关中地区为全新世早期"周原黄土"，即褐黄、褐红或灰黄色含钙结核的杂色粉砂土（图二）[④]，其下见板桥期侵蚀造成的不整合面[⑤]。在岐山剖面，这一时期的植被由前段的落叶阔叶林和后段的森林草原构成，代表温和偏凉的半湿润、半干旱气候。在蓝田县东，这一时期发育了以蒿、松、栎为主的疏林草原。在富平一带发育的是松、蒿为主的森林草原[⑥]。从扶风案板遗址附近的张家壕和傍龙寺剖面采集的孢粉来看，该期属于松属、桦属花粉优势带，旱生的蒿、藜为主的草本花粉明显超过木本。

---

① 本节关于全新世气候变化的阶段划分很大程度上参考了施雅风、孔昭宸等的研究结论，但在细节上有所不同。见施雅风、孔昭宸、王苏民等：《中国全新世大暖期气候与环境的基本特征》，《中国全新世大暖期气候与环境》，海洋出版社，1992年，第1～18页；刘东生主编：《西北地区水资源配置生态环境建设和可持续发展战略研究》（自然历史卷），科学出版社，2004年，第118页。

② Liu Tungsheng and Yuan Baoyin, Paleoclimatic Cycles in Northern China: Luochuan Loess Section and its Environmental Implication. *Aspects of Loess Research*, China Ocean Press, Beijing, 1987, pp.3 - 26.

③ 中国科学院黄土高原综合科学考察队：《黄土高原地区自然环境及其演变》，科学出版社，1991年，第94～107页；周昆叔：《周原黄土及其与文化层的关系》，《第四纪研究》1995年第2期，第174～181页。

④ 周昆叔、张广如：《关中环境考古调查简报》，《环境考古研究》（第一辑），科学出版社，1991年，第44～46页；周昆叔：《周原黄土及其与文化层的关系》，《第四纪研究》1995年第2期，第174～181页。

⑤ 周昆叔：《中国北方全新世下界局部不整合——兼论板桥期侵蚀》，《中国第四纪地质与环境》，海洋出版社，1997年，第36～43页。

⑥ 孙建中、赵景波：《黄土高原第四纪》，科学出版社，1980年，第186～205页。

当时植被应为以松、桦为主的针、阔叶混交林及广阔的干旱草原，气候凉干①。根据泾河流域长武 ETC 全新世土壤剖面的测定分析，当时气候温和干燥，沙尘暴明显减弱，风尘堆积速率降低，具有轻微生物风化成壤作用②。宝鸡胜利村剖面和蓝田麋鹿村剖面中，各项指标的变化表现为粗粉砂含量开始减少，碳酸钙呈现减小趋势，而黏粒和胶体的累积含量升高，磁化率快速增大，这表明关中平原中西部地区

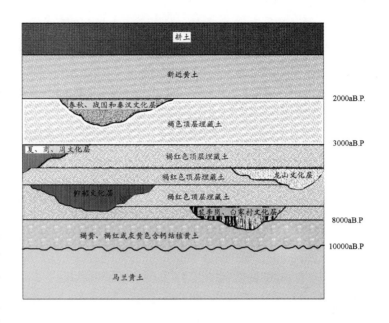

图二　周原黄土与文化层关系示意图

（根据周昆叔《周原黄土及其与文化层的关系》一文图 1 改绘）

在全新世早期气候呈好转趋势，成壤作用和黏化作用增强，沙尘暴活动次数显著减少③。另一项研究表明，黄土高原该时期土壤侵蚀作用强度增大，侵蚀加强主要是由于降水的增多④。

这时，在岱海、黄旗海等湖泊都出现高水位⑤。具体来说，岱海盆地距今 11500～

① 王世和、张宏彦等：《案板遗址孢粉分析》，《环境考古研究》（第一辑），科学出版社，1991年，第 56～65 页。

② 毛龙江、黄春长、庞奖励：《泾河中游地区全新世成壤环境演变研究》，《地理科学》第 25 卷第 4 期，2005 年，第 478～483 页。

③ 刘晓琼、赵景波：《关中平原中西部地区全新世 11500—3100a BP 成壤环境演变和沙尘暴活动研究》，《中国沙漠》第 27 卷第 5 期，2007 年，第 775～779 页。

④ 朱照宇、周厚云、谢久兵等：《黄土高原全新世以来土壤侵蚀强度的定量分析初探》，《水土保持学报》第 17 卷第 1 期，2003 年，第 81～88 页。

⑤ 刘清泗、汪家兴、李华章：《北方农牧交错带全新世湖泊演变特征》，《区域·环境·自然灾害地理研究》，科学出版社，1991 年，第 1～7 页；刘清泗、李华章：《中国北方农牧交错带（岱海—黄旗海地区）全新世环境演变》，《中国北方农牧交错带全新世环境演变及预测》，地质出版社，1992 年，第 16～54 页。

11000 年为冷湿时期，距今 11000 年以后气温开始回升①。在内蒙古伊金霍洛旗杨家湾古土壤剖面附近的毛乌素沙地中，发现可能为梅花鹿的右角化石，测年为距今 10270 ± 160 年，表明当时鄂尔多斯南部可能为温性森林或森林草原景观②。在宁夏灵武水洞沟一带，早段为藜、蒿、松疏林草原，晚段为毛茛、豆科草原③。

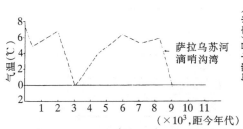

图三　鄂尔多斯地区 10000 年冷暖变化过程
（根据史培军《地理环境演变研究的理论
与实践——鄂尔多斯地区晚第四纪以来
地理环境演变研究》一书图 7-11 改绘）

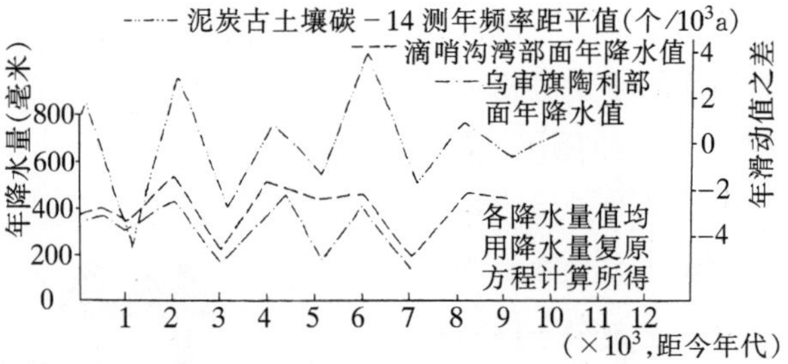

图四　鄂尔多斯地区 10000 年干湿变化过程
（根据史培军《地理环境演变研究的理论
与实践——鄂尔多斯地区晚第四纪以来
地理环境演变研究》一书图 7-15 改绘）

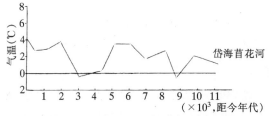

图五　岱海苜花河淤土坝剖面 10000 年温度变化
（根据史培军《地理环境演变研究的理论
与实践——鄂尔多斯地区晚第四纪以来
地理环境演变研究》一书图 7-11 改绘）

图六　岱海苜花河淤土坝剖面 10000 年降水变化
（根据史培军《地理环境演变研究的理论
与实践——鄂尔多斯地区晚第四纪以来
地理环境演变研究》一书图 7-15 改绘）

气温在总体升温的过程中也有波动。鄂尔多斯地区在大约距今 8900～8600 年为一次干冷锋期（图三、四）④；岱海湖面又迅速下降，年均温度降至 0℃ 左右，出现冰缘

---

①　许清海、肖举乐等：《孢粉资料定量重建全新世以来岱海盆地的古气候》，《海洋地质与第四纪地质》第 23 卷第 4 期，2003 年，第 99～108 页。

②　刘东生主编：《西北地区水资源配置生态环境建设和可持续发展战略研究》（自然历史卷），科学出版社，2004 年，第 203 页。

③　赵景波、侯甬坚、杜娟等：《关中平原全新世环境演变》，《干旱区地理》第 26 卷第 1 期，2003 年，第 17～22 页。

④　史培军等：《10000 年来河套及邻近地区在几种时间尺度上的降水变化》，《黄河流域环境演变与水沙运行规律研究文集》（第二集），地质出版社，1991 年，第 57～63 页。

气候（图五、六）。甘肃省天水市北道全新世黄土剖面显示，约距今 9900～8500 年，粉砂含量增加，气候恶化[①]。

（二）中全新世适宜期（距今 8500～3000 年）

该阶段关中地层为全新世中期"周原黄土"——褐红色顶层埋藏土，主要为褐红色黏质粉砂土（见图二）。北方暖温带落叶阔叶林带向北推移 3 个纬度，气温比现在高 2～4℃。葫芦河流域气候温暖湿润，森林繁茂[②]。六盘山周围的宁夏固原、海原、隆德、泾源等县，当时生长着云杉、冷杉、落叶松、油松、圆柏等巨大树木，说明应存在大面积温性针、阔叶混交林。这只有年降水量比现在高 200～300 毫米的情况下才有可能[③]。关中平原适宜期成壤强度超过现在，秦岭基本不具备温带和亚热带分界线的作用，秦岭南北两侧均为亚热带气候，当时年均温度约 15℃，年均降水量约 800 毫米[④]。在岐山剖面为淋溶褐土发育期，有包含栗、化香等亚热带乔木的落叶阔叶林，年平均温度比现今高约 3℃，年平均降水量比今多 200 毫米左右。在西安和蓝田一带，发育了含枫杨、漆、化香、山核桃等亚热带植物的阔叶林。在西安半坡遗址发现的河麂和竹鼠均为亚热带动物，也证明当时气候比今暖湿。根据泾河流域长武 ETC 全新世土壤剖面的测定分析，当时该地气候温暖湿润，生物风化成壤作用大于风尘堆积作用，为典型的黑垆土成壤期[⑤]。宝鸡胜利村剖面和蓝田糜鹿村剖面中，地层中的粗粉砂含量、碳酸钙含量出现最小值，而低频、高频磁化率与黏粒和胶体的累积含量出现最大值[⑥]。这一阶段相当于北欧的大西洋期[⑦]。黄土高原虽然随着降水的增加而流水作用增强，但由于地表面有较多植被的覆盖，表土中又有植物根系的固结作用，土壤的抗蚀能力较强，

---

①　付淑清、陈淑娥、李勇等：《渭河中上游地区全新世气候不稳定性初步研究》，《干旱区资源与环境》第 19 卷第 7 期，2005 年，第 85～89 页。

②　莫多闻、李非、李水城等：《甘肃葫芦河流域中全新世环境演化及其对人类活动的影响》，《地理学报》第 51 卷第 1 期，1996 年，第 59～69 页。

③　陈加良：《论六盘山的古森林及其历史启迪》，《陕西师大学报》（哲学社会科学版）1978 年第 3 期，第 74～79 页。

④　黄春长：《渭河流域 3100 多年前的资源退化与人地关系演变》，《地理科学》第 20 卷第 1 期，2000 年，第 25～29 页。

⑤　毛龙江、黄春长、庞奖励：《泾河中游地区全新世成壤环境演变研究》，《地理科学》第 25 卷第 4 期，2005 年，第 478～483 页。

⑥　刘晓琼、赵景波：《关中平原中西部地区全新世 11500—3100a BP 成壤环境演变和沙尘暴活动研究》，《中国沙漠》第 27 卷第 5 期，2007 年，第 775～779 页。

⑦　赵景波、侯甬坚、杜娟等：《关中平原全新世环境演变》，《干旱区地理》第 26 卷第 1 期，2003 年，第 17～22 页。

土壤并没有受到明显侵蚀而发育完整①。适宜期本身也存在气候波动，又可以分为三个小的阶段。

1. 波动升温期（距今 8500~7000 年）

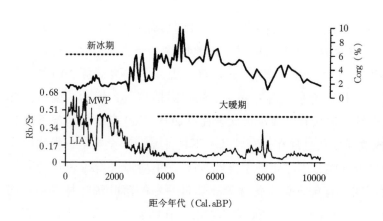

案板孢粉反映植被为栎、松混交疏林及草原，气温转暖②。但至距今 8200 年左右出现干冷事件，在岱海地区表现为沉积物 Rb/Sr 比值明显升高和有机碳（Corg）含量急剧减少（图七）③，之后又趋于暖湿。甘肃秦安大地湾白家文化时期自然剖面的孢粉分析表明，距今 8100 年左右葫芦河流域分布有暖温带的落叶阔叶林④。从岱

图七　全新世以来岱海沉积物 Rb/Sr 比值和

有机碳（Corg）含量变化曲线

（采用金章东等《早全新世降温事件的湖泊沉积证据》一文图 2）

海地区植被演替情况看，距今 8000 年左右代表温暖气候的松占优势，但不久代表温凉气候的桦又占优势⑤。关于岱海盆地的另一项研究表明，距今 7600~7400 年曾发生了一次明显的冷湿事件，7 月份平均气温可能比现在低约 2℃，年均降水量可能比现在多

---

① 查轩、黄少燕：《植被破坏对黄土高原加速侵蚀及土壤退化过程的影响》，《山地学报》第 19 卷第 2 期，2001 年，第 109~114 页；赵景波、杜鹃、黄春长：《黄土高原侵蚀期研究》，《中国沙漠》第 22 卷第 3 期，2002 年，第 257~261 页。

② 王世和、张宏彦等：《案板遗址孢粉分析》，《环境考古研究》（第一辑），科学出版社，1991 年，第 56~65 页。

③ 金章东、沈吉、王苏民等：《早全新世降温事件的湖泊沉积证据》，《高校地质学报》第 9 卷第 1 期，2003 年，第 11~18 页。

④ 莫多闻、李非、李水城等：《甘肃葫芦河流域中全新世环境演化及其对人类活动的影响》，《地理学报》第 5 卷第 1 期，1996 年，第 59~69 页；夏敦胜、马玉贞、陈发虎等：《秦安大地湾高分辨率全新世植被演变与气候变迁初步研究》，《兰州大学学报》（自然科学报）第 34 卷第 1 期，1998 年，第 119~127 页。

⑤ 刘清泗、汪家兴、李华章：《北方农牧交错带全新世湖泊演变特征》，《区域·环境·自然灾害地理研究》，科学出版社，1991 年，第 1~7 页；刘清泗、李华章：《中国北方农牧交错带（岱海—黄旗海地区）全新世环境演变》，《中国北方农牧交错带全新世环境演变及预测》，地质出版社，1992 年，第 16~54 页。

约140毫米[1]。之后温度回升，至距今7000年左右又出现明显干冷事件（见图五～七），黄土高原剖面中的落叶阔叶乔木花粉迅速减少，松、蒿花粉急剧增加[2]。半坡遗址也显示当时气温有所下降[3]。

2. 较稳定暖湿期（距今7000～5500年）

属于全新世适宜期中稳定的暖湿阶段，降水量大幅度增加，植被生长空前繁盛[4]，渭河流域、黄土高原属于草原—森林植被[5]，鄂尔多斯则基本为草原景观。

岱海、黄旗海、哈素海水面上升，周围森林繁茂[6]。岱海当时的7月份平均气温比今高约3℃，年均降水量比今多约40毫米[7]；岱海沿岸的石虎山Ⅰ聚落（约距今6500年）发现大量水牛骨骼[8]。黄旗海大河湾剖面显示落叶阔叶乔木增多，植被向森林草原转变[9]。关中西部扶风案板一、二期文化层（约距今6000～5500年）属于阔叶花粉增长带，最显著的特征是木本花粉明显增加，其中阔叶花粉最高峰达到90%，草本花粉大量减少，蕨类繁盛；植被为以阔叶林为主的针、阔叶混交林与草原，气候暖湿，属

---

① 许清海、肖举乐等：《孢粉资料定量重建全新世以来岱海盆地的古气候》，《海洋地质与第四纪地质》第23卷第4期，2003年，第99～108页。

② 孙建中、柯曼红等：《黄土高原全新世古气候环境》，《黄土高原第四纪》，科学出版社，1991年，第192～195页。

③ 李秉成：《西安半坡遗址全新世古气候环境的探讨》，《西北大学学报》（自然科学版）第34卷第4期，2004年，第485～488页。

④ 刘东生主编：《西北地区水资源配置生态环境建设和可持续发展战略研究》（自然历史卷），科学出版社，2004年，第118页。

⑤ 历史文献多提到黄土高原曾经有大面积森林分布，见史念海：《论历史时期我国植被的分布及其变迁》，《中国历史地理论丛》1991年第3期，第43～73页；朱志诚：《黄土高原森林草原的基本特征》，《地理科学》第14卷第2期，1994年，第52～155页。地质记录则表明，即使在适宜期，塬面也主要为草原植被而没有稳定的大面积的森林，关中盆地也仅有疏林，而在沟谷区森林（疏林）却可以得到很好发育，见刘东生、郭正堂、吴乃琴等：《史前黄土高原自然植被景观：森林还是草原？》，《地球学报》1994年第3～4期，第226～273页；李小强、安芷生、周杰等：《全新世黄土高原塬区植被特征》，《海洋地质与第四纪地质》第23卷第3期，2003年，第109～114页。

⑥ 王苏民、吴瑞金、蒋新禾：《内蒙古岱海末次冰期以来环境变迁与古气候》，《第四纪研究》1990年第3期，第223～232页；王瑂瑜、宋长青、孙湘君：《内蒙古土默特平原北部全新世古环境变迁》，《地理学报》第52卷第5期，1997年，第430～438页。

⑦ 许清海、肖举乐等：《孢粉资料定量重建全新世以来岱海盆地的古气候》，《海洋地质与第四纪地质》第23卷第4期，2003年，第99～108页。

⑧ 黄蕴平：《石虎山Ⅰ遗址动物骨骼鉴定与研究》，《岱海考古（二）——中日岱海地区考察研究报告集》，科学出版社，2001年，第489～513页。

⑨ 莫多闻、王辉、李水城：《华北不同地区全新世环境演变对古文化发展的影响》，《第四纪研究》第23卷第2期，2003年，第201～210页。

全新世气候最适宜期。扶风 JYC 剖面显示当时古土壤形成，气候温暖湿润[①]。西安半坡遗址的分析表明当时温度上升到最高值，约比现今高出 2℃[②]。甘肃天水小陇山林区山地生长着以栎类为主的落叶阔叶林或局部为针阔混交林，气候温暖湿润[③]。

期间大约距今 6800~6600 年有一次向干冷的波动。例如，距今 6800~6700 年零口遗址区乔本植物锐减、耐旱植物剧增，气候冷干，属干旱草原环境[④]。距今 6600 年左右岱海地区有一次短暂小幅度降温。这次明显的干冷事件在黄河源区发生在距今 6700 年左右[⑤]。

3. 波动降温期（距今 5500~3000 年）

这期间波动更为明显。

（1）距今 5500~5000 年为降温期，暖温带阔叶林普遍减少，温性针叶树种增加[⑥]。距今 5000 年左右气候的寒冷程度达到顶点，甚至可以视为适宜期间的一次极端气候事件，但这次降温并未伴随降水的显著减少，或可视为一次冷湿事件。甘肃庆阳仰韶文化晚期遗存中还发现大量栽培稻[⑦]，大地湾遗址仰韶文化晚期的大型房屋使用了不少巨大立柱，推测当时葫芦河流域仍生长有大片的原始森林[⑧]。

岱海、黄旗海湖面从距今 5500 年左右开始降低，至距今 5000 年前后达到前所未有的低谷，出现冰缘气候（图七、八）[⑨]。另一项研究表明，岱海盆地自距今 5100 年后气温开始下降，但降水量仍较多，当时的 7 月份平均气温与现在相近，降水比现在多

---

① 陈宝群、黄春长、李平华：《陕西扶风黄土台塬全新世成壤环境变化研究》，《中国沙漠》第 24 卷第 2 期，2004 年，第 149~152 页。

② 李秉成：《西安半坡遗址全新世古气候环境的探讨》，《西北大学学报》（自然科学版）第 34 卷第 4 期，2004 年，第 485~488 页。

③ 巨天珍、陈学林：《甘肃小陇山林区全新世中期以来古植被演替的研究》，《西北植物学报》第 18 卷第 2 期，1998 年，第 292~299 页。

④ 陕西省考古研究所：《临潼零口村》，三秦出版社，2004 年，第 281~283、446~453 页。

⑤ 程捷、张绪教、田明中等：《青藏高原东北部黄河源区大暖期气候特征》，《地质论评》第 50 卷第 3 期，2004 年，第 330~337 页。

⑥ 扬子赓：《对五千年前低温带事件的探讨》，《中国第四纪研究》第 8 卷第 1 期，1989 年，第 151~159 页。

⑦ 张文绪、王辉：《甘肃庆阳遗址古栽培稻的研究》，《农业考古》2000 年第 3 期，第 80~85 页。

⑧ 李非、李水城、水涛：《葫芦河流域的古文化与古环境》，《考古》1993 年第 9 期，第 822~842 页。

⑨ 刘清泗、汪家兴、李华章：《北方农牧交错带全新世湖泊演变特征》，《区域·环境·自然灾害地理研究》，科学出版社，1991 年，第 1~7 页；刘清泗、李华章：《中国北方农牧交错带（岱海—黄旗海地区）全新世环境演变》，《中国北方农牧交错带全新世环境演变及预测》，地质出版社，1992 年，第 16~54 页。

约 100 毫米①。在天水师赵村石岭下类型文化层中，喜冷湿的冷杉、云杉、铁杉等组成的乔木植物花粉增多，表明距今 5500 年左右以后气候向凉湿方向转变②。距今 5000 年前后，葫芦河流域大地湾剖面全新世古土壤之间出现一个短暂、干冷的黄土发育期③，孢粉浓度从全新世的最高值降至全新世的极低值，植被由疏林草原变为覆盖率极小的干旱草原④。西安半坡和宁夏水洞沟剖面中，距今 5000 年前后，落叶阔叶林下降，针叶林及草原面积扩展⑤。内蒙古凉城县王墓山坡上聚落发

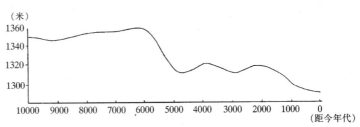

图八　10000 年来黄旗海湖面水位变化曲线

（采用刘清泗等《中国北方农牧交错带（岱海－黄旗海地区）全新世环境演变》一文图 6）

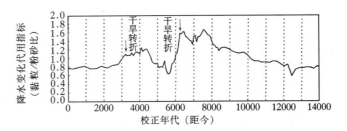

图九　陕西岐山 NGZ 黄土剖面代用指标（黏粒/粉沙比）

（根据黄春长等《关中盆地西部黄土台塬·全新世气候事件研究》一文图 2 改绘）

现不少狍、马鹿、黄鼠、鼢鼠等温带草原和温带森林环境中存在的中、小型动物⑥；从王墓山坡上聚落的孢粉分析来看，几乎均为蒿属类草本植物⑦。这次气候恶化事件在关

① 许清海、肖举乐等：《孢粉资料定量重建全新世以来岱海盆地的古气候》，《海洋地质与第四纪地质》第 23 卷第 4 期，2003 年，第 99～108 页。
② 赵邡：《甘肃省天水市两个新石器时代遗址的孢粉分析》，《环境考古研究》（第一辑），科学出版社，1991 年，第 100～104 页。
③ 陈发虎、张维信：《甘青地区的黄土地层学与第四纪冰川问题》，科学出版社，1993 年，第 139～149 页。
④ 夏敦胜、马玉贞、陈发虎等：《秦安大地湾高分辨率全新世植被演变与气候变迁初步研究》，《兰州大学学报》（自然科学版）第 34 卷第 1 期，1998 年，第 119～128 页。
⑤ 孙建中、柯曼红等：《黄土高原全新世古气候环境》，《黄土高原第四纪》，科学出版社，1991 年，第 192～195 页。
⑥ 内蒙古文物考古研究所、日本京都中国考古学研究会岱海地区联合考察队：《凉城县王墓山坡上遗址发掘报告》，《内蒙古文物考古文集》（第 2 辑），中国大百科全书出版社，1997 年，第 238～270 页。
⑦ 铃木茂：《岱海遗址群的孢粉分析》，《岱海考古（二）——中日岱海地区考察研究报告集》，科学出版社，2001 年，第 482～488 页。

中东部的渭南北刘[①]、临潼李湾剖面[②]、关中西部的岐山 NGZ（图九）[③]、扶风 JYC 剖面[④]，甚至在黄河源区都有反映[⑤]。

（2）距今 5000 年以后气温回升，降水增加，至距今 4500 年左右暖湿程度达到峰顶。距今 4500 年左右老虎山东侧剖面出现代表植被发育的古土壤层，之后有代表较大洪冲积过程的砾石层[⑥]。从黄旗海剖面看，距今 4500 年左右湖面稍有回升，但当时已经无法恢复到先前的暖湿程度。宁夏固原林子梁遗址孢粉多见喜温干的松属花粉，其次为蒿、藜、麻黄，表明当时气候略温暖、偏干燥，有温带草原气候特征[⑦]。鹿类、黄羊等野生动物也属于适合在半荒漠草原山坡生存的北方草原动物种群[⑧]。

（3）距今 4300 年以后气候又向冷干方向发展，至距今 4000 年左右气候的干冷程度达到又一个顶点，可以视为适宜期间的一次极端气候事件，有人称其为"小冰期"。从岱海苫花河口剖面来看，距今 4300 年前后岱海地区的气温几乎降到 0℃ 左右（见图五、七），降水也有明显减少（见图六）[⑨]。有人推测这次冷干事件致使 7 月份平均气温比现在低约 2～3℃，降水量比现在少约 20～30 毫米[⑩]。渭南北刘、临潼李湾、岐山

① 徐勤向、党群、庞奖励：《关中盆地东部北刘剖面全新世大暖期气候高分辨率研究》，《固原师专学报》（自然科学）第 26 卷第 3 期，2005 年，第 45～49 页。

② 贾耀锋、庞奖励：《关中盆地东部李湾剖面全新世高分辨率气候研究》，《干旱区资源与环境》第 17 卷第 3 期，2003 年，第 39～43 页。

③ 黄春长、庞奖励、黄萍等：《关中盆地西部黄土台塬全新世气候事件研究》，《干旱区地理》第 25 卷第 1 期，2002 年，第 10～15 页。

④ 陈宝群、黄春长、李平华：《陕西扶风黄土台塬全新世成壤环境变化研究》，《中国沙漠》第 24 卷第 2 期，2004 年，第 149～152 页。

⑤ 程捷、张绪教、田明中等：《青藏高原东北部黄河源区大暖期气候特征》，《地质论评》第 50 卷第 3 期，2004 年，第 330～337 页。

⑥ 内蒙古文物考古研究所：《岱海考古（一）——老虎山文化遗址发掘报告集》，科学出版社，2000 年，第 4 页。

⑦ 孔昭宸、杜乃秋：《宁夏海原菜园村遗址孢粉分析及其在环境考古学上的意义》，《宁夏菜园——新石器时代遗址、墓葬发掘报告》，科学出版社，2003 年，第 343～348 页。

⑧ 宁夏文物考古研究所、中国历史博物馆考古部：《宁夏菜园——新石器时代遗址、墓葬发掘报告》，科学出版社，2003 年，第 358 页。

⑨ 刘清泗、汪家兴、李华章：《北方农牧交错带全新世湖泊演变特征》，《区域·环境·自然灾害地理研究》，科学出版社，1991 年，第 1～7 页；刘清泗、李华章：《中国北方农牧交错带（岱海—黄旗海地区）全新世环境演变》，《中国北方农牧交错带全新世环境演变及预测》，地质出版社，1992 年，第 16～54 页。

⑩ 许清海、肖举乐等：《孢粉资料定量重建全新世以来岱海盆地的古气候》，《海洋地质与第四纪地质》第 23 卷第 4 期，2003 年，第 99～108 页。

NGZ 剖面也都显示距今 4200 年左右气候趋于恶化（见图九）[①]。

（4）距今 4000 年以后气温降水稍趋上升，至距今 3700 年左右暖湿程度达到一个准峰顶。据岱海盆地孢粉分析，距今 3900～3500 年的相对暖湿时期，7 月份平均气温比今高约 2～3℃，降水量比今也略高[②]。

（5）距今 3700 年后渐趋干冷，直至距今 3000 年左右达到低谷。气候仍不稳定，而且干旱期在黄河流域仍有较多大洪水。黄河上游官亭盆地在距今 3700～2800 年间存在一个特大洪水频发时期，至少存在 14 次特大洪水[③]。朱开沟遗址文化层样品的孢粉分析显示，木本花粉总体很少，以松、桦针阔混交林为主；草本中蒿、藜花粉的比例逐渐增加，到最后竟占到全部花粉的 93%[④]。可知气候渐趋干冷，耐干旱的蒿、藜逐渐营造出典型的草原景观，耐寒的松、杉最终成为主要的点缀林木。

（三）晚全新世降温干旱期（距今 3000 年至今）

该阶段关中地层为全新世晚期"周原黄土"——褐色顶层埋藏土，主要为褐色黏质粉砂土（见图二）。距今 3000 年以后气温和降水波动下降，干旱化趋势越来越明显。距今 3000 年左右，岱海、黄旗海湖面再次降到低谷，出现冰缘气候，植被以桦为主，这和鄂尔多斯地区近同（见图三～八）。毛乌素沙地该时段的孢粉组合中，蒿已经上升到 90%，总碳百分比含量波动下降，反映该区森林已基本消失[⑤]。内蒙古清水河西岔遗址孢粉显示，当时以草原景观为主[⑥]。泾河流域长武 ETC 全新世土壤剖面分析表明，从距今 3100 年开始，季风气候格局发生转变，气候干旱化，沙尘暴加剧，风尘堆积速率大于生物风化成壤速率，土壤资源自然退化，形成弱成壤层和黄土层[⑦]；关中平原距

① 贾耀锋、庞奖励：《关中盆地东部李湾剖面全新世高分辨率气候研究》，《干旱区资源与环境》第 17 卷第 3 期，2003 年，第 39～43 页；黄春长、庞奖励、黄萍等：《关中盆地西部黄土台塬全新世气候事件研究》，《干旱区地理》第 25 卷第 1 期，2002 年，第 10～15 页。

② 许清海、肖举乐等：《孢粉资料定量重建全新世以来岱海盆地的古气候》，《海洋地质与第四纪地质》第 23 卷第 4 期，2003 年，第 99～108 页。

③ 杨晓燕、夏正楷、崔之久：《黄河上游全新世特大洪水及其沉积特征》，《第四纪研究》第 25 卷第 1 期，2005 年，第 80～85 页。

④ 郭素新：《再论鄂尔多斯式青铜器的渊源》，《内蒙古文物考古》1993 年第 1、2 期，第 93 页。

⑤ 刘东生主编：《西北地区水资源配置生态环境建设和可持续发展战略研究》（自然历史卷），科学出版社，2004 年，第 212 页。

⑥ 汤卓炜、曹建恩、张淑芹：《内蒙古清水河县西岔遗址孢粉分析与古环境研究》，《边疆考古研究》第 3 辑，科学出版社，2004 年，第 274～283 页。

⑦ 毛龙江、黄春长、庞奖励：《泾河中游地区全新世成壤环境演变研究》，《地理科学》第 25 卷第 4 期，2005 年，第 478～483 页。

今 3100 年后古土壤发育明显减弱[①]。渭南北刘、临潼李湾、岐山 NGZ 剖面也都显示距今 3100 年气候出现恶化（见图九）。扶风案板西周文化层木本花粉急剧下降，草本花粉增至 94% 以上，其中旱生的蒿属、菊科、藜科又占绝对优势，蕨类极少，植被为以旱生草本为主的草原及疏林，气候干凉。在富平剖面，晚全新世发育了疏林草原[②]。根据对西安附近少陵塬全新世土层的分析，可知距今 3100 年前后是土壤侵蚀由弱到强的转折。但如果考虑到土壤物质的积累，冷干期应比温湿期利于黄土高原发育[③]。《诗经·豳风·七月》说"八月剥枣，十月获稻"，《今本竹书纪年》记载周幽王四年（公元前778 年）关中"六月陨霜"，都说明西周时期气候严寒。

春秋以后关中趋于温暖[④]。毛乌素沙地距今 2620～2400 年左右总碳百分比含量稍趋回升[⑤]。

距今 2000 年以后，还存在中世纪温暖期和清代小冰期等代表的气候波动[⑥]，全新世周原黄土逐渐变为以灰黄色粉砂土为主的新近黄土。由于已经超出本书研究范围，故不再讨论。

二、内蒙古半干旱草原区

该区气候变化更加敏感，阶段性变化基本同于黄土高原区。

（一）早全新世回暖期（距今 11500～8500 年）

据对察哈尔右翼中旗调角海剖面分析，从距今 10200 年开始，孢粉浓度开始猛增，

①　黄春长：《渭河流域 3100 多年前的资源退化与人地关系演变》，《地理科学》第 20 卷第 1 期，2000 年，第 25～29 页。

②　赵景波、侯甬坚、杜娟等：《关中平原全新世环境演变》，《干旱区地理》第 26 卷第 1 期，2003 年，第 17～22 页。

③　杜娟、赵景波：《长安少陵塬全新世以来的土壤侵蚀规律研究》，《中国沙漠》第 24 卷第 1 期，2004 年，第 63～67 页。

④　竺可桢：《中国近五千年来气候变迁的初步研究》，《考古学报》1972 年第 1 期，第 15～38 页；朱士光、王元林、呼林贵：《历史时期关中地区气候变化的初步研究》，《第四纪研究》1998 年第 1 期，第 1～11 页。

⑤　刘东生主编：《西北地区水资源配置生态环境建设和可持续发展战略研究》（自然历史卷），科学出版社，2004 年，第 212 页。

⑥　竺可桢：《中国近五千年来气候变迁的初步研究》，《考古学报》1972 年第 1 期，第 15～38 页；张丕远、王铮、刘啸雷等：《中国近 2000 年来气候演变的阶段性》，《中国科学》（B 辑）第 24 卷第 9 期，1994 年，第 998～1008 页；张丕远、孔昭宸、龚高法等：《中国历史气候变化》，山东科学技术出版社，1996 年；张德二、刘传志、江剑民：《中国东部 6 区域近 1000 年干湿序列的重建和气候跃变分析》，《第四纪研究》1997 年第 1 期，第 1～11 页。

首先繁盛起来的是蒿、藜、麻黄等耐旱的草本和小灌木植物，桦、松等乔木花粉含量一般还很低；孢粉组合反映的植被与现代大兴安岭西麓的桦林草原可以类比，说明当时的气温仍比现代低 1～1.5℃，降水量高于现代 30～50 毫米。气候变得较为适宜大致始于距今 9400 年，此时乔木花粉浓度迅速增加，其中以桦占绝对优势，榆、栎也得到了一定发展；孢粉组合反映的植被与现代大兴安岭东南麓的森林草原最为近似，说明当时的年均气温和降水量分别比现代高 1.5～2.0℃ 和 150～200 毫

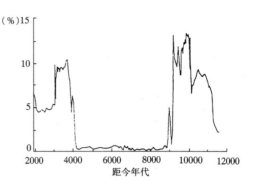

图一〇　调角海子剖面碳酸钙百分含量

（采用杨志荣《内蒙古大青山调角海地区全新世气候与环境重建研究》一文图 4）

米；同时碳酸钙含量急剧下降（图一〇）[①]。据对浑善达克沙地南缘太仆寺剖面孢粉、植硅体分析，距今 10000～8720 年，菊科蓝刺头类植物在羊草—针茅草原中占有一定比例，还有冰草、蒿和藜科植物，推测当时气候偏冷湿[②]。当时大青山 DJ 钻孔花粉组成以松属、桦属为主，草本以蒿属、藜科为主，此外还包括少量的菊科、麻黄属、石竹科和莎草科等花粉，说明进入全新世以后气候已经明显好转，植物开始繁盛，形成疏林草原植被；双星藻类的大量出现反映出当时的气候环境相对湿润[③]。此外，调角海剖面显示距今 9100～8800 年出现过植被退化与气候冷干波动[④]，这与鄂尔多斯、岱海等地反映的情况相同。

（二）中全新世适宜期（距今 8500～3000 年）

进入中全新世以后，湖面扩大，湖水淡化，水生植物丰富，年降水量高于现在 200 毫米左右。根据浑善达克沙地锡林浩特剖面分析，当时夏季风较强，冬季风相对较弱，气候温暖湿润[⑤]。

---

① 杨志荣：《内蒙古大青山调角海地区全新世气候与环境重建研究》，《生态学报》第 21 卷第 4 期，2001 年，第 538～543 页。

② 黄翡、K.Lisa、熊尚发等：《内蒙古中东部全新世草原植被、环境及人类活动》，《中国科学 D 辑·地球科学》第 34 卷第 11 期，2004 年，第 1029～1040 页。

③ 宋长青、王瑞瑜、孙湘君：《内蒙古大青山 DJ 钻孔全新世古植被变化指示》，《植物学报》第 38 卷第 7 期，1996 年，第 568～575 页。

④ 同①。

⑤ 李明启、靳鹤龄、张洪等：《浑善达克沙地磁化率和有机质揭示的全新世气候变化》，《沉积学报》第 23 卷第 4 期，2005 年，第 683～689 页。

1．波动升温期（距今 8500～7000 年）

据对察哈尔右翼中旗小白素海、调角海剖面孢粉和植物残体分析可知，距今 8500～7000 年期间，这些湖区分布有暖温带落叶阔叶林和针叶林[①]。太仆寺剖面显示，距今 8720～7000 年，在羊草—针茅草原中分布有大量 C_4 植物，气候趋于温暖湿润[②]。在波动升温的过程中也有明显冷期。调角海距今 8000～7800 年和距今 7000～6900 年出现干冷期，导致植被变为荒漠化草原[③]。距今 7000 年左右这一次干冷事件在时间上和黄土高原区相同。

2．较稳定暖湿期（距今 7000～5500 年）

调角海孢粉分析表明，当时该地区年降水量一般在 500 毫米，甚至高达 630 毫米，年平均气温最高可达到 6℃；而现在年降水量只有 400 毫米，年平均气温只有 -1℃[④]。另一项孢粉研究表明，当时调角海为植被全盛期，乔木植物百分比迅速上升到 70%～80%，此期植被为针阔叶混交林，代表性乔木为桦、松，其中混生栎、云杉、榆、椴、胡桃等；同时满足这些树种生长的年均气温为 2～3℃，降水量至少为 500～550 毫米[⑤]。距今 7100～5500 年，浑善达克沙地北部锡林浩特地区古土壤发育，淋溶作用增强，沙丘被完全固定，为草原环境，气候温暖湿润程度达到全新世之最[⑥]。太仆寺剖面显示当时羊草—针茅草原中 C_4 植物空前繁盛，附近分布松林和温带落叶林，气候温暖湿润[⑦]。

3．波动降温期（距今 5500～3000 年）

（1）大青山调角海湖滨距今 5500～5000 年发育古冰楔，属于冰缘期；孢粉浓度大幅度下降，乔木仅有零星的松、桦、栎，草本和灌木植物种类也大为减少，植被退化

① 崔海亭、孔昭宸：《内蒙古东中部地区全新世高温期气候变化的初步分析》，《中国全新世大暖期气候与环境》，海洋出版社，1992 年，第 72～79 页；杨志荣：《大青山调角海地区全新世低温波动研究》，《地理研究》第 17 卷第 2 期，1998 年，第 138～143 页。

② 黄翡、K.Lisa、熊尚发等：《内蒙古中东部全新世草原植被、环境及人类活动》，《中国科学 D 辑·地球科学》第 34 卷第 11 期，2004 年，第 1029～1040 页。

③ 杨志荣：《内蒙古大青山调角海地区全新世气候与环境重建研究》，《生态学报》第 21 卷第 4 期，2001 年，第 538～543 页。

④ 宋长青、孙湘君：《花粉——气候因子转换函数建立及其对古气候因子定量重建》，《植物学报》第 39 卷第 6 期，1997 年，第 554～560 页。

⑤ 同③。

⑥ 靳鹤龄、苏志珠、孙忠：《浑善达克沙地全新世中晚期地层化学元素特征及其气候变化》，《中国沙漠》第 23 卷第 4 期，2003 年，第 366～371 页。

⑦ 黄翡、K.Lisa、熊尚发等：《内蒙古中东部全新世草原植被、环境及人类活动》，《中国科学 D 辑·地球科学》第 34 卷第 11 期，2004 年，第 1029～1040 页。

为干草原[①]。

（2）浑善达克沙地北部锡林浩特全新世地层剖面显示，距今 5000～4500 年古土壤发育，气候出现暖湿波动[②]。正蓝旗高西马格湖剖面分析表明，距今 5010～4040 年，孢粉组合是以落叶阔叶桦木和蒿属植物花粉为优势，当时气候较今温暖偏湿[③]。

（3）锡林浩特剖面距今 4500～4000 年地层中再次出现风成砂沉积，气候出现干旱波动[④]。小白素海距今 4000 年左右也为干旱时期[⑤]。太仆寺剖面显示，距今 4200 年以后大针茅草原中克氏针茅、沙生冰草、麻黄等成分增多，与气候变冷干及草原植被退化有关[⑥]。同时调角海碳酸钙含量急剧上升（见图一〇）。

（4）锡林浩特剖面显示，距今 4000～3500 年再次发育古土壤，表明气候出现湿润波动，但降水增大的幅度不大，环境应为半干旱荒漠草原[⑦]。

（三）晚全新世降温干旱期（距今 3000 年至今）

距今 3000 年以后进入降温期，环境逐渐恶化。浑善达克沙地出现温干的持续波动[⑧]。锡林浩特剖面显示，3500 年特别是 2200 年以来气候以干旱为主，地层中出现了多次古土壤与风成砂的更替[⑨]。调角海地区距今 3100～2200 年出现 1 万年以来孢粉浓度的最低点，乔木基本消失，草本和灌木中也仅有少量的蒿、藜、麻黄、莎草等生长，植被极为稀疏，类似于现代的荒漠草原；距今 2200～1900 年孢粉浓度有所回升，但已无法达到 3000 年以前的水平[⑩]。

----

① 杨志荣、索秀芬：《我国北方农牧交错带人类活动与环境关系》，《北京师范大学学报》（自然科学版）第 32 卷第 3 期，1996 年，第 415～420 页；杨志荣：《内蒙古大青山调角海地区全新世气候与环境重建研究》，《生态学报》第 21 卷第 4 期，2001 年，第 538～543 页。

② 靳鹤龄、苏志珠、孙忠：《浑善达克沙地全新世中晚期地层化学元素特征及其气候变化》，《中国沙漠》第 23 卷第 4 期，2003 年，第 366～371 页。

③ 李春雨、徐兆良、孔昭宸：《浑善达克沙地高西马格剖面孢粉分析及植被演化的初步探讨》，《植物生态学报》第 27 卷第 6 期，2003 年，第 797～803 页。

④ 同②。

⑤ 靳桂云、刘东生：《华北北部中全新世降温气候事件与古文化变迁》，《科学通报》第 46 卷第 20 期，2001 年，第 1725～1730 页。

⑥ 黄翡、K.Lisa、熊尚发等：《内蒙古中东部全新世草原植被、环境及人类活动》，《中国科学 D 辑·地球科学》第 34 卷第 11 期，2004 年，第 1029～1040 页。

⑦ 同②。

⑧ 李森、孙武、李孝泽等：《浑善达克沙地全新世沉积特征与环境特征》，《中国沙漠》第 15 卷第 4 期，1995 年，第 323～331 页。

⑨ 同②。

⑩ 杨志荣：《内蒙古大青山调角海地区全新世气候与环境重建研究》，《生态学报》第 21 卷第 4 期，2001 年，第 538～543 页。

三、西北内陆干旱区

关于新疆地区具体的水热组合形式存在不同意见。就北疆来说，有些人认为与东部季风区类同，全新世水热组合为暖与湿、冷与干相对应[1]；另外有些人则提出，全新世气候波动主要表现为冷湿和暖干的组合[2]。通过对莫索湾地层剖面的分析，发现全新世以来古尔班通古特沙漠至少经历了 8 次沙漠固定、缩小的逆过程期和 8 次沙漠活化、扩大的正过程期；表明无论季风区沙漠，还是西风区沙漠，均对控制沙漠变迁的、以温度变化为特点的全球冰期气候波动有所响应，但正逆过程转换不像东部沙区那么剧烈[3]。青海内陆干旱区与东部季风区的一致性更大。从青海湖孢粉所显示的 1 万年气温与降水量变化来看（图一一），距今 8000 年以后温度、降水都迅速增加，适宜期气候以暖湿为主，但仍有波动，尤以温度的周期性波动更加明显。在距今 4000 年以后，温度和降水变化基本一致，即冷干期和暖湿期交替出现；之前降水则滞后于温度变化大约 500 年，于是就大略出现冷湿期和干热期交替出现的情况[4]。

（一）早全新世回暖期（距今 11500～8500 年）

距今 11500 年以后，气温快速上升，湿度增加，在察尔汗盐湖、青海湖等湖泊都出现高水位。青海湖区距今 11000～10000 年间属于疏林草原，而非现在的草甸草原；至距今 10000～8500 年，由于松、云杉、桦、榆等乔木树种的增加，这些湖区进一步变为森林草原[5]。距今 8900 年左右，青海湖出现过以蒿、麻黄和莎草科为主的花粉峰值，代表一段干冷时期[6]。石羊河流域三角城剖面孢粉特征表明，距今

---

① 吴敬禄：《新疆艾比湖全新世沉积特征及古环境演化》，《地理科学》第 15 卷第 1 期，1995 年，第 39～46 页；孙湘君、杜乃秋、翁成郁等：《新疆玛纳斯湖周围近 14000 年以来的古植被古环境》，《第四纪研究》1994 年第 3 期，第 239～247 页。

② 李吉均：《中国西北地区晚更新世以来环境变化模式》，《第四纪研究》1990 年第 4 期，第 197～204 页。

③ 陈惠中、金炯、董光荣：《全新世古尔班通古特沙漠演化和气候变化》，《中国沙漠》第 21 卷第 4 期，2001 年，第 333～339 页。

④ 施雅风、孔昭宸、王苏民等：《中国全新世大暖期气候与环境的基本特征》，《中国全新世大暖期气候与环境》，海洋出版社，1992 年，第 1～18 页；王绍武、龚道溢：《全新世几个特征时期的中国气温》，《自然科学进展》第 10 卷第 4 期，2000 年，第 325～332 页。

⑤ 孔昭宸等：《青海湖全新世植被演变及气候分析—QH85—^{14}C孔孢粉数值分析》，《海洋地质与第四纪地质》第 10 卷第 3 期，1990 年，第 79～96 页。

⑥ 宋长青、孙湘君：《花粉——气候因子转换函数建立及其对古气候因子定量重建》，《植物学报》第 39 卷第 6 期，1997 年，第 554～560 页。

10000～8500年期间气候总体向暖湿方向发展，但云杉和圆柏比例的此消彼长则反映湿度存在波动①。

新疆艾比湖地区距今11460～10600年间温度较高且降水较多，距今10500年出现冷偏湿快速转换为冷干的气候事件，距今8600年又出现短暂的冷湿事件，此后气候变得较为湿润②。塔里木河流域全新世早期气候仍较干凉，但也有一些温湿波

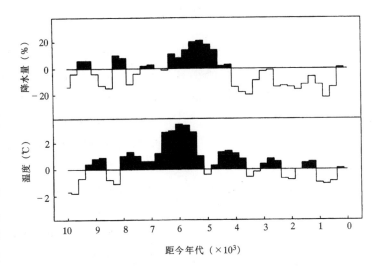

图一一　青海湖孢粉所显示的近1万年气温与降水量变化
（采用《气候过程和气候变化》一书图10.5③）

动，在地层中表现为泛洪堆积。如克里雅河在距今10000年左右经历了一次泛滥期④，罗布泊地区于距今9310年前后在湖泊中沉积了一层黑色淤积层⑤，肖塘附近剖面出现一次亚黏质沉积，表明由于冰后期升温，上游冰川消融量增大，泛洪作用增强⑥。距今9000年左右有一次明显的干冷事件，罗布泊向南退缩，沙漠面积扩大，塔克拉玛干气候温凉干燥⑦。

①　朱艳、陈发虎等：《石羊河流域早全新世湖泊孢粉记录及其环境意义》，《科学通报》第46卷第19期，2001年，第1596～1602页。
②　姜加明、吴敬禄：《北疆地区早全新世环境演化的湖泊沉积记录》，《高校地质学报》第9卷第1期，2003年，第31～37页。
③　〔澳〕E. 布赖恩特著、刘东生等编译：《气候过程和气候变化》，科学出版社，2004年。
④　曹琼英、夏训诚等：《新疆克里雅河下游地貌与第四纪地质的初步研究》，《地理科学》1992年第1期，第24～25页。
⑤　严富华、叶永英：《新疆罗布泊罗4井的孢粉组合及其意义》，《地震地质》第5卷第4期，1983年，第75～80页。
⑥　冯起、王建民：《塔克拉玛干沙漠北部全新世环境演变》，《沉积学报》第16卷第2期，1998年，第129～133页。
⑦　曹琼英、夏训诚等：《新疆克里雅河下游地貌与第四纪地质的初步研究》，《地理科学》1992年第1期，第24～25页。

（二）中全新世适宜期（距今 8500～3000 年）

该阶段季风可能到达新疆北部，准格尔盆地湖沼发育、湖面扩大、湖水淡化，水生植物丰富，泥炭堆积，年降水量高于现在 200 毫米左右；草原地带多被落叶阔叶林占据，森林覆盖率提高，属于森林—草原植被[①]。塔里木盆地主体仍为沙漠，但面积减小；高温引起流域周围山地冰川、积雪消融，流域水量增加，塔里木河等水量充足而形成大片绿洲、湖泊；河流相沉积和泛洪堆积作用加强，塔里木河中游普遍发育 2～3 层泛洪堆积的亚黏土，一些地层中出现大量蜗牛化石[②]。博斯腾湖孢粉组合代表的是一种浅湖或湖滨沼泽相环境，水分状况相对变好，湖泊水位上升，气候虽有短暂的湿润波动，但总体的干旱背景仍然未变[③]。

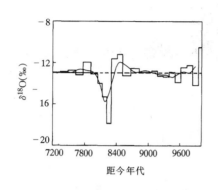

图一二　距今 10000～7200 年时期
古里雅冰芯中 $\delta^{18}O$ 值的变化
（采用王宁练等《全新世早期强降温事件
的古里雅冰芯记录证据》一文图 1）

1. 波动升温期（距今 8500～7000 年）

青海湖区距今 8500 年以后乔木树种增加，湖沼水域扩大，水体淡化[④]；新疆地区与此类同。但距今 8200 年左右出现明显的变冷事件，这在新疆艾比湖、石羊河尾闾地区都有反映[⑤]，也与古里雅冰芯记录一致（图一二）[⑥]。

2. 较稳定暖湿期（距今 7000～5500 年）

该时期大部地区降水量大幅度增加，湖面上升，水体淡化，植被生长空前繁盛。

---

① 林瑞芬、卫克勤：《新疆玛纳斯湖沉积物氧同位素记录的古气候信息探讨——青海湖和色林错比较》，《第四纪研究》第 18 卷第 4 期，1998 年，第 308～318 页。

② 冯起、陈广庭、朱震达：《塔克拉玛干沙漠北部全新世环境演变》，《环境科学学报》第 16 卷第 2 期，1996 年，第 238～243 页。

③ 钟巍、熊黑钢：《南疆博斯腾湖全新世环境演变特征的初步研究》，《新疆大学学报》（自然科学版）第 15 卷第 3 期，1998 年，第 83～88 页。

④ 杜乃秋、孔昭宸、山发寿：《青海湖 QH85—^{14}C 钻孔孢粉组合及其古气候古环境的初步探讨》，《植物学报》第 31 卷第 10 期，1992 年，第 803～814 页。

⑤ 姜加明、吴敬禄：《北疆地区早全新世环境演化的湖泊沉积记录》，《高校地质学报》第 9 卷第 1 期，2003 年，第 31～37 页；吴敬录、沈吉、王苏民等：《新疆艾比湖地区湖泊沉积记录的早全新世气候环境特征》，《中国科学》（D 辑）第 33 卷第 6 期，2003 年，第 569～575 页。

⑥ 王宁练、姚檀栋等：《全新世早期强降温事件的古里雅冰芯记录证据》，《科学通报》第 47 卷第 11 期，2002 年，第 818～823 页。

青海湖、察尔汗湖周围植被为温性针叶林和针阔混交林，淡水生的藻类增多①。柴达木盆地因高温而出现盐类沉积②。河西走廊的河流普遍发生下切③。

阿尔泰山中部大罗坝盆地以云杉和落叶松为主的针叶林繁盛，推测当时该地区的年平均温度比现在高约3℃，年降水量与现代相近④。天山东段巴里坤湖附近气候较湿润，湖相沉积物中花粉含量急剧增加（图一三）⑤。在新疆罗布泊钻孔中，当时该地区松、栎、桦、榛、榆、胡桃、冷杉等在内的乔本植物花粉竟占到孢粉

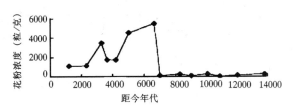

图一三　新疆巴里坤湖 ZK00A 孔花粉浓度变化曲线
（采用韩淑媞等《北疆巴里坤湖内陆型
全新世气候特征》一文图 2 改绘）

总数的 95%，表明周边山地很可能有森林分布⑥。克里雅河上游的乌鲁克湖和阿什湖距今 7000～6000 年湖面最高，昆仑山北坡黄土中古土壤发育，并生长喜湿的琥珀螺⑦；克里雅河下游在 6500～5300 年经历了一次泛滥期⑧。石羊河流域三角城剖面孢粉特征表明，经历了距今 7000～6800 年短暂的干燥期后，气候变得湿润起来⑨。

3. 波动降温期（距今 5500～3000 年）

（1）距今 5500～5000 年气候剧烈波动，祁连山敦德冰芯距今 5400 年温度降至八

---

① 山发寿、杜乃秋、孔昭宸：《青海湖盆地 35 万年来的植被演化及环境变迁》，《湖泊科学》第 5 卷第 1 期，1993 年，第 9～17 页；杜乃秋、孔昭宸：《青海柴达木盆地察尔汗盐湖的孢粉组合及其在地理和植物学的意义》，《植物学报》第 25 卷第 3 期，1983 年，第 275～282 页。

② 刘东生主编：《西北地区水资源配置生态环境建设和可持续发展战略研究》（自然历史卷），科学出版社，2004 年，第 118 页。

③ 李有利、杨景春：《河西走廊平原区全新世河流阶地对气候变化的响应》，《地理科学》第 17 卷第 3 期，1997 年，第 248～252 页。

④ 阎顺、叶玮：《新疆阿尔泰山全新世环境演变》，《干旱区地理学集刊》1994 年第 3 期，第 93～102 页。

⑤ 韩淑媞、瞿章：《北疆巴里坤湖内陆型全新世气候特征》，《中国科学》（B 辑）1992 年第 12 期，第 1201～1209 页。

⑥ 刘东生主编：《西北地区水资源配置生态环境建设和可持续发展战略研究》（自然历史卷），科学出版社，2004 年，第 205～206 页。

⑦ 李志中、关有志、贾惠兰等：《塔里木盆地北部全新世地层中的孢粉组合与古环境》，《干旱区资源与环境》第 10 卷第 1 期，1996 年，第 23～29 页。

⑧ 克里雅河及塔克拉玛干沙漠科学考察队：《克里雅河及塔克拉玛干沙漠考察报告》，中国科学文献出版社，1991 年，第 132～135 页。

⑨ 朱艳、陈发虎等：《石羊河流域早全新世湖泊孢粉记录及其环境意义》，《科学通报》第 46 卷第 19 期，2001 年，第 1596～1602 页。

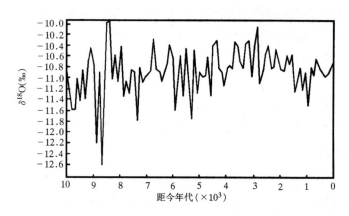

图一四　祁连山敦德冰芯 1 万年来 $\delta^{18}O$ 显示的温度波动

（采用姚檀栋等《祁连山敦德冰心记录的全新世气候变化》一文图 2）

千年以来的最低点（图一四）[①]；青海湖、腾格里沙漠南缘距今 4800 年左右都经历了一次明显而短暂的降温事件[②]；河西走廊河流加积作用强烈，形成第一级阶地[③]。在新疆地区，多项研究表明天山冰川[④]、巴里坤山区冰川均发生冰进[⑤]；新疆柴窝堡距今 5000 年前后孢粉组合中云杉、桦、麻黄花粉含量上升，藜科、蒿属、莎草含量下降，表明气温一度下降[⑥]；古尔班通古特沙漠形成薄层古风成砂[⑦]。

（2）距今 5000 年以后，气温又波动升高，青海湖等湖泊都出现高水位。距今 4000 年前后有一次变冷事件，降水量也突然减少。天山冰川距今 4100 年左右发生冰进[⑧]。祁连山北麓东段的民乐扁都口和武威哈溪口剖面显示，距今 4200 年左右磁化率和有机碳含量突然降低，距今 4000 年达到谷底，气候迅速恶化。距今 4000 年以后磁化率和

---

① 姚檀栋、施雅风：《祁连山敦德冰心记录的全新世气候变化》，《中国全新世大暖期气候与环境》，海洋出版社，1992 年，第 206～211 页。

② 孔昭宸、杜乃秋、山发寿等：《青海湖全新世植被演变及气候分析—QH85—^{14}C 孔孢粉数值分析》，《海洋地质与第四纪地质》第 10 卷第 3 期，1990 年，第 79～96 页；张虎才、马玉贞、李吉均等：《腾格里沙漠南缘全新世气候变化》，《科学通报》第 43 卷第 8 期，1998 年，第 1112～1120 页。

③ 李有利、杨景春：《河西走廊平原区全新世河流阶地对气候变化的响应》，《地理科学》第 17 卷第 3 期，1997 年，第 248～252 页。

④ 王靖泰：《天山乌鲁木齐河源的古冰川》，《冰川冻土》1981 年第 3 期，第 46～58 页；郑本兴、张振拴：《天山博格达峰地区与乌鲁木齐河源新冰期的冰川研究》，《冰川冻土》第 5 卷第 3 期，1983 年，第 133～142 页；陈吉阳：《天山乌鲁木齐河源全新世冰川变化的地衣年代学等若干问题之初步研究》，《中国科学》（B 辑）1988 年第 2 期，第 95～104 页。

⑤ 韩淑媞：《北疆巴里坤湖全新世环境变迁序列》，《地质科学》（增刊）1992 年，第 247～259 页。

⑥ 李文漪：《中国第四纪植被与环境》，科学出版社，1998 年，第 175～180 页。

⑦ 陈惠中、金炯、董光荣：《全新世古尔班通古特沙漠演化和气候变化》，《中国沙漠》第 21 卷第 4 期，2001 年，第 333～339 页。

⑧ 陈吉阳：《天山乌鲁木齐河源全新世冰川变化的地衣年代学等若干问题之初步研究》，《中国科学》（B 辑）1988 年第 2 期，第 95～104 页。

有机碳含量又逐渐回升，气候稍趋暖湿（图一五）[1]。

（3）距今3800年后渐趋干冷。东灰山四坝文化（距今3900～3600年）地层中，以旱生的草本植物花粉占绝对多数（98%以上），其中草本和小灌木的蒿占40%以上，禾本科植物占20%以上，藜科约6.5%；乔木植物花粉松、桦及蕨等仅占极少量，反映当时该地区为草原环境[2]。

（三）晚全新世降温干旱期（距今3000年至今）

距今3000年以后进入降温期，环境逐渐恶化。祁连山北麓东段的民乐扁都口和武威哈溪口剖面显示，距今3000年左右磁化率和有机碳含量又突然降低，气候迅速恶化（见图一五）。距今3000年左右天山东段的巴里坤山区又出现冰进[3]。正是这次温度的降低引起了蒸发的减少，致使期间罗布泊再度充水，楼兰三角洲汊河纵横，洼地增多[4]。

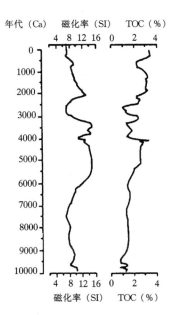

图一五　扁都口剖面全新世
气候变化序列
（根据邬光剑等《祁连山东段
全新世与现代水热组合特
征研究》一文图3改绘）

四、小结

总体来看，全新世西北地区都经历了早全新世回暖期、中全新世适宜期、晚全新世降温干旱期三个大的演变时期；并且每个大时期内小的波动也仍然有相当的一致性，距今8200年、7000年、5000年、4200年、3100年左右的几次气候冷期几乎在各区都有发生。但由于各区自然位置和自然环境不同，所以气候变化的敏感程度有所不同，环境演变的细节也存在一些差异。

① 邬光剑、潘保田、管清玉等：《祁连山东段全新世与现代水热组合特征研究》，《地理科学》第20卷第2期，2000年，第160～165页。
② 孔昭宸、杜乃秋：《东灰山遗址孢粉分析报告》，《民乐东灰山考古——四坝文化墓地的揭示与研究》，科学出版社，1998年，第187～189页。
③ 韩淑媞：《北疆巴里坤湖全新世环境变迁序列》，《地质科学》（增刊）1992年，第247～259页。
④ 曹琜英、夏训诚：《新疆克里雅河下游地貌与第四纪地质的初步研究》，《地理科学》第12卷第1期，1992年，第34～43页。

第三章 黄土高原区的文化发展

　　黄土高原区已发现的最早的人类文化是旧石器时代早期的蓝田人文化，距今已经有上百万年的历史[1]；其石器主要有个体较大的砍砸器、尖状器，也有刮削器，适合挖掘植物根茎等采集活动的需要。旧石器时代中期以陕西的大荔人文化为代表[2]，旧石器时代晚期以内蒙古乌审旗的萨拉乌苏文化[3]和宁夏灵武水洞沟[4]、甘肃环县刘家岔[5]、陕西宜川龙王辿遗存[6]为代表。这两个时期的遗存分布较为广泛，石器以石片制成的小型刮削器和细石器为主，适合狩猎经济的需要。

　　进入全新世以后，在中国的华南和华北地区都发现了若干包含陶器、磨制石器甚至农业的新石器时代早期遗存，但在黄土高原地区至今尚无发现，推测该地区应仍主要延续旧石器时代晚期以来的狩猎采集经济方式。直至公元前6千纪以后，黄土高原才有了新石器时代文化，并且可以分为新石器时代中期、新石器时代晚期、铜石并用时代早期、铜石并用时代晚期四个大的阶段，绝对年代约从公元前5800年延续至公元前1900年[7]；青铜时代约从公元前1900年开始，延续至公元前8世纪，相当于夏后

---

①　贾兰坡等：《陕西蓝田地区的旧石器》，《陕西蓝田新生界现场会议论文集》，科学出版社，1966年，第151～156页；安芷生等：《"蓝田人"的磁性地层年龄》，《人类学学报》1990年第1期，第1～7页。

②　陕西省考古研究所、大荔县文物管理委员会：《大荔—蒲城旧石器——大荔人遗址及其附近旧石器地点群调查发掘报告》，文物出版社，1996年。

③　黄慰文、卫奇：《萨拉乌苏河的河套人及其文化》，《鄂尔多斯文物考古文集》，伊克昭盟文物工作站编，1981年，第24～32页。

④　宁夏博物馆、宁夏地质局区域地质调查队：《1980年水洞沟遗址发掘报告》，《考古学报》1987年第4期，第439～450页。

⑤　甘肃省博物馆：《甘肃环县刘家岔旧石器时代遗址》，《考古学报》1982年第1期，第35～48页。

⑥　中国社会科学院考古研究所、陕西省考古研究所：《陕西宜川县龙王辿旧石器时代遗址》，《考古》2007年第7期，第3～8页。

⑦　关于中国新石器时代文化的分期，本文基本采用严文明先生的划分方案。见严文明：《中国新石器时代聚落形态的考察》，《庆祝苏秉琦考古五十五年论文集》，文物出版社，1989年，第24～37页。

期、商和西周时期；早期铁器时代约从公元前 8 世纪延续至公元前 221 年，相当于春秋战国时期（表一）。

表一　黄土高原区先秦文化谱系简表

年代（公元前）	5800～5000	5000～3500	3500～2500	2500～1900	1900～800	800～221
时代	新石器时代中期	新石器时代晚期	铜石并用时代早期	铜石并用时代晚期	青铜时代	早期铁器时代
关中	白家文化	仰韶文化	仰韶文化	客省庄二期文化	齐家文化、商文化、刘家文化、先周文化、西周文化	秦文化
内蒙古中南部、陕北				老虎山文化	朱开沟文化、李家崖文化、西岔文化、西麻青类遗存	桃红巴拉文化、晋文化
甘肃、宁夏、青海	白家文化、拉乙亥遗存		马家窑文化	马家窑文化、齐家文化、菜园文化	齐家文化、辛店文化、卡约文化、寺洼文化	杨郎文化

第一节　新石器时代中期

　　黄土高原区新石器时代中期文化仅有白家文化一种，且仅分布在渭河流域；其他绝大部分地区似乎属于文化"空白"地带。考虑到旧石器时代晚期遗存在黄土高原区有广泛分布，则从全新世以来至新石器时代晚期以前（公元前 10000～前 5000 年）的数千年时间内，西北大部地区当继续有人活动生息。只是这些人可能仍延续着旧石器时代晚期以来的狩猎采集经济，定居程度不高，遗存单薄而不易被发现。此外，该区西部边缘地带还发现有与其基本同时的包含大量细石器的拉乙亥类遗存，该类遗存应当属于所谓"中石器时代文化"，即全新世以后以细石器工具为特征的狩猎采集文化①。

---

　　①　黄其煦：《"中石器时代"概念刍议》，《史前研究》1987 年第 3 期，第 14～20 页。

一、文化谱系

1. 白家文化

以陕西临潼白家村遗存为代表[①]，还包括渭河下游的陕西临潼零口[②]、渭南北刘[③]、大荔梁家坡[④]、华县元君庙[⑤]同期遗存，渭河中游的宝鸡北首岭早期遗存[⑥]、高家村 F1 类遗存[⑦]、关桃园"前仰韶时期文化遗存"[⑧]，以及陇县原子头"前仰韶文化遗存"[⑨]，渭河上游的秦安大地湾一期[⑩]，天水西山坪一、二期和师赵村一期遗存等[⑪]。绝对年代大致在公元前 5800～前 5000 年之间。

陶质容器均为夹砂红褐或灰褐色。流行交错绳纹，也有附加堆纹、乳钉纹、刻划纹等；常见抹光口沿、在口沿压印锯齿状"花边"，或在口沿外刻划、压印或附加一周点纹、旋纹、波折纹。有棕红（深红）色的宽带纹、窄带纹以及简单的点、线纹彩，为中国最早的彩陶之一。器形以圜底居多，还有三足、圈足、凹底、平底器等。主要有敞口圜底钵、三足钵、圈足钵、三足罐、侈口罐、平底筒形罐、小口高领鼓腹罐，以及少量平底小钵、高圈足杯、小口双耳平底瓶、长颈壶、勺等。圜底钵口沿外压光，

---

① 中国社会科学院考古研究所：《临潼白家村》，巴蜀书社，1994 年。
② 陕西省考古研究所：《临潼零口村》，三秦出版社，2004 年，第 26～39 页。
③ 西安半坡博物馆等：《渭南北刘新石器时代早期遗址调查与试掘简报》，《考古与文物》1982 年第 4 期，第 1～9 页。
④ 巩启明：《西安半坡博物馆十多年来考古工作的主要收获》，《史前研究》1985 年第 1 期，第 102～107 页。
⑤ 北京大学考古教研室华县报告编写组：《华县、渭南古代遗址调查与试掘》，《考古学报》1980 年第 3 期，第 297～328 页。
⑥ 中国社会科学院考古研究所编著：《宝鸡北首岭》，文物出版社，1983 年。严文明先生将 78H32 类遗存从笼统的仰韶文化半坡类型中区别出来，见严文明：《北首岭史前遗存剖析》，《仰韶文化研究》，文物出版社，1989 年，第 87～109 页。
⑦ 宝鸡市考古工作队：《陕西宝鸡市高家村遗址发掘简报》，《考古》1998 年第 4 期，第 1～6 页。
⑧ 陕西省考古研究所、宝鸡市考古工作队：《陕西宝鸡市关桃园遗址发掘简报》，《考古与文物》2006 年第 3 期，第 3～14 页；陕西省考古研究院、宝鸡市考古工作队：《宝鸡关桃园》，文物出版社，2006 年。
⑨ 宝鸡市考古工作队、陕西省考古研究所：《陇县原子头》，文物出版社，2005 年。
⑩ 甘肃省博物馆等：《甘肃秦安大地湾新石器时代早期遗存》，《文物》1981 年第 4 期，第 1～8 页；甘肃省文物考古研究所：《秦安大地湾——新石器时代遗址发掘报告》，文物出版社，2006 年。
⑪ 中国社会科学院考古研究所：《师赵村与西山坪》，中国大百科全书出版社，1999 年。

有的外饰红彩宽带并延伸至口沿内壁，还有的内壁饰简单红彩，外壁光面以下遍饰绳纹；三足钵和圈足钵不过是圜底钵加上三个小锥足或圈足，有的装饰与圜底钵类似，有的素面，有的则在三足或圈足上抹光涂彩。钵类器当用作饮食或盛储。三足罐器身为平底筒形罐或圜底弧腹罐，通体饰绳纹，一般附加有器錾，用作炊煮或盛储。小口高领鼓腹罐均素面小凹底，为盛储器。石质工具打制者略多于磨制，打制工具有砍砸器、刮削器、尖状器、网坠等，磨制者有铲、斧、锛、凿、刀、磨盘、磨棒等；还有镰、刀、耜、铲、凿、镞、矛、鱼钩、锥、针等骨、蚌质工具，有骨梗石刃刀，以及陶锉、陶片制作的纺轮、圆片等。石铲两侧打出缺口，以便于装柄；石刀为长方形或半月形，有的带穿孔。还有骨珠、穿孔石饰、穿孔蚌饰、玉环、骨笄等装饰品，以及陶塑人像等。

这类遗存以前一般被称为老官台文化[①]，但进一步的研究则表明，老官台遗址基本不包含此类遗存[②]，因此以改称白家文化为宜[③]。白家文化可以明确分为早晚两期，早期以白家村、大地湾一期、西山坪一期、北刘早期遗存为代表，流行圜底钵、三足钵、圈足钵和小口高领鼓腹罐，三足罐多为敞口直腹筒形（图一六，1~15）；晚期以西山坪二期、师赵村一期及关桃园"前仰韶时期文化遗存"第二、三期为代表，三足罐多侈口弧腹，三足钵和小口高领鼓腹罐基本消失，新出泥质平底钵、侈口鼓腹平底绳纹罐等，有人甚至将其独立称为"师赵村一期文化"（图一六，16~28）[④]。早期阶段，渭河下游的白家村遗址多见锯齿形蚌镰而不见平底筒形罐，上游的大地湾、西山坪遗址不见锯齿形蚌镰而有较多平底筒形罐，说明渭河流域遗存本身也存在一些地方性差异。如果放大眼光，会发现汉水上游的所谓"李家村文化"[⑤]实际上和白家文化属于同一个文化，有人称其为"李家村—老官台文化"[⑥]。只是汉水流域遗存陶器多为外红内黑的泥质陶和夹砂褐陶，有特殊的夹砂白陶、侈口素面凹底罐等，不见彩陶，这些最多只

①　北京大学考古教研室华县报告编写组：《华县、渭南古代遗址调查与试掘》，《考古学报》1980年第3期，第297~328页；张忠培：《关于老官台文化的几个问题》，《社会科学战线》1981年第2期，第224~231页；张宏彦：《渭水流域老官台文化分期与类型研究》，《考古学报》2007年第2期，第153~178页。

②　阎毓民：《老官台文化命名之终结》，《考古与文物》（增刊·先秦考古），2002年，第87~92页。

③　中国社会科学院考古研究所：《临潼白家村》，巴蜀书社，1994年。

④　谢端琚：《师赵村一期文化的发现与研究》，《新世纪的中国考古学——王仲殊先生八十华诞纪念论文集》，科学出版社，2005年，第102~120页。

⑤　魏京武：《李家村新石器时代遗址的性质及文化命名问题》，《中国考古学会第一次年会论文集》，文物出版社，1979年，第14~22页。

⑥　吴汝祚：《论李家村—老官台文化的性质》，《考古与文物》1983年第2期，第52~59页。

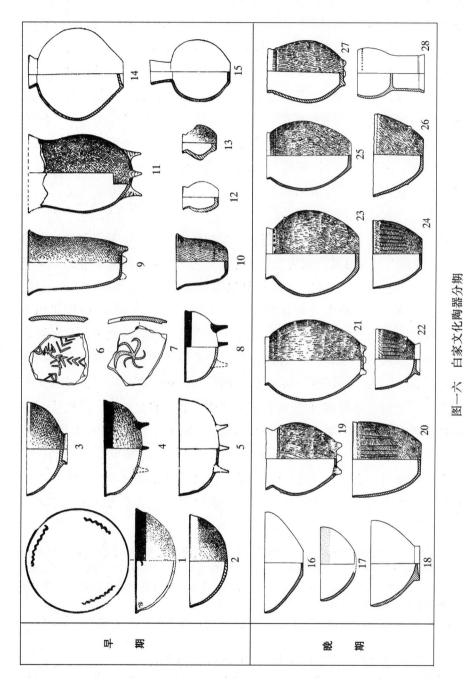

图一六　白家文化陶器分期

1、2. 圜底钵（白家村 T306②：3、T301③：1）　3、18、22. 圈足钵（白家村 T113③：1，师赵村 T405②：10，西山坪 T42②：2）　4、5、8. 三足钵（白家村 T116H4：2、T304③：17、T117③：8）　6、7. 彩陶片（大地湾 H3115：10、11）　9、11、19、21、27. 三足罐（白家村 T309③：4，T114③：1，师赵村 T113⑥：114、115，西山坪 T18③：4）　10. 平底筒形罐（白家村 T201②：1）　12、13. 小罐（白家村 T307②：1、2）　14. 小口高领鼓腹罐（白家村 T328②：20）　15. 长颈壶（白家村 T01②：1）　16、17、20、24、26. 平底钵（师赵村 T405②：8、T314②：5，西山坪 T34H14：1，T42②：4，T18③：11）　23、25. 侈口罐（师赵村 T113③：118、T405②：9）　28. 高圈足杯（关桃园 H235：3）

能作为划分地方类型的依据。

虽然白家文化和黄河中游地区的裴李岗文化都属于新石器时代中期，但其初始年代却比后者晚 1000 年左右。白家文化的圜底钵、三足钵、直腹筒形罐等陶器都可在裴李岗文化中找到原型，前者的锯齿形蚌镰或骨镰与后者的石镰也存在明显联系；两者均以简陋的半地穴式窝棚为居室，均流行仰身直肢葬，都有合葬墓。有理由推测，白家文化可能为裴李岗文化西向扩展并与土著文化融合的产物。但白家文化的陶器多饰绳纹，这与裴李岗文化的素雅风格明显不同，却和峡江及洞庭湖地区的城背溪文化相似；白家村、关桃园等遗址还有部分屈肢葬。或者白家文化的另一个重要来源正是城背溪文化，汉水流域是两文化发生交流的通道。此外，白家文化和东北西辽河流域的兴隆洼文化、河北平原的磁山文化面貌大相径庭，分布区之间为大片"空白"区域，表明之间可能不存在直接的交流。

经鉴定，北刘人骨属于东亚蒙古人种[1]。

2. 拉乙亥类遗存

发现于青海贵南拉乙亥[2]、达玉台[3]，石器均为细石器，以刮削器为主。由于没有发现陶器和磨光石器，被认为属于中石器时代遗存。绝对年代约在公元前 8000～前 4700 年之间。

就整个黄河长江流域来说，新石器时代中期的绝对年代约为公元前 7000～前 5000 年，以公元前 6000 年左右为界，可将其分为前后两个阶段。西北地区当时的农业文化只有白家文化，绝对年代大致在公元前 5800～前 5000 年之间，仅相当于新石器时代中期后段。在该区西部边缘地带大致相当于该时期的青海贵南拉乙亥遗存，发现大量细石器而无陶器，其他未发现陶器遗存地区的情况可能与拉乙亥近似。

二、聚落形态

1. 白家文化

遗址不多，一般位于河边的较高台地上，尚未发现完整聚落。遗址多仅数千平方米，大者不过 1 万～2 万平方米，堆积较薄。发现略呈圆形或长方形的半地穴窝棚式房

[1]　高强、张瑞玲：《渭南北刘早期新石器时代人骨的研究》，《史前研究》1986 年第 3～4 期，第 113～117 页。

[2]　盖培、王国道：《黄河上游拉乙亥中石器时代遗址发掘报告》，《人类学学报》第 2 卷第 1 期，1983 年，第 49～59 页。

[3]　青海省文物考古队：《青海龙羊峡达玉台遗址的打制石器》，《考古》1984 年第 7 期，第 577～581 页。

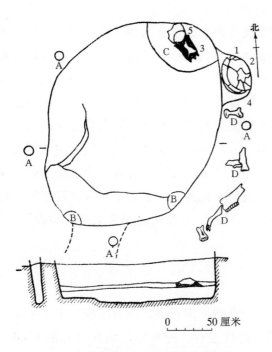

屋，地穴面积在 10 平方米以下，一般为垫土面，关桃园已经出现料姜石面。以白家村 T308F2 为例，在圆形穴外台面上有一圈柱洞，在东北角有灶坑和壁龛。灶坑内发现有陶三足深腹罐，可能用作火种罐或炊器（图一七）。每个房屋仅可居住 2~4 人，为核心家庭规模。有圆形、椭圆形直壁平底或袋状的窖穴、灰坑。

白家村遗址发现墓葬大体成组分布的现象，每组墓葬排列整齐，头向一致；有的墓组中间还有兽坑，或许为墓祭遗迹。墓葬主要为长方形竖穴土坑墓，以单人仰身直肢葬为主；也有葬式为屈肢葬的宽短长方形或略呈椭圆形的竖穴土坑墓；还有 2~7 人的男女老少合葬墓，屈肢或直肢不定。婴孩瓮棺葬以陶三足罐盖钵作为

图一七　白家村 T308F2 平、剖面图

1、5. 陶三足钵　2、4. 陶圜底钵　3. 陶三足罐

A. 柱洞　B. 土墩　C. 灶坑　D. 兽骨

葬具。墓葬多数无随葬品，少数每墓随葬 1 件物品，个别达 6 件。随葬的陶容器形体明显较居址中同类器为小，已具明器性质；随葬的石、骨质生产工具、装饰品当为实用器。此外，白家村 M12 墓主人手执獐牙，大地湾 M15、M208 在墓主人胸前置猪下颌骨（图一八），这都是颇为独特的现象。

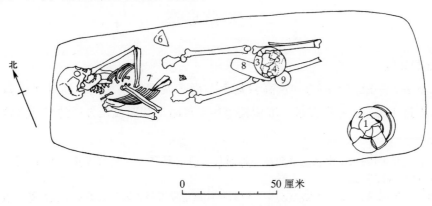

图一八　大地湾 M15 平面图

1、3. 陶圜底钵　2. 陶筒状深腹罐　4、5. 陶杯　6. 陶片　7. 猪下颌骨

8. 兽骨板　9. 石研磨器

　　白家文化聚落较小且尚未出现分化，随葬品均为日常普通器物，反映社会发展水平有限，当属于平等的氏族社会。不但比仰韶文化原始，也明显落后于同时代的裴李岗文化。

2. 拉乙亥类遗存

　　遗址位于黄河右岸第二级阶地，地表见有零星灰烬，灰烬附近石制品分布较为集中，估计是肢解动物骨骼或制作石器的遗留。

三、经济形态

　　经济形态可以明确分成以拉乙亥类遗存和白家文化为代表的两类。

1. 拉乙亥类遗存

　　拉乙亥细石器遗存没有发现农业迹象，较多的动物骨骼中也没有找到驯化痕迹。石叶、石核等细石器适合作为复合工具的刃部（图一九），或直接以其肢解加工猎获动物，代表"专业"的狩猎经济，在旧石器时代就一直是北方草原地带狩猎经济社会最

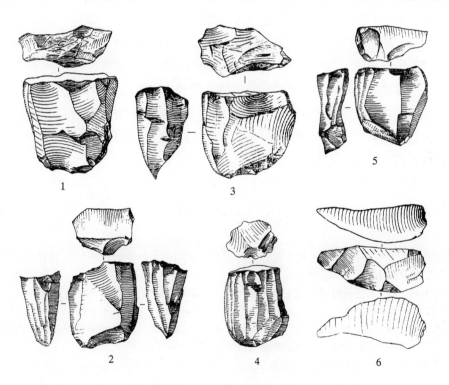

图一九　拉乙亥遗存石器

1~5. 石核　6. 石片

主要的工具。可见拉乙亥遗存仍停留在狩猎采集经济阶段。据此推测，未发现新石器文化的黄土高原大部地区都可能基本延续着旧石器时代以来传统的狩猎采集经济方式。

2. 白家文化

在大地湾遗址发现黍、稷、油菜的种子残骸，尤其黍是至今经鉴定最早的栽培种之一①；在各遗址还发现蚌镰、石铲、骨铲、骨耜、石刀、蚌刀等可能主要用于农业生产的工具。磨制的石斧以及打制的砍砸器可能主要用于砍伐树木，这常常也是与农业有关的活动；不过砍砸器还占相当比例，生产力水平还较低。此外，石磨盘、石磨棒则为谷类植物籽粒加工工具。白家村遗址出土的动物骨骼大部分属于家畜，以猪和黄牛数量最多，狗、鸡其次，其中黄牛为该区域最早的家牛之一；马鹿、獐、黄羊、水牛、竹鼠，以及鲶鱼、蚌类等，可能为狩猎捕捞对象；家畜和野生动物的比例大约为6:4②。大地湾遗址与此类似，还有中华鼢鼠、豺、貉、棕熊、苏门犀、麝、狍、梅花鹿等野生动物③。打制的刮削器、尖状器多半应与处理加工动物皮肉有关，关桃园遗址发现的骨梗石刃刀就是这类专门的复合工具。骨镞、骨矛、石弹丸当为狩猎工具，还有鱼钩和捕鱼所用两侧打出缺口的网坠。表明白家文化虽已有旱作农业和家畜饲养，但狩猎捕捞经济还占相当比重，我们可称这种经济类型为农业经济（图二〇）。

制陶已非初期阶段，但技术还不成熟。大地湾一期陶片中包含碎小泥质颗粒和中等砂粒，可能主要使用未经淘洗的含砂黏土为原料，泡土、腐熟过程较为简单④。陶器成型主要采用模具敷泥法⑤，拍印或滚压绳纹，发现有圆饼形陶拍。主要采用氧化焰烧成，常见器表斑杂、内表灰黑的现象，器胎也多未烧透，表明对火候的控制能力不高，烧造温度较低。还有石锛和石凿代表的传统木工手工业、陶纺轮代表的纺织业等，陶锉则可能与木器、皮革加工有关。

白家文化农业及其相关手工业应当是从黄河中游引进，但较多打制石器尤其砾石类砍砸器等，表明仍有某种旧石器以来经济方式的遗留。

---

① 刘长江、孔昭宸：《粟、黍籽粒的形态比较及其在考古鉴定中的意义》，《考古》2004年第8期，第76~83页。

② 周本雄：《白家村遗址动物遗骸鉴定报告》，《临潼白家村》，巴蜀书社，1994年，第123~126页。

③ 祁国琴、林钟雨、安家瑗：《大地湾遗址动物遗存鉴定报告》，《秦安大地湾——新石器时代遗址发掘报告》，文物出版社，2006年，第861~910页。

④ 马清林等：《甘肃秦安大地湾遗址出土陶器成分分析》，《考古》2004年第2期，第86~93页。

⑤ 俞伟超：《中国早期的"模制法"制陶术》，《文物与考古论集》，文物出版社，1986年，第228~238页；李文杰、郎树德、赵建龙：《甘肃秦安大地湾一期制陶工艺研究》，《考古与文物》1996年第2期，第22~34页。

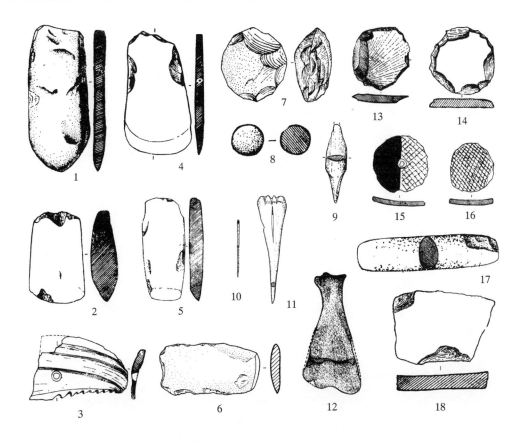

图二○　白家文化生产工具

1、4.石铲（白家村 T114②：2、T317M8：1）　　2.石斧（白家村 T114②：3）　　3.蚌镰（白家村 T328H10：3）
5.石锛（白家村 T104②：2）　　6.石刀（大地湾 H3115：6）　　7.石砍砸器（白家村 T112③：12）　　8.石弹丸
（白家村T116②：7）　　9.骨镞（白家村 T115③：1）　　10.骨针（关桃园 H204：3）　　11.骨锥（大地湾 H363：
15）　　12.骨铲（关桃园 H221：10）　　13.石刮削器（白家村 T301②：4）　　14.石盘状器（白家村Ⅲ采：2）
15.陶纺轮（白家村 T322②：1）　　16.圆陶片（白家村 T315②：1）　　17.石磨棒（白家村Ⅲ采：4）　　18.石磨
盘（白家村 T113③：7）

四、小结

　　黄土高原区新石器时代中期仅在渭河流域分布有较为原始的农业文化——白家文
化，其他大部分地区可能均为类似拉乙亥的狩猎采集经济遗存。白家文化可能为裴李
岗文化西向扩展并与土著文化融合的产物，同时还受到城背溪文化的影响。陶器主要
为模具敷泥法或泥片贴筑法成型，出现中国最早的彩陶，开放式氧化焰陶窑烧制。聚
落均为小型普通聚落，房屋简陋狭小，其中可能居住着核心家庭成员；公共墓地有着
共同习俗，流行长方形竖穴土坑墓和单人仰身直肢葬，随葬品不多，反映社会尚未出

现分化，属于平等氏族社会。

第二节　新石器时代晚期

该时期黄土高原区主要分布着前期仰韶文化，绝对年代约为公元前 5000～前 3500 年。和新石器时代中期的白家文化相比，仰韶文化的分布地域大为扩展，发展水平显著提高。这是仰韶文化逐步走向统一和繁荣的阶段。

一、文化谱系

前期仰韶文化一般分为半坡类型期和泉护类型期两个时期，即严文明先生所分的仰韶文化第一期和第二期[①]。之前还有早于半坡类型的零口类型期[②]，也应纳入仰韶文化范畴。

（一）零口类型期

即仰韶文化初期，绝对年代约为公元前 5000～前 4500 年。目前仅发现一类遗存，即零口类型。主要分布在渭河流域，以陕西临潼"零口文化"遗存为代表[③]，包括宝鸡北首岭 77M9 类[④]、福临堡 M44 类遗存[⑤]。华县老官台、元君庙遗址也有这类遗存[⑥]。陶容器泥质者多于夹砂者，这是其与白家文化的主要区别之一。多呈红褐或灰褐色，也有灰或灰黑色，还有少量灰白陶。陶色多不纯正，器表常见斑杂色块，由于内壁氧化不充分而常表现为外红褐内灰黑，和白家文化类似。泥质陶器表多压光，盆沿、罐身见有三角形、弧边三角形、条带形、波折形黑彩（个别为深红彩），还有指甲纹、刻

---

① 严文明：《略论仰韶文化的起源和发展阶段》，《仰韶文化研究》，文物出版社，1989 年，第 122～165 页。

② 孙祖初认为这是一个新石器时代中期和晚期之间的过渡阶段，各地遗存可划分成不同的考古学文化，见孙祖初：《中原地区新石器时代中期向晚期的过渡》，《华夏考古》1997 年第 4 期，第 47～59 页。

③ 陕西省考古研究所：《临潼零口村》，三秦出版社，2004 年，第 40～297 页。

④ 此外还有 77M3、77M10、77M12、77M17、77M18 等，见中国社会科学院考古研究所编著：《宝鸡北首岭》，文物出版社，1983 年。

⑤ 宝鸡市考古工作队、陕西省考古研究所宝鸡工作队：《宝鸡福临堡——新石器时代遗址发掘报告》，文物出版社，1993 年。

⑥ 北京大学考古教研室华县报告编写组：《华县、渭南古代遗址调查与试掘》，《考古学报》1980 年第 3 期，第 297～328 页。

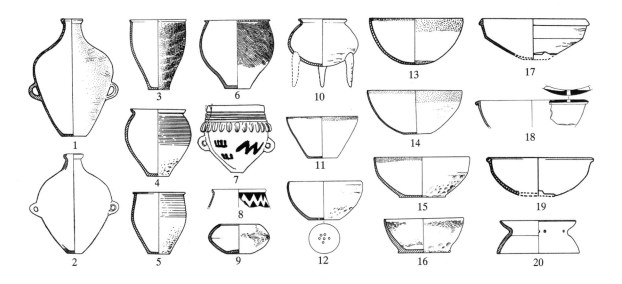

图二一 仰韶文化零口类型陶器

1、2. 小口平底瓶（零口 H35:15，北首岭 77M17:11） 3. 刮划纹罐（零口 T14⑦b:18） 4、5. 旋纹罐（零口 H16:10、T6⑧:9） 6. 绳纹罐（北首岭 77M17:10） 7. 大口钩鋬罐（北首岭 77M17:1） 8. 大口彩陶罐（零口 T13⑥a:20） 9. 盂（零口 T15⑤:10） 10. 锥足鼎（零口 T6⑤:22） 11、13、14. 钵（零口 T14⑧:9、H35:10、H30:2） 12. 甑（零口 H16:12） 15～19. 盆（零口 T13⑦b:9、H51:3、T6⑦:33、95LLC:14、T6⑥a:38） 20. 器座（零口 T6⑦:22）

划纹等；夹砂陶见有旋纹、绳纹、刮划纹、戳刺纹等，以刮划纹最有特色。平底器占大多数，圜底器其次，三足器很少。主要泥质陶器类为小口平底瓶（壶）、折腹或弧腹盆、圜底或平底钵、盂、小口罐、大口钩鋬罐，夹砂陶主要为刮划纹罐、旋纹罐、素面罐、绳纹罐、瓮、锥足鼎，还有少量敛口盂、盆形甑、杯、缸、器座等（图二一）。个别盆、钵表面有模印花纹，以回纹、联珠纹等组成菱块形。如果将陶圆片也算作工具类，则就以陶质工具最多，其次为石器、骨器。有作为装饰品的骨笄。

北首岭 77M9 一类遗存曾被归入仰韶文化，称为"北首岭类型"[1]；后来这类遗存又被叫做"北首岭文化"[2]或"零口文化"[3]。也有人对"零口文化"这样的命名持

① 安志敏：《裴李岗、磁山和仰韶——试论中原新石器文化的渊源及发展》，《考古》1979 年第 4 期，第 335～346 页；梁星彭：《关中仰韶文化的几个问题》，《考古》1979 年第 3 期，第 260～268 页。

② 孙祖初：《中原地区新石器时代中期向晚期的过渡》，《华夏考古》1997 年第 4 期，第 47～59 页。

③ 阎毓民：《零口遗存初探》，《远望集——陕西省考古研究所华诞四十周年纪念文集》，陕西人民美术出版社，1998 年，第 113～120 页。

怀疑态度[1]。实际上这类遗存已经具备仰韶文化的基本特征，我们可以称其为仰韶文化零口类型。零口类型也有早晚之分，至晚段扩展至汉水流域，形成南郑龙岗寺 M424 类遗存[2]。

零口类型的钵、假圈足碗、小口平底瓶、绳纹罐等主要陶器，以及钵上的红顶、红褐彩带，绳纹罐颈部饰戳印纹等特点，都可以在白家文化中找到源头，总体上应是在白家文化基础上发展演变而来。但旋纹罐、锥足圆腹鼎、大口尖底罐等陶器不见于白家文化晚期，而白家文化晚期罐带三足、钵饰绳纹等特征也没有延续至零口类型。如果放大眼光会发现零口类型的锥足圆腹鼎可以在豫中南找到源头，大口尖底罐的最早源头甚至在山东的北辛文化，罐等器物上旋纹或旋转痕迹的流行则可视为慢轮制陶技术的普及化，这说明初期仰韶文化在形成过程中存在大范围快捷有效的交流，实际上是黄河中游一次十分重要的文化整合过程。值得注意的是，甘肃东部至今尚未发现该类型遗存，表明其分布范围比白家文化略有收缩。

（二）半坡类型期

即仰韶文化一期，绝对年代应在公元前 4500～前 4000 年。又可分早晚两段，在内蒙古中南部，早晚段之间变化颇大，早段（约公元前 4500～前 4200 年）为石虎山类型和鲁家坡类型，晚段（约公元前 4200～前 4000 年）为白泥窑子类型（早期）；在泾渭流域，早晚段一脉相承而有一定变化，均属于半坡类型。

1. 仰韶文化半坡类型

主要分布在渭河流域，西至天水，东到潼关，北至陕北和鄂尔多斯西南边缘[3]。以西安半坡早期遗存为代表[4]，包括陕西省的临潼姜寨一期和二期遗存[5]、渭南史家墓地[6]、华县元君庙墓地、华阴横阵墓地、宝鸡北首岭中期遗存[7]和关桃园仰韶早期文化

① 吉笃学：《"零口文化"试析》，《考古与文物》2002 年第 3 期，第 61～65 页；杨亚长：《零口二期遗存的文化性质及相关问题》，《考古与文物》2003 年第 6 期，第 40～43 页。

② 陕西省考古研究所：《龙岗寺——新石器时代遗址发掘报告》，文物出版社，1990 年。

③ 王志浩、杨泽蒙：《鄂尔多斯地区仰韶时代遗存及其编年与谱系初探》，《内蒙古中南部原始文化研究文集》，海洋出版社，1991 年，第 86～112 页。

④ 即严文明先生所分半坡三期中的早期，见严文明：《半坡仰韶文化的分期与类型问题》，《考古》1977 年第 3 期，第 182～188 页。

⑤ 半坡博物馆、陕西省考古研究所、临潼县博物馆：《姜寨——新石器时代遗址发掘报告》，文物出版社，1988 年。

⑥ 西安半坡博物馆、渭南县文化馆：《陕西渭南史家新石器时代遗址》，《考古》1978 年第 1 期，第 41～53 页。

⑦ 即严文明先生所分北首岭三期中的中期，见严文明：《北首岭史前遗存剖析》，《仰韶文化研究》，文物出版社，1989 年，第 87～109 页。

遗存①、陇县原子头仰韶文化一至二期遗存②、铜川瓦窑沟③和李家沟遗存④，甘肃省的秦安王家阴洼墓地（下层）⑤与大地湾第二期遗存⑥、天水师赵村二期与西山坪二期遗存、宁县董庄一期遗存等⑦。还见于陕西省的眉县杨家村⑧，蓝田泄湖⑨，铜川吕家崖⑩、前咘⑪，大荔同堤、埝头⑫，合阳吴家营⑬，临潼零口⑭、庞崖⑮，高陵灰堆坡⑯，礼泉烽火⑰，旬邑崔家河⑱，彬县下孟村⑲、衙背后⑳，甘肃省的天水蔡科顶，礼县郑家

① 陕西省考古研究院、宝鸡市考古工作队：《宝鸡关桃园》，文物出版社，2006 年。

② 宝鸡市考古工作队、陕西省考古研究所：《陇县原子头》，文物出版社，2005 年。

③ 《铜川市瓦窑沟新石器时代及先周遗址》，《中国考古学年鉴》（1995），文物出版社，1997年，第 244～245 页。

④ 西安半坡博物馆：《铜川李家沟新石器时代遗址发掘报告》，《考古与文物》1984 年第 1 期，第 5～33 页。

⑤ 甘肃省博物馆大地湾发掘小组：《甘肃秦安王家阴洼仰韶文化遗址的发掘》，《考古与文物》1984 年第 2 期，第 1～17 页。

⑥ 甘肃省文物考古研究所：《甘肃秦安县大地湾遗址仰韶文化早期聚落发掘简报》，《考古》2003 年第 6 期，第 19～31 页；甘肃省文物考古研究所：《秦安大地湾——新石器时代遗址发掘报告》，文物出版社，2006 年。

⑦ 庆阳地区博物馆：《甘肃宁县董庄新石器时代遗址试掘简报》，《史前研究》1987 年第 4 期，第 67～77 页。

⑧ 刘怀军、刘宝爱：《眉县杨家村发现仰韶文化遗址》，《考古与文物》1990 年第 5 期，第 12～14 页。

⑨ 中国社会科学院考古研究所陕西六队：《陕西蓝田泄湖遗址》，《考古学报》1991 年第 4 期，第 415～447 页。

⑩ 铜川市耀州窑博物馆：《陕西铜川吕家崖新石器时代遗址调查》，《考古学集刊》第 2 集，中国社会科学出版社，1982 年，第 1～5 页。

⑪ 尚友德：《铜川前咘新石器时代遗址调查简报》，《考古与文物》1983 年第 2 期，第 111～112 页。

⑫ 中国社会科学院考古研究所陕西六队：《陕西渭水流域新石器时代遗址调查》，《考古》1987年第 9 期，第 769～772 页。

⑬ 陕西省考古研究所配合基建考古队：《陕西合阳吴家营仰韶文化遗址清理简报》，《考古与文物》1990 年第 6 期，第 18～27 页。

⑭ 陕西省考古研究所：《临潼零口村》，三秦出版社，2004 年，第 297～348 页。

⑮ 临潼县博物馆：《陕西庞崖马陵两遗址的出土文物》，《考古》1984 年第 1 期，第 88～90 页。

⑯ 咸阳地区咸高文物普查队：《咸阳市、高陵县古遗址调查简报》，《考古与文物》1984 年第 1期，第 34～39 页。

⑰ 梁晓青等：《礼泉县烽火村发现新石器时代遗址》，《考古与文物》1995 年第 6 期，第 88～89 页。

⑱ 咸阳地区文管会 曹发展等：《陕西旬邑县崔家河遗址调查记》，《考古与文物》1984 年第 4期，第 3～8 页。

⑲ 该遗址简报中发表的属于 F1 的 9 件器物，是将半坡类型和泉护类型早晚两个时期的东西混在了一起。见陕西省社会科学院考古研究所泾水队：《陕西邠县下孟村仰韶文化遗址续掘简报》，《考古》1962 年第 6 期，第 292～295 页。

⑳ 王世和、钱耀鹏：《渭北三原、长武等地调查》，《考古与文物》1996 年第 1 期，第 1～23 页。

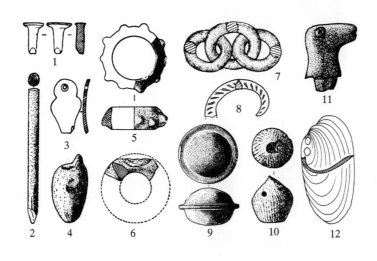

图二二　仰韶文化半坡类型装饰品及杂器

1.陶笄（姜寨 T278③:16）　2.石笄（姜寨 DT2②:35）　3、12.蚌饰（大地湾 T703③:15、F229:108）　4、10.陶埙（姜寨 ZHT24M358:17、ZHT15⑤:24）　5.陶环（姜寨 T252F84:13）　6.石环（姜寨 T28②:2）　7.陶连环（姜寨 ZHT12W295:5）　8.陶角（大地湾 T212④:12）　9.陶响器（姜寨 ZHT24M358:1）　11.陶塑羊头（姜寨 ZHT37H489:3）

磨、高寺头[1]，张家川苗圃园、屹垯川[2]，正宁宫家川[3]，合水孟桥[4]等遗址。

陶器的三分之二左右为细腻的泥质红陶，其余为夹砂红褐陶，陶色纯正。器表多素面抹光，流行黑彩，也有少量红彩；纹饰以绳纹最多，旋纹、附加堆纹其次，指甲纹、戳印纹、划纹少量，还见有简单的刻划符号。器类主要有钵、盆、小口尖底瓶、细颈壶、罐、瓮，以及甑、盂、盘、器座、器盖等。钵圜底或平底，

少数口沿外饰红色或黑色彩带；折沿盆的沿面和内外壁饰黑色彩陶图案，流行鱼纹。侈口罐流行绳纹或绳纹与旋纹兼施；尖底罐均敛口，多口沿外饰数周旋纹，其下为一周钩鋬，有的上腹饰波折纹黑彩。石斧形制不甚规整，多略打磨，极少通体磨光者；石铲舌形，石刀两侧带缺口。装饰品有骨笄、平头钉形的陶笄、陶环、陶连环以及各种简单的坠饰、珠管，有个别玉坠饰，还有陶球、陶塑兽头、陶塑人像、陶埙等（图二二）。这类遗存一般被称为仰韶文化半坡类型[5]，也有人将其作为所谓"半坡文化"

①　中国社会科学院考古研究所甘肃工作队：《甘肃天水地区考古调查纪要》，《考古》1983年第12期，第1066～1075页。

②　张家川县文化局、张家川县文化馆：《甘肃张家川县仰韶文化遗址调查》，《考古》1991年第12期，第1057～1070页。

③　庆阳地区博物馆等：《甘肃省正宁县宫家川新石器时代遗址调查记》，《考古与文物》1988年第1期，第26～31页。

④　李红雄、陈瑞琳等：《甘肃庆阳地区南四县新石器时代文化遗址调查与试掘简报》，《考古与文物》1988年第3期，第7～16页；李红雄：《试论泾河上游地区新石器时代文化》，《考古与文物》1988年第3期，第56～67页。

⑤　严文明：《论半坡类型和庙底沟类型》，《考古与文物》1980年第1期，第64～72页。

的一部分①。

半坡类型又可分为早晚两期，早期时从关中北向扩展至陕北地区，以姜寨一期F46类遗存为代表，包括半坡早期前段、元君庙墓地主体、横阵墓地、零口"半坡类型遗存"、泄湖遗址第9层、李家沟一期遗存等，即一般狭义的半坡类型。钵类器一般为"红顶"或口外饰一周红色宽彩带。折沿弧腹盆常在沿面有规律地饰条带纹、三角纹、短线纹，内壁以人面鱼纹最具典型性，其他还常见鱼纹、蛙纹、鹿纹、网纹等。小口尖底瓶、细颈壶体大腹大。晚期西向扩展至甘肃东部和东南部，以姜寨二期M76类遗存为代表，包括北首岭中期后段、史家墓地、王家阴洼第一类型、大地湾第二期遗存、原子头仰韶一期和二期遗存、孟桥F1类遗存、泄湖第8层遗存、李家沟二期等，有时还将此期单称为史家类型②。钵类器一般素面或口外饰一周黑色宽彩带，尖底者增多；折沿盆多鼓折腹尖圜底；小口尖底瓶、细颈壶体小腹小，尖底瓶为葫芦形口，新出葫芦形平底瓶。常见人面鱼纹、双鱼纹，以及变形人面纹、三角、斜线、直线、波折线等组成的彩陶图案，新出弧线三角纹、弧线纹、圆点纹、豆荚纹、鸟纹、鸟鱼合体纹（图二三）。半坡类型存在一定的地方差异，例如早期渭河上、中游流行人面鱼纹和复体鱼纹，下游较少见。晚期泾河流域的鼓腹罐、双腹耳罐、双腹耳钵、葫芦口小口尖底瓶、人头形口平底瓶、角形饰等有一定特色（图二四）。

半坡类型为零口类型的继承者，小口尖底瓶由小口平底瓶演变而来，其余钵、盆、瓮、罐等绝大部分器类一脉相承，葬俗和房屋建筑也类似③。但零口类型盛行刮划纹罐、彩陶较少，半坡类型流行绳纹罐、彩陶发达，二者存在差别。零口类型还只局限在关中地区，而半坡类型早期已扩展至陕北，并对鄂尔多斯地区鲁家坡类型的形成，以及岱海地区石虎山类型早晚期之间的转变，都起到重要作用。至史家类型期扩张更加明显，除西抵甘肃东部外，还向南越过秦岭到达汉水流域④，向东南甚至见于白龙江流域⑤。

人骨分析结果表明，华县组、半坡组、横阵组、宝鸡组和姜寨组均彼此近似，接

---

① 赵宾福：《半坡文化研究》，《华夏考古》1992年第2期，第34～55页。

② 王小庆：《论仰韶文化史家类型》，《考古学报》1993年第4期，第415～434页。

③ 张朋川等早就提出半坡类型是白家文化经由北首岭下层类型（即本书零口类型）发展而来的看法。见张朋川、周广济：《试谈大地湾一期和其他类型文化的关系》，《文物》1981年第4期，第9～15页。

④ 以龙岗寺早、中期遗存为代表，见陕西省考古研究所：《龙岗寺——新石器时代遗址发掘报告》，文物出版社，1990年。

⑤ 北京大学考古学系、甘肃省文物考古研究所：《甘肃武都县大李家坪新石器时代遗址发掘报告》，《考古学集刊》第13集，中国大百科全书出版社，2000年，第1～36页。

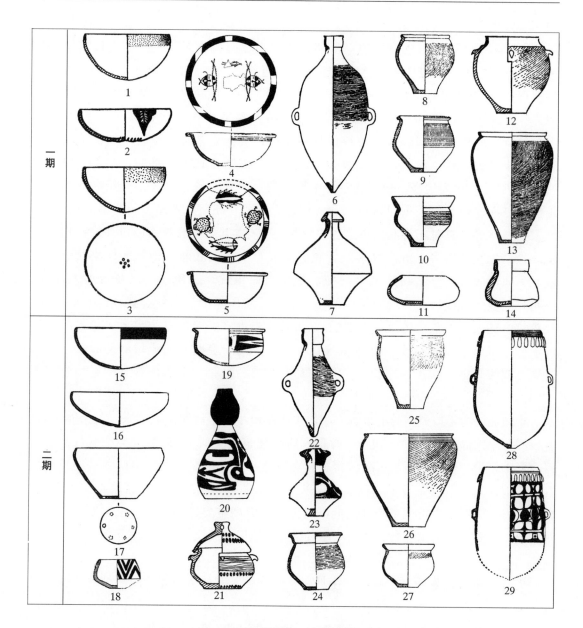

图二三　姜寨一、二期陶器

1、2、15、16.钵（T276W222：1、T231W143：1、ZHT12M254：4、ZHT14W299：1）　3、17.甑（T127F35：5、T41H15：1）　4、5、19.盆（T254W156：1、T16W63：1、ZHT28M337：5）　6、22.小口尖底瓶（T181F46：11、ZHT8M173：3）　7、23.细颈壶（T2M6：1、ZHT8M128：1）　8～10、12、21、24、25、27.罐（T276M159：4、T6M18：9、DT3M266：2、T276M164：4、ZHT11M209：3、ZHT5M82：6、T93H81：5、ZHT25M239：3）　11、14、18.盂（T167H212：1、T242F66：12、ZHT49④：12）　13、26.瓮（T276W268：1、ZHT18③：14）　20.葫芦形平底瓶（ZHT8M168：3）　28、29.尖底罐（T283W278：1、T283W277：1）

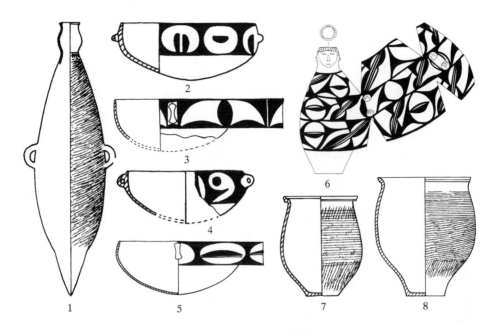

图二四 大地湾第二期陶器

1. 葫芦口小口尖底瓶（F2:14） 2～5. 双腹耳钵（T1③:1、T320④:26、T201①:6、F333:6） 6. 人头形口平底瓶（QD0:19） 7、8. 鼓腹罐（F7:3、F364:3）

近现代蒙古人种南亚类型[1]。

2. 仰韶文化石虎山类型

分布在内蒙古岱海地区，以凉城石虎山Ⅰ、Ⅱ遗存为代表[2]，包括附近的红台坡下遗存[3]。陶器以夹砂褐色为主，多取河床均匀细砂为掺和料，其中含一定量的云母。泥质红陶次之，多经淘洗，细腻均匀。基本为素面，个别钵或壶的口沿内外有红色彩带。器类主要有红顶钵、红顶盆、釜、釜形鼎、壶、瓶等，此外还有直腹罐、圈足碗、圈足纽式器盖、小勺等。石器多通体细琢或磨光。有长方形或方形的宽大石铲、磨盘、磨棒、长体斧、锛、凿、双孔或两侧带缺口的刀、砺石、石球和刮削器、石叶等。又

① 颜闿：《华县新石器时代人骨的研究》，《宝鸡北首岭》，文物出版社，1983年，第133～152页；考古研究所体质人类学组：《陕西华阴横阵的仰韶文化人骨》，《考古》1977年第4期，第247～250页；巩启明等：《临潼姜寨第二期墓葬人骨研究》，《中国考古学研究论集——纪念夏鼐先生考古五十周年》，三秦出版社，1987年，第99～116页。

② 内蒙古文物考古研究所、日本京都中国考古学研究会岱海地区考察队：《石虎山遗址发掘报告》，《岱海考古（二）——中日岱海地区考察研究报告集》，科学出版社，2001年，第18～145页。

③ 内蒙古文物考古研究所等：《岱海考古（三）——仰韶文化遗址发掘报告集》，科学出版社，2003年，第166～171页。

分为分别以石虎山Ⅱ遗存和Ⅰ遗存为代表的早、晚两期，变化主要表现在夹砂陶由素面变为多拍印绳纹，旋纹、指甲纹增加；釜形鼎增多，出现折唇高直颈壶、折唇球腹壶等新器类。该类遗存与仰韶文化后岗类型颇多相似点，如都多鼎、缺乏绳纹瓮和绳纹侈口罐等，故我们以前曾将其归入后岗类型①。但其多釜而少见彩陶等特征又与后岗类型有所不同，所以还是单独称"石虎山类型"为好②。

石虎山类型早期与冀西北和北京地区的镇江营类遗存大同小异。镇江营一期遗存可以分为三段，其晚段的釜为深腹，钵、盆直口或微敛口，这些都与石虎山类型近似；此外，二者还共有长条镂孔足鼎、直口壶、小勺、圈足纽式器盖等（图二五），且夹砂

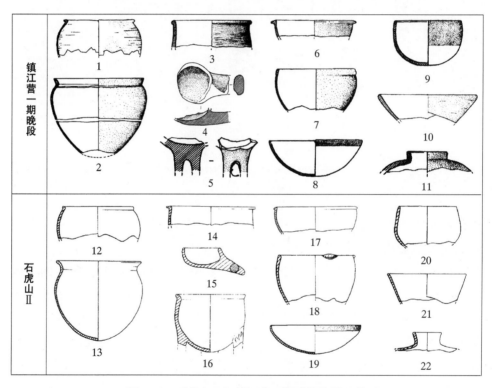

图二五　石虎山Ⅱ与镇江营一期晚段陶器比较

1～3、12～14.釜（镇江营 H71:7，H1339:12，H1015:9，石虎山ⅡH8:6，F3:4，H22:4）　4、15.勺（镇江营 H516:3，石虎山ⅡF11:2）　5、16.鼎（镇江营 H71:30，石虎山ⅡF1:1）　6、7、10、17、18、21.盆（镇江营 H1015:8，H422:1，H422:8，石虎山ⅡF13:1、H3:7、H20:8）　8、9、19、20.钵（镇江营 H1015:3、H1339:1，石虎山ⅡF9:2、H8:3）　11、22.壶（镇江营 H1065:4，石虎山ⅡH16:3）

①　韩建业：《中国北方地区新石器时代文化研究》，文物出版社，2003年，第84页。
②　杨泽蒙在发掘报告中提出"石虎山类型"的名称，但未指明属于何种文化，见内蒙古文物考古研究所、日本京都中国考古学研究会岱海地区考察队：《石虎山遗址发掘报告》，《岱海考古（二）——中日岱海地区考察研究报告集》，科学出版社，2001年，第140页。

陶均流行使用含有云母粉末的细砂[①]。但二者之间也存在一定差别。例如，镇江营一期仍有一定数量的陶支脚；石斧多仅打琢，细石器比例大，基本未见磨制穿孔石刀和磨制石铲。而石虎山类型陶支脚已被淘汰；石斧刃部多经打磨，细石器比例小，刀和铲居多，制作技术明显高于前者。由于石虎山遗址所在的岱海地区尚未发现更早的新石器时代遗存，而镇江营一期不但稍早而且本身有发展阶段可寻，所以有理由推测石虎山类型是镇江营一期一类遗存所代表的居民西向扩展的结果。

石虎山类型所见足根饰一圈压窝纹的鼎流行于豫北冀南地区，敛口平底瓶和垣曲古城东关仰韶早期的同类器非常近似（图二六），个别旋纹罐更是仰韶文化其他区域广泛盛行的器物。这表明其与太行山以东和晋南等地区的其他初期仰韶文化遗存之间存在交流。

石虎山Ⅰ遗存的绳纹和折唇球腹壶分别是半坡类型和后岗类型的典型特征，而折唇高直颈壶则泛见于仰韶文化各类型（图二七）。因此石虎山类型晚期是在早期的基础上，受到半坡类型（通过鲁家坡类型）的间接影响而形成，并与后岗类型等继续存在密切交流。由于石虎山类型晚期开始流行绳纹，而使其与太行山以东的后岗类型的区别更加明显起来。

3. 仰韶文化鲁家坡类型

分布在鄂尔多斯地区，以内蒙古准格尔旗鲁家坡一期[②]、官地一期[③]遗存为代表，在准格尔旗架子圪旦、窑子梁[④]、坟堰、脑包梁、贺家圪旦[⑤]，托克托县耿庆沟[⑥]，清

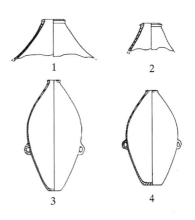

图二六　石虎山Ⅱ与垣曲古城
东关陶敛口平底瓶比较
1、2. 石虎山Ⅱ（H5:1、H14:2）
3、4. 古城东关（H132:30、H40:163）

---

①　北京市文物研究所：《镇江营与塔照——拒马河流域先秦考古文化的类型与谱系》，中国大百科全书出版社，1999年，第49～103页。

②　内蒙古文物考古研究所：《准格尔旗鲁家坡遗址》，《内蒙古文物考古文集》（第2辑），中国大百科全书出版社，1997年，第120～136页。

③　内蒙古文物考古研究所：《准格尔旗官地遗址》，《内蒙古文物考古文集》（第2辑），中国大百科全书出版社，1997年，第85～119页。

④　斯琴：《准格尔旗窑子梁仰韶文化遗址》，《内蒙古文物考古》第1期，1981年，第128～130页。

⑤　王志浩、杨泽蒙：《鄂尔多斯地区仰韶时代遗存及其编年与谱系初探》，《内蒙古中南部原始文化研究文集》，海洋出版社，1991年，第86～112页。

⑥　张文平：《托克托县耿庆沟西壕赖新石器时代及汉元遗址》，《中国考古学年鉴》（2002），文物出版社，2003年，第155～157页。

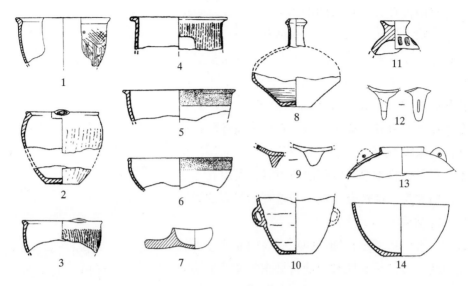

图二七　石虎山Ⅰ遗存陶器

1.釜（ⅠG①:139）　2～4.绳纹罐（ⅠG③:20、ⅠG③:21、ⅠG①:157）　5.盆（ⅠG①:129）　6、14.钵
（ⅠG①:106、ⅠG③:18）　7.勺（ⅠG①:80）　8、10、13.壶（ⅠG③:29、ⅠG①:125、ⅠG①:124）　9.
器足（ⅠG①:206）　11.器盖（ⅠG①:193）　12.鼎（ⅠG①:199）

水河岔河口①等遗址也有此类遗存。夹砂陶多掺杂粗砂，有的含少量云母，质地较疏松，呈褐色。泥质陶纯净坚硬，大部分红色。夹砂陶流行绳纹，旋纹其次，也常见上饰旋纹下拍印绳纹者。泥质陶多素面或压光，有一部分口沿外饰旋纹。另见少量附加堆纹、乳钉纹。少数钵上饰红色宽带纹和成组条纹彩。器类主要有绳纹（旋纹）敛口罐、绳纹（旋纹）敛口瓮、绳纹釜、红顶钵、素面钵、素面盆、旋纹盆、折唇球腹壶、大口钩錾尖底罐、小口罐、盆形甑等，此外还有陶刀、陶纺轮等工具。石器多为磨制，有铲、磨盘、磨棒、双孔刀、凿、锄、钻、砺石以及刮削器、石叶等。还有骨铲、骨匕等少量骨器。

　　该类遗存的陶器从构成因素看主要可分为两组：绳纹瓮、绳纹或绳纹和旋纹兼施的罐，以及个别黑彩陶器，与半坡类型近似；折唇球腹壶、矮领壶、成组的红色条纹彩陶，以及少量鼎、釜、甑等，与后岗类型相近。当然，如果仔细比较，会发现这些相似的方面也还是小有差别，比如鲁家坡一期类遗存的绳纹瓮和绳纹罐比半坡类型的矮胖，基本不见半坡类型流行的鱼纹等动物纹黑彩，鼎和红色彩陶则不如后岗类型发达。这样，我们就没有理由把该区遗存归入半坡类型或后岗类型，而是应当有专门的

①　王大方、吉平：《岔河口史前环壕聚落发掘获重大发现》，《中国文物报》1998年6月7日第1版。

名称①。以往有过"阿善一期文化"②、"岔河口文化"③、"白泥窑子第一种文化"④等称
呼。其中只有阿善一期包含此类遗存，但可惜其遗物也都只是从其他各期地层单位中
剥离出来的，且与仰韶二期遗存混在一起。这类遗存中，现在只有鲁家坡一期地层关
系清晰，地层单位中包含陶器丰富，不妨就因其名为"鲁家坡类型"（图二八）。

鲁家坡类型还当包括晋中离石童子崖 F2 类遗存⑤。在鄂尔多斯和晋中地区尚未发
现存在新石器时代中期文化的迹象，鲁家坡类型应当是半坡类型和后岗类型扩展至此
并相互融合的产物。

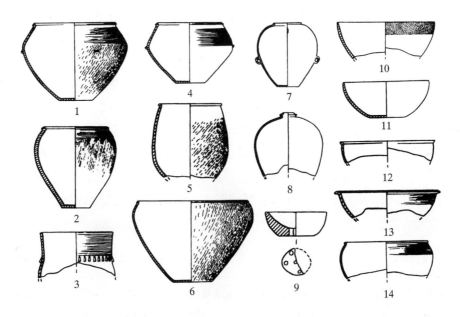

图二八　仰韶文化鲁家坡类型陶器

1、2、4.敛口罐（鲁家坡 F6:4，官地 H25:1，鲁家坡 F5:4）　3.大口尖底罐（鲁家坡 F7:1）　5.绳纹釜（官
地 F1:2）　6.敛口瓮（鲁家坡 F5:2）　7.小口罐（鲁家坡 F5:5）　8.折唇球腹壶（鲁家坡 F4:1）　9.甑
（官地 ZGC:12）　10、11.钵（鲁家坡 H6:6，F5:7）　12～14.盆（鲁家坡 H17:1、H19:3、H19:4）

①　严文明：《内蒙古中南部原始文化的有关问题》，《内蒙古中南部原始文化研究文集》，海洋出
　　版社，1991 年，第 3～12 页。

②　内蒙古社会科学院蒙古史研究所、包头市文物管理所：《内蒙古包头市阿善遗址发掘简报》，
　　《考古》1984 年第 2 期，第 97～108 页。

③　崔璇、斯琴：《内蒙古中南部新石器至青铜时代文化初探》，《中国考古学会第四次年会论文
　　集》，文物出版社，1985 年，第 173～184 页。

④　崔璇、斯琴：《内蒙古清水河白泥窑子 C、J 点发掘简报》，《考古》1988 年第 2 期，第 97～
　　108 页。

⑤　国家文物局、山西省考古研究所、吉林大学考古学系：《晋中考古》，文物出版社，1999 年。

4. 仰韶文化白泥窑子类型（早期）

分布在内蒙古中南部和陕北地区，以内蒙古清水河白泥窑子 C 点 F1 类遗存为代表[①]，包括内蒙古清水河庄窝坪 F3 类[②]、后城嘴一期[③]、白泥窑子 A 点 T1②组[④]，包头西园一期[⑤]，准格尔官地二期，凉城王墓山坡下第 1、2 段[⑥]，以及陕西省子长栾家坪 T3⑤组等遗存[⑦]；还见于内蒙古的准格尔窑子梁、坟堰，东胜台什，托克托耿庆沟，清水河白泥窑子 K 点[⑧]、岔河口，凉城狐子山[⑨]、黄土坡、兰麻窑，以及陕西省的横山上烂泥湾、靖边高渠等遗址[⑩]。

陶器主要分夹砂红褐陶和泥质红陶两大类。夹砂陶多夹粗砂，绝大部分饰细绳纹或兼施旋纹，另见少量附加堆纹、指窝纹、指甲纹、戳印纹等，有些饰绳纹或旋纹的罐、瓮上腹常按压出浅窝；泥质陶质地细腻，厚薄均匀，多压光或素面，见宽带纹、变体鱼纹、圆点纹、勾叶纹、三角纹、弧线纹、斜线纹、豆荚纹、梯格纹等元素或图案的黑色彩陶，圆点、勾叶、三角纹以组合的形式开始少量出现，有个别红彩。主要器类为小环形口尖底瓶、黑彩宽带钵、素面卷沿鼓腹盆、素面敞口斜腹盆、绳纹无沿盆、绳纹（或兼施旋纹）侈口罐、旋纹罐、绳纹敛口瓮、大口尖底罐、火种炉、圈足纽式器盖等，还有少量假圈足碗、杯、大口尖底瓶等。另有石斧、石刀、陶刀、石磨盘、石磨棒、石钻、陶纺轮、石球、石环、骨锥、骨匕等工具或装饰品。

---

①　崔璿、斯琴：《内蒙古清水河白泥窑子 C、J 点发掘简报》，《考古》1988 年第 2 期，第 97～108 页。

②　乌兰察布博物馆、清水河县文物管理所：《清水河县庄窝坪遗址发掘简报》，《内蒙古文物考古文集》（第 2 辑），中国大百科全书出版社，1997 年，第 165～178 页。

③　内蒙古文物考古研究所、清水河县文物管理所：《清水河县后城嘴遗址》，《内蒙古文物考古文集》（第 2 辑），中国大百科全书出版社，1997 年，第 151～164 页。

④　内蒙古社会科学院历史研究所考古研究室：《清水河县白泥窑子遗址 A 点发掘报告》，《内蒙古文物考古文集》（第 2 辑），中国大百科全书出版社，1997 年，第 191～210 页。

⑤　内蒙古社会科学院历史研究所、包头市文物管理处：《内蒙古包头市西园遗址 1985 年的发掘》，《考古学集刊》第 8 集，科学出版社，1994 年，第 1～27 页；西园遗址发掘组：《内蒙古包头市西园新石器时代遗址发掘简报》，《考古》1990 年第 4 期，第 295～306 页。

⑥　内蒙古文物考古研究所等：《岱海考古（三）——仰韶文化遗址发掘报告集》，科学出版社，2003 年，第 11～146 页。

⑦　中国社会科学院考古研究所陕西六队：《陕西子长县栾家坪遗址试掘简报》，《考古》1991 年第 9 期，第 769～773 页。

⑧　内蒙古社会科学院历史研究所考古研究室：《清水河县白泥窑子遗址 K 点发掘报告》，《内蒙古文物考古文集》（第 2 辑），中国大百科全书出版社，1997 年，第 179～190 页。

⑨　内蒙古文物考古研究所等：《岱海考古（三）——仰韶文化遗址发掘报告集》，科学出版社，2003 年，第 230～235 页。

⑩　吕智荣：《无定河流域考古调查简报》，《史前研究》1988 年辑刊，第 218～233 页。

　　该类遗存和晋南地区的东庄类型大同小异[①]，区别主要是前者的绳纹盆、假圈足碗，以及罐上腹压浅窝、折腹处箍附加堆纹和梯格纹彩陶等特征一般不见于后者，后者所见素面小口尖底瓶、敛口壶、素面瓮等，以及鼎、葫芦瓶、浅腹盘、灶等，基本不见于前者。这样，还是将前者也作为一个地方类型好些。由于白泥窑子遗址发现较早，并有过"白泥窑子第一种文化"[②]、"白泥窑子文化"这样的称呼[③]，故可以因其名为"白泥窑子类型"。不过单从遗存的丰富性和揭露的完整程度来看，王墓山坡下早期遗存则更有代表性[④]。

　　实际上该时期只是白泥窑子类型的早期，还可以细分为早、晚两段，早段包括白泥窑子C点F1、庄窝坪F3和白泥窑子K点F1类遗存，陶器绳纹较细密，仅见勾叶、三角纹而无圆点与其组合，尖底瓶折唇甚短且无颈，罐多圆腹；晚段包括王墓山坡下早期、后城嘴一期、西园一期、官地二期（F13）遗存，绳纹稍显粗疏，流行勾叶、圆点、三角纹组合（花瓣纹），尖底瓶折唇下垂有颈，罐腹变长。其演变过程和翼城北橄一至三期的情况很是相似（图二九）[⑤]。该类型东、西部也存在一定差异，如西部鄂尔多斯区的假圈足碗就不见于东部岱海地区。

　　白泥窑子类型应为东庄类型北上，融合当地鲁家坡类型因素而形成。值得注意的是，岱海地区王墓山坡下类遗存为直接从晋南传入，又受到鄂尔多斯地区的些许影响，和此前的石虎山类型几乎不存在任何继承关系。在王墓山坡下等白泥窑子类型遗存和石虎山类型之间应当存在短暂的时间缺环。此外，白泥窑子类型和附近桑干河流域的马家小村类型虽然来源近同[⑥]，但面貌差异较大，彼此关系似乎不甚密切。

①　中国科学院考古研究所山西工作队：《山西芮城东庄村和西王村遗址的发掘》，《考古学报》1973年第1期，第1～64页；严文明：《略论仰韶文化的起源和发展阶段》，《仰韶文化研究》，文物出版社，1989年，第122～165页。

②　崔璇、斯琴：《内蒙古清水河白泥窑子C、J点发掘简报》，《考古》1988年第2期，第97～108页。此前同作者称其为"岔河口文化"，见崔璇、斯琴：《内蒙古中南部新石器至青铜时代文化初探》，《中国考古学会第四次年会论文集》（1983），文物出版社，1985年，第173～184页。

③　魏坚、崔璇：《内蒙古中南部原始文化的发现与研究》，《内蒙古文物考古文集》（第1辑），中国大百科全书出版社，1994年，第125～143页。

④　因此田广金提出"王墓山下类型"。见田广金：《论内蒙古中南部史前考古》，《考古学报》1997年第2期，第121～146页。

⑤　山西省考古研究所：《山西翼城北橄遗址发掘报告》，《文物季刊》1993年第4期，第1～51页。

⑥　山西省考古研究所、大同市博物馆：《山西大同马家小村新石器时代遗址》，《文物季刊》1992年第3期，第7～16页；海金乐：《大同马家小村遗存分析》，《文物季刊》1992年第4期，第55～61页；韩建业：《中国北方地区新石器时代文化研究》，文物出版社，2003年，第93页。

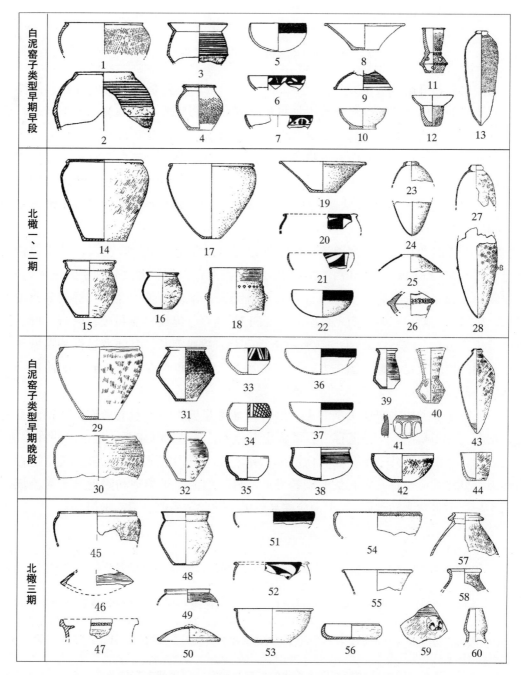

图二九　仰韶文化白泥窑子类型（早期）与北橄遗存陶器比较

1、2、14、29、30、45. 绳纹瓮（白泥窑子 F1:19，庄窝坪 H20:1，北橄 F2:2，王墓山坡下 I F5:11、I F5:17，北橄采 H2:22）　3、4、15、16、31、32、48、49. 侈口罐（庄窝坪 F3:1，白泥窑子 F1:7，北橄 H32:25、H38:32，官地 F16:1，王墓山坡下 I F5:14，北橄采 H2:2、采 H2:23）　5~7、21、22、33、34、36、37、51. 彩陶钵（白泥窑子 F1:11，庄窝坪 F3:4，H19:2，北橄 H44:1，H38:8，王墓山坡下 I F5:4、I F5:5、I F5:7、I F5:8，北橄采 H2:11）　8、19、55. 斜直壁盆（白泥窑子 F1:20，北橄 H32:1，采 H2:15）　9、50. 器盖（庄窝坪 H23:1，北橄 H14:1）　10、35. 假圈足碗（庄窝坪 H2:1，官地 H35:1）　11、26、40. 火种炉（白泥窑子 F1:3，北橄 II T503⑥:5，王墓山坡下 I F5:6）　12、39. 杯（白泥窑子 F1:9，官地 F13:6）　13、23、24、27、28、43、57、58. 小口尖底瓶（白泥窑子 F1:1，北橄 H34:38、H49:1、H34:27、H34:5，王墓山坡下 I F5:19，北橄采 H2:7、I T102②:3）　17. 素面瓮（北橄 H34:37）　18、41、59. 大口尖底罐（北橄 H34:46，官地 F13:17，北橄 II T502③:2）　20、52. 彩陶盆（北橄 F25:5、采 H2:19）　25. 壶（北橄 II T1302⑦:1）　38、46. 釜（官地 F13:4，北橄 II T603③:3）　42. 绳纹盆（官地 F13:5）　44. 筒形罐（王墓山坡下 I F5:18）　47. 灶（北橄采 H2:26）　53、54. 素面盆（北橄采 H2:1，I T102②:2）　56. 盘（北橄 II T503②:2）　60. 葫芦口瓶（北橄采 H2:8）

（三）泉护类型期

即仰韶文化二期，绝对年代约为公元前 4000～前 3500 年。可分为两类遗存，即泉护类型和白泥窑子类型（晚期）。

1. 仰韶文化泉护类型

主要分布在渭河流域，西北已抵青海东部和宁夏南部，西南达白龙江上游和岷江上游。以陕西华县泉护一期遗存为代表[①]，包括陕西省的宝鸡福临堡一期和二期[②]，陇县原子头仰韶文化三期至五期和霸关口仰韶文化[③]、扶风案板一期[④]、岐山王家嘴早期[⑤]、眉县白家[⑥]、临潼姜寨三期、渭南北刘晚期、华阴南城子[⑦]和西关堡[⑧]、蓝田泄湖第 7 层遗存[⑨]，甘肃省的秦安大地湾仰韶中期和王家阴洼第二类型（上层）、天水师赵村三期和西山坪三期、宁县董庄二期、正宁吴家坡遗存[⑩]，青海省的民和胡李家[⑪]、阳

[①]　黄河水库考古队华县队：《陕西华县柳子镇考古发掘简报》，《考古》1959 年第 2 期，第 71～75 页；黄河水库考古队华县队：《陕西华县柳子镇第二次发掘的主要收获》，《考古》1959 年第 11 期，第 585～587 页；北京大学考古学系：《华县泉护村》，科学出版社，2003 年。

[②]　宝鸡市考古工作队、陕西省考古研究所宝鸡工作队：《宝鸡福临堡——新石器时代遗址发掘报告》，文物出版社，1993 年。

[③]　陕西省考古研究所宝中铁路考古队：《陕西陇县霸关口遗址试掘简报》，《考古与文物》1998 年第 1 期，第 39～42 页。

[④]　西北大学文博学院考古专业：《扶风案板遗址发掘报告》，科学出版社，2002 年；宝鸡市考古工作队：《陕西扶风案板遗址（下河区）发掘简报》，《考古与文物》2003 年第 5 期，第 3～14 页。

[⑤]　西安半坡博物馆：《陕西岐山王家嘴遗址的调查与试掘》，《史前研究》1984 年第 3 期，第 78～90 页。

[⑥]　陕西省考古研究所：《陕西眉县白家遗址发掘简报》，《考古与文物》1996 年第 6 期，第 9～14 页。

[⑦]　中国社会科学院考古研究所陕西工作队：《陕西华阴南城子遗址的发掘》，《考古》1984 年第 6 期，第 481～487 页。

[⑧]　中国社会科学院考古研究所陕西工作队：《陕西华阴西关堡新石器时代遗址发掘》，《考古学集刊》第 6 集，中国社会科学出版社，1989 年，第 52～62 页。

[⑨]　中国社会科学院考古研究所陕西六队：《陕西蓝田泄湖遗址》，《考古学报》1991 年第 4 期，第 415～447 页。

[⑩]　李红雄、陈瑞琳等：《甘肃庆阳地区南四县新石器时代文化遗址调查与试掘简报》，《考古与文物》1988 年第 3 期，第 7～16 页。

[⑪]　中国社会科学院考古研究所甘青工作队、青海省文物考古研究所：《青海民和县胡李家遗址的发掘》，《考古》2001 年第 1 期，第 40～58 页。

洼坡遗存等①，还见于陕西宝鸡纸坊头②、武功浒西庄③和南石灰店子④、扶风壹家堡⑤、西安南殿村⑥、高陵马南⑦、临潼零口北牛⑧、三原洪水村⑨、铜川李家沟⑩、咸阳尹家村⑪、彬县下孟村、旬邑坪坊和三家庄⑫、渭南白庙村⑬、黄龙西山、石曲和山户⑭，甘肃张家川坪洮塬⑮、西和宁家庄⑯，宁夏隆德页河子⑰，青海民和白崖沟、胡热热、崖家坪⑱以及互助红土坡嘴子⑲等遗址。

------

① 青海省文物考古队：《青海民和阳洼坡遗址试掘简报》，《考古》1984 年第 1 期，第 15～20 页。

② 宝鸡市考古队：《宝鸡市纸坊头遗址试掘简报》，《文物》1989 年第 5 期，第 47～55 页。

③ 中国社会科学院考古研究所：《武功发掘报告——浒西庄与赵家来遗址》，文物出版社，1988 年，第 13～16 页。

④ 中国社会科学院考古研究所陕西六队：《陕西渭水流域新石器时代遗址调查》，《考古》1987 年第 9 期，第 769～772 页。

⑤ 北京大学考古系商周组：《陕西扶风壹家堡遗址 1986 年度发掘报告》，《考古学研究》（二），北京大学出版社，1994 年，第 343～390 页。

⑥ 西安半坡博物馆：《西安南殿村新石器时代遗址的调查》，《史前研究》1984 年第 1 期，第 56～62 页。

⑦ 咸阳地区咸高文物普查队：《咸阳市、高陵县古遗址调查简报》，《考古与文物》1984 年第 1 期，第 34～39 页。

⑧ 陕西省考古研究所、西安市临潼区文化局：《陕西临潼零口北牛遗址发掘简报》，《考古与文物》2006 年第 3 期，第 15～28 页。

⑨ 王世和、钱耀鹏：《渭北三原、长武等地调查》，《考古与文物》1996 年第 1 期，第 1～23 页。

⑩ 西安半坡博物馆：《铜川李家沟新石器时代遗址发掘报告》，《考古与文物》1984 年第 1 期，第 1～33 页。

⑪ 陕西省文物管理委员会：《陕西咸阳尹家村新石器时代遗址的发现》，《文物参考资料》1958 年第 4 期，第 55～56 页。

⑫ 西北大学文化遗产与考古学研究中心等：《旬邑县几个遗址的调查》，《旬邑下魏洛》，科学出版社，2006 年，第 511～532 页。

⑬ 北京大学考古教研室华县报告编写组：《华县、渭南古代遗址调查与试掘》，《考古学报》1980 年第 3 期，第 297～328 页。

⑭ 黄龙县文物管理所、陕西省考古研究所：《陕西黄龙县古遗址调查》，《考古与文物》1989 年第 1 期，第 1～13 页。

⑮ 张家川县文化局、张家川县文化馆：《甘肃张家川县仰韶文化遗址调查》，《考古》1991 年第 12 期，第 1057～1070 页。

⑯ 中国社会科学院考古研究所甘肃工作队：《甘肃天水地区考古调查纪要》，《考古》1983 年第 12 期，第 1066～1075 页。

⑰ 北京大学考古实习队等：《隆德页河子新石器时代遗址发掘报告》，《考古学研究》（三），科学出版社，1997 年，第 190 页。

⑱ 青海省文物考古研究所：《青海省民和县古文化遗存调查》，《考古》1993 年第 3 期，第 193～224 页。

⑲ 青海省文物考古研究所：《青海化隆、循化两县考古调查简报》，《考古》1991 年第 4 期，第 313～331 页。

陶器仍以泥质红陶最多，夹砂红褐陶其次，个别黑、灰陶。纹饰以细绳纹、线纹和旋纹为主，也有附加堆纹，锥刺纹基本消失；彩陶绝大多数仍为黑彩，新出少量白衣黑彩和黑红复彩，纹样多见窄带、鸟纹、蛙纹、圆点勾叶三角纹等，风格为曲线或弧线，流行鸟类（鹗）题材。主要有敛口钵、卷沿曲腹盆、环形口小口尖底瓶、葫芦口平底瓶、侈口绳纹或旋纹罐、彩陶罐、大口瓮、釜、灶、甑、大口缸等。仍以石、陶质工具最多，与前相比，长方形陶刀的数量猛增，同时圆形或椭圆形陶"刮削器"的数量锐减，也有长方形穿孔石刀。新出规整美观的长方形穿孔石钺，石镞或骨镞主要为扁平的柳叶形或长菱形。流行剖面呈梯形的厚体纺轮，外饰绳纹、刻划纹、压印纹、螺旋纹等；也有剖面呈长方形的薄体纺轮。装饰品有骨或陶笄、石（牙、蚌）坠饰、陶环、石环、陶角形器等，陶笄仍为平头钉形，陶环有圆形、多边形等多种形状，圆形者有的外侧带沟槽呈齿轮状、有的外带乳钉、有的外饰弦纹、有的外饰螺旋纹，多边形者有的外有螺旋形乳突。师赵村、大地湾还发现陶铃，以及饰刺点纹的陶球（图三〇）。

这类遗存和晋南豫西地区的庙底沟类型大同小异，被命名为"泉护类型"[1]。其与半坡类型晚期（史家类型）一脉相承，至少还可以分为两个小期：早期包括泉护一期Ⅰ至Ⅱ段、福临堡一期、原子头仰韶三期、案板一期（H24）、南城子（H3）、西关堡遗存等，小口尖底瓶口部的环下垂，和上唇分界明显；葫芦瓶口过渡圆滑；多见带圆点的豆荚纹，圆点勾叶三角纹构图复杂细致；鸟纹较为具象。晚期包括泉护一期Ⅲ段、福临堡二期、原子头仰韶四期和五期、胡李家、阳洼坡等遗存。小口尖底瓶的环靠上，退化至和上唇分界不明显；葫芦瓶口有明显转折；带流钵或带流盆增多；出现浅腹盘；器物肩带双錾、腹箍附加堆纹者增多；彩陶简化，基本均为弧线纹，鸟纹抽象；陶纺轮、环等在装饰上趋于简化（图三一）。

泉护类型存在地方性差别。渭河上中游和青海东部的罐、瓮之上多饰绳纹；彩陶题材单调，有黑彩图案白彩描边的现象；有独特的葫芦口小口尖底瓶、双耳圜底彩陶钵、锯齿状花边口沿双錾罐、假圈足碗等陶器，少见灶和鹗纹，不见鼎、豆。渭河下游罐、瓮常为素面，彩陶题材丰富，多见釜形鼎、盆形灶和鹗题材[2]。尤其晚段各地地方特色更为浓厚，如渭河上游和青海东部（特别是青海东部）仍流行彩陶，除占据主体的黑彩外还出现个别红或赭色彩，有的施红色或橙黄色陶衣；图案除弧边三角、圆点勾叶、弧线外，还多见网格纹和成组线条，以带锯齿或不带锯齿的大"X"形图案颇

---

① 严文明：《略论仰韶文化的起源和发展阶段》，《仰韶文化研究》，文物出版社，1989年，第122～165页。

② 泉护遗址的鹗类题材特别突出，除彩陶上大量鹗纹外，还发现精美的陶鹗鼎、陶鹗盖饰等。

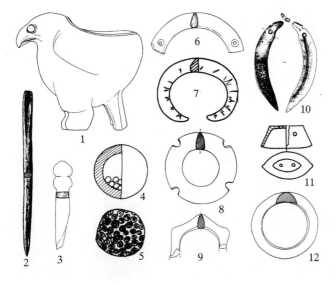

图三〇 仰韶文化泉护类型
装饰品及杂器

1.陶鸮鼎（泉护 M701：1） 2、3.骨笄（泉护 H232：76、H1065：329） 4、5.陶球（大地湾 H307：59，泉护 H189：499） 6.石璜（泉护 H192：109） 7.陶角（大地湾 H307：33） 8、9、12.陶环（泉护 H1087：704、H1112：675、H192：02） 10.牙饰（泉护 H1067：123） 11.陶铃（大地湾 T600②：7）

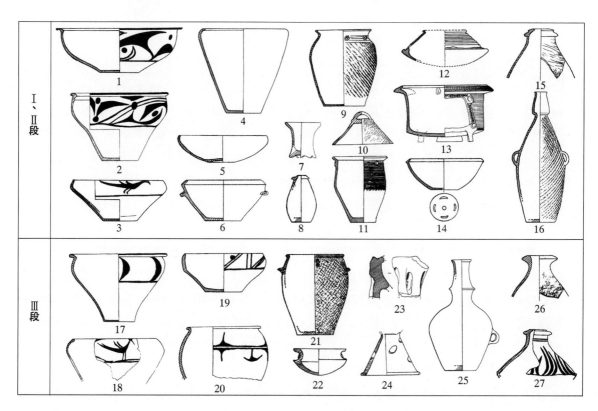

图三一 泉护一期陶器

1、2、6、17.盆（H5：192、H224：501、H180：613、H1127：871） 3、5、18、19.钵（H14：180、H225：527、H190：01、H170：527） 4.敛口瓮（H1078：538） 7.杯（H1018：614） 8、27.环形口小口平底瓶（H202：2、H1019：02） 9、11、21.罐（H317：179、H5：205、H1065：791） 10.器盖（H14：387） 12、22.釜（H1059：01、T121③：01） 13.灶（H180：648） 14.甑（H1024：322） 15、26.小口尖底瓶（T205③：01、T216③：99） 16、25.葫芦口平底瓶（H5：168、M701：2） 20.彩陶罐（H22：07） 23.鼎（T126③：01） 24.豆（H342：01）

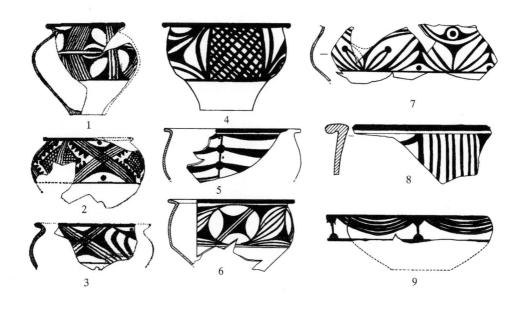

图三二　阳洼坡、胡李家彩陶

1、2.罐（阳洼坡）　　3～8.盆（阳洼坡，胡李家 T1②:1、采:4、H14:2、T1003②:3、H17:2）　　9.钵（胡老家 T1004②B:3）

具特色；基本题材、构图方式虽未大变，但趋于繁复细致（图三二）。渭河下游彩陶则渐有衰败迹象，图案以网格纹、平行横带纹、叶纹有特色，花瓣纹、鸟纹简化抽象；新出红色单彩和篮纹，新出足根部有压窝的鼎、镂孔圈足豆、饰叶状纹红彩的敞口斜直腹杯、饰白衣黑红二色对顶三角纹的钵等——后四种均明确为大河村三期类因素[①]。此外，渭河下游所见规整美观的长方形穿孔石钺也有源自东部的可能性。可见泉护类型，尤其是渭河下游地区，持续接受着来自晋南豫西地区庙底沟类型的影响，末期还加入了更东部郑洛地区的因素。

2. 仰韶文化白泥窑子类型（晚期）

仍主要分布在鄂尔多斯、陕北，以及晋中地区。又可分早、晚两段。

早段遗存以鲁家坡第二期和王墓山坡下第 3 段为代表，包括陕西栾家坪 T3⑤组等。宽带纹彩变为窄带纹，圆点、勾叶、三角纹组合常见，主要器类为环形小口尖底瓶、葫芦口瓶、黑彩窄带钵、卷沿曲腹盆、多口罐、绳纹或素面敛口瓮、绳纹或素面敛口盆、器盖等。这类遗存在出现窄带纹的同时，仍有宽带纹彩陶，勾叶、圆点、三角纹少见且图案简单，不见鼎、釜、灶、鸟纹彩和白衣等因素，与北橄四期类庙底沟类型

---

①　郑州市文物考古研究所：《郑州大河村》，科学出版社，2001 年。

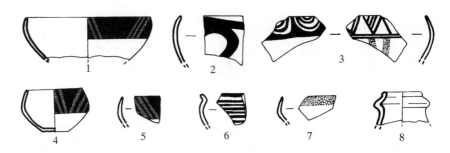

图三三　王墓山坡下第 3 段陶器

1~5、7. 钵（ⅠH32:3、ⅠT1123③:5、ⅠT1224③:3、ⅠH32:8、ⅠT0101③:2、ⅠT1016③:2）　6. 盆（Ⅰ
T1016③:6）　8. 小口尖底瓶（ⅠT0529③:5）

有一定区别。进一步来说，在鄂尔多斯和岱海地区之间也还存在一些细微差异，如后者还出现红或紫红彩，有的内外兼饰；出现鳞纹、填充斜线的三角形、条带纹等图案。红彩一直是后岗类型的传统，鳞纹早在红山文化早期就流行，填充斜线的三角纹、条带纹等彩陶图案共见于后岗类型和红山文化早期[①]，这表明岱海地区在与老家晋南地区关系疏远的同时，开始加强了与东部或东北部文化的联系，东部和东北部文化因素逐渐渗透进来（图三三）。需要指出的是，该类型晚期早段还当包括晋中的离石童子崖 F3 类、冀西北的蔚县三关 F3 类遗存[②]。而通过岱海和冀西北地区，花瓣纹等因素影响到东北地区的红山文化，对红山文化的繁荣起到重要作用[③]。

　　晚段遗存在鄂尔多斯地区以清水河白泥窑子 A 点 F2[④]和白草塔第一期 F25 为代表[⑤]。灰陶或灰褐陶的比例略有增加，出现少量细砂中掺杂一定量黏土的所谓"砂质陶"，绳纹略显粗疏；尖底瓶的环形口开始退化；绳纹罐由侈口变为翻缘或卷沿，并在颈部箍一周附加堆纹或粘贴一圈泥饼，或者口沿缩短成唇外贴边，已不见铁轨式口沿；盆的口沿也变短；火种炉矮胖，新见把大口尖底罐和小口尖底瓶融为一体的大口尖底

①　中国社会科学院考古研究所安阳工作队：《安阳后岗新石器时代遗址的发掘》，《考古》1982年第 6 期，第 565~583 页；中国社会科学院考古研究所内蒙古工作队：《赤峰西水泉红山文化遗址》，《考古学报》1982 年第 2 期，第 183~198 页。

②　张家口考古队：《1979 年蔚县新石器时代考古的主要收获》，《考古》1981 年第 2 期，第 97~105 页；张家口考古队：《蔚县考古记略》，《考古与文物》1982 年第 4 期，第 10~14 页。

③　苏秉琦：《中华文明的新曙光》，《华人·龙的传人·中国人——考古寻根记》，辽宁大学出版社，1994 年，第 80~87 页。

④　内蒙古社会科学院历史研究所考古研究室：《清水河县白泥窑子遗址 A 点发掘报告》，《内蒙古文物考古文集》（第 2 辑），中国大百科全书出版社，1997 年，第 191~210 页。

⑤　内蒙古文物考古研究所：《准格尔旗白草塔遗址》，《内蒙古文物考古文集》（第 1 辑），中国大百科全书出版社，1994 年，第 183~204 页。

瓶（图三四）。该类型晚期晚段遗存还包括晋中的杏花村 H262 等，其较多口沿外附双鋬的敛口绳纹罐或瓮等已与鄂尔多斯地区遗存出现分异。

3. 仰韶文化海生不浪类型（初期）

相当于白泥窑子类型晚期晚段，在岱海地区新出现凉城红台坡上 G1 和王墓山坡中一类遗存[①]。陶质以泥质陶最多，夹砂和砂质陶其次。陶色以红褐色和灰色为主，还有少量橙黄陶和黑皮灰陶。器表多素面压光，纹饰主要为绳纹（线纹），此外还有少量附加堆纹、指甲纹、刻划纹、"之"字纹、浅窝纹等。彩陶较为发达，由平行横带、斜线、网纹、菱形、三角、鳞纹、棋盘格纹、双钩纹等组合成繁复细致的图案；

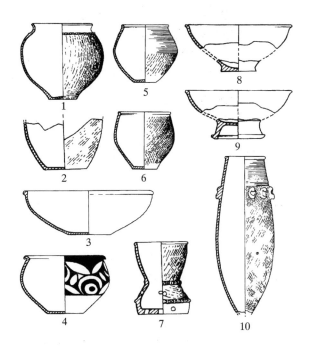

图三四　白泥窑子 A 点 F2 陶器

1、2、5、6. 罐（F2:6、3、5、4）　3、4、8、9. 盆（F2:7、2、16、12）　7. 火种炉（F2:8）　10. 大口尖底瓶（F2:1）

黑、红、紫色彩配合应用，内外兼施。主要器类有小口双耳罐、筒形罐、折沿罐、素面罐、钵、盆、豆等（图三五）。石器有磨制的斧、锛、凿、刀、磨盘、磨棒、砺石、锉，以及镞、矛形器、石核、石叶等细石器，还有石串珠等装饰品。最值得注意的是发现有岫岩玉璧和玉料。这类遗存虽然还有腹箍附加堆纹的绳纹罐和宽沿曲腹盆等白泥窑子类型的遗留，但新出的因素占据主流，如黑、紫红、褐色相间的复彩，鳞纹、网纹、双勾纹、三角纹等彩陶元素，以及小口双耳罐、直口折腹钵、直口筒形罐等。如此多新因素出现实际上已经昭示仰韶文化一个新的地方类型的产生。由于它同稍晚的内蒙古托克托海生不浪遗存面貌比较一致[②]，所以可以归入海生不浪类型，作为其初期阶段。

①　内蒙古文物考古研究所等：《岱海考古（三）——仰韶文化遗址发掘报告集》，科学出版社，2003 年。

②　北京大学考古系、内蒙古文物考古研究所、呼和浩特市文物事业管理处：《内蒙古托克托县海生不浪遗址发掘报告》，《考古学研究》（三），科学出版社，1997 年，第 196～239 页。

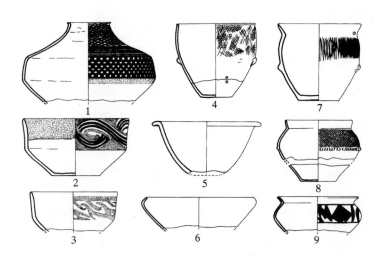

图三五　红台坡上遗存陶器

1. 小口瓮（F2:1）　2、3、6. 钵（C:11、G1:18、G1:12）　4. 筒形罐
（F5:6）　5、9. 盆（H4:1、F3:1）　7、8. 折沿罐（F3:2、G1:23）

红台坡上类遗存是在白泥窑子类型的基础上，受到东部文化的深刻影响而形成。就其典型器类来讲，筒形罐来自红山文化[①]，小口双耳鼓腹罐是雪山一期文化小口双耳高领罐的变体[②]，深折腹钵则与仰韶文化大司空类型者近似[③]。就彩陶来说，相对双勾纹和鳞纹肯定来自红山文化，三角纹、棋盘格纹等也常见于红山文化遗存中，在辽宁凌源和喀左交界处的牛河梁[④]、凌源城子山[⑤]和内蒙古赤峰西水泉[⑥]等遗址都有发现。对顶三角形、对顶菱形与菱形网纹则应来自雪山一期文化和大司空类型，折线三角纹常见于雪山一期文化。另外，在王墓山坡中遗存还发现典型的红山文化系统的圆角方形的岫玉璧（图三六），在红台坡上发现打磨过的岫玉料。

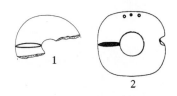

图三六　王墓山坡中与
牛河梁玉璧比较

1. 王墓山坡中（T2②:1）

2. 牛河梁（M21:9）

①　魏坚、曹建恩：《庙子沟文化筒形罐及相关问题》，《青果集——吉林大学考古专业成立二十周年考古论文集》，知识出版社，1993年，第101～109页。

②　韩建业：《论雪山一期文化》，《华夏考古》2003年第4期，第46～54页。

③　陈冰白：《略论"大司空类型"》，《青果集——吉林大学考古专业成立二十周年考古论文集》，知识出版社，1993年，第72～84页；吴东风：《大司空文化陶器分期研究》，《环渤海考古国际学术讨论会论文集》（石家庄·1992），知识出版社，1996年，第153～161页。

④　辽宁省文物考古研究所：《辽宁牛河梁第二地点四号冢筒形器墓的发掘》，《文物》1997年第8期，第15～19页。

⑤　李恭笃：《辽宁凌源县三官甸子城子山遗址试掘报告》，《考古》1986年第6期，第497～510页。

⑥　中国社会科学院考古研究所内蒙古工作队：《赤峰西水泉红山文化遗址》，《考古学报》1982年第2期，第183～198页。

二、聚落形态

（一）零口类型期

仰韶文化零口类型发现遗址较少，尚无完整聚落被揭露。零口 F11 为长方形半地穴式房屋，面积 13 平方米。地穴周缘有柱洞密集的墙基槽，原来可能为木骨泥墙，中有隔墙，地穴中部有中心柱，室内一角有火塘，属于比白家文化房屋稍大的普通居室

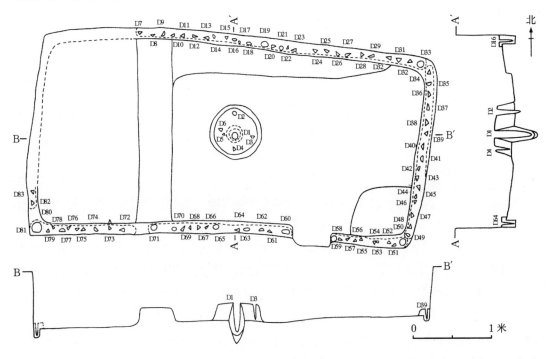

图三七　零口 F11 平、剖面图

D1~D83. 柱洞

（图三七）。在福临堡和北首岭还发现成排分布的墓葬，基本都是长方形竖穴土坑墓，绝大多数为单人仰身直肢葬，少数随葬陶罐、钵、瓶、壶等陶器，个别随葬骨铲，基本情况类似于白家文化。其中零口发现一特殊的少女墓葬（M21），有骨叉、骨镞、骨笄等 18 件骨器插在其头骨、椎骨、盆腔内，或许属于某种宗教行为所致（图三八）。

（二）半坡类型期

聚落一般位于河流干道两侧的山坡台地或湖周围的低山上。

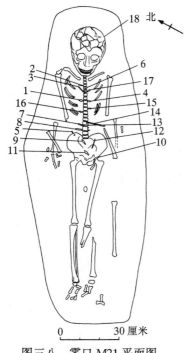

图三八　零口 M21 平面图

1、4、6、9、10、16～18. 骨叉　2、3、
5、7、8、12～14. 骨笄　11、15. 骨镞

1. 仰韶文化半坡类型

半坡类型早期发现有半坡、姜寨等较为完整的环壕聚落，一般将居住区和墓地安排在相邻的两个区域。以姜寨聚落最具代表性。该聚落位于山前的河谷平原，水源充足，资源辐聚。聚落占地 2 万多平方米，总体分为居住区、陶窑厂和墓地三大部分。居住区基本位于环壕以内，狭窄的壕沟可能立栅栏类设施才有实际防御功能，壕沟缺口（寨门）附近的小房子或许为哨所。同时期的房屋大概有 100 余座，最大的特点是围成圆圈，门一概朝向中央（图三九）。所有的房屋均是普通居室，一般为半地穴式，以木柱支撑屋顶，有的有木骨泥墙，顶用木椽、树枝架设。房屋明显可分为大、中、小三类。小型房屋数量最多，圆形或方形，面积 15 平方米左右，迎门正中有一火塘，兼作炊事和取暖。少数地面和壁面涂抹草拌泥；保存较好者，室内左侧摆满了整套的陶质容器和石、骨质工具，有的容器内还有朽坏的粮食、螺壳等；右侧空地上或稍高的土床上可供 2～5 人睡卧；其中的居民应是经常生活在一起的一个消费单位，实际上极可能就是一个核心家庭的成员。中型房屋较少，多方形半地穴式，面积 20～40 平方米，其功能和小型房屋类似，但可居住更多人，且左右两侧均可供睡卧；每个中型房屋和若干小型房屋组成一个单元，可能代表一个家族或扩展家庭。大型方形房屋共有五所，面积小者 70 多平方米，大者达 124 平方米，便于举行多人参加的集会、宗教等活动；周围有若干中型和小型房屋，形成五群房屋，可能代表民族学意义上的五个氏族或大家族。全聚落共同构成一个胞族或氏族，人数可达 100 多人①。在环壕的东、南、北三面有三片墓地，后来聚落中心还出现一片②，大致与各组房屋对应；每片墓地以成人葬为主，也有婴孩瓮棺葬；还有较

---

① 由于对房屋使用周期和同时共存房屋的数目存在不同认识，导致《姜寨》报告计算出的全村落人口为 500 人左右，赵春青计算的人口为 100 多人，当以后者更为合理，见赵春青：《也谈姜寨一期村落中的房屋与人口》，《考古与文物》1998 年第 5 期，第 49～55 页。

② 《姜寨》报告认为，一期的村落中心是一个空旷的广场；严文明先生分析了正式发掘报告的资料后认为，村落中心其实有 M84 等一片墓地，见严文明：《史前聚落考古的重要成果——姜寨评述》，《文物》1990 年第 12 期，第 22～26 页。如果仔细分析，M84 等属于一期末段，且葬俗为二期流行的多人二次合葬，故可推测该片墓地应当是一期末段才开始出现，并延续到二期。

图三九　姜寨一期环壕聚落遗迹的分布

多婴孩瓮棺葬安排在每组房屋附近。成人墓葬基本为长方形竖穴土坑墓，绝大多数仰身直肢，头向基本一致。多随葬日用陶器、生产工具和装饰品，没有明显的贫富分化，也不存在明显的男女社会地位的差别，但男女的随葬品种类有一定差别：男女随葬生产工具不同，反映存在自然的性别分工；同时，女性用骨笄、骨珠随葬，男性不见，反映男女装饰有别。此外，在村西还有一片窑厂，可能属于全村的产业；村落内也有两座陶窑。结合牲畜圈栏、窖穴等来看，当时至少存在三级财产所有制[①]。其余聚落的布局大体和姜寨聚落类似，它们有着向心结构的房屋布局，反映出一种利益与共、血

① 严文明：《史前聚落考古的重要成果——姜寨评述》，《文物》1990 年第 12 期，第 22～26 页。

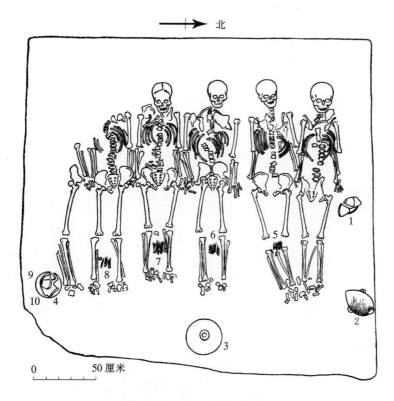

图四〇　元君庙 M411 平面图

1、9、10.陶钵　2、3.陶小口尖底瓶　4.陶罐　5~8.骨镞

（均为二次葬）

缘凝聚、颇有秩序的平等社会状态①。有人认为这样的社会符合所谓分节社会的特征②。

此外，渭河上、中游房屋多为方形，屋内有瓢形灶并置陶火种罐；葬俗以单人一次葬为多；渭河下游房屋以圆形地面式木骨泥墙者多见，室内有土床和圆形浅坑灶，少见火种罐，这反映聚落形态方面也存在一定的地方差异。值得注意的是，该期偏晚还出现元君庙、横阵墓地所代表的多人合葬墓，男女老少同穴为主，每墓埋葬的人数可多达数十人，分层叠放；一次葬和二次葬并存，即使是二次葬也大致摆放成仰身直肢葬式；头向多朝西北，习俗一致；一般均有少量随葬品，但多为集体随葬，置于墓坑一隅或一侧（图四〇）。其中元君庙墓地两个墓区布局有序，每个墓区基本按照自东而西、自北向南的顺序排列；总体上强调组织和秩序、集体和平等③。整个横阵墓地和其中的复式合葬墓可能分别代表氏族和家族两级社会组织④。

---

① 巩启明、严文明：《从姜寨早期村落布局探讨其居民的社会组织结构》，《考古与文物》1981年第1期，第63~71页。

② 李润权：《文化结构、社会媒介和建筑环境的多元互动——论仰韶先民的主观能动》，《新世纪的考古学——文化、区位、生态的多元互动》，紫禁城出版社，2006年，第26~60页。

③ 张忠培：《元君庙墓地反映的社会组织》，《中国北方考古文集》，文物出版社，1990年，第34~50页；严文明：《横阵墓地试析》，《仰韶文化研究》，文物出版社，1989年，第248~261页。

④ 严文明：《横阵墓地试析》，《仰韶文化研究》，文物出版社，1989年，第248~261页。

半坡类型晚期（即所谓史家类型期），聚落布局稍清楚者有半坡、北首岭、大地湾等处，在聚落附近或内部也都安排墓地。专门的墓地则有史家、横阵和元君庙墓地等。姜寨二期大约仍基本沿袭一期的村落布局，但墓地只保留了中心的一片。北首岭聚落基本情况同于稍早的姜寨一期聚落，但没有环壕；中央有广场，周围呈环形分布着至少北、南、西三组房屋，房屋门向均朝向中心广场；南、西组均发现面积达 80 余平方米的大房子；西组和南组房屋群中还各发现陶窑 1 座；墓地位于聚落南边，有成人土坑墓和婴孩瓮棺葬，而在村落中未发现瓮棺葬。大地湾二期的环壕聚落和姜寨聚落十分相似，但只有 1 万余平方米，大体仅相当于姜寨聚落 5 组中的一组；环壕有至少两个缺口，内部房屋门道均朝向中心广场，广场西侧有一小片墓地；房屋有大小之别，大型者 60～70 平方米，也比姜寨的大房子小。

半坡类型晚期墓葬在渭河流域东西部有明显分别。东部仍延续多人二次合葬，埋葬人数很多而又高度集中，姜寨二期达 2000 余人，史家墓地也应在 1000 人以上；这样人数众多的墓地可能不仅是埋葬本村落的死者。据对史家墓地头骨特征的观察，同一墓穴的个体有更多相似性，说明同墓的死者可能存在血缘关系[1]。这时基本均为二次葬，而且变为将头骨置于中央，

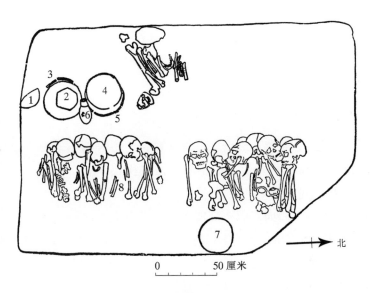

图四一　姜寨 M205 第三层平面图

1～5. 陶钵　6. 陶葫芦口瓶　7. 陶罐　8. 骨笄

两侧摆放肢骨，其他骨骼放在头骨和肢骨之间。其姜寨 M205 有 4 层共 82 人之多（图四一）。东部区还有一个特点，就是不少成年人也实行瓮棺葬，甚至有少数成人瓮棺合葬。严文明先生认为这是来自东部的人群侵占的结果[2]。这与陶器等方面表现出的来自

---

①　Gao Qiang and Yun Kuen Lee, A Biological Perspective on Yangshao Kinship. *Journal of Anthropological Archaeology* 12（3）：pp.266－298, 1993.

②　严文明：《史前聚落考古的重要成果——姜寨评述》，《文物》1990 年第 12 期，第 22～26 页。

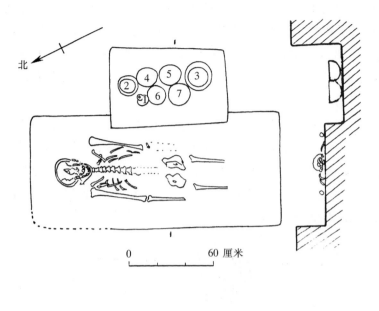

东部东庄类型的巨大影响情况吻合。与此形成鲜明对照的是，西部墓葬仍流行传统的单人仰身直肢葬，如大地湾仰韶早期、王家阴洼第一类型墓葬等；随葬日用陶器，以及猪颚骨、鱼骨等；也有个别单人二次葬和婴孩瓮棺葬。较为特殊的是大地湾遗址有一半土坑竖穴墓带有放置随葬品的侧坑（图四二）。

图四二　大地湾 M216 平、剖面图

1.陶葫芦口瓶　2、3.陶罐　4～7.陶钵

2. 仰韶文化石虎山类型

　　石虎山Ⅱ聚落和红台坡下聚落都位于岱海南岸，二者相距约 30 公里。石虎山Ⅱ聚落面积约 3000 平方米，主体已经被揭露出来，文化性质单纯，延续时间较短（图四三）。共发现房址 14 座，灰坑 23 个，墓葬 1 座。房屋基本都是半地穴式单间方形，大体成排布置，门向多朝东南坡下。居室类房屋面积多在 10～15 平方米之间，最小的约 6 平方米，最大的 F6 约 36 平方米。以套间的 F3 为例，主室四壁为半壁柱柱洞，中央有主承重柱柱洞，复原起来仍应当是四角攒尖顶建筑；穴壁表面和居住面涂抹铺垫白泥（而非抹草拌泥）；房址近门道处最初建有椭圆形坑灶，有长条形通风道直达门道出口，后来填充改建为地面灶。房址后半部居住面上，散布有石磨棒、砺石、陶盆、陶钵等，应当是做家务、放家物的地方；前半部较为空阔干净，当是主要的睡卧之处，大约总共可以住 3～4 人。在主室左前方还有一个无灶小侧室，可作储藏或临时居处。如果整套房屋内居住的是一个核心家庭，则侧室就很适合子女成年后暂时居住（图四四）。值得注意的是，最大的 F6 阔大讲究、结构特殊，可能为村落集会、议事等的场所，也不排除一些有特殊地位的人物居住。此外，还有一类无灶狭小的房屋，面积仅 2～3 平方米，或许是储藏室或临时性的居所。该聚落窖穴（灰坑）以长方形者为主，椭圆形者次之，多数直壁平底。墓葬为长方形土坑竖穴式，大小仅能容身，无葬具和随葬品，墓主仰身直肢。总体来看，石虎山Ⅱ聚落主要的居住区在聚落北部，居室周围有窖穴或者储藏室、牲畜圈等，这些设施可能分别属于附近的屋主。聚落南部除 F9

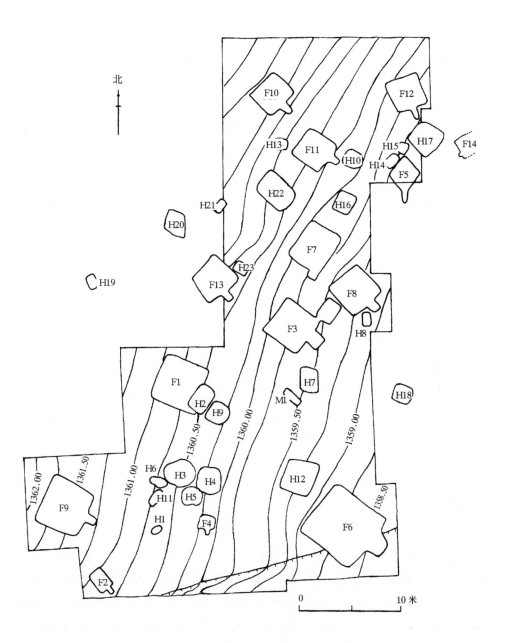

图四三　石虎山Ⅱ聚落遗迹的分布

外，在阔大的 F6 后边就主要是成群的窖穴、储藏室等，这些设施更可能属于聚落公有，因为 F6 可以带有公共的性质。如果每处居所居住的是一个 3～4 人规模的核心家庭，则全聚落应有 30 人左右。从规模看，大致仅相当于姜寨聚落五组中的其中一组。

此外，同时太行山以东属后岗类型的永年石北口一期也见长方形灰坑[①]，他们都或许与磁山文化有一定的渊源关系。

石虎山Ⅰ聚落位于Ⅱ聚落西北300米处的丘陵顶部，面积约15000平方米，是Ⅱ聚落的5倍。中心主体部分被环壕包围，已经发现同时期房屋6座、灰坑12个，另有"祭祀坑"1个。环壕聚落平面略呈圆角长方形，东西长约130、南北宽约90米，东、北、南三面设有出入口。在南口一侧环壕底部，发现有较大柱洞，可能原来设有栅栏门。环壕中挖出的土多堆在沟的内侧边沿，以加强防护能力。房屋形制类似Ⅱ聚落，门道大致朝向环壕中心，以F4～F6保存较好，房址周围有不规则形灰坑。所谓"祭祀坑"（H12）内发现4具完整狗骨架和较多马鹿、狍子骨骼和红烧土块、石块等（图四五）。

就岱海小区来说，Ⅰ聚落显然在Ⅱ聚落基础上有所发展和变化。不但面积大为增加，而且十分注意安全维护，秩序感也有所增强，又有宗教类遗迹，总体上更加复杂。环壕所能抵御的不安全因素，不外乎野生动物和外边的"敌人"。从Ⅰ聚落大量动物骨骼的发现看，人们的确要面对凶猛的野兽；而Ⅰ遗存中大量绳纹等来自西方的因素，又暗示着人与人之间更多的竞争[②]。或许这两方面都是需要考虑的。

3. 仰韶文化鲁家坡类型

包头以东鄂尔多斯黄河两岸地区的阿善、白泥窑子、官地、鲁家坡、窑子梁、架子圪旦、坟堰、脑包梁、贺家圪旦等遗址，也都存在该期聚落。阿善和白泥窑子遗址位于东流黄河北岸的台地上，北依大青山，台地高于黄河水面接近100米。官地和鲁家坡遗址位于南流黄河西岸的台地或山坡上，北接山丘，周围临沟，背风向阳。其位置的选择和石虎山Ⅰ、Ⅱ聚落大同小异：距水源较近而又保持一定距离，便于生活取水和利用水产资源；附近低地有可利用的耕地；背有高山，原应密布森林，有狩猎之便。再就是背风向阳，相对独立，可以满足对安全的起码要求。鲁家坡一期聚落发现房址6座，皆为略呈方形的半地穴式建筑，近门道处一般有长方形或椭圆形坑灶，这都与石虎山聚落接近。地面抹草拌泥并经烧烤的现象比石虎山Ⅰ聚落更加普遍。以F5为例，间宽8.5～9.4、进深8.25米。中间有相互对称的4个大柱洞，应起主要承重作用。该房规整讲究，约为石虎山Ⅱ最大房子的2倍，推测整个聚落的规模和复杂性也应当大于石虎山Ⅱ聚落（图四六）。另外，鲁家坡一期的灰坑多为圆形或椭圆形，缺乏方形者，这也是和石虎山聚落不同的地方。官地的情况和鲁家坡基本相同，房屋结构

①　河北省文物研究所、邯郸地区文物管理所：《永年县石北口遗址发掘报告》，《河北省考古文集》，东方出版社，1998年，第46～105页。

②　田广金、郭素新：《大青山下斝与瓮》，《内蒙古文物考古》1997年第2期，第24～28页。

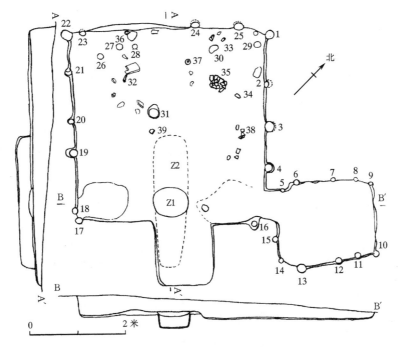

图四四　石虎山ⅡF3平、剖面图

Z1. 晚期灶　Z2. 早期坑　1~31. 柱洞　32~34. 石磨盘　35. 陶釜　36、37. 陶钵
38、39. 砺石　其余为石块

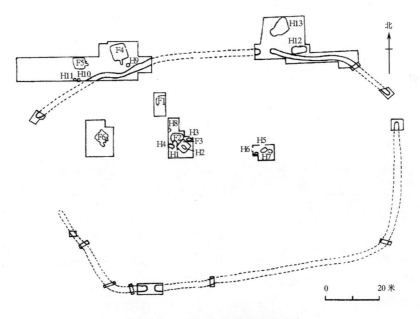

图四五　石虎山Ⅰ聚落遗迹的分布

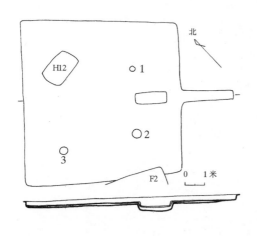

图四六　鲁家坡 F5 平、剖面图

1～3.柱洞

及地面抹草拌泥并经烧烤等现象，显示比岱海地区房屋更接近半坡类型。

4.仰韶文化白泥窑子类型（早期）

聚落位置选择同于鲁家坡类型，面貌较为清楚者只有王墓山坡下聚落Ⅰ区。该区位于岱海东南岸坡下部位，面积约 4 万平方米。共发现房址 21 座，加上冲沟等破坏者估计不下于 30 座。房屋均大体面朝坡下，高处中央位置为面积达 90 平方米的大房子 F7，与周围房屋有 25～40 米的空白地带。其他房屋面积一般在 15～30 平方米之间，房内或周围有窖穴。F11、F6、F12、F20、F13 大体为一排，其门道通向前面的一条西北—东南向的道路；道路下方的房屋排列看不出明显规律。房屋几乎均为半地穴式圆角方形，室内均有灶，应当都属于居室（图四七）。以 F13 为例，面积约 33.6 平方米；穴壁、穴外台面和居住面抹草拌泥，经火烧烤成青灰色硬面。近门道处有近圆形坑灶，坑灶后部有向里斜伸的储火坑，前部有长条形通风道直达门道出口。房屋中央有 3 个起主要承重作用的主柱洞，穴外台面上有一圈承托屋檐的明柱，复原起来仍应当是四角攒尖顶。灶坑旁有陶夹砂罐，房屋中部中间居住面上有夹砂罐、火种炉等陶器；房屋后部中间居住面有石磨盘、石磨棒、石刀等成组石器；后右角有一圆形袋状窖穴（H15），储藏有陶钵、骨器等；台面上还放置陶夹砂罐、小口尖底瓶、钵和陶刀、石刀等。总体来看，居住面前部应当是炊事、就餐之处，中、后部为做家务之地，后部兼为储藏之处，台面上临时放置家物。房屋两侧有比较干净的空地，可以供4～5 人睡卧（图四八）。这种室内空间的布局结构在该聚落具有普遍性。值得注意的是，被称为陶火种炉的这种器物，一般每房各一，且多位于房屋中部而不是灶坑近旁，可能确兼有"灯"的功能。另外，台面和门道空间的充分利用，无疑使室内空间大增。聚落中央位置的 F7 阔大讲究、结构特殊，可能为集会、议事等的场所。灰坑基本都为圆形或椭圆形，袋状或直壁，多数应属于窖穴。总体来说，该聚落除 F7 外，其余房屋在大小、功能上均没有明显区别，反映的应当是一个基本平等的社会场景。如果每处居所居住的是一个 3～5 人规模的核心家庭，则Ⅰ区应有 40 人左右的常住人口。王墓山坡下聚落和早先的石虎山聚落反映的社会形态并没有实质上的区别，但在房屋居住面的加工、台面的有无、室内空间结构的安排等方面，二者并没有直接的继承性。附近的狐子山遗址也存在与王墓山坡下同时的聚落，二者应该存在实际的联系。另外，

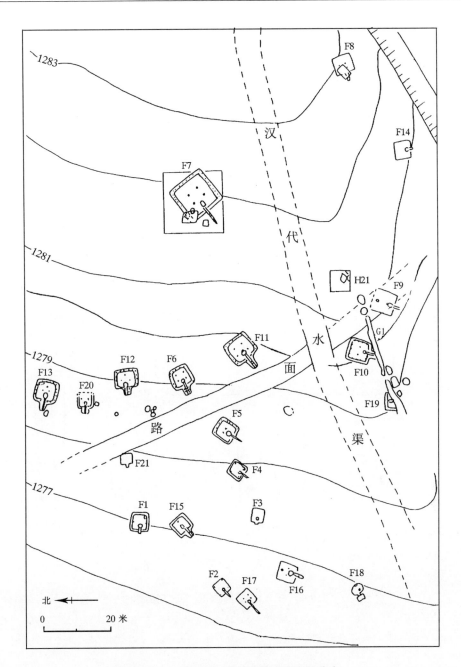

图四七　王墓山坡下聚落Ⅰ区遗迹的分布

岱海东侧的黄土坡和西南侧的兰麻窑等地也存在该期聚落。

　　鄂尔多斯南流黄河两岸的官地、鲁家坡、白草塔、庄窝坪、后城嘴、坟堰、台什等遗址，也都应当存在该期聚落，基本情况和王墓山坡下聚落非常接近。就房屋来说，同样可以明显分为大、小两类，小者多在 15～30 平方米之间，大者接近百米，如官地

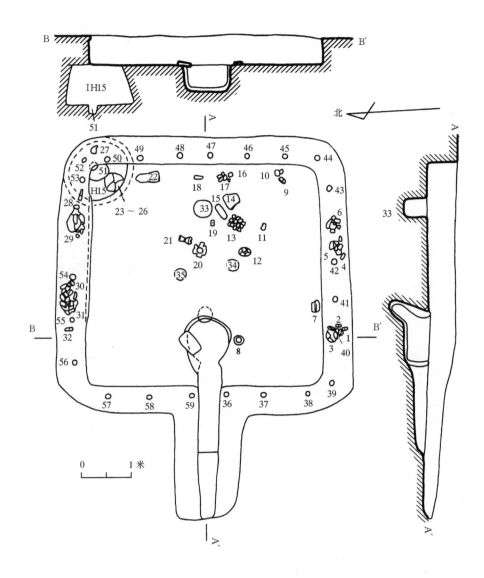

图四八　王墓山坡下ⅠF13平、剖面图

1、2、4、32.陶刀　3、6、8、10、17、20.陶罐　5、23~27、30、31.陶钵　7.砺石　9、11、13、14、22.
石磨盘　12.石锉　15、16.石磨棒　18.陶器　19.石刀　21.陶火种炉　28.烧骨　29.陶小口尖底瓶　33~
59.柱洞

二期 F13。大小房屋应当和王墓山坡下聚落一样有着不同功能。从鲁家坡一期和二期聚
落的情况看，房屋形状、结构等均具有一定的承袭关系，说明早晚期聚落及其居民极
有可能具有连续性。较为特别的是在坟堰遗址发现 20 余座石板墓，是以石板围砌成长
方形墓圹并铺底盖顶，多无随葬品；在 2 座二次葬墓中见有黑彩带圜底钵内盛放头骨

的现象。

包头附近大青山南麓东流黄河北岸的西园、白泥窑子等遗址也应当存在该期聚落。白泥窑子的房屋为半地穴式方形，各边稍弧而不够规整；室内有 2 个主柱洞或没有柱洞，且柱洞位置不够规矩固定；近门道处有一圆形坑灶，但无通道和门道相连；居住面也一般抹草拌泥并经烧烤。地方特征较为明显，表明其居民可能自成群体。

以上岱海、鄂尔多斯黄河两岸、包头山前三个小区聚落相对成群分布，聚落群内各聚落彼此间相隔不过一二十公里，互相发生关系的可能性很大，只是聚落之间还没有明显分化的现象。

（三）泉护类型期

1. 仰韶文化泉护类型

该类型聚落总体布局虽然还不甚清楚，但聚落密度显著增加，并出现咸阳尹家村那样面积达 130 万平方米的大型聚落。

房屋基本仍为单间，平面多为方形[①]，圆形者也占一定比例，基本情况类似于半坡类型。房屋仍明显可分为大小两类，一般在大房屋周围有若干小型房屋。泉护村 F201 面积应在 200 平方米以上（图四九），大地湾仰韶中期的大型房屋则只有 60 平方米，说明区域之间有所差别。大地湾个别房基面和墙壁上涂有红色赤铁矿粉末，原子头部分房屋呈横长方形，都具有一定特色。窖穴以圆形或椭圆形袋状者最多。墓葬一般为长方形竖穴土坑墓，流行单人仰身直肢葬，一般没有随葬品。泉护村 M7 随葬鸮鼎、钵、釜、小口单耳瓶等陶器，以及石斧、石铲、骨匕、骨笄等，属于特例。也有婴孩瓮棺葬，如王家嘴 W1。

泉护村聚落有规整讲究的特大型房屋、出土鸮鼎的高级墓葬、制作精美的彩陶、规整美观的长方形穿孔石钺，鸟类题材也异常丰富，还有各种装饰复杂的陶环、陶球等。它很可能已经具有中心聚落的性质，表明聚落间分化已经明显起来。面积更大的尹家村聚落的级别可能还在此之上。在葬俗简朴的泉护类型而有泉护村 M701 这样的高级墓葬，也提示泉护聚落内部可能也有一定程度的分化，半坡类型那种平等向心的社会形态可能正处于解体的边缘。放大眼光来看，这时期的庙底沟类型已出现河南灵宝北阳平、西坡那样达几十甚至上百万平方米的中心聚落[②]，以及西坡 F106 那样面积达

---

① 严文明：《仰韶房屋和聚落形态研究》，《仰韶文化研究》，文物出版社，1989 年，第 180～242 页。

② 中国社会科学院考古研究所河南第一工作队、河南省文物考古研究所、三门峡市文物工作队等：《河南灵宝市北阳平遗址调查》，《考古》1999 年第 12 期，第 1～15 页；《河南灵宝市西坡遗址试掘简报》，《考古》2001 年第 11 期，第 3～14 页。

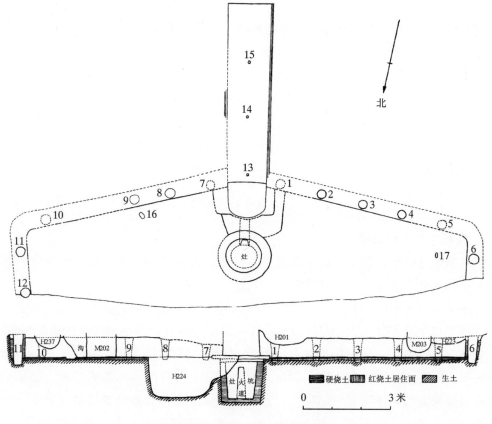

图四九　泉护 F201 平、剖面图
1～15. 柱洞　16、17. 涂朱石块

240 平方米的特大型高级房屋①，其发达程度又在泉护聚落之上，表明仰韶文化大范围的地区性发展不平衡状况已经凸现出来。

2. 仰韶文化白泥窑子类型（晚期）

一般和早期为同一聚落，或者只在空间上稍有移动，如王墓山坡下聚落主体由沟北的Ⅰ区转移至沟南的Ⅱ区。房屋结构也基本和早期相同。由于未揭露出完整聚落，故布局不甚清楚。

3. 仰韶文化海生不浪类型（初期）

王墓山坡中聚落周围见有长圆形环壕，现存环壕内面积约 3750 平方米，估计原来面积也不会超过 5000 平方米。仅在其北部清理 2 座房址，均为纵长方形半地穴式，居

---

① 中国社会科学院考古研究所河南第一工作队、河南省文物考古研究所、三门峡市文物考古研究所等：《河南灵宝市西坡遗址发现一座仰韶文化中期特大房址》，《考古》2005 年第 3 期，第 1～6 页。

住面垫白灰土，墙壁抹灰白色草拌泥。其中 F1 中、后部各有一圆形坑灶。附近的红台坡上聚落清理出 5 座房址，也基本为纵长方形半地穴式（图五〇），室内装饰也同于王墓山坡中房屋，均为单灶；居住面有石磨盘、石磨棒、石斧和石刀等，表明可在室内做家务；灶后方放有作为炊器的陶筒形罐。这种进深明显大于间宽且前宽后窄的房屋，代表一种新型房屋形制，但反映的家庭结构应当与此前没有多大差别。王墓山坡中和红台坡上都是普通聚落，尚未发现更高级的聚落，当时社会是否出现某些变革也还不清楚。

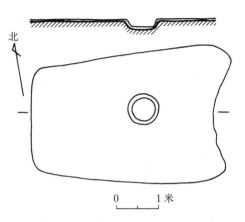

图五〇 红台坡上 F3 平、剖面图

三、经济形态

（一）零口类型期

零口类型大部分工具为石或骨铲、石或陶刀（即爪镰）、石斧、石杵、石臼、石磨盘、石磨棒、石砍砸器等农业工具或与农业相关的工具。宽大的石铲更适合翻地播种，但仍多见传统的砾石类砍砸器，说明仍延续某种原始的经济方式。特别引人注意的是，零口类型发现很多圆陶片（零口报告称其为"刮削器"），可能和石刀、陶刀一样为收割工具。而石刀（爪镰）数量增多，表明谷物收割方式已主要由割杆转变为掐穗（图五一）。这就在相当程度上提高了收割效率，也是农业生产有进一

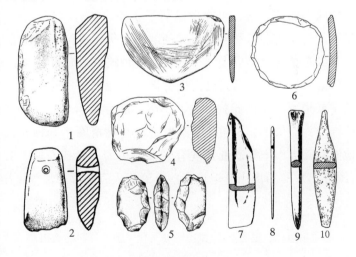

图五一 仰韶文化零口类型生产工具

1. 石斧（H16:1） 2. 石锛（T6⑥b:14） 3. 石铲（95LLC:1）
4. 石砍砸器（T17⑦a:9） 5. 石刮削器（H35:1） 6. 陶"刮削器"（T14⑦b:46） 7. 骨铲（T6⑥b:18） 8. 骨针（T6⑥b:25） 9. 骨锥（T6⑥b:26） 10. 陶锉（T6⑥b:119）（均为零口遗址出土）

步发展的重要标志，当时农业经济应占据主导地位。此外，陶甑的发现则表明已开始蒸制食物。零口遗址家猪骨骼占发现的哺乳动物总数的一半，说明当时家畜养殖已趋于成熟；也发现斑鹿、麝、四不象、山羊、豪猪、貉、狗獾、雉等野生动物骨骼，最多的是斑鹿，应为当时主要的狩猎对象。各遗址还发现少量石球、石弹丸、石刮削器、石叶、骨叉、骨镞等渔猎工具，说明渔猎经济仍有重要地位。

制陶技术有显著进步。陶器已发展为以细腻泥质陶为主，多淘洗良好，很少包含碎小泥质颗粒和砂粒。夹砂陶砂粒均匀，多为在分选加工过的黏土中有意掺砂，而非天然含砂。这都为成型准备了良好条件。陶器成型采用先进的泥条制作法（盘筑或者圈筑），比模具敷泥法或泥片贴筑法效率高且更为结实；平底器占绝大多数，口沿见有旋转痕迹，开始流行放在慢轮上制作修整。器形简单的中小型钵类器物一般一次筑成，而大部分大、中型器物则为分段制作再衔接而成。形制多规整美观，有的内壁刮抹痕明显。陶器器表（尤其夹砂陶）色泽斑杂，器胎还有"夹层"现象，表明火候仍不太高。钵、盆类器由于使用叠烧技术而大量出现"红顶"，仍应使用开放式氧化焰陶窑。此外，当时仍以石锛和石凿加工木料，以陶纺轮、骨锥、骨针纺织缝纫，以石钻、砺石、陶锉等从事各种日常加工。

（二）半坡类型期

基本情况和零口类型期相同。在袋状窖穴内常发现粮食朽灰，在陶罐、钵内发现炭化腐朽的粟、黍，可能粟已居于主体，还有橡籽、芥菜籽、白菜籽等。关中半坡类型陶片打制的圆形和椭圆形"刮削器"仍居首位，仅在姜寨一期就出土近 2000 件，占工具类总数的一半以上，有的两侧还带缺口，应属于"爪镰"一类的农业工具[①]。在其他地区，石刀（爪镰）已占据主体，农业经济有进一步发展。家畜以猪为主，为肉食的主要来源，还饲养狗、牛、鸡等；随葬陶器中也发现猪、鸡等的骨骼。大地湾陶角形饰似为模仿牛、羊角。姜寨聚落还有牲畜圈栏和牲畜夜宿场之类的设施。另外，大地湾、石虎山 I 等遗址发现有骨梗石刃刀、骨或石镞、骨鱼钩、网坠等渔猎采集工具（图五二）[②]；石虎山 II 遗址有些石磨棒上有圆形凹窝，可用于敲砸果核，采集植物果实

---

① 　王炜林、王占奎：《试论半坡文化"圆陶片"之功用》，《考古》1999 年第 12 期，第 54～60 页。

② 　虽然西亚地区发现的骨梗石刃刀被认为与收割采集植物有关（Anderson, Patricia C. Experimental Cultivation, Harvest and Threshing of Wild Cereals and Their Relevance for Interpreting the Use of Epipalaeolithic and Neolithic Artefacts, In *Prehistoire de L'agriculture*: *Nouvelles approaches Experimentals et Enthographiques* [P.C.Anderson ed.], pp.179 – 209. Paris: CNRS. 1992.)，但并不能由此推断这种工具只有这一种功能。

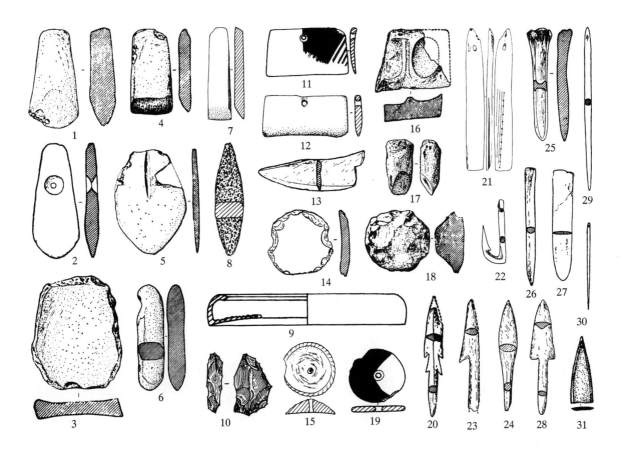

图五二 仰韶文化半坡类型生产工具

1. 石斧（姜寨 T156F56:12）   2、5. 石铲（姜寨 T276M159:8、T167③:18）   3. 石磨盘（姜寨 T198F57:7）
4. 石锛（姜寨 T274③:32）   6. 石磨棒（姜寨 T135②:2）   7. 石凿（大地湾 T304③:11）   8. 陶锉（大地湾
T608②:1）   9. 制陶托盘（大地湾 T12④:1）   10. 石刮削器（姜寨 ZHT37③:18）   11. 陶刀（大地湾 T109
③:1）   12. 石刀（大地湾 F363:7）   13. 蚌刀（姜寨 ZHT4M84:7）   14. 陶"刮削器"（姜寨 T263HG4:9）
15、19. 陶纺轮（大地湾 F709:16、T109②:1）   16. 石砥磨器（姜寨 T262③:63）   17. 石研棒（姜寨
T31H42:19）   18. 石砍砸器（姜寨 T74F29:9）   20、23. 骨鱼镖（姜寨 T45③:10、T274③:44）   21. 骨梗
石刃刀（大地湾 F360:9）   22. 骨鱼钩（大地湾 T303④:1）   24、28. 骨镞（姜寨 T144H181:1、T262④:31）
25、27. 骨匕（姜寨 T258③:43、T137H172:13）   26. 骨锥（姜寨 T277H385:28）   29、30. 骨针（大地湾
F229:10、F337:18）   31. 石镞（姜寨 T21H6:1）

的活动仍在进行。姜寨遗址家畜约占三分之一，鹿类野生动物约占三分之二[1]。石虎山
Ⅰ聚落发现大量动物骨骼，"在经解剖发掘的不到 200 平方米的围沟中，仅哺乳动物就

① 祁国琴：《姜寨新石器时代遗址动物群的分析》，《姜寨——新石器时代遗址发掘报告》，文物
出版社，1988 年，第 504～538 页。

多达 18 种，代表 140 个最少个体数。其中以鹿科动物为主，有狍子、马鹿、梅花鹿等，其他动物主要有水牛、黄牛、猪、狗、豹、貉、狗獾、狐狸、棕熊、羚羊、野兔、鼢鼠、黄鼠等，另外还有鸟、鱼、鳖等。"①这些动物除猪和狗为家畜外，其余均属野生，尤其水牛的较多发现在华北地区全新世以来的新石器时代遗址中尚属首次。大型野生水牛、棕熊等动物骨骼在聚落中的发现，说明"集体狩猎应是当时聚落的一项主要的生产活动"②。大地湾遗址更有象、苏门犀、虎、豹等大型动物。此外，石虎山 I 聚落少量细石器镞的发现，可能与北方狩猎方式的存在有关。

聚落中明确出现专门的陶器制烧区域。半坡和姜寨聚落都有集中的陶窑区，北首岭的陶窑则在某组房屋附近。还有半地穴式制陶作坊，土台上有多组叠置待烧的钵坯。陶窑均为横穴开放式。陶器主要为泥条筑成法制作，采用慢轮修整，钵类器不排除为内模模制。发现有浅腹敛口的制陶托盘（图五二，9）。小口尖底瓶、钵、盆类器尤其规整美观，表明手制陶器工艺已经相当成熟。细泥陶经过淘洗，质地细密；氧化钙含量低，烧制过程中不易开裂③。器底常见手制时留下的席纹、布纹，钵类因叠烧而常有"红顶"现象。发现的红色颜料多为天然赤铁矿。

最值得注意的是在姜寨一座房屋（F29）的房基面上发现有黄铜片，在地层中还出土黄铜管状物。据分析，这种黄铜应当是冶炼铜锌共生矿的产物，反映了当时人们对铜器已经有初步认识，对火候的控制已经达到较高水平。

（三）泉护类型期

基本情况同于上期。房屋地面和窖穴中常有炭化或朽坏的粟粒，连远在青海的胡李家遗址也发现炭化小米。最大的变化是长方形陶刀增多而圆形陶片、石"爪镰"锐减，虽然收割方式未变，但生产效率提高，说明农业生产持续进步。新出少量规整美观的长方形穿孔石钺，与舌形石铲有较大差别，或许有特殊功能（图五三）。家畜仍以家猪最多，黄牛、狗其次，大地湾、胡李家遗址还有红白鼯鼠、中华竹鼠、棕熊、马、麝、狍、獐、梅花鹿、马鹿等野生动物。骨梗石刃刀等狩猎采集工具见于胡李家等遗址。

泉护一期有 7 座陶窑集中分布，这里可能属于制陶作坊区。窑室圆形，直径 0.8～

①　内蒙古文物考古研究所、日本京都中国考古学研究会中日岱海地区考察队：《内蒙古乌兰察布盟石虎山遗址发掘纪要》，《考古》1998 年第 12 期，第 17 页。

②　黄蕴平：《石虎山 I 遗址动物骨骼鉴定与研究》，《岱海考古（二）——中日岱海地区考察研究报告集》，科学出版社，2001 年，第 509 页。

③　马清林等：《甘肃秦安大地湾遗址出土陶器成分分析》，《考古》2004 年第 2 期，第 86～93页。

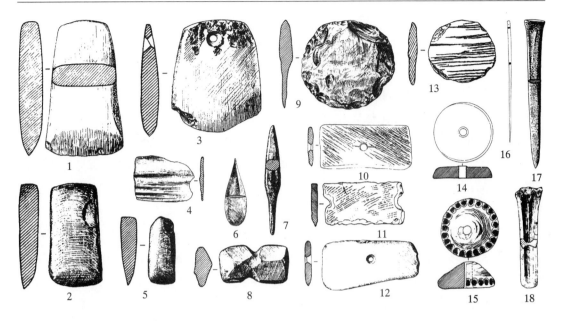

图五三　泉护一期生产工具

1. 石斧（H224∶155）　2. 石锛（H1047∶138）　3. 穿孔石钺（H1016∶69）　4. 蚌刀（H1056∶53）　5. 石凿（H1030∶68）　6. 石镞（H115∶44）　7. 骨镞（H1100∶01）　8. 陶网坠（H1075∶898）　9. 石圆刮器（H1056∶111）　10、11. 陶刀（H1055∶899、H1056∶415）　12. 石刀（H202∶1）　13. 陶圆刮器（H110∶48）　14、15. 陶纺轮（H174∶01、H14∶174）　16. 骨针（H1046∶167）　17. 骨匕（M701∶10）　18. 骨凿（H1073∶331）

1.2 米（图五四）。《华县泉护村》报告根据陶器底面的旋转痕迹，提出泉护一期Ⅲ段已有中国最早的轮制技术。实际上这些器底旋转痕迹基本为同心圆纹，只在中心有螺旋纹，显然是在慢轮上旋转加工并取离的结果，和拉坯形成的偏心涡纹并不相同。

值得注意的是，岱海地区海生不浪类型（初期）还出现了岫玉璧和岫玉料，表明当地可能存在玉器制作。这显然是晚期红山文化直接影响的结果，而且当时可能有红山文化制玉工匠来到了岱海地区。

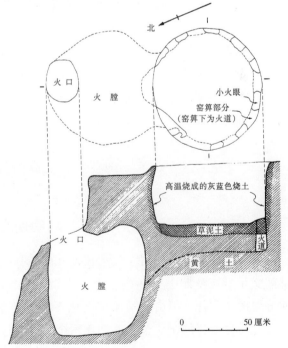

图五四　泉护 Y122 平、剖面图

四、小结

前期仰韶文化是在白家文化、磁山文化和裴李岗文化基础上发展而来，其分布地域已扩展至黄土高原大部地区，生产力水平显著提高。虽然可以分为三个大期，每期又划出若干地方类型，但总体上彩陶发达、器类简单一致、聚落整齐划一，属于仰韶文化逐步走向统一和繁荣的阶段。只有泉护类型期末段地方特色才较为明显起来，以边缘地带的岱海地区变异最大。另外，其西北部范围在不同时期有明显的收缩或扩张现象。

这时旱作农业显著发展，最突出表现是刀形或圆片状"爪镰"代替锯齿状镰而成为主要收割工具。家畜养殖也进一步发展，渔猎采集作为补充性经济继续存在。陶器转变为泥条筑成法手制，仍采用横穴开放式陶窑烧制。流行具有凝聚、向心、平等特点的环壕聚落，房屋结构接近而大小有别，中、小房子以大房子为核心成组分布，表明当时已存在至少三级社会组织。在大部分时间内聚落之间分化不明显，但至泉护类型晚期情况则发生了变化，平等的氏族社会开始趋于没落。此外，土坑竖穴墓和仰身直肢葬的盛行，笄、环等装饰品的普遍使用，都显示出该区仰韶文化特殊的风俗习惯。

第三节　铜石并用时代早期

该时期黄土高原大部地区为后期仰韶文化分布区，在甘青地区则分化出马家窑文化，绝对年代为公元前3500～前2500年。又可分为两个小的时期，即半坡晚期类型期和泉护二期类型期。这时文化分布地域略向南退缩，地方分化明显加剧，各区域自身特点大为加强，彼此势均力敌，影响难分强弱。

一、文化谱系

（一）半坡晚期类型期

即仰韶文化三期，绝对年代约在公元前3500～前3000年。在陕西和内蒙古中南部为仰韶文化半坡晚期类型和海生不浪类型，在甘肃东南部为马家窑文化石岭下类型。虽然分属两个文化，但由于马家窑文化石岭下类型为从仰韶文化泉护类型分化发展而来，因此总体上仍属于一个大的文化系统。

1. 仰韶文化半坡晚期类型

主要分布在渭河中下游及其支流泾河流域，以西安半坡晚期遗存为代表[①]，包括陕西省的宝鸡福临堡三期、陇县原子头仰韶文化六期、扶风案板Ⅱ期、岐山王家嘴晚期、旬邑下魏洛H2[②]、蓝田泄湖第6层、临潼姜寨四期、零口"西王村类型遗存"[③]、义和村遗存[④]，以及甘肃省的西峰南佐[⑤]、宁县阳坬遗存[⑥]，还见于陕西长安花楼子[⑦]等遗址。

陶器以泥质和夹砂的红褐陶为主，灰陶其次，还有极少量白陶。流行绳纹、附加堆纹、线纹，也有少量锥刺纹、旋纹，新见少量划压出的光面暗纹以及拍印的篮纹和方格纹。尖底瓶的颈部和肩腹部有时饰白彩，图案为波浪式涡纹、圆圈纹、圆点纹、宽带纹等，釜灶、盆、盘等器物上也有涂抹白彩的现象；还有个别横带纹、弧线涡纹、网纹、短线纹等简单图案的黑彩。平底器最多，尖底、圜底器少数。双錾、小环形耳较常见。流行平唇或喇叭口钝底尖底瓶、浅腹盘（常为双腹）、宽沿浅腹或深腹盆、双錾敛口或敞口深腹盆、敛口平底钵或碗、大口深腹罐、高领罐（高颈壶），还有直腹杯、厚唇缸、敛口瓮、釜灶（或釜、灶）、簸箕形器、器盖、器座等；新出少量钵形甑、带流盆或带流罐、圈足器。颈部带一周钩钉的壶、罐、漏斗形器类，当为上期钩錾大口罐的遗留，有的上饰白彩，或许用作陶鼓（图五五）。一种壁周带圆孔的厚胎浅腹盘，可能为制陶用具。陶纺轮仍多为厚体且剖面呈梯形，但装饰简单，也有扁平的璧状纺轮。生产工具大体同泉护类型，精美的穿孔石钺继续存在。有简单的骨（蚌、玉）坠饰、陶或石环（钏），陶环的装饰趋于简化。仍流行平头钉状的骨、陶或石笄，见有骨梳、陶铃。既有性特征明显的女性陶塑，也有逼真的陶祖装饰，案板遗址还见有粗陋的人上体陶塑（图五六）。这类遗存被命名为"半坡晚期类型"，是在泉护类型

①　中国科学院考古研究所、陕西省西安半坡博物馆：《西安半坡——原始氏族公社聚落遗址》，文物出版社，1963年。

②　西北大学文化遗产与考古学研究中心等：《陕西旬邑下魏洛遗址发掘简报》，《文物》2006年第9期，第21～31页；西北大学文化遗产与考古学研究中心等：《旬邑下魏洛》，科学出版社，2006年。

③　陕西省考古研究所：《临潼零口村》，三秦出版社，2004年，第348～382页。

④　李仰松：《陕西临潼康桥义和村新石器时代遗址调查记》，《考古》1965年第9期，第440～442页。

⑤　赵雪野：《西峰市南佐疙瘩渠仰韶文化大型建筑遗址》，《中国考古学年鉴》（1995），文物出版社，1997年，第251～252页；赵雪野：《西峰市南佐新石器时代遗址》，《中国考古学年鉴》（1997），文物出版社，1999年，第233～234页。

⑥　庆阳地区博物馆：《甘肃宁县阳坬遗址试掘简报》，《考古》1983年第10期，第869～876页。

⑦　郑洪春、穆海亭：《陕西长安花楼子客省庄二期文化遗址发掘》，《考古与文物》1988年第5、6期，第229～239页。该简报所发表陶器基本都属于仰韶晚期。

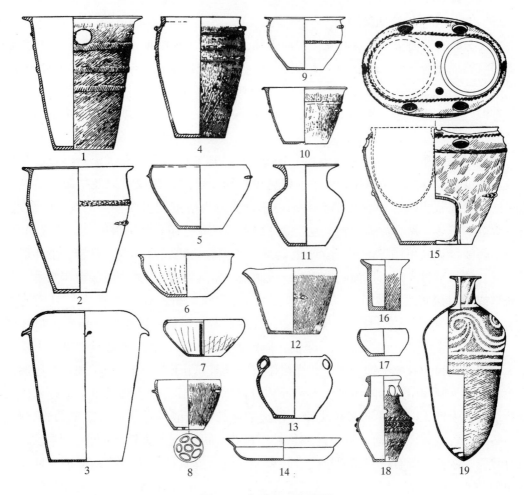

图五五　福临堡三期陶器

1、2. 大口缸（H24:16、17）　3. 敛口瓮（H24:33）　4. 深腹罐（F7:4）　5、6、9、10. 盆（H107:9、H31:
2、H4:3、H107:6）　7. 钵（H78:5）　8. 甑（H107:8）　11. 高领罐（H24:3）　12. 带流盆（H107:1）
13. 双耳罐（T6②:1）　14. 折腹盘（H24:6）　15. 釜灶（H23:3）　16. 杯（T15③:1）　17. 碗（T12②:1）
18. 壶（H24:24）　19. 小口尖底瓶（H123:1）

基础上发展而来①。

　　该类型存在一定的地方差异。渭河中游在尖底瓶等器物上有少量简单的白、黑彩，
流行绳纹而很少见篮纹，基本不见三足器和圈足器，罐类器体细长，已经出现小双耳
罐。渭河下游尖底瓶颈部有圆环状附加堆纹装饰、肩部有刻划的圆圈纹，有少量由花
瓣纹简化而来的红色条带纹、"山"字纹彩陶；绳纹少而篮纹明显偏多；还有较多圜底

---

①　严文明：《略论仰韶文化的起源和发展阶段》，《仰韶文化研究》，文物出版社，1989 年，第
　　122～165 页。

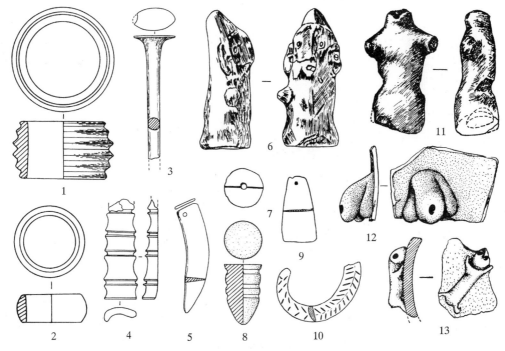

图五六　仰韶文化半坡晚期类型装饰品及陶塑

1、2.陶钏（案板 GNZH64：4、H63：18）　3.石笄（案板 GNDH26：31）　4.骨饰（案板 GNZH26：3）　5.牙饰（案板 GNDH28：12）　6、11.陶塑人像（案板 GNZH1：77，福临堡 H93：1）　7、9.玉饰（福临堡 T40②：10、F12：1）　8.陶陀螺形饰（案板 GNZH2：29）　10.陶角（福临堡 H3：5）　12.陶祖（福临堡 T40②：11）　13.陶塑动物（福临堡 T17③：31）

釜、豆、高领罐等，罐类较粗矮，多见上腹部箍一周附加堆纹的鼓腹罐、带流罐、双錾罐，腹底转折处多有一周凸棱。泾河流域者特色更为明显，泥质陶多呈橙黄色（浅红色），夹砂陶多以石渣为掺和料，颈带双錾的腰鼓形绳纹罐、带一周勾錾的陶鼓有特色，还新出特殊的窑洞式房屋，有人因此提出"阳圿类型"的名称，实际上称"阳圿亚型"更为妥帖（图五七）。此外，即使同样是在渭河中游，偏东的扶风案板、岐山王家嘴釜、灶均单独存在，而偏西的宝鸡福临堡则是合二为一的釜灶，表明东西各聚落炊煮习惯仍小有不同。

　　该类型与周围文化存在近距离的小范围交流，而不存在像泉护类型期那样来自中原的远程强力影响。例如，渭河中游福临堡、王家嘴等处发现有弧线涡纹壶，可能为石岭下类型因素。渭河下游遗存则与晋南豫西的西王类型近似[1]，与晋南以垣曲古城东

①　中国科学院考古研究所山西工作队：《山西芮城东庄村和西王村遗址的发掘》，《考古学报》1973 年第 1 期，第 1～64 页；山西省考古研究所、襄汾县博物馆：《山西襄汾陈郭村新石器时代遗址与墓葬发掘简报》，《考古》1993 年第 2 期，第 97～102 页。

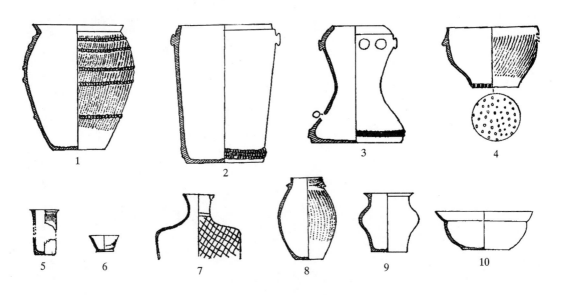

图五七　阳坬遗存陶器

1. 深腹罐（F10:1）　2. 缸（T2:1）　3. 鼓（F5:23）　4. 甑（M4:1）　5. 杯（T2:10）　6. 碗（F5:29）
7. 小口尖底瓶（F5:4）　8. 双錾罐（M4:1）　9. 鼓腹罐（采:2）　10. 折腹盆（F11:1）

关仰韶晚期为代表的遗存也有密切关系①。

2. 仰韶文化海生不浪类型

分布于内蒙古中南部和陕北地区，以内蒙古托克托海生不浪遗存为代表，包括内蒙古察哈尔右翼前旗庙子沟、大坝沟遗存②，凉城县王墓山坡上③、东滩④遗存，丰镇黄土沟遗存⑤，准格尔旗周家壕与南壕"仰韶晚期遗存"⑥、二里半"仰韶晚期阶段遗

①　中国历史博物馆考古部、山西省考古研究所、垣曲县博物馆：《垣曲古城东关》，科学出版社，2001 年。

②　内蒙古文物考古研究所：《庙子沟与大坝沟》，中国大百科全书出版社，2003 年。

③　内蒙古文物考古研究所、日本京都中国考古学研究会岱海地区考察队：《王墓山坡上遗址发掘报告》，《岱海考古（二）——中日岱海地区考察研究报告集》，科学出版社，2001 年，第146～205 页。

④　内蒙古文物考古研究所等：《岱海考古（三）——仰韶文化遗址发掘报告集》，科学出版社，2003 年。

⑤　内蒙古文物考古研究所、丰镇市文物管理所：《丰镇市北黄土沟遗址发掘简报》，《内蒙古文物考古文集》（第 2 辑），中国大百科全书出版社，1997 年，第 271～279 页。

⑥　内蒙古文物考古研究所：《准格尔旗周家壕遗址仰韶晚期遗存》，《内蒙古文物考古文集》（第 1 辑），中国大百科全书出版社，1994 年，第 167～173 页；内蒙古文物考古研究所：《准格尔旗南壕遗址》，《内蒙古文物考古文集》（第 1 辑），中国大百科全书出版社，1994 年，第205～224 页。

存"①、寨子上一期②、鲁家坡三期、白草塔第一期 F21 组、张家圪旦 H1 组③、架子圪旦 H2 组遗存④，达拉特旗瓦窑村遗存⑤，伊金霍洛旗朱开沟Ⅶ区 F7004 组遗存⑥，清水河牛龙湾遗存⑦，包头西园二期遗存，以及陕西靖边五庄果墚遗存等⑧。在凉城大坡⑨、黄土坡、五龙山、平顶山⑩，托克托碱池、章盖营子⑪、后郝家窑⑫、耿庆沟、西壕赖⑬，清水河白泥窑子（D 点、K 点、L 点）⑭、岔河口、台子梁⑮，准格尔崔二圪嘴⑯、柴敖包，达拉特奎银生沟⑰，横山上烂泥湾等遗址也见此类遗存。

陶器主要分泥质和夹砂两大类，另有极少量砂质陶。陶色以灰褐和灰皮红褐胎为

① 内蒙古文物考古研究所：《内蒙古准格尔旗二里半遗址第二次发掘报告》，《考古学集刊》第 11 集，中国大百科全书出版社，1997 年，第 84～129 页。
② 内蒙古文物考古研究所：《准格尔旗寨子上遗址发掘简报》，《内蒙古文物考古文集》（第 1 辑），中国大百科全书出版社，1994 年，第 174～182 页。
③ 内蒙古文物考古研究所、伊克昭盟文物工作站：《内蒙古准格尔煤田黑岱沟矿区文物普查述要》，《考古》1990 年第 1 期，第 1～10 页。
④ 伊克昭盟文物工作站：《伊金霍洛旗架子圪旦遗址发掘简报》，《内蒙古文物考古》1994 年第 2 期，第 7～14 页。
⑤ 内蒙古自治区文物考古研究所等：《达拉特旗瓦窑村遗址》，《内蒙古文物考古文集》（第三辑），科学出版社，2004 年，第 51～81 页。
⑥ 田广金：《内蒙古伊金霍洛旗朱开沟遗址Ⅶ区考古记略》，《考古》1988 年第 6 期，第 481～489 页。
⑦ 内蒙古文物考古研究所：《清水河县牛龙湾遗址调查简报》，《内蒙古文物考古》2003 年第 1 期，第 1～5 页。
⑧ 孙周勇：《靖边县五庄果墚仰韶晚期遗址和东周墓葬》，《中国考古学年鉴》（2002），文物出版社，2003 年，第 373～374 页。
⑨ 乌盟文物站凉城文物普查队：《内蒙古凉城县岱海周围古遗址调查》，《考古》1989 年第 2 期，第 97～102 页。
⑩ 凉城县文物保护管理所：《凉城县文物志》，1992 年。
⑪ 吉发习：《内蒙古托克托县新石器时代遗址调查》，《考古》1978 年第 6 期，第 426～429 页。
⑫ 内蒙古自治区文物考古研究所等：《托克托县后郝家窑遗址》，《内蒙古文物考古文集》（第三辑），科学出版社，2004 年，第 72～80 页。
⑬ 张文平：《托克托县耿庆沟西壕赖新石器时代及汉元遗址》，《中国考古学年鉴》（2002），文物出版社，2003 年，第 155～157 页。
⑭ 内蒙古社会科学院历史研究所考古研究室：《清水河县白泥窑子遗址 D 点发掘报告》，《内蒙古文物考古文集》（第 2 辑），中国大百科全书出版社，1997 年，第 211～237 页；崔璿：《内蒙古清水河白泥窑子 L 点发掘简报》，《考古》1988 年第 2 期，第 109～120 页。
⑮ 汪宇平：《清水河县台子梁的仰韶文化遗址》，《文物》1961 年第 9 期，第 13 页。
⑯ 内蒙古文物考古研究所、伊克昭盟文物工作站：《内蒙古准格尔煤田黑岱沟矿区文物普查述要》，《考古》1990 年第 1 期，第 1～10 页。
⑰ 王志浩、杨泽蒙：《鄂尔多斯地区仰韶时代遗存及其编年与谱系初探》，《内蒙古中南部原始文化研究文集》，海洋出版社，1991 年，第 86～112 页。

主，颜色多不纯正，另见极少量黑陶。夹砂陶器表大部分拍印绳纹，另见少量附加堆纹、篮纹、方格纹、指窝纹、压印纹等。泥质陶器表基本为素面或压光，有些装饰彩陶。彩陶颜色以黑为主，红色次之，还见紫彩、褐彩、白彩等。多为复彩，内彩发达。彩陶花纹有鳞纹、双勾纹、三角纹、绞索纹、涡纹、网纹、棋盘格纹、菱形纹、平行线纹、弧线纹、勾叶纹、折线纹、圆圈纹、圆点纹、锯齿纹等，组合成繁缛复杂的复合图案。主要器类有小口双耳罐、颈部箍附加堆纹的绳纹罐、筒形罐、大口瓮、折腹钵、曲腹钵，以及素面罐、彩陶罐、豆、碗、壶、杯、器盖等。另有石斧、石铲、石或陶刀、石凿、石锛、石或陶纺轮、石磨盘、石磨棒、火山岩锉、石钻、石环、骨锥、骨簪、骨镞、角凿等工具或装饰品。有一种两侧打出缺口的铲状器富有特色。石刀多为长方形，带双孔者多于单孔者，与白泥窑子类型均为单孔不同。引人注目的是一些用燧石制作的细石器，有镞、矛形器、刮削器等，其中镞形制规整，主体部分为或长或短的等腰三角形，多为凹底，少数有铤。

　　这类遗存最早被命名为仰韶文化海生不浪类型[①]，后有人又称其为海生不浪文化、庙子沟文化[②]。还可以分为以南壕ⅠF17、大坝沟F9为代表的早段，以南壕ⅠF11、庙子沟H5为代表的中段，和以南壕ⅡF6、庙子沟H98为代表的晚段，小口鼓腹罐中腹从圆鼓逐渐缩小或趋微折，彩陶渐趋衰减而篮纹逐渐增加[③]（图五八）。该类型也存在地方性差异，最明显的是喇叭口小口尖底瓶流行于鄂尔多斯黄河两岸地区，却不见于岱海—黄旗海地区。我们主要据此还可以将其分成两个地方亚型，西部鄂尔多斯黄河两岸地区遗存可称为"阿善二期亚型"，东部岱海—黄旗海地区遗存可称为"庙子沟亚型"（图五九）。实际上，即使是两个地方亚型的分法，也还不能反映各处地方特点的细节。具体来说，同样属于庙子沟亚型，黄旗海地区流行素面双耳侈口罐和小口双耳高领罐，而这两类器物在岱海地区罕见；同样属于阿善二期亚型，在包头地区大青山南麓台地、鄂尔多斯及黄河以东和陕北地区也有所区别。

　　海生不浪类型上一个时期已经出现于岱海地区，此时则扩展至鄂尔多斯地区，并且两地传统彼此融合。以前只见于东部或只见于西部的大部分器物都基本在全区范围能够见到。该类型进入稳定发展期以后，与周围文化存在一定交流。如鄂尔多斯地区白草塔遗址饰四组大圆形图案的彩陶盆，包含马家窑文化石岭下类型的因素（图六

①　严文明：《新石器时代》，北京大学历史系考古专业讲义，1964年（未刊）；内蒙古历史研究所：《内蒙古中南部黄河沿岸新石器时代遗址调查》，《考古》1965年第10期，第487～497页。

②　魏坚：《试论庙子沟文化》，《青果集——吉林大学考古专业成立二十周年考古论文集》，知识出版社，1993年，第85～100页。

③　韩建业：《中国北方地区新石器时代文化研究》，文物出版社，2003年。

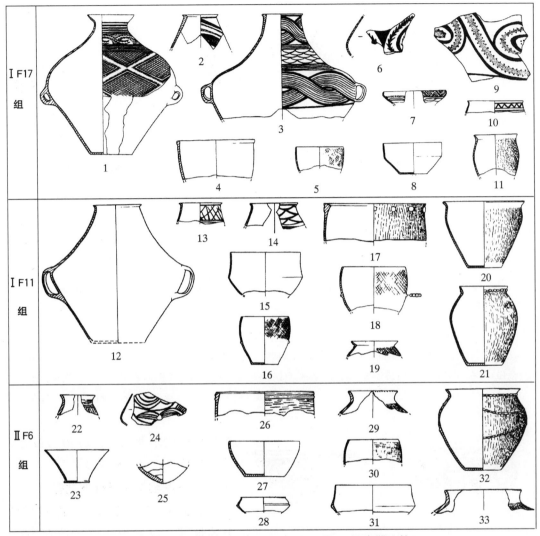

图五八　南壕ⅠF17组、ⅠF11组、ⅡF6组陶器比较

1～3、6、9、10、12～14、22、24. 小口双耳罐（ⅠH2:1、ⅠF17:3、ⅠH2:3、ⅠF17:11、ⅠH2:7、ⅠF17:4、ⅠH5:2、ⅠH79:1、ⅠF12:2、ⅡH3:2、ⅡH6:1）　　4、5、16、18、30. 筒形罐（ⅠF17:1、ⅠF17:9、ⅠF11:1、ⅠF11:2、ⅡF2:2）　　7、8、15、27、28、31. 钵（ⅠH2:5、ⅠH2:2、ⅠF11:5、ⅡF6:2、ⅡF2:3、ⅡF9:1）　　11、19、21、29、32、33. 绳纹罐（ⅠF17:2、ⅠF11:20、ⅠF11:6、ⅡF6:1、ⅡF6:5、ⅡF9:2）　　17、26. 缸（ⅠF11:4、ⅡF9:3）　　20. 深腹盆（ⅠF11:3）　　23. 碗（ⅡF6:3）　　25. 尖底瓶（ⅠH35:7）

○），黄旗海地区的素面双耳侈口罐、小口双耳高领罐，以及屈肢葬等，应为受雪山一期文化影响的结果。此外，该类型还与晋中"义井类型"关系密切①。经鉴定，庙子沟

---

① 山西省文物管理委员会：《太原义井村遗址清理简报》，《考古》1961 年第 4 期，第 203～206 页；海金乐：《晋中地区仰韶晚期文化遗存研究》，《山西省考古学会论文集》（二），山西人民出版社，1994 年，第 84～90 页。

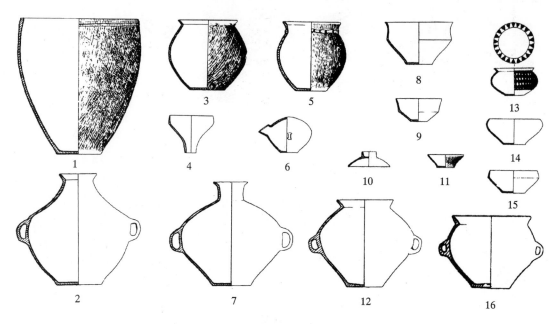

图五九　庙子沟遗存陶器

1. 大口瓮（H5:2）　2、7. 小口双耳罐（F8:4、M30:3）　3、5. 绳纹罐（M23:3、H13:6）　4. 漏斗形器
（F8:10）　6. 带流罐（H5:11）　8、9. 深折腹钵（H31:5、H31:6）　10. 器盖（F8:3）　11. 平底碗（H13:
2）　12、16. 侈口双耳罐（F20:18、H13:1）　13. 彩陶罐（H91:4）　14. 敛口曲腹钵（M15:2）　15. 敛口
折腹钵（M15:1）

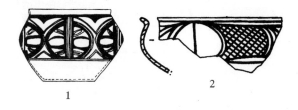

图六〇　海生不浪类型和石岭下类型彩陶盆比较

1. 海生不浪类型（白草塔 F21:1）

2. 石岭下类型（大地湾 H842:7）

人骨与现代东亚蒙古人种最为接近，已包含某些北亚人种成分[1]。

3. 马家窑文化石岭下类型

主要分布在甘肃省东南部的渭河上游地区，以武山石岭下遗存为代表[2]，包括秦安大地湾仰韶晚期遗存[3]，天水师赵村四期、西山坪四

① 朱泓：《内蒙古察右前旗庙子沟新石器时代颅骨的人类学特征》，《人类学学报》第 13 卷第 2 期，1994 年，第 126~133 页。

② 甘肃省文物管理委员会：《甘肃渭河上游渭源、陇西、武山三县考古调查》，《考古通讯》1958 年第 7 期，第 6~16 页。

③ 甘肃省博物馆文物工作队：《甘肃秦安大地湾第九区发掘简报》，《文物》1983 年第 11 期，第 1~15 页；甘肃省博物馆文物工作队：《甘肃秦安大地湾遗址 1978 至 1982 年发掘的主要收获》，《文物》1983 年第 11 期，第 21~30 页；甘肃省文物考古研究所：《秦安大地湾——新石器时代遗址发掘报告》，文物出版社，2006 年。

期①和傅家门"石岭下类型"遗存②,在天水罗家沟、张沟③、关子镇,甘谷灰地儿④、毛家坪⑤、渭水峪,通渭温家坪,静宁威戎镇,张家川圪垯川等遗址也有该类遗存。

陶器以泥质红陶和橙黄陶为主,夹砂红褐陶其次,灰陶很少;有的陶器器表施一层红色或白色陶衣。夹砂陶多拍印绳纹,常在器身箍一周或数周附加堆纹,也有戳印纹、划纹等,多见双鋬。泥质陶仍流行彩陶,这和其他地方彩陶已经全面衰落的情况形成鲜明对照。主要为黑彩,个别红、白彩;彩陶纹样为弧线三角纹、圆饼纹、波纹、弧线纹、叶纹、圆网纹、绞索纹、涡纹、蛙纹等,其中变体鸟纹、变体蛙纹、二重连续旋纹很具特点,其图案主要是泉护类型彩陶的复杂化和变形化,如将圆点三角弧线图案变形为变形鸟纹。有人认为许多几何形母题的祖型为鱼、鸟、蛙等动物图案⑥。器物平底或尖底,包括平口直颈平底壶、平口直颈尖底瓶、敛口平底钵、宽折沿深腹盆、敛口弧腹或敞口折腹的盘(盆)、深腹罐、鼓腹彩陶罐、大口尊、直腹杯、平底碗、缸、盆形甑、器座、漏斗等(图六一)。石和陶刀仍大体为长方形,两侧带缺口或中部穿一个圆孔。仍流行圆锥形、三棱形骨镞,穿孔石钺增多,流行平头钉形的骨(陶、石)笄和陶环、钏,还有陶角形饰、陶祖等(图六二)。傅家门发现带有简单刻符的卜骨,上有烧灼痕迹,是中国史前最早的卜骨(图六三)。

这类遗存曾被命名为马家窑文化"石岭下类型",也有人称其为"大地湾仰韶晚期遗存"⑦。该类型明确由甘青地区有一定地方特点的泉护类型发展演变而来⑧。其实早在泉护类型末段,该地区彩陶就已趋于繁复,开石岭下类型之先河。至此时还有融入牧

①　中国社会科学院考古研究所:《师赵村与西山坪》,中国大百科全书出版社,1999年,第50～71、248～253页。

②　中国社会科学院考古研究所甘青工作队:《甘肃武山傅家门史前文化遗址发掘简报》,《考古》1995年第4期,第289～296页;中国社会科学院考古研究所甘青工作队:《武山傅家门遗址的发掘与研究》,《考古学集刊》第16集,科学出版社,2006年,第380～454页。

③　张学正、张朋川、郭德勇:《谈马家窑、半山、马厂类型的分期和相互关系》,《中国考古学年会第一次年会论文集》,文物出版社,1979年,第62页。

④　马承源:《甘肃灰地儿及青岗岔新石器时代遗址的调查》,《考古》1961年第7期,第355～358页。

⑤　甘肃省文物工作队、北京大学考古学系:《甘肃甘谷毛家坪遗址发掘报告》,《考古学报》1987年第3期,第359～365页。

⑥　王仁湘:《甘青地区新石器时代彩陶图案母题研究》,《中国考古学研究论集——纪念夏鼐先生考古五十周年》,三秦出版社,1987年,第171～202页。

⑦　朗树德、许永杰、水涛:《试论大地湾仰韶晚期遗存》,《文物》1983年第11期,第31～39页。

⑧　严文明:《马家窑类型是仰韶文化庙底沟类型在甘青地区的继续和发展——驳瓦西里耶夫的"中国文化西来说"》,《史前考古论集》,科学出版社,1998年,第167～171页;谢端琚:《论石岭下类型的文化性质》,《文物》1981年第4期,第21～27页。

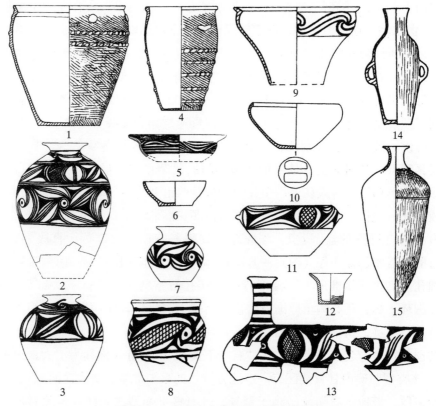

图六一　马家窑文化石岭下类型陶器

1. 大口瓮（大地湾 H219:5）　2. 彩陶瓮（傅家门 T28H2:22）　3、7、8. 彩陶罐（傅家门 T28H2:24，师赵村采:11，大地湾 F401:2）　4. 深腹缸（大地湾 K801:1）　5. 折腹盆（傅家门 T47M1:8）　6. 平底碗（大地湾 F408:4）　9. 大口尊（大地湾 H500:5）　10. 甗（大地湾 F300:2）　11. 敛口钵（大地湾 T703②:95）　12. 杯（大地湾 QD0:187）　13. 彩陶壶（大地湾 H374:28）　14. 小口平底瓶（大地湾 H832:13）　15. 小口尖底瓶（大地湾 H374:21）

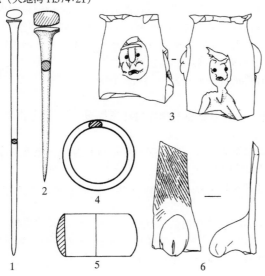

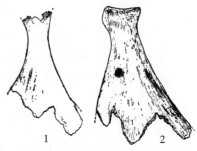

图六三　傅家门卜骨

1. F11:12　2. T25H1:25

图六二　大地湾四期装饰品和陶塑

1. 骨笄（M226:1）　2. 石笄（T331②:48）

3. 陶塑（H831:1）　4. 陶环（H303:252）

5. 陶钏（T811①:2）　6. 陶祖（T810②:49）

羊人所带来的西方文化因素的可能。当然从更宏观的角度着眼，其与仰韶文化半坡晚期类型还是有很多共同点，他们无疑仍属于一个大的文化系统[1]。

石岭下类型一经产生，就东向对鄂尔多斯地区产生了较大影响。准格尔白草塔遗址带门斗的双灶房屋和饰四组大圆形的彩陶图案，都明确为石岭下类型因素。考虑到双灶房屋后来盛行于整个海生不浪类型，则可以说石岭下类型对海生不浪类型的发展起到一定促进作用，而这一过程有可能伴随人群自西向东的移动。此外，师赵村个别瓶肩部绘白彩花纹的特点，或许是渭河中游半坡晚期类型影响的结果。

（二）泉护二期类型期

即仰韶文化四期，绝对年代约在公元前 3000～前 2500 年。在黄土高原区分布着仰韶文化泉护二期类型、常山类型、阿善三期类型，以及马家窑文化马家窑类型、宗日类型。两个文化仍属于一个大的文化系统。

1.仰韶文化泉护二期类型

主要分布在陕西省渭河中下游地区，以《华县泉护村》所分的泉护第二、三期为代表，还包括扶风案板三期、武功浒西庄二期和赵家来早期[2]、旬邑下魏洛"龙山早期"、华阴横阵"龙山文化早期"、蓝田泄湖第 5 层以及华县虫陈村遗存等[3]。见于陇县原子头、三原岳村等遗址[4]，在渭河支流漆河、沣河两岸也发现多处该时期遗存[5]。

陶器转变为夹砂灰陶占到一半以上，泥质灰陶其次，还有少量夹砂和泥质褐陶，以及个别黑陶。篮纹多到三分之一以上，其次为绳纹和附加堆纹；附加堆纹常与篮纹、绳纹施于一器之上，许多罐类器物所箍附加堆纹多达三至五周，大型缸类甚至多达十周以上；还有极少量方格纹、戳刺纹、划纹等。个别喇叭口罐等器物上有红、白色彩绘。在传统平底器外，新出较多三（空）足器，尖底器显著减少。器物以罐类为主，瓶、盆、钵类其次，还有少量缸、釜灶、斝、盉、鼎、壶、杯、盘、碗、豆、器座、器盖等。罐有筒形罐、单耳罐、双耳罐、子母口罐等多种，以箍多周附加堆纹的腹略鼓的筒形深腹罐数量最多，个别深腹罐附加堆纹纵斜交错呈"五花大绑"状；单、双耳罐具有特色。既有和晋南基本相同的素面或篮纹的侈口釜形斝，也有自具特色的罐

①　严文明：《甘肃彩陶的源流》，《文物》1978 年第 10 期，第 62～76 页。

②　中国社会科学院考古研究所：《武功发掘报告——浒西庄与赵家来遗址》，文物出版社，1988年。

③　北京大学考古教研室华县报告编写组：《华县、渭南古代遗址调查与试掘》，《考古学报》1980 年第 3 期，第 297～328 页。

④　王世和、钱耀鹏：《渭北三原、长武等地调查》，《考古与文物》1996 年第 1 期，第 1～23 页。

⑤　中国社会科学院考古研究所陕西武功发掘队：《陕西武功县新石器时代及西周遗址调查》，《考古》1983 年第 5 期，第 389～397 页。

形或盆形斝，有的周身箍附加堆纹、有的带管状流。鼎为周身箍附加堆纹的宽扁式足鼎，鼎足以附加堆纹、压印纹、刻划纹等多加装饰。瓮有口沿外带钩錾或穿孔的圆肩或折肩敛口瓮、大口深腹带圆饼錾的深腹瓮等。釜灶的釜部分有罐形、盆形之分。杯有直腹杯、单耳杯、双耳杯等，后二者多垂腹。有单耳或双耳高颈壶、喇叭口圈足壶等。还有喇叭口尖底或平底瓶（罐）。盆、钵、碗多为敞口斜直腹，也有深折腹、深弧腹者。斝、盉、盆形擂钵为新出。生产工具基本同半坡晚期类型。剖面呈梯形的厚体纺轮逐渐被扁平的璧状纺轮代替，已少有装饰，也有石纺轮。蘑菇状陶垫和一种圭状石矛头很有特色。仍有平头钉形石（骨、陶）笄、陶或石环、实心或空心陶球、陀螺形器、陶祖等装饰品或杂器。

　　这类遗存虽在半坡晚期类型的基础上出现不少新因素，但总体上还可以纳入仰韶文化范畴；虽与庙底沟二期类型有诸多近似之处，但绳纹较多、单或双耳罐更加流行、有独具特色的罐形斝。因此，严文明先生称之为仰韶文化"泉护二期类型"[①]。该类型至少可以分为两段，早段以《华县泉护村》所分的泉护二期为代表，还见于横阵遗址（H91），尚保留有喇叭口尖底瓶；晚段以《华县泉护村》所分的泉护三期为代表，包括案板三期、浒西庄二期、赵家来早期、下魏洛"龙山早期"（H20），见于横阵遗址（H87），喇叭口尖底瓶被平底瓶代替，新出斝（图六四）。

　　各区域存在地方性差异。早段渭河下游见有扁腹红彩壶、大圈足盘、圈足碗、敞口圈足（假圈足）杯等，还有少量轮制陶器，这些都不见或少见于其他小区。晚段渭河中、下游之间也有所不同，下游见有贯耳罐，上游流行带耳器、垂腹杯，并有直腹且近底转折处箍附加堆纹的盆（图六五）。有人甚至将关中西部的渭河中游遗存单划出一个"案板三期文化"，渭河下游则与晋南豫西西部一起被包括在"庙底沟二期文化"之中[②]。实际上渭河中下游之间大同小异，与晋南豫西西部"庙底沟二期类型"的差别更大一些。我们或可称渭河中游遗存为泉护二期类型的案板三期亚型，下游遗存为泉护亚型。

　　泉护二期类型与晋南豫西的庙底沟二期类型关系密切，因此有人还称其为庙底沟二期文化"浒西庄类型"[③]。泉护二期类型流行的鼎、盆形擂钵、斝、盉，以及早段渭

①　在泉护村遗址第一次发掘后，就提出该遗址存在仰韶文化和"龙山文化"遗存，即泉护一期、二期遗存（黄河水库考古队华县队：《陕西华县柳子镇考古发掘简报》，《考古》1959年第2期，第71~75页），此泉护二期遗存大致相当于庙底沟二期遗存，严文明先生据此提出仰韶文化泉护二期类型的名称（严文明：《略论仰韶文化的起源和发展阶段》，《仰韶文化研究》，文物出版社，1989年，第157页）。新近出版的发掘报告《华县泉护村》将以前的"泉护二期"又细分为两个阶段，即该书所谓泉护二、三期。

②　王世和、张宏彦、莫枯：《论案板三期文化》，《考古》1987年第10期，第917~925页。

③　梁星彭：《试论陕西庙底沟二期文化》，《考古学报》1987年第4期，第397~412页。

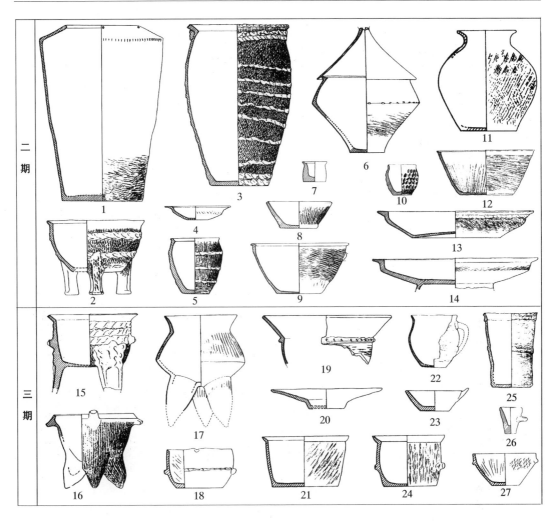

图六四　泉护二、三期陶器

1. 敛口瓮（H1034：728）　2、15. 鼎（H161：372、H1315：76）　3. 缸（H1105：847）　4、13、14、20. 盘
（T107②：378、T107③：385、H142：601、H332：109）　5、10. 小罐（H161：316、H903：622）　6. 折腹罐、盖
（H1105：853、854）　7、26. 杯（H161：373、H352：172）　8. 平底碗（T104②：546）　9、19、21、24. 盆
（T132②：543、H332：01、H310：40、H313：157）　11. 高领罐（H1105：818）　12、18、27. 擂钵（T131②：
849、H313：150、H311：19）　16、17. 斝（H352：160、155）　22. 单耳罐（H304：158）　23. 钵（H313：110）
25. 深腹罐（H332：106）

河下游所见扁腹红彩壶、大圈足盘、圈足碗、敞口圈足（假圈足）杯等早期屈家岭文
化或秦王寨类型因素，都可能是通过庙底沟二期类型传播而来。这其中以斝和擂钵的
传入最引人注目。最原始形态的釜形斝见于晋南河津固镇第三期[1]，或许是受了大汶口

——————————

① 　山西省考古研究所：《山西河津固镇遗址发掘报告》，《三晋考古》第二辑，山西人民出版社，
　　1996 年，第 63～126 页。

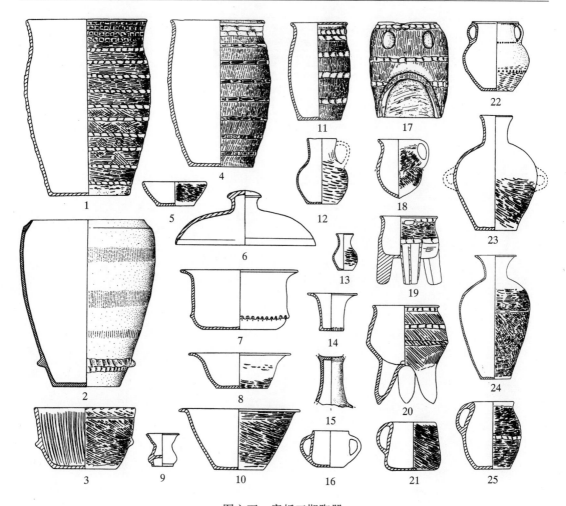

图六五　案板三期陶器

1. 缸（GBH30：1）　2. 敛口瓮（GBH20：55）　3. 擂钵（GBH3：11）　4、11. 筒形深腹罐（GBH7：28、4）
5. 平底碗（GBH41：15）　6. 器盖（GBH26：56）　7、8、10. 盆（GBH17：19、GBH7：15、GBH20：48）　9、
14. 杯（GNDH10：13、GBH26：1）　12、21、25. 单耳罐（GBH7：86、GBH26：43、GBH42：13）　13. 小壶
（GBH42：11）　15. 豆（GBH7：100）　16、22. 双耳罐（GBH48：4、GBH47：1）　17、18. 釜灶（GNDH15：
20、GBH20：43）　19. 鼎（GBH20：46）　20. 斝（GBH7：29）　23. 双耳壶（GBH20：42）　24. 平底瓶
（GBH7：12）

文化流行的鬶的启示而产生[1]；釜形斝传入关中地区后又出现罐形斝。作为制备根茎类
植物淀粉的擂钵，最早见于崧泽文化，此时从中原扩展到关中[2]。这两种器物的出现对

---

① 陈冰白：《新石器时代空足三足器源流新探》，《中国考古学会第八次年会论文集》（1991），
　　文物出版社，1996年，第84～101页；张忠培：《黄河流域空三足器的兴起》，《华夏考古》
　　1997年第1期，第30～48页。
② 安家瑗：《擂钵小议》，《考古》1986年第4期，第344～347页；马文宽：《擂钵源流考》，
　　《考古》1989年第5期，第456～462页。

于渭河流域饮食炊煮习惯有较大的影响。从更大范围来看，东方大汶口文化、屈家岭文化、崧泽文化对中原庙底沟二期类型的发展起到重要促进作用，而庙底沟二期类型则将其吸纳的东方因素改造后又进一步西播至泉护二期类型。总体上此时黄河流域文化的传播大方向是自东而西，能量源泉主要在东部地区。此外，属于案板三期亚型的陇县原子头 H86 类遗存有更多红褐陶，这应当是其接近常山类型的缘故。

2. 仰韶文化常山类型

指陇东泾河上游地区以镇原常山下层为代表的遗存[1]，包括秦安大地湾五期遗存。陶器分细泥质和夹粗砂两类，夹砂陶的掺和料有时为页岩碎渣。陶胎较厚，制作粗糙。绝大多数为褐色（橙黄色者最多），灰陶很少。有的器壁涂抹橙黄色、红色或白色陶衣。绳纹为主，篮纹其次，附加堆纹也占一定比例，还有方格纹、指甲纹、锥刺纹、划纹；有个别横带纹、"十"字形纹的棕红色彩陶或彩绘。双耳平底器盛行，缺乏三足器。器类有深腹罐、单耳罐、双耳罐、矮领圆腹罐、盆形甑、侈口斜直腹盆（盘、碗）、高领小口壶、豆、盉形器等（图六六）。

该类遗存大体相当于泉护二期类型的早段，仍然保持仰韶文化的基本特征，可称"常山类型"[2]，常山遗址的发掘者则称其为"常山下层文化"。与周围遗存相比，它缺乏泉护二期类型斝、鼎、擂钵等中原东方新因素，彩陶又远不如马家窑类型丰富多彩，总体上显得较为封闭保守，可谓仰韶文化传统最忠实的继承者。此外，其带耳器、垂腹杯的特点与案板遗址接近，表明和渭河中游地区存在密切交流。

3. 仰韶文化阿善三期类型

分布于内蒙古中南部西区和陕北地区，以包头阿善三期遗存为代表，包括内蒙古的准格尔寨子塔"第一阶段遗存"（T16④组、H98 组、T16③组）[3]、小沙湾遗存[4]、寨子圪旦遗存[5]、白草塔"第二期文化遗存"、官地三期遗存，清水河白泥窑子 K 点和 D 点"阿善文化遗存"、C 点和 L 点"第三种文化遗存"[6]、后城嘴"第二阶段文化"、庄窝坪二期

① 中国社会科学院考古研究所泾渭工作队：《陇东镇原常山遗址发掘简报》，《考古》1981 年第 3 期，第 201～210 页。
② 严文明：《略论仰韶文化的起源和发展阶段》，《仰韶文化研究》，文物出版社，1989 年，第 157 页。
③ 内蒙古文物考古研究所：《准格尔旗寨子塔遗址》，《内蒙古文物考古文集》（第 2 辑），中国大百科全书出版社，1997 年，第 280～326 页。
④ 内蒙古文物考古研究所：《准格尔旗小沙湾遗址及石棺墓地》，《内蒙古文物考古文集》（第 1 辑），中国大百科全书出版社，1994 年，第 225～234 页。
⑤ 鄂尔多斯博物馆：《准格尔旗寨子圪旦遗址试掘报告》，《万家寨——水利枢纽工程考古报告集》，远方出版社，2001 年，第 1～21 页。
⑥ 崔璿：《内蒙古清水河白泥窑子 L 点发掘简报》，《考古》1988 年第 2 期，第 109～120 页。

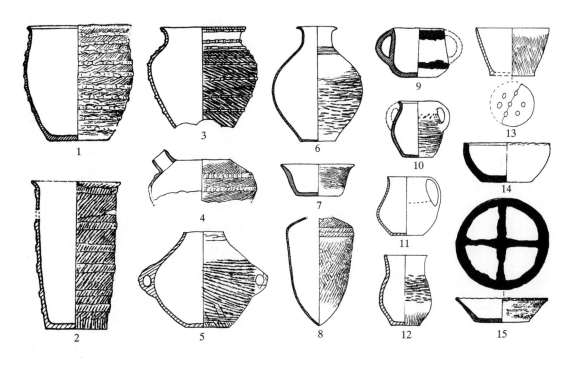

图六六　仰韶文化常山类型陶器

1、2. 深腹罐（常山 H26:10、大地湾 H812:5）　3. 矮领罐（大地湾 QD0:304）　4. 盂形器（常山 H26:2）
5、6. 小口壶（大地湾 QD0:204、175）　7、14、15. 盆（常山 T8:3:2、H24:6、M2:1）　8. 小口尖底瓶（大
地湾 QDX:15）　9、10. 双耳罐（常山 H20:5、H24:5）　11. 单耳罐（大地湾 QD0:300）　12. 小罐（大地湾
QD0:301）　13. 甑（大地湾 QD0:302）

遗存，伊金霍洛旗朱开沟Ⅶ区 H7008 组，包头西园三期，土默特右旗纳太遗存①，以及陕
西省的绥德小官道②、吴堡后寨子峁③、佳县石摞摞山④、府谷郑则峁一期⑤、神木寨峁

① 内蒙古文物考古研究所：《土默特右旗纳太遗址发掘简报》，《内蒙古文物考古》2000 年第 1
期，第 70～73 页。

② 陕西省考古研究所陕北考古队：《陕西绥德小官道龙山文化遗址的发掘》，《考古与文物》
1983 年第 5 期，第 10～19 页。

③ 《陕西吴堡后寨子峁新石器时代遗址》，《2004 中国重要考古发现》，文物出版社，2005 年，
第 21～25 页。

④ 《陕西佳县石摞摞山龙山时代城址》，《2003 中国重要考古发现》，文物出版社，2004 年，第
40～43 页；张天恩、丁岩：《佳县石摞摞山龙山时代城址》，《中国考古学年鉴》（2004），文
物出版社，2005 年，第 370～371 页。

⑤ 陕西省考古研究所陕北考古队、榆林地区文管会：《陕西府谷县郑则峁遗址发掘简报》，《考
古与文物》2000 年第 6 期，第 17～27 页。

第一期遗存①，在包头莎木佳、黑麻板、威俊②，清水河马路塔③，准格尔石佛塔、荒地窑子，清水河城嘴子④、串刀⑤，横山上烂泥湾、木浴沟，神木滴水崖⑥，靖边庙界、安子梁，榆林白兴庄、刘兴庄等遗址⑦，也都发现此类遗存。

　　陶器主要为泥质和夹砂，也有少量砂质者。陶色多数为纯正灰色，少数灰褐、黑皮褐胎或灰皮褐胎。器表以拍印横篮纹和素面压光者为主，流行在罐、瓮等器物口沿外箍多周附加堆纹，方格纹、绳纹、戳印纹、压印纹等也占一定比例。偶见潦草的红色彩陶或彩绘，有个别为白或蓝彩。大部分为平底器，也有少量尖底器和圜底器。唇部常见小纽，腹部多带双环形耳。主要器类有篮纹鼓肩或折肩罐、敛口瓮、大口瓮、小口瓮、高领罐、素面侈口罐、绳纹罐、直壁缸、喇叭口或浅杯形口小口尖底瓶、小口壶、折腹盆、斜腹盆、弧腹盆、敛口曲腹钵、深折腹钵、平底碗、深腹或双腹豆、钵形甑、小单耳罐、小双耳罐、杯、器盖等。有个别石臼。工具和装饰品等与前也无明显变化。石刀多为长方形，多旋钻单孔，少数双孔或两侧带缺口。石铲分两种：一种形制规整且两面打磨光滑，另一种打制成亚腰形。细石器镞的数量明显增多，以形制规整的或长或短的等腰三角形凹底石镞最常见，此外有矛形器、刮削器等。装饰品中出现玉环。发现以牛等动物肩胛骨为原料的有灼痕的卜骨。

　　这类遗存以往被称为阿善三期文化⑧或阿善文化⑨。鉴于其还保持着仰韶文化的基本特征，我们称之为仰韶文化"阿善三期类型"。该类型主要是在海生不浪类型基础上发展而来，其大多数器物均与海生不浪类型存在明显的继承关系。新的变化表现在绳纹减少、篮纹增加、彩陶大幅度减少等方面，这其实是此时整个仰韶文化区普遍发生

①　陕西省考古研究所：《陕西神木县寨峁遗址发掘简报》，《考古与文物》2002年第3期，第3~18页。

②　包头市文物管理所：《内蒙古大青山西段新石器时代遗址》，《考古》1986年第6期，第485~496页。

③　胡晓农：《清水河县大沙湾马路塔遗址调查简报》，《乌兰察布文物》1989年第3期。

④　内蒙古自治区文物考古研究所等：《清水河县城嘴子遗址发掘报告》，《内蒙古文物考古文集》（第三辑），科学出版社，2004年，第129~143页。

⑤　崔树华：《内蒙古中南部三处古遗址调查》，《考古》1992年第7期，第607~614页。

⑥　吕智荣：《无定河流域考古调查简报》，《史前研究》1988年辑刊，第218~233页；安有为：《神木县新石器时代遗址调查简报》，《考古与文物》1990年第5期，第3~6页。

⑦　吕智荣：《陕西靖边县安子梁、榆林县白兴庄等遗址调查简报》，《考古》1994年第2期，第113~118页。

⑧　内蒙古社会科学院蒙古史研究所、包头市文物管理所：《内蒙古包头市阿善遗址发掘简报》，《考古》1984年第2期，第97~108页。

⑨　崔璇、斯琴：《内蒙古中南部新石器至青铜时代文化初探》，《中国考古学会第四次年会论文集》（1983），文物出版社，1985年，第173~184页；张忠培、关强：《"河套地区"新石器时代遗存的研究》，《江汉考古》1990年第1期，第17~32页。

的阶段性变化。它又可以分为以寨子塔 T16④和官地三期为代表的早段，以寨子塔 H98 和小沙湾遗存为代表的中段，以寨子塔 T16③和白泥窑子 D 点遗存为代表的晚段，高领罐由溜肩到折肩、小口瓶（壶）由钝尖底到带纽平底再到平底（图六七）。

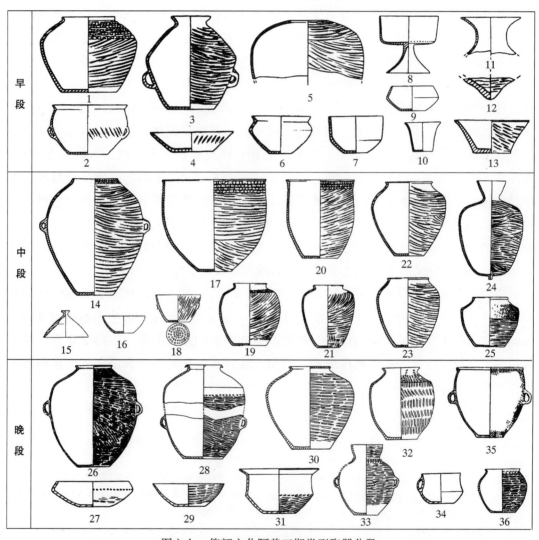

图六七　仰韶文化阿善三期类型陶器分段

1、19、21~23、25、30、32、36．篮纹罐（官地 H6:1，小沙湾 F4:4、6、10、7、5，白泥窑子 D 点 F6:8、F6:4、F3:28）　2．弧腹盆（官地 G4:2）　3．高领罐（官地 H43:1）　4、29．斜腹盆（官地 H33:1，白泥窑子 D 点 T2③:77）　5．敛口瓮（官地 H14:2）　6、31．折腹盆（官地 H61:2，白泥窑子 D 点 F3:16）　7、9、27．折腹钵（官地 H37:2、H9:1，白泥窑子 D 点 F7:5）　8．豆（官地 H37:1）　10．杯（官地 H30:2）　11、12、24．小口尖底瓶（官地 H55:2、H61:1，小沙湾 F4:8）　13．平底碗（官地 H49:1）　14、26、28．小口瓮（小沙湾 F4:11，白泥窑子 D 点 F6:23、F5:56）　15．器盖（小沙湾 F4:15）　16．弧腹钵（小沙湾 F4:21）　17、20．直壁缸（小沙湾 F4:9、3）　18．甑（小沙湾 F4:13）　33．小口壶（白泥窑子 D 点 F5:51）　34．单耳罐（白泥窑子 D 点 T16③:30）　35．大口瓮（白泥窑子 D 点 F7:1）

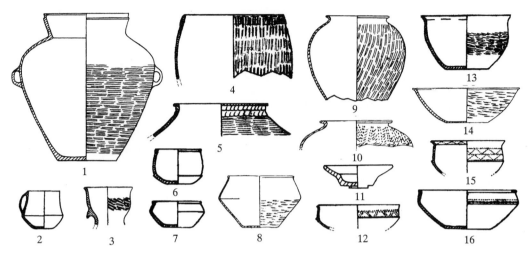

图六八　仰韶文化阿善三期类型阿善亚型陶器

1. 矮领瓮（西园 F4：119）　2. 单耳罐（阿善 H71：01）　3. 小口瓶（阿善 T21②B：07）　4. 直壁缸（阿善 H55：01）　5、10. 小口瓮（阿善 F1：02，西园 F23：1）　6~8、12、15、16. 折腹钵（阿善 T10A②B：01、T7②B：01，西园 F9：12，阿善 H31：04、T17③：02、F1：01）　9. 篮纹罐（西园 F6：74）　11. 盘（西园 F4：154）　13、14. 盆（阿善 H77：01，西园 T807②：1）

　　该类型还存在较明显的地方差异，至少可以划分为三个地方亚型：南流黄河两岸（包括陕北北部的府谷、神木）以白泥窑子 D 点为代表的遗存，流行在小口瓮颈部、肩部以下饰一周压印纹，深折腹盆折棱处饰一或二周压印纹；方格纹和横篮纹常见于一器，少数篮纹罐、绳纹罐带花边。包头附近地区以阿善三期为代表的遗存，流行连点戳印纹（或刺纹），往往在陶器上腹、肩部或口沿上连续点刺成连续三角形、平行线形等几何形图案；石刀常在中部划磨出长条形凹槽后再在中心穿孔。陕北南部以小官道为代表的遗存，流行无附加堆纹装饰的绳纹深腹罐、带流罐，和较多磨制柳叶形石镞；折肩小口平底瓶和深腹罐与庙底沟二期类型的同类器更为近似，双环形耳紧贴器身的素面深曲腹盆罕见于它区，双耳、单耳罐较多。我们可分别称这三小类遗存为白泥窑子亚型、阿善亚型（图六八）和小官道亚型（图六九）。

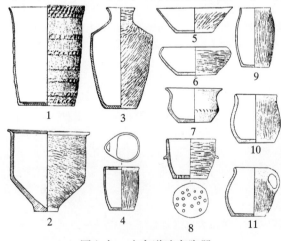

图六九　小官道遗存陶器

1、2. 缸（BG2F2③：8、AF8③：1）　3. 小口罐（BG2F2③：7）　4. 带流罐（BG2F2③：3）　5. 斜腹盆（AT3H3③：2）　6. 折腹钵（BG2F2③：11）　7. 折腹盆（AT2H2③：3）　8. 甑（BG2F2③：11）　9、10. 绳纹罐（BG3F8③：1、BG2F2③：1）　11. 单耳罐（AT2H2③：2）（简报中 6、8 为同一个器物号）

阿善三期类型继续与周围的白燕类型[①]、泉护二期类型、庙底沟二期类型存在交流，尤其单耳罐、双耳罐、矮圈足双腹盘等陶器更明确为泉护二期类型、庙底沟二期类型因素，卜骨可能来自马家窑类型，不过这些外来因素总体不多。

4. 马家窑文化马家窑类型

以甘肃省的渭河上游为分布中心，北至宁夏南部，西至青海东北部，南达白龙江上游甚至四川西北部[②]。以甘肃临洮马家窑遗存为代表[③]，包括甘肃省的天水师赵村五期和西山坪五期、傅家门"马家窑类型"遗存，东乡林家遗存[④]，兰州西坡呱、雁儿湾[⑤]、王保保城遗存[⑥]，青海乐都脑庄[⑦]、民和核桃庄[⑧]，以及宁夏的海原曹洼[⑨]、隆德页河子"仰韶文化晚期"遗存等[⑩]，还见于宁夏海原菜园村马缨子梁[⑪]和切刀把[⑫]、固原周家嘴[⑬]、

① 以白燕一、二期遗存为代表，见晋中考古队：《山西太谷白燕遗址第一地点发掘简报》，《文物》1989 年第 3 期，第 1～21 页；晋中考古队：《山西太谷白燕遗址第二、三、四地点发掘简报》，《文物》1989 年第 3 期，第 22～34 页。

② 成都市文物考古研究所等：《四川茂县营盘山遗址试掘报告》，《成都考古发现》（2000），科学出版社，2002 年，第 1～77 页。

③ 甘肃省文物管理委员会：《甘肃临洮、临夏两县考古调查简报》，《考古通讯》1958 年第 9 期，第 36～48 页。

④ 甘肃省文物工作队、临夏回族自治州文化局、东乡族自治县文化馆：《甘肃东乡林家遗址发掘报告》，《考古学集刊》第 4 集，中国社会科学出版社，1984 年，第 111～161 页。

⑤ 甘肃省文物管理委员会：《兰州新石器时代的文化遗存》，《考古学报》1957 年第 1 期，第 1～8 页；甘肃省博物馆：《甘肃兰州西坡呱遗址发掘简报》，《考古》1960 年第 9 期，第 1～4 页；严文明、张万仓：《雁儿湾和西坡呱》，《考古学文化论集》（三），文物出版社，1993 年，第 12～31 页。

⑥ 甘肃省博物馆文物工作队：《兰州马家窑和马厂类型墓葬清理简报》，《文物》1975 年第 6 期，第 76～84 页。

⑦ 青海省文物考古队：《青海乐都县脑庄发现马家窑类型墓》，《考古》1981 年第 6 期，第 554～555 页。

⑧ 青海省考古队：《青海民和核桃庄马家窑类型第一号墓葬》，《文物》1979 年第 9 期，第 29～32 页。

⑨ 北京大学考古实习队、固原县博物馆：《宁夏海原曹洼遗址发掘简报》，《考古》1990 年第 3 期，第 206～209 页。

⑩ 北京大学考古实习队等：《隆德页河子新石器时代遗址发掘报告》，《考古学研究》（三），科学出版社，1997 年，第 158～195 页。

⑪ 宁夏文物研究所、中国历史博物馆考古部：《宁夏菜园——新石器时代遗址、墓葬发掘报告》，科学出版社，2003 年，第 5～17 页。

⑫ 宁夏文物研究所、中国历史博物馆考古部：《宁夏菜园——新石器时代遗址、墓葬发掘报告》，科学出版社，2003 年，第 240～243 页。

⑬ 宁夏文物考古所、中国历史博物馆：《固原地区新石器时代遗址调查简报》，《宁夏考古文集》，宁夏人民出版社，1994 年，第 42～60 页。

隆德胜利①，甘肃循化张尕、仓库、伊马亥②，天水石马坪，通渭温家坪，西和凤山、西峪坪③，岷县山那④，青海民和马聚垣（乙）、阴山⑤，化隆安达其哈、格尔玛、中滩参果滩⑥，平安棉麻仓库（甲），互助黑鼻崖⑦，大通上孙家寨⑧、阳坡根、寺沟、后子河⑨等遗址。

陶器以泥质红陶和夹砂褐陶占据主体，泥质灰陶和夹砂灰白陶少量。泥质红陶颜色偏浅，多呈橙黄色，有的外表涂一层红色陶衣。从装饰来看，细泥质陶绝大部分施彩，数量竟多达陶片总数的一半左右；夹砂陶则多拍印绳纹，素面者其次，此外还有少量附加堆纹、戳印纹、划纹、泥饼等。彩陶基本都是黑彩，个别泥质灰陶上还有白、红色的彩绘。彩陶特点是施彩面积大、内外兼施、构图复杂、线条流畅。以圆点、直线、弧线，构成成组弧线或直线、同心圆圈纹、波纹、涡纹、网纹、垂幛纹、飘带纹、"S"形纹等图案，也有较具象的蛙纹、蜥蜴纹、蝌蚪纹、人面纹、草叶纹等。主体图案以大圆形或椭圆形为主，在上孙家寨等遗址还发现多人舞蹈纹彩陶。器物除个别圈足器外，基本都是平底，器类有喇叭口尖底或平底瓶、侈口绳纹或彩陶罐、敛口平底钵、宽沿或无沿斜腹盆、无沿双腹盆、平底碗、浅腹盘、带管状流或不封闭流的钵或盆、大口尊形器、瓮、甑、器盖、器座等。从大类来说，主要是盆（钵、碗）、瓶、罐三大类。大镂孔甑、圈足或假圈足纽式器盖有特色。石刀占据绝对主体，陶刀已很少；甚至已出现个别弧背青铜刀。仍流行陶、骨或石环（镯），有的陶环饰彩；还有平头钉形石或骨笄、骨梳、绿松石珠、骨珠等装饰品，有陶铃、陶球，以及人面、兽面、蜥蜴、鸟形陶塑（图七〇）。

---

① 宁夏文物考古所、中国历史博物馆：《固原地区新石器时代遗址调查简报》，《宁夏考古文集》，宁夏人民出版社，1994年，第42～60页。
② 卢耀光：《1980年循化撒拉族自治县考古调查》，《考古》1985年第7期，第602～607页。
③ 中国社会科学院考古研究所甘肃工作队：《甘肃天水地区考古调查纪要》，《考古》1983年第12期，第1066～1075页。
④ 杨益民：《甘肃岷县山那新石器时代遗址调查简报》，《考古与文物》1983年第5期，第20～23页。
⑤ 青海省文物考古研究所：《青海省民和县古文化遗存调查》，《考古》1993年第3期，第193～224页。
⑥ 青海省文物考古研究所：《青海化隆、循化两县考古调查简报》，《考古》1991年第4期，第313～331页。
⑦ 青海省文物考古研究所：《青海平安、互助县考古调查简报》，《考古》1990年第9期，第774～789页。
⑧ 青海省文物管理处考古队：《青海大通上孙家寨出土的舞蹈纹彩陶盆》，《文物》1978年第3期，第48～49页。
⑨ 青海省文物考古研究所：《青海大通县文物普查简报》，《考古》1994年第4期，第320～329页。

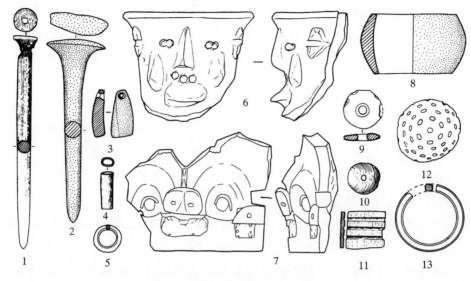

图七〇　师赵村五期装饰品和陶塑

1. 骨笄（T233④:43）　2. 石笄（T114②:107）　3、9. 石饰（T240②:21、T210②:12）　4. 骨管（T108③: 13）　5. 陶指环（T125②:22）　6、7. 陶塑（T203②:2、T110②:22）　8. 石钏（T129③:1）　10. 蚌饰（T214②:20）　11. 骨饰（T232②:11）　12. 陶球（T235③:4）　13. 陶镯（T111②:89）

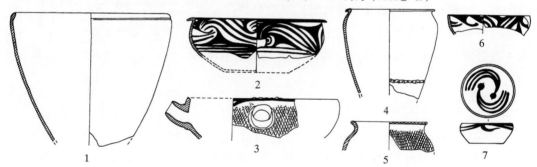

图七一　马家窑文化马家窑类型西坡呱组陶器

1. 缸（T13:20）　2. 彩陶盆（T13:3）　3. 带流钵（T13:23）　4. 深腹罐（H3:11）　5. 绳纹罐（T13:24）
6. 彩陶钵（H9:3）　7. 彩陶碗（T7②）（均出自西坡呱遗址）

这类遗存是在石岭下类型基础上进一步发展而来，被称为马家窑文化马家窑类型[①]。还可以分为西坡呱组、雁儿湾组、王保保组、小坪子组四个连续发展的小阶段（图七一～七四）[②]。其中西坡呱期的彩陶还依稀可见"圆点、勾叶、三角"那种泉护类

① 张学正、张朋川、郭德勇：《谈马家窑、半山、马厂类型的分期和相互关系》，《中国考古学会第一次年会论文集》，文物出版社，1979年，第50～71页。

② 严文明：《甘肃彩陶的源流》，《文物》1978年第10期，第62～76页；严文明、张万仓：《雁儿湾和西坡呱》，《考古学文化论集》（三），文物出版社，1993年，第12～31页。

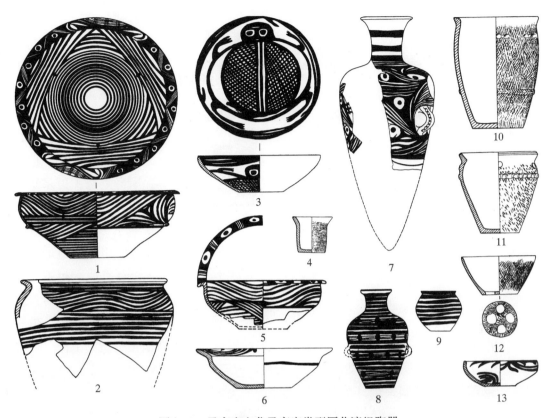

图七二　马家窑文化马家窑类型雁儿湾组陶器

1、5、6.彩陶盆（雁儿湾 H1:36、H1:37，师赵村 T213③:25）　2.彩陶瓮（师赵村 T213③:103）　3.彩陶钵（师赵村 T244③:16）　4.杯（师赵村 T105②:26）　7.彩陶尖底瓶（师赵村 T101①:39）　8.彩陶平底瓶（师赵村采:08）　9.彩陶罐（师赵村 T245③:1）　10、11.绳纹罐（师赵村 T113②:39、T233③:53）　12.甑（师赵村 T208②:18）　13.彩陶碗（雁儿湾 H1:123）

型的遗风，只是线条繁复而已。马家窑类型也有地方性差异，西部林家带门斗的双灶房屋，就不同于东部渭河上游无门斗的单灶房屋；林家的凹背长方形石刀、半月形石刀为其他地方罕见，宁夏南部的逗点纹、柳叶纹彩陶也自

图七三　马家窑文化马家窑类型王保保组陶器

1.彩陶壶（M1:5）　2.彩陶钵（M1:2）　3.彩陶盆（M1:1）

（均出自王保保遗址）

图七四　马家窑文化马家窑类型小坪子组陶器

1、5、6.彩陶壶（兰州、兰州小坪子、兰州华林坪）　2、3.彩陶单耳罐
（兰州小坪子、陇西吕家坪）　4.彩陶豆（兰州小坪子）

具特色。

马家窑类型与仰韶文化仍存在千丝万缕的联系：与仰韶文化泉护二期类型存在交流，如二者同时出现管状流器物，但马家窑类型不见泉护二期类型的斝、鼎、豆等东方因素。另外，海原切刀把遗址还出土有类似海生不浪类型小口鼓腹罐的口颈残片，折腹钵、带附加堆纹的绳纹罐等器物也与海生不浪类型同类器相似，说明马家窑类型的上限（西坡岶组）约略与海生不浪类型末期同时，二者存在一定交流。

5. 马家窑文化宗日类型（早期）

分布在青海省东部，中心在共和盆地，以同德宗日一期遗存（M291类）为代表[①]。陈洪海利用文物普查资料，共复核出 51 处"宗日文化"遗址，明确包含该阶段遗存的有贵德狼舌头、尼多岗、叶后浪及贵南增本卡等遗址，他还辨认出 1977 年发掘的贵南尕马台遗址也包含这类遗存[②]。陶器主要可分为两大类，第一类为质地细腻的泥质红陶（较多为橙黄色），饰精美黑彩，器类、彩陶图案和风格基本同于马家窑类型，流行圆点、弧线元素，线条圆滑纯熟；在宗日遗址还发现饰有多人舞蹈纹、二人抬物纹彩的盆（图七五）。第二类为质地粗糙的夹粗砂褐陶（多为乳黄色、灰白色），拍印绳纹或素面，瓮（壶）、罐类多在靠上部位箍一两周附加堆纹，或以附加堆纹组成较为复杂的花纹；上部施紫红色彩，有鸟纹、折尖三角纹、长三角纹[③]、折线纹图案，主要为直线

---

① 青海省文物管理处、海南州民族博物馆：《青海同德县宗日遗址发掘简报》，《考古》1998 年第 5 期，第 1～14 页；格桑本、陈洪海主编：《宗日遗址文物精粹论述选集》，四川科学技术出版社，1999 年。

② 陈洪海、格桑本、李国林：《试论宗日遗址的文化性质》，《考古》1998 年第 5 期，第 23～26 页；陈洪海：《宗日遗存研究》，北京大学考古文博学院博士学位论文，2002 年，第 73～95 页。

③ 陈洪海认为折尖三角纹和长三角纹属于变形鸟纹，见陈洪海：《宗日遗存研究》，北京大学考古文博学院博士学位论文，2002 年。

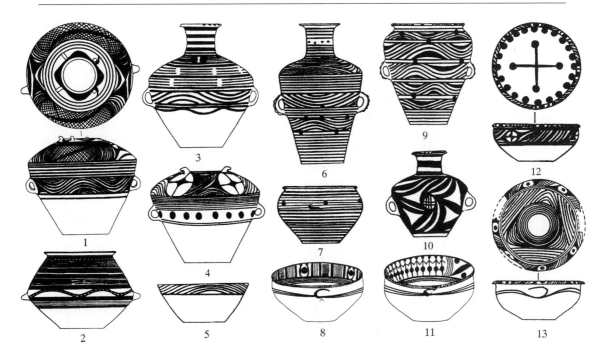

图七五　马家窑文化宗日类型（早期）马家窑式陶器

1、4. 敛口瓮（M159:12、M222:1）　2. 腹耳罐（M267:3）　3、6、10. 双耳壶（M163:11、M295:1、M198:15）　5. 钵（M72:5）　7、8、11～13. 盆（M284:2、M192:2、M157:1、M198:10、M294:3）　9. 大口瓮（M324:1）（均出自宗日遗址）

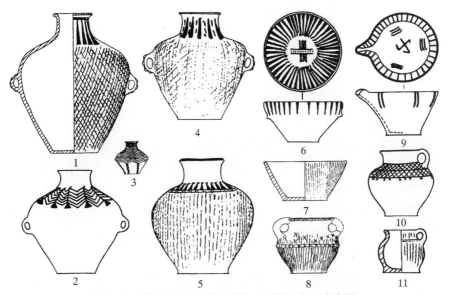

图七六　马家窑文化宗日类型（早期）宗日式陶器

1～5. 小口瓮（M163:1、M103:7、M192:4、M270:5、M233:2）　6、7. 钵（M158:1、M273:9）　8. 双耳罐（M85:4）　9. 带流钵（M72:4）　10、11. 单耳罐（M33:5、M39:6）（均出自宗日遗址）

元素，线条生硬。陶器多底部外撇呈假圈足状，器类单纯，仅高领瓮（壶）、单耳或双耳罐、敞口钵（碗）三种（图七六）。

由于夹砂紫红彩的所谓"宗日式陶器"极富地方特征，以及俯身葬、石棺墓、火葬等埋葬习俗的存在，陈洪海等提出宗日文化的名称[①]，但也认为比马家窑文化低一个层次[②]。实际上，这些夹砂红彩陶器的器形以及附加堆纹和绳纹装饰，均和马家窑类型基本相同，崇尚彩陶的意趣也彼此相通，泥质陶器更基本同于马家窑类型，所以还是将其纳入马家窑文化这个较大的范畴中更好理解。鉴于不可否认的强烈的地方性，我们可以将其作为马家窑文化的一个地方类型，称为宗日类型。从时代来看，宗日墓地最早的遗存约相当于马家窑类型的雁儿湾期，发展至小坪子期。

正如陈洪海所推测，该类型极可能为马家窑类型扩展至青海后，与当地无陶文化融合的产物，因为在当地早先就有拉乙亥类遗存代表的狩猎采集人群。饰紫红色彩的夹砂粗陶可能更能够体现当地传统，这类"宗日式陶器"存在一个由少渐多的过程，尤其一期一段墓葬更几乎不见典型的宗日式夹砂粗陶和典型彩陶纹饰，仅在紫红色彩的运用上似乎有一些地方特色；二段"宗日式陶器"增多，但仍以"马家窑式陶器"为主。不排除当地人在陶器外的其他不易保存的材料上早就使用变形鸟纹、折尖三角纹、折线纹、长三角纹等的可能性。值得注意的是，其僵硬的折线纹等，似乎与欧亚草原筒形罐类器物上的几何形纹饰有近似之处。

二、聚落形态

（一）半坡晚期类型期

1. 仰韶文化半坡晚期类型

聚落分化开始明显起来，最大的案板遗址面积达 70 万平方米。渭河下游的姜寨多为圆形地面式建筑，渭河中游多为圆角方形或长方形半地穴式建筑。多在墙壁抹草拌泥，有的地面涂抹料姜石粉浆，墙壁和地面多经火烧烤。绝大多数为中小型，也有大型的地面式房屋。大型房屋以案板 F3 为例，方形主室带前廊，总建筑面积 165.2 平方米，反映出聚落内部存在分化。这所大房子的墙为基槽内立柱的木骨泥墙，地面以黄土和料姜石混合敷设。附近灰坑中发现和大地湾一样的陶簸箕形器、涂朱的猪下颌骨、

① 陈洪海：《关于宗日文化》，《宗日遗址文物精粹论述选集》，四川科学技术出版社，1999 年，第 35~40 页；陈洪海、格桑本、李国林：《试论宗日遗址的文化性质》，《考古》1998 年第 5 期，第 15~26 页。

② 陈洪海：《宗日遗存研究》，北京大学考古文博学院博士学位论文，2002 年，第 142 页。

用植物编织物包裹的猪头骨以及 8 件陶塑人像，可能与某种祭祀行为有关。案板遗址该期灰坑中还发现有白灰面残片，说明当时已出现白灰面建筑。

泾河流域的南佐遗址发现大型夯土墙地面式建筑（F1），面积达 600 多平方米，墙壁和地面抹白灰，室外有经烧烤的散水。附近其他的夯土地面式建筑也较为讲究。南佐"殿堂"式建筑的出现，表明泾河流域聚落和社会分化显著，已经迈开走向文明社会的步伐。阳坬遗址发现 33 座成组分布的房屋，有的相距仅 3～5 米。房屋分半地穴式和窑洞式，均略呈圆形，面积 6～25 米不等，总体狭小。地面铺垫草拌泥或红烧土面，多数上面还敷设料姜石白灰面。半地穴式者地面见多个柱洞，为简陋的窝棚式建筑；窑洞式者直接挖在生黄土内，不见柱洞，地面和墙壁下部有白灰面（图七七）。这是西北地区最早的窑洞式建筑，和山西五台阳白遗址窑洞式房屋时间相若[①]，但更为规整美观。

和泉护类型一样，半坡晚期类型仍流行圆形袋状窖穴，壁面和地面修整光滑，有的位置还设有脚坑。也有上下两窖穴相连的"子母坑"（图七八）。有的窖穴底部发现可复原的陶器数十件（如福临堡 H24、H130），大小分开、码放整齐，还有石斧、石刀、纺轮等工具，显然为有意的储藏。墓葬仍主要为长方形竖穴土坑墓，绝大多数仰身直肢，罕见随葬品。阳坬遗址有的墓葬随葬猪下颌骨，还发现一特殊的圆形三人合葬坑中随葬整猪的现象。

2. 仰韶文化海生不浪类型

聚落仍多位于河流干道两侧的山坡台地或湖周围的低山上。遗址文化面貌单纯的庙子沟、大坝沟、王墓山坡中、王墓山坡上、海生不浪等该期聚落的面积大致可以确定。经较全面揭露而能弄清基本布局的有王墓山坡上、庙子沟两处。

岱海东南岸的大坡、黄土坡、五龙山、平顶山等同时期聚落，构成一个相对独立的聚落群，有可能组成一级高于聚落的社会组织；南岸的王墓山坡上、狐子山及其他同时聚落可能组成另一个聚落群。王墓山坡上聚落现存面积约 11000 平方米，共发现房址 20 座、灰坑 29 座，这些遗迹构成聚落主体。早段房屋门向均朝西，面朝坡下，实际同时者不过 4 座。房屋多为横长方形半地穴式单间，室内均有双灶，应当属于居室。以 F8 为例，居住面用灰白色黏土铺垫，穴壁抹一层白泥。横过主灶的房屋横轴线上有 5 个大柱洞，这一排主柱极可能共同承托一个横梁，以托起房屋顶盖；房屋前壁、后壁还有附壁柱或明柱。复原起来应当是中有横梁的前后两面坡式建筑，在门道上部还搭出门篷。室内东南角还有一圆形袋状窖穴。总体来看，炊事、就餐应在居住面前、

---

① 山西大学历史系考古专业、忻州地区文物管理处、五台县博物馆：《山西五台县阳白遗址发掘简报》，《考古》1997 年第 4 期，第 46～57 页。

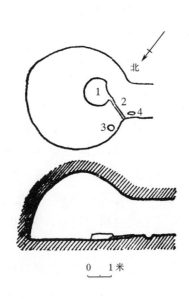

图七七　阳洼 F10 平、剖面图

1.灶台　2.隔梁　3.火种坑　4.集水坑

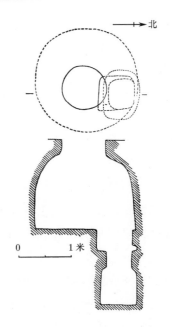

图七八　福临堡 H134 平、剖面图

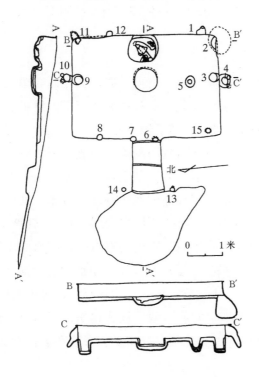

图七九　王墓山坡上 F8 平、剖面图

1、3~15.柱洞　2.窖穴

中部、后部、角落和左侧可能为储藏之处，房屋右侧则可供 3~4 人睡卧（图七九）。在 F8 周围有 4 个方形或长方形灰坑，1 个圆形灰坑，多数应为窖穴，在其他房屋周围尚无灰坑发现。或者可以认为这几座房屋所代表的家庭合在一起才有完整的消费和生产功能，合在一起就是一个 10 多人的扩展家庭了。他们的财物集中放在 F8 附近，显示了稍大而规整的 F8 在家庭中的特殊地位，或许它是家长或老人的居所。晚段房屋绝大多数南向，除 F10 类和早段近同的房屋外，还有 F4 类进深较大、无横梁而可能为四角攒尖顶者，也和早段一样存在成群分布的现象。该聚落房屋在大小、功能上均没有明显区别，反映的应当是一个基本平等的社会场景，但与王墓山坡下聚落仍有着实质上的区别，主要表现在此时扩展家庭这一级社会组织在社会中凸现出来并开始起主要作用，这样的社会一般应当属于父系社会。此外，从室内抹白泥、周围无台面、睡卧处偏于右侧，以及方形或长方形窖穴等方面来看，王墓山坡上聚落和坡下聚落没有直接继承关系，倒是和更早的石虎山聚落有些相近，这可能与海生不浪类型和石虎山类型的重要来源都在东方有关。

岱海以东的黄旗海南岸丘陵坡地上，也存在由庙子沟和大坝沟等至少五处聚落组成的聚落群。其中庙子沟聚落面积 3 万平方米以上，规模大于王墓山坡上。发现房址51 座，窖穴（灰坑）132 座，墓葬 43 座。房址均为半地穴式，多圆角横长方形，单灶，南北成排分布，也有三五成群现象，反映的社会状况应和王墓山坡上相同（图八○）。房基面和窖穴中多保留有大量遗物，其中 F15 就达 113 件之多（图八一）。在室内窖穴、居住面和灰坑等当中常发现人骨，有的还有随葬品，似乎成为简易墓葬。室外也有宽短的长方形竖穴土坑墓，见单人葬、双人或多人合葬等形式，墓主人多侧身屈肢，随葬品数件到 10 余件不等（图八二）。

准格尔地区南流黄河西岸同时的白草塔、南壕、周家壕、寨子上、鲁家坡、二里半、张家圪旦、崔二圪嘴、柴敖包等遗址，也都应当存在该期聚落，构成又一个聚落群。其中以白草塔该期聚落的情况较为清楚。白草塔遗址位于一面向东南的阶状坡地上，三面为断崖绝壁、东侧临黄河河谷，仅西侧制高点与山梁相连，位置颇为险要。该聚落面积在 3 万平方米以上，共发现房址 25 座，灰坑 26 座，窑址 2 座。房屋多成群分布，一般为半地穴式方形和横长方形；流行双灶，居住面多用白黏土铺垫，常在门道铺垫石板。偏早阶段的 F21 还有长方形门斗，再加上双灶，和甘肃秦安大地湾某些房屋颇为接近，推测应有西来影响（图八三）。

包头以东大青山南麓东流黄河北岸的阿善、西园、海生不浪、碱池、章盖营子、白泥窑子、台子梁等遗址也存在该期聚落，并构成聚落群。其中以海生不浪该期聚落的情况较为清楚。海生不浪遗址位于河岸平缓的三级阶地上，面积约 5 万多平方米，共发现房址 8 座，灰坑 32 座，窑址 1 座。房屋也成群分布，周围有长方形或圆形窖穴。最显著的特点是绝大多数房屋为地面式，即在坡地上挖出平整的地面后，再在后部和两侧筑出土墙；或不筑土墙而直接在平地上建房。至于面宽大于进深、居住面铺垫白黏土、双灶等特点，则和王墓山坡上聚落房屋接近，所反映的社会状况应和后者没多大的区别（图八四）。此外，在伊金霍洛旗境内也存在该期聚落群。

在无定河、窟野河沿岸也都存在该期聚落群。五庄果墚聚落的房屋为圆形半地穴式，多有前后室之分，面积一般 5～12 平方米，大者近 50 平方米。居住面下垫沙土、上抹白灰面。流行圆形袋状窖穴，其中一座窖穴分层埋葬 20 余具人骨和 8 具完整猪骨，当为祭祀坑之类。

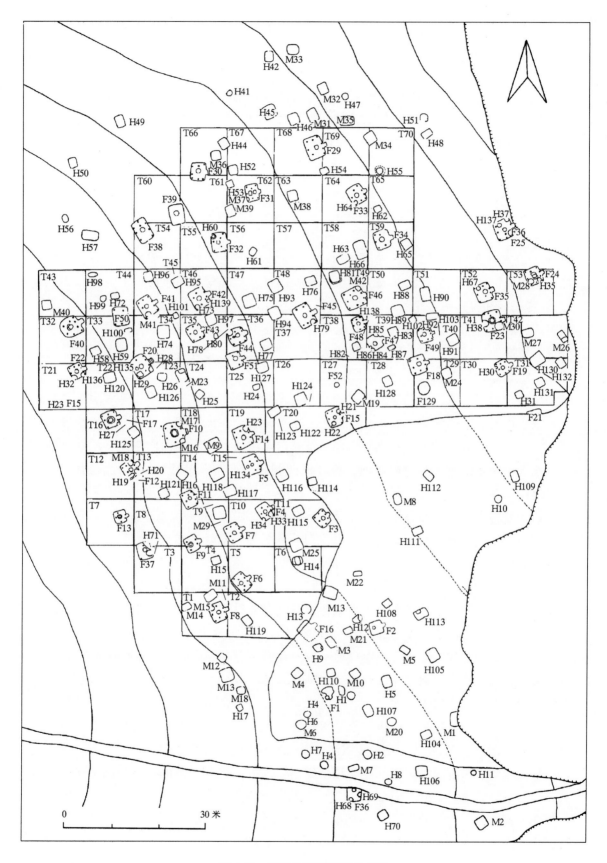

图八〇　庙子沟聚落遗迹分布图

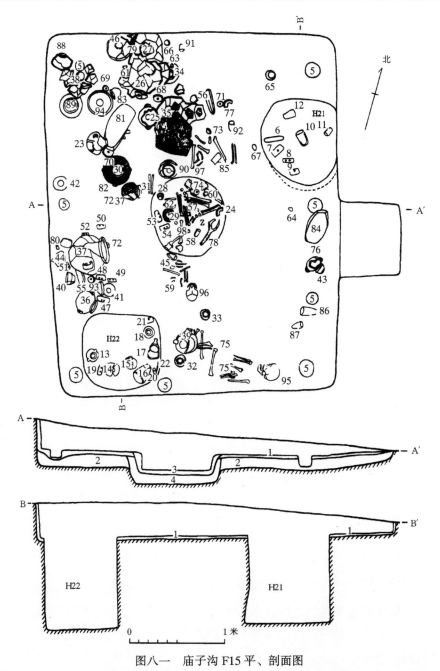

图八一　庙子沟 F15 平、剖面图

1. 居住面　2. 垫土　3. 灶坑烧结层　4. 灶底红烧土　5. 柱洞　6、55、56. 石磨棒　7～9、19～21、47～54、57. 石刀　10、45、58～61、82、85～87、91、92. 石斧　11. 石锛　12. 石铲　13、36～38. 陶双耳罐　14、15、40～43. 陶敞口折腹钵　16. 陶筒形罐　17. 陶器盖　18、89. 陶鼓腹罐　22. 骨笄　23、25～27、76、88. 陶小口双耳罐　24、75. 石环　28～34、83. 陶侈沿罐　35. 陶平口罐　39. 陶折腹盆　44、46、90、93. 陶敛口曲腹钵　62、63. 石凿　64. 石镞　65～67. 石球　68～72. 石纺轮　73、74. 陶纺轮　77、94. 陶折沿碗　78、79. 鹿角　80. 蚌饰　81、84. 石磨盘　95～98. 人骨

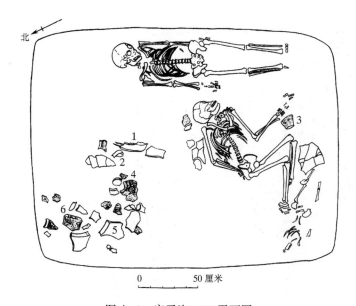

图八二　庙子沟 M19 平面图

1.鹿下颌骨　2.石片　3、5、6.陶侈沿罐　4.陶小口双耳罐

海生不浪类型的这些聚落群之间还当有亲疏远近之别。

3.马家窑文化石岭下类型

石岭下类型也明确出现聚落群和聚落内房屋成群的现象。与海生不浪类型不同的是，石岭下类型聚落之间和聚落内部的分化都要严重得多。以大地湾乙址为例，面积达 50 万平方米，在所属聚落群中地

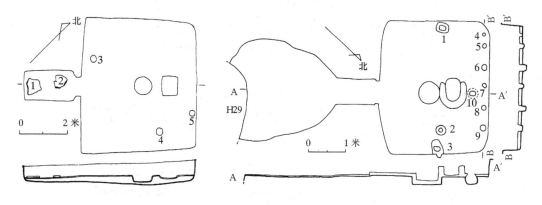

图八三　白草塔 F21 平、剖面图

1、2.石板　3~5.柱洞

图八四　海生不浪 F10 平、剖面图

1~9.柱洞　10.地穴

位最为突出，属于中心聚落。其所在位置移到高处，可能是为了增加防御功能。聚落内有的房屋面积甚大且颇为特殊。如平地起建的 F405 为前稍宽后略窄的横长方形，前面和左右两侧带有 3 个门道，建筑面积 270、室内面积 150 平方米。室内增设扶墙柱，室外东西两侧有檐廊和散水残迹，室内地面、墙壁、柱面、灶面，均抹草拌泥再上敷白灰面。复原起来应为四面坡式建筑，其西侧出有大理石权杖头，地位很是特殊[①]。

---

① 甘肃省博物馆文物工作队：《秦安大地湾 405 号新石器时代房屋遗址》，《文物》1983 年第 11
期，第 15~20 页。

F411 为带门斗的横长方形地面式建筑，面积虽然不是很大，但在灶后用黑色颜料绘有人物和动物地画[1]；发掘者认为属于家庭的"祖神"崇拜，也有学者认为与巫术仪式有关（图八五）[2]。最引人注意的当属 F901，该房主要由主室、后室和东西侧室组成，主室前面还有以成排青石为柱础的附属建筑和宽阔的场地。其中主室为前宽后窄的横梯形，面积 131 平方米。中央有直径约 2.5 米的地面式灶，前墙正中有讲究的正门和门斗，正门两侧还有两个小侧门。室内中部偏后有两个直径近 1 米、底垫青石柱础的顶梁柱，前后壁还有若干附壁柱。木骨泥墙分三层，内外层为红烧土。地面以黄土、红烧土、人造轻骨料层层铺垫，最上面还敷设性状和现代水泥相若的以

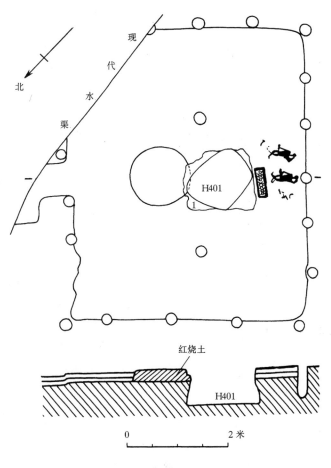

图八五　大地湾 F411 平、剖面图
1. 居住面残缺部分

料姜石为主的粉浆。这座房屋占地面积 290 平方米，加上前面的附属建筑则达 420 平方米。是西北地区仰韶晚期面积最大、规格最高的房屋之一，已初具前堂后室内外有别、东西两厢左右对称、左中右三门主次分明这些中国古典建筑的基本格局特征，可谓是最早的殿堂式建筑（图八六）。该房还出土有四足盘、条形盘、敞口罐、簸箕形器等一些特殊陶器，表明在其内曾经从事过特殊活动（图八七）[3]。大地湾乙址的发现表

①　甘肃省文物工作队：《大地湾遗址仰韶晚期地画的发现》，《文物》1986 年第 2 期，第 13~15 页。

②　李仰松：《秦安大地湾遗址仰韶晚期地画研究》，《考古》1986 年第 11 期，第 1000~1004 页。

③　甘肃省文物工作队：《甘肃秦安大地湾 901 号房址发掘简报》，《文物》1986 年第 2 期，第 1~12 页。

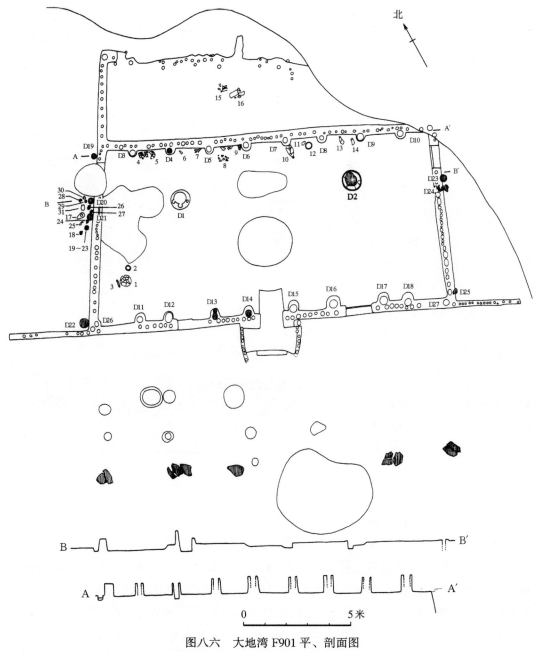

图八六　大地湾 F901 平、剖面图

1.陶鼎　2、30.陶喇叭形器　3.陶条形盘　4、12、29、31.陶罐　5.陶器盖　6.石刀　7、19～28.陶敛口钵　8、16、18.陶瓮　9、10.陶簸箕形器　11.研磨石　13、14.砥磨石　15.陶缸　17.陶研磨盘　　　D1～D27.柱洞

明，当时聚落内部已不平等，某些富有扩展家庭或家族已逐渐凌驾其他家族之上；聚落之间也出现等级差别，大地湾乙址这样的中心聚落可能比周围其他聚落拥有更多的

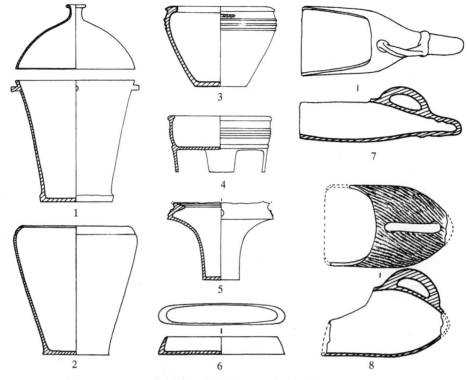

图八七　大地湾 F901 出土陶器

1. 带盖敞口罐（F901:14）　　2. 大口瓮（F901:13）　　3、5. 大口罐（F901:15、3）　　4. 四足盘（F901:2）
6. 条形盘（F901:4）　　7、8. 簸箕形器（F901:16、10）

特权。此外，大地湾聚落
有规整的圆形袋状窖穴，
有的还壁抹草泥，有的内
藏成组陶器和成堆纺轮，
有的含大量植物茎干腐烂
后的残迹和灰烬。值得注
意的是，在傅家门遗址
F11 的地面上发现 5 块卜
骨，或许该房内曾进行过
占卜活动，该遗址还发现
埋葬猪骨的祭祀坑。

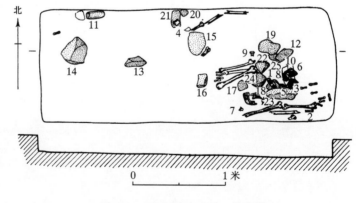

图八八　师赵村 M4 平、剖面图

1~8. 彩陶片　9. 陶瓶口　10. 陶瓮口　11. 石凿　12~25. 石块

　　墓葬发现很少。大地湾居址区内零星发现 15 座长方形竖穴土坑墓，均为单人一次
性仰身直肢葬，随葬少量陶器和装饰品。师赵村四期墓葬均为单人或双人"二次葬"，
除随葬石器、兽牙和摆放石块外，墓底还有较多陶片（图八八）。如果这些所谓"二次

葬"是有意扰动形成的"二次扰乱葬",则就开了甘青地区这类特殊葬俗的先河[①]。

(二) 泉护二期类型期

1. 仰韶文化泉护二期类型

该类型没有揭露出完整聚落。浒西庄聚落房屋均半地穴式,多为圆角方形,个别圆形。从 F1 穴壁外有一圈柱洞的情况看,这类室内无柱洞或少柱洞的方形半地穴式房屋应复原成四角攒尖顶,并应当利用台面(图八九)。浒西庄房屋地面和墙壁多在草拌泥上敷设白灰面,有的上面还画有红线,F6 火塘周围涂画红、黑彩圈,稍早的泉护二期 F1001 也发现白灰面上有涂朱现象。这种用色彩装饰室内的做法主要从这时候逐渐多起来,大约与洁净的白灰面的开始流行有关。另外,在案板还发现简陋的类窑洞式房屋(F2),主室类似一袋状窖穴,一侧挖有门洞即台阶式门道。泉护二期类型窖穴仍以圆形袋状者最具代表性,有的底部残留炭化作物残迹。墓葬仍流行长方形竖穴土坑墓,大小多仅能容身;绝大多数仰身直肢,罕见随葬品,个别随葬骨镞、贝壳等,骨架普遍有缺肢现象。

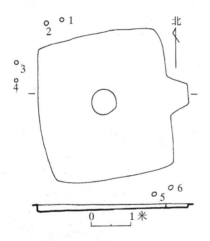

图八九　浒西庄 F1 平、剖面图

1~6. 柱洞

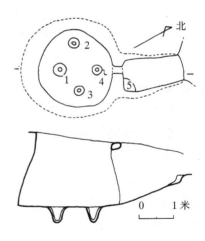

图九○　常山房屋(H14)平、剖面图

1~4. 柱洞　5. 凹坑

2. 仰韶文化常山类型

流行简陋的圆形窑洞式房屋。以 H14 为例,主体为一口小底大的袋状坑,周壁修光,地面经烧烤。地面中部有四个柱洞,周围填垫泥土陶片,估计上搭屋顶,实为人工顶窑洞式房屋,有挖在生黄土内的长条形门洞(图九○)。窖穴以袋状者最具代表

---

①　陈洪海:《甘青地区史前文化中的二次扰乱葬辨析》,《考古》2006 年第 1 期,第 54~68 页。

性。墓葬竖穴土坑、仰身直肢，随葬少量陶、石器。

3. 仰韶文化阿善三期类型

聚落位置选择基本同于海生不浪类型，聚落群普遍出现，缺乏经较全面揭露而能弄清布局者。

准格尔地区南流黄河两岸大体同时的白草塔、小沙湾、寨子塔、官地、寨子圪旦、石佛塔、柳青、荒地窑子、庄窝坪、马路塔、后城嘴等遗址，都存在该期聚落，并构成一两个聚落群。其中白草塔、小沙湾、寨子塔、马路塔、寨子圪旦聚落周围还有石围墙，也就是石城。小沙湾聚落东临黄河，西、南有沟谷环绕，北依山梁，残存面积4000平方米。能与外界相通的北部又以两道东西走向的石围墙封堵。发现房址5座，均为半地穴式居室，间宽略大于进深，面积12～15平方米。F4在房屋外侧还围有石墙，可能是以墙承托屋顶成一面坡式，中部灶面铺有石板。居住面出土的陶器总数达15件以上，还出有石杵、石刀等生产工具，反映出该房具备比较完整的生产和生活功能，大约居住者也主要是核心家庭性质（图九一）。F5总体呈长方形，总长13.2、宽7.4米，它的墙体是在基岩上以石块垒筑而成，墙宽0.2～0.5、残高0.4米，这样薄的墙体实际上就不可能垒得太高，它实际上并非房屋而应是公共活动类建筑（图九二）。寨子塔聚落位置的选择和布局的安排与小沙湾聚落非常相似，只是规模达5万平方米。在聚落周围筑有石围墙，其中西、南、东三面的缓坡处建墙，险峻绝壁处不建。北侧与山梁连接处，筑有两道平行的保存较好的石墙，两道墙之间还有瞭望台，十分重视聚落的防务（图九三）。寨子圪旦聚落位于山丘顶部，周围环绕石围墙，平面略呈椭圆形，面积约15000平方米。在山顶上建有1座底边长约30、顶边长约20、残高约3米的方形覆斗状台基，表面砌以石块，可能属于祭坛。在台基南部有2座长方形石墙

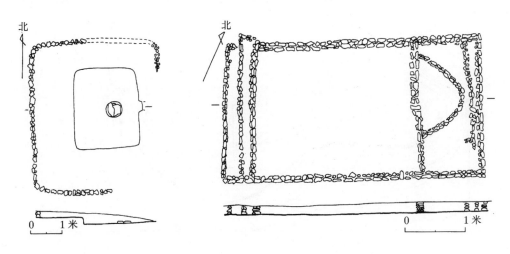

图九一　小沙湾 F4 平、剖面图　　　　　图九二　小沙湾 F5 平、剖面图

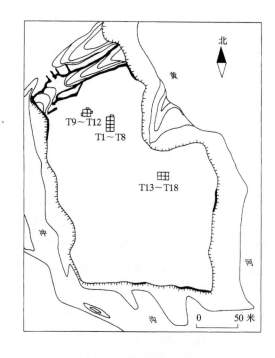

图九三　寨子塔聚落平面图

建筑基址，与中央台基略呈"品"字形分布（图九四）。

无独有偶，在包头以东大青山南麓东流黄河北岸的阿善、西园、莎木佳、黑麻板、威俊等遗址，也都存在西、南、东侧建有石围墙的聚落，并构成另一个聚落群（图九五）。除威俊外，其他聚落均由东、西两个台地组成。阿善遗址早段房屋为纵长方形半地穴式，有方形地面灶，居住面和墙壁抹草拌泥，居住面经烧烤；晚段房屋多为地面石墙，有方形（图九六）、长方形、椭圆形等。最引人注意的是，在西台地南端山冈上有一组地面石筑建筑址，其中心是一圆形石堆，其北又有 17 座小得多的石堆，其中 16 座排成一线，1 座在北端西侧。在石

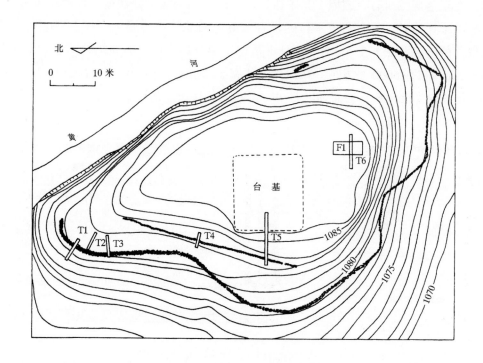

图九四　寨子圪旦遗址地形图

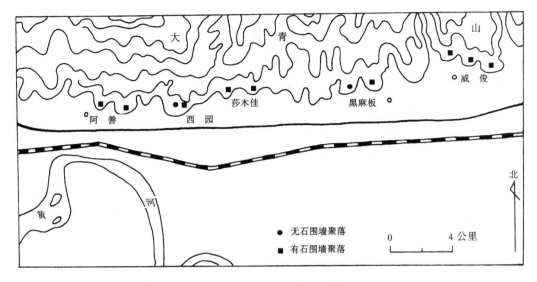

图九五　大青山前石城聚落址的分布

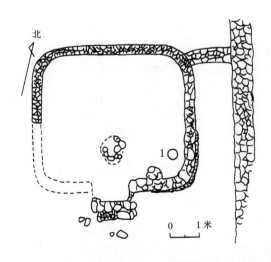

图九六　阿善ⅠF1平面图
1. 小坑

堆群所在山冈的东、西、南边缘有石围墙，其中东、西墙内弧成亚腰形。该建筑群宗教色彩浓厚、规模宏大，可能有祭坛性质（图九七）。西园聚落房屋大体东西成排，偏早的西台地上的房屋为纵长半地穴式（图九八），偏晚的东台地上的房屋为石墙地面式。莎木佳聚落中部有一座长方形大型石墙建筑，可能是集会、议事场所（图九九）；西台地岗梁上有一由三个围绕石圈的小土丘组成的祭坛（图一〇〇）；东台地发现10余座石墙房址，东南隅也有一座与西台地类似的方形"大房子"。黑麻板聚落也有成排石墙房址，房屋平面为圆角方形或长方形，面积大者近60平方米，小者仅10平方米多，可能与一定程度的贫富分化有关（图一〇一）；还发现长方形土台基，中心有"回"字形石圈，西侧有方形石圈，可能也是"祭坛"一类。威俊遗址由三个台地组成，东端的第一台地由石围墙围成一个大致长方形的空间，其东部有南北呈一线的"祭坛"3座（图一〇二）；中间的第二台地发现圆角方形的石墙房址，西南部有"祭坛"1座（图一〇三）；西端的第三台地残留10余座圆角方形的石墙房址（图一〇四）。这几个聚落基本

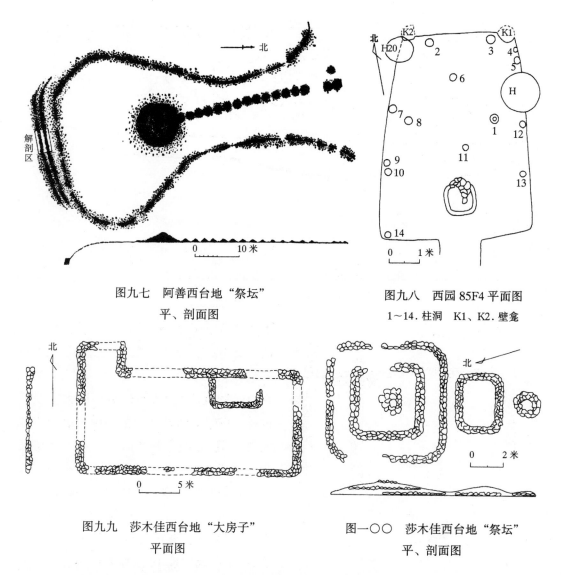

图九七　阿善西台地"祭坛"
平、剖面图

图九八　西园 85F4 平面图
1～14.柱洞　K1、K2.壁龛

图九九　莎木佳西台地"大房子"
平面图

图一〇〇　莎木佳西台地"祭坛"
平、剖面图

情况均类似阿善而规模较小，表明阿善聚落有中心聚落性质。

　　鄂尔多斯和包头以东地区聚落形态有许多一致的地方，如聚落地势险峻、流行在聚落主体周围环绕石墙、内有"祭坛"和"大房子"等大型公共场所、有石墙房屋等。石围墙或者"石城"显然是为加强聚落防御。"祭坛"和"大房子"是维系血缘亲情、加强聚落团结、强调集体利益的有效设施。房屋有较明显的大小区别，表明社会可能存在一定程度的贫富分化。这些均可能植根于人群之间空前紧张的相互关系。

　　无定河沿岸也存在石摞摞山、小官道、后寨子峁等聚落构成的聚落群，其中石摞摞山的石城和护坡有最早建于此时的可能，后寨子峁则在局部建有石围墙和石台阶。小官道、后寨子峁聚落分别发现 12 和 48 座房屋，沿山坡成排分布；房屋为窑洞式或

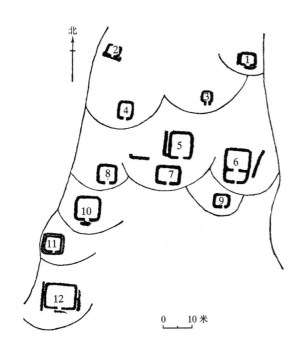

图一〇一　黑麻板聚落房址的分布　　　　图一〇二　威俊第一台地遗迹的分布

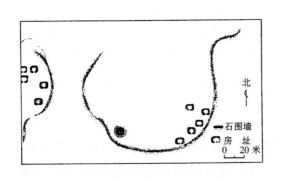

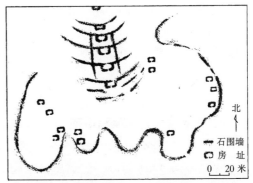

图一〇三　威俊第二台地遗迹的分布　　　　图一〇四　威俊第三台地遗迹的分布

半地穴式，多呈圆角方形，也有圆形者。居住面分3种，一种是在草拌泥面上抹白灰，一种是垫土面经火烧烤，一种是草拌泥上铺垫平整石板。墙壁上部弧形内收，表面一般为草拌泥面上抹白灰。在有的房屋穴壁下部表面画有宽3～4厘米的红色平行线条。室内灶主要分草拌泥和石块围砌的地面灶与浅圆形坑灶，另有周围画彩圈的圆角方形地面火塘和一种石块垒砌的壁灶。保存较好的小官道AF4由主室、过道和外间组成，主室可以复原成圆形攒尖顶或穹隆顶。该房将居室（主室）、厨房（过道）和活动室或储藏室（外间）分开安排，构思巧妙，布局合理（图一〇五）。

陕北北部黄河西岸的郑则峁、寨峁也存在该期聚落，发现大致呈圆形的窑洞式房屋，郑则峁房屋居住面和墙裙均抹白灰，白灰面下抹一层经火烧烤的草拌泥。门道两侧的墙为小石板夹泥砌筑而成，壁抹草拌泥。圆形浅坑灶（火塘）位于居室中前部，中部以一块石板铺地，周围抹白灰，灶坑周围绘一周黑彩带。流行长方形袋状或直筒状灰坑（窖穴）。有简陋的长方形竖穴土坑墓，葬式为仰身直肢葬。

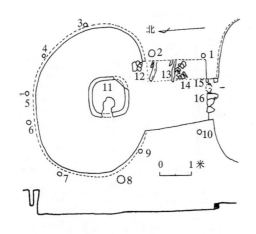

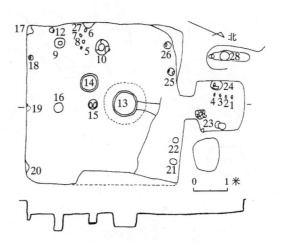

图一〇五　小官道 AF4 平、剖面图

1～10.柱洞　11.火塘　12.壁灶　13.壁炉
14.东壁边沿推测线　15.砌筑石块　16.过道石
台阶

图一〇六　林家 F19 平、剖面图

1、3、4.石刀　2、6、7.石器　5.石纺轮　8.砺石　9、
28.夹砂粗陶罐　10.带流彩陶盆　11.彩陶壶　12.夹砂
陶片　13、14.灶坑　15、16、18、19、21～26.柱洞
17、20、27.柱础

4. 马家窑文化马家窑类型

该类型房屋多为圆角方形半地穴式，房屋附近多见窖穴、灰坑。以林家聚落为例，共发现早晚段 27 座房屋，以早段的 F19 保存最为完好（图一〇六）。房屋均有方形门斗，有的在一侧发现内置夹砂陶罐的壁灶，附近还有石刀、砺石、彩陶瓶等，说明门斗可作厨房之用，也是磨石器做家务的场所之一。方形主室四周及中部有柱洞，有的内垫硬土、石块、陶片，外包泥圈，可复原成四面坡式建筑。中部多有前大后小两个圆形灶，当有主附之分，也见单灶或三灶者，灶附近出土罐、钵类陶器。窖穴仍多为袋状。林家 H19 底部被烧成红色，置人骨一具、砺石数块，坑底有大量炭化的黍[①]，

① 林家遗址报告稷、粟并提，显然以稷指黍。但"稷"在古代更可能指粟而非黍，见游修龄：《论黍和稷》，《农史研究文集》，中国农业出版社，1999 年，第 31～32 页。

上部填土经夯筑，这似乎是特殊葬坑或祭祀坑一类。师赵村还有个别前后室相连的"吕"字形房屋，壁面和地面抹草拌泥，有的上垫混合土或红胶泥土。该聚落发现特殊的石圆圈，其中见有陶片、猪下颌骨、猪头骨、肢骨等，可能为祭祀遗迹。墓葬发现很少。从王保保城、核桃庄墓葬来看，基本都是长方形竖穴土坑，流行一次性仰身直肢葬，一般随葬有彩陶器，以及随身的绿松石珠等装饰品。核桃庄一号墓墓室边长近4米，随葬羊头、猪头，36件精美陶器，以及骨珠、绿松石珠等，墓葬级别较高。人骨凌乱，附近撒有较多石灰、木炭和灰烬，应当属于火葬和二次扰乱葬。

5. 马家窑文化宗日类型（早期）

在宗日遗址发现大量柱洞，表示存在半地穴式房屋，还发现袋状灰坑，可以推测其居址情况应基本同于马家窑类型。宗日发现专门的墓地，分布在由冲沟隔开的山坡台地上，自然成为若干墓区，以下还可区分出墓群和墓组，实际代表了至少四级社会组织。墓葬多数为带有二层台的长方形竖穴土坑墓，少数不带二层台；多数在二层台上以木料或石板搭成木椁或石椁，无葬具者其次，个别既有棺也有椁（图一○七）；绝大多数为单人葬，也有双人葬，以俯身直肢者最多，仰身直肢者少量，相当数量属于二次扰乱葬，多随葬实用的"马家窑式陶器"。

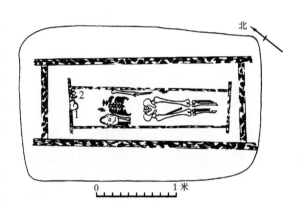

图一○七　宗日 M162 平面图
1. 夹砂彩陶盆　2. 陶片

三、经济形态

（一）半坡晚期类型期

经济形态基本同于泉护类型。除粟、黍外，有证据表明在甘肃庆阳和天水西山坪该期遗存中还发现栽培稻[①]。作为收割工具的刀（爪镰）绝大多数仍为陶质，但石刀的

①　张文绪、王辉：《甘肃庆阳遗址古栽培稻的研究》，《农业考古》2000 年第 3 期，第 80～85页；李小强、周新郢、张宏宾等：《考古生物指标记录的中国西北地区 5000a BP 水稻遗存》，《科学通报》第 52 卷第 6 期，2007 年，第 673～678 页。

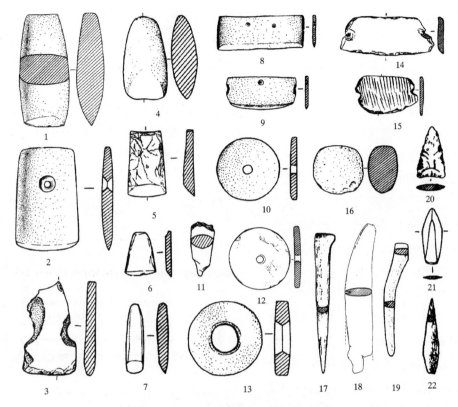

图一〇八　海生不浪类型工具和武器

1、4.石斧（庙子沟 H12:4，白草塔 F14:1）　2.石钺（庙子沟 F20:10）　3.石铲（南壕Ⅰ H37:8）　5.石锛
（南壕ⅡT8①:5）　6、7.石凿（庙子沟 H19:4、F20:3）　8、9.石刀（庙子沟 F16:9、H91:9）　10.石纺轮
（庙子沟 F20:2）　11.石钻（南壕Ⅰ H68:2）　12.陶纺轮（庙子沟 F20:4）　13.石璧形器（庙子沟 F5:6）
14、15.陶刀（王墓山坡上 H29:2，鲁家坡 H12:5）　16.石球（王墓山坡上 T16①:1）　17.角锥（王墓山坡
上 H1:1）　18.骨梗石刃刀（庙子沟 H88:10）　19.骨柄（庙子沟 H12:12）　20、21.石镞（王墓山坡上
F11:2，庙子沟 H91:9）　22.骨镞（王墓山坡上 H6:2）

数量略有增加，表明谷物收割效率有所提高。生产工具的情况可以海生不浪类型为代表（图一〇八）。这时开始出现高近半米的大瓮、缸，表明室内粮食储备明显增多。

　　师赵村 M5 随葬羊下颌骨，武山傅家门猪（羊、牛）等家畜占 80%，兔等野生动物占 20%[1]。当时存在家羊应没有什么疑问。五庄果墚家畜绝大多数为猪，野生动物主要是兔，还有黄羊、马等[2]。羊需要较大草场才能放养，说明甘青地区石岭下类型畜

①　袁靖：《论中国新石器时代居民获取肉食资源的方式》，《考古学报》1999 年第 1 期，第 1～22 页。

②　胡松梅、孙周勇：《陕北靖边五庄果墚动物遗存及古环境分析》，《考古与文物》2005 年第 6 期，第 72～84 页。

牧业有显著发展。王墓山坡上、庙子沟遗址细石器镞、刮削器和复合工具骨梗石刃刀等则突然增多，表明内蒙古中南部海生不浪类型狩猎采集经济的比重有所增加，或者至少是狩猎的传统模式有所变化。可见，当时畜牧业和狩猎业有明显发展，但畜牧成分还不大，仍基本属于农业经济。随着畜牧业的发展，导致生活移动性增加。从陶器来看，此时双耳、双鋬器物明显增多，表明对家物移动的需要加强。需要指出的是，此时骨镞镞体分圆锥形、三棱形或扁三棱形、扁平柳叶形等多种形制，表明弓箭技术明显改进，或许与越来越频繁的战争有关，也不排除仍可兼做狩猎工具。对宗日墓地人骨的稳定同位素分析表明，先民主要以 C_4 类植物为食，也摄取一定量的肉食，反映了以粟、黍等农业为主而畜牧渔猎为辅的经济方式[1]。

陶器基本为泥条制作法手制轮修，尖底瓶、罐的内壁常保留泥条筑成的痕迹，有浅腹制陶托盘，与以前变化不大。陶窑仍均为横穴式窑，窑室直径 1～1.4 米，分两、三股火道，关桃园已经出现"非"字形火道。从陶色由红褐向灰色的转化，可知从氧化焰逐渐向还原焰过渡，关桃园的陶窑窑室呈馒头形（Y3），已经明确转变为封闭式了。经测试分析，师赵村彩陶的彩料成分主要是硅、铝，只是白陶衣含少量镁、钙，可能以高岭土为原料；红彩含较多铁，可能以赤铁矿或含铁较多的红黏土为原料；棕彩和黑彩含较多铁、锰，可能以铁锰矿为原料[2]。大地湾的红彩原料据分析为朱砂（硫化汞），白彩原料为方解石和石膏[3]。两遗址的分析结果明显不同，或许当以前者为是。

海生不浪类型有一种大致圆形的中有圆孔的璧形石器，体大不规整，可能是钻孔时垫在下面的钻垫一类。钻孔仍主要为旋钻法，未见管钻。

（二）泉护二期类型期

生产工具基本同前，经济方式没有大的变化。林家 H19 底部发现大量炭化的黍，部分谷粒、穗头、枝秆等保存较好，有的穗头上带有较长的小枝，并捆成小把整齐摆放，残存最厚处 0.4 米，残存总量约 2 立方米。其他窖穴也有坑底发现黍粒者。陶器中也见有炭化的黍、粟、大麻籽等[4]。工具制作技术明显进步，劳动效率应有所提高。最大的变化是石刀开始明显多于陶刀，且磨制精美的长方形穿孔石刀增多，表示收割

①　崔亚平、胡耀武、陈洪海等：《宗日遗址人骨的稳定同位素分析》，《第四纪研究》第 26 卷第 4 期，2006 年，第 604～611 页。

②　黄素英：《师赵村遗址彩陶上彩料及白陶衣化学成分组成的光谱测定》，《师赵村与西山坪》，中国大百科全书出版社，1999 年，第 333～334 页。

③　甘肃省博物馆文物工作队：《甘肃秦安大地湾第九区发掘简报》，《文物》1983 年第 11 期，第 7 页。

④　西北师范学院植物研究所、甘肃省博物馆：《甘肃东乡林家马家窑文化遗址出土的稷与大麻》，《考古》1984 年第 7 期，第 654～655 页。

效率有长足进步。其中林家的凹背石刀和半月形石刀为新形制，当是更有效率的工具。缸、瓮类器物一般高 40～50 厘米，有的竟高达 60 厘米，说明室内粮食储藏量更大。

此时武山傅家门猪等家畜占 83%，鹿、兔等野生动物占 17%。兽骨仍以家猪最多，普遍养牛、狗，甘青地区的马家窑类型和宗日类型还继续牧羊。除关中泉护二期类型外，处于边缘地带的其他各类型普遍拥有较多细石器和骨梗石刃刀，说明畜牧业和狩猎采集业继续发展。尤以宗日类型狩猎成分最大，这可能正是当地从事狩猎采集经济的无陶器人群的传统。值得注意的是，见有较多磨制的圭形石矛头和扁平三角形石镞，骨镞更是形制多样，有圆锥形、三棱形、四棱形等，在林家甚至发现两侧带石刃的骨镞，或许与狩猎的发展和战争的频繁都有关系。

陶器仍主要为泥条筑成法制坯，较大者分段制作再接合，拍打使其致密，有轮修、刮抹、压磨等后期修理程序。器内壁常见泥条筑成和垫窝痕迹，外表多带拍打而成的篮纹、绳纹等纹饰及刮擦（各遗址普遍发现蘑菇状陶垫子）、轮修痕迹。马家窑类型的彩陶质地细腻、器形规整、图案精美、线条流畅，代表手制陶器的最高水平。与此形成对照的是，常山类型陶器陶胎较厚、制作粗糙，工艺明显较低，说明制陶方面也存在区域不平衡问题。此外，在渭河下游的泉护遗址还明确出现快轮拉坯制作的陶器，这种先进技术当然是从东方传入。下魏洛、案板等遗址发现集中的陶窑区。仍为横穴式，即窑室和火膛在同一平面。泉护二期类型陶窑向上逐渐内收呈馒头形，还发现火膛顶部的封泥痕迹，表明用封闭陶窑的方法制造还原气氛，以烧制灰陶（图一〇九）。下魏洛还发现 3～4 座一组的带有操作间的制陶作坊（Y6、Y7）。阿善三期类型应与此相同。甘青地区的马家窑类型、宗日类型、常山类型等则仍主要采用开放式陶窑。此时窑室直径一般 1.3～1.4 米，浒西庄陶窑直径甚至达 1.55 米。有 2～4 股火道，有的由两股火道再分出若干叶脉状分火道。不但窑室面积增大，而且火道增多，更为合理。此外，在下魏洛发现烧制石灰的竖穴式小窑（图一一〇）。

宗日类型的陶器制作很引人注意，最突出的特点是可以明确分为"马家窑式陶器"和"宗日式陶器"两个系统，其差异不仅在于泥质和夹砂之分。就以二者共见的彩陶来说，泥质陶系统崇尚黑彩，图案多以圆点、弧线构成，线条流畅生动，技法熟练，应当利用了慢轮技术。夹砂陶系统流行紫红色彩，图案多以直线构成，线条死板僵硬，技法幼稚。这两类陶器极可能代表着两个不同的制作传统。马家窑式陶器大部分和马家窑类型者毫无二致，或许为直接从马家窑类型区输入，或者由外来陶工在专门的制陶区制作。当然有的马家窑式陶器也有一定地方特点，个别甚至还见折尖三角纹和长三角纹，自然应为本地制造。宗日式陶器当为本地的主要产品，陈洪海推测可能为各个土著家庭制作[①]。在 M267 还发现存留有紫红色颜料的小陶钵，还有一种底铺卵石的遗迹，

---

① 陈洪海：《宗日遗存研究》，北京大学考古文博学院博士学位论文，2002 年。

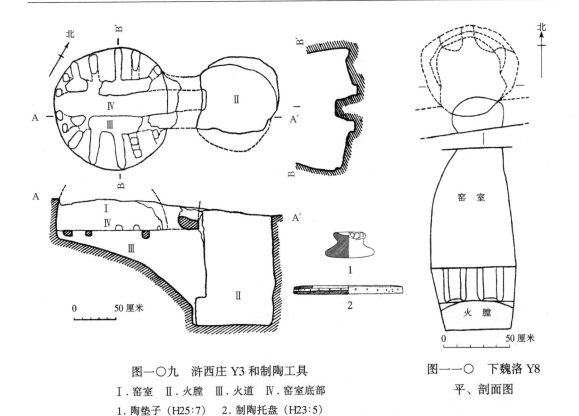

图一〇九　浒西庄 Y3 和制陶工具

Ⅰ.窑室　Ⅱ.火膛　Ⅲ.火道　Ⅳ.窑室底部

1.陶垫子（H25∶7）　2.制陶托盘（H23∶5）

图一一〇　下魏洛 Y8

平、剖面图

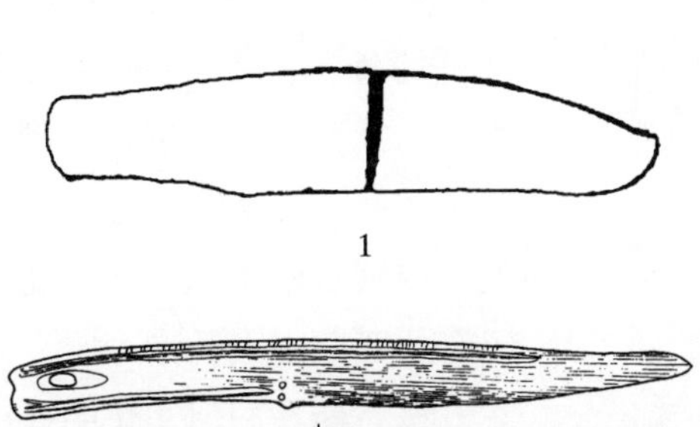

图一一一　林家青铜刀和

关桃园骨梗石刃刀比较

1.林家青铜刀（F20∶18）

2.关桃园骨梗石刃刀（H112∶2）

不排除为烧制这种粗陋陶器的陶窑的可能性①。

最值得注意的是林家房屋内发现的一件青铜弧背刀，为两块范合铸，这是西北地区乃至于中国最早的青铜器，灰坑中还见有铜渣。据研究，这件刀可能由铜锡共生矿冶炼而成，是冶金技术仍处于原始阶段的产物②。其形态与宝鸡关桃园属于白家文化的一件骨梗石刃刀非常相似，其前身或许就是这类骨梗石刃刀（图一一一）。但青铜技术的出现，仍不能不考虑西

① 高东陆：《同德县巴沟乡兔儿滩马家窑文化半山类型遗址发掘记》，《青海考古学会会刊》第7期，1985年。

② 孙淑云、韩汝玢：《甘肃早期铜器的发现与冶炼、制造技术的研究》，《文物》1997年第7期，第75～84页。

方文化渗入的可能性。

四、小结

后期仰韶文化是前期仰韶文化的继续和发展，马家窑文化也是仰韶文化分化变异的结果，因此该时期黄土高原区文化总体仍属一个大的文化系统。此时农业文化的分布地域扩展不明显，泉护二期类型阶段东北缘甚至有较大幅度的收缩，西北向则扩展至河西走廊、共和盆地和阿拉善左旗，南缘伸展至四川西北部一带。旱作农业继续发展，石刀（爪镰）最终取代陶刀和圆片状"爪镰"而成为主要收割工具，石铲越来越规整滑利。畜牧业有长足的发展，突出变化是长城沿线边缘各地区开始养羊，渔猎采集作为补充性经济地位有所上升。陶器仍主要为泥条筑成法手制，仍用横穴式陶窑，但面积扩大，且由开放式逐渐向封闭式过渡。此时偏西的马家窑类型出现铜器。羊最早驯化于西亚地区，其在甘青地区的出现可能伴随着西方文化的渗入。马家窑类型和宗日类型的舞蹈纹[①]，也可能与此背景有关。内蒙古中南部一带可能已经有北亚蒙古人种渗入。

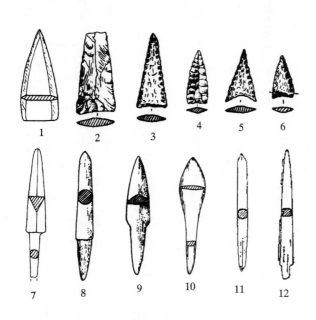

图一一二　黄土高原区铜石并用时代早期箭镞

1. 磨制石镞（案板 GBT18②:1）　2～6. 细石器镞（王墓山坡上 F8:02，阿善 T18②B:3，庙子沟 H88:7，阿善 T9②A:1，白泥窑子 D 点 H1:55）　7～11. 骨镞（案板 GXT1②:1，福临堡 T17②:15、T30②:1，案板 GBH2:6，林家 T8③:17）
12. 骨梗石刃镞（林家 H54:49）

该时期是仰韶文化明显出现分化的时期，表现在三个方面。一是器类日趋复杂、功能细化。二是各地地方文化特色渐趋浓厚，黄土高原大部彩陶

---

① 类似题材广见于公元前 9000～前 6000 年的近东和东南欧地区，见（以色列）约瑟夫·加芬克尔：《试析近东和东南欧地区史前彩陶上的舞蹈纹饰》，《考古与文物》2004 年第 1 期，第 83～95 页。

衰落，甘青地区则演化出盛行彩陶的马家窑文化。这主要是晋南豫西地区文化核心地位大幅度降低，对周围地区无法持续产生强有力影响的结果。三是聚落出现分化，房屋形式多样化，大型宫殿式房屋出现，聚落内部房屋成组、扩展家庭或家族地位日益突出，贫富分化渐趋显著；聚落之间大小有别、聚落群普遍出现；社会复杂化程度显著增加。此外，从各聚落位置上移、鄂尔多斯地区"石城"聚落普遍出现，以及各地箭镞（图一一二）、石钺（图一一三）趋于发达来看，当时军事行为已经成为日常大事，战争越来越频繁。

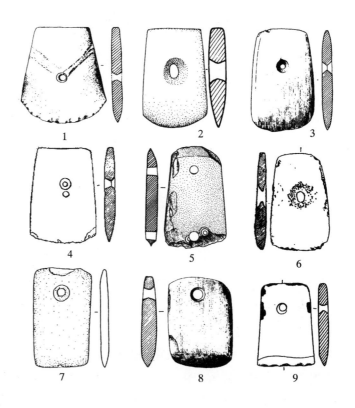

图一一三　黄土高原区铜石并用时代早期石钺

1、3. 庙子沟（H5:12、F20:10）　2. 大地湾（T301②:4）　4. 林家（H6:1）　5. 师赵村（T113②:7）　6. 浒西庄（T16③:5）　7. 案板（GNDH16:11）　8. 泉护（H332:68）　9. 小沙湾（F15②:8）

　　此时中国大部地区也正处于一个较大的变革时期，进入铜石并用时代[1]。但与大汶口文化、良渚文化等东方地区文化相比，西北地区文化却表现出社会发展上明显不同的特点，贫富分化、社会地位的差异和社会分工均十分有限，尤其以内蒙古中南部和陕北地区最为显著。我们曾称其为社会发展的"北方模式"[2]。

――――――――

① 严文明：《论中国的铜石并用时代》，《史前研究》1984 年第 1 期，第 36～44 页；严文明：《中国新石器时代聚落形态的考察》，《庆祝苏秉琦考古五十五年论文集》，文物出版社，1989 年，第 24～37 页。

② 韩建业：《中国北方地区新石器时代文化研究》，文物出版社，2003 年；韩建业：《略论中国铜石并用时代社会发展的一般趋势和不同模式》，《古代文明》第 2 卷，文物出版社，2003 年，第 84～96 页。

第四节　铜石并用时代晚期

　　铜石并用时代晚期即龙山时代，绝对年代约在公元前 2500～前 1900 年①。黄土高原区分布着老虎山文化、客省庄二期文化、齐家文化、马家窑文化。经过仰韶时期各文化之间的碰撞、融合，在龙山时代达到一定程度的重组，使以前的文化格局和模式有相当程度的变化。又可分为前、后两期，二者间大致以公元前 2200 年为界②。

一、文化谱系

（一）龙山前期

　　绝对年代约在公元前 2500～前 2200 年。在内蒙古中南部和陕北北部为老虎山文化，在陕西渭河中下游为客省庄二期文化，陕北南部为史家湾类遗存，在甘肃东部和宁夏南部为菜园文化和齐家文化，在甘肃中西部和青海东部分别为马家窑文化半山类型、宗日类型。虽然分属四个文化，但根源均在仰韶文化，因此总体上仍属于一个大的文化传统。其中老虎山文化、客省庄二期文化、齐家文化又属于中原龙山文化范畴。该期也有早晚，在大部地区以鬶式鬲的出现为界标。其中史家湾类遗存仅存在于早段，齐家文化晚段才出现。

1. 客省庄二期文化（前期）

　　主要分布在陕西渭河中下游，稍晚扩展至甘肃泾河流域。以陕西西安客省庄 H87 类遗存为代表③，包括陕西省的武功赵家来 H2 类④、岐山双庵Ⅳ H4 类⑤、麟游蔡家河 H29 和 H34 类⑥、旬邑下魏洛"龙山晚期"遗存，甘肃省的灵台桥村 H1 遗存⑦，在泉

---

①　严文明：《龙山文化和龙山时代》，《文物》1981 年第 6 期，第 41～48 页。

②　韩建业、杨新改：《王湾三期文化研究》，《考古学报》1997 年第 1 期，第 1～22 页。

③　中国科学院考古研究所沣西发掘队：《沣西发掘报告》，文物出版社，1962 年。

④　中国社会科学院考古研究所：《武功发掘报告——浒西庄与赵家来遗址》，文物出版社，1988 年。

⑤　西安半坡博物馆：《陕西岐山双庵新石器时代遗址》，《考古学集刊》第 3 集，中国社会科学出版社，1983 年，第 51～68 页。

⑥　发掘者推断蔡家河 H29 已进入二里头文化时期，见北京大学考古学系、宝鸡市考古工作队：《陕西麟游县蔡家河遗址龙山遗存发掘报告》，《考古与文物》2000 年第 6 期，第 3～16 页。

⑦　甘肃省博物馆考古队：《甘肃灵台桥村齐家文化遗址发掘简报》，《考古与文物》1980 年第 3 期，第 22～33 页。

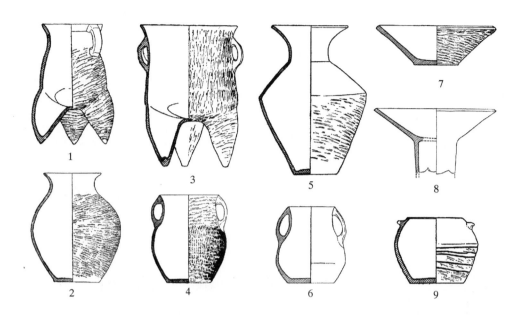

图一一四 赵家来客省庄二期文化（前期）陶器

1.斝式鬲（H2:3） 2.篮纹罐（H20:4） 3.斝（H2:1） 4、6.双耳罐（H20:2、H2:12） 5.高领罐
（H20:1） 7.斜腹盆（T107⑦A:5） 8.豆（T112⑦B:11） 9.敛口罐（H20:3）

护遗址①也有该类遗存。

陶器中夹砂和泥质比例接近，泥质陶多为粗泥，夹砂陶所含砂粒较细，有时难以
和自然含少量砂粒的粗泥质陶区别。灰陶稍多于红褐陶，灰陶一般色泽均匀纯净，红
褐陶稍显斑驳。盛行横篮纹，绳纹其次，有篮纹、绳纹共见于一器之上的情况，也有
少量附加堆纹、戳刺纹、划纹、方格纹、旋纹等。器类基本是泉护二期类型的发展和
延续，有深腹罐形斝、篮纹深腹罐、绳纹圆腹罐、大耳罐、敛口罐、敛口折肩瓮、斜
腹盆、甑、斜直腹盘豆、大口尊、鬶、擂钵、塔形纽器盖等（图一一四）。和泉护二期
类型相比，罐类由腹较直变为弧腹或鼓腹，小口高领罐由先前的圆肩变为折肩，大耳
罐有单耳、双耳甚至三耳者。出现附加式或锯齿状花边，附加堆纹已很少。最重要的
变化是在斝的基础上，产生了原始形态的高体束颈单把斝式鬲，鼎、擂钵则消失。生
产工具基本同前而略有变化，出现磨制精美的长体石斧、穿孔近刃部的长方形石刀。
陶垫除蘑菇状者外，出现扁筒状者。仍流行陶环、石笄装饰。特别值得注意的是桥村、

---

① 被归入泉护三期的 H304 等遗存，出有高领罐、素面罐、单耳罐等陶器，特征当属于龙山前
期阶段。见北京大学考古学系：《华县泉护村》，科学出版社，2003 年，第 102 页（图 70，
8、10、11、16）。

双庵遗址发现较多有灼痕的卜骨，为未经整治的羊、猪肩胛骨。这类遗存曾被命名为客省庄二期文化[①]，也有人建议改称"客省庄文化"[②]。

客省庄二期文化（前期）也可以分段。以单把罐形斝式鬲来说，早段三袋足与底面分界明显，晚段三足与器底已不能截然分开。早段文化较为内向、稳定，与周围文化的交流不多；晚段对外扩张势头强盛，占据了本来属于菜园文化范围的陕西渭河中游和甘肃泾河流域。至于偏南的渭河中下游干流区域陶器盛行篮纹、少见花边罐，偏北的泾河流域、渭河支流区域绳纹更多、流行花边罐，则当属于细小的地方性差异。

2. 菜园文化

主要分布于宁夏南部和甘肃东部地区，边缘到达陕西渭河中游。以宁夏海原菜园遗址群的林子梁遗存为代表，包括同属该遗址群的切刀把、瓦罐嘴、寨子梁、二岭子湾墓地和石沟遗存，宁夏固原红圈子[③]、店河[④]、柴梁[⑤]、海家湾墓葬[⑥]和九龙山居址[⑦]，甘肃天水师赵村六期、西山坪六期遗存，以及陕西麟游蔡家河 H33 遗存等[⑧]，在宁夏海原龚弯[⑨]、关桥[⑩]、固原苟堡、西塬畔[⑪]、中河桥[⑫]，彭阳打石沟、海子，西吉王河[⑬]，隆德李

---

① 中国科学院考古研究所沣西发掘队：《沣西发掘报告》，文物出版社，1962 年。
② 张忠培：《客省庄文化及其相关诸问题》，《考古与文物》1980 年第 4 期，第 78～84 页；秦小丽：《试论客省庄文化的分期》，《考古》1995 年第 3 期，第 238～255 页。
③ 固原县文管所、中国历史博物馆考古部：《宁夏固原县红圈子新石器时代墓地调查简报》，《考古》1993 年第 2 期，第 103～116 页。
④ 宁夏文物考古研究所：《宁夏固原店河齐家文化墓葬清理简报》，《考古》1987 年第 8 期，第 673～678 页。
⑤ 宁夏文物考古所：《柴梁新石器时代墓地调查简报》，《宁夏考古文集》，宁夏人民出版社，1994 年，第 36～41 页。
⑥ 宁夏回族自治区展览馆：《宁夏固原海家湾齐家文化墓葬》，《考古》1973 年第 5 期，第 290～291 页。
⑦ 王仁芳：《固原市九龙山新石器时代遗址》，《中国考古学年鉴》（2004），文物出版社，2005 年，第 398 页。
⑧ 北京大学考古学系、宝鸡市考古工作队：《陕西麟游县蔡家河遗址龙山遗存发掘报告》，《考古与文物》2000 年第 6 期，第 3～16 页。
⑨ 宁夏博物馆：《宁夏海源龚弯新石器时代遗址》，《考古》1965 年第 5 期，第 254 页。
⑩ 宁夏回族自治区博物馆：《宁夏回族自治区文物考古工作的主要收获》，《文物》1978 年第 8 期，第 54～59 页。
⑪ 宁夏文物考古所：《固原县河川河谷考古调查》，《宁夏考古文集》，宁夏人民出版社，1994 年，第 18～35 页。
⑫ 宁夏文物考古所、中国历史博物馆：《固原地区新石器时代遗址调查简报》，《宁夏考古文集》，宁夏人民出版社，1994 年，第 42～60 页。
⑬ 同⑫。

世选村①，青铜峡市②、陶乐高仁③、甘肃清水泰山庙、小塬④，张家川碉堡梁、水滩⑤和宁县阳坬⑥，以及陕西陇县磨儿原⑦等遗址也有该类遗存。

　　陶器绝大多数为泥质和夹砂红褐陶（泥质陶多为橙黄色），灰陶很少。器表盛行拍印横篮纹和绳纹，素面其次，还有少量附加堆纹、戳印纹、划纹、方格纹、席纹等。有少量的彩陶装饰，以黑彩为主，有不少是在同一器上与红（褐）色或紫色彩组成复彩；以直线、弧线、圆点、三角形等元素，组成锯齿纹、网格纹、菱块纹、波纹、棋盘格纹、连点纹、平行线纹、连弧纹、重弧纹、鳞纹、圆圈纹等图案；在壶类腹部常以圆形、三角形、菱形等分成几个大的单元，内部填各种花纹。流行在罐类器物颈部（甚或盆类腹部）箍一周附加堆纹或饰一周戳印纹，或以附加堆纹、划纹组成较为复杂的类似彩陶花纹的网格纹、竖条纹、斜条纹、折线纹、波纹等，也有通体箍横附加堆纹者。口部的花边先是压印，后变为附加，有个别子母口器物。几乎均为平底器，个别三足器，许多器物的下腹部略内凹。多带环状耳，少数有双鋬或鼻耳。器类有小口鼓腹罐、小口高领罐（瓮）、花边圆腹罐、深腹罐、单耳或双耳罐、单耳或双耳壶、偏口壶、斜腹盆（钵）、鼓腹或折腹盆、尊、浅腹盘（碟）、盆形擂钵、豆、匜、甑、器盖等，还有个别罐形和盆形斝。素面或施彩的单耳或双耳罐多垂腹，鼓腹盆中部常箍一周附加堆纹，匜为将陶罐劈半而成，器盖多为圆饼状，上有柱状或环状捉手。陶刀较多，尤其长方形双孔陶刀有特色，多见磨制的三角形断面镞，有特殊的玉铲、玉凿。有平头钉形石（陶、骨）笄、骨（石）环，以及骨梳、骨（石）串珠、缀连骨片饰、玉饰、绿松石饰等装饰品。值得注意的是还发现一红色漆璜（图一一五）。有一略加修磨的牛肩胛骨，或许用作卜骨。该类遗存被发掘者命名为"菜园文化"⑧。

　　菜园文化也存在早晚之分，早期以林子梁遗存一期一段和二期二段为代表，晚期以林子梁二期三段和三期四段、四期五段为代表。早期豆矮柄，晚期豆高柄，且新出

①　董居安：《宁夏隆德李世选村发现新石器文化遗物》，《考古》1964 年第 9 期，第 475 页。

②　宁夏地志博物馆：《宁夏青铜峡市广武新田北的细石器文化遗址》，《考古》1962 年第 4 期，第 170～171 页。

③　钟侃：《宁夏陶乐县细石器遗址调查》，《考古》1964 年第 5 期，第 227～231 页。

④　中国社会科学院考古研究所甘肃工作队：《甘肃天水地区考古调查纪要》，《考古》1983 年第 12 期，第 1066～1075 页。

⑤　张家川县文化局、张家川县文化馆：《甘肃张家川县仰韶文化遗址调查》，《考古》1991 年第 12 期，第 1057～1070 页。

⑥　该遗址采集的篮纹敛口折腹钵等应属此类，见庆阳地区博物馆：《甘肃宁县阳坬遗址试掘简报》，《考古》1983 年第 10 期，第 869～876 页。

⑦　陇县图博馆：《陕西陇县出土马家窑文化彩陶罐》，《考古与文物》1990 年第 5 期，第 110 页。

⑧　宁夏文物研究所、中国历史博物馆考古部：《宁夏菜园——新石器时代遗址、墓葬发掘报告》，科学出版社，2003 年。

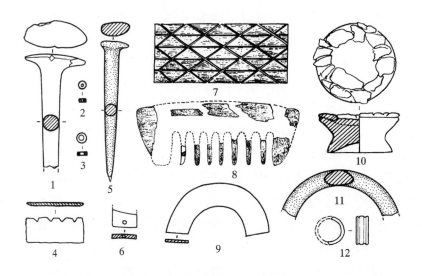

图——五　菜园文化装饰品

1.陶笄（师赵村 T360H20∶3）　　2、3.骨珠（寨子梁 M1）　　4.骨片（店河）　　5.石笄（师赵村 T360H20∶2）

6.玉饰（林子梁 F13∶50）　　7.缀连骨片饰（切刀把 M51∶6）　　8.骨梳（切刀把 M42∶25）　　9.漆璜（林子梁

F13∶8）　　10.绿松石饰（店河 M2∶7）　　11.石环（师赵村 T381③∶4）　　12.骨环（林子梁 T3②B∶10）

罐形斝、单耳杯等，篮纹减少而绳纹增加（图——六、——七）。地方性差异较为明显。就早期来说，至少可以分成四小类，分别以切刀把墓地、红圈子墓地、师赵村六期和蔡家河 H33 遗存为代表。和偏北的切刀把墓地相比，偏东的红圈子、柴梁墓地保留有更多传统风格的施内彩的陶敛口斜腹钵，器表多以红色彩或附加堆纹、刻划纹等装饰出整齐的竖条纹图案，流行绳纹而少见篮纹，颈部常以戳印纹、红色彩等装饰一周（图——八）；偏南的师赵村六期遗存除流行施内彩的陶敛口斜腹钵（盆）外，还见有特殊的圈足钵、人像彩陶罐等，高领壶的颈部上细下粗，彩陶图案中的大"十"字纹、套回形纹、涡纹有特色，多见两侧带缺口的陶刀或石刀（图——九）。偏东南的蔡家河 H33 遗存绳纹多于篮纹，流行绳纹深腹罐。前两类我们可以分别称之为切刀把类型和红圈子类型，后两类待条件成熟后或许也可作为地方类型。

　　该文化可能为在仰韶文化常山类型的基础上，接受较多来自东部海生不浪类型、雪山一期文化的屈肢葬、复彩彩陶（图一二〇、一二一）、偏口壶、双孔刀，以及阿善三期类型的折腹盆（图一二二）等文化因素而形成[1]。在发展过程中和周围文化又存在

----

①　进入泉护二期阶段，西辽河至岱海地区成为文化"空白"地带，我们因此而提出雪山一期文化和仰韶文化海生不浪类型庙子沟亚型有西迁的可能性，屈肢葬等东部因素正是此次西迁所带来。但菜园文化和半山类型均属于龙山前期，和雪山一期文化等存在时间上的缺环，其间或许还有过渡性遗存。

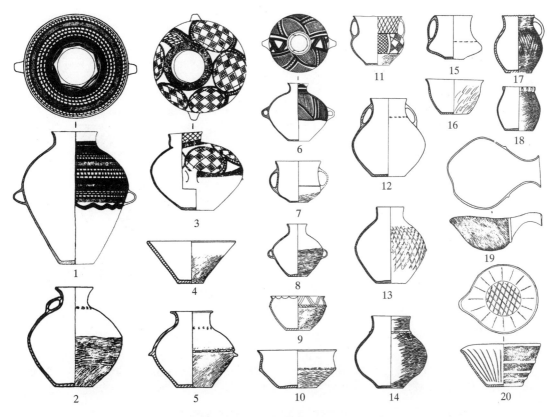

图一一六 切刀把陶器（菜园文化早期）

1.彩陶瓮（M19:22） 2.单耳壶（M19:21） 3.偏口壶（M26:6） 4.斜腹钵（M52:3） 5.高领罐（M58:1） 6.彩陶壶（M30:7） 7、11、12.双耳罐（M44:12、M37:30、M35:1） 8.双耳壶（M50:5） 9、10.折腹盆（M1:36、M33:9） 13、14.小口鼓腹罐（M24:6、M41:3） 15、17.单耳罐（M38:7、M49:4） 16.弧腹盆（M41:17） 18.花边罐（M42:10） 19.匜（M50:10） 20.擂钵（M49:6）

密切交流，尤其和马家窑文化半山类型关系最为密切，除共见上举东部因素外，就连附加堆纹、划纹组成的图案也和半山类型的彩陶图案类似。当然，菜园文化彩陶比例明显少于半山类型，盛行篮纹的情况也与其全然不同。同客省庄二期文化相比，二者均盛行篮纹，菜园文化晚段的罐形斝和高柄斜腹盘豆就应当为客省庄二期文化因素；但两文化葬俗不同，菜园文化的擂钵、彩陶以及器表的复杂装饰，客省庄二期文化的斝式鬲、鬶等都不互见。菜园文化还与老虎山文化有若干相似之处，表现在窑洞式建筑、陶器的横篮纹和绳纹装饰、花边风格等方面。至于玉铲、玉凿、漆璜等或许与同时晋南地区的陶寺类型有一定关系①。

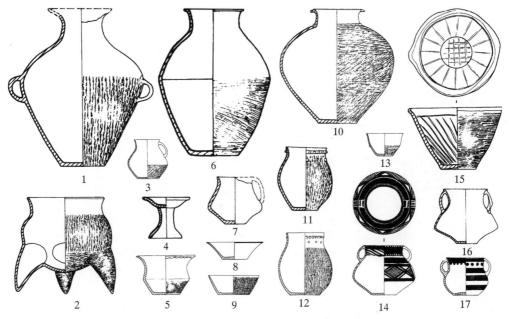

图一一七　林子梁三至五段陶器（菜园文化晚期）

1、6、10.小口高领罐（H38:5、F13:15、F3②:13）　2.斝（F11⑤:2）　3、7.单耳罐（采:11、F9:11）
4.豆（H34:1）　5、13.折腹盆（T26③B:1、T7②A:1）　8、9.斜腹盆（T3③A:25、T2②B:6）　11、12.
花边圆腹罐（F13J2:22、F13:25）　14、16、17.双耳罐（F13:19、16、90）　15.擂钵（F13:20）

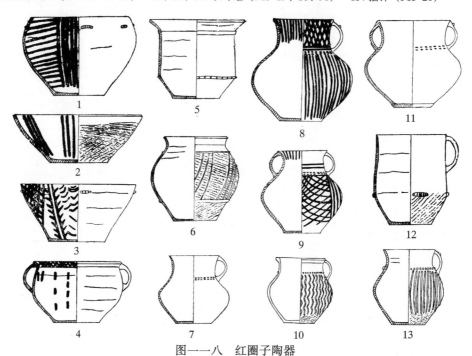

图一一八　红圈子陶器

1～3.钵（88:68、105、123）　4.双耳盆（88:105）　5.尊（88:77）　6.圆腹罐（88:103）　7、8、10、
13.单耳罐（88:173、88:125、88:151、89:222）　9、11.双耳罐（88:63、81）　12.单耳杯（88:177）

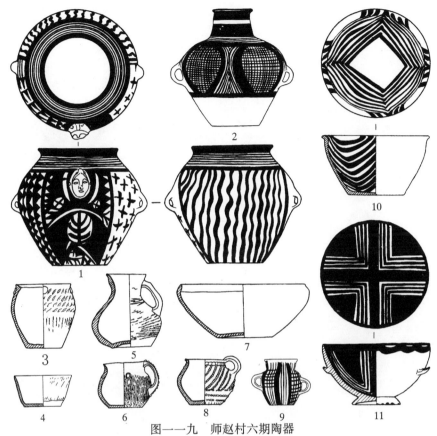

图一一九　师赵村六期陶器

1. 人像彩陶罐（采:01）　2. 彩陶双耳壶（T302③:1）　3. 小罐（T350③:1）　4. 平底碗（T333H11:7）
5、6、8. 单耳罐（T301H1:8、T333③:4、T301H1:9）　7. 敛口钵（T322H10:4）　9. 双耳罐（T347④:2）
10. 彩陶盆（T301H1:1）　11. 圈足钵（采:02）

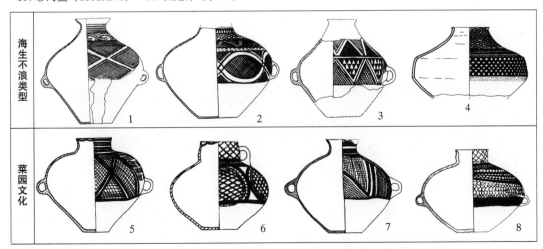

图一二〇　菜园文化与海生不浪类型彩陶比较

1. 南壕（ⅠH2:1）　2. 庙子沟（F8:6）　3. 大坝沟（ⅠH96:3）　4. 红台坡下（F2:1）　5. 菜园二岭子湾
（M2:21）　6～8. 菜园切刀把（M4:4、M30:7、M26:11）

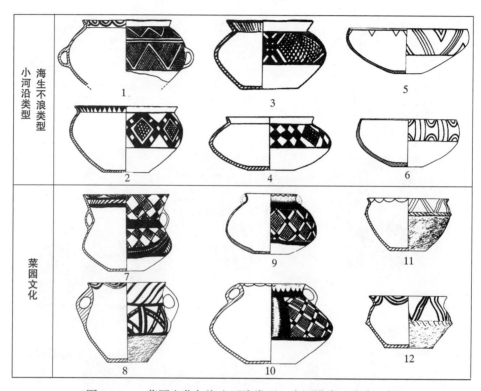

图一二一　菜园文化与海生不浪类型、小河沿类型彩陶比较

1、3、4.庙子沟（H63:2、F5:2、F15:21）　2.大坝沟（ⅡH18:11）　5、6.大南沟（M64:1、M29:4）　7、10.菜园瓦罐嘴（M20:23、M18:12）　8.菜园寨子梁（M1:4）　9、11、12.菜园切刀把（M10:11、M1:36、M1:35）（1～4.仰韶文化海生不浪类型　5、6.雪山一期文化小河沿类型　7～12.菜园文化）

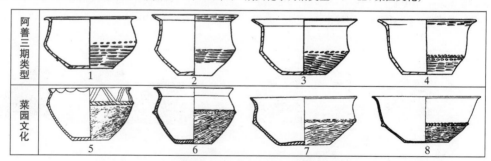

图一二二　菜园文化和阿善三期类型陶折腹盆比较

1～4.白泥窑子D（F2:18、F5:32、F3:16、T1③:2）　5～8.菜园切刀把（M1:36、M30:3、M33:9、M50:24）

　　菜园居民的体质特征属于蒙古人种东亚华北类型，头骨测量指数和甘肃火烧沟组、甘肃铜石时代组、青海柳湾马厂组接近，进一步表明其与甘青地区有更多联系①。菜园

───────────

①　韩康信：《宁夏海原菜园村新石器时代墓地人骨的性别年龄鉴定与体质类型》，《中国考古学论丛》，科学出版社，1995年，第170～181页。

文化早段占据宁夏和甘肃东部的广大地区，晚段则仅局限在宁夏南部；甘肃东部被客省庄二期文化北上占据，甘肃东南部被客省庄二期文化西渐形成的齐家文化占据，这算得上是一次较为重大的文化变迁过程。

3. 齐家文化（早期）

主要分布在甘肃东南部，以天水师赵村七期遗存为代表，还见于通渭上堡子[①]、秦安寺嘴坪[②]等遗址。从甘肃永靖秦魏家 H1 出土绳纹斝式鬲来看，其影响达到甘肃中部[③]。陶器以泥质红陶和夹砂红褐陶为主，灰陶很少。器表多拍印绳纹，素面和附加堆纹其次，篮纹、划纹等很少，三耳罐（个别单耳罐）腹部常布满竖条划纹。主要为平底器，也有一定数量的三足器。流行环状耳，也有双錾。主要器类有斝式鬲、斝、小口高领罐、绳纹圆腹罐、篮纹深腹罐、带耳罐、敛口圆肩瓮、侈口瓮、斜腹盆、豆、大口尊、塔形纽器盖、小杯等（图一二三）。生产工具基本同于客省庄二期文化，也出

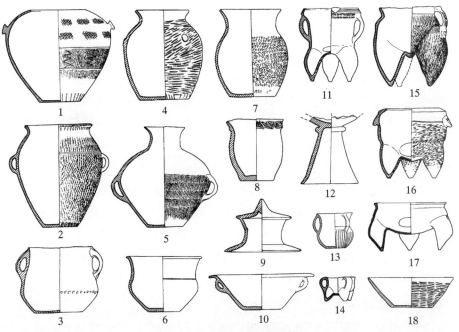

图一二三　师赵村七期陶器

1. 敛口瓮（T308②:16）　2. 侈口瓮（T333②:5）　3. 双耳罐（T362②:1）　4. 篮纹罐（T315②:1）　5. 小口高领罐（T308②:9）　6. 尊（T308②:2）　7. 绳纹罐（T404F26:1）　8. 花边罐（T317②:6）　9. 塔形纽器盖（T388②:17）　10、18. 盆（T390②:1、T320②:1）　11、14、16、17. 斝（T403F24:2、T380F26:1、T403F25:1、T353②:4）　12. 豆（T355②:1）　13. 三耳罐（T388②:3）　15. 斝式鬲（T317②:10）

①　2003 年笔者曾到遗址调查。

②　任步云：《甘肃秦安县新石器时代居住遗址》，《考古通讯》1958 年第 5 期，第 6～11 页。

③　中国科学院考古研究所甘肃工作队：《甘肃永靖秦魏家齐家文化墓地》，《考古学报》1975 年第 2 期，第 57～96 页。

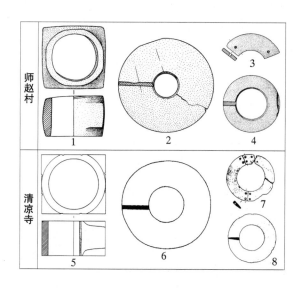

图一二四　师赵村七期与清凉寺墓地玉器比较

1、5.琮（师赵村 T409M8:1，清凉寺 M52:1）　　2、6.璧（师
赵村 T409M8:2，清凉寺 M30:1）　　3、7.璜（师赵村 T403②:9，
清凉寺 M79:6）　　4、8.环（师赵村 T403②:7，清凉寺 M79:3）

现磨制精美的长体石斧。长方形石刀有圆形孔、长形孔和两侧缺口等不同形式，穿孔位于中部而非靠近刃部，有的甚至以圆形穿孔连成圆圈或直线而起到一定的装饰效果，仍保留较多两侧带缺口或穿孔的陶刀。有基部带穿孔的长三角形磨制石矛头，以及扁平长三角形石镞。仍流行传统的石（陶）环、平头钉形石（陶）笄等装饰品，新出玉琮、玉（石）璧等特殊物品，不少"玉璜"可能彼此联系成璧或环。

齐家文化（早期）的高体束颈单把斝式鬲和深腹罐形斝等大部分陶器基本同于客省庄二期文化，该文化可看作是客省庄二期文化的地方变体。但也有不同于客省庄二期文化的地方，如缺乏鬹和敛口折肩瓮，小口高领罐为圆肩而非折肩，有矮体釜形斝、素面小斝和单把釜形斝式鬲等几种不见于关中地区的器物。后三种器物与老虎山文化同类器近似，不排除为受北方地区影响的结果。至于三大耳罐上的竖条划纹，则应当是菜园文化的遗留。最引人注目的玉琮和玉璧并不见于客省庄二期文化，其出现应当与晋南襄汾陶寺、临汾下靳、芮城清凉寺墓地所代表的玉器传统的西进有关[①]（图一二四）。

4.马家窑文化半山类型

主要分布在以兰州附近为中心的甘肃中部和青海东部，以甘肃广河半山墓地为代表[②]，

① 中国社会科学院考古研究所山西工作队、临汾地区文化局：《1978～1980年山西襄汾陶寺墓地发掘简报》，《考古》1983年第1期，第30～42页；山西省临汾行署文化局、中国社会科学院考古研究所山西工作队：《山西临汾下靳村陶寺文化墓地发掘报告》，《考古学报》1999年第4期，第459～486页；山西省考古研究所、运城市文物局、芮城县文物局：《山西芮城清凉寺新石器时代墓地》，《文物》2006年第3期，第4～16页。
② 安特生：《甘肃考古记》，地质专报甲种第五号，1925年，北京。半山属于当时的甘肃宁定县。

包括甘肃省的兰州青岗岔居址①和花寨子②、土谷台早期墓葬③、广河地巴坪④、康乐边家林⑤、景泰张家台墓葬⑥，青海省的柳湾"半山类型墓葬"⑦，循化苏呼撒"半山文化墓葬"⑧、西滩一号墓等⑨，在甘肃兰州营盘岭⑩、焦家庄、十里店⑪、海石湾下海石⑫，永登乐山坪⑬，康乐张寨⑭，青海民和五方村西、坡古拉坡⑮，化隆阿吉拉尕台、那兰龙洼⑯，平安老干部住宅、张其寨（甲），互助加塘⑰，大通长宁堡（甲）⑱等遗址也发

---

①　甘肃省博物馆：《甘肃兰州青岗岔遗址试掘简报》，《考古》1972 年第 3 期，第 26～31 页；甘肃省博物馆文物工作队：《甘肃兰州青岗岔半山遗址第二次发掘》，《考古学集刊》第 2 集，中国社会科学出版社，1982 年，第 10～17 页。

②　甘肃省博物馆等：《兰州花寨子"半山类型"墓葬》，《考古学报》1980 年第 2 期，第 221～238 页。

③　甘肃省博物馆等：《兰州土谷台半山—马厂文化墓地》，《考古学报》1983 年第 2 期，第 191～222 页。

④　甘肃省博物馆文物工作队：《广河地巴坪"半山类型"墓地》，《考古学报》1978 年第 2 期，第 193～210 页。

⑤　临夏回族自治州博物馆：《甘肃康乐县边家林新石器时代墓地清理简报》，《文物》1992 年第 4 期，第 63～76 页。

⑥　甘肃省博物馆：《甘肃景泰张家台新石器时代的墓葬》，《考古》1976 年第 3 期，第 180～186 页。

⑦　青海省文物管理处考古队、中国社会科学院考古研究所：《青海柳湾——乐都柳湾原始社会墓地》，文物出版社，1984 年。

⑧　青海省考古研究所：《青海循化苏呼撒墓地》，《考古学报》1994 年第 4 期，第 425～469 页。

⑨　卢耀光：《1980 年循化撒拉族自治县考古调查》，《考古》1985 年第 7 期，第 602～607 页；卢耀光：《循化西滩半山类型墓葬清理简报》，《青海省考古学会会刊》（五），1983 年。

⑩　甘肃省博物馆文物工作队等：《兰州皋兰山营盘岭出土半山类型陶器》，《考古与文物》1983 年第 6 期，第 1～8 页。

⑪　甘肃省博物馆文物工作队：《甘肃兰州焦家庄和十里店的半山陶器》，《考古》1980 年第 1 期，第 7～10 页。

⑫　甘肃省文物考古研究所：《甘肃海石湾下海石半山、马厂类型遗址调查简报》，《考古与文物》2004 年第 1 期，第 3～5 页。

⑬　马德璞等：《永登乐山坪出土一批新石器时代的陶器》，《史前研究》（辑刊），1988 年，第 201～211 页。

⑭　石龙：《甘肃康乐县张寨出土新石器时代陶器》，《文物》1992 年第 4 期，第 77～81 页。

⑮　青海省文物考古研究所：《青海省民和县古文化遗存调查》，《考古》1993 年第 3 期，第 193～224 页。

⑯　青海省文物考古研究所：《青海化隆、循化两县考古调查简报》，《考古》1991 年第 4 期，第 313～331 页。

⑰　青海省文物考古研究所：《青海平安、互助县考古调查简报》，《考古》1990 年第 9 期，第 774～789 页。

⑱　青海省文物考古研究所：《青海大通县文物普查简报》，《考古》1994 年第 4 期，第 320～329 页。

现该类遗存。

　　陶器以泥质红陶（多为橙黄陶）为主，夹砂红褐陶（不少呈黄白色）其次。器表多涂红色或橙黄色陶衣，装饰以彩陶占绝大部分[1]，其次还有素面、绳纹、附加堆纹、锥刺纹、划纹、镂孔等。器物中、上部饰外彩，口沿及大口浅腹器物还饰内彩。盛行黑、红复彩，"一般以红彩勾勒花纹母题，两侧配以黑彩，与红彩相邻的黑彩内侧绘锯齿纹，齿尖刺向红彩"[2]。以直线、弧线、三角形等元素，组成锯齿纹、横带纹、网格纹、多重弧线纹、涡纹、波纹、折线纹、圆圈纹、葫芦纹、贝纹、棋盘格纹、菱块纹、方块纹、对三角纹、鳞纹、竖条纹，以及折块纹、松塔纹、"十"字纹、横"人"字纹、人蛙纹、逗点纹等图案，各种图案相互搭配、彼此填充、繁复多变。夹砂陶则以细泥条附加堆纹等组成类似彩陶图案的横带纹、折线纹、多重弧线纹等。基本均为平底器，个别圈足器。绝大多数器物带单耳、双耳，个别带双錾。典型器类有小口高领壶（罐）、单耳或双耳长颈瓶、侈口鼓腹瓮、小口高领瓮、弧腹或鼓腹盆、单耳罐、双耳罐，以及敛口钵、带管状流或不封闭流的钵或盆、鸮形壶、双口壶、单把杯、鼓等。小口高领壶（罐）有腹带双耳、腹带双耳加口带双耳、肩带单耳、肩腹各带一耳（高低耳）等多种情况，侈口鼓腹罐有腹部带双耳和肩腹各带一耳（高低耳）等情况（图一二五）。石或陶刀多为长方形，有单孔、双孔、两侧带缺口等形式，也出现磨制精美的长体石斧。有较多扁平陶（石）纺轮，个别剖面为菱形，常见戳印纹、刻划纹、指甲纹、绘彩、绳纹装饰，图案有放射状、圆圈形、多角形、对顶三角形等。有大量骨（石）串珠，以及绿松石耳饰、连缀骨片臂饰[3]、石镯，以及骨梳等装饰品，还发现陶贝形物（图一二六）。

　　半山类型有早晚之分。李水城和张弛均将其分为五期，一期尚见马家窑类型小坪子组遗风，五期已开马厂类型先河[4]。该类型是在马家窑类型基础上发展而来，同时接受了大量来自菜园文化的因素，包括偏洞室墓、屈肢葬、黑红复彩、锯齿纹元素和发达的内彩，以及双口壶、鸮形壶、"卍"字纹等，其更早的渊源当然还是东部的雪山一期文化（图一二七）和海生不浪类型[5]。石（玉）璧的源头应在晋南。进一步来说，兰州附近为中心区，出现了屈肢葬、洞室墓等很多东部新因素，基本不见绳纹而多见附

---

　　①　青岗岔居址彩陶比例达80%，地巴坪墓葬彩陶达90%。

　　②　李水城：《半山与马厂彩陶研究》，北京大学出版社，1998年，第35页。

　　③　柳湾等墓地发现的大量骨片也可能为连缀臂饰的组成部分。

　　④　张弛：《半山式文化遗存分析》，《考古学研究》（二），北京大学出版社，1994年，第33～77页；李水城：《半山与马厂彩陶研究》，北京大学出版社，1998年。

　　⑤　韩建业：《半山类型的形成与东部文化的西迁》，《考古与文物》2007年第3期，第33～38页。

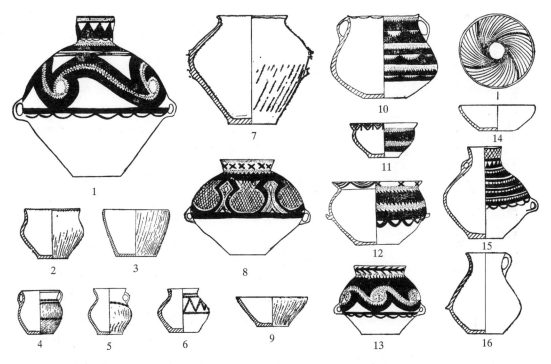

图一二五　苏呼撒半山类型陶器

1、15、16.壶（M55：4、M65：5、M105：2）　　2、11、12.盆（M65：1、M51：3、M24：2）　　3、14.钵（M22：5、M27：3）　　4、10.双耳罐（M9：4、M35：7）　　5.单耳罐（M108：2）　　6、7.鼓腹罐（M87：3、M52：2）　　8.小口瓮（M35：1）　　9.平底碗（M91：4）　　13.侈口腹耳罐（M51：6）

加堆纹、刻划纹。西宁附近为扩展区，保留了仰身直肢葬、土坑竖穴墓等更多土著成分，有刻划精美几何形花纹的桦树皮箭箙、圈足双耳罐等特别陶器，有较多绳纹。我们或许可以据此将半山类型再分为至少两个亚型。

5. 马家窑文化宗日类型（晚期）

仍分布在以共和盆地为中心的青海省东部，以同德宗日 M172 类三期遗存为代表[①]，在贵德狼舌头、尼多岗、叶后浪、拉毛楼，贵南东让、增本卡、烽火台，兴海羊曲、香让沟南坎沿等遗址也包含该类遗存[②]。陶器仍明显分为两大类，第一类质地细腻的泥质红陶变为饰黑、红复彩，器类、彩陶图案和风格基本同于半山类型，可称"半

①　青海省文物管理处、海南州民族博物馆：《青海同德县宗日遗址发掘简报》，《考古》1998 年第 5 期，第 1～14 页；格桑本、陈洪海主编：《宗日遗址文物精粹论述选集》，四川科学技术出版社，1999 年。

②　陈洪海、格桑本、李国林：《试论宗日遗址的文化性质》，《考古》1998 年第 5 期，第 23～26 页；陈洪海：《宗日遗存研究》，北京大学考古文博学院博士学位论文，2002 年，第 73～95 页。

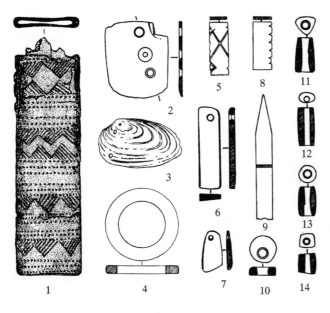

图一二六　柳湾半山类型装饰品

1. 桦皮箭箙（M478:7）　　2、6、7. 绿松石饰（M519:4、M607:
3、M606:10）　3. 蚌饰（M576:5）　　4. 石镯（M692:2）　　5、
8、9. 骨片（M680:7、M607:6、M591:1）　　10～14. 绿松石珠
（M606:4、M693:1、M653:1、M493:1、M615:2）

山式陶器"。第二类夹粗砂的"宗日式陶器"数量大增，形态和早期大同小异（图一二八）。

显然，该期宗日类型的地方特点得到进一步发展。

6. 老虎山文化（前期）

主要分布在内蒙古中南部和陕北地区，以凉城老虎山遗存为代表。包括内蒙古的凉城园子沟、西白玉、面坡、板城、大庙坡遗存①，准格尔永兴店②、官地四期、寨子塔 F15 组和 H8 组、寨子上 F2、白草塔 F9、二里半Ⅱ H10 组、铁孟沟 M1 和 M2③、洪水沟 T11③ 和 H9④、大宽滩 F1⑤、大口第 3 至 5 层遗存，清水河白泥窑子 K 点 H3 和 L 点第 2 层、庄窝坪三期、后城嘴三段遗存，伊金霍洛旗朱开沟Ⅶ区 H7003，以及陕西省的子长栾家坪 T3④组遗存等，在凉城窑子坡、杏树贝、白坡山、合同窑、武家坡、界牌沟、狐子山、黄土坡、五龙山、牛圈圙山、砚王沟⑥，榆林白兴庄等遗址也有此类遗存。夹砂陶明显多于泥质陶，很少见细腻泥质陶。灰陶为主，褐陶其次，黑皮或灰皮褐胎者较少。流行篮纹，素面和压光者其次，绳纹、附加堆纹、花边、压印纹等少量。平底器为主，

①　内蒙古文物考古研究所：《岱海考古（一）——老虎山文化遗址发掘报告集》，科学出版社，2000 年。
②　内蒙古文物考古研究所：《准格尔旗永兴店遗址》，《内蒙古文物考古文集》（第 1 辑），中国大百科全书出版社，1994 年，第 235～245 页。
③　魏坚：《准格尔旗铁孟沟出土陶器及相关问题》，《内蒙古中南部原始文化研究文集》，海洋出版社，1991 年，第 133～139 页。
④　内蒙古文物考古研究所：《准格尔旗洪水沟遗址发掘报告》，《万家寨——水利枢纽工程考古报告集》，远方出版社，2001 年，第 22～48 页。
⑤　内蒙古文物考古研究所：《准格尔旗大宽滩古城发掘简报》，《万家寨——水利枢纽工程考古报告集》，远方出版社，2001 年，第 49～56 页。
⑥　凉城县文物保护管理所：《凉城县文物志》，1992 年。

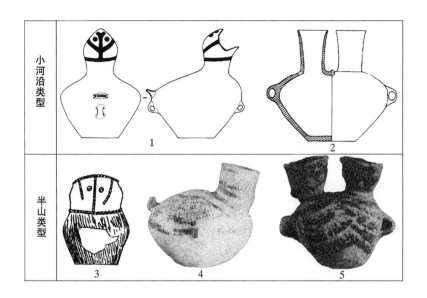

图一二七 半山类型与雪山一期文化小河沿类型陶鹗形壶、双口壶比较

1、2. 大南沟（M67∶2、M34∶1）　3. 柳湾（M916∶16）　4、5. 边家林（标本 31∶26、标本 31∶163）

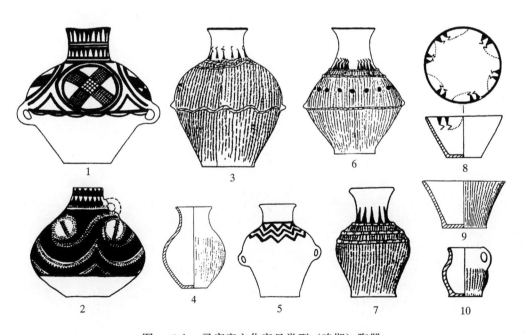

图一二八 马家窑文化宗日类型（晚期）陶器

1. 双耳壶（M170∶1）　2. 单耳壶（M17∶4）　3～7. 夹砂瓮（M172∶1、M229∶1、M28∶2、M223∶4、M172∶3）

8、9. 钵（M12∶6、M219∶7）　10. 单耳罐（M26∶5）（均出自宗日遗址）

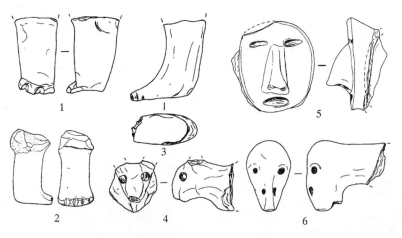

图一二九　老虎山文化陶塑

1~3. 人脚（老虎山 Y3:1，朱开沟Ⅶ区，老虎山 T210④:1）　4. 兽首（老虎山 H6:15）　5. 人面（园子沟 F3035:1）　6. 鸟首（老虎山 T510④:3）

也有三足器和圈足器。许多器物带环形耳或乳头状錾，少数附鸡冠耳。器类主要有斝和斝式鬲、绳纹罐、篮纹罐、方格纹罐、高领罐、矮领瓮、直壁缸、大口瓮、大口罐、高领尊、大口尊、敛口瓮、折腹小罐、双耳罐、单耳罐、盂、甗、斜腹盆、折腹盆、豆、钵、碗、甑等。石器多琢磨兼制，除普通的斧、钺、铲、锛、凿、刀、球、磨盘、磨棒、砺石等外，还有独具特色的精美石纺轮、涂抹白灰的石抹子。此外还有细石器镞和矛形器。有蘑菇状陶垫子，光滑细致的环等装饰品，以及陶铃和人脚、人面、鸟兽首形陶塑（图一二九）。还有带灼痕的卜骨（图一三〇）。

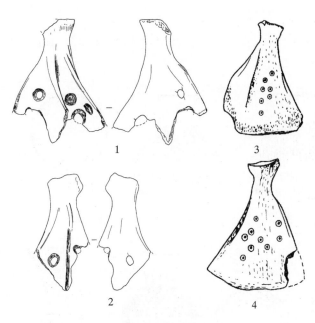

图一三〇　老虎山文化卜骨

1、2. 老虎山（T510④:4、T509③:11）

3、4. 永兴店（H31:12、H66:3）

该类遗存可称为老虎山文化[①]。其前期又可以分为两段，早段包括寨子塔 F15、园子沟 F3042、官地四期（H60 组）、二里半Ⅱ H10、朱开沟 H7003、洪水沟 T11③、老虎山 F6、西白玉 T4④类遗存。以右斜篮纹为主，横篮纹仍占一定比

①　田广金：《论内蒙古中南部史前考古》，《考古学报》1997 年第 2 期，第 121~146 页；韩建业：《中国北方地区新石器时代文化研究》，文物出版社，2003 年。

例，方格纹和绳纹次之。高领罐领外倾，大口尊微鼓腹，有釜形弧腹斝而无典型斝式
鬲。晚段包括寨子塔 H8、永兴店 H14、园子沟 F3039、二里半Ⅱ F5、白泥窑子 K 点
H3、寨子上 F2、洪水沟 H9、大宽滩 F1、白草塔 F9、老虎山 F2、西白玉 F18、板城
F7、面坡 H1、铁孟沟 M1 和 M2 类遗存。以斜或竖篮纹、绳纹为主，方格纹很少。高
领罐领略外倾，大口尊折腹，流行斝式鬲，见甗和盉。老虎山文化前期存在较为显著
的地方性差异，主要表现在岱海地区遗存有占陶器总数约 1/3 的素面夹砂罐，多呈褐
色、制作粗糙，斝式鬲多拍印篮纹，而鄂尔多斯和陕北北部地区绝不见红褐色的素面
夹砂罐，却有少量砂质陶，斝式鬲多拍印绳纹。我们因此可以将该文化分为两个地方
类型，前者可以称为老虎山类型（图一三一），后者可称为永兴店类型（图一三二）。也

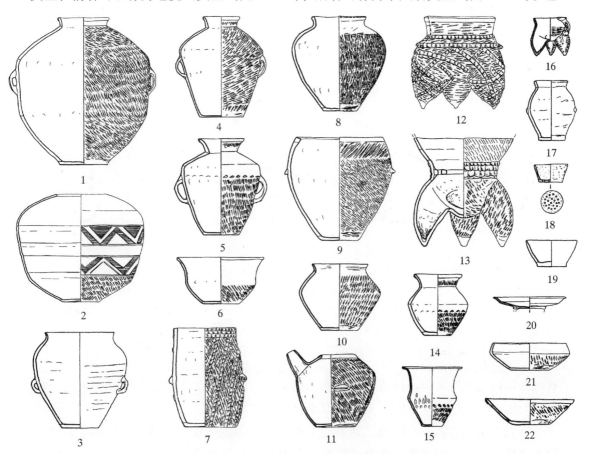

图一三一　老虎山文化老虎山类型陶器

1．矮领瓮（园子沟 F2003：4）　2．敛口瓮（老虎山 F26：3）　3、17．素面夹砂罐（园子沟 F3038：2、F3039：8）
4．高领罐（园子沟 F3033：5）　5、14．高领尊（园子沟 F3026：10、F3034：15）　6．曲腹盆（老虎山 F2：3）
7．直壁缸（老虎山 T103④：1）　8．绳纹罐（园子沟 F3026：9）　9．大口瓮（老虎山 F2：2）　10．篮纹罐（园
子沟 F2015：2）　11．盉（西白玉 H6：6）　12、16．斝式鬲（老虎山 F27：1，园子沟 H2002：5）　13．甗（西白
玉 T2③：1）　15．大口尊（园子沟 F2007：9）　18．甑（园子沟 F3026：6）　19．碗（园子沟 F2016：4）　20．
豆（西白玉 H6：2）　21．敛口钵（园子沟 F2023：6）　22．斜腹盆（园子沟 F2003：3）

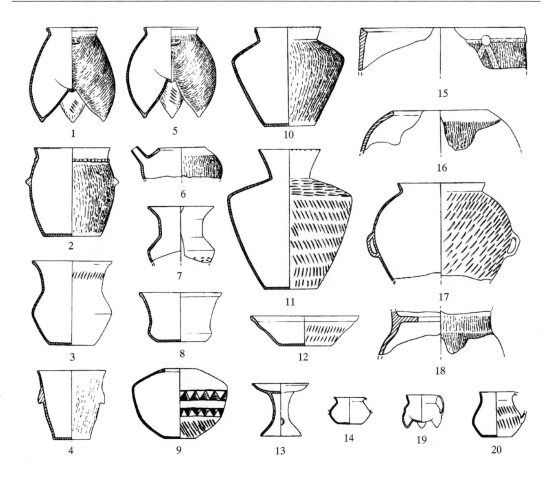

图一三二　老虎山文化永兴店类型陶器

1、5.斝式鬲（H14:2、H14:1）　2、10.绳纹罐（H66:2、H17:1）　3、7.尊（H66:1、H42:1）　4.深腹盆（H17:2）　6.盉（H9:2）　8.曲腹盆（G2:2）　9.敛口瓮（G2:8）　11.高领罐（H9:1）　12.斜腹盆（G2:3）　13.豆（H32:1）　14.双耳罐（G2:5）　15.直壁缸（G2:10）　16.大口瓮（G2:13）　17.篮纹罐（G2:4）　18.甗（G2:12）　19.斝（H35:1）　20.单耳罐（H8:4）（均出自永兴店遗址）

有人为强调二者的区别，仅将前者称老虎山文化，而将鄂尔多斯地区遗存称大口一期文化①或永兴店文化②。此外，该文化还包括晋中的游邀类型③。

　　老虎山文化总体上由阿善三期类型发展而来，但也出现了一些崭新的因素，最为引人注目者当数釜形斝和斝式鬲。早段的釜形斝大口翻缘饰绳纹、三足外撇且与器底

①　崔璇：《阿善文化述论》，《中国考古学会第八次年会论文集》（1991），文物出版社，1996年，第35～49页。

②　魏坚：《试论永兴店文化》，《文物》2000年第9期，第64～68页。

③　忻州考古队：《山西忻州市游邀遗址发掘简报》，《考古》1989年第4期，第289～299页。

分界明显，和庙底沟二期类型末段的釜形斝很相似，其来源显然应当在晋南地区；晚段的双鋬篮纹斝式鬲则是在釜形斝基础上进一步演变的结果。其他甗、盉类也是在釜形斝或斝式鬲的影响下产生的。此外，老虎山类型的素面夹砂罐与庙子沟、大坝沟遗址的同类器近似，推测其间接来源于海生不浪类型庙子沟亚型[1]，只是二者间还存在明显的时间缺环。

7. 史家湾类遗存

位于陕北南部的甘泉史家湾遗存颇具特色[2]。其夹砂陶多于泥质陶，并流行粗糙的麻窝纹，夹砂陶中掺岩渣的现象颇为引人注目。小

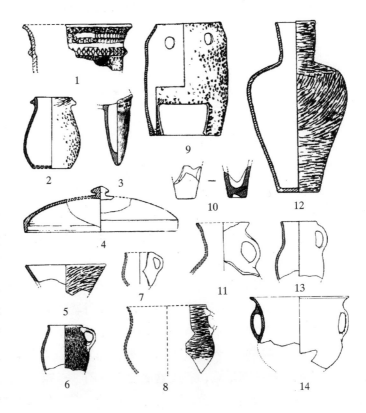

图一三三　史家湾 H4 陶器

1、3．斝（H4:1、9）　2.双鋬罐（H4:2）　4.器盖（H4:14）　5.斜腹盆（H4:11）　6～8、11、13.单耳罐（H4:4、12、7、8、3）　9.灶（H4:13）　10.红陶杯（H4:10）　12.高领罐（H4:6）　14.双耳盆（H4:5）

口高领罐（壶）、双鋬罐、釜灶、双耳曲腹盆等明显继承仰韶文化小官道类型或庙底沟二期类型，说明其主要是在当地文化基础上发展而来。但大口折腹斝却是受陶寺类型影响的产物[3]，红陶杯更为江汉地区石家河文化的典型因素（图一三三）。总之，史家

① 魏坚：《试论庙子沟文化》，《青果集——吉林大学考古专业成立二十周年考古论文集》，知识出版社，1993 年，第 85～100 页。
② 陕西省考古研究所、延安地区文管会、甘泉县文管所：《陕北甘泉县史家湾遗址》，《文物》1992 年第 11 期，第 11～25 页。
③ 张忠培和孙祖初认为史家湾类遗存是汾河流域文化西向发展的产物，见张忠培、孙祖初：《陕西史前文化的谱系研究与周文明的形成》，《远望集——陕西省考古研究所华诞四十周年纪念文集》，陕西人民美术出版社，1998 年，第 150 页。

湾类遗存显然和老虎山文化差别甚大，暂时也还难以归入其他文化。

（二）龙山后期

绝对年代约在公元前 2200～前 1900 年。老虎山文化、客省庄二期文化均进入后期阶段，齐家文化进入中期，马家窑文化发展到马厂类型期。宁夏南部的菜园文化则被齐家文化代替。

1. 客省庄二期文化（后期）

主要分布在陕西渭河中下游地区，以陕西西安客省庄 H174 为代表，包括宝鸡石嘴头①、岐山双庵ⅣH2②、武功赵家来 H4、华阴横阵"龙山文化晚期"遗存③、临潼姜寨五期和康家遗存④，还见于凤翔大辛村⑤、岐山王家嘴，西安米家崖⑥和老牛坡⑦、临潼零口北牛、蓝田泄湖、华县梓里⑧、耀县北村⑨、彬县农庄⑩等遗址。陶器以泥质和夹砂灰陶占大多数，泥质和夹砂红褐陶少量⑪，有个别泥质黑陶。火候较高，质地较坚硬。多数素面、压光，绳纹、篮纹其次，还有少量附加堆纹、方格纹、划纹、旋纹、戳印纹等。与前期相比，灰陶有所增加，篮纹明显减少而绳纹大增，且篮纹变为以斜、竖篮纹为主。总体器类和形态同于前期而小有变化，如单把斝式鬲演变为单把鬲，新出双鋬鬲；除深腹罐形斝外，还有釜形斝；单耳罐、双耳罐或三耳罐的器耳进一步变大，新见特殊的素面圈足罐，斜腹盆底变大（图一三四、一三五）。生产工具、装饰品同前期，新出三角形细石器镞，有玉质的纺轮、斧、锛等特殊器物。仍存在以动物肩

---

① 西北大学历史系考古专业 82 级实习队：《宝鸡石嘴头东区发掘报告》，《考古学报》1987 年第 2 期，第 209～226 页。

② 西安半坡博物馆：《陕西岐山双庵新石器时代遗址》，《考古学集刊》第 3 集，中国社会科学出版社，1983 年，第 51～68 页。

③ 部分遗存年代更晚（M9）。见中国社会科学院考古研究所陕西工作队：《陕西华阴横阵遗址发掘报告》，《考古学集刊》第 4 集，中国社会科学出版社，1984 年，第 1～39 页。

④ 陕西省考古研究所康家考古队：《陕西临潼县康家遗址发掘简报》，《考古与文物》1988 年第 5、6 期，第 214～228 页。

⑤ 雍城考古队：《凤翔大辛村遗址发掘简报》，《考古与文物》1985 年第 1 期，第 1～11 页。

⑥ 考古研究所西安半坡工作队：《西安米家崖新石器时代遗址调查简报》，《考古通讯》1956 年第 6 期，第 30～35 页。

⑦ 刘士莪：《老牛坡》，陕西人民出版社，2002 年。

⑧ 历史系考古专业 77 级实习队：《陕西华县梓里村发掘收获》，《西北大学学报》（哲学社会科学版）1982 年第 3 期，第 94～99 页。

⑨ 北京大学考古系商周组等：《陕西耀县北村遗址 1984 年发掘报告》，《考古学研究》（二），北京大学出版社，1994 年，第 283～342 页。

⑩ 王世和、钱耀鹏：《渭北三原、长武等地调查》，《考古与文物》1996 年第 1 期，第 1～23 页。

⑪ 泥质红陶多呈砖红色而非橙黄色。

胛骨为原料的有灼痕的
卜骨。

　　在渭河中游和下游之间
还存在地方性差异，这主要
是由于周围人文环境不同的
缘故。例如，渭河下游所见
方格纹折沿侈口罐、双鋬
鬲、釜形斝、鬶、盉、浅腹
圈足盘以及轮制技术等，实
际属于其东邻王湾三期文化
或三里桥类型因素；这些因
素就少见或不见于渭河中游

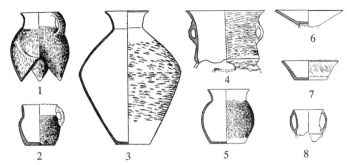

图一三四　赵家来客省庄二期文化（后期）陶器

1.鬲（T102⑥B：7）　2.单耳罐（H4：3）　3.高领罐（H31：7）　4.斝
（H4：6）　5.绳纹罐（T101④：2）　6.豆（T107⑤：13）　7.斜腹盆
（T113⑤：8）　8.双耳罐（H5：5）

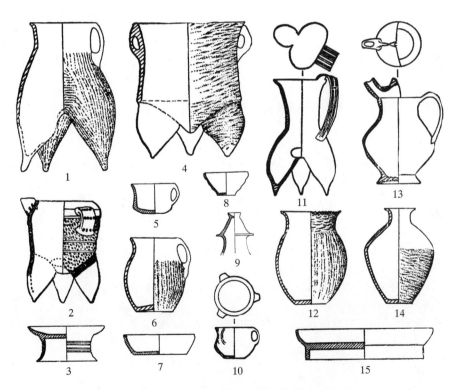

图一三五　姜寨客省庄二期文化（后期）陶器

　1.鬲（T64H162：10）　2、4.斝（T96H92：3、T253F87：3）　3.粗柄豆（T6H369：1）　5.单耳杯（T234②：
16）　6.单耳罐（T64H162：3）　7.平底盘（T66②：1）　8.平底碗（T18H451：1）　9.器盖（T12③：5）
10.三耳罐（T48H494：18）　11.鬶（T48H494：19）　12.圆腹罐（T64H162：1）　13.盉形器（T64H162：4）
14.小口高领罐（T15F134：1）　15.圈足盘（T54H69：4）

地区。反过来，宝鸡石嘴头 M2 随葬玉璧的情况，应当是受到其西邻齐家文化影响的结果，渭河中游器耳盛行的情况也和齐家文化接近。

2. 齐家文化（中期）

此时齐家文化从甘肃东部扩展至甘肃中西部、青海东部和宁夏南部。以甘肃天水西山坪七期遗存为代表，包括甘肃天水傅家门"齐家文化"遗存，宁夏西吉兴隆[①]、隆德页河子"龙山时代遗存"，青海乐都柳湾"齐家文化墓葬"[②]和居址[③]、民和喇家[④]、同德宗日 M319 类遗存，还见于甘肃天水七里墩[⑤]、武山杜家楼[⑥]、临洮瓦家坪[⑦]、永靖新庄[⑧]，青海民和龙布（甲）、罗巴垣[⑨]、大通上孙家寨、陶家寨[⑩]、上陶村等遗址[⑪]。

陶器仍以泥质红陶为主，夹砂红褐陶其次，泥质灰陶很少。多数素面，绳纹其次，有少量篮纹、附加堆纹、旋纹、方格纹、戳印纹、小圆圈纹等。篮纹竖或斜施，主要见于双耳高领罐腹部。绳纹拍印于侈口罐、鬲等器物之上。泥质陶有的外表涂白陶衣。主要为平底器，还有一定数量的三足器。除流行环状耳外，也有带鋬器物，有的绳纹罐有花边。主要器类有大口双耳高领罐、小口高领罐、绳纹圆腹罐、带耳罐、斜腹盆、平底碗、豆、单把或双把鬲、罐形斝、盉、带流罐，以及大口尊、大口瓮、敛口瓮、侈口缸、匜、大镂孔盆形甑、盆形擂钵、鸮面罐、圈足双耳罐、方杯、塔形纽器盖等。

① 钟侃、张心智：《宁夏西吉县兴隆镇的齐家文化遗址》，《考古》1964 年第 5 期，第 232～233 页。

② 中国社会科学院考古研究所：《青海柳湾》，文物出版社，1984 年。

③ 肖永明：《乐都县柳湾新石器时代及青铜时代遗址》，《中国考古学年鉴》（2002），文物出版社，2003 年，第 394～395 页。

④ 中国社会科学院考古研究所等：《青海民和喇家史前遗址的发掘》，《考古》2002 年第 7 期，第 3～5 页；中国社会科学院考古研究所甘青工作队等：《青海民和县喇家遗址 2000 年发掘简报》，《考古》2002 年第 12 期，第 12～28 页；中国社会科学院考古研究所甘青工作队等：《青海民和喇家遗址发现齐家文化祭坛和干栏式建筑》，《考古》2004 年第 6 期，第 3～6 页。

⑤ 甘肃省博物馆：《甘肃古文化遗存》，《考古学报》1960 年第 2 期，第 11～52 页。

⑥ 中国社会科学院考古研究所甘肃工作队：《甘肃天水地区考古调查纪要》，《考古》1983 年第 12 期，第 1066～1075 页。

⑦ 裴文中：《甘肃史前考古报告》，《裴文中史前考古学论文集》，文物出版社，1987 年，第 239～243 页。

⑧ 黄河水库考古队甘肃分队：《黄河上游盐锅峡与八盘峡考古调查记》，《考古》1965 年第 7 期，第 321～325 页。

⑨ 青海省文物考古研究所：《青海省民和县古文化遗存调查》，《考古》1993 年第 3 期，第 193～224 页。

⑩ 青海省文物考古研究所：《青海大通陶家寨齐家文化遗址发掘简报》，《考古与文物》2002 年增刊（先秦考古），第 1～8 页。

⑪ 刘宝山：《大通县上陶村齐家文化遗址和土谷浑时期墓葬》，《中国考古学年鉴》（1996），文物出版社，1998 年，第 248 页。

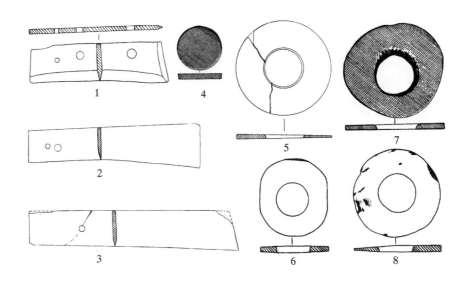

图一三六　齐家文化（中期）玉器

1～3.穿孔刀（宗日 M200:2、4、3）　4.璧芯（柳湾 M992:14）　5～8.璧（宗日 M200:5，喇家 F4:5，柳湾 M1046:4，喇家 F4:4）

鬲均高颈，以单把者居多，也有无把或双把者。带耳罐带单耳、双耳或三耳。与早期相比，斝式鬲变为鬲，斜腹盆底更大，小口高领罐由圆肩变为折肩，篮纹罐已很少，器耳变大。普遍流行璧、琮、长体单孔铲、穿孔（多孔）刀，以及锛、凿、磬等精美玉石器，璧有圆形、圆角方形的普通璧，也有三璜合璧（环），琮分节或不分节（图一三六）[1]。仍有饼状石（陶）纺轮、筒形或蘑菇状陶垫。一端带孔、两侧带槽的骨匕、三齿骨叉等都颇具特色。流行平头钉形石（陶、骨）笄、骨管、绿松石珠、绿松石片、玛瑙珠、牙饰、海贝等装饰品，还有陶祖、陶球、陶铃、石磬、陶塑动物、陶塑人像等杂器。仍有牛肩胛骨等的卜骨。柳湾还发现可能属于该期的一件带翼铜镞。

中期齐家文化和客省庄二期文化仍然关系密切[2]，有人甚至认为其属于客省庄二期文化的一个地方类型[3]，其人骨也属于典型的东亚蒙古人种[4]。张忠培将整个齐家文化

①　闫亚林：《甘青宁地区史前玉器初步研究——以齐家文化为中心》，北京大学考古文博院硕士论文，1999 年；宁夏固原博物馆：《固原历史文物》，科学出版社，2004 年，第 34～38 页。
②　谢端琚：《试论齐家文化与陕西龙山文化的关系》，《文物》1979 年第 10 期，第 60～67 页。
③　籍和平：《从双庵遗址的发掘看陕西龙山文化的有关问题》，《史前研究》1986 年第 1、2 期合刊，第 90～97 页。
④　颜訚：《甘肃齐家文化墓葬中头骨的初步研究》，《考古学报》1955 年第 9 册，第 193～197 页；中国社会科学院考古研究所甘青工作队等：《青海民和县喇家遗址 2000 年发掘简报》，《考古》2002 年第 12 期，第 25～28 页。

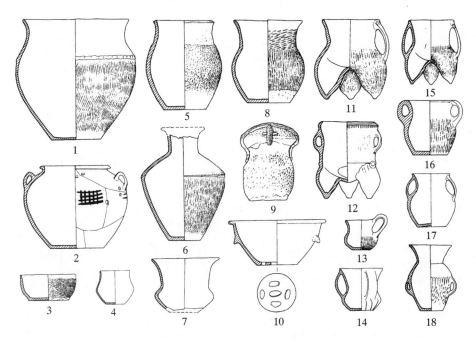

图一三七　西山坪齐家文化（中期）陶器

1. 大口瓮（T7③：9）　2. 鼓肩罐（T29③：17）　3. 平底碗（T1③：28）　4. 小罐（T44③：2）　5、8. 绳纹圆腹罐（T48③：19、T48H18：8）　6. 小口高领罐（T48H18：13）　7. 尊（采：01）　9. 鸮面罐（T48H18：6）　10. 甗（T31H7：2）　11. 单把鬲（T49③：13）　12. 罐形斝（采：05）　13. 单耳罐（T1③：8）　14. 三耳罐（T48③：8）　15. 双把鬲（T48H18：18）　16、17. 双耳罐（T13③：12、T49③：10）　18. 大口双耳高领罐（T2③：7）

分为三期八段①，该时期相当于其三、四段。以西山坪七期、七里墩、页河子"龙山时代遗存"略早（图一三七），柳湾墓地遗存偏晚（图一三八）。从陶器上来看，东部和中西部有一定区别，如属于马厂类型因素的双耳罐、双耳壶、盆等彩陶器物，以及洞室墓、木棺等，基本不见于甘肃中东部的西山坪、七里墩等遗址，而多见于青海东部的柳湾、陶家寨等墓地。究其原因，中期齐家文化自东向西强烈扩张，将马厂类型从甘肃中部和青海东部逐渐排挤出去，但土著的马厂类型因素毕竟还会被部分继承。此外，广河齐家坪出土的圜底彩陶罐应属于外来新因素。

3. 马家窑文化马厂类型

主要分布在甘肃中西部和青海东部，以青海民和马厂塬墓地为代表②，包括甘肃省

---

① 张忠培：《齐家文化研究（上）》，《考古学报》1987 年第 1 期，第 1～18 页；《齐家文化研究（下）》，《考古学报》1987 年第 2 期，第 153～176 页。

② 安特生：《甘肃考古记》，地质专报甲种第五号，1925 年，北京。马厂塬属于当时的甘肃碾伯。

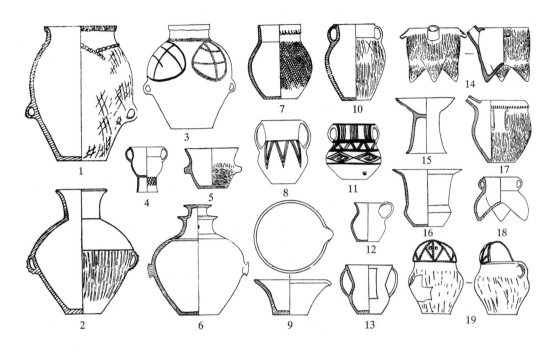

图一三八　柳湾齐家文化（中期）陶器

1. 大口瓮（M132∶11）　　2. 小口高领罐（M972∶26）　　3. 彩陶双耳壶（M1333∶4）　　4. 圈足杯（M966∶1）
5. 双錾盆（M404∶7）　　6. 带盖敛口瓮（M1103∶36）　　7. 花边绳纹圆腹罐（M366∶5）　　8、11. 彩陶双耳罐
（M977∶5、M965∶7）　　9. 匜（M1151∶3）　　10. 双耳绳纹罐（M1008∶3）　　12. 单耳罐（采05）　　13. 三耳罐
（M271∶2）　　14. 盉（M1006∶12）　　15. 豆（M308∶3）　　16. 尊（M165∶4）　　17. 带流罐（M1337∶9）　　18.
鬲（M1103∶13）　　19. 鸮面罐（M1017∶5）

的兰州土谷台晚期①、白沟道坪②、红古山③、东大梁④，皋兰阳洼窑⑤、糜地岘⑥，永

①　甘肃省博物馆等：《兰州土谷台半山—马厂文化墓地》，《考古学报》1983 年第 2 期，第
191～222 页。

②　《甘肃兰州白沟道坪发掘出古代遗址及墓葬》，《文物参考资料》1955 年第 5 期，第 110～111
页；甘肃省文物管理委员会：《兰州新石器时代的文化遗存》，《考古学报》1957 年第 1 期，
第 1～8 页；甘肃省博物馆：《甘肃古文化遗存》，《考古学报》1960 年第 2 期，第 11～52 页。

③　甘肃省博物馆文物工作队：《兰州马家窑和马厂类型墓葬清理简报》，《文物》1975 年第 6
期，第 76～84 页。

④　甘肃省文物考古研究所：《兰州市徐家山东大梁马厂类型墓葬》，《考古与文物》1995 年第 3
期，第 11～18 页。

⑤　甘肃省文物考古研究所等：《甘肃皋兰阳洼窑“马厂”墓葬清理简报》，《中原文物》1986 年
第 4 期，第 24～27 页。

⑥　陈贤儒等：《兰州皋兰糜地岘新石器时代墓葬清理记》，《考古通讯》1957 年第 6 期，第 7～8
页。

靖马家湾遗存①，青海省的民和阳山②、马牌③和互助总寨遗存④，以及柳湾"马厂墓葬"，还发现于甘肃永登蒋家坪、乐山坪、长阳圦、团庄⑤，兰州海石湾下海石⑥，青海省的民和核桃庄⑦、边墙、拱巴垣⑧，化隆瓦巴西，循化鸭子山⑨，平安骆驼堡（甲）⑩等遗址。

　　陶器基本类似半山类型，仍以泥质红陶（多呈橙黄色）为主，夹砂红褐陶其次，灰陶极少，总体上夹砂陶比例增加。器表崇尚彩陶装饰，占到一半以上。其次还有素面、磨光、绳纹、附加堆纹、戳印纹、泥突、镂孔等，泥质器物上腹多施深红色陶衣。器物中上部饰外彩，口沿及大口浅腹器物饰内彩。盛行单色黑彩，也有红色单彩和黑红复彩。锯齿纹、横带纹、网格纹、菱格纹、鳞纹、折线纹、竖条纹、涡纹、贝纹、圆圈纹（联珠纹）、多重弧线纹、棋盘格纹、方块纹、波纹、梯格纹、"十"字纹等似半山类型而略有变化；"X"形纹、横"个"字纹、竖折线纹、串贝纹、弧折线八卦纹、三角网纹、菱形网纹、回纹、"卐"字纹、同心圆纹、星形纹等为马厂类型新出或主要见于该类型；人蛙纹（蛙肢纹）大增且种类复杂，四大圆圈纹盛行，葫芦纹消失，少量锯齿纹排列稀疏且多仅为黑彩，还有不少彩绘符号。夹砂陶多拍印绳纹，有的颈部还饰附加堆纹、戳印纹等，比半山类型简化。基本均为平底器，个别圈足器。绝大多数器物带单耳、双耳甚至三、四耳，个别带双鋬。典型器类小口瓮由半山类型小口高

①　黄河水库考古队甘肃分队：《甘肃临夏马家湾遗址发掘简报》，《考古》1961 年第 11 期，第609～610 页；中国科学院考古研究所甘肃工作队：《甘肃永靖马家湾新石器时代遗址的发掘》，《考古》1975 年第 2 期，第 90～96 页。

②　青海省文物考古研究所：《民和阳山》，文物出版社，1990 年。

③　青海省文物管理处：《青海民和马牌马厂墓葬发掘简报》，《史前研究》辑刊，1990～1991年，第 298～308 页。

④　青海省文物考古队：《青海互助土族自治县总寨马厂、齐家、辛店文化墓葬》，《考古》1986年第 4 期，第 306～317 页。

⑤　苏裕民：《永登团庄、长阳圦出土的一批新石器时代器物》，《考古与文物》1993 年第 2 期，第 14～25 页。

⑥　甘肃省文物考古研究所：《甘肃海石湾下海石半山、马厂类型遗址调查简报》，《考古与文物》2004 年第 1 期，第 3～5 页。

⑦　贾鸿键：《青海民和县核桃庄拱北台和单家沟墓葬清理记》，《青海考古学会会刊》（五），1983 年。

⑧　青海省文物考古研究所：《青海省民和县古文化遗存调查》，《考古》1993 年第 3 期，第193～224 页。

⑨　青海省文物考古研究所：《青海化隆、循化两县考古调查简报》，《考古》1991 年第 4 期，第313～331 页。

⑩　青海省文物考古研究所：《青海平安、互助县考古调查简报》，《考古》1990 年第 9 期，第774～789 页。

领瓮演变而来，侈口鼓腹瓮、单耳罐、双耳罐、双耳（双鋬）弧腹或鼓腹盆、钵、小口高领壶、单耳或双耳长颈瓶、鸮形壶、单把杯、带管状流或不封闭流的钵或罐（带嘴罐、匜）、鼓等大多数继承半山类型同类器，敛口瓮、豆、四耳盆、无耳斜腹盆、塔形纽器盖等则为新出。个别人像或人面彩陶小口壶以及方形直腹杯等较为特别。生产工具、装饰品基本同于半山类型，出现精美长体穿孔石斧、长方形穿孔石铲、细石器镞、长体穿孔砺石等。陶纺轮明显多于石纺轮，绝大多数饼形，其上多见彩绘、戳印、刻划而成的放射状花纹。仍有较多绿松石饰（坠、珠）、石（骨）串珠，还有少量石臂饰、玉珠、海贝、石贝、穿孔蚌壳、骨片等。

　　李水城将马厂类型分为四期[①]。阳山墓地所代表的第一期遗存还保留半山遗风，如仍有黑红复彩、锯齿纹等（图一三九）；柳湾墓葬所代表的第四期遗存器类减少、彩陶衰落(图一四〇)，第二、三期则为鼎盛期。随着时间的推移，马厂类型有逐渐向河西

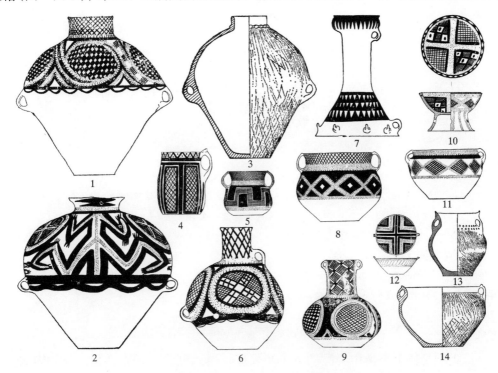

图一三九　阳山马厂类型陶器

1、3.小口双耳壶（M224:5、M34:5）　2.彩陶小口瓮（M105:7）　4.彩陶单把杯（M124:6）　5.彩陶双耳罐（M63:10）　6.彩陶长颈壶（M175:13）　7.彩陶鼓（M23:15）　8.彩陶大口罐（M68:26）　9.彩陶双耳长颈瓶（M7:16）　10.彩陶豆（M103:25）　11.彩陶双耳盆（M68:6）　12.彩陶钵（M151:12）　13.绳纹双耳罐（M74:9）　14.绳纹双耳盆（M174:8）

　　①　李水城：《半山与马厂彩陶研究》，北京大学出版社，1998年。

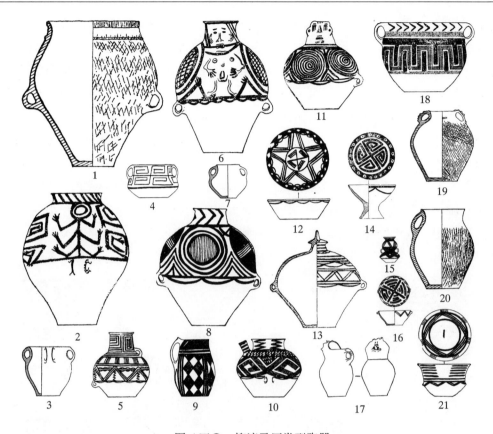

图一四〇　柳湾马厂类型陶器

1.绳纹大口瓮（M893:1）　2.彩陶小口瓮（M214:19）　3.素面四耳罐（M227:8）　4.彩陶双耳罐（M229:
11）　5.彩陶长颈壶（M923:7）　6、11.彩陶人像壶（采01、M216:1）　7.素面双耳罐（M82:12）　8.彩
陶双耳壶（M936:21）　9.彩陶单把杯（M1250:6）　10.带流罐（M897:45）　12.彩陶平底盆（M333:10）
13.彩陶带盖敛口瓮（M779:22）　14.彩陶豆（M408:3）　15.彩陶葫芦形小罐（M579:15）　16.彩陶钵
（M934:32）　17.鹗面罐（M756:5）　18.彩陶大口罐（M578:10）　19.绳纹双耳罐（M505:25）　20.绳纹
单耳罐（M956:1）　21.彩陶尊（M46:15）

走廊延伸的趋势。

　　马厂类型总体上是半山类型的进一步发展，当然也受到齐家文化的较大影响，表
现在敛口瓮、豆、无耳斜腹盆（平底盆）、塔形纽器盖，以及绳纹瓮的花边风格等方
面。此外，其"卐"字纹和双"F"形花纹，与大体同时的西伯利亚地区辛塔什塔文化
陶器上的某些刻划花纹近似（"卐"字纹方向相反），又见于更早的小河沿类型，表明
早在公元前2千纪以前，欧亚草原就存在大范围的文化联系（图一四一）。八角星纹则
来自小河沿类型，更早的源头在长江中下游和黄河下游（图一四二）。从阳山组人骨形
态和测量特征来看，其与甘青地区古代组和现代华北组较为接近，具有东亚蒙古人种

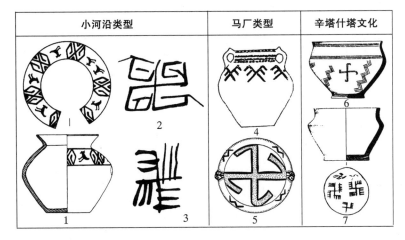

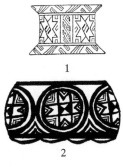

图一四一　马厂类型与小河沿类型、辛塔
什塔什塔文化"屵"字纹、双"F"形纹比较
1～3. 大南沟（M55:5、M52:1、M52:1）　4. 乐山坪（LYL:186）
5. 阳山（M124:5）　6、7. 辛塔什塔

图一四二　马厂类型与小
河沿类型八角星纹比较
1. 小河沿（F4:3）
2. 柳湾（M1275）

的特点①。

4. 老虎山文化（后期）

主要分布在鄂尔多斯和陕北地区，以白草塔 F8 为代表，包括内蒙古的准格尔二里
半 I H98、大庙圪旦 H1 和清水河西岔一期遗存②，陕北的府谷郑则峁二期、神木石峁
H1 遗存等③，还见于清水河城嘴子，延安大砭沟④和清涧吕家山等遗址⑤。陶器以夹砂
和泥质灰陶为主，另有少量夹砂和泥质褐陶、磨光黑陶等。流行绳纹，斜篮纹其次，
另有压印纹、附加堆纹等。典型器类有双鋬鬲、单把鬲、敛口甗、盉，以及大底绳纹
罐、高领罐、直壁缸、大口瓮、敛口瓮、大口尊、高领尊、曲腹盆、斜腹盆、豆、单
大耳罐、双大耳罐、折腹壶等（图一四三）。工具、装饰品和宗教用品等与永兴店类型
无明显变化，另外在二里半发现红铜手镯。

鄂尔多斯和陕北地区的后期老虎山文化遗存与永兴店类型一脉相承，最大的变化是

① 韩康信：《青海民和阳山墓地人骨》，《民和阳山》，文物出版社，1990 年，第 160～173 页。
② 内蒙古文物考古研究所、清水河县文物管理所：《清水河县西岔遗址发掘简报》，《万家寨水
利枢纽工程考古报告集》，远方出版社，2001 年，第 60～78 页。
③ 西安半坡博物馆：《陕西神木石峁遗址调查试掘简报》，《史前研究》1983 年第 2 期，第 92～
100 页。
④ 尹达：《新石器时代》图版三，生活·读书·新知三联书店，1979 年。
⑤ 巩启明、吕智荣：《榆林地区新石器时代文化遗存》，《中国考古学年会第八次年会论文集》
(1991)，文物出版社，1996 年，第 50～68 页。

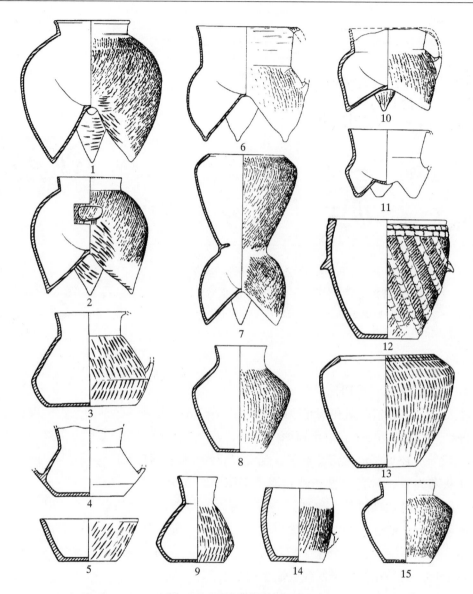

图一四三　白草塔 F8 陶器

1、2、6、10. 鬲（F8:23、21、13、15）　3. 单耳罐（F8:4）　4. 双耳罐（F8:5）　5. 斜腹盆（F8:7）　7. 甗
（F8:20）　8、14、15. 绳纹罐（F8:26、3、2）　9. 折腹罐（F8:14）　11. 斝（F8:11）　12. 大口瓮（F8:1）
13. 敛口瓮（F8:17）

溜肩斝式鬲演变为溜肩和鼓肩的两小类鬲，器物的环形耳也普遍变大，这类遗存可称为
白草塔类型。实际上后期老虎山文化还包括晋中以杏花村 H6 为代表的游邀类型后期[①]，

①　国家文物局、山西省考古研究所、吉林大学考古学系：《晋中考古》，文物出版社，1999 年。

以及冀西北以筛子绫罗 H122 为代表的筛子绫罗类型[1]。以游邀类型为代表的老虎山文化此时大规模向南施加影响，造成临汾盆地陶寺晚期类型对陶寺类型的代替，将双鋬鬲传播到中原地区的三里桥类型和王湾三期文化，更使卜骨和细石器镞流播至黄河中下游广大地区（图一四四）[2]。与此同时，岱海地区此时再一次进入一个文化极度衰弱

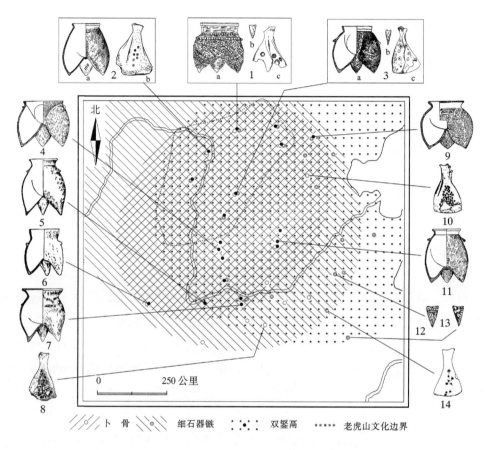

图一四四　龙山时代陶双鋬鬲、卜骨、细石器镞的分布

1. 凉城老虎山：（a-F27:1、b-F64:5、c-T510④:4）　2. 准格尔永兴店（a-H14:2、b-H31:12）　3. 忻州游邀（a-H291:2、b-H119:3、c-H194:6）　4. 襄汾陶寺（H301:8）　5. 垣曲龙王崖（H201:1）　6. 临潼康家（H4:3）　7. 洛阳王湾（H57）　8. 禹州瓦店（ⅤT1H17:3）　9. 昌平雪山（H66:7）　10. 任丘哑叭庄（H106:2）　11. 安阳大寒（J1②:38）　12. 兖州西吴寺（J4001①:13）　13. 蒙城尉迟寺（H23:1）　14. 夏邑清凉寺（H18:5）（除老虎山、永兴店属龙山前期遗存外，其余均属龙山后期）

①　张家口考古队：《1979 年蔚县新石器时代考古的主要收获》，《考古》1981 年第 2 期，第 97～105 页；张家口考古队：《蔚县考古记略》，《考古与文物》1982 年第 4 期，第 10～14 页。
②　韩建业：《老虎山文化的扩张与对外影响》，《中原文物》2007 年第 1 期，第 17～23 页。

的时期。板城所见花边折沿绳纹罐口沿与筛子绫罗类型的部分器物相近，其时代或许已经进入老虎山文化后期，但详情不明[①]。

二、聚落形态

（一）龙山前期

1. 客省庄二期文化（前期）

基本情况类似于泉护二期类型。双庵聚落房屋顺坡势而建，面朝坡下，附近有较多灰坑、窖穴。房屋基本都是壁面向上收缩的窑洞式建筑，多数方形或长方形，也有圆形者[②]。Ⅳ区的 F2、F3 均有主室和外间（即《简报》所谓前后室），主室和外间均为方形或纵深略长。其中 F2 的主室（居室）中部有规整的圆形火塘，外间（厨房）有壁灶、炊器；F3 的主室既在中部有火塘，右前部又有壁灶，大约兼具居室和厨房功能。这两座房屋主室面积均仅 10 平方米左右，每室大约居住着一个 2～4 人的核心家庭。由于两房的前室互相连在一起，就组成更高一级社会组织，或许是扩展家庭，而且 F2 可能为全家庭的正房（图一四五）。赵家来的房屋也主要为窑洞式，只是有的全在生土中掏挖而成，有的利用夯土墙搭建成人工屋顶。形状多前小后大呈凸字形，也有的为长方形，面积 11～17 平方米，其实多数可能仅相当于双庵套房的主室。中部有与居住面平齐或稍隆起的圆形火塘，这些火塘有的仅在白灰面上画一圆圈，有的先做出有白灰面的坑穴再以土填实，有的下面还埋设火种罐。多数房屋的居住面和壁面下部先后敷抹草拌泥和白灰面（图一四六）。其中 F11、F2、F1 和 F7 这 4 座房屋同处一所夯土墙院落内。由于 F1 叠压 F2，可知这组房屋最多有 3 座可能同时，彼此当有更为密切的关系，或许组成一个扩展家庭。至于赵家来房屋多凸字形而双庵多方形，应当属于聚落间的细微差别。下魏洛的房屋也主要为前后室窑洞式，但灶主要位于主室。窖穴仍主要为袋状，有的底部有板灰痕迹，推测当时可能铺垫有木板或树皮（赵家来 H11、H13），其上又有炭化粮食颗粒，当属粮窖无疑。有的内存放完整陶器、石器、骨器等数十件，当属器物窖藏。墓葬多为仅能容身的长方形竖穴土坑墓，仰身直肢葬，随葬品很少。在下魏洛还发现乱葬坑（H55）。

---

①　内蒙古文物考古研究所、日本京都中国考古学研究会岱海地区考察队：《板城遗址发掘与勘查报告》，《岱海考古（二）——中日岱海地区考察研究报告集》，科学出版社，2001 年，第 206～277 页。

②　发掘者认为这些房屋属于半地穴式。

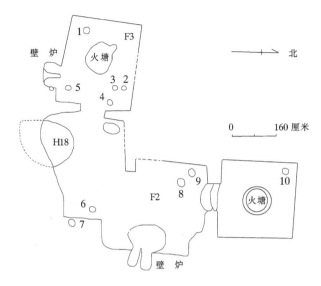
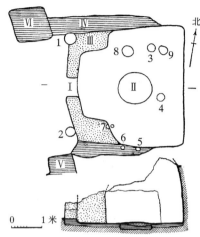

图一四五　双庵Ⅳ区 F2、F3 平面图　　　　图一四六　赵家来 F11 平、剖面图

1～10.柱洞　　　　　　　　　　　　　Ⅰ.门道　Ⅱ.灶址　Ⅲ.草泥墙　Ⅳ.夯土墙

　　　　　　　　　　　　　　　　　　　Ⅴ、Ⅵ.院墙　1～9.柱洞

2.菜园文化

居址以林子梁、荀堡最为清楚。林子梁居址区集中分布有房屋、灰坑、窖穴。房屋面朝东部坡下成排分布，以 F1、F2、F3、F8、F9 这一排最为清楚，每排房屋间或许有更为密切的关系。基本都是窑洞式房屋①，较为完整者由院落、过道、主室三部分组成，有的过道和主室之间还有拱形顶的门洞。主室形状多为马蹄形，也有圆形、圆角方形和不规则形等，总体不甚规则，面积多不足 10 平方米，最大的 F13 约 41 平方米，出土漆璜等特殊物品，显示存在一定的贫富分化（图一四七）。周壁略加修整，多保留挖掘痕迹，居住面垫土，有时敷设草拌泥，但未见白灰面，有的居住面似乎铺垫过苇席。在 F3 中还有成人和婴孩骨架各一，可能为窑洞塌落时压死。有的中部有略呈圆形的锅底状火塘，有的仅见红烧土面，也有壁灶。常在墙壁设小龛，还在墙壁上保留有很多插照明物的楔形小孔和火炬状红烧土面，仅 F13 就达 50 处。室内还挖有窖穴，一般 3～4 个，最多达 10 个。有的在墙壁内周有一圈柱洞，可能是围护加固墙体的"围桩"。室外窖穴以袋状者最为规整，有的设台阶。偏南固原荀堡遗址的房屋则要规整得多。这里的窑洞式房屋由外间和主室组成，之间以门道相连。主室为较规整的"凸"字形，中部有圆形火塘，居住面和墙壁下部抹白灰面，有时拐角设窖穴、壁灶。

---

① 《宁夏菜园》发掘报告将这些座房屋定为半地穴式，其实有的属于破坏严重的生土顶窑洞式房屋，有的属于利用人工土墙或有人工顶的窑洞式房屋。

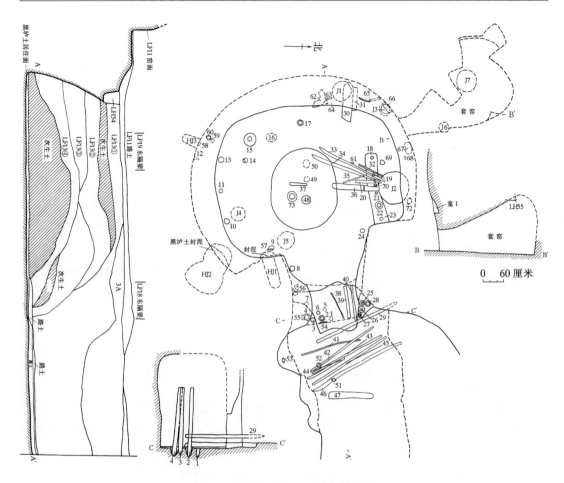

图一四七　林子梁 F13 平、剖面图

1～29.柱洞　30～47.柱子痕迹　48～50.火种坑　51、53.陶双耳罐　52、60.彩陶罐　54.卜骨　55.石磨
棒　56.陶盆形匜　57.石刮削器　58.石砍砸器　59、70.磨石　61.野猪牙　62.漆璜　63.鹿角器　64.石
斧　65.牛肋骨　66.陶壶　67.石磨盘　68.石锛　69.石头　71.骨镞　72.陶竖耳罐　73.陶小口罐

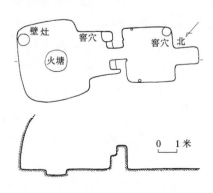

图一四八　苟堡 F1 平、剖面图

外间方形，也有窖穴、壁灶，应为主要炊煮之处
（图一四八）。此外，固原麻黄剪子房屋的白灰面
上彩绘有红色线条，与前一时期武功浒西庄、绥
德小官道房屋的情况类似。

　　菜园遗址群发现切刀把、瓦罐嘴、寨子梁、
二岭子湾等墓地，林子梁也有墓葬区，这些墓地
之间应当互有联系，有属于林子梁、石沟居址区
人群之墓地的可能性。有的墓地有墓葬集群分布
现象，可以进一步划分出墓区、墓群，应当代表

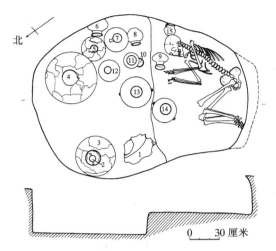

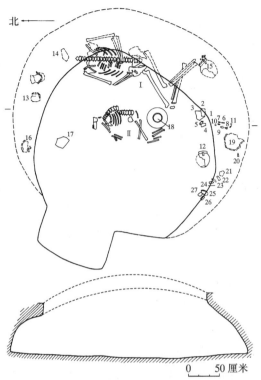

图一四九　切刀把 M38 平、剖面图

1. 陶瓮底　2. 陶罐底　3、4. 陶小口瓮　5、6、10. 陶小口罐　7. 陶单耳壶　8、11. 陶单耳罐　9、15. 陶单耳杯　12. 陶深腹罐　13. 陶双耳壶　14. 陶双耳罐

图一五〇　瓦罐嘴 M34 平、剖面图

1、9. 石镞　2. 玉斧　3. 石砍砸器　4、7、8、11. 石刮削器　5. 玉凿　6. 石刀　10. 石叶　12、18. 陶单耳罐　13、16. 陶双耳罐　14、17. 石片　15. 彩陶双耳器　19. 陶罐底　20~27. 石英料

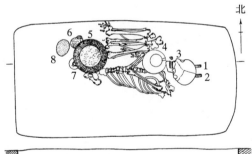

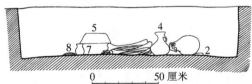

图一五一　师赵村六期Ⅲ M1 平、剖面图

1. 石凿　2. 石锛　3. 绿松石饰　4. 陶单耳壶　5. 陶盆　6、7. 陶单耳罐　8. 砺石

不同级别的社会组织。墓葬流行不规则形的洞室墓，有的还带有短墓道，个别为长方形竖穴土坑墓[①]。除个别二人合葬墓外，绝大多数属于单人一次葬，葬式均为屈肢、侧身、仰身、俯身不定，以侧身为多；弯曲程度不同，有屈膝式、跪踞式、蹲踞式的差别，以屈膝式为主。在保存较好的洞室墓中，随葬陶器多置于入口低处，人骨在洞内高处（图一四九）。几乎所有墓葬均随葬日常用陶器，少者 1 件，多者四五十件，一般十余件，也有少数墓葬还随葬装饰品

---

① 《宁夏菜园》发掘报告所谓"竖穴侧龛墓"实即洞室墓，所谓"竖穴土坑墓"绝大部分形制和"竖穴侧龛墓"基本相同，可能属于破坏更加严重而顶部基本不存的洞室墓。

和工具。值得注意的是，切刀把 M19 的一角集中放置细石器及骨器、装饰品等共 17 件，瓦罐嘴 M34 的填土中有各类工具 22 件（图一五〇），或许与墓主人的特殊身份有关。此外，师赵村六期的墓葬虽也流行侧身屈肢，但墓穴却为较宽短的长方形竖穴土坑墓（图一五一）。

3. 齐家文化（早期）

师赵村居址区发现房屋、窖穴、灰坑和窑址，F1～F3 和 F19～F21 可能分别成组。房屋多保留有很浅的墙壁向上收缩的半地穴结构，未发现柱洞，极有可能都属于窑洞式建筑。只有个别圆形硬土面房屋可能属半地穴式。房屋形状多为方形或长方形，个别圆形、"凸"字形或五边形，面积仅 5～8 平方米。地面和墙壁多先敷设草拌泥再抹白灰面，也有硬土面。房屋中部有规整圆形火塘，为先挖浅坑再依次敷抹草拌泥、白灰面而成，表面与居住面基本平齐，有的上面留有陶斝、侈口罐等炊器（图一五二）。个别火塘边有"器座坑"或"火种坑"，有的还有一到两处壁灶。有圆形袋状、筒状窖穴和灰坑。师赵村还发现一石圆圈，附近有一无头牛骨架，推测为祭祀遗迹。墓葬为长方形竖穴土坑墓，墓底有不少砾石，均属于二次扰乱葬，一般都有陶、石、玉质的随葬品。

4. 马家窑文化半山类型

该类型居址发现不多。青岗岔房屋为纵长方形半地穴式，最大的面积达 45 平方米，四周有附壁柱，可能搭建成两面坡式或平顶式屋顶。有红烧土居住面和略高于地面的圆形火塘，地面残留有日用陶器和生产工具。其他房屋类似而小，有的有两三个相连的火塘（图一五三），有的并有室内窖穴，室外附近还有筒状窖穴。

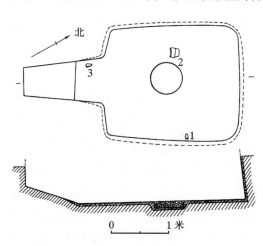

图一五二　师赵村七期 F22 平、剖面图

1. 石斧　2. 陶片　3. 石块

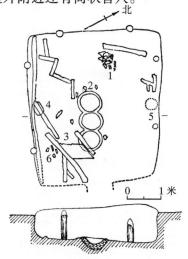

图一五三　青岗岔 F4 平、剖面图

1. 彩陶壶　2. 石纺轮　3. 炭化木
4. 窖穴　5. 瓮棺　6. 石块

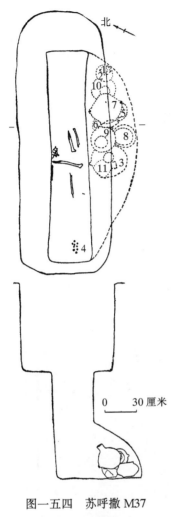

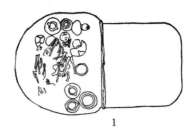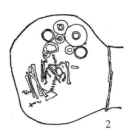

图一五五　土谷台洞室墓平面图
1.曰字形（M57）　2.凸字形（M33）

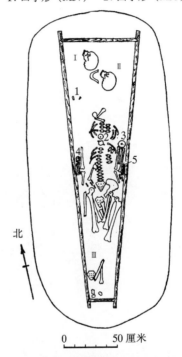

图一五四　苏呼撒 M37
平、剖面图

1、11.陶罐　2、3.陶双腹耳罐

4.骨珠　5、8、9.陶盆　6.陶片

7.陶瓮　10.陶瓶

图一五六　柳湾墓地 M661 平面图

Ⅰ～Ⅲ.人骨　1.绿松石饰　2、3.陶纺轮　4、5.骨片

　　墓地较多，墓葬可分区、群、组等不同层次。以长方形（近长方形）竖穴土坑墓和近圆形洞室墓为主，花寨子、地巴坪、柳湾墓地基本属于前者，土谷台墓地以后者为主。也有的墓地以石棺墓居多，如偏北的张家台、下海石墓地。竖穴土坑墓相当数量有长方形木棺，有的有二层台，西部柳湾、苏呼撒墓地有的还有埋陶器的"足坑"、壁龛（图一五四）。洞室墓有曰字形和凸字形两种，多以石板封门，也有以木棍封门者（图一五五）。石棺墓以石板挡立成四壁，上盖石板，有的下面铺垫石板。多为单人一次葬，也有二至七人的合葬（图一五六），还有较多二次扰乱葬。兰州附近的东部区域

流行侧身屈肢葬，如花寨子、地巴坪、土谷台、张家台等，这类墓葬墓穴宽短[①]。西宁附近的西部区域流行骨架不全的二次扰乱葬，其次为仰身直肢葬，也有少量侧身屈肢和俯身直肢葬（主要见于合葬墓），还有个别焚烧墓穴尸骨的火葬墓。半山类型多数墓葬有随葬品，多为陶器，少则一两件，多达一二十件，也有生产工具和装饰品等，有的一墓随葬串珠就达 1000 余枚，但随葬品总体差距不大。也有瓮棺葬。

5. 马家窑文化宗日类型（晚期）

基本情况同于早期。仍延续早期墓地，分布在由冲沟隔开的山坡台地上，自然成为若干墓区，以下还可区分出墓群和墓组。墓葬多数为长方形竖穴土坑墓，少数带有二层台。多数没有葬具，少数有木椁、石椁。绝大多数为单人葬，也有双人葬，以俯身直肢者最多，仰身直肢、侧身直肢者少量，相当数量属于二次扰乱葬。多随葬实用的"半山式陶器"。

6. 老虎山文化（前期）

聚落群普遍出现，聚落多位于河流干道或支流两侧的山坡台地或湖周围的低山上，

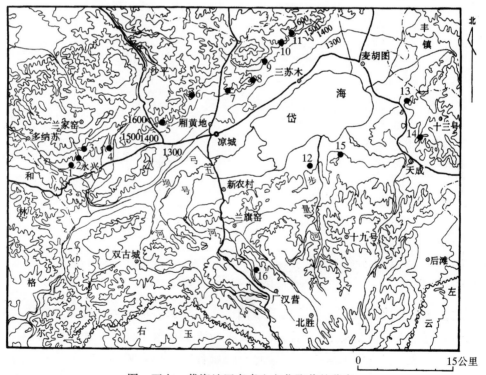

图一五七　岱海地区老虎山文化聚落的分布

1. 西白玉　2. 面坡　3. 老虎山　4. 板城　5. 窑子坡　6. 杏树贝　7. 白坡山　8. 园子沟　9. 合同窑　10. 大庙坡　11. 武家坡　12. 狐子山　13. 黄土坡　14. 砚王沟　15. 石虎山　16. 界牌沟

---

① 有些"二次葬扰乱葬"不排除为经扰乱破坏的屈肢葬。

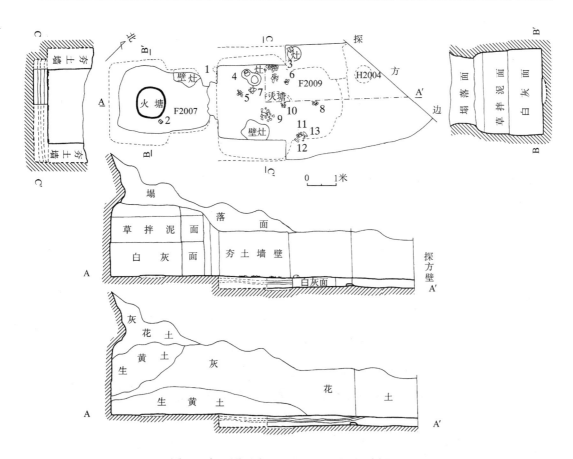

图一五九　园子沟 F2007、F2009 平、剖面图

1.柱洞　2、3.石块　4.陶绳纹小罐　5、6.陶大口尊　7、8.陶斜腹盆　9.陶甗　10.陶斝　11.陶绳纹罐　12、13.石斧

有些聚落的海拔位置有所增高，更加注意聚落卫护和交通。从岱海地区来看，在湖北岸山坡上已至少发现 40 处左右龙山时代聚落[1]，各聚落相隔甚近，明显组成西、东两个聚落群（图一五七），其中以园子沟和老虎山聚落的情况最为清楚。园子沟聚落由浅沟谷分成三区，总面积约 30 万平方米。共发现房址 132 座、灰坑 16 座、窑址 5 座（图一五八）。基本都是由凸字形主室和长方形外间组成的"前堂后室"窑洞式房屋。以 F2007 为例，主室地面为生土上敷草拌泥再抹白灰，墙壁阶状内收，壁面有草拌泥和白灰墙裙；火塘近圆形，周围有黑彩圈。外间大致方形，有壁灶和各种日用陶器，主要用作厨房（图一五九）。这样一些房屋互相组合成院落、群、排，可能分别代表家庭、

---

① 岱海中美联合考古队：《2002 年、2004 年度岱海地区区域性考古调查的初步报告》，《内蒙古文物考古》2005 年第 2 期，第 1~12 页。

扩展家庭和家族等不同等级的社会组织，而三个区则可能就是三个大家族，整个聚落构成一个家族公社。老虎山聚落面积 13 万平方米，总体布局与园子沟类似，只是聚落主体被石围墙环绕，在山顶上还有小方形石圈、石墙房屋和石堆等特殊设施，在"城"外则有集中场场（图一六○）。此外，板城聚落山顶的方形石祭坛（图一六一）、西白玉聚落北墙内侧的石台阶也都各具特色。这些特殊设施主要都与加强聚落防卫和宗教行为有关。准格尔地区南流黄河两岸大体同时的寨子上、白草塔、寨子塔、永兴店、二里半、洪水沟、大宽滩、庄窝坪、后城嘴，以及稍远的大口和白泥窑子等遗址，也都应当存在该期聚落。它们彼此间相隔甚近，构成若干聚落群。其中寨子上聚落三面临绝壁悬崖，能与外界相通的北、西部筑有石围墙，十分注重聚落防卫（图一六二）。房屋有石墙地面式和半地穴两种。老虎山文化还未发现成片的墓地。零散的墓葬均为仅能容身的竖穴土坑墓，有仰身直肢、侧身直肢、侧身屈肢等不同葬式，无葬具和随葬品。无论如何，所有这些聚落中的房屋在大小和功能上没有本质差别，墓葬未体现出贫富差别，聚落分化也不很明显，仍然具有"北方模式"特点。

从来源来说，像险峻地势的选择、石围墙和"祭坛"的流行、个别石墙房屋的出现，固然是出于原始战争等现实的需要，但具体做法却和包头以东与准格尔地区前期聚落的情况一脉相承。至于岱海地区的"前堂后室"窑洞式房屋，以及火塘周围画黑彩圈、墙壁和居住面流行白灰面等特点，与前一时期郑则峁聚落窑洞式房屋基本一致，与小官道的半地穴式房屋也有相近的一面，说明其主体来源应在陕北。

7. 史家湾类遗存

史家湾聚落位于洛河及其支流府村川交汇处的梁峁中腰，高出河床约 15 米，现存面积只有 2500 平方米。3 座房址大体成一排，平面呈圆角长方形，墙壁向上内收，应属窑洞式房屋。地面和墙壁抹白灰面，中部火塘只是在白灰面上划出一个圆形圈而已。这些与园子沟和岔沟的窑洞式房屋大同小异。该聚落流行圆形袋状窖穴。

（二）龙山后期

1. 客省庄二期文化（后期）

从宝鸡石嘴头、临潼康家等聚落的情况来看，房屋成排分布，每排又分若干组，每组 2~6 间。康家聚落面积 19 万平方米，有些房屋还构成院落，并以夯土院墙相连。房屋间有主次之分，其层次结构与园子沟聚落非常接近，反映的社会组织状况也应差不多，至少当有四级社会组织（图一六三）。房屋多仅存窑洞式主室，也有半地穴式和地面式房屋。多为纵长方形，也有的呈方形、圆形或凸字形，面积多 10 平方米左右。地面和墙壁抹白灰面，与该地区龙山前期的情况相似。石嘴头房屋墙壁向上斜直收缩，与一般斜弧缓收的窑洞式房屋小有差异；室内个别柱子可能起辅助撑托屋顶的作用，

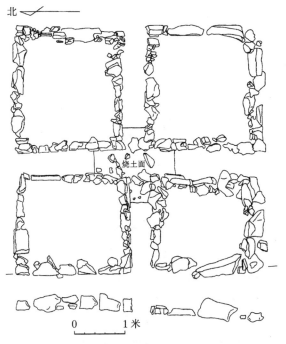

图一六一　板城第 4 石方坛平、剖面图

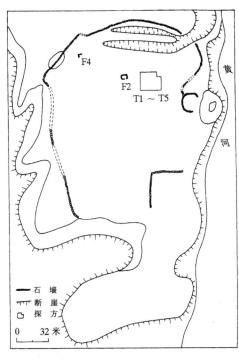

图一六二　寨子上聚落平面图

门道部位有一对柱洞，
柱洞常以碎陶片和胶泥
土垫砌。居室前部略宽，
门道部分有台阶。房屋
中部有一圆形或椭圆形
火塘，与居住面相平或
略高于居住面，有的灶
面中心埋有鬲、斝、罐、
盆等陶器，两侧壁有小
龛状壁灶。地面均垫土，

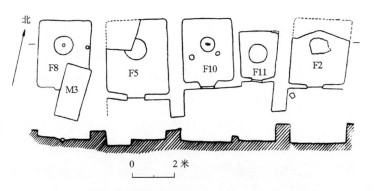

图一六三　康家 F8、F5、F10、F11、F2 平、剖面图

有的地面和墙壁下部抹白灰面（图一六四）。康家也为类似的主体挖在黄土中的窑洞式
房屋[1]，但前后宽窄相当，居住面多下垫土上抹白灰面。仍流行圆形袋状窖穴，也有方

---

① 发掘者认为其属于半地穴式，又说"除门道两侧的檐墙是用土坯和草拌泥筑成之外，其他三
面墙壁均为夯筑而成，十分坚硬，但夯层不十分明显"，见陕西省考古研究所康家考古队：
《陕西临潼县康家遗址发掘简报》，《考古与文物》1988 年第 5、6 期，第 215 页。

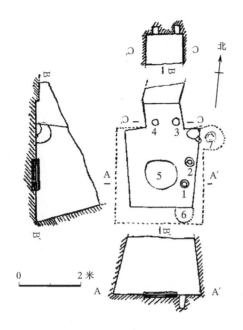

图一六四　石嘴头 F3 平、剖面图
1～4. 柱洞　5. 火塘　6、7. 壁龛

口圆底袋状窖穴。康家有的窖穴底有人骨、填土中有卜骨，或许反映出某种祭祀或占卜行为。

墓葬仍主要为长方形竖穴土坑墓，单人一次性仰身直肢葬为主，很少见随葬品。石嘴头 M2 有两具尸骨，墓主人仰身略屈肢，另一人仅余部分肢骨，不排除殉葬的可能性。随葬品至少 15 件，除陶器和普通生产工具外，还有璧、纺轮、锛、斧等玉器，以及绿松石饰，还有红、黑色漆皮痕，墓底铺有朱砂。总体和齐家文化葬俗类似。该墓级别稍高，墓主人应有高于一般人的社会地位。此外，该文化也有以相扣陶器为葬具的婴孩瓮棺葬。

2. 齐家文化（中期）

基本同于早期。西山坪、傅家门房屋仍多保留有墙壁向上收缩的半地穴结构，未发现柱洞，极有可能都属于窑洞式建筑。形状为进深较大的圆角长方形，有的前部略小呈凸字形，面积小者 10～15 平方米，大者 30 平方米。地面和墙壁多抹白灰面，房屋中部有规整圆形火塘。喇家发现有小广场、"祭祀坑"、"祭坛"、"干栏式建筑"等遗迹。房屋成排分布，为带小外间（门斗）的方形窑洞式，主室地面和墙壁依次敷抹草拌泥、白灰面，有壁炉或壁灶。外间有壁灶，主要用作厨房。其中 F3、F10、F4 等因屋顶突然塌落而将居民压死在内，前二者各 2 人，后者达 14 人，地面保存大量日用陶器、生产工具等（图一六五）。此外，陶家寨遗址有圆形半地穴式房屋。窖穴有圆形袋状和筒状等形式。

墓葬仍流行长方形竖穴土坑墓，以仰身直肢葬为主，屈肢葬、俯身葬少量。柳湾墓地有一些略微不同的地方，如少数墓葬是洞口挡立石块的洞室墓，流行木棺葬具（长方形木棺、独木棺）；有 2～5 人的合葬墓，其中成人双人合葬多见男性有棺而女性无棺的现象，有的为男性直肢女性屈肢，有较多二次葬（图一六六）；少数随葬猪下颌骨和白色小石块。喇家"祭坛"中心的墓葬 M17 较为特殊，级别较高，此墓先挖有方形浅套口，其内有长方形竖穴土坑和木棺，墓主人仰身直肢，随葬三璜合璧（环）、璧等玉器 15 件，棺外还有猪下颌骨。西山坪 M1 墓主人仰身直肢，还有一具二次葬人骨架，随葬双耳陶罐、石块。该遗址还在一圆形坑内埋葬 9 具 20～40 岁男性骨架，骨架叠压交错，当属特殊行为。此外，宗日 M200 内置玉刀 3 件、玉璧和半成品玉料各 1

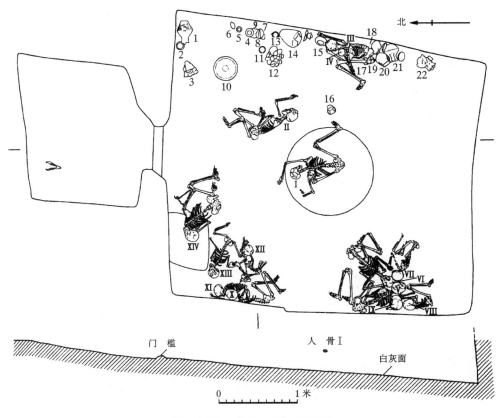

图一六五　喇家 F4 平、剖面图

1.陶高领双耳罐　2.陶尊　3.陶带流罐　4、5、23.玉璧　6、7.玉料　8.石矛　9.石刀　10.陶盆　11.陶杯　12、13、17～21.陶双耳罐　14、15.陶敛口瓮　16.陶三大耳罐　22.陶侈口罐　24.骨器（23、24 置于陶敛口瓮内）

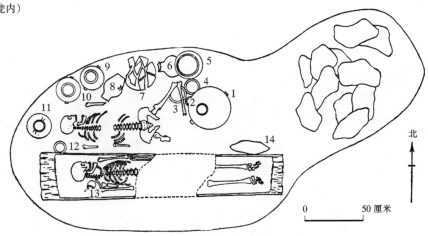

图一六六　柳湾齐家文化（中期）M1006 平面图

1.陶高领双耳罐　2、11.双耳陶罐　3、12.陶尊　4.陶盆　5.粗陶瓮　6、8、9.陶壶　7.敛口陶瓮　10.陶盉　13.粗陶双耳罐　14.石块

件，没有发现人骨，推测为祭祀坑。西山坪 H17 底部埋葬较完整幼猪骨架 5 具，还放置陶器、石块，或许也与祭祀有关。

3．马家窑文化马厂类型

居址发现较少。马家湾聚落房屋成组分布，为方形和圆形半地穴式，圆形者早而方形者晚。方形房屋近中部有圆形火塘，有的旁边有放置陶器的小坑。居住面和墙壁先敷草拌泥再抹红胶泥，有的门道偏于一侧。有锅底状灰坑。

墓葬基本情况同于半山类型。可分为两大类：第一类包括西宁附近的柳湾、总寨墓葬。柳湾马厂类型墓葬近 900 座，明显可分出区、群、组，代表不同级别的社会组织。墓葬以圆角长方形竖穴土坑墓稍多，带墓道的洞室墓其次，后者在洞室口挡立成排木棍或木板。大多数墓葬有葬具，以长方形木棺为主，底铺垫板者其次，少数为独木棺。单人葬占绝大多数，少数为 2～6 人的合葬墓。流行仰身直肢葬，二次扰乱葬其次，少数屈肢葬。多数随葬一二十件日用陶器、生产工具和装饰品，少者仅一两件，多者 40～60 件，最多的 M564 达 95 件（其中陶器就有 91 件），体现出"厚葬"之风和较显著的贫富分化现象（图一六七）。个别墓葬还随葬有猪下颌骨或羊骨。另外，男性多随葬石斧、石锛、石凿，女性多随葬纺轮。第二类包括兰州地区的土谷台、糜地岘墓葬，仍保持洞室墓、屈肢葬的传统习俗。民和马牌墓地流行洞室墓、屈肢葬、木棺，平均每墓 17 件陶器，最多者 145 件，有的则一无所有，贫富分化明显，也基本属于第二类。阳山墓地总体类似柳湾，也可分区、群（图一六八），不同之处在于墓葬几乎均为圆角长方形竖穴土坑墓，未见葬具；无人骨墓葬、二次扰乱葬比例高；一次葬中俯身直肢葬为主（图一六九），侧身屈肢者其次，仰身直肢葬极少；有 12 座圆形祭祀坑，埋有牛、羊等家畜和野兽骨，或者有碎陶片、石块及火烧痕迹[①]。值得注意的是，阳山俯身直肢葬和侧身屈肢葬有各自独立的墓区，表明有不同传统的人群共同生活埋葬在一起：前者可能与早先的宗日类型有关，后者与半山类型东部传统有关。

4．老虎山文化（后期）

准格尔地区南流黄河两岸大体同时的白草塔、大庙圪旦、二里半，以及稍远的大口、白泥窑子等遗址，都应当存在该期聚落。它们彼此间相隔甚近，构成聚落群，并且应当是前期聚落群的延续。但寨子上、寨子塔等有石围墙的较重要的聚落已经消失。白草塔该期房屋 F8 和 F16 并排而建，属于同一院落同一家庭的可能性很大。两房均为纵长方形，居住面和穴壁抹白灰面，可能为窑洞式（图一七〇）。二里半墓葬 M1 颇引人注意。该墓为长方形竖穴土坑，男性墓主仰身直肢，在其颈部和腰部各戴一串圆片

① 彭云：《论阳山墓地的俯身葬、圆形土坑及喇叭状陶器在原始宗教活动中的意义——兼析阳山氏族的主要崇拜对象》，《青海文物》1987 年第 3 期。

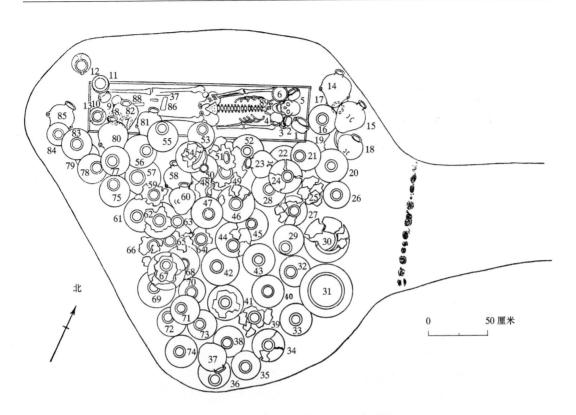

图一六七　柳湾马厂类型 M564 平面图

1、6～10、12.陶侈口双耳罐　2～5、11、13.陶双耳彩陶罐　14～18、20～29、32～64、66～85、90～95.彩
陶壶　19、30、31.粗陶瓮　65.陶壶　86.石斧　87.石凿　88.石刀　89.绿松石饰（部分器物压在其他器物
之下，图中未表现出来）

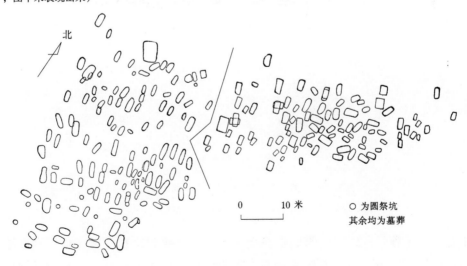

图一六八　阳山墓葬及其圆祭坑分布图

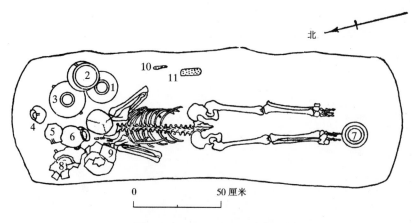

图一六九　阳山 M54 平面图

1、3.彩陶壶　2.彩陶盆　4、9.夹砂陶小罐　5、7、8.彩陶双大耳罐　6.彩陶小口单耳罐　10.石凿　11.石刀

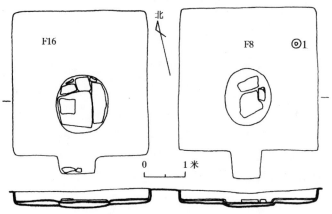

图一七〇　白草塔 F16、F8 平、剖面图
1.柱洞

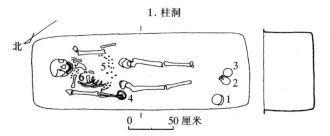

图一七一　二里半 M1 平、剖面图
1.陶鼓腹罐　2.陶单耳罐　3.陶豆盘　4.铜环　5、6.石串饰

状石串饰，右手腕带一铜环。脚底随葬绳纹罐、单耳罐和折盘豆各 1 件。这座墓随葬精美石饰和铜环的情况为北方地区新石器时代仅见，墓主人有可能具有特殊地位（图一七一）。

三、经济形态

（一）龙山前期

　　经济形态基本同于前一时期，仍以种植粟和黍为主，在赵家来遗址 H11 发现炭化谷子，青岗岔 F1 发现谷物及其谷秸（粟）。林子梁遗址个别孢粉样品（LF13J1）中禾本科花粉占到 92％，形态接近谷子。特别值得注意的是，此时应当已经开始种植小麦，赵家来 F11 墙皮草拌泥中的植物印痕可能就是麦秆。甘肃天水西山坪发现的农作物竟然有粟、黍、水稻、小麦、燕麦、青稞、大豆和荞麦等八种之多[①]。石器磨制更为精致，尤其以长体石铲、石斧最具代表性。客省庄二期文化和老虎山文化的长方形穿孔石刀多通体打磨，前者穿孔接近刃部，陶刀已极少见到；而菜园文化、齐家文化（图一七二）、马

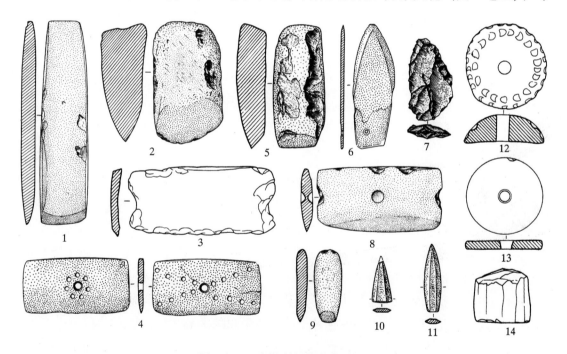

图一七二　师赵村七期生产工具

1. 长体石斧（T322②:3）　　2. 石斧（T310②:6）　　3. 陶刀（T408②:1）　　4、8. 石刀（T322②:6、T316F6:
5）　5. 石铲（T341②:2）　　6. 石矛（T312②:1）　　7. 石刮削器（T354②:5）　　9. 石凿（T312①:7）　　10、
11. 石镞（T307②:16、T348②:1）　　12. 陶纺轮（采:14）　　13. 石纺轮（T391②:2）　　14. 石研磨器
（T383F20:5）

---

① 李小强、周新郢、周杰等：《甘肃西山坪遗址生物指标记录的中国最早的农业多样化》，《中国科学 D 辑：地球科学》第 37 卷第 7 期，2007 年，第 934～940 页。

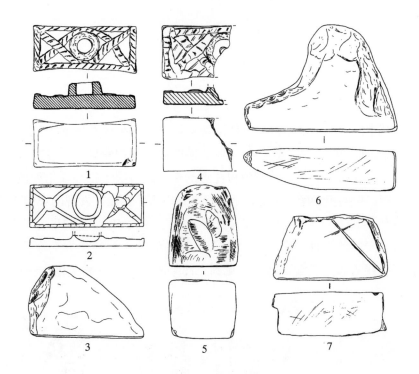

图一七三　老虎山文化抹子

1、2、4.陶抹子（老虎山 C：3，白草塔 F15：8，老虎山 C：5）　　3、5～7.石抹子（园子沟 F2007：10、F2007：12、F2007：11、F3043：4）

家窑文化半山类型和宗日类型则陶刀比例偏多。说明关中地区农业生产效率进一步提高，而甘青宁地区则保留了更多传统的收割方式。家畜饲养业和畜牧业与以前近同，主要家畜为猪、黄牛，甘青地区养羊更加普遍。仍然狩猎马鹿、黄羊、野马等野生动物，有石（骨）镞、石球、砍砸器、刮削器、石核等与狩猎有关的工具。越接近甘青宁边缘地区细石器成分更多，半山类型还有骨梗石刃刀，以及骨梗和作为刀刃的较多细石叶，表明狩猎采集成分也更大。蚌壳及蚌壳类装饰品为捕捞河湖水生动物的证据。此外，老虎山文化还出土较多白灰涂抹工具石抹子和陶抹子（图一七三）。

陶器原料主要为红黏土，采用泥条筑成法手制、慢轮修制，其中菜园文化者属于正筑泥条圈筑法成型[①]。基本没有轮制陶器，鬲、斝的袋足多属于模制。大、中型器物分段制坯、对接成形，底部多见编织纹痕迹。在双大耳罐、三耳罐和尊等的口、颈部常留下明显的慢轮旋纹痕迹，器表多经刮抹压磨，使用拍印、刻划、附加泥条、绘彩

---

① 李文杰：《宁夏南部新石器时代的制陶工艺》，《中国古代制陶工艺研究》，科学出版社，1996年，第39～68页。

等多种方法装饰。尤其半山类型的泥质彩陶制作最
为精美。其陶土多经淘洗、纯净细腻，原料应为普通
易熔黏土而非马兰黄土。红彩原料的主要成分为
Fe_2O_3，黑彩主要为含铁、锰原料[①]，白彩可能为高
岭土或镁质黏土[②]。彩陶多形制规整、表面抹压光
滑、线条流畅、图案复杂，代表手制陶制作的最高水
平。其彩陶图案规整精美，应为慢轮配合"轮绘"完
成[③]，还发现赭石颜料和研磨棒。破裂陶器的修补既
用钻孔捆绑法，也有用有机物黏合者[④]。筒状陶垫和
蘑菇状陶垫同时存在，且数量较多，陶器制作更趋专
业化（图一七四）。

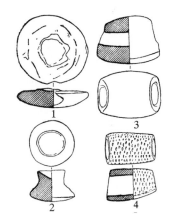

图一七四　赵家来客省庄
二期文化陶垫

1、2. 蘑菇状陶垫（H9:6、T105⑥A:8）

3、4. 筒状陶垫（H31:2、H9:2）

　　陶窑既有分散于每个家庭者，也有集中窑场。老
虎山"城"外窑场由陶窑、工作间、工作台、储藏室
等组成（图一七五），下魏洛也发现由操作间、窑室、

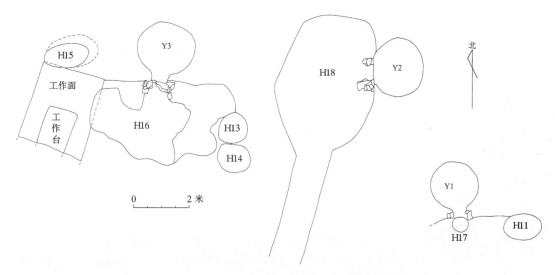

图一七五　老虎山 Y1～Y3 所在窑址区遗迹平面图

---

①　马清林等：《甘肃古代各文化时期制陶工艺研究》，《考古》1991 年第 3 期，第 263～272 页。

②　李文杰：《黄河流域新石器时代制陶工艺的成就》，《中国古代制陶工艺研究》，科学出版社，
1996 年，第 10 页。

③　李水城：《半山与马厂彩陶研究》，北京大学出版社，1998 年，第 188～191 页。

④　宁夏文物研究所、中国历史博物馆考古部：《宁夏菜园——新石器时代遗址、墓葬发掘报
告》，科学出版社，2003 年，第 359 页。

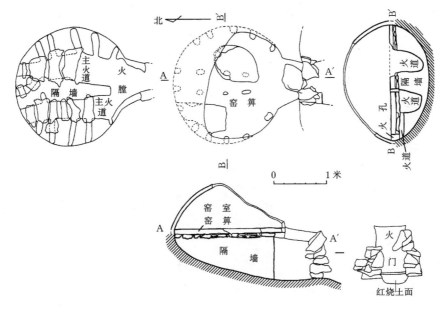

图一七六　老虎山 Y3 平、剖面图

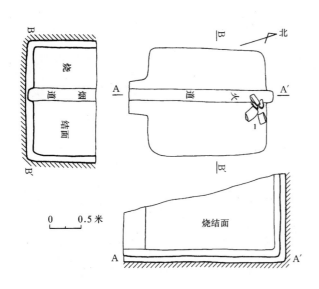

图一七七　老虎山 Y4 平、剖面图

1. 石块

灶和工房构成的陶坊。陶窑基本都是横穴式，但容积明显增大，老虎山陶窑直径达 2～2.2 米。菜园文化、齐家文化、马家窑文化多采用开放式陶窑以烧造红褐陶，客省庄二期文化、老虎山文化等多采用封闭式窑以烧造灰陶。特别值得注意的是，宗日类型的"半山式陶器"和"宗日式陶器"、老虎山类型的灰陶和褐陶器物，在陶质风格方面均有较大不同，估计制作者当有分工。尤其在老虎山遗址还发现两类陶窑，其中普通的馒头形窑主要烧制灰陶（Y1～Y3）（图一七六），而另一种屋式陶窑或许专门用于烧造红褐陶（Y4、Y5）（图一七七）。对柳湾[①]、广河

①　中国硅酸盐学会编：《中国陶瓷史》，文物出版社，1982 年。

彩陶片检测表明[①]，烧成温度在 800～1000℃。

　　齐家文化和菜园文化发现璧、琮、刀、铲等玉器，应当属于当地制作的产品，表明此时陇东南和宁夏地区已经出现玉器制作业，或许只有少数人才掌握玉器制作技术。当然其工艺源头在陶寺类型，甚至不排除有晋南工匠来到西北地区的可能性。从园子沟聚落来看，石器制作可能主要是以家庭为单位制作。比如 F3035 中的 5 个石纺轮石质、颜色近似，均较小且形制圆整，而 F3037 中的 2 个石纺轮则都较大且不甚圆整。切刀把 M19 和瓦罐嘴 M34 集中埋葬生产工具，或许与墓主人生前擅长制作工具有关，并不能据此证明当时已经普遍出现专业分工。

（二）龙山后期

　　经济形态大致同于前期。康家窖穴底部有腐朽粟壳，柳湾陶瓮中有粟粒，马家湾 F1 发现谷物朽灰，喇家发现小米面条。周原王家嘴的农作物中，粟占据绝对多数（约占龙山阶段总数的 92%），其次为黍和大豆，特别值得注意的是还有个别小麦和水稻，正好符合"稻、黍、稷、麦、菽"所谓"五谷"之数，同时还有不少应属于黍亚科的田间杂草[②]。有精美长体穿孔石斧、长方形穿孔石钺。这时连齐家文化和马家窑文化的收割工具也主要为长方形穿孔石刀，基本不见陶刀，表明收割效率全面提高。发现猪、牛、羊、狗等家畜骨骼[③]，甘青地区羊的数量仅次于猪。还发现梅花鹿、水牛、獐、野兔等可能属于狩猎对象的野生动物。此时各文化普遍发现细石器镞，尤其还扩展到关中的客省庄二期文化，表明北方式狩猎模式已经波及黄土高原大部。马厂类型出现长体穿孔砺石，当为便于携带，反映出人群移动性增加（图一七八）。

　　陶器制作基本同前期。马厂类型陶器形制不如半山类型规整、彩陶绘制渐趋潦草。东部渭河下游的客省庄二期文化见有少量轮制的豆、钵、碗、盘、大耳罐等，有些精致的鬶、盉的上部也属轮制。属于马厂类型的兰州白沟道坪—徐家坪遗址发现一制陶窑场，清理出 12 座竖穴式陶窑，分为 4 个单元，每单元共用一座"灰土坑"。窑室略呈 1 米见方的正方形，窑箅上有 9 个火眼（图一七九）。还有制陶作坊遗迹、分格调色盘、紫红色颜料等。经中子活化法测定，阳山陶器绝大多数为当地陶土烧制[④]，其他遗

　　①　马清林等：《甘肃古代各文化时期制陶工艺研究》，《考古》1991 年第 3 期，第 263～272 页。
　　②　周原考古队：《周原遗址（王家嘴地点）尝试性浮选的结果及初步分析》，《文物》2004 年第 10 期，第 89～96 页。
　　③　刘莉、阎毓民、秦小丽：《陕西临潼康家龙山文化遗址 1990 年发掘动物遗存》，《华夏考古》2001 年第 1 期，第 3～24 页。
　　④　陈铁梅等：《阳山墓地和徐家山遗址部分陶片的中子活化分析》，《民和阳山》，文物出版社，1990 年，第 177～180 页。

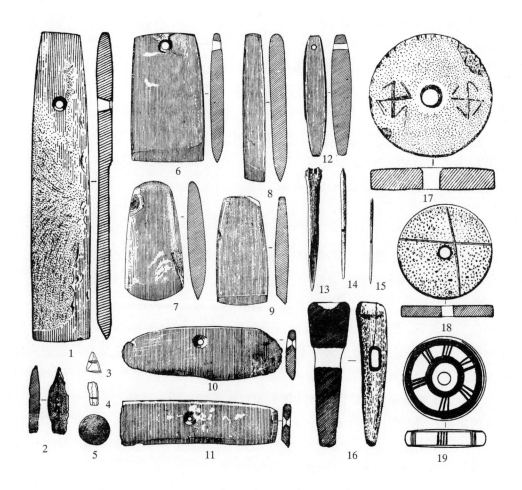

图一七八　柳湾马厂类型生产工具

1.穿孔长体石斧（M899:32）　2、3.石镞（M364:3、M703:2）　4.石叶（M47:6）　5.石球（M506:14）
6.穿孔石钺（M1050:20）　7.石斧（M229:15）　8.石凿（M1172:12）　9.石锛（M818:16）　10、11.穿孔石刀（M377:38、M649:5）　12.穿孔砺石（M1373:57）　13、14.骨锥（M386:1、M562:33）　15.骨针（M386:8）　16.角斧（M1117:9）　17、19.陶纺轮（M905:5、M88:33）　18.石纺轮（M281:23）

址也当类似。客省庄二期文化陶器火候增高、硬度增加，尤其渭河下游灰陶明显增加，还出现少量黑陶，说明烧成技术有较大变化，已普遍采用封闭式窑室，并出现渗碳技术。

　　永登蒋家坪马厂类型的锡青铜铜刀可能仍是铜锡共生矿冶炼的产物，柳湾还发现铜镞。齐家文化和马家窑文化马厂类型继续先前的玉器制作工艺。康家发现简陋的椭圆形坑，周壁粘有白灰粉末，底部残存白灰块，当为烧制石灰的窑。齐家文化等海贝的发现则表明与沿海地区存在联系。

四、小结

黄土高原龙山时代的客省庄二期文化、老虎山文化都主要是在当地仰韶文化基础上发展而来，齐家文化是客省庄二期文化进一步西向发展并地方化的产物，而盛行彩陶的马家窑文化半山类型和菜园文化则是土著文化接受较多东方因素而形成。由于这些文化的共同基础仍然是古老的仰韶文化，所以该时期黄土高原区文化总体仍属一个大的文化系统。此时农业文化的分布地域继续西向扩展，旱作农

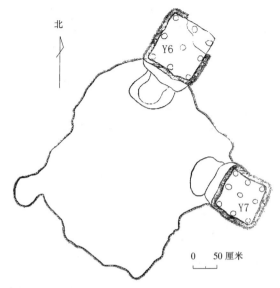

北

图一七九 白沟道坪 Y6、Y7 平面图

业继续发展，最终石刀取代陶刀而成为最主要的收割工具，尤其重要的是此时还出现小麦的种植。家畜饲养业和畜牧业继续发展，甘青地区在养猪的同时还牧羊。渔猎采集作为补充性经济继续存在，尤其龙山后期以细石器镞为代表的北方狩猎模式还扩展至黄土高原大部。陶器仍主要为泥条筑成法手制，仍为横穴式陶窑，但窑室面积进一步扩大，陶色分野越来越清楚：东部基本变为封闭式窑和灰陶，而西部则仍为传统的开放式窑和红褐陶。渭河下游则出现一定数量的轮制陶器和磨光黑陶。

黄土高原龙山时代文化继续着前期的分化趋势，器类更加复杂、功能更加细化，聚落分化更加显著，家庭或家族地位更加突出，聚落位置上移、"石城"、镞矛体现出的战争背景也更趋严酷。此时中国大部地区已进入铜石并用时代晚期阶段，但黄土高原区贫富分化、社会地位的差异和社会分工仍很有限，社会发展的"北方模式"仍然延续。

大范围的文化交流成为此时的主旋律。例如，龙山初期东部文化的大规模西移为菜园文化、半山类型的形成提供了直接契机，而陶寺类型玉器又对菜园文化、齐家文化产生深远影响，有人认为甚至还可能与新疆连成一体而构成一条"玉石之路"[①]。关中和北方地区各文化间的交流更加频繁，这样就使得许多时代性的特点得以普遍形成，如灰黑陶、鬲甗类三足器、窑洞式建筑和白灰面装饰等。由于经重新整合后的黄土高

---

① 梁晓英等：《武威新石器时代晚期玉石器作坊遗址》，《中国文物报》1993 年 5 月 30 日第 3 版。

原龙山时代文化焕发出新的活力，于是在龙山后期就开始大规模对外施加影响：向西将马家窑文化逐渐排挤到河西走廊地区，向东南则直接影响到晋南豫西地区文化格局的变动，其鬶式鬲及卜骨、细石器镞等因素更向黄河中下游地区广泛流播，对整个龙山时代文化的发展和中国文明的形成也起到重要作用。

第五节　青铜时代

黄土高原地区青铜时代的绝对年代约为公元前 1900～前 800 年，相当于中原地区的二里头文化至西周时期。地域性特点明显加强，文化分化和变革加剧，青铜器和青铜文化日益发达，有的地区进入文明社会的初期阶段。畜牧经济的兴起在文化发展中起到举足轻重的作用。大体以公元前 1500 年为界，还可以分为前、后两个时期。

一、文化谱系

（一）青铜时代前期

绝对年代大约在公元前 1900～前 1500 年，大致相当于二里头文化至二里岗下层文化时期，即夏晚期至商初期。这时候，内蒙古中南部、陕北和晋中地区由老虎山文化发展成朱开沟文化，齐家文化则从甘青地区大规模扩展至关中大部地区，并对朱开沟文化产生很大影响。整个黄土高原区文化格局明显出现相对一致的局面。

1. 齐家文化（晚期）

主要分布在甘肃大部、青海东部、宁夏南部，东向扩展至陕西渭河中下游地区。以甘肃广河齐家坪遗存为代表[1]，包括甘肃永靖秦魏家[2]、大何庄遗存[3]，青海互助总寨"齐家文化"墓葬[4]，陕西陇县川口河[5]、西安老牛坡 H16 和 H24[6]、华县元君庙

①　M. Beltin－Althin, The Sites of Chi Chia Ping and Lo Hantang In Kansu, MNFEA No.18, 1946.

②　中国科学院考古研究所甘肃工作队：《甘肃永靖秦魏家齐家文化墓地》，《考古学报》1975 年第 2 期，第 57～96 页。

③　中国科学院考古研究所甘肃工作队：《甘肃永靖大何庄遗址发掘报告》，《考古学报》1974 年第 2 期，第 29～62 页。

④　青海省文物考古队：《青海互助土族自治县总寨马厂、齐家、辛店文化墓葬》，《考古》1986 年第 4 期，第 306～317 页。

⑤　尹盛平：《陕西陇县川口河齐家文化陶器》，《考古与文物》1987 年第 5 期，第 1～11 页。

⑥　刘士莪：《老牛坡》，陕西人民出版社，2002 年。

M451①和南沙村 H12②、华阴横阵 M9③、蓝田泄湖 T1④M3 等④。还见于甘肃广河阳洼湾⑤，积石山新庄坪⑥，卓尼大族坪南区、石坡东区⑦，岷县杏林⑧，康乐商罐地，临夏魏家台子，青海贵南尕马台⑨、西宁沈那⑩等遗址。绝对年代大约在公元前 1900～前1600 年。

陶器为泥质和夹砂的红褐陶及灰陶。纹饰以粗乱绳纹为主，附加堆纹、旋纹其次，还有少量篮纹、方格纹、刻划纹、指甲纹等，个别器物上有横带状红色彩绘。流行带单耳、双耳甚或三耳的束颈罐，器表拍印绳纹或素面，多有花边或鸡冠耳，少数无花边而带数周旋纹。还有双大耳罐、大口高领罐、折肩罐、甗、鬲、缸、瓮、盘、盆、擂钵、觚形杯、器盖等，罐类器总体向瘦长发展。有双孔或两侧带缺口的石刀、陶纺轮、骨铲、骨锥等工具，多见打制或磨制精整的石璧，以及陶环和绿松石、海贝串饰等，仍有卜骨。最为重要的是秦魏家、大何庄、总寨、齐家坪、沈那、新庄坪、杏林、尕马台、商罐地等遗址还发现较多锡青铜或红铜器，有矛、锥、刀、人面匕首、双耳或单耳带銎斧、斧形器、镜、指环、耳环、镯、泡等器类（图一八〇）。这与前一时期铜器以红铜为主有较大差别。

谢端琚将大何庄和秦魏家墓地分为四期⑪，可见晚期齐家文化遗存仍略有早晚。晚期齐家文化可以分为两大类，第一类分布在西部的甘青和渭河上中游地区，流行红褐

①　北京大学历史系考古教研室：《元君庙仰韶墓地》，文物出版社，1983 年，第 45～46 页。
②　北京大学考古教研室华县报告编写组：《华县、渭南古代遗址调查与试掘》，《考古学报》1980 年第 3 期，第 297～328 页。
③　中国社会科学院考古研究所陕西工作队：《陕西华阴横阵遗址发掘报告》，《考古学集刊》第 4 集，中国社会科学出版社，1984 年，第 1～39 页。
④　中国社会科学院考古研究所陕西六队：《陕西蓝田泄湖遗址》，《考古学报》1991 年第 4 期，第 415～447 页。
⑤　夏鼐：《齐家期墓葬的新发现及其年代的修订》，《中国考古学报》第三册，1948 年，第 101 页。
⑥　甘肃省博物馆：《甘肃积石山县新庄坪齐家文化遗址调查》，《考古》1996 年第 11 期，第 46～52 页。
⑦　甘南藏族自治州文化局：《甘肃卓尼县纳浪乡考古调查简报》，《考古》1994 年第 7 期，第 587～599 页。
⑧　甘肃省岷县文化馆：《甘肃岷县杏林齐家文化遗址调查》，《考古》1985 年第 11 期，第 977～979 页。
⑨　青海省文物管理处考古队：《青海省文物考古工作三十年》，《文物考古工作三十年（1949—1979）》，文物出版社，1979 年，第 160～168 页。
⑩　王国道：《西宁市沈那齐家文化遗址》，《中国考古学年鉴》（1993），文物出版社，1995 年，第 260～261 页。
⑪　谢端琚：《论大何庄与秦魏家齐家文化的分期》，《考古》1980 年第 3 期，第 248～254 页。

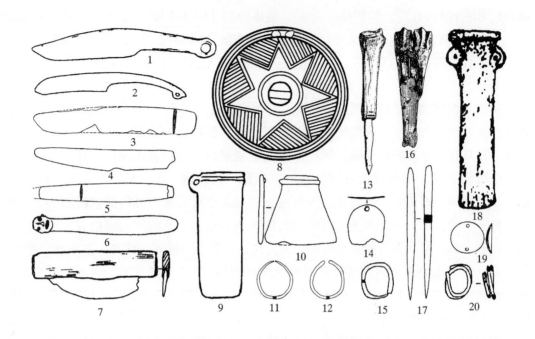

图一八〇　齐家文化（晚期）铜器

1~5. 刀（商罐地，杏林，总寨 M5:10，大何庄 TF:7，总寨 M7:4）　6. 人面匕首（齐家坪）　7. 骨梗铜刀
（魏家台子）　8. 镜（尕马台）　9. 单耳斧（杏林）　10. 斧形器（秦魏家 H72:1）　11、12. 镯（新庄坪）
13. 骨柄铜锥（总寨）　14. 铜片（秦魏家 H4:1）　15、20. 环（尕马台）　16. 骨柄铜刀（总寨）　17. 锥
（秦魏家 T6:2）　18. 双耳斧（齐家坪）　19. 泡（新庄坪）

陶，器体瘦长，不见轮制陶器，这类遗存可称为"秦魏家类型"或"川口河类型"①。
该类型也存在小的区域性差异，兰州附近的秦魏家等遗存保留更多传统特点，还有垂
带纹彩陶罐等（图一八一）；西宁附近遗存陶器较少，总寨更有复线波折纹双耳罐、骨
柄铜锥、骨柄铜刀等特殊器物；洮河流域大族坪遗存主要为素面陶器，陶器制作粗陋，
已有向寺洼文化转化的迹象。第二类分布在东部渭河下游地区，多为灰陶，花边罐圆
腹，有更多素面轮制的圆腹罐，可称为"老牛坡类型"（图一八二）②。与其类似的遗存
还有丹江流域的商州东龙山早期遗存③。

晚期齐家文化大规模东进，"宝鸡地区客省庄文化的消失便是齐家文化向东拓展的

①　张天恩等：《川口河齐家文化陶器的新审视》，《中国史前考古学研究——祝贺石兴邦先生考
古半世纪暨八秩华诞文集》，三秦出版社，2003 年。

②　张天恩：《试论关中东部夏代文化遗存》，《文博》2000 年第 3 期，第 3~10 页。

③　杨亚长：《陕西夏时期考古的新进展——商州东龙山遗址的发掘收获》，《古代文明研究通讯》
总第 5 期，2000 年，第 34~36 页。

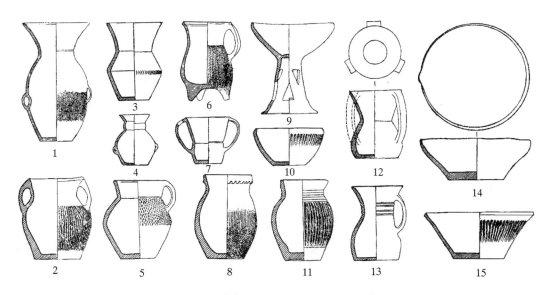

图一八一 齐家文化（晚期）秦魏家类型陶器

1. 大口高领罐（M96:2） 2. 绳纹双耳罐（M92:1） 3. 折肩罐（M107:2） 4. 曲颈罐（M36:2） 5、13. 单耳罐（M89:2、M37:2） 6. 单把鬲（M129:2） 7. 双大耳罐（M68:3） 8、11. 绳纹圆腹罐（M86:1、M46:4） 9. 豆（M46:3） 10. 钵（M107:3） 12. 三大耳罐（T13:6） 14. 匜（M87:4） 15. 盆（M69:3）（均出自秦魏家遗址）

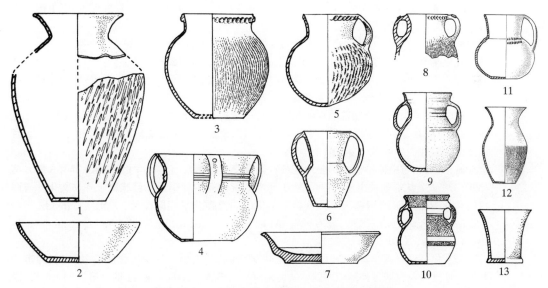

图一八二 齐家文化（晚期）老牛坡类型陶器

1、12. 大口高领罐（88XLⅠ2H24:16、86XLⅠ1M1:1） 2、7. 盆（88XLⅠ2H24:15、86XLⅢ1H16:24） 3. 绳纹圆腹罐（88XLⅠ2H24:14） 4. 三耳罐（86XLⅢ1M39:23） 5、11. 单耳罐（88XLⅠ2H24:7、86XLⅠ1M2:5） 6、8～10. 双耳罐（88XLⅠ2M1:1、86XLⅢ1H16:18、86XLⅢ1M39:24、86XLⅢ1M39:22） 13. 杯（86XLⅠ1M1:3）（均出自老牛坡遗址）

结果"①，并东北向极大地影响到朱开沟文化。齐家文化还进一步为二里头文化增添了花边罐这种典型陶器②，见于河南偃师二里头③、陕县西崖村④等二里头文化遗址（图一八三）。齐家文化甚至还对二里头文化青铜器的兴起也产生了较大影响⑤。考虑到晚期齐家文化青铜器的较多产生，可能与四坝文化乃至于新疆同时期文化的影响有关⑥，说明此时西方文化的强力渗透已对西北地区的文化发展起到重要作用，甚至对中原地区的文明进程也起到促进作用⑦。而稍晚二里头文化因素则反向传播至甘肃东部地区，如天水市区出土的镶嵌绿松石的青铜牌饰、平凉刘堡坪出土的平底陶盉等（图一八四)⑧。

此外，张天恩提到渭河上游存在以蛇纹高领罐、高领鬲为代表的遗存，见于甘肃庄浪刘堡坪、陕西千阳乔家堡等遗址，甚至还远达广河齐家坪；时代可能在二里头文化三期至二里岗下层文化之间⑨。在礼泉朱马嘴还采集到大致同时的双錾高领陶鬲，类

---

① 张忠培、孙祖初：《陕西史前文化的谱系研究与周文明的形成》，《远望集——陕西省考古研究所华诞四十周年纪念文集》，陕西人民美术出版社，1998 年，第 155 页。

② 罐类器物颈部箍附加堆纹从仰韶晚期开始流行，宽沿部压印花边最早见于庙底沟二期阶段的阿善三期类型；至龙山前期，则普遍流行于内蒙古中南部和陕北的老虎山文化、宁夏南部的菜园文化，波及客省庄二期文化、齐家文化北部；龙山后期逐渐渗透到甘青齐家文化、渭河流域客省庄二期文化。花边罐属于实用器物，一般多见于居址而少见于墓葬。

③ 中国社会科学院考古研究所：《偃师二里头——1959 年～1978 年考古发掘报告》，中国大百科全书出版社，1999 年。

④ 河南省文物研究所：《陕县西崖村遗址的发掘》，《华夏考古》1989 年第 1 期，第 15～48 页。

⑤ 林沄先生早就指出，二里头遗址三期出土的一件青铜环首刀属于北方系（中国社会科学院考古研究所二里头队：《1980 年秋河南偃师二里头遗址发掘简报》，《考古》1983 年第 3 期，第 199～205 页)，另一件铜"戚"实即北方系战斧的变体（中国科学院考古研究所二里头工作队：《偃师二里头遗址新发现的铜器和玉器》，《考古》1976 年第 4 期，第 259～263 页)，见林沄：《早期北方系青铜器的几个年代问题》，《内蒙古文物考古文集》（第 1 辑），中国大百科全书出版社，1994 年，第 291～295 页。

⑥ 李水城：《西北与中原早期冶铜业的区域特征及交互作用》，《考古学报》2005 年第 3 期，第 239～278 页。沈那遗址出土一件长达 61 厘米的带倒刺的青铜矛，可能属于齐家文化，与西西伯利亚 Rostovka 所谓塞玛—图尔宾诺文化的同类器几乎相同，见 E. N. Chernykh, *Ancient Metallurgy in the USSR*：*The Early Metal Age*, translated by Sarah Wright, Cambridge University Press, 1992, pp. 221.

⑦ 二里头文化已经发现车辙痕迹（中国社会科学院考古研究所二里头工作队：《河南偃师市二里头遗址宫城及宫殿区外围道路的勘察与发掘》，《考古》2004 年第 11 期，第 3～13 页)，极可能是西方的车通过齐家文化传播到中原的结果，而此时出现的专门武器戈也更适合车战的需要。

⑧ 张天恩：《天水出土的兽面铜牌饰及有关问题》，《中原文物》2002 年第 1 期，第 43～46 页。

⑨ 张天恩：《关中西部夏代文化遗存的探索》，《考古与文物》2000 年第 3 期，第 44～50 页；张天恩：《关中商代文化研究》，文物出版社，2004 年，第 2～4 页。

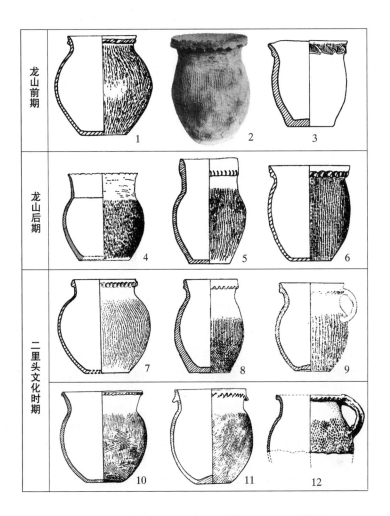

图一八三　龙山时代和二里头文化时期陶花边圆腹罐

1. 菜园文化（林子梁 LF11⑤:11）　　2、4. 客省庄二期文化（桥村 H4:24，赵家来 H7:1）　　3、5～9. 齐家文化
（师赵村 T317②:6，柳湾 M968:1，页河子 H148:12，老牛坡 88XLⅠ2H24:14，秦魏家，横阵 M9:5）　　10～
12. 二里头文化（二里头Ⅱ·ⅤT104⑤:18，西崖村 H4:40、48）

似于晋中汾阳杏花村五期、北垣底 H2 等朱开沟文化中期陶鬲[①]。这些遗存的基本面貌
尚不清楚。

2. 朱开沟文化（早中期）

分布在内蒙古中南部和陕北地区，涉及晋中地区。以内蒙古伊金霍洛旗朱开沟

---

① 国家文物局、山西省考古研究所、吉林大学考古学系：《晋中考古》，文物出版社，1999 年，
　第 21、160 页；田广金、韩建业：《朱开沟文化研究》，《考古学研究》（五），文物出版社，
　2003 年，第 227～259 页。

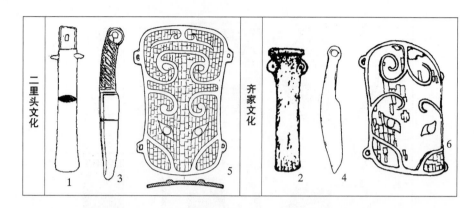

图一八四　齐家文化（晚期）和二里头文化铜器比较

1、2. 斧（二里头 K3:1，齐家坪）　3、4. 刀（二里头Ⅲ M2:4，商罐地）　5、6. 牌饰（二里头 M11:7，天水秦城）

早中期遗存为代表①，包括内蒙古的准格尔大口瓮棺葬②、白敖包墓地③、高家坪遗存④、南壕"夏阶段遗存"、寨子塔第四阶段、官地五期、小庙早期遗存⑤、清水河庄窝坪四期、后城嘴第四阶段、白泥窑子"朱开沟文化遗存"、西岔二期遗存⑥、凉城板城 F17、老虎山 H21⑦、杨厂沟⑧、三道沟遗存⑨，陕西省的神木新华⑩、寨峁第

①　内蒙古文物考古研究所：《内蒙古朱开沟遗址》，《考古学报》1988 年第 3 期，第 301～332 页；内蒙古自治区文物考古研究所、鄂尔多斯博物馆：《朱开沟——青铜时代早期遗址发掘报告》，文物出版社，2000 年。

②　吉发习、马耀圻：《内蒙古准格尔旗大口遗址的调查与试掘》，《考古》1979 年第 4 期，第 308～319 页。

③　内蒙古文物考古研究所、伊金霍洛旗文物管理所、鄂尔多斯博物馆：《伊金霍洛旗白敖包墓地》，《内蒙古文物考古文集》（第 2 辑），中国大百科全书出版社，1997 年，第 327～337 页。

④　伊克昭盟文物工作站：《准格尔旗高家坪遗址》，《内蒙古文物考古文集》（第 1 辑），中国大百科全书出版社，1994 年，第 261～271 页。

⑤　内蒙古文物考古研究所：《准格尔旗小庙遗址发掘简报》，《内蒙古文物考古文集》（第 1 辑），中国大百科全书出版社，1994 年，第 272～277 页。

⑥　内蒙古文物考古研究所、清水河县文物管理所：《清水河县西岔遗址发掘简报》，《万家寨水利枢纽工程考古报告集》，远方出版社，2001 年，第 60～78 页。

⑦　内蒙古文物考古研究所：《岱海考古（一）——老虎山文化遗址发掘报告集》，科学出版社，2000 年。

⑧　内蒙古文物考古研究所、北京大学考古系：《凉城县杨厂沟遗址清理简报》，《内蒙古文物考古》1991 年第 1 期，第 11～12 页。

⑨　内蒙古文物考古研究所、北京大学考古系：《内蒙古凉城县三道沟遗址的试掘》，《北方文物》2004 年第 4 期，第 15～18 页。

⑩　陕西省考古研究所、榆林市文物保护研究所：《神木新华》，科学出版社，2005 年。

二期①、石峁 M2，府谷长峁梁遗存等②，还见于凉城马鞍桥山③、三道沟④、清水河九辅岩⑤、榆林李家庙⑥、佳县石摞摞山等遗址⑦。绝对年代约为公元前 1900～前 1500 年。陶器基本为夹砂和泥质灰陶，有篮纹、绳纹、方格纹、压印楔形纹、粗附加堆纹等纹饰，常见双鋬。主要器类有带领鬲、甗、三足瓮、豆等。

该文化早期遗存包括朱开沟早期、大口瓮棺葬、白敖包墓地、新华遗存、石峁 M2 等。许多陶器的口沿或肩部以上抹光，流行篮纹，甗敛口，还有双鋬或花边矮领鬲、大肥袋足鬲、敛口盉、篮纹斜腹盆、高领尊、大口尊、折肩罐、长腹罐等器类。宽刃石铲有特色，石刀单孔或两侧带缺口，陶垫筒状，有骨笄，陶脚形器；卜骨使用牛、羊、猪、鹿等动物肩胛骨，只见灼痕（图一八五）。中期遗存包括朱开沟中期、高家坪遗存、南壕"夏阶段遗存"、寨子塔第四阶段、官地五期、小庙早期、庄窝坪四期、后城嘴第四阶段、白泥窑子"朱开沟文化遗存"、西岔二期遗存、板城 F17、老虎山 H21、杨厂沟遗存等。夹砂者多加细砂，流行绳纹，篮纹少见，甗多口，还有卷沿或微折沿鬲、小口瓮、弧腹盆、双系罐、方杯等器类。出现厚背弯身石刀和穿孔砺石。两期间大致以公元前 1700 年为界。由于早中期遗存差别较大，所以有人只将中期遗存称为朱开沟文化，而将早期遗存归入龙山时代⑧。

朱开沟文化早期内蒙古中南部和陕北之间陶器彼此类似（图一八六、一八七）。但陕北新华、石峁、芦山峁⑨等遗址还出土有大量精美玉器，种类有铲、钺、刀、琮、璧、"联璧"、牙璋、"璇玑"、圭、玦、璜、人面形雕等，仅新华一座祭祀坑中（99K1）

---

①　陕西省考古研究所：《陕西神木县寨峁遗址发掘简报》，《考古与文物》2002 年第 3 期，第 3～18 页。

②　李增社：《府谷县长峁梁新石器时代和青铜时代遗址》，《中国考古学年鉴》（2003），文物出版社，2004 年，第 345 页。

③　乌盟文物站凉城文物普查队：《内蒙古凉城县岱海周围古遗址调查》，《考古》1989 年第 2 期，第 97～102 页。

④　王连葵：《河套和岱海地区夏商时期文化初探》，《内蒙古中南部原始文化研究文集》，海洋出版社，1991 年，第 186～215 页。

⑤　内蒙古文物考古研究所：《清水河县九辅岩遗址调查简报》，《内蒙古文物考古》2003 年第 1 期，第 9～15 页。

⑥　《榆林县李家庙新石器时代遗址》，《中国考古学年鉴》（1989），文物出版社，1990 年，第 246 页。

⑦　张天恩、丁岩：《佳县石摞摞山龙山时代城址》，《中国考古学年鉴》（2004），文物出版社，2005 年，第 370～371 页。1998 年笔者曾实地做过调查，发现该遗址有三足瓮所代表的朱开沟文化遗存。

⑧　张忠培：《朱开沟遗存及其相关问题》，《中国北方考古文集》，文物出版社，1990 年，第 209～213 页；崔璇：《朱开沟遗址陶器试析》，《考古》1991 年第 4 期，第 361～371 页。

⑨　姬乃军：《延安市发现的古代玉器》，《文物》1984 年第 2 期，第 84～87 页。

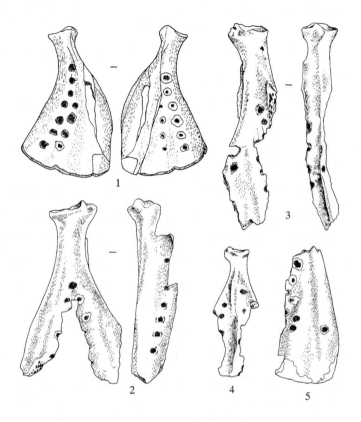

就出土 36 件之多（图一八八），而内蒙古中南部仅有绿松石珠装饰。我们据此或可将其划分为两个地方类型，分别叫做"朱开沟类型"和"石峁类型"。

朱开沟文化早期是在老虎山文化白草塔类型基础上发展而来，绝大多数陶器、石器都一脉相承。当然也出现一些新因素，如此时最具代表性的三足瓮，其器身与晋中龙山后期游邀类型的敛口深腹圜底瓮最为近似，与白草塔类型口沿外压光或饰一周压印纹的大口平底瓮也有神似之处，或许与二者都有渊源关系（图一八九）。大肥袋足鬲、圈

图一八五　新华遗址卜骨

1. 鹿肩胛骨（99H51:1）　　2、3、5. 牛肩胛骨（96H15②:2、1、5）
4. 羊肩胛骨（96H18③:7）

足罐、圈足盘、深腹簋、三足杯、单耳杯、鬶形器、素面或饰压印纹的折肩罐等陶器，与陶寺晚期类型的典型器近同[1]，说明主要来自于晋南（图一九〇）。双（三）大耳罐、男性直肢女性屈肢的葬式来自齐家文化。此时已个别出现的蛇纹鬲虽仍属于矮领鬲系统，但其独特的"砂质陶"质地和成熟的纹饰仍十分引人注意，其源头或许也在甘青地区[2]。至于陕北玉器或许与陶寺类型有关，这类玉器甚至有可能在龙山时代已经出现

① 中国社会科学院考古研究所山西工作队、临汾地区文化局：《山西襄汾县陶寺遗址发掘简报》，《考古》1980 年第 1 期，第 18～31 页；中国社会科学院考古研究所山西工作队、山西省临汾地区文化局：《陶寺遗址 1983～1984 年Ⅲ区居住址发掘的主要收获》，《考古》1986 年第 9 期，第 773～781 页；山西省考古研究所、曲沃县博物馆：《山西曲沃东许遗址调查、发掘报告》，《三晋考古》第二辑，山西人民出版社，1996 年，第 220～224 页。
② 李水城：《中国北方地带的蛇纹器研究》，《文物》1992 年第 1 期，第 50～57 页。

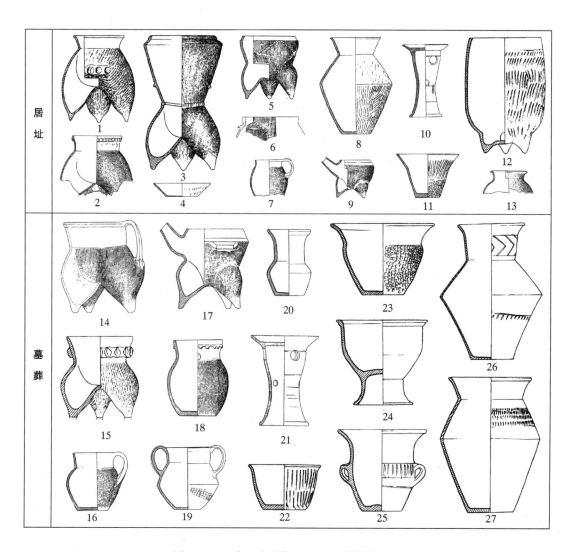

图一八六　朱开沟早期居址和墓葬陶器比较

1、2、6、14、15. 鬲（W2002:1、H1058:9、T402④:2、M3008:1、M3002:1）　3. 敛口瓿（W2011:1）　4、

22. 斜腹盆（H2011:7、M2013:3）　5. 斝（W2003:1）　7、16. 单耳罐（T246④:9、M1095:1）　8、27. 折

肩罐（W2013:1、M3024:4）　9、17. 盂（T236⑤:2、M6011:3）　10、21. 曲柄豆（H2047:2、M2001:3）

11、23、25. 大口尊（H2058:2、M3024:3、M1037:2）　12. 三足瓮（W2006:2）　13. 带纽罐（H1058:5）

18. 花边圆腹罐（M4014:1）　19. 双耳罐（M2020:3）　20. 长颈壶（M3018:6）　24. 深腹簋（M3027:2）

26. 高领尊（M4049:1）

于陕北。值得注意的是，早期之后这些来自晋南、甘青的因素消失殆尽，而关中陇东
地区的辛店文化、刘家文化、碾子坡文化则都开始流行花边高领鬲等，推测部分人群
有西南向移动的可能性。

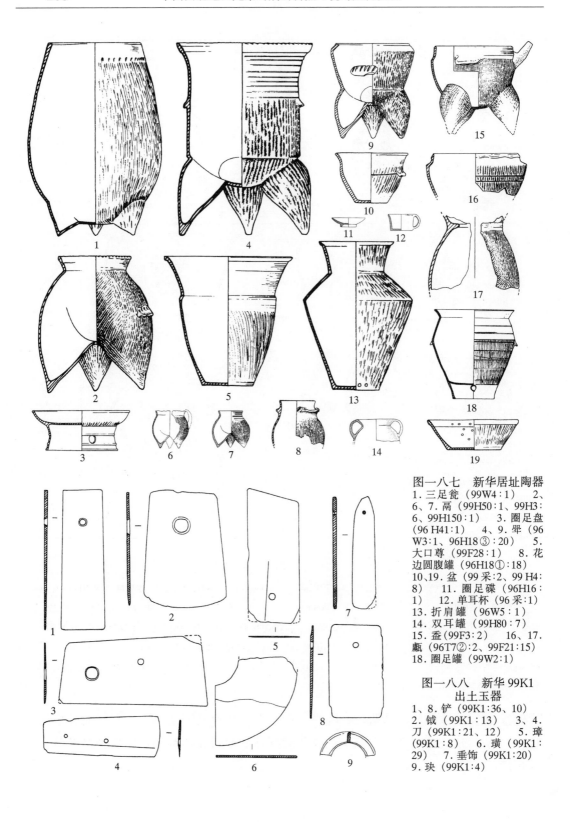

图一八七　新华居址陶器
1. 三足瓮（99W4：1）　　2、6、7. 鬲（99H50：1、99H3：6、99H150：1）　3. 圈足盘（96 H41：1）　4、9. 斝（96W3：1、96H18③：20）　5. 大口尊（99F28：1）　8. 花边圆腹罐（96H18①：18）
10、19. 盆（99 采：2、99 H4：8）　11. 圈足碟（96H16：1）　12. 单耳杯（96 采：1）
13. 折肩罐（96W5：1）
14. 双耳罐（99H80：7）
15. 盉（99F3：2）　16、17. 瓿（96T7②：2、99F21：15）
18. 圈足罐（99W2：1）

图一八八　新华 99K1
出土玉器
1、8. 铲（99K1：36、10）
2. 钺（99K1：13）　3、4. 刀（99K1：21、12）　5. 璋（99K1：8）　6. 璜（99K1：29）　7. 垂饰（99K1：20）
9. 玦（99K1：4）

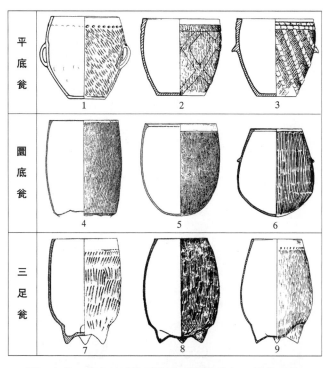

朱开沟文化中期主体虽然和早期有继承性，但出现了很多类似晋南二里头文化东下冯类型的新因素，卷沿鬲则可能是由晋中高领鬲分化而来（图一九一）①。可见在早中期的转变过程中来自东南方向的文化影响起到重要作用。中期文化的对外影响也比较明显。东下冯Ⅱ～Ⅴ期所见三足瓮、高领鬲、厚背弯身石刀②，垣曲商城二里头文化晚期和二里岗下层文化所见三足瓮③，冀西北壶流河流域、洋河流域乃至于内蒙古东南部夏家店下层文化遗存中所见三足瓮、蛇纹鬲、蛇纹甗、花边鬲、高领实足根鬲等④，都明确为朱开沟文化因素。从朱开沟、新华、神木人骨鉴定来看，与东亚蒙古人

图一八九　北方地区陶平底瓮、圜底瓮与三足瓮比较

1～3．平底瓮（大庙坡 87F1：4，白草塔 F9：1，F8：1）　　4～6．圜底瓮（杏花村 M70：1，乔家沟 02，阳白 T1203②B：9）　　7～9．三足瓮（朱开沟 W2006：2，峪道河 W2：1，新华 99W4：1）

种最为接近，同时含有少量北亚蒙古人种的成分⑤。

①　许伟：《晋中地区西周以前古遗存的编年与谱系》，《文物》1989 年第 4 期，第 40～50 页。
②　中国社会科学院考古研究所、中国历史博物馆、山西省考古研究所：《夏县东下冯》，文物出版社，1988 年。
③　中国历史博物馆考古部、山西省考古研究所、垣曲县博物馆：《垣曲商城——1985～1986 年度勘察报告》，科学出版社，1996 年。
④　张家口考古队：《蔚县考古纪略》，《考古与文物》1982 年第 4 期，第 10～14 页；张家口考古队：《蔚县夏商时期考古的主要收获》，《考古与文物》1984 年第 1 期，第 40～48 页；张家口市文物事业管理所、宣化县文化馆：《河北宣化李大人庄遗址试掘报告》，《考古》1990 年第 5 期，第 398～402 页；中国社会科学院考古研究所：《大甸子——夏家店下层文化遗址与墓地发掘报告》，科学出版社，1996 年。
⑤　潘其风：《朱开沟墓地人骨的研究》，《朱开沟——青铜时代早期遗址发掘报告》，文物出版社，2000 年，第 340～399 页；韩康信：《陕西神木新华古代墓地人骨的鉴定》，《神木新华》，科学出版社，2005 年，第 331～354 页；方启：《陕西神木县寨峁遗址古人骨研究》，《边疆考古研究》（第 2 辑），科学出版社，2004 年，第 316～336 页。

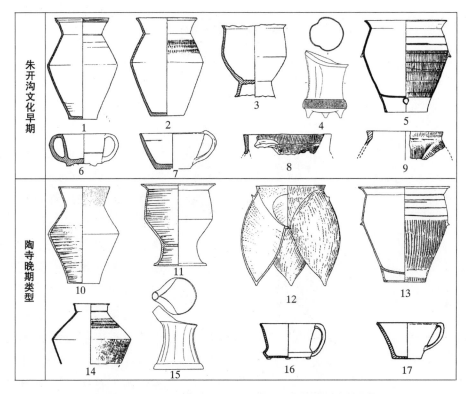

图一九〇　朱开沟文化早期与陶寺晚期类型陶器比较

1、2、10、14.折肩罐（朱开沟 M1051：7，朱开沟 M3024：4，陶寺 M2384：2，东许 H6：4）　　3、11.深腹簋（朱开沟 M1033：3，陶寺Ⅲ H303：18）　　4.鬶形器（朱开沟 M1010：2）　　5、13.圈足罐（新华 99W2：1，陶寺Ⅲ H303：14）　　6、16.三足杯（朱开沟 M2020：2，东许 H3：2）　　7、17.单耳杯（朱开沟 M3027：4，东许 T3④：2）　　8、9、12.大肥袋足鬲（朱开沟 F1018：2，新华 96 采：1，陶寺Ⅲ H303：12）　　15.盉形器（陶寺 H3406：3）

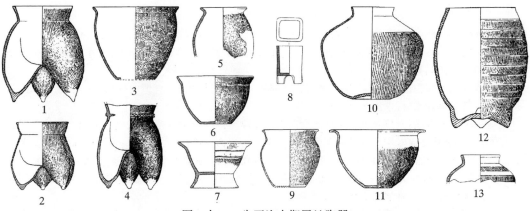

图一九一　朱开沟中期居址陶器

1.矮领鬲（W2007：1）　　2.蛇纹鬲（W2004：2）　　3、4.侈口甗（W2004：3、QH82：2）　　5.有沿鬲（H5010：3）　　6、11.弧腹盆（QH79：3、QH56：4）　　7.簋（QH79：8）　　8.方杯（T124④：2）　　9.带纽罐（H4001：3）　　10、13.小口瓮（QH79：9、T124③：2）　　12.三足瓮（F2037：2）

（二）青铜时代后期

绝对年代大约在公元前 1500～前 800 年，即中晚商至西周时期。这时候，内蒙古中南部、陕北和晋中地区先是晚期朱开沟文化，之后又进一步演变为李家崖文化和西岔文化等。关中地区的情况十分复杂，首先是有一定地方特色的早商文化，然后为刘家文化和晚期先周文化，最后统一于周文化。甘青地区先是晚期齐家文化，之后分化为辛店文化、卡约文化和寺洼文化。在这一重要的格局调整过程中，二里岗上层文化的强力扩张曾起到重要推动作用。

1. 商文化

主要分布在陕西渭河中下游地区，包括关中东部的西安老牛坡[1]和袁家崖[2]、长安羊元坊[3]、耀县北村[4]、铜川三里洞[5]、三原邵家沟[6]、渭南南堡[7]、蓝田怀珍坊和黄沟[8]、华县南沙村上层遗存，关中西部的礼泉朱马嘴[9]、扶风壹家堡[10]和美阳[11]、岐山京当[12]和王家嘴商代遗存等[13]。绝对年代约为公元前 1500～前 1100 年。

---

[1]　保全：《西安老牛坡出土商代早期文物》，《考古与文物》1981 年第 2 期，第 17～20 页；刘士莪：《老牛坡》，陕西人民出版社，2002 年。

[2]　西安半坡博物馆 巩启明：《西安袁家崖发现商代晚期墓葬》，《文物资料丛刊》5，文物出版社，1981 年，第 120～121 页。

[3]　陕西省考古研究所：《陕西长安羊元坊商代遗址残灰坑的清理》，《考古与文物》2003 年第 2 期，第 3～7 页。

[4]　北京大学考古系商周组等：《陕西耀县北村遗址 1984 年发掘报告》，《考古学研究》（二），北京大学出版社，1994 年，第 283～342 页。

[5]　铜川市文化馆：《陕西铜川发现商周青铜器》，《考古》1982 年第 1 期，第 107 页。

[6]　马琴莉：《三原县收藏的商周铜器和陶器》，《文博》1996 年第 4 期，第 86～89 页。

[7]　左忠诚：《渭南市又出一批商代青铜器》，《考古与文物》1987 年第 4 期，第 111 页；陕西省渭南县文化馆 左忠诚：《陕西渭南县南堡西周初期墓葬》，《文物资料丛刊》3，文物出版社，1980 年，第 203～206 页。

[8]　西安半坡博物馆等：《陕西蓝田怀珍坊商代遗址试掘简报》，《考古与文物》1981 年第 3 期，第 48～53 页；蓝田县文化馆 樊维岳等：《陕西蓝田出土商代青铜器》，《文物资料丛刊》3，文物出版社，1980 年，第 25～27 页。

[9]　张天恩：《关中商代文化研究》，文物出版社，2004 年，第 33～41 页；秋维道等：《陕西礼泉县发现两批商代铜器》，《文物资料丛刊》3，文物出版社，1980 年，第 28～31 页。

[10]　北京大学考古系：《陕西扶风壹家堡遗址发掘简报》，《考古》1993 年第 1 期，第 9～13 页；北京大学考古系商周组：《陕西扶风壹家堡遗址 1986 年度发掘报告》，《考古学研究》（二），北京大学出版社，1994 年，第 343～390 页。

[11]　扶风县文化馆 罗西章：《扶风美阳发现商周铜器》，《文物》1978 年第 10 期，第 91～92 页。

[12]　宝鸡市博物馆 王永光：《陕西省岐山县发现商代铜器》，《文物》1977 年第 12 期，第 86 页。

[13]　半坡博物馆：《陕西岐山王家嘴遗址的调查和试掘》，《史前研究》1984 年第 3 期，第 78～90 页；周原考古队：《2001 年度周原遗址（王家嘴、贺家地点）发掘简报》，《古代文明》第 2 卷，文物出版社，2003 年，第 432～490 页。

陶器以泥质和夹砂灰陶为主，红褐陶其次，有个别泥质黑皮陶和釉陶。大多数拍印绳纹，其他还有少量附加堆纹、方格纹、方格乳钉纹、云雷纹、弦纹、旋纹、饕餮纹、联珠纹等。流行分裆鬲，还有大口尊、甗、斝、罐、豆、盆，以及瓮、缸、甑、簋、仿铜鼎、四足方杯、盆形擂钵、蘑菇状纽器盖等器类。青铜容器发达，有鼎、甗、鬲、觚、爵、斝、簋等（图一九二）。生产工具有长方形穿孔石刀、石斧、石锤斧、石（铜）锛、石（骨）铲、铜（石）凿、铜镰、铜刀、铜削、铜锯、铜（骨、角）锥、骨针、骨匕、饼形陶纺轮、蘑菇状和筒形陶垫、陶网坠等。还有作为兵器的戈、钺、斧、矛、镞等青铜器（图一九三），也有骨（石）镞、石（玉）戈等。戈多为直内，镞铤身分明，镞身为突脊三角形。有铜车马器（图一九四）和可能作为挂缰钩的弓形器[1]。还有青铜人面饰、铜牛面饰、铜镂孔牌形饰、铜兽形饰、铜泡、铜铃、铜（玉、石）环、玉管、石（玉）璧、玉璜、石佩饰、骨笄、骨管等装饰品（图一九五），以及漆器、海贝、石磬等。卜骨较多，多为牛肩胛骨，个别为羊肩胛骨，新见整平脊臼以及有钻有灼的情况（图一九六）。

关中西部遗存地方特征颇为明显。除占据主体的典型商文化因素外，还有联裆鬲、腰箍附加堆纹的联裆甗、腹饰方格纹的盆、折肩罐、折肩瓮、折肩尊、真腹豆等郑家坡文化因素。个别高领乳状袋足鬲为刘家文化或碾子坡文化因素。总体上仍然是变异程度更大的商系统文化，邹衡先生称之为"京当型"商文化[2]。年代从二里岗上层延续至殷墟二期，殷墟二期之后基本被郑家坡文化排挤出关中西部（图一九七）。关中东部遗存的分裆鬲有素面锥足根，多为规整方唇，个别颈、腹部有附加堆纹。甗侈口或敞口，豆有假腹、真腹之分。还有大口尊、大口缸、圈足壶、鼎、方杯、釉陶尊等器类。土著特征主要表现在花边圆腹罐以及墓葬的头、足、脚坑等个别方面。关中东部商文化从二里岗下层阶段一直延续到殷墟四期，从西向东渐次被"先周文化"代替。在二里岗下层至殷墟二期阶段，与郑州地区商文化很是接近，邹衡先生称之为"二里岗型"商文化；在殷墟三、四期阶段，变异分化明显，地方特色浓厚，"先周文化"因素越来越多，张天恩分出偏南的"老牛坡型"（图一九八）和偏北的"北村型"[3]。

关中地区商文化，当为郑州商文化西向强烈扩张，并与当地土著文化融合的产物。随着与商王朝核心区距离的逐渐增加，地方特征渐次明显。另外，关中早中商阶段所

---

[1]　林沄：《关于青铜弓形器的若干问题》，《林沄学术文集》，中国大百科全书出版社，1998年，第251~261页。

[2]　邹衡：《试论夏文化》，《夏商周考古学论文集》，文物出版社，1980年，第128~129页。

[3]　张天恩：《关中商代文化研究》，文物出版社，2004年，第153~157页。此晚商阶段"北村型"和徐天进提出的包含早晚商的"北村类型"有所不同，见徐天进：《试论关中地区的商文化》，《纪念北京大学考古专业三十周年论文集》，文物出版社，1990年，第211~214页。

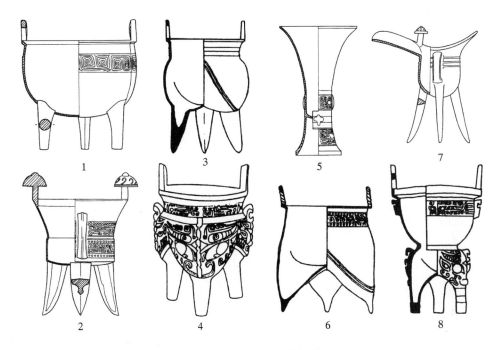

图一九二　关中商文化青铜容器

1.鼎（老牛坡 M10:1）　　2.斝（老牛坡 86XLⅢ1M44:7）　　3、4、6.鬲（京当、桃下村、京当）　　5.觚（老
牛坡 86XLⅢ1M44:3）　　7.爵（老牛坡 86XLⅢ1M44:6）　　8.甗（朱马嘴）

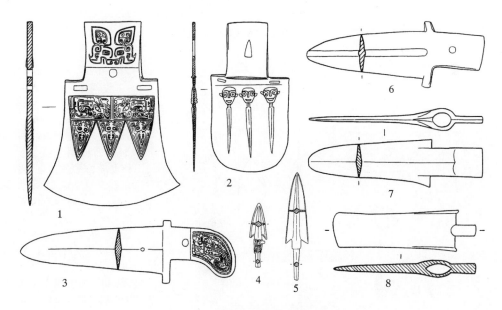

图一九三　老牛坡商文化青铜兵器

1、2.钺（86XLⅢ1M41:54、51）　　3、6、7.戈（86XLⅢ1M41:38、86XLⅢ1M44:2、86XLⅢ1M33:2）　　4、
5.镞（86XLⅢ1M8:6、1）　　8.斧（86XLⅢ1M7:1）

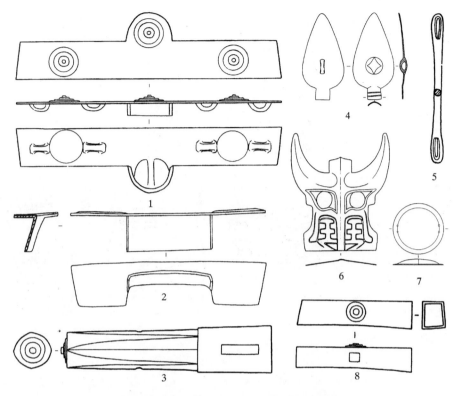

图一九四　老牛坡商文化青铜车马器

1. 踵饰（86XLⅢ1M27:8）　2. 軨饰（86XLⅢ1M27:7）　3. 车軎（86XLⅢ1M27:5）　4. 马首饰（86XLⅢ1M17:1）　5. 马衔（86XLⅢ1M17:2）　6～8. 衡饰（86XLⅢ1M41:13、M41:52、M27:4）

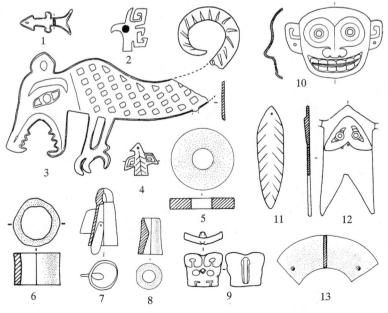

图一九五　老牛坡商文化青铜和玉石装饰品

1、11、12. 青铜鱼形饰（86XLⅢ1:051、M41:14、M41:25）　2. 青铜鸟首饰（86XLⅢ1M41:15）　3. 青铜虎形饰（86XLⅢ1M41:18）　4. 青铜鸟形饰（86XLⅢ1M41:40）　5. 玉璧（86XLⅢ1M25:5）　6. 石管（86XLⅢ1M10:9）　7. 青铜铃（86XLⅢ1M41:19）　8. 玉管（86XLⅢ1M8:40）　9. 青铜兽首饰（86XLⅢ1M11:2）　10. 青铜人面饰（86XLⅢ1M41:37）　13. 玉璜（86XLⅢ1M44:4）

见少量砂质蛇纹鬲、蛇纹甗、弯背石刀等因素，当为受北方地区朱开沟文化中晚期影响所致。"老牛坡型"当中的铜兽面或人面饰、铜泡、三角援戈等，体现出与汉中地区宝山文化有较多交流①。釉陶的源头则在中国东南地区。

关中西部商文化的族属，可能与"目"族、秦人祖先嬴姓族、古崇国有关，关中东部与北

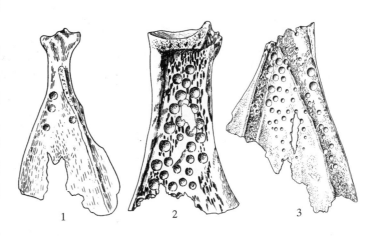

图一九六　老牛坡商文化卜骨

1.羊肩胛骨（88XLⅠ2H21:1）　2、3.牛肩胛骨（88XLⅠ2H14:33、88XLⅠ2T13H6:7）

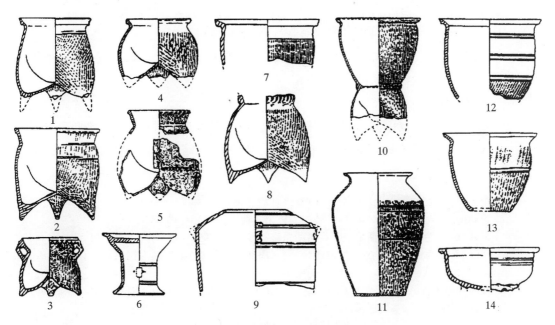

图一九七　商文化京当型陶器

1、4.分裆鬲（H3:11、H6:3）　2.联裆鬲（H5:19）　3.乳状袋足鬲（M2:1）　5.蛇纹鬲（T2④:3）　6.豆（T2⑥:4）　7、8、10.甗（T2④:22、H3:17、H15:2）　9.敛口瓮（H3:63）　11.折肩罐（H15:5）　12、13.盆（T2⑥:44、46）　14.簋（T2⑤:27）（均出自朱马嘴遗址）

①　西北大学文博学院：《城固宝山——1998年发掘报告》，文物出版社，2002年。

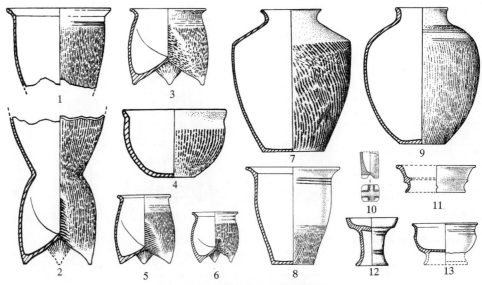

图一九八　商文化老牛坡型陶器

1、2. 分裆甗（86XLⅢ1H5∶135、87XLⅢ2H7∶9）　3、5、6. 分裆鬲（87XLⅢ2H7∶7、87XLⅢ2H5∶3、86XLⅢ1H5∶107）　4. 弧腹盆（87XLⅢ2H1∶19）　7. 折肩罐（85XLⅢ∶0155）　8. 大口缸（87XLⅢ2H1∶16）　9. 小口瓮（85XLⅢ∶0156）　10. 四足方杯（87XLⅢ2H2∶2）　11. 圈足盘（87XLⅢ2H1∶18）　12. 豆（86XLⅢ1H20∶1）　13. 簋（85XLⅡ2T10②∶8）（均出自老牛坡遗址商文化三期）

殷氏、有莘氏、共氏、崇国、骊山氏等有关①。其中关于老牛坡墓地，就有属于崇国②、骊山氏③或唐杜（荡社）④等不同说法。

2. 刘家文化

主要分布在渭河上中游地区。以陕西扶风刘家墓地为代表⑤，包括陕西宝鸡纸坊头⑥、高家村⑦同类遗存，还见于宝鸡金河、石嘴头、晁峪⑧、林家村⑨、姬家店⑩，岐

①　张天恩：《关中商代文化研究》，文物出版社，2004 年，第 72～76 页。

②　宋新潮：《殷商文化区域研究》，陕西人民出版社，1991 年，第 72 页。

③　彭邦炯：《西安老牛坡商墓遗存族属新探》，《考古与文物》1991 年第 6 期，第 53～56 页。

④　李学勤：《荡社、唐土与老牛坡遗址》，《周秦文化研究》，陕西人民出版社，1998 年，第105～108 页。

⑤　陕西周原考古队：《扶风刘家姜戎墓葬发掘简报》，《文物》1984 年第 7 期，第 16～29 页；张翠莲：《扶风刘家墓地试析》，《考古与文物》1993 年第 3 期，第 57～65 页。

⑥　宝鸡市考古队：《宝鸡市纸坊头遗址试掘简报》，《文物》1989 年第 5 期，第 47～55 页。

⑦　宝鸡市考古工作队：《陕西宝鸡市高家村遗址发掘简报》，《考古》1998 年第 4 期，第 1～6 页。

⑧　刘宝爱：《宝鸡发现辛店文化陶器》，《考古》1985 年第 9 期，第 850～852 页。

⑨　宝鸡县博物馆 阎宏斌：《宝鸡林家村出土西周青铜器和陶器》，《文物》1988 年第 6 期，第92～93 页。

⑩　中国社会科学院考古研究所渭水流域调查发掘队：《陕西渭水流域西周文化遗址调查》，《考古》1996 年第 7 期，第 17～26 页。

山庙王村①，以及甘肃天水师赵村，庄浪刘堡坪、寺沟门、水洛羊把式坡②，平凉翟家沟等遗址③。作为生活用具的陶器夹砂者居多，多掺陶末；陶色从红褐色居多逐渐变为灰色为主，有个别为磨光黑皮陶。作为主要纹饰的绳纹存在由细渐粗的变化过程，还有弦纹、方格纹、指甲纹、联珠纹，颈部或有附加堆纹，耳饰刻划纹、戳刺纹，口沿部有附加堆纹花边或锯齿状花边。鬲、罐多带单双耳或双鋬。流行高领乳状袋足鬲和高领圆腹罐，其次有折肩罐、圆肩罐、袋足甗、钵等。鬲类口沿由内敛渐趋直、侈，袋足横断面由扁椭圆形向椭圆形、圆形发展，高领圆腹罐底由圜变平，早期还有特殊

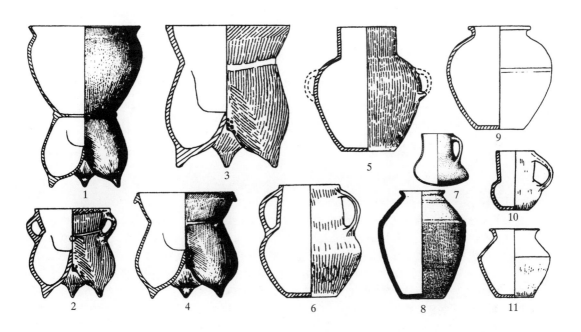

图一九九　刘家文化陶器

1. 袋足甗（纸坊头 T1④B:1）　2~4. 高领袋足鬲（高家村 M17:5、M14:1，纸坊头 T1④B:2）　5、6. 高领双耳罐（高家村 M17:4、M14:6）　7、10. 高领单耳罐（纸坊头 T2④B:12，高家村 M14:8）　8、11. 折肩罐（刘家 M37:2，高家村 M3:3）　9. 圆肩罐（高家村 M7:3）

的似蛇纹装饰④（图一九九）。青铜器有鼎、簋、斝、卣、罍、瓿等礼器，戈、斧、锛、凿等武器工具，基本属于商文化传统。也有和晚期先周文化者近似的长方形石刀、骨

①　岐山县博物馆 庞文龙等：《陕西岐山近年出土的青铜器》，《考古与文物》1990 年第 1 期，第 50~52 页。

②　程晓钟：《甘肃省庄浪县出土的高领袋足鬲》，《华夏考古》1996 年第 2 期，第 90~92 页。

③　乔今同：《平凉县发现新石器时代遗址》，《文物参考资料》1956 年第 12 期，第 75 页。

④　张天恩：《高领袋足鬲的研究》，《文物》1989 年第 6 期，第 33~43 页。

镞等。装饰品有可能作为发卡的双联小铜泡、颈部佩戴的骨串珠、穿孔蛤蛳壳，以及铜面罩、铜管、铃等。铜管上有横线和锯齿装饰，铃壁镂空。

刘家文化年代上限或在二里岗上层文化时期，下限在商周之际[①]。关于其族属，发掘者为代表的多数人认为属于姜戎系统[②]，也有人认为属于先周文化[③]。关于其文化来源，有辛店文化与寺洼文化、客省庄二期文化[④]、齐家文化[⑤]等不同说法，而以来源于董家台类型的看法最接近实际[⑥]，同时还应当接受了来自陕北河套以高领袋足鬲为代表的朱开沟文化早期因素[⑦]。该文化早期圜底圆腹罐上还有珠状突起的蛇纹装饰，与卡约文化、黑豆嘴类型青铜器上的"丁"字形装饰可能存在联系。晚期所见陶联裆鬲等体现出和先周文化的交流。

3. 晚期先周文化

主要分布在渭河中游的周原和泾河下游地区，末期扩展至渭河下游，主要可分为两类遗存。

第一类为郑家坡文化，以陕西武功郑家坡遗存为代表[⑧]，包括武功岸底[⑨]、黄家河M14类遗存[⑩]，麟游史家塬遗存[⑪]，宝鸡斗鸡台沟东区初、中期墓葬[⑫]，岐山贺家村

① 张天恩：《关中商代文化研究》，文物出版社，2004 年，第 277～319 页。
② 陕西周原考古队：《扶风刘家姜戎墓葬发掘简报》，《文物》1984 年第 7 期，第 16～29 页。
③ 卢连成：《扶风刘家先周墓地剖析——论先周文化》，《考古与文物》1985 年第 2 期，第 37～48 页；胡谦盈：《试谈先周文化及相关问题》，《中国考古学研究——夏鼐先生考古五十年纪念论文集》（二），科学出版社，1986 年，第 64～80 页。
④ 牛世山：《刘家文化的初步研究》，《远望集——陕西省考古研究所华诞四十周年纪念文集》，陕西人民美术出版社，1998 年，第 200～213 页。
⑤ 尹盛平、任周芳：《先周文化的初步研究》，《文物》1984 年第 7 期，第 42～49 页；刘军社：《郑家坡文化与刘家文化的分期及其性质》，《考古学报》1994 年第 1 期，第 25～62 页。
⑥ 李水城：《刘家文化来源的新线索》，《远望集——陕西省考古研究所华诞四十周年纪念文集》，陕西人民美术出版社，1998 年，第 193～199 页。
⑦ 韩建业：《先周文化的起源与发展阶段》，《考古与文物》2002 年增刊（先秦考古），第 212～218 页。
⑧ 宝鸡市考古工作队：《陕西武功郑家坡先周遗址发掘简报》，《文物》1984 年第 7 期，第 1～15 页。
⑨ 陕西省考古研究所：《陕西武功岸底先周遗址发掘简报》，《考古与文物》1993 年第 3 期，第 1～28 页。
⑩ 中国社会科学院考古研究所武功发掘队：《1982～1983 年陕西武功黄家河遗址发掘简报》，《考古》1988 年第 7 期，第 601～615 页。
⑪ 北京大学考古文博学院、宝鸡市考古工作队：《陕西麟游县史家塬遗址发掘报告》，《华夏考古》2004 年第 4 期，第 48～62 页。
⑫ 苏秉琦：《斗鸡台沟东区墓葬》，北平研究院史学研究所，1948 年。

M33 类①、王家嘴北壕 M1 类遗存②，凤翔南指挥西村一、二期③，扶风北吕 Ⅱ M12 类④、壹家堡四期⑤，泾阳高家堡 M1⑥，沣西 H18⑦、马王村 H11、沣河毛纺厂 H3 遗存等⑧，还见于陕西宝鸡峪泉⑨、旬邑崔家河⑩、甘肃崇信于家湾等墓地⑪，以及渭河流域其他一些遗址⑫。

陶器以夹砂和泥质红褐陶为主，灰陶其次，还有少量黑皮陶和个别原始瓷。器表多拍印粗疏散乱的绳纹，其次为方格纹、方格乳钉纹、云雷纹、重菱纹、重圈纹，也有附加堆纹、旋纹、刻划三角纹、网格纹等，鬲口沿常见附加堆纹或锯齿形花边。主要器类有联裆鬲、联裆甗、折肩罐、深弧腹盆、折肩瓮、折肩尊、真腹豆，以及簋、盂、盘、杯、圆肩瓮、三足瓮、大口缸等。联裆甗常在腰部箍附加堆纹，深弧腹盆一般中腹饰有方格纹、重菱纹、方格乳钉纹、重菱乳钉纹等，簋为商式。晚期增加了高领乳状袋足鬲、周式深腹簋、双耳长颈罐等。青铜器基本为商系统，有的略有特色，

① 陕西博物馆等：《陕西岐山贺家村西周墓葬》，《考古》1976 年第 1 期，第 31～38 页；陕西周原考古队：《陕西岐山贺家村西周墓发掘报告》，《文物资料丛刊》8，文物出版社，1983 年，第 77～94 页；徐锡台：《周原贺家村周墓分期断代研究》，《周秦文化研究》，陕西人民出版社，1998 年，第 229～239 页。

② 巨万仓：《陕西岐山王家嘴、衙里西周墓葬发掘简报》，《文博》1985 年第 5 期，第 1～7 页。

③ 雍城考古队 韩伟等：《凤翔南指挥西村周墓的发掘》，《考古与文物》1982 年第 4 期，第 15～30 页。

④ 扶风县博物馆：《扶风北吕周人墓地发掘简报》，《文物》1984 年第 7 期，第 30～41 页；罗西章：《扶风北吕周人墓地》，西北大学出版社，1995 年。

⑤ 北京大学考古系：《陕西扶风壹家堡遗址发掘简报》，《考古》1993 年第 1 期，第 9～13 页；北京大学考古系商周组：《陕西扶风壹家堡遗址 1986 年度发掘报告》，《考古学研究》（二），北京大学出版社，1994 年，第 343～390 页。

⑥ 葛今：《泾阳高家堡早周墓葬发掘记》，《文物》1972 年第 7 期，第 5～8 页。

⑦ 中国社会科学院考古研究所丰镐工作队：《1997 年沣西发掘报告》，《考古学报》2000 年第 2 期，第 199～245 页。

⑧ 中国社会科学院考古研究所丰镐工作队：《1984～85 年沣西西周遗址、墓葬发掘报告》，《考古》1987 年第 1 期，第 15～32 页。

⑨ 陕西省考古研究所等：《陕西省宝鸡市峪泉周墓》，《考古与文物》2000 年第 5 期，第 13～20 页。

⑩ 咸阳地区文管会 曹发展等：《陕西旬邑县崔家河遗址调查记》，《考古与文物》1984 年第 4 期，第 3～8 页。

⑪ 甘肃省文物工作队：《甘肃崇信于家湾周墓发掘简报》，《考古与文物》1986 年第 1 期，第 1～7 页。

⑫ 中国社会科学院考古研究所渭水流域调查发掘队：《陕西渭水流域西周文化遗址调查》，《考古》1996 年第 7 期，第 17～26 页；宝鸡市考古工作队：《关中漆水下游先周遗址调查简报》，《考古与文物》1989 年第 6 期，第 8～23 页；周原考古队：《陕西周原七星河流域 2002 年考古调查报告》，《考古学报》2005 年第 4 期，第 449～484 页。

"礼器种类有鼎、簋、甗、尊、爵、觯、瓿、斝、卣、盉、罍、杯、盘等，以前两类最多。也有武器戈、戟、钺、镞及工具斧、锛、凿等"[1]。有石铲、石刀、石锛、石凿、石（陶）纺轮、陶垫等工具，石刀有双孔者，陶垫筒状。还有骨（石）镞、骨矛等和商文化类似的武器，以及骨笄等装饰品。钻灼卜骨也同于关中商文化。

该文化上限可早至殷墟一期，下限在商周之际。可分前后两期，前期（相当于殷墟一、二期）为较单纯的以联裆鬲为代表的遗存，包括郑家坡 H71、岸底 H32、史家塬 H2 类（图二○○）；后期（相当于殷墟三、四期）为联裆鬲和较多高领袋足鬲共存的遗存，包括郑家坡 H4、贺家 M38、黄家河 M14、沣西 H18、马王村 H11 类。后期情况较为复杂，既有郑家坡、岸底晚期所代表的较为传统的遗存，又有不少碾子坡文化、刘家文化因素的遗存，但仍可大致纳入郑家坡文化范畴（图二○一）[2]。

第二类为碾子坡文化[3]，以陕西长武碾子坡遗存为代表[4]，包括彬县断泾一期[5]、旬邑孙家[6]，以及麟游蔡家河—园子坪一、二期[7]，还见于彬县杨峰岭等遗址[8]。陶器分夹砂和泥质，均较为粗糙。陶色以红褐色和灰色为主，色泽多不纯正，器表装饰略同于郑家坡文化，流行高领乳状袋足鬲、袋足甗，偏晚联裆鬲、联裆甗才逐渐增多，并有特殊的周式深腹簋和圈足罐（图二○二）。生产工具有石斧、石锛、石凿、石杵、石锤斧、石刀、石或骨铲、砺石、铜（骨、角）锥、陶纺轮、骨（角）镞等，其三角形大穿孔的锤斧很有特色。以牛、羊肩胛骨削磨作为卜骨，钻灼而无凿。上限可早至殷墟一期，殷墟二期晚段即有南移趋势，殷墟三期晚段则南下周原，将高领乳状袋足鬲、袋足甗、周式深腹簋等陶器，以及覆斗式土坑竖穴墓等重要因素融入郑家坡文化当中。至于三足瓮则属于李家崖文化因素。

目前关于先周文化主要有三种不同认识。其一，邹衡先生最早提出先周文化是以

①　张天恩：《关中商代文化研究》，文物出版社，2004 年，第 216 页。

②　王巍、徐良高：《先周文化的考古学考察》，《考古学报》2003 年第 3 期，第 285~310 页。

③　刘军社：《论碾子坡文化》，《远望集——陕西省考古研究所华诞四十周年纪念文集》，陕西人民美术出版社，1998 年，第 221~232 页。

④　中国社会科学院考古研究所泾渭工作队：《陕西长武碾子坡先周文化遗址发掘记略》，《考古学集刊》第 6 集，中国社会科学出版社，1989 年，第 123~142 页。

⑤　中国社会科学院考古研究所泾渭工作队：《陕西彬县断泾遗址发掘报告》，《考古学报》1999 年第 1 期，第 73~96 页。

⑥　张天恩：《关中商代文化研究》，文物出版社，2004 年，第 237~245 页。

⑦　雷兴山：《蔡家河、园子坪等遗址的发掘与碾子坡类遗存分析》，《考古学研究》（四），科学出版社，2000 年，第 210~237 页。

⑧　北京大学考古文博院：《陕西彬县、淳化等县商时期遗址调查》，《考古》2001 年第 9 期，第 13~21 页。

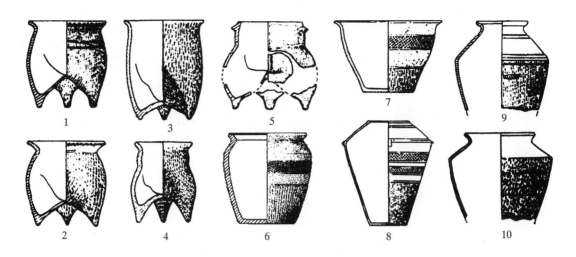

图二〇〇　郑家坡文化前期陶器

1～4.联裆鬲（H71：7、H71：8、H2：5、H2：3）　5.高领袋足鬲（H71：10）　6、9、10.折肩罐（H9：15、H71：1、H71：2）　7.盆（H2：4）　8.敛口折肩瓮（H71：6）（均出自郑家坡遗址）

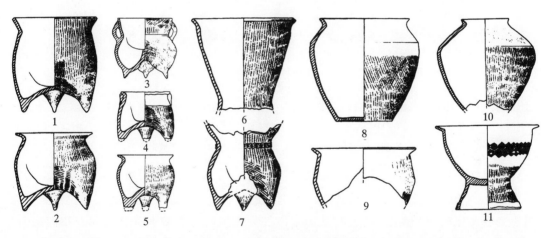

图二〇一　郑家坡文化后期陶器

1、2、4、5.联裆鬲（H18：49、50、56、55）　3.高领袋足鬲（H18：53）　6、7.瓶（H18：60、59）　8.大口折肩尊（H18：41）　9.盆（H18：87）　10.小口瓮（H18：43）　11.周式深腹簋（H18：45）（均出自沣西H18）

高领袋足鬲和联裆鬲为代表的遗存[①]。其二，认为郑家坡联裆鬲类遗存属于先周文化，

---

①　邹衡：《论先周文化》，《夏商周考古学论文集》，文物出版社，1980年，第297～356页；邹衡：《再论先周文化》，《夏商周考古学论文集（续集）》，科学出版社，1998年，第261～270页。

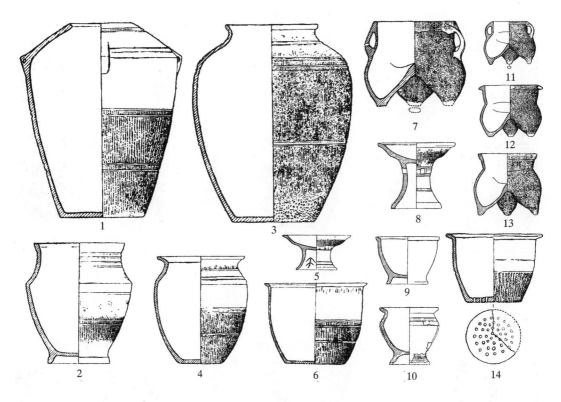

图二〇二　碾子坡文化陶器

1. 敛口瓮（H507:26）　　2. 圈足罐（H507:22）　　3. 小口瓮（H507:25）　　4. 大口尊（H118:3）　　5、8. 豆
（H507:23、H307:2）　6. 盆（H116:18）　7、11～13. 袋足鬲（H134:6、M662:1、M660:1、H134:5）　9.
商式簋（H134:3）　10. 周式簋（H813:35）　14. 甑（H134:4）（均出自碾子坡遗址）

斗鸡台、碾子坡高领袋足鬲类遗存属姜戎文化[①]。其三，认为碾子坡、刘家遗存均为先
周文化，源头在寺洼文化[②]。还有人认为刘家遗存、斗鸡台遗存为先周文化，刘家墓地
属于辛店文化的一个类型[③]。这些认识中以邹衡先生的观点基本符合实际。我们认为，

---

①　尹盛平、任周芳：《先周文化的初步研究》，《文物》1984 年第 7 期，第 42～49 页；孙华：《陕
　　西扶风县壹家堡遗址分析——兼论晚商时期关中地区诸考古学文化的关系》，《考古学研究》
　　（二），北京大学出版社，1994 年，第 101～130 页；刘军社：《郑家坡文化与刘家文化的分期
　　及其性质》，《考古学报》1994 年第 1 期，第 25～62 页；刘军社：《先周文化研究》，三秦出版
　　社，2003 年；张天恩：《关中商代文化研究》，文物出版社，2004 年，第 319～334 页。
②　胡谦盈：《试谈先周文化及相关问题》，《中国考古学研究——夏鼐先生考古五十年纪念论文
　　集》（二），科学出版社，1986 年，第 64～80 页；胡谦盈：《南邠碾子坡先周文化遗存的性
　　质分析》，《考古》2005 年第 6 期，第 74～86 页。
③　卢连成：《扶风刘家先周墓地剖析——论先周文化》，《考古与文物》1985 年第 2 期，第 37～
　　48 页。

碾子坡文化为姬姓公刘族系的文化，郑家坡文化早期为关中土著的非姬姓"先周文化"；殷墟三期以后，姬姓的公亶父率族南迁周原①，使得碾子坡文化因素大量融入郑家坡文化当中，并受到西部刘家文化的强烈影响，才形成晚期郑家坡文化，也就是以姬姓族为代表的一般意义上的先周文化。实际上晚期晚段先周文化就同时包含联裆鬲和高领袋足鬲两类典型器物②。

　　由于对先周文化内涵认识不一，对其渊源也有明显不同的看法。有人认为其源头在寺洼文化和辛店文化，主要依据的是碾子坡文化为最早先周文化这个前提③。有人认为其源于客省庄二期文化④，是以联裆鬲所代表的早期郑家坡文化才是先周文化为出发点；实际上周原地区至龙山末期和二里头文化时期已可能为晚期齐家文化占据，后基本被商文化系统代替，郑家坡文化和客省庄二期文化之间谈不上存在什么关系。邹衡先生认为先周文化源于商文化，与"光社文化"、寺洼文化也有一定关系⑤，最接近事实。实际上碾子坡文化的形成与朱开沟文化早期类遗存有关，尤以高领分裆双鋬鬲最能够说明问题。更早的渊源在山西的陶寺晚期类型乃至于老虎山文化游邀类型，其典型器深腹簋贯穿始终，并一直延续到西周（图二〇三）⑥。体质特征分析也表明，碾子坡等周人组与陶寺、游邀等山西古代居民组有最为密切的关系⑦。而郑家坡文化可能是

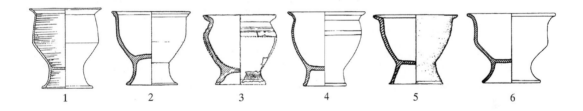

图二〇三　陶深腹簋的演变

1. 陶寺ⅢH303：18　2. 朱开沟 M3027：2　3. 碾子坡 H813：35　4. 断泾 M7：2　5. 沣西 H18：46　6. 张家坡 M21：1

---

①　李峰：《先周文化的内涵及其渊源探讨》，《考古学报》1991 年第 3 期，第 265～284 页。
②　韩建业：《先周文化的起源与发展阶段》，《考古与文物》2002 年增刊（先秦考古），第 212～218 页。
③　胡谦盈：《试谈先周文化及相关问题》，《中国考古学研究——夏鼐先生考古五十年纪念论文集》（二），科学出版社，1986 年，第 64～80 页。
④　徐锡台：《早周文化的特点及其渊源的探索》，《文物》1979 年第 10 期，第 50～59 页。
⑤　邹衡：《论先周文化》，《夏商周考古学论文集》，文物出版社，1980 年，第 297～356 页。
⑥　韩建业：《先周文化的起源与发展阶段》，《考古与文物》2002 年增刊（先秦考古），第 212～218 页。
⑦　王明辉：《周人体质特征分析》，《二十一世纪的中国考古学——庆祝佟柱臣先生八十五华诞学术文集》，文物出版社，2006 年，第 909～924 页。

土著文化被商文化强烈影响的产物，有人甚至将其划归商文化系统①。

4. 西周文化

分布在渭河中下游，中心在周原和丰镐地区。丰镐地区包括沣西张家坡居址和墓地②、马王村和客省庄夯土基址③、大原村墓葬④、多处青铜器窖藏⑤、沣东洛水村居址⑥、花楼子宫殿基址⑦、普渡村和花园村墓地⑧。周原地区包括岐山凤雏建筑基址和青铜器窖藏⑨、周公庙遗址群⑩、贺家村墓葬⑪、赵家台遗存⑫、扶风召陈建筑基址⑬、云塘齐镇建筑基址、骨器作坊遗址及墓葬⑭、扶风齐家玉石器作坊遗址及墓葬、

① 王巍、徐良高：《先周文化的考古学考察》，《考古学报》2000 年第 3 期，第 285～310 页。

② 中国科学院考古研究所：《沣西发掘报告》，文物出版社，1962 年；中国社会科学院考古研究所：《张家坡西周墓地》，中国大百科全书出版社，1999 年。

③ 中国社会科学院考古研究所沣西发掘队：《陕西长安沣西客省庄西周夯土基址发掘报告》，《考古》1987 年第 8 期，第 692～700 页。

④ 中国社会科学院考古研究所沣西发掘队：《1984 年沣西大原村西周墓地发掘简报》，《考古》1986 年第 11 期，第 977～981 页；中国社会科学院考古研究所沣西发掘队：《陕西长安县沣西大原村西周墓葬》，《考古》2004 年第 9 期，第 39～44 页。

⑤ 中国科学院考古研究所：《长安张家坡西周铜器群》，文物出版社，1965 年；西安市文物管理处：《陕西长安新旺村、马王村出土的西周铜器》，《考古》1974 年第 1 期，第 1～5 页。

⑥ 中国科学院考古研究所丰镐考古队：《1961～62 年陕西长安沣东试掘简报》，《考古》1963 年第 8 期，第 403～412 页。

⑦ 陕西省考古研究所：《镐京西周宫室》，西北大学出版社，1995 年。

⑧ 陕西省文物管理委员会：《长安普渡村西周墓的发掘》，《考古学报》1957 年第 1 期，第 75～86 页；陕西省文物管理委员会：《西周镐京附近部分墓葬发掘简报》，《文物》1986 年第 1 期，第 1～31 页。

⑨ 陕西周原考古队：《陕西岐山凤雏村西周建筑基址发掘简报》，《文物》1979 年第 10 期，第 27～37 页；陕西周原考古队：《陕西岐山凤雏村发现周初甲骨文》，《文物》1979 年第 10 期，第 38～43 页；陕西周原考古队：《陕西岐山凤雏村西周青铜器窖藏简报》，《文物》1979 年第 11 期，第 12～15 页。

⑩ 徐天进：《周公庙遗址的考古所获及所思》，《文物》2006 年第 8 期，第 55～62 页。

⑪ 陕西博物馆等：《陕西岐山贺家村西周墓葬》，《考古》1976 年第 1 期，第 31～38 页；陕西周原考古队：《陕西岐山贺家村西周墓发掘报告》，《文物资料丛刊》8，文物出版社，1983 年，第 77～94 页；徐锡台：《周原贺家村周墓分期断代研究》，《周秦文化研究》，陕西人民出版社，1998 年，第 229～239 页。

⑫ 陕西省考古研究所宝鸡工作站：《陕西岐山赵家台遗址试掘简报》，《考古与文物》1994 年第 2 期，第 29～38 页。

⑬ 陕西周原考古队：《扶风召陈西周建筑群基址发掘简报》，《文物》1981 年第 3 期，第 10～22 页。

⑭ 周原考古队：《陕西扶风县云塘齐镇西周建筑基址 1999～2000 年度发掘简报》，《考古》2002 年第 9 期，第 3～26 页；陕西省考古研究所：《陕西扶风云塘、齐镇建筑基址 2002 年度发掘简报》，《考古与文物》2007 年第 3 期，第 23～32 页；陕西周原考古队：《扶风云塘西周骨器制造作坊遗址试掘简报》，《文物》1980 年第 4 期，第 27～38 页；陕西周原考古队：《扶风云塘西周墓》，《文物》1980 年第 4 期，第 39～55 页。

铜器窖藏①、庄李村墓葬和铸铜遗址②、黄堆老堡子③、案板④、飞凤山墓葬⑤、海家村居址⑥，在扶风庄白⑦和五郡西村⑧、岐山董家⑨、陇县八渡镇⑩等地还发现重要的青铜器窖藏。此外，还包括陕西省的宝鸡斗鸡台沟东区晚期墓葬、峪泉⑪、茹家庄、竹园沟、纸坊头⑫、高庙墓葬⑬和关桃园遗存⑭，陇县店子村西周墓⑮，眉县杨家村青铜器

①　陕西省博物馆、陕西省文物管理委员会：《扶风齐家村青铜器群》，文物出版社，1963年；陕西周原考古队：《陕西扶风齐家十九号西周墓》，《文物》1979年第11期，第1～11页；周原考古队：《2002年周原遗址（齐家村）发掘简报》，《考古与文物》2003年第4期，第3～9页。

②　扶风县文化馆、陕西省文管会等：《陕西扶风县召李村一号周墓清理简报》，《文物》1976年第6期，第61～65页；扶风县文化馆、陕西省文管会等：《陕西扶风出土西周伯戏诸器》，《文物》1976年第6期，第51～60页；周原考古队：《陕西周原遗址发现西周墓葬与铸铜遗址》，《考古》2004年第1期，第3～6页。

③　周原博物馆：《1995年扶风黄堆老堡子西周墓清理简报》，《文物》2005年第4期，第4～25页；周原博物馆：《1996年扶风黄堆老堡子西周墓清理简报》，《文物》2005年第4期，第26～42页。

④　西北大学文博学院考古专业：《陕西扶风案板遗址西周墓的发掘》，《考古与文物》1998年第6期，第6～16页。

⑤　宝鸡市考古队、扶风县博物馆：《扶风县飞凤山西周墓发掘简报》，《考古与文物》1996年第3期，第13～18页。

⑥　巩文、姜宝莲：《扶风县海家村发现西周时期遗址》，《考古与文物》1995年第6期，第90～91页。

⑦　陕西周原考古队：《陕西扶风庄白一号西周青铜器窖藏发掘简报》，《文物》1978年第3期，第1～18页。

⑧　宝鸡市考古研究所、扶风县博物馆：《陕西扶风五郡西村西周青铜器窖藏发掘简报》，《文物》2007年第8期，第4～27页。

⑨　岐山县文化馆、陕西省文管会等：《陕西省岐山县董家村西周铜器窖穴发掘简报》，《文物》1976年第5期，第26～44页。

⑩　肖琦：《陕西陇县八渡镇发现的西周青铜器窖藏》，《考古与文物》2002年增刊（先秦考古），第32～38页。

⑪　宝鸡市博物馆 王光永：《陕西省宝鸡市峪泉生产队发现西周早期墓葬》，《文物》1975年第3期，第72～75页。

⑫　宝鸡市博物馆、渭滨区文化馆：《宝鸡竹园沟等地西周墓》，《考古》1978年第5期，第289～296页；卢连成、胡智生：《宝鸡䲢国墓地》，文物出版社，1988年；宝鸡市考古研究所：《陕西宝鸡纸坊头西周早期墓葬清理简报》，《文物》2007年第8期，第28～47页。

⑬　宝鸡市考古工作队、宝鸡县博物馆：《宝鸡县阳平镇高庙村西周墓群》，《考古与文物》1996年第3期，第1～12页。

⑭　陕西省考古研究院、宝鸡市考古工作队：《宝鸡关桃园》，文物出版社，2006年。

⑮　陕西省考古研究所宝中铁路考古队：《陕西陇县店子村四座周墓发掘简报》，《考古与文物》1995年第1期，第8～11页。

窖藏①，凤翔南指挥西村三、四期墓葬②、水沟墓葬和城址③，泾阳高家堡墓葬④，旬邑
下魏洛墓葬⑤，铜川王家河墓葬⑥，甘肃省的灵台白草坡⑦、姚家河⑧、红崖沟墓葬⑨，
平凉四十里铺墓地⑩，庆阳韩家滩庙嘴墓⑪，合水兔儿沟墓葬⑫，宁县宇村⑬、徐家村墓
葬⑭等，晚期北缘还到达宁夏固原⑮和陕北米脂⑯一线。

　　陶器既有居址和墓葬出土的实用生活用具，也有墓葬出土的少量仿铜明器。以泥
质灰陶为主，夹砂灰陶其次，夹砂红褐陶少量，还有个别泥质灰陶、釉陶、印纹硬陶。
除素面和磨光者外，流行绳纹和旋纹，附加堆纹其次，还有少量雷纹、"S"纹等印纹
以及划纹、戳刺纹、扉棱等。实用器为联裆鬲、柱足鬲、折肩或圆肩罐、豆、簋、盆、
瓶，以及甗、小口瓮、尊、鼎、三足瓮、贯耳壶等。尊有大口平底尊和深腹圈足尊两
种。张家坡一、二期所代表的西周前期还有高领袋足鬲，至张家坡三至五期所代表的

---

① 陕西省考古研究所、宝鸡市考古工作队、眉县文化馆联合考古队：《陕西眉县杨家村西周青
　铜器窖藏》，《考古与文物》2003 年第 3 期，第 3～12 页。

② 雍城考古队等：《凤翔南指挥西村周墓的发掘》，《考古与文物》1982 年第 4 期，第 15～30
　页。

③ 雍城考古队：《陕西凤翔水沟周墓清理记》，《考古与文物》1987 年第 4 期，第 17～18 页；徐
　天进：《周公庙遗址的考古所获及所思》，《文物》2006 年第 8 期，第 55～62 页。

④ 陕西省考古研究所：《高家堡戈国墓》，三秦出版社，1995 年。

⑤ 咸阳市文物考古研究所、旬邑县博物馆：《陕西旬邑下魏洛西周早期墓发掘简报》，《文物》
　2006 年第 8 期，第 19～34 页。

⑥ 陕西省考古研究所、北京大学考古实习队：《铜川市王家河墓地发掘简报》，《考古与文物》
　1987 年第 2 期，第 1～9 页。

⑦ 甘肃省博物馆文物组：《灵台白草坡西周墓》，《文物》1972 年第 12 期，第 2～8 页；甘肃省
　博物馆文物队：《甘肃灵台白草坡西周墓》，《考古学报》1977 年第 2 期，第 99～130 页。

⑧ 甘肃省博物馆文物队等：《甘肃灵台县两周墓葬》，《考古》1976 年第 1 期，第 39～48 页。

⑨ 刘得桢：《甘肃灵台红崖沟出土西周铜器》，《考古与文物》1983 年第 6 期，第 109 页。

⑩ 甘肃省博物馆：《甘肃省文物考古工作三十年》，《文物考古工作三十年（1949～1979）》，文
　物出版社，1979 年，第 139～153 页。

⑪ 庆阳地区博物馆：《甘肃庆阳韩家滩庙嘴发现一座西周墓》，《考古》1985 年第 9 期，第
　853～854 页。

⑫ 许俊臣：《甘肃庆阳地区出土的商周青铜器》，《考古与文物》1983 年第 3 期，第 8～11 页。

⑬ 许俊臣、刘得桢：《甘肃宁县宇村出土西周青铜器》，《考古》1985 年第 4 期，第 349～352
　页。

⑭ 庆阳地区博物馆：《甘肃宁县焦村西沟出土的一座西周墓》，《考古与文物》1989 年第 6 期，
　第 24～27 页。

⑮ 固原县文物工作站：《宁夏固原县西周墓清理简报》，《考古》1983 年第 11 期，第 982～984
　页。

⑯ 北京大学考古系商周实习组、陕西省考古所商周研究室：《陕西米脂张坪墓地试掘简报》，
　《考古与文物》1989 年第 1 期，第 14～20 页。

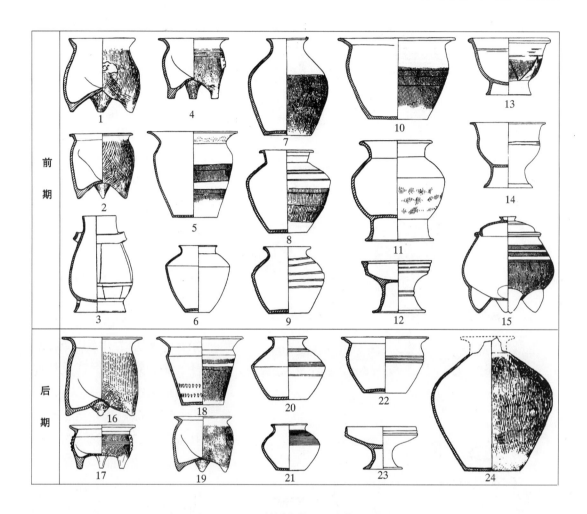

图二○四　张家坡西周文化陶器分期

1、16. 分裆鬲（M35:3、M161:47）　　2、19. 联裆鬲（M382:1、M347:1）　　3. 贯耳壶（M123:13）　　4、17.
柱足鬲（M285:3、M253:13）　　5、18. 大口尊（M197:17、M164:2）　　6、20. 折肩罐（M6:1、M304:01）
7～9、21、24. 圆肩罐（M390:3、M370:3、M77:1、M262:4、M391:01）　　10、22. 盆（M279:1、M347:2）
11. 瓿（M215:2）　　12、23. 豆（M385:3、M219:3）　　13. 商式簋（M80:1）　　14. 周式簋（M318:2）
15. 三足瓮（M56:2）

西周后期消失。前期簋有商式和周式的不同，后期以后基本被盆代替（图二○四）。还
有个别尊、豆、盖等釉陶（原始瓷）器，罍等印纹硬陶器（图二○五）。随葬仿铜陶明
器有鼎、簋、尊、贯耳圈足盘等（图二○六）。在岐邑和丰镐还发现大量陶质建筑材
料，包括板瓦、筒瓦、瓦当、空心砖、条砖、陶管等，板瓦上饰绳纹，多数表面带瓦
钉或瓦环，筒瓦饰绳纹、折线纹、变形云雷纹等（图二○七）。青铜器纹饰略同于商文
化而有所变化，花纹有主次、阴阳的不同，搭配形成繁复的"复层花纹"。礼器以鼎、

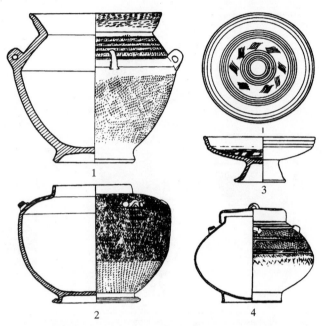

图二〇五　张家坡西周文化釉陶和硬陶器

1.釉陶尊（M129：02）　　2、4.硬陶罍（M165：33、M137：019）

3.釉陶豆（M152：131）

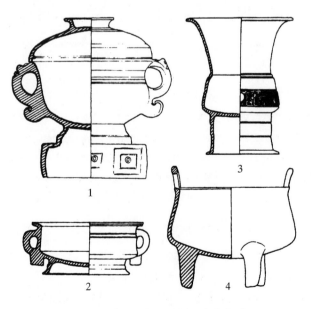

图二〇六　张家坡西周文化仿铜陶器

1、2.簋（M178：2、M200：017）　3.尊（M294：3）　4.鼎（M200：019）

簋为核心，再配以甗、鬲、爵、觯、尊、卣，以及壶、罍、方彝、盉、牺尊、斗、杯、勺等，还有编钟（图二〇八）。鼎、簋、盘等的腹内壁时见铭文，晚期如史墙盘长达284字。兵器也继承商代，有钺、戈、矛、锤、镞等，戈偏晚胡阑部加长，胡部出现穿孔（图二〇九）。工具仍为斧、锛、刀、凿、锥等。还有车器（图二一〇）、马器（图二一一）和若干杂器。玉器发达，种类繁多，大量为串饰、佩饰、环、玦、笄、柄形饰及各种动物形装饰品（图二一二），也有璧、琮、璜、圭、璋等礼玉（图二一三），钺、戈、铲、锛、凿、锥、刀等武器或工具，有专门为保存尸体而设的琀、握、面幕等"葬玉"。有豆、碗、罍、盘等漆器，罍、壶、罍、案、盒、盾等铜漆复合器具，以及骨角器、象牙器、蚌器、石磬、料珠、金环、金箔等。还有钻、凿、灼的龟甲及甲骨文。当然，在周原和丰镐之间也还有所差异，如周原陶器种类复杂，从早至晚流行周式簋等，反映保留了更多传统成分，而丰镐则

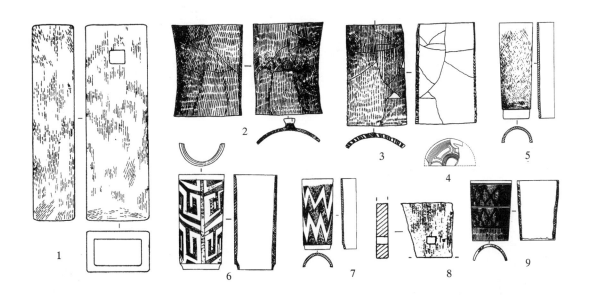

图二〇七　西周文化陶建筑构件

1. 空心砖（赵家台 H1：14）　　2、3. 板瓦（齐镇 H9①：16、H21：5）　　4. 半瓦当（齐镇 T1010③A：6）

5～7、9. 筒瓦（齐镇 T0708④：9、1、10、7）　　8. 条形砖（赵家台 H1：16）

有较多创新特点。

西周文化主体由先周文化发展而来，主要陶器多有联系，口小底大覆斗形的竖穴土坑墓也与先周墓葬近同。其次为商文化因素，属于此类的有商式簋、大口尊、贯耳壶、鼎等陶器，绝大部分青铜器，西周早期大型墓葬专设的车马坑，中型以上墓葬的少量殉人、殉狗腰坑等。此外，还有其他多种因素，如三足瓮的更早渊源在朱开沟文化；青铜三角援戈、陶尖底罐为汉水流域宝山文化因素①；马鞍口双耳罐、素面鬲为寺洼文化因素；釉陶、印纹硬陶的源头则在长江下游及其东南地区。周原发现的銎内戈、管銎斧、条形刀、环首刀等属于北方式青铜器②；和田玉料来自于新疆，而岐山王家村、西安大白杨发现的铜镂③，年代上晚于新疆哈密巴里坤兰州湾子的铜镂，其源头可

① 有人提出强国就是汉中一带的人群北上宝鸡所建立，见卢连成、胡智生：《宝鸡强国墓地》，文物出版社，1988 年。

② 曹玮：《从周原铜器看西周青铜器中的北方青铜文化因素》，《周原遗址与西周铜器研究》，科学出版社，2004 年，第 77～90 页。

③ 庞文龙、崔枚英：《岐山王家村出土青铜器》，《文博》1989 年第 1 期，第 91～92 页；王长启：《西安市文管会藏鄂尔多斯式青铜器及其特征》，《考古与文物》1991 年第 4 期，第 6～11 页。

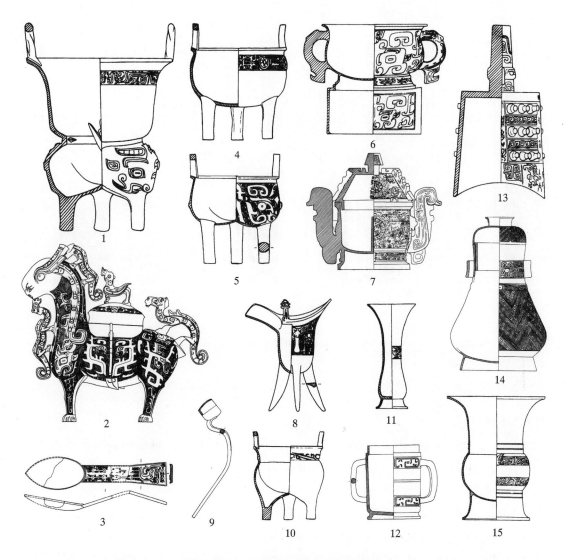

图二〇八　张家坡西周文化青铜容器

1. 甗（M253:1）　2. 牺尊（M163:33）　3. 匕（M170:062）　4、5. 鼎（M234:1、M257:1）　6. 簋
（M315:1）　7. 方彝（M170:54）　8. 爵（M183:13）　9. 斗（M170:063）　10. 鬲（M294:1）　11. 觯
（M197:1）　12. 杯（M165:14）　13. 编钟（M163:35）　14. 壶（M275:1）　15. 尊（M163:36）

能在新疆；周原蚌雕人头像显示有高加索人种进入的可能[①]。西周文化显然是兼容并

① 尹盛平：《西周蚌雕人头种族探索》，《文物》1986 年第 1 期，第 46～49 页；水涛：《从周原
出土蚌雕人头像看塞人东进诸问题》，《远望集——陕西省考古研究所华诞四十周年纪念文
集》，陕西人民美术出版社，1998 年，第 373～377 页；刘云辉：《周原出土的蚌雕人头像
考》，《周秦文化研究》，陕西人民出版社，1998 年，第 480～485 页。

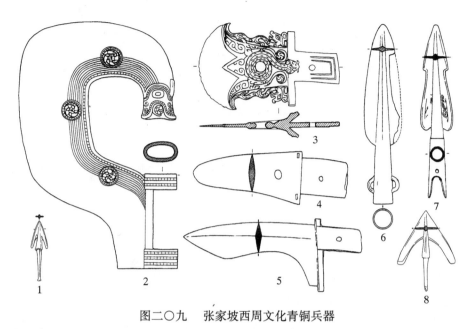

图二〇九　张家坡西周文化青铜兵器

1、8. 镞（M324∶2、M244∶5）　　2、3. 钺（M170∶246、M199∶10）　　4、5. 戈（M152∶44、M273∶2）　　6、7. 矛（M315∶3、M152∶120）

蓄、博采众长的产物。同时，关中西周文化对中国其他地区西周文化的形成和发展有直接引导作用，对周围其他系统诸文化也有较大影响，甚至还可能渗透到包括新疆在内的中国边远地区。

此外，甘肃甘谷毛家坪 A 组遗存第一、二期时当西周，总体上属于周文化范畴[①]。但也有一些自身特色，如陶器中少见簋、尊，有特殊的大喇叭口罐，随葬陶器为红褐陶，随葬品中多见石圭等（图二一四）。发掘者推测其属于早期的秦文化，应当可信[②]。西周时期的秦文化仅局限于渭河上游的天水、甘谷附近，向东可能波及宝鸡[③]。虽然夹在寺洼文化当中，但与寺洼文化、辛店文化、刘家文化等并无多少渊源关系，却与关中的郑家坡文化很相似，极可能是郑家坡文化的支裔[④]。当然文献中记载秦人"源于东

① 牛世山：《秦文化渊源与秦人起源探索》，《考古》1996 年第 3 期，第 41～50 页。

② 甘肃省文物工作队、北京大学考古学系：《甘肃甘谷毛家坪遗址发掘报告》，《考古学报》1987 年第 3 期，第 376～378 页；赵化成：《甘肃东部秦和姜戎文化的考古学探索》，《考古类型学的理论和实践》，文物出版社，1989 年，第 145～176 页。

③ 关桃园西周遗存中的喇叭口罐等就被发掘者认为可能属于早期秦文化因素，见陕西省考古研究院、宝鸡市考古工作队：《宝鸡关桃园》，文物出版社，2006 年。

④ 牛世山：《秦文化渊源与秦人起源探索》，《考古》1996 年第 3 期，第 41～50 页；滕铭予：《秦文化：从封国到帝国的考古学观察》，学苑出版社，2002 年，第 55～56 页；滕铭予：《关中秦墓研究》，《考古学报》1992 年第 3 期，第 281～300 页。

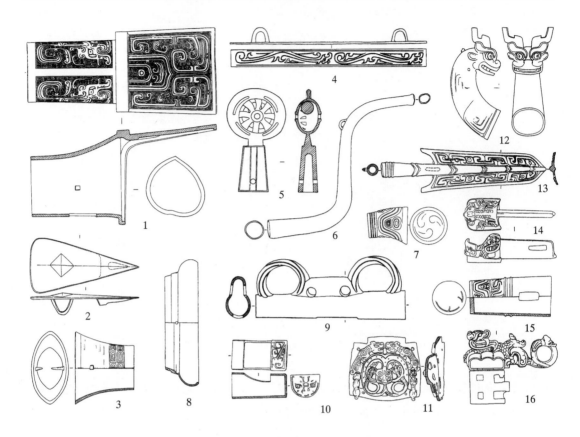

图二一〇　张家坡西周文化青铜车器

1.轴饰（M170：24）　　2、13.衡饰（M313：12、1）　3.辀首（M157：72）　4.軫饰（M121：8：1）　5.銮（M183：31）　6.曲衡饰（M121：1）　7.辀脚（M2：3）　8.軝（M170：51）　9.軏（M170：47：6）　10.踵（M33：7）　11.龙虎透雕车饰（M2：1）　12.軏（M163：44）　14.辖（M200：1）　15.曹（M253：8）　16.兽形车饰（M157：13）

而盛于西"①，其从夏至周的辗转西迁历程②，在考古学上虽有若干线索，或许还可以追溯至关中商文化③，但总体还不甚明了。

5. 朱开沟文化（晚期）

以朱开沟晚期遗存为代表。拍印粗绳纹的夹砂、砂质和泥质灰褐陶占绝大多数，

①　黄留珠：《秦文化二源说》，《西北大学学报》（哲学社会科学版）1995 年第 3 期，第 28～34 页。
②　段连勤：《关于夷族的西迁和秦嬴的起源地、族属问题》，《人文杂志——先秦史论文集》，1982 年，第 166～175 页；尚至儒：《早期嬴秦西迁史迹的考察》，《中国史研究》1990 年第 1 期，第 115～124 页。
③　牛世山：《秦文化渊源与秦人起源探索》，《考古》1996 年第 3 期，第 41～50 页。

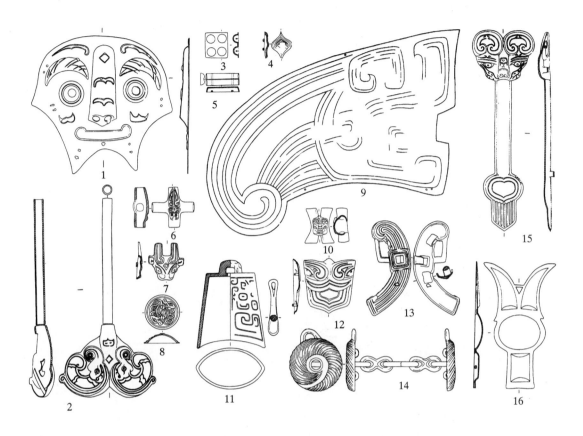

图二一一　张家坡西周文化青铜马器

1. 马冠（M199:8）　2. 兽面饰和管（M36:12、13）　3、4、7、8. 泡（M52:2、M244:012、M307:9、M204:

14）　5、10. 臂饰（M273:24、M349:7）　6. 节约（M2:12）　9. 马胄（M198:9）　11. 铃（M170:248）

12. 鞍具（M36:11）　13. 镳（M204:11）　14. 镳衔（M22:1）　15、16. 当卢（M138:46、M47:10）

还有旋纹、划纹、模印纹装饰。主要器类有带领鬲、折沿鬲、折沿甗、折沿盆、矮垂腹三足瓮，以及小口瓮、罍、簋、豆等。绝对年代约为公元前 1500～前 1300 年，相当于二里岗上层文化至殷墟一期，最晚不过殷墟二期①。

　　该期的折沿分裆鬲、豆、碗形簋等与当地中期遗存虽有继承的一面，但却和二里岗上层文化、殷墟早期文化同类器更为近似，属于商文化因素。小口瓮、折沿弧腹盆地方特色稍浓，但折沿、大三角纹、大"十"字镂孔、云雷纹、兽面纹等特征和同期商文化特征类似（图二一五）。青铜戈、鼎、爵则明确来自商文化（图二一六，1～4）。

---

①　田广金、韩建业：《朱开沟文化研究》，《考古学研究》（五），科学出版社，2003 年，第 227～259 页。

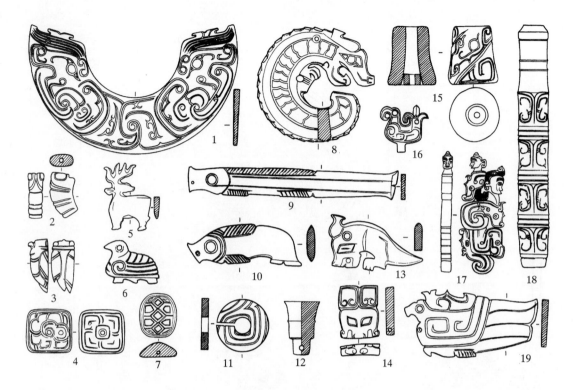

图二一二　　张家坡西周文化玉饰

1.璜（M58：1）　2.蚕（M219：06）　3.蝉（M14：42）　4.串饰（M1：13）　5.鹿（M44：22）　6、16、19.鸟（M129：01、M163：027、M58：7）　7.龟（M60：2：3）　8.龙（M60：1）　9、10.鱼（M170：209、M273：15）　11.玦（M193：013）　12.笄帽（M32：13）　13.虎（M273：14）　14.兽面（M14：43）　15.管（M58：1）　17.龙凤人（M157：104）　18.柄形饰（M170：044）

可见此时接受商文化影响甚巨，极可能有商人移民至此①。至于花边折沿（或矮领）鬲，则是土著与商文化结合的产物。被称为鄂尔多斯式青铜器②（或北方青铜器③、北方系青铜器④）的短剑、环首刀、护牌等以组合的形式出现（图二一六，5～11），且成为文化的主要特色，明确者以朱开沟晚期遗存最早，并对长城地带和欧亚草原产生了

①　张忠培、朱延平、乔梁：《晋陕高原及关中地区商代考古学文化结构分析》，《内蒙古文物考古文集》（第1辑），中国大百科全书出版社，1994年，第283～290页；李伯谦：《内蒙古考古的新课题》，《中国青铜文化结构体系研究》，科学出版社，1998年，第185～189页。

②　田广金、郭素新：《鄂尔多斯式青铜器的渊源》，《考古学报》1988年第3期，第257～276页。

③　乌恩：《殷至周初的北方青铜器》，《考古学报》1985年第2期，第135～156页。

④　林沄：《早期北方系青铜器的几个年代问题》，《内蒙古文物考古文集》（第1辑），中国大百科全书出版社，1994年，第291～295页。

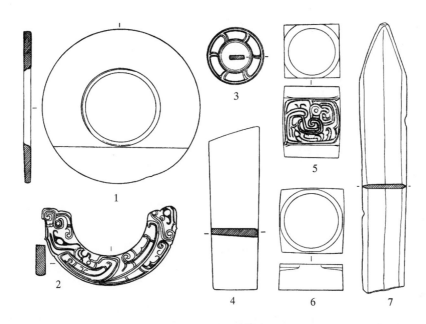

图二一三 张家坡西周文化礼玉

1、3.璧（M368:2、M157:107） 2.璜（M273:5） 4.璋（M204:019） 5、6.琮（M170:197、M131:03）
7.圭（M165:024）

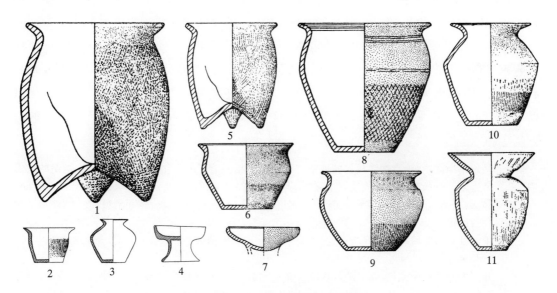

图二一四 毛家坪西周秦文化陶器

1、5.联裆鬲（T1④B:1、H29:1） 2、6、8、9.盆（M6:4、TM5:3、T3④B:4、M9:3） 3.折肩罐（M4:
4） 4、7.豆（M1:1、T3④A:8） 10、11.大喇叭口罐（TM5:2、M9:2）

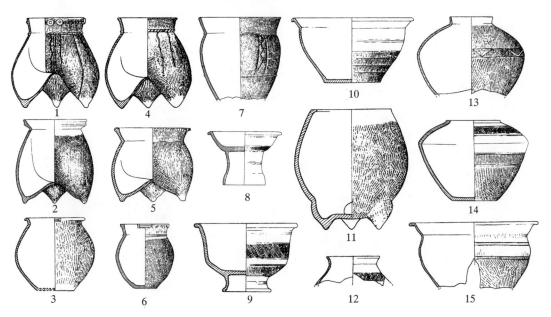

图二一五　朱开沟文化晚期陶器

1、4. 蛇纹鬲（M1064：1、QH37：1）　　2、5. 折沿鬲（T127②：1、M4020：1）　　3、6. 带纽罐（H4005：1、M2012：7）　　7. 瓿（QH78：1）　　8. 豆（M1052：3）　　9. 簋（M1052：2）　　10、15. 盆（H2024：3、M4020：5）　　11. 三足瓮（QH81：4）　　12、13. 小口瓮（H5008：1、H5030：3）　　14. 罍（C：154）（均出自朱开沟遗址）

深远影响[1]。此外，一端呈喇叭状的铜耳环则早就见于河西走廊的四坝文化和新疆的哈密天山北路文化，更早的源头则在西伯利亚的安德罗诺沃文化[2]。

　　晚期遗存对周围文化的影响更加明显。殷墟苗圃Ⅰ期所见厚背弯身石刀[3]，周原扶风壹家堡商代早期遗存中所见蛇纹鬲[4]，耀县北村商文化遗存中所见蛇纹鬲、厚背弯身石刀等[5]，都明确为朱开沟文化因素。西北地区的刘家文化、郑家坡文化、辛店文化以及碾子坡文化等也受到朱开沟文化的影响[6]。有人还将夏家店下层文化壶流河类型的消

---

①　乌恩岳斯图：《论青铜时代长城地带与欧亚草原相邻地区的文化联系》，《二十一世纪的中国考古学——庆祝佟柱臣先生八十五华诞学术文集》，文物出版社，2006年，第558～586页。

②　林沄：《夏代的中国北方系青铜器》，《边疆考古研究》第1辑，科学出版社，2002年，第1～12页。

③　中国社会科学院考古研究所：《殷墟发掘报告（1958～1961）》（图一三六，5），文物出版社，1987年。

④　北京大学考古系商周组：《陕西扶风县壹家堡遗址1986年度发掘报告》（图一二，17），《考古学研究》（二），北京大学出版社，1994年。

⑤　北京大学考古系商周组、陕西省考古研究所：《陕西耀县北村遗址1984年发掘报告》（图一一，3；图三三，1、4），《考古学研究》（二），北京大学出版社，1994年。

⑥　田广金：《中国北方系青铜器文化和类型的初步研究》，《考古学文化论集》（四），文物出版社，1997年，第266～307页。

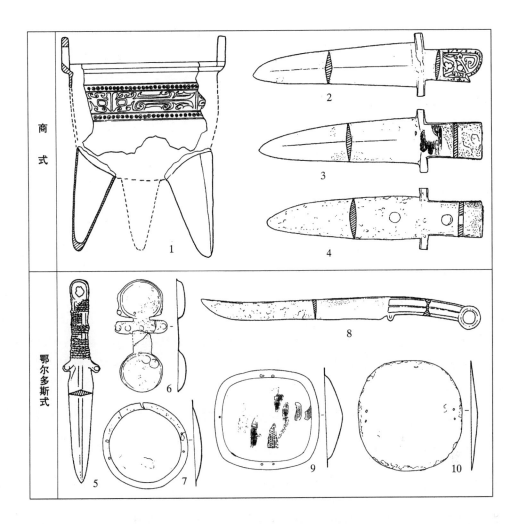

图二一六　朱开沟文化晚期青铜器

1. 鼎（H5028:4）　　2~4. 戈（M2012:1、M1040:1、M1083:1）　　5. 环首短剑（M1040:2）　　6、7、9、10.
护牌（M4020:2、M1040:5、M1040:6、M1040:7）　8. 环首刀（M1040:3）（均出自朱开沟遗址）

亡以及张家园上层类型的形成，与晚期朱开沟文化的东进联系起来①。甚至魏营子类型
花边鬲的出现也可能与朱开沟文化末期的影响有关②。

---

① 李伯谦：《张家园上层类型若干问题研究》，《考古学研究》（二），北京大学出版社，1994
　年，第131~143页。

② 郭大顺：《试论魏营子类型》，《考古学文化论集》（一），文物出版社，1987年，第79~98
　页；董新林：《魏营子文化初步研究》，《考古学报》2000年第1期，第1~30页。

6. 李家崖文化

分布在陕北地区，以陕西清涧李家崖遗存为代表[①]，包括绥德薛家渠[②]、安塞西瓜渠[③]和神木石峁同类遗存，见于清涧张家坬[④]、解家沟、寺墕[⑤]，绥德后任家沟[⑥]、墕头村[⑦]、高家川，延川刘家塬、去头村、土岗村[⑧]，延长张兰沟[⑨]，甘泉阎家沟[⑩]，以及淳化黑豆嘴、史家源、西梁家、赵家庄等遗址[⑪]。绝对年代约在公元前 1300～前 900 年[⑫]，相当于商代晚期至西周早期。陶器以泥质和夹砂灰陶为主，还有极少量红褐陶。除素面外流行绳纹，其次有云雷纹、方格乳钉纹、指甲纹、圆圈纹、划纹、弦纹、三角纹、菱形纹和附加堆纹，器类有分裆鬲、侈口甗、三足瓮、小口瓮、簋、豆、罐、盆、钵、勺等。鬲、罐类口沿常压印或附加花边，有的带双鋬，流行蛇纹鬲，腹饰大三角纹的浅腹簋与晚商簋相似，还有与碾子坡文化同类器近似的深腹周式簋（图二一七）。陶垫子呈筒状，有厚背弯身石刀。卜骨凿、灼而无钻。有石雕人像。出土青铜器较多，李伯谦先生将其分为三群：A 群多为青铜礼器，有觚、爵、瓿、卣、鼎、甗、簋、壶、盘等容器，以及直内戈、直内钺、双翼镞、锛、凿等武器或工具，均为殷墟常见器物，有的可能直接来自商文化区，明确属于商文化系统。B 群数量更多，云纹鼎、细颈壶、直线纹簋等为地方特征明显的仿商式礼器，銎内戈、管銎斧、多孔弧刃管銎钺、条形刀、兽首刀、环首刀、铃首剑、蛇首匕、弓形器、泡等典型的北方式青

---

①　张映文、吕智荣：《陕西清涧县李家崖古城址发掘简报》，《考古与文物》1988 年第 1 期，第 47～56 页。

②　北京大学考古系商周考古实习组等：《陕西绥德薛家渠遗址的试掘》，《文物》1988 年第 6 期，第 28～37 页。

③　陕西省考古研究所：《陕西安塞县西瓜渠村遗址试掘简报》，《华夏考古》2007 年第 2 期，第 12～17 页。

④　陕西省考古研究所等：《陕西出土商周青铜器》（一），文物出版社，1979 年。

⑤　高雪：《陕西清涧县又发现商代青铜器》，《考古》1984 年第 8 期，第 760～761 页。

⑥　绥德县博物馆：《陕西绥德发现和收藏的商代青铜器》，《考古学集刊》第 2 集，中国社会科学出版社，1982 年，第 41～43 页。

⑦　陕西省博物馆等：《陕西绥德墕头村发现一批窖藏商代铜器》，《文物》1975 年第 2 期，第 82～87 页。

⑧　阎晨飞、吕智荣：《陕西延川县文化馆收藏的几件商代青铜器》，《考古与文物》1988 年第 4 期，第 103 页。

⑨　姬乃军：《陕西延长出土一批晚商青铜器》，《考古与文物》1994 年第 2 期，第 27～28 页。

⑩　王永刚、崔风光、李延丽：《陕西甘泉县出土晚商青铜器》，《考古与文物》2007 年第 3 期，第 11～22 页。

⑪　姚生民：《陕西淳化县出土的商周青铜器》，《考古与文物》1986 年第 5 期，第 12～22 页；姚生民：《陕西淳化县新发现的商周青铜器》，《考古与文物》1990 年第 1 期，第 53～57 页。

⑫　薛家渠 H2 树轮校正年代为公元前 1245±145 年。

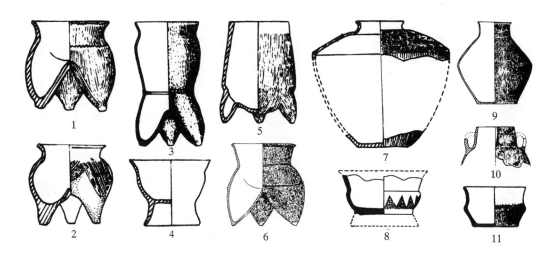

图二一七　李家崖文化陶器

1、2、6. 鬲（AT13H1∶1、AT③∶1、T2②∶1）　　3. 甗（AT13W1∶1）　　4. 周式簋（AT18③∶2）　　5. 三足瓮
（AT18③∶3）　　7、9. 小口瓮（AT18③∶4、H3∶10）　　8. 商式簋（AT16③∶1）　　10. 双肩耳罐（H3∶15）　　11.
盆（AT17③∶5）（6、9、10 出自西坬渠遗址，其余出自李家崖遗址）

铜器则应为当地制造（图二一八）。C 群数量很少，主要有双环首刀和冒首刀两种，其源头可能在卡拉苏克文化[①]。此外还有青铜马、勺形马镳、金云形耳饰、绿松石珠、贝等。这些作为随葬品的青铜、黄金类饰品是李家崖文化的重要组成部分[②]。晋中柳林高红遗存与其大体同类[③]。

　　李家崖文化主体由朱开沟文化发展而来，蛇纹鬲、侈口甗、三足瓮、小口瓮、簋、豆、罐、盆、钵等大部分器物均和朱开沟文化一脉相承，其陶或青铜的靴形器也与朱开沟文化乃至于老虎山文化存在联系。李家崖文化还深受晚商文化的影响，表现在陶簋、青铜礼器等方面；此外，西坬渠的双肩耳罐则表现为来自刘家文化的影响。青铜器中的条形有穿带孔刀、单孔直内钺、半月形有銎钺、曲尺形有銎钺等被认为来自卡约文化，更早的源头或在西亚地区[④]。李家崖文化存在地方性差异，尤其是邻近关中的

　　① 李伯谦：《从灵石旌介商墓的发现看晋陕高原青铜文化的归属》，《中国青铜文化结构体系研究》，科学出版社，1998 年，第 167~184 页。李海荣有更为细致的分法，总体与此类同，见李海荣：《北方地区出土夏商周时期青铜器研究》，文物出版社，2003 年。
　　② 吕智荣：《试论陕晋北部黄河两岸地区出土的商代青铜器及有关问题》，《中国考古研究论文集》，三秦出版社，1987 年，第 214~225 页；吕智荣：《试论李家崖文化的几个问题》，《考古与文物》1989 年第 4 期，第 75~79 页。
　　③ 杨绍舜：《山西柳林县高红发现商代铜器》，《考古》1981 年第 3 期，第 211~212 页。
　　④ 张文立、林沄：《黑豆嘴类型青铜器中的西来因素》，《考古》2004 年第 5 期，第 65~73 页。

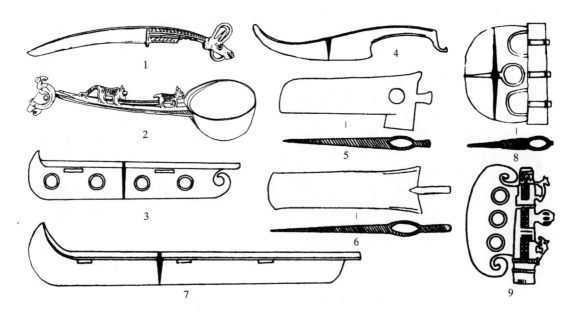

图二一八　李家崖文化青铜器

1. 马首刀（壕头村）　2. 羊首勺（解家沟）　3、7. 条形刀（黑豆嘴 M2、M1）　4. 削（赵家庄 M1）　5、6. 有銎斧（黑豆嘴 M3、M2）　8、9. 多孔弧刃管銎钺（黑豆嘴 M2、传出榆林）（均属 B 群）

淳化黑豆嘴一类遗存，就与关中晚商遗存有着更多联系①。

　　李家崖文化的蛇纹鬲渗入到关中地区商文化当中，北方式青铜器还对殷墟文化也产生了一定影响②，蛇纹鬲和兽首刀、兽首剑、铃首剑、环首凸齿刀等则传播到蒙古和外贝加尔地区③。李家崖文化被推测为鬼方或舌方遗存④。

　　7. 西岔文化

　　分布在内蒙古中南部地区，以内蒙古清水河西岔三期遗存为代表⑤，见于清水河碓

①　朱凤瀚：《古代中国青铜器》，南开大学出版社，1995 年，第 665 页；张长寿、梁星彭：《关中先周青铜文化的类型与周文化的渊源》，《考古学报》1989 年第 1 期，第 1～24 页。

②　林沄：《商文化青铜器与北方地区青铜器关系之研究》，《考古学文化论集》（一），文物出版社，1987 年，第 129～155 页。

③　乌恩：《中国北方青铜文化与卡拉苏克文化的关系》，《中国考古学研究》（二），科学出版社，1986 年，第 135～150 页；田广金、郭素新：《鄂尔多斯式青铜器的渊源》，《考古学报》1988 年第 3 期，第 257～276 页；李水城：《中国北方地带的蛇纹器研究》，《文物》1992 年第 1 期，第 50～57 页。

④　吕智荣：《朱开沟古文化遗存与李家崖文化》，《考古与文物》1991 年第 6 期，第 46～52 页。

⑤　内蒙古文物考古研究所、清水河县文物管理所：《清水河县西岔遗址发掘简报》，《万家寨水利枢纽工程考古报告集》，远方出版社，2001 年，第 60～78 页。

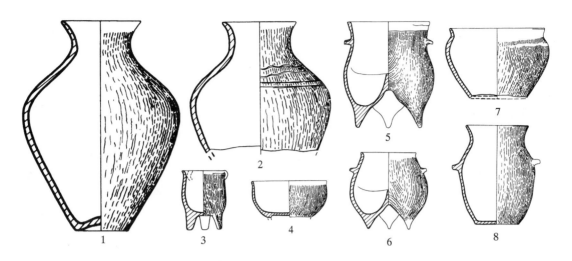

图二一九　西岔文化陶器

1、2. 小口瓮（H43:4、H30:2）　3. 鼎（H32:4）　4. 豆（H12:3）　5、6. 双鋬鬲（H11:2、H9:1）　7. 盆（H43:2）　8. 双鋬罐（H9:3）（均出自西岔遗址）

臼沟[①]等遗址，相当于殷墟晚期和西周早期。陶器以泥质和夹砂红褐陶为主，灰陶很少，夹砂陶多夹粗砂。多拍印整齐绳纹，个别器物肩、颈部刻划或附加水波纹、圆圈纹等。多凹底和三足，口部常附加花边，颈、肩部多带双鋬。器类有高领鬲、侈口瓿、侈口罐、小口瓮、鼎、盆、豆（簋）等（图二一九）。纺轮除断面呈梯形者外，还有亚腰形者，陶垫子为筒状。生产工具主要为石器，和朱开沟文化者近似，石刀多厚背弯身，穿孔砺石很有特色，还有石璧、青铜锥等。有弹簧状青铜耳环、玛瑙或绿松石珠饰、玉环等装饰品。还有所谓鄂尔多斯式青铜器，包括管銎斧、有銎斧、銎内戈、兽首刀、铃首锥、鹿首匕等（图二二○）[②]。

西岔文化与朱开沟文化虽然有相似的一面，但朱开沟文化的砂质陶蛇纹鬲不见于该文化，而该文化的双鋬高领鬲也自有特色。该文化可能是在朱开沟文化的基础上，接受较多来自晋中的高领鬲因素而形成（图二二一，1、2）[③]。与李家崖文化相比，该文化缺乏云雷纹、商式簋等，受商文化影响较小。其双鋬鬲与碾子坡 M109 同类器接

①　曹建恩：《清水河县碓臼沟遗址调查简报》，《万家寨水利枢纽工程考古报告集》，远方出版社，2001 年，第 81～87 页。

②　田广金、郭素新：《鄂尔多斯式青铜器》，文物出版社，1986 年；中国青铜器全集编辑委员会：《中国青铜器全集·15·北方民族》，文物出版社，1995 年；曹建恩：《清水河县征集的商周青铜器》，《万家寨水利枢纽工程考古报告集》，远方出版社，2001 年，第 79～80 页。

③　国家文物局、山西省考古研究所、吉林大学考古学系：《晋中考古》，文物出版社，1999 年，第 55 页。

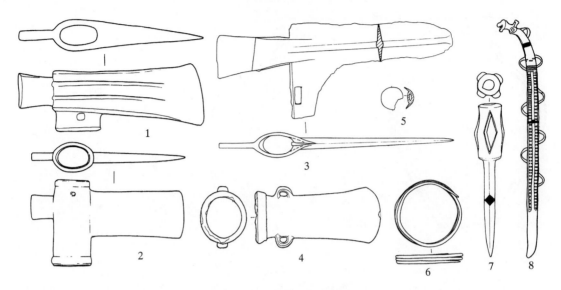

图二二〇　西岔文化青铜器

1、2．管銎斧（西岔 M10:1，清水河 QC:1）　3．銎内戈（清水河 QC:4）　4．双耳有銎斧（鄂尔多斯）
5．扣（清水河 QC:5）　6．耳环（西岔 M3:1）　7．铃首锥（鄂尔多斯）　8．鹿首匕（鄂尔多斯）

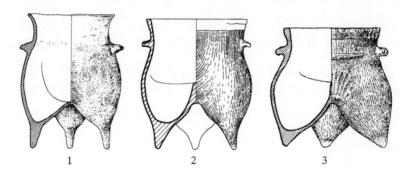

图二二一　朱开沟文化光社类型、西岔文化和碾子坡文化陶双鋬鬲比较

1．朱开沟文化光社类型（娄烦庙湾 LM011）　2．西岔文化（西岔 H11:2）　3．碾子坡文化（碾子坡 M109:1）

近，反映与关中地区存在交流（图二二一，2、3）。双耳有銎斧、穿孔砺石、弹簧状耳环早就见于青铜时代河西走廊的四坝文化、东疆的哈密天山北路文化，后又流行于新疆早期铁器时代诸文化，推测其与西部地区存在联系。

8．西麻青类遗存

以准格尔西麻青墓地遗存为代表，大约相当于西周中晚期[①]。随葬联裆鬲、深腹

---

① 曹建恩：《内蒙古中南部商周考古研究的新进展》，《内蒙古文物考古》2006 年第 2 期，第
16～26 页。

罐、盂、双耳壶、单耳罐等陶器，与周文化大体属于一个系统。但弹簧式铜耳环、带扣等则与稍晚的桃红巴拉文化存在较多联系。可见这类遗存当为周文化和北方畜牧文化结合的产物。

9. 辛店文化

主要分布在黄河上游及其支流洮河、大夏河、湟水、渭河上游地区。以甘肃临洮辛店遗存得名[1]，包括甘肃省的永靖张家嘴和姬家川遗存[2]，临夏莲花台（原属永靖县）[3]、盐场遗存[4]，东乡唐汪川遗存[5]；青海省的民和核桃庄小旱地[6]、山家头[7]，乐都柳湾[8]、双二东坪[9]，大通上孙家寨墓葬，还见于青海民和二方、簸箕掌[10]，互助总寨，以及盐锅峡和八盘峡水库区的上庄、乱米咀、孔家寺等遗址[11]。主体年代大约在公元前1600～前800年[12]。

---

① 安特生著、乐森㻆译：《甘肃考古记》，地质专报甲种第五号，1925年；J.G.Andersson, Researches into the Chinese, *Bulletin of the Museum of the Eastern Antiquities* No.15, Stockholm, 1943.

② 黄河水库考古队甘肃分队：《甘肃永靖县张家嘴遗址发掘简报》，《考古》1959年第4期，第181～184页；黄河水库考古队甘肃分队：《甘肃临夏姬家川遗址发掘简报》，《考古》1962年第2期，第69～71页；中国社会科学院考古研究所甘肃工作队：《甘肃永靖张家嘴与姬家川遗址的发掘》，《考古学报》1980年第2期，第187～220页。

③ 中国社会科学院考古研究所甘肃工作队：《甘肃永靖莲花台辛店文化遗址》，《考古》1980年第4期，第296～310页；甘肃省文物工作队、北京大学考古系甘肃实习组：《甘肃临夏莲花台辛店文化墓葬发掘报告》，《文物》1988年第3期，第7～19页。

④ 甘肃省文物考古研究所、甘肃省博物馆历史部：《甘肃临夏盐场遗址发现的辛店文化陶器》，《考古与文物》1994年第3期，第1～15页。

⑤ 安志敏：《略论甘肃东乡自治县唐汪川的陶器》，《考古学报》1957年第2期，第23～31页。

⑥ 青海省文物管理处：《青海民和核桃庄小旱地墓地发掘简报》，《考古与文物》1995年第2期，第1～2页；青海省文物考古研究所等：《民和核桃庄》，科学出版社，2004年。

⑦ 青海省文物管理处：《青海民和核桃庄山家头墓地清理简报》，《文物》1992年第11期，第26～31页。

⑧ 青海省文物管理处考古队、中国社会科学院考古研究所：《青海柳湾——乐都柳湾原始社会墓地》，文物出版社，1984年，第234～237页。

⑨ 乔红：《乐都双二东坪辛店文化遗址》，《中国考古学年鉴》(1996)，文物出版社，1998年，第248～249页；陈海清：《乐都双二东坪辛店文化遗址》，《中国考古学年鉴》(1997)，文物出版社，1999年，第236～237页。

⑩ 青海省文物考古研究所：《青海省民和县古文化遗存调查》，《考古》1993年第3期，第193～224页。

⑪ 黄河水库考古队甘肃分队：《黄河上游盐锅峡与八盘峡考古调查记》，《考古》1965年第7期，第321～325页。

⑫ 水涛：《甘青地区青铜时代的文化结构和经济形态研究》，《中国西北地区青铜时代考古论集》，科学出版社，2001年，第193～327页。

陶器以夹砂红褐陶占绝大多数，泥质灰陶极少。夹砂陶多夹陶末或石英砂粒，质地较为粗糙。除素面外，有较多彩陶、绳纹，附加堆纹、划纹、乳钉纹较少，器表有的有白色、橙黄色或紫红色陶衣。彩陶以黑色为主，也有红色和紫红色，有的直接在陶器上绘彩，有的在红色或紫红色宽带上绘黑彩。彩陶图案有回纹、宽横带纹、填斜线三角纹、菱形纹、涡纹、网格纹、锯齿纹、折线纹、波纹、"与"字纹、"S"形纹、"X"形纹、"Z"形纹、"8"字纹、"勿"字纹、连勾纹、太阳纹、草叶纹、竖条带纹等，还点缀以兽形（羊、狗、鹿）、鸟形图案；以羊首形双勾纹最具特色，多呈横带状分布，搭配以竖条带。圜底、凹底、平底器为主，三足器和圈足器少量，多带一至三个环形耳，也有的带双鋬。部分陶器口呈马鞍形。器类主要有腹耳罐（瓮）、高领双耳罐、双大耳罐、双耳折腹罐、乳状袋足鬲、单耳豆、单耳直腹杯，以及盆、盘、钵、甑、鼎等。在莲花台遗址还发现一件青铜双耳罐。生产工具类似齐家文化，石刀单圆孔或两侧带缺口，一种两侧带凸棱的石杵有特色，有弯背青铜刀、穿孔砺石、长体短齿兽毛梳等工具，有青铜矛等武器。还有铜扣、铜泡、长方形联珠牌饰、陶环、铜（骨）管、铜铃、石（铜）珠、绿松石饰、牙饰、骨饰等装饰品

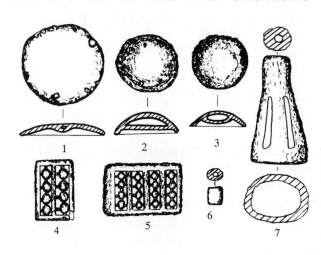

图二二二　核桃庄辛店文化青铜装饰品
1~3.泡（M95:3、M151:1、M138:1）　4、5.联珠饰（M189:2、M326:4）　6.珠（M16:2）　7.铃（M151:5）

（图二二二），以及骨哨、陶靴形器等。

　　一般将辛店文化分为三期或者三个类型[①]。第一期为山家头期或称山家头类型，流行绳纹，多见附加堆纹，多圜底器，代表性器类有双耳高领罐、双耳盆、敛口折腹钵等（图二二三）。第二期为姬家川期或称姬家川类型，彩陶和绳纹都较多，多凹底器，代表性器类有腹耳罐（瓮）、高领双耳罐、双大耳罐、单耳直腹杯等。姬家川多见花边罐和花边乳状袋足鬲（图二二四），而核桃庄盛行彩陶（图二二五），存在一定的地方

---

① 谢端琚：《略论辛店文化》，《文物资料丛刊》（9），文物出版社，1985年，第59~76页；张学正、水涛、韩翀飞：《辛店文化研究》，《考古学文化论集》（三），文物出版社，1993年，第122~144页。

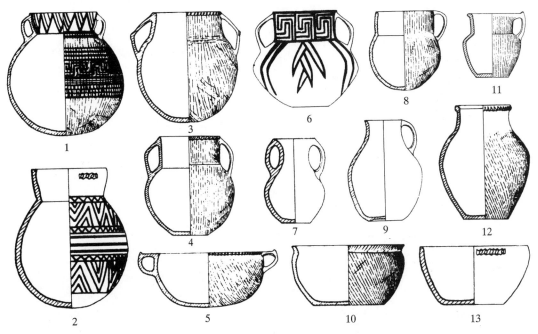

图二二三 辛店文化山家头期陶器

1、2.彩陶圜底罐（M5:2、M14:1） 3、4、6、7.双耳罐（M24:2、M32:1、M20:1、M15:1） 5.双耳盆
（M17:1） 8、9、11.单耳罐（M7:1、M7:2、M22:2） 10.平底盆（M3:1） 12.花边罐（M5:3） 13.
钵（M29:2）（均出自山家头遗址）

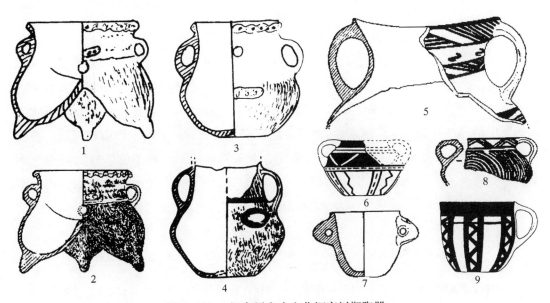

图二二四 姬家川辛店文化姬家川期陶器

1、2.花边乳状袋足鬲（H13:2、3） 3~6、8.双耳罐（H13:3、TC:1、H28:1、H8:11、H10:1） 7.双耳
杯（H10:4） 9.单耳杯（H8:18）

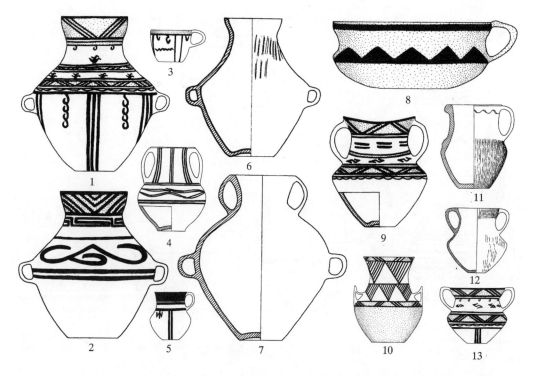

图二二五　核桃庄辛店文化姬家川期陶器

1、2、6、7. 瓮（M157:2、M102:2、M97:3、M112:3）　3. 彩陶单耳杯（M152:3）　4、9、12、13. 双耳罐（M102:3、M157:4、M218:3、M97:2）　5、11. 单耳罐（M102:1、M112:1）　8. 彩陶盆（M157:1）　10. 彩陶肩耳罐（M193:1）

性差异。第三期为张家嘴期或称张家嘴类型，流行素面和彩陶，新出彩陶单耳豆和草叶纹、涡纹彩陶（图二二六）。此外，唐汪山神遗址出土的涡纹彩陶类陶器，曾被称之为"唐汪式陶器"，其实当属于辛店文化张家嘴期[①]。李水城还提出，在兰州至天水之间的陇中南地区存在一个"董家台类型"，他们有着夹细砂橙黄陶，彩陶双耳罐、腹耳罐、双耳钵[②]等全身布满由菱格纹、三角纹、下垂的细长三角形条纹组成的红褐色图案，也有瘦高的单耳绳纹罐，均为圜底器（图二二七）[③]。其实这类遗存与山家头类型近似，时代也应相当，或许可作为辛店文化第一期的另一个地方类型。

---

① 许永杰：《河湟青铜文化的谱系》，《考古学文化论集》（三），文物出版社，1993 年，第 166～203 页。

② 甘肃省文物工作队、北京大学考古学系：《甘肃甘谷毛家坪遗址发掘报告》，《考古学报》1987 年第 3 期，第 359～396 页。

③ 李水城：《论董家台类型及相关问题》，《考古学研究》（三），科学出版社，1997 年，第 95～102 页。

图二二六　　核桃庄辛店文化张家嘴期彩陶器

1～3. 腹耳瓮（M259:1、M343:1、M334:3）　　4～6. 双耳罐（M143:1、M334:1、M342:1）　　7～10. 双耳盆
（M334:2、M286:2、M277:2、M303:3）

　　山家头期的泥质红陶双大耳罐、圜底罐、花边高领绳纹罐、敛口钵等，均很接近
齐家文化陶器，可见齐家文化为其重要来源。此外，其双耳盆接近马厂类型，彩陶图
案也与马厂类型、四坝文化多有相似之处①，其纵向"勿"字纹大概是蛙纹的变体。特
别值得注意的是，属于"唐汪式陶器"的涡纹彩陶、单耳豆等，与新疆鄯善洋海墓地
苏贝希文化陶器甚至皮具木器花纹近似，说明还有来自新疆地区的影响（图二二八）。
辛店文化对卡约文化、寺洼文化和商周文化有一定影响，山西曲沃北赵晋侯墓地 M113
出土的一件青铜扭索耳双耳罐，就极可能为从辛店文化传入②。

　　核桃庄小旱地组居民的体质特征接近现代东亚蒙古人种，与现代藏族也有某些
相似性，同时在个别方面与现代北亚蒙古人种有相同之处，属于所谓"古西北类
型"。总体与新石器时代甘青地区的土著居民体质类型较为一致③，不出古羌人系统的

---

①　南玉泉：《辛店文化序列及其与卡约、寺洼文化的关系》，《考古类型学的理论和实践》，文物
　　出版社，1989 年，第 73～109 页。

②　北京大学考古文博学院、山西省考古研究所：《天马—曲村遗址北赵晋侯墓地第六次发掘》，
　　《文物》2001 年第 8 期，第 4～21 页。

③　王明辉、朱泓：《民和核桃庄史前文化墓地人骨研究》，《民和核桃庄》，科学出版社，2004
　　年，第 281～320 页。

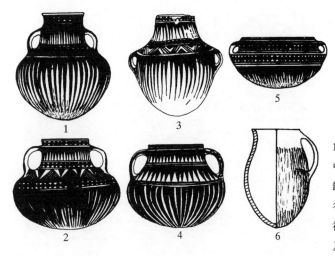

图二二七　董家台类型陶器

1、2、4.双耳彩陶罐（天祝董家台、榆中朱家沟、榆中黄家庄）　3.腹耳彩陶罐（武山洛门镇）　5.双耳彩陶钵（甘谷毛家坪 TM7：1）　6.单耳绳纹罐（天祝董家台）（根据李水城《论董家台类型及相关问题》一文图一改绘）

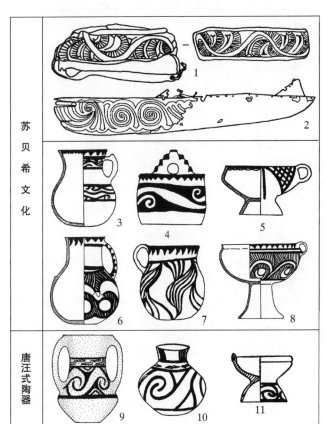

图二二八　唐汪式陶器与
苏贝希文化遗存比较

1.皮盒（洋海一号墓地 M167：2）　2.木撑板（洋海一号墓地 M28：2）　3、6、7.陶单耳罐（洋海一号墓地 M164：6，洋海二号墓地 M2054：4、M295：3）　4.陶立耳杯（洋海一号墓地 M1002：1）　5、8、11.陶单耳豆（洋海一号墓地 M14：1，洋海二号墓地 M239：1，张家嘴 H20：3）　9.陶双耳罐（核桃庄 M334：1）　10.陶壶（唐汪 KM12：03）

范畴①。

10. 卡约文化

主要分布在青海省境内的黄河沿岸和湟水流域，以青海湟中卡约村的首次发掘而得名②，包括青海循化阿哈特拉、苏志、仓库、伊马亥、苹果园、棺尸沟、乙日亥③、苏呼撒④，湟源大华中庄⑤、花鼻梁、乱山、巴燕峡⑥，湟中下西河潘家梁⑦、前营村⑧，贵德山坪台⑨，化隆上半主洼⑩、下半主洼⑪，共和合洛寺⑫，大通上孙家寨⑬、黄家寨⑭、杨家湾⑮，平安沙卡⑯等墓地；居住遗址仅发现湟源莫不拉⑰和尖扎鲍家藏

———————————

① 俞伟超：《古代"西戎"和"羌"、"胡"文化归属问题的探讨》，《先秦两汉考古学论集》，文物出版社，1985 年，第 180～192 页。

② 安特生著、乐森珣译：《甘肃考古记》，地质专报甲种第五号，1925 年；J.G.Andersson, Researches into the Chinese, *Bulletin of the Museum of the Eastern Antiquities* No.15, Stockholm, 1943；夏鼐：《临洮寺洼山发掘记》，《中国考古学报》第四册，1949 年，第 71～137 页。

③ 卢耀光：《1980 年循化撒拉族自治县考古调查》，《考古》1985 年第 7 期，第 602～607 页；许新国：《试论卡约文化的类型与分期》，《青海文物》第 1、2 期，1988、1989 年。

④ 青海省考古研究所：《青海循化苏呼撒墓地》，《考古学报》1994 年第 4 期，第 425～469 页。

⑤ 青海省湟源县博物馆等：《青海湟源县大华中庄卡约文化墓地发掘简报》，《考古与文物》1985 年第 5 期，第 11～34 页。

⑥ 青海省文物考古队、湟源县博物馆：《青海湟源县境内的卡约文化遗迹》，《考古》1986 年第 10 期，第 882～886 页。

⑦ 青海省文物考古研究所：《青海湟中下西河潘家梁卡约文化墓地》，《考古学集刊》第 8 集，科学出版社，1994 年，第 28～86 页。

⑧ 李汉才：《青海湟中县发现古代双马铜钺和铜镜》，《文物》1992 年第 2 期，第 16 页。

⑨ 青海省文物考古队等：《青海贵德山坪台卡约文化墓地》，《考古学报》1987 年第 2 期，第 255～274 页。

⑩ 青海省文物考古研究所等：《青海化隆县半主洼卡约文化墓葬发掘简报》，《考古》1996 年第 8 期，第 27～44 页；青海省文物考古研究所：《青海化隆县上半主洼卡约文化墓地第二次发掘》，《考古》1998 年第 1 期，第 51～64 页。

⑪ 刘宝山、窦旭耀：《青海化隆县下半主洼卡约文化墓地第二次发掘简报》，《考古与文物》1998 年第 4 期，第 3～11 页。

⑫ 吴平：《海南藏族自治州境内发现晚期墓》，《青海文物》第 3 期，1989 年。

⑬ 许新国：《试论卡约文化的类型与分期》，《青海文物》第 1、2 期，1988、1989 年。

⑭ 青海省文物考古研究所、吉林大学考古学系：《青海大通县黄家寨墓地发掘报告》，《考古》1994 年第 3 期，第 193～206 页。

⑮ 马兰、刘杏改：《大通黄家寨及杨家湾墓地清理简报》，《青海文物》第 2 期，1989 年。

⑯ 青海省文物考古研究所：《青海平安县古城青铜时代和汉代墓葬》，《考古》2002 年第 12 期，第 29～37 页。

⑰ 高东陆、许淑珍：《青海湟源莫不拉卡约文化遗址发掘简报》，《考古》1990 年第 11 期，第 1012～1016 页。

等处①。还见于民和张家（丙）、巴担（甲）、寺头顶（甲）、上红庄台②，化隆阿藏吾具、索拉台，循化驼嘴子多加玛尕③，平安牌楼沟（丙）、卅里铺，互助董家（甲）、东村砖瓦厂、善马沟、尕麻吉④，湟源巴燕峡、俊家庄⑤，海晏德州⑥，大通康家、龙眼口、猫尔刺坡、鲍家寨、龙王庙台、八寺崖、沙巴图、上关、贺家庄、园台、庙台子⑦等遗址。绝对年代和辛店文化近似。

　　陶容器主要为夹粗砂红褐陶和灰陶，掺和料为砂粒、陶末、云母片。素面居多，彩陶其次，还有少量绳纹、划纹、附加堆纹、泥钉等装饰。彩陶多为在紫色陶衣上绘黑彩，有横带纹、填斜线三角纹、菱形纹、涡纹、网格纹、折线纹、回纹、联珠纹、"勿"字纹、"与"字纹、竖条带纹等，还有鹿、羊、鹰、鱼、蛙等动物图案，和辛店文化类似。流行平底或凹底器（似假圈足），多带双或单耳，主要器类有双大耳罐、短颈小双耳罐、腹耳罐、深腹侈口罐、四耳罐、花边罐、大口罐（盆）、单耳钵，以及个别鬲、鼎等，鬲主要出于遗址，还有石勺。工具或武器主要为有銎或管銎铜斧、穿孔石斧、管銎铜钺、穿孔石钺、铜矛、铜戈、铜（骨、石、木）镞、石刀、铜（铁）刀、穿孔砺石、陶（石、骨）纺轮、骨锥、骨针、角铲、石（铜）锤等（图二二九）。还有大量装饰品，几乎占到随葬品总数的90%，有铜铃、铜牌、铜镜、铜联珠饰、铜泡饰、四面人像铜饰、铜管、铜耳环、铜指环、铜（骨）笄、骨饰、石（玛瑙、琥珀）饰、骨串珠、蚌壳、海贝、羊距骨等，饰细致花纹的铜或骨管可能为放置骨针的器具，有的上饰成组鹿纹；还有特殊的铜人头像饰、铜鸠首牛犬端饰、鸟形端饰等（图二三〇）⑧。青铜斧、钺最有特色，其上多装饰圆孔，并在圆孔周围起缘或在圆孔外附加凸棱形成"丁"字形装饰⑨，有的管銎钺还附双马装饰。有些带有乳头状凸起的"石锤"

①　吴平：《李家峡水电站工程砂料区卡约文化遗址》，《中国考古学年鉴》（1992），文物出版社，1994 年，第 337～338 页。

②　青海省文物考古研究所：《青海省民和县古文化遗存调查》，《考古》1993 年第 3 期，第 193～224 页。

③　青海省文物考古研究所：《青海化隆、循化两县考古调查简报》，《考古》1991 年第 4 期，第 313～331 页。

④　青海省文物考古研究所：《青海平安、互助县考古调查简报》，《考古》1990 年第 9 期，第 774～789 页。

⑤　青海省文物考古队、湟源县博物馆：《青海湟源县境内的卡约文化遗迹》，《考古》1986 年第 10 期，第 882～886 页。

⑥　青海省文物考古队：《青海湖环湖考古调查》，《考古》1984 年第 3 期，第 197～202 页。

⑦　青海省文物考古研究所：《青海大通县文物普查简报》，《考古》1994 年第 4 期，第 320～329 页。

⑧　三宅俊彦：《卡约文化青铜器初步研究》，《考古》2005 年第 5 期，第 73～88 页。

⑨　张文立、林沄：《黑豆嘴类型青铜器中的西来因素》，《考古》2004 年第 5 期，第 65～73 页。

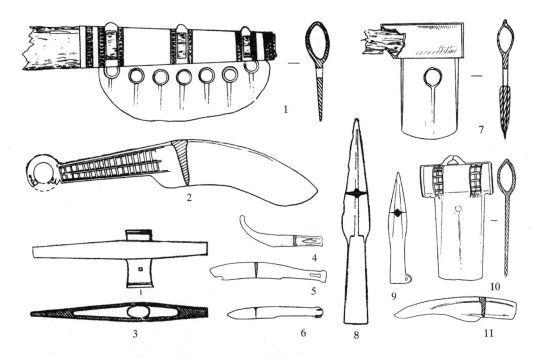

图二二九　卡约文化青铜兵器和工具

1. 管銎钺（潘家梁 M117:41）　　2、4~6、11. 刀（潘家梁 M221:208、M58:6、M185:2，大华中庄 M42:1，潘家梁 M145:8）　3. 锤（上半主洼 M159:1）　7、10. 管銎斧（潘家梁 M29:2、M183:4）　8、9. 矛（花鼻梁 M6:2，大华中庄 M95:1）

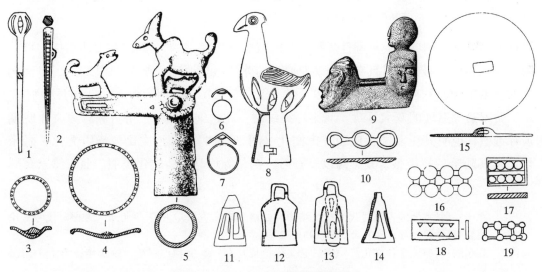

图二三〇　卡约文化青铜装饰品

1、2. 笄（潘家梁 M185:21、M221:9）　　3、4、6、7. 泡（潘家梁 M185:21、M181:20，苏呼撒 M99:8、M33:7）　5、8. 杖端饰（大华中庄 M87:1，巴燕峡）　9. 人头像饰（大华中庄）　10、16、17、19. 联珠饰（潘家梁 M21:19、M240:14、M71:11，苏呼撒 M30:3）　11~14. 铃（上半主洼 M30:3，黄家寨 M16:14、M5:2，潘家梁 M44:12）　15. 镜（大华中庄 M101:1）　18. 牌饰（乱山 M4:3）

可能为杖首（山坪台）。

　　水涛将该文化分为三期，晚期时唐汪式彩陶在黄河沿岸流行，逐渐取代土著彩陶成分[①]。有地方性差异，高东陆曾分出卡约、上孙、阿哈特拉、大华中庄四个类型[②]，谢端琚则分为潘家梁（卡约）、阿哈特拉、中庄三个类型[③]。考虑到有些差异是由于时代不同所造成，则以区分为两个类型更为清楚[④]：其一在湟水流域，包括青海湖周围，

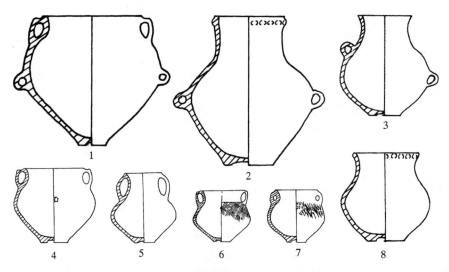

图二三一　　潘家梁卡约文化卡约类型陶器

1．四耳瓮（D74）　　2．双腹耳罐（M89：3）　　3．高低耳罐（M47：1）　　4～7．双耳罐（M57：10、M159：1、M46：3、M238：10）　　8．无耳花边罐（M137：3）

可称卡约类型，陶器器类单调且矮胖，彩陶很少（图二三一）；其二在黄河沿岸，可称阿哈特拉类型，器类丰富且高大。晚期偏南的苏呼撒墓地流行彩陶（图二三二），而偏北的上半主洼、下半主洼遗址多见单耳盘（图二三三），属于更为细致的地方性差别。

　　黄家寨等遗址的双大耳罐、双小耳绳纹罐、花边绳纹罐、豆等，和齐家文化晚期遗存近似，说明其主要源头应为齐家文化（图二三四）。卡约文化与辛店文化关系密切，尤其阿哈特拉类型，其彩陶以及石刀、铜戈等均与辛店文化类似。西宁鲍家寨属

　　①　水涛：《甘青地区青铜时代的文化结构和经济形态研究》，《中国西北地区青铜时代考古论集》，科学出版社，2001年，第193～327页。

　　②　高东陆：《略论卡约文化》，《考古学文化论集》（三），文物出版社，1993年，第153～165页。

　　③　谢端琚：《甘青地区史前考古》，文物出版社，2002年，第153～169页。

　　④　俞伟超：《关于"卡约文化"和"唐汪文化"的新认识》，《先秦两汉考古学论集》，文物出版社，1985年，第193～210页；水涛：《甘青地区青铜时代的文化结构和经济形态研究》，《中国西北地区青铜时代考古论集》，科学出版社，2001年，第193～327页。

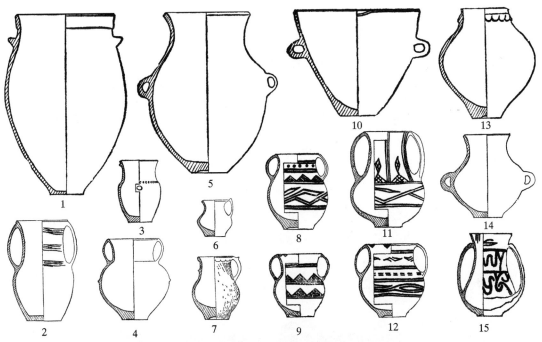

图二三二　苏呼撒卡约文化阿哈特拉类型陶器

1. 双鋬瓮（M59:1）　2、4. 双耳罐（M63:3、M116:3）　3. 无耳罐（M99:3）　5、14. 双腹耳罐（M116:1、M42:1）　6、7. 单耳罐（M42:3、M19:2）　8、9、11、12、15. 彩陶双耳罐（M43:1、M12:3、M12:2、M42:2、M63:2）　10. 双耳缸（M59:2）　13. 小口花边罐（M19:1）

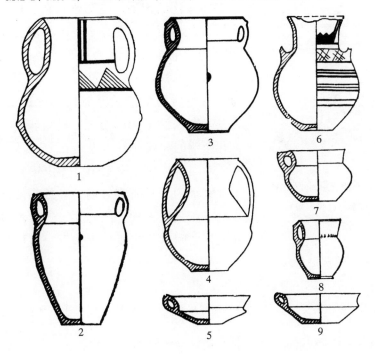

图二三三　上半主洼卡约文化阿哈特拉类型陶器

1～4. 双耳罐（M162:2、M135:1、M151:2、M105:1）

5、9. 单耳盘（M168:2、M173:2）　6. 双鋬壶（M173:3）　7、8. 单耳罐（M107:2、M137:2）

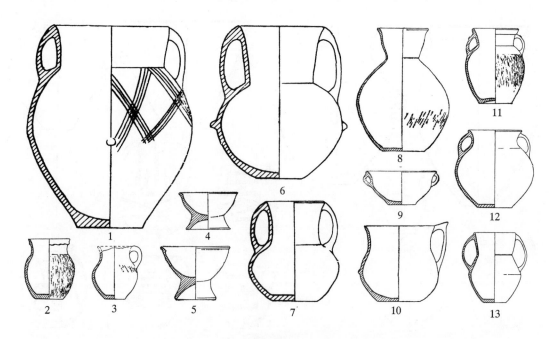

图二三四　黄家寨卡约文化早期陶器

1、11、12.双小耳罐（M16:19、M12:2、08）　　2.花边绳纹罐（031）　　3、10.单耳罐（07、M10:1）

4、5.豆（M11:1、M9:1）　　6、7、13.双大耳罐（M16:18、M2:1、011）　　8.壶（029）　　9.碗（030）

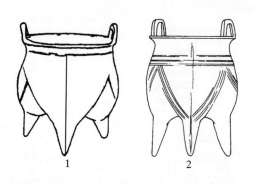

图二三五　卡约文化与郑州商文化铜鬲比较

1.西宁鲍家寨　2.郑州张寨（杜岭三号）

于卡约文化的铜鬲，与郑州张寨二里岗上层文化者基本一致[①]，表明早商文化很可能影响至此（图二三五）[②]。此外，青铜器、殉牲习俗、穿孔砺石、羊距骨等，均与新疆早期铁器时代文化近似；尤其晚期涡纹彩陶的出现，反映苏贝希文化影响的深入。

对阿哈特拉、李家山（潘家梁）和上孙家寨的人骨研究表明，虽然都接近现代东亚蒙古人种，但与甘青新石器时代人骨之间已经出现较大差异，而且后

①　河南省文物考古研究所、郑州市文物考古研究所：《郑州商代铜器窖藏》，科学出版社，1999年，第78页。

②　赵生琛：《青海西宁发现卡约文化铜鬲》，《考古》1985年第7期，第635页。

二者与现代藏族更为接近一些①。人骨的差别正好与两个地方类型的划分吻和。其族属当为羌戎系统②。

11. 寺洼文化

主要分布在甘肃中南部和东部，从洮河流域延伸到泾河上游，以及白龙江和嘉陵江上游。以甘肃临洮寺洼山墓葬为代表③，包括甘肃平凉"安国式陶器"④，庄浪川口柳家⑤、徐家碾⑥，西和栏桥⑦，合水九站⑧，卓尼芘儿⑨、大族坪北区、石坡西区⑩，岷县红崖、白塔山、王铁嘴、姚庄遗存等⑪，还见于陕西凤县龙口遗址⑫。绝对年代大约在公元前1600～前700年。

陶器几乎均为夹砂褐陶，掺和料多为砂粒和陶末。器表基本素面，有少量简单的刻划波折纹、戳点纹、附加堆纹，绳纹极少且多被抹去，还有个别细泥条"蛇纹"。少量器物在颈部饰白、红、黄、黑色的彩绘或彩陶，有双勾纹、网格纹、圆圈纹、横带

① 韩康信：《青海循化阿哈特拉山古墓地人骨研究》，《考古学报》2000年第3期，第395～420页；张君：《青海李家山卡约文化墓地人骨种系研究》，《考古学报》1993年第3期，第381～412页；韩康信、谭婧泽、张帆：《中国西北地区古代居民种族研究》，复旦大学出版社，2005年。

② 俞伟超：《关于"卡约文化"和"唐汪文化"的新认识》，《先秦两汉考古学论集》，文物出版社，1985年，第193～210页。

③ 安特生著、乐森珥译：《甘肃考古记》，地质专报甲种第五号，1925年；J.G.Andersson, Researches into the Chinese, *Bulletin of the Museum of the Eastern Antiquities* No.15, Stockholm, 1943；夏鼐：《临洮寺洼山发掘记》，《中国考古学报》第四册，1949年，第71～137页；裴文中：《甘肃史前考古报告》，《裴文中史前考古学论文集》，文物出版社，1987年，第208～255页。

④ 甘肃省博物馆：《甘肃古文化遗存》，《考古学报》1960年第2期，第11～52页。

⑤ 甘肃省博物馆：《甘肃庄浪县柳家村寺洼墓葬》，《考古》1963年第1期，第48页。

⑥ 丁广学：《甘肃庄浪县出土的寺洼陶器》，《考古与文物》1981年第2期，第11～16页；中国社会科学院考古研究所：《徐家碾寺洼文化墓地——1980年甘肃庄浪徐家碾考古发掘报告》，科学出版社，2006年。

⑦ 甘肃省文物工作队等：《甘肃西和栏桥寺洼文化墓葬》，《考古》1987年第8期，第678～691页。

⑧ 北京大学考古学系、甘肃省文物考古研究所等：《甘肃合水九站遗址发掘报告》，《考古学研究》（三），科学出版社，1997年，第300～477页。

⑨ 甘南藏族自治州博物馆：《甘肃卓尼芘儿遗址试掘简报》，《考古》1994年第1期，第14～22页。

⑩ 甘南藏族自治州文化局：《甘肃卓尼县纳浪乡考古调查简报》，《考古》1994年第7期，第587～599页。

⑪ 杨益民：《甘肃岷县发现四处寺洼文化遗址》，《考古》1991年第1期，第80～81页。

⑫ 陕西省文物管理委员会：《凤县古文化遗址清理简报》，《文物参考资料》1956年第2期，第34～41页。

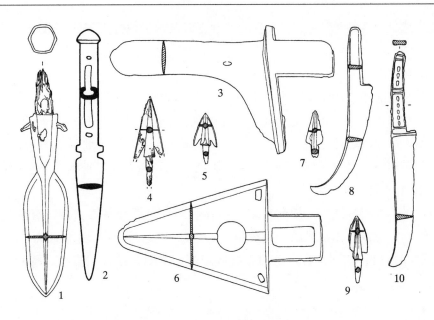

图二三六　　寺洼文化青铜兵器和工具

1．矛（M70:3）　　2．短剑（M24:8）　　3．有胡戈（M65:2）　　4、5、7、9．镞（M70:4、M34:2、M86下:8、M86下:7）　　6．三角援戈（M95:41））　　8、10．刀（M17:4、M16:20）（除2为九站墓地，其余均出自徐家碾墓地）

纹、垂带纹等。有的颈部圆圈纹达三层，个别还搭配镶嵌管珠或穿孔蚌片。发现较复杂的刻划符号。多为平底或凹底器，也有三足器和圈足器。流行单或双耳，也有双錾。器形多不甚规整，有的横断面呈椭圆形。主要器类有双耳马鞍口罐、单耳罐、无耳深腹罐（尊）、无耳长颈壶（瓮）、腹耳罐（壶）、鬲、簋、豆、单耳或无耳杯，还有个别甗、盆、五连杯、双连鬲。最具特色的是双耳马鞍口罐，有单马鞍口和双马鞍口之分。鬲绝大多数为单耳分裆，也有无耳联裆鬲。有石斧、石钺、石刀（爪镰）、石盘状器、石锄、铜环首刀、石锛、石凿、骨铲、陶（石、骨）纺轮、骨匕、铜（骨）镞、陶弹丸、骨锥、石磨盘、石磨棒、砺石等工具。石斧厚体，多略带肩，石钺穿孔薄体。雕刻有折线花纹的骨管可能为针筒。专门武器有铜戈、铜短剑、铜矛等，戈既有普通的条形援戈，也有三角援戈（图二三六）。马具有角马镳，装饰品用具有铜泡、串珠片饰（绿松石、玛瑙、骨、蚌、贝）、铜管饰、铜铃、铜钏、石环、石贝、海贝等（图二三七）。苉儿遗址还发现灼而无钻、凿的卜骨，多为羊骨，个别为牛骨。

　　该文化至少可以分为两期：早期以寺洼、苉儿、大族坪北区遗存为代表，主要分布在甘肃中南部，罐类器体矮胖，马鞍口较浅，多见堆纹口沿，不见鬲（图二三八）。从属于齐家文化晚期的大族坪 M1、M2 来看，随葬陶器粗陋矮小，多见小侈口罐，与寺洼文化已较接近，可见寺洼文化的主要源头应为洮河流域的齐家文化。晚期以安国、九站、栏桥遗存为代表，向东扩展至甘肃东南部。该阶段甘肃东南部和南部地区有地

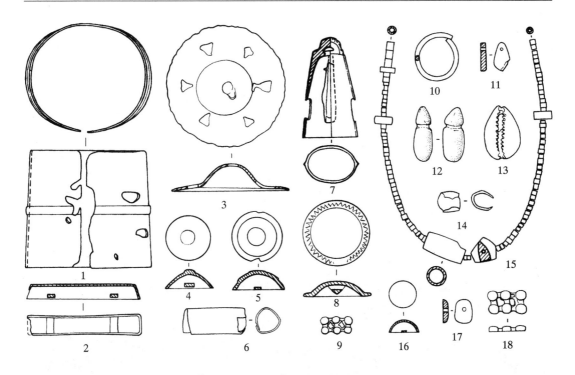

图二三七　徐家碾寺洼文化装饰品

1. 铜钏（M71 下:21）　2. 半管状铜饰（M12:10）　3. 铜镂孔牌饰（M22:4）　4、5、8、16. 铜泡（M34:3、M66:9、M70:2、M31:1）　6、14. 铜管（M44:2、M38 中:12）　7. 铜铃（M65:1）　9、18. 铜联珠饰（M94:5、4）　10. 铜耳环（M49:10）　11、17. 玉耳坠（M22:3、M94:6）　12. 角耳坠（M86 下:34）　13. 贝（M83:22）　15. 骨管项链（M44 下:36）

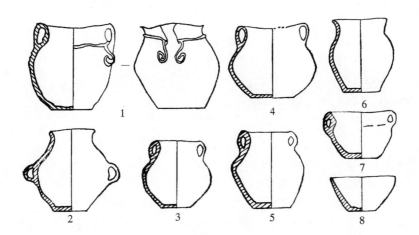

图二三八　大族坪寺洼文化早期陶器

1、3～5. 双耳罐（D 征:32、22、31、21）　2. 双腹耳罐（D 征:9）　6. 无耳罐（D 征:17）　7. 双耳盆（D 征:23）　8. 钵（D 征:3）

方性差异，主要表现为东南部的安国九站、徐家碾等处有一定数量泥质灰陶的联裆鬲、盆、深腹簋、豆、折肩或鼓肩罐，以及甗、三足瓮、钵等，流行绳纹、旋纹、暗纹，还有青铜长援戈，以及覆斗形墓葬。这显然是其临近关中，受先周文化或西周文化较大影响的缘故，可以称为安国类型①。值得注意的是深腹簋从器形来说属于周式，但又为夹砂红褐陶，制作风格属于寺洼文化传统（图二三九）。中南部的栏桥遗存仍保留土

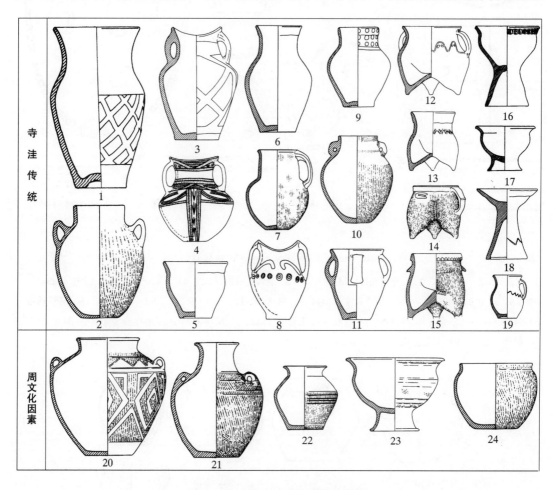

图二三九　寺洼文化安国类型陶器

1. 大口瓮（M56：28）　2、10. 双耳罐（M77：31、M94：34）　3、4、8. 马鞍口双耳罐（M84：19、M51：11、M78：12）　5、24. 深腹盆（M45下：15、M1：8）　6、9. 长颈壶（M53：8、M102：10）　7、19. 单耳罐（M94：11、M40：2）　11. 四耳罐（M44：16）　12～15. 鬲（M34：13、M52：21、M70：38、M42：17）　16、17、23. 簋（M62：17、M94：23、M63中：5）　18. 豆（M46：3）　20～22. 圆肩罐（M43：1、M69：14、M85：18）（均出自徐家碾墓地）

----

① 谢端琚：《甘青地区史前考古》，文物出版社，2002年，第188～200页。

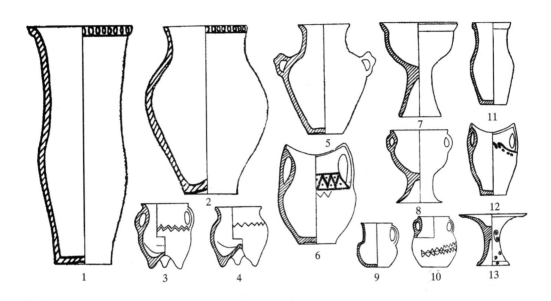

图二四〇　　寺洼文化栏桥类型陶器

1、2. 大口瓮（M2:1、M4:1）　3、4. 鬲（M6:53、M5:17）　5、10. 双耳罐（M7:4、M4:8）　6、12. 马鞍
口双耳罐（M9:4、11）　7、8. 簋（M7:34、M6:48）　9. 单耳罐（M4:6）　11. 长颈壶（M4:5）　13. 豆
（M6:35）（均出自栏桥墓地）

著传统，其弧腹双耳簋、花边瓮有特色。有的颈部饰黄色或黑色彩绘，图案有双勾纹、
折线纹、圆点纹等；不同于九站器物颈部饰一周红色彩带，或者彩带下垂呈领巾状。
该类遗存可称栏桥类型（图二四〇）。这两个类型也都还可以分段，尤其安国类型中周
文化因素从早至晚有明显增加，表明西周偏晚至春秋时期周文化对寺洼文化的影响逐
渐增大。绳纹单、双耳罐为刘家文化因素，青铜三角援戈反映出来自汉水流域宝山文
化的影响，菌形短剑则是北方杨郎文化的因素。反过来，西周时期寺洼文化典型陶器
传播至渭河上中游的宝鸡竹园沟“强国”墓葬①。寺洼文化的族属，曾被推测为属于
《史记·周本纪》所谓“薰育戎狄”②，或者属于混夷（昆夷）或犬戎③，总体属于氐羌系
统。九站和徐家碾人骨鉴定表明，其体质特征属于蒙古人种，与南亚蒙古人种有更多
亲缘关系，与东亚蒙古人种和藏族也有接近的一面，与周人体质则关系较为疏远④。

①　宝鸡市博物馆、渭滨区文化馆：《宝鸡竹园沟等地西周墓》，《考古》1978 年第 5 期，第
　　289～296 页；卢连成、胡智生：《宝鸡强国墓地》，文物出版社，1988 年。
②　胡谦盈：《试论寺洼文化》，《文物集刊》（2），文物出版社，1980 年，第 118～125 页。
③　赵化成：《甘肃东部秦和姜戎文化的考古学探索》，《考古类型学的理论和实践》，文物出版
　　社，1989 年，第 145～176 页。
④　朱泓：《合水九站青铜时代颅骨的人种学分析》，《考古与文物》1992 年第 2 期，第 78～82 页。

寺洼文化与辛店文化、卡约文化关系密切，后二者的马鞍口双耳罐、乳状袋足鬲
为受寺洼文化影响，寺洼文化出土的少数彩陶双耳罐等属于辛店文化因素。引人注意
的是，在四川西北部汶川昭店石棺墓 M1 中随葬的双耳罐[1]，十分类似卓尼大族坪同类
器，当属于晚期齐家文化—早期寺洼文化南向渗透所致[2]。此后直至战国秦汉时期，四
川、云南、西藏交界的西南地区的平底双耳罐，及其所代表的"西南夷"游牧民族，
也都与来自西北地区的这一氏羌传统相关[3]。

二、聚落形态

（一）青铜时代前期

1. 齐家文化（晚期）

基本同于中期。大何庄居址早于墓葬，发现房屋、窖穴、石圆圈等遗迹。房屋为
纵长方形半地穴式，室内周围有柱洞，中部有圆形火塘，居住面垫土或抹草拌泥、白
灰面。其中 F7 占地面积达 64 平方米、地穴内面积 36 平方米，周围有开阔空地，当
属于特殊性质房屋。室内四角有柱洞、穴上台面外还有一圈柱洞，可复原成四面锥
形或平顶屋顶（图二四一）。该房火塘周围出土碗、盆、罐、器盖等陶器，作为炊器
的罐外多附烟垢，一侈口罐内还有半罐烧焦的粟粒，居住面铜匕上也粘有烧焦的粟
粒。大何庄居址区发现 5 处石圆圈，有的有门道，附近有牛、羊骨架和卜骨，不排
除属于宗教遗迹的可能性，但也可能就是

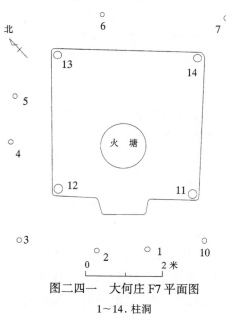

图二四一　大何庄 F7 平面图
1~14. 柱洞

① 叶茂林、罗进勇：《四川汶川县昭店村发现的石棺墓》，《考古》1999 年第 7 期，第 84~85
　　页。
② 昭店 M1 所出尖底盏一般认为在商周之际，与晚期齐家文化—早期寺洼文化的年代（约公元
　　前 1600 年）还存在差距。这可能是由于这类双耳罐传入川西北后演变滞后所致。
③ 冯汉骥、童恩正：《岷江上游的石棺葬》，《考古学报》1973 年第 2 期，第 41~59 页；谢崇
　　安：《略论西南地区早期平底双耳罐的源流及其族属问题》，《考古学报》2005 年第 2 期，第
　　127~160 页。

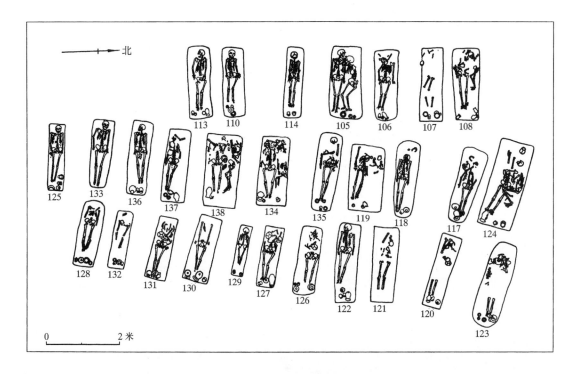

图二四二　秦魏家北墓区平面图

牲畜圈栏。秦魏家的砾石圈也当类似。仍流行圆形袋状、筒状窖穴。

　　秦魏家墓地较为完整，可分为南、北两个墓区：南墓区 99 座墓（不包括下层 8
座），分为 6 排，头向西北；北墓区 29 座墓，分为三排，头多向西；排下还可分出墓
组（图二四二）。这说明该墓地至少存在墓地、墓区、墓排、墓组所代表的四级社会组
织，如张忠培先生分析的那样，如果排代表家族[1]，墓区、墓地或许就依次为大家族、
家族公社[2]，而不太被强调的墓组或许代表家庭。墓葬基本都是长方形竖穴土坑墓，个
别骨架上有红色布纹或赭石粉末。除占据主体的单人葬外，还有少数合葬墓，分成人
合葬、成人和婴孩合葬两种形式。流行一次性仰身直肢葬，少量屈肢葬和个别俯身葬。
成人合葬流行男性仰身直肢、女性侧身屈肢的形式，这种现象被发掘者及多数学者解
释为男尊女卑。一般都有随葬品，主要是双大耳罐、大口高领双耳罐、绳纹罐、豆、
平底碗等陶器，也有生产工具、随身装饰品，尸骨旁常摆放白色小石块，多者 100 余
块，以随葬玉或石质的璧最引人注目。秦魏家不少墓葬墓口埋猪下颌骨，从 1 块到 68
块不等，一墓葬陶罐中放置有卜骨。大何庄墓葬总体类似，还有专门的小孩土坑墓葬

---

　①　张忠培：《齐家文化研究（下）》，《考古学报》1987 年第 1 期，第 153～176 页。
　②　发掘者认为每一墓区属于一家族公社。

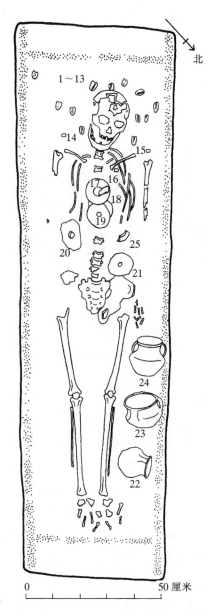

图二四三　老牛坡 86XLⅢ1M39 平面图

1～13. 贝壳　14～16. 绿松石珠

17～21、25. 石璧　22～24. 陶罐

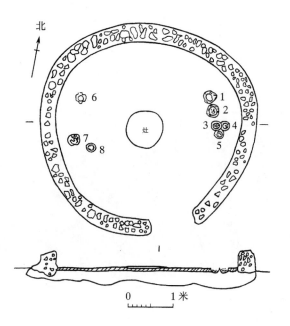

图二四四　朱开沟 F2026 平、剖面图

1～8. 柱洞

区，尸骨、陶器上也有红色布纹痕迹，除随葬猪下颌骨外还有个别羊下颌骨。总寨墓葬情况类似，但有较多二次葬；男性随葬铜器，女性随葬纺轮，M7 人骨架脚底还随葬一对羊角。老牛坡每墓在下肢部位随葬 1～4 件双耳罐等陶器，还在胸腹部随葬石璧，头颈部有绿松石、贝等的装饰品（图二四三）。

2. 朱开沟文化（早中期）

聚落一般位于河流两侧的山坡台地上。鄂尔多斯早期聚落群中以朱开沟聚落最具代表性，房屋分地面式和半地穴式，圆形或圆角方形，墙的做法有土筑、土石陶片砸筑和木骨泥墙三种（图二四四）。柱洞或灶偏于右侧，左侧更多被作为较正式的睡卧之处。房屋面积一般约 10～20 平方米，最大者达 41 平方米，适合一个 3～5 人的核心家庭居住。房屋周围有不少圆形直壁平底、圆形袋状和方形直壁平底的窖穴或灰坑。陕北石峁聚落周围环以石围墙，很重视防御。其中石峁聚落面积达 90 万平方米，防卫设施完备并发现珍贵玉器，极可能就是陕北聚落群的中心。新华聚落房屋为圆角横长方形或圆形，半地穴上部多收缩，不排除多数为窑洞式的可能性。该聚落还发现专门的可能用于祭祀的"玉器坑"，坑底整齐排列钺、刀、圭、玦、璜、铲、斧等 30 余件玉器，底下一小坑内还见禽鸟类骨骼（图二四五）。窖穴 H18 埋藏卜骨 18 块，宗教色彩浓厚。鄂尔多斯中期聚落群中以高家坪聚落最具代表性，房屋圆角方形并有红胶泥垫土地面，单间或双间。其中 F4 为前大后小的双间窑洞式房屋，前室有 2 个壁龛形灶和 2 个小地面灶，还有小窖穴，室内右前部适合睡卧；后室未置火塘，一角有小窖穴。该房屋能满足基本的生产、生活功能，同屋居住的应当就是一个核心家庭的成员，人口或在五六人左右（图二四六）。准格尔其余聚落的情况和高家坪聚落近似，南壕还发现 1 座 3 室房屋。

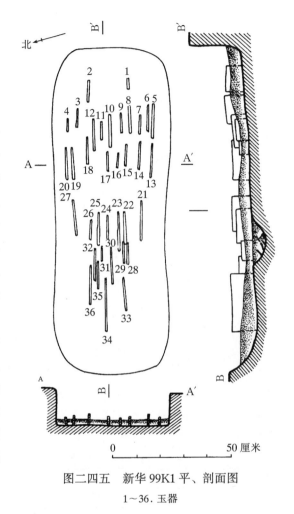

图二四五　新华 99K1 平、剖面图

1~36. 玉器

　　朱开沟早期墓葬大致成片分布，基本都是长方形竖穴土坑墓，极少数有木棺、二层台，或在尸骨下部和周围竖铺石板。流行单人仰身直肢葬，少数为合葬，以异性合葬者居多：一般男性 1 人仰身直肢，女性 1 或 2 人侧身屈肢，或男性有棺而女性无棺（图二四七）。墓主人身侧或壁龛内随葬陶器或猪下颌骨、羊下颌骨，个别还有狗骨架等。陶器每墓 1 到 8 件不等，一般 2~5 件。多较小巧，偏重于饮食器，基本不见大型盛储器和炊器；有少数可能为明器，如不见于居址的单耳鬲、高领尊等。有的还随葬一两件装饰品。总体来说贫富差异并不十分显著。新华、白敖包墓地的情况与之相似，但白敖包流行偏洞室墓（图二四八），新华多无随葬品而仅在个别墓葬中随葬小件玉器、石饰、石斧等，都显得别具特色。中期阶段墓葬随葬陶器骤减，有不少墓葬仅随葬猪和羊下颌骨，在小沙湾、寨子塔还发现石棺墓葬。另外，在各聚落房屋周围有婴孩瓮棺葬，葬具为三足瓮、斝、敛口瓿、双鋬鬲、高领折肩罐、大口尊、圈足

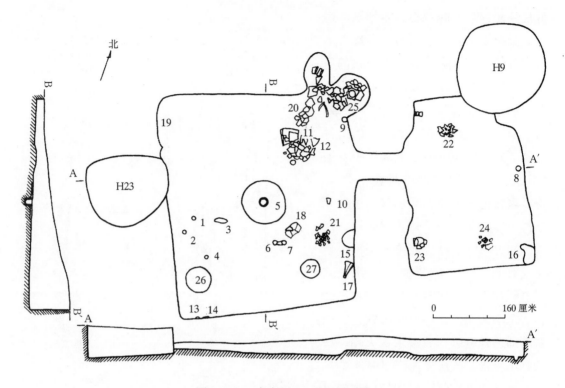

图二四六　高家坪 F4 平、剖面图

1~9.柱洞　10~14.石器　15、16.地窖　17.骨铲　18.柱础石　19.门道　20~24.残陶器　25.灶　26、27.火塘

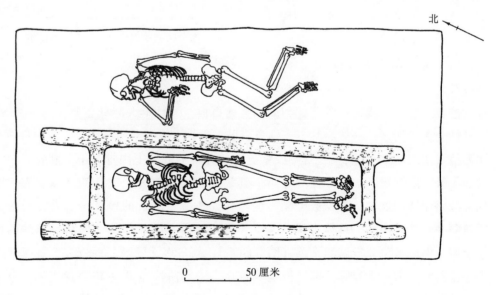

图二四七　朱开沟 M1090 平面图

罐、斜腹盆等，单用一种或二三件套扣（图二四九）。

总体来看，朱开沟文化房屋形制、墓葬习俗均继承老虎山文化传统而来，但随葬猪或羊的下颌骨、合葬墓流行男直女屈葬俗等，则应与齐家文化的影响相关。玉器的盛行说明当时制玉手工业的相对独立以及社会有花费相当能量生产珍贵物品的必要，聚落防卫的加强意味着战争是聚落要面对的头等大事之一，聚落间、聚落群间等级分化可能是社会群体和个人等级分化，以及社会进行大范围有效控制和管理的具体表现。凡此都似乎说明当时的北方地区已发展到早期国家或者初级文明的阶段。至于朱开沟早期聚落所表现的人们间的相对平等，一方面可能与该聚落及其聚落群所处的较低的地位有关，另一方面或许又是质朴平实的"北方模式"的体现吧。

（二）青铜时代后期

1. 商文化

老牛坡发现大型夯土基址，其中二号基址复原后南北长约 23 米、东西宽约 12 米，上有三排整齐的垫有石柱础的柱洞，应为宫殿类高级建筑。还有圆形袋状、筒状和锅底状窖穴或灰坑，有的窖穴带多层台阶（图二五〇）。

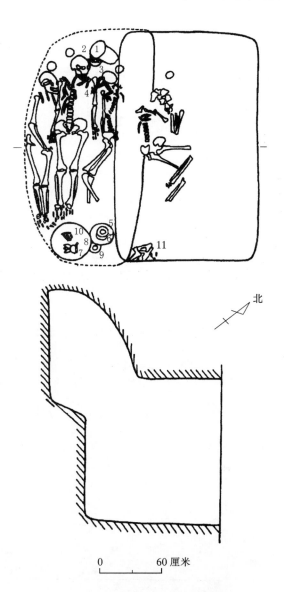

图二四八 白敖包 M41 平、剖面图
1. 陶尊 2. 陶单耳罐 3. 陶碗 4. 绿松石珠 5、8、9. 陶豆 6. 陶折肩罐 7. 陶盉 10. 动物骨骼 11. 猪下颌骨（5 副）

老牛坡四期墓地发现 38 座商墓以及马坑、车马坑各 1 座。墓葬均为长方形竖穴土坑墓，绝大多数带有腰坑，有些墓葬还有头坑和足坑，甚至角坑、边坑，这是颇为独特之处，有的一墓中竟有 7 个小坑。这些小坑中常有殉狗，如 M6 中央腰坑和四个脚坑

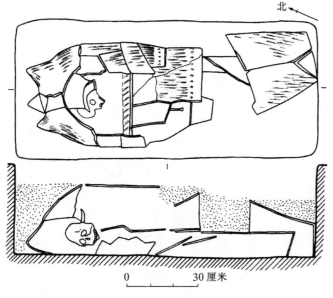

图二四九　新华 99W4 平、剖面图

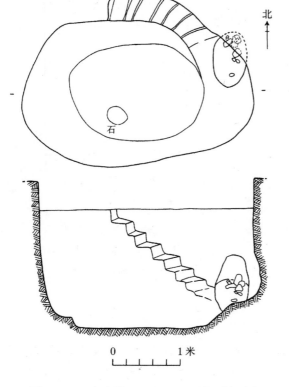

图二五〇　老牛坡 88XLⅠ2H25 平、剖面图

内就各置一狗。小型墓一般有木棺而没有二层台，中型墓多有棺椁和二层台，有的椁两侧还有边箱，内置殉人。有的棺木痕迹中发现有红色漆皮残片，有的人骨架下有朱砂痕迹，有的墓室底部留有编织物痕迹。均为单人葬，以仰身直肢葬为主，个别俯身葬或屈肢葬。其中 20 座有殉人，每墓殉葬人数从 1 人到 10 余人不等，除同棺而葬者外，还有置于二层台、腰坑、边箱甚至填土内者；殉人多侧身屈肢，也有仰身直肢者（图二五一）。一般小型墓中随葬 1~3 件陶鬲，有的还加上 1 件罐。中型墓随葬珍贵的青铜器、玉器等，多被盗扰。其中 M29 墓坑被烧，木椁、人骨等均被烧残损，可能是 1 例火葬。M30 内葬人、马、狗各一，可能为专门的殉葬墓。马坑内有 2 马，附近的车马坑内置 1 车 2 马（图二五二）。四期墓地贫富分化严重、级别较高，或为方国首领墓葬所在地。老牛坡五期墓葬均为简陋的仅可容身的长方形竖穴土坑墓，有的有木棺或随葬数件陶器，多数没有随葬品，其墓主人地位较为低下，无法和四期相提并论。其他墓地与此类似，其中怀珍坊墓葬墓主肢体残断，少

北

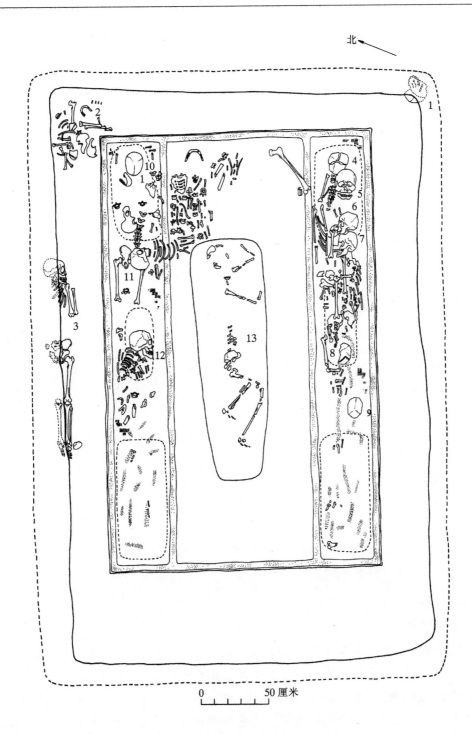

0   50 厘米

图二五一　老牛坡 86XLⅢ1M5 平面图

1~13. 人骨

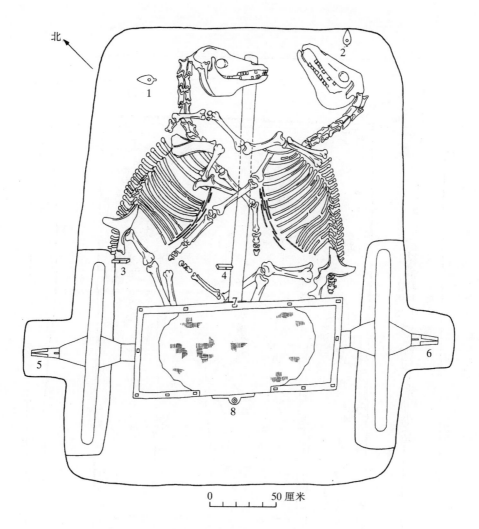

图二五二　老牛坡 86XLⅢ1M27（车马坑）平面图
1、2.青铜马首饰　3、4.青铜衡饰　5、6.青铜车軎　7、8.青铜舆饰

见随葬品，地位低下。

2. 刘家文化

刘家墓葬除个别为带头龛的长方形竖穴土坑墓外，绝大部分为偏洞室墓，一般在长方形竖井门道一侧掏挖长方形墓室，墓室底部略低于墓道，墓门以土块封堵，个别带腰坑或有殉人（图二五三）。成人、小孩共葬一地，只是后者墓葬较小。多发现无底盖的长方形木框式葬具，个别墓室内壁还涂抹白灰面。主要为仰身直肢葬，个别屈肢葬或侧身直肢葬。基本都在头端随葬数件陶器，随身有装饰品，并以扁平石块盖住陶器口部，还流行在墓中摆放砾石。

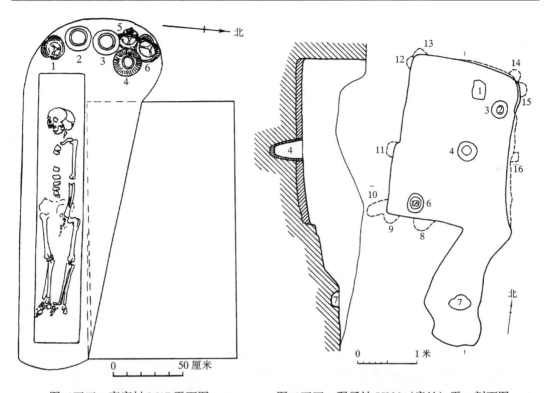

图二五三　高家村 M17 平面图

1、5、6. 陶鬲　2、3. 陶圆肩罐　4. 陶腹耳罐

图二五四　碾子坡 H820（房址）平、剖面图

1、5. 石板　2. 卵石　3、4. 柱洞　6. 灶　7. 凹坑　8～16. 壁龛

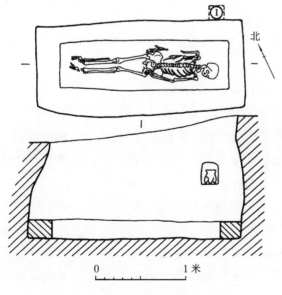

图二五五　碾子坡 M171 平、剖面图

1. 陶鬲

3. 晚期先周文化

郑家坡环壕聚落内有简陋的近圆形半地穴式或地面式房屋。碾子坡房屋 H820 为长方形窑洞式，门道偏于一侧；地面和墙壁抹料姜石浆，地面经火烧烤成红褐色，有偏在前部一角的灶以及小壁龛，总体简陋（图二五四）。窖穴呈圆形袋状、直筒状和锅底状，有的填土中埋人或者青铜容器。周原墓葬为长方形竖穴土坑，有

的头部宽足部窄，有的有木棺或者腰坑，墓主仰身直肢。随葬品多见陶鬲、罐，也有随葬青铜器的墓葬，个别墓内有朱砂痕迹。碾子坡墓葬与此类似，墓坑口小底大略呈覆斗状为其特色（图二五五）；早期墓葬男性多仰身直肢，女性多俯身直肢，晚期正好相反。值得注意的是，在狭义的周原遗址至今尚未发现先周时期的大型墓葬或大型宫室类遗迹，将其确定为公亶父所迁之岐邑还存在一定困难。

4. 西周文化

在属于岐邑范围的凤翔水沟遗址发现有可能属于西周早期的城墙，在岐邑和丰镐还发现不少大型夯土建筑。周原遗址在岐山凤雏和周公庙、扶风召陈、齐镇等地，都发现保存较为完整的大型夯土建筑基址。凤雏的甲组建筑建在一夯土台基上，坐北朝南，总面积1500平方米。影壁、门塾、前堂、后室中轴分布，东西厢房左右对称。夯土墙面和地面用掺和细砂和白灰的泥浆涂抹，院内有陶管套接或卵石砌筑的排水设施，屋顶至少脊部以瓦覆盖。整个建筑主次分明、结构严谨、设施完备，基本符合《周礼·考工记》的建筑规制（图二五六）。召陈的大型建筑基址群有早晚之分，已发掘15座，台基上有排列整齐的卵石柱础，台基周围有卵石铺筑的散水（图二五七）。云塘、齐镇也有两组夯土建筑基址群，西组由正堂、东西厢房、门塾组成，加上围墙组成独立院落。周公庙发现西周早期的大型建筑基址，以及铸铜、制陶、制石作坊遗迹，还发现包含700余片卜甲的坑，其中有刻辞者90余片。周原云塘还发现大型制骨遗址，面积达6万平方米，灰坑中含有数万斤废骨料，多数为牛骨，半成品多为骨笄，可能是专为周王室制作骨笄的场所。可见周原在西周时期仍然是周人中心地。客省庄和马王村之间的丰都遗址发现14座夯土建筑基址，其中4号基址略呈长方形，面积达1827平方米。沣河以东的镐京遗址也发现建筑基址十余处，其中5号基址呈"工"字形，面积1357平方米，推测属于重檐式宫殿。丰镐的张家坡等地有制骨作坊遗迹，张家坡、客省庄等地还发现多座陶窑组成的制陶作坊。显见沣镐遗址属于中心聚落，与其作为西周王都的性质吻合。在岐邑和丰镐遗址区还发现很多基本属于西周晚期的青铜器窖藏，仅周原就发现百余次，推测与西周末年犬戎入侵有关[①]，这也从一个侧面反映出其仍具有一定的都邑性质。此外，还发现一些半地穴式和窑洞式房址，应属于下层民众的居所。聚落方面反映出存在明显的等级差别。

渭河流域发现不少西周家族墓地，等级差别显著。最高级别是新近发现的周原周公庙陵坡墓地，在发现的37座墓葬中，带四条墓道者10座、一至三条墓道者12座。在墓地东、西、北三面还发现夯土墙。发掘的双墓道大墓中残存有大量青铜器、玉石器和原始瓷器。陵坡墓地曾有属于西周王陵的猜测，但属于周公家族墓地的可能性更

---

① 丁乙：《周原的建筑遗存和铜器窖藏》，《考古》1982年第4期，第398~401页。

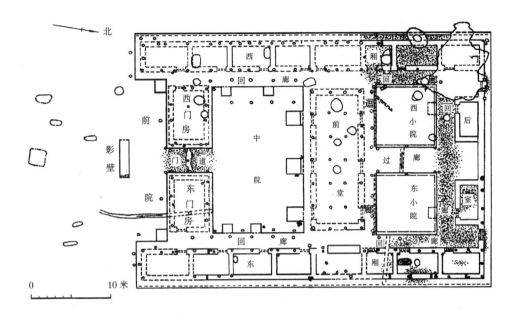

图二五六　凤雏西周甲组建筑基址平面图

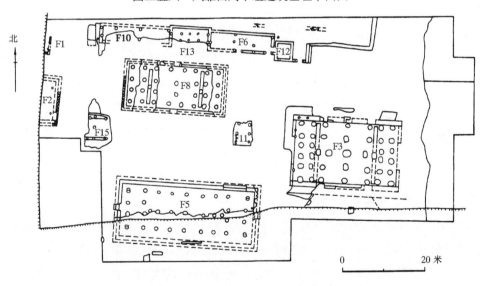

图二五七　召陈西周建筑基址群局部平面图

大。其次是丰镐遗址的张家坡井叔墓群，包括 1 座双墓道墓葬、3 座单墓道墓葬、若干竖穴土坑墓以及车马坑，大墓流行覆玉面幕（图二五八）、成组玉串饰而形成所谓"玉殓葬"（图二五九）。此外，周原的贺家、齐家、云塘、强家、黄堆，沣东的普渡村、花园村等地，也发掘了很多西周墓葬。周公庙墓葬基本被盗迨尽。张家坡属于中期的M157 为双墓道、长方形竖穴土坑，墓室长 5.5、宽 4 米，加上墓道全长 35.35 米。墓

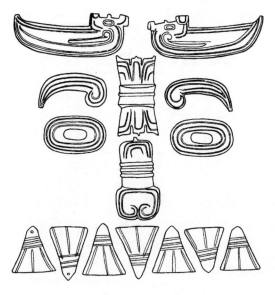

图二五八　　张家坡西周文化玉面幕（M303∶01）

底有方木筑成的木椁，椁内有两重髹漆棺木，随葬品大部被盗，棺内和棺椁之间残余青铜器、玉器、石磬等。在椁盖和墓道内放置 30 个车轮、12 个车厢，以及轴、辕、衡、轭等部件（图二六〇）。M170 的椁室周围则已有积炭隔潮的做法。这都属于高级墓葬的情况。一般墓葬绝大多数为竖穴土坑墓，多数口小底大，一般仰身直肢，在墓室大小、二层台有无、棺椁数目、随葬品质量和数量、车马坑有无等方面也存在明显级差，稍大者如普渡村长甬墓，墓长 4.2 米，有椁有殉人，随葬 22 件青铜器；小者仅能容身，没有任何随葬品。随葬陶器组合主要为鬲、簋、罐。也有相对集中分布的洞室墓，洞口以木板遮挡（图二六一），可能与刘家洞室墓存在渊源①。值得一提的是，西周早期大型墓葬设有专门的车马坑，中型以上墓葬有的见有少量殉人，有的还见殉狗腰坑，这都当属于商文化遗俗，口小底大的竖穴土坑墓则与先周墓葬近同。还有宝鸡竹园沟、纸坊头等地的"弓鱼国"墓葬、灵台白草坡的潶伯墓葬、泾阳高家堡的"戈国"墓葬，甚至固原随葬铜鼎、簋的周式墓葬和车马坑等，总体上都属于周文化范畴。此外，甘肃甘谷毛家坪 A 组遗存一、二期约当西周时期，其屈肢葬已开秦式墓葬先河，随葬陶器组合为鬲、盆、豆、罐。

5. 朱开沟文化（晚期）

朱开沟晚期房屋的形制、结构与早先无多大不同，但发现数量甚少。晚期墓葬仍为长方形竖穴土坑墓、单人仰身直肢葬。墓葬普遍较小，墓主人脚下随葬 1～2 件实用陶器，基本不随葬猪或羊的下颌骨。还有 6 座墓随葬青铜器，既有耳环、项饰、铜牌等装饰或防护用具，也有戈、短剑、环首刀等武器。由于个别墓葬（M1083）既随葬青铜武器戈、鍪，也随葬生产工具石刀、斧类，还有陶带纽罐，这说明墓主人虽可能常事征战，但并未脱离农业生产。"闲时农垦，战时出征"可能是当时社会成员的真实

---

① 梁星彭：《张家坡洞室墓渊源与族属探讨》，《考古》1996 年第 5 期，第 68～76 页；中国社会科学院考古研究所沣西发掘队：《长安张家坡 183 西周洞室墓发掘简报》，《考古》1989 年第 6 期，第 524～529 页。

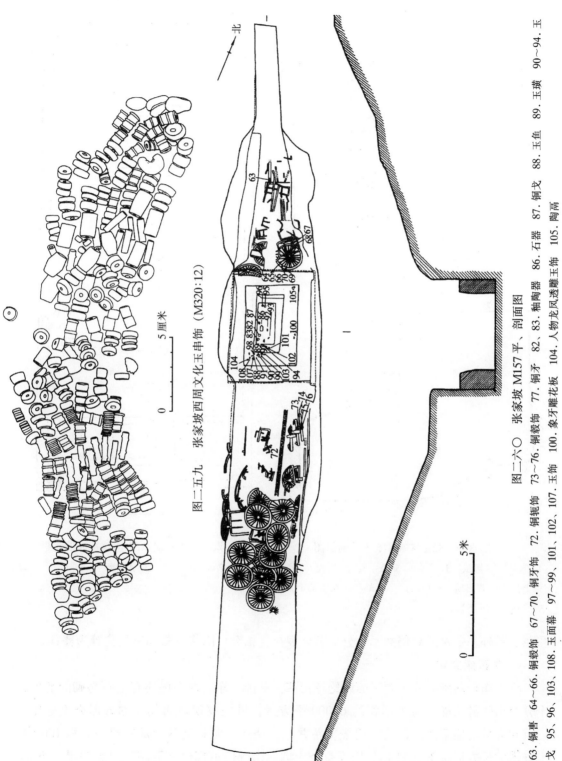

图二五九　张家坡西周文化玉串饰（M320:12）

图二六〇　张家坡 M157 平、剖面图

63. 铜辔　64~66. 铜毂饰　67~70. 铜牙饰　72. 铜軏饰　73~76. 铜毂饰　77. 铜矛　82、83. 铜钘　86. 石器　87. 铜戈　88. 玉鱼　89. 玉璜　90~94. 玉戈　95、96、103、108. 玉面幕　97~99、101、102、107. 玉饰　100. 象牙雕花板　104. 人物龙凤透雕玉饰　105. 陶鬲

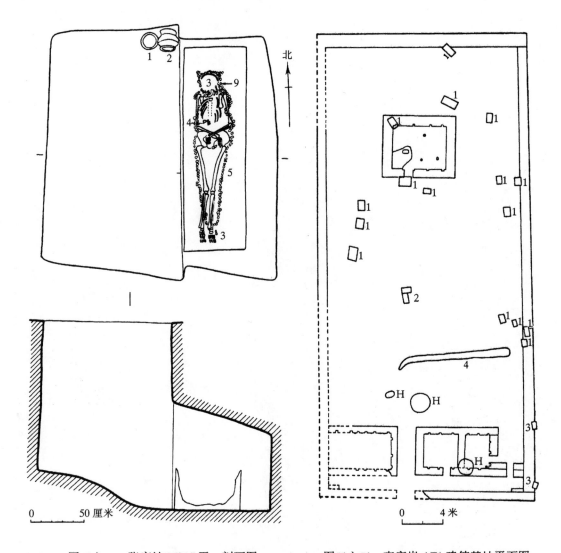

图二六一　张家坡 M215 平、剖面图　　　图二六二　李家崖 AF1 建筑基址平面图

1.陶鬲　2.陶瓿　3.贝　4.玉鱼　5、7.蛤壳（7 在棺　　1.祭坑　2.石板　3.瓮棺葬　4.排水渠

盖上）　6.残玉璜（在口内）　8.蚌鱼（在棺盖上）

9.玉鹿（在头下）

写照。另外，贫富差异仍然不十分显著。婴孩瓮棺葬以陶侈口瓿和三足瓮等为葬具。

6. 李家崖文化

　　李家崖聚落南、北、西三面以绝壁河流为屏障，东、西两侧还有土石垒砌的墙垣，十分突出防御功能。城内面积约 67000 平方米，城内发现地面起建的方形夯土房屋，门道和火塘均偏于西侧，地面铺垫平整并经火烧烤。尤其重要的是发现一面积 100 多平方米的长方形院落（AF1），周围有夯土墙，南部门道部位有两座门塾类房屋，正北为一方形房屋，大体构成前堂后室的格局，显示该聚落有较高地位（图二六二）[1]。西圪渠聚落有凸字形窑洞式房屋。有方形或圆形袋状窖穴。成人土坑竖穴墓为长方形，有二层台和木棺。婴孩瓮棺葬以陶甋上部为葬具，两端以石板或陶甋片封堵。

7. 西岔文化

在西岔聚落发现方形半地穴式房屋。其中 F17 面积约 38 平方米，地穴四周筑有夯土墙，居住面抹白黏土，室内右后部有不止一个地面灶，室内还有壁抹白黏土的长方形直壁窖穴。灰坑或窖穴多为近圆形口的直壁平底坑，袋状坑较少，有的还带壁龛。成人墓葬均为长方形竖穴土坑墓，流行单人侧身直肢葬，随葬品除随身的玛瑙珠饰、铜耳环等外，还有青铜管銎斧、石璧、玉环、海贝等。

8. 西麻青类遗存

西麻青墓地均为长方形竖穴土坑墓，仰身直肢或屈肢葬。人骨一侧殉置羊肢骨，随葬品主要为陶器，也有铜耳环、铜带扣、玉玦、骨簪、料珠等。

9. 辛店文化

双二东坪聚落发现壕沟、土墙和石墙，姬家川、莲花台、双二东坪聚落均发现纵长方形半地穴式房屋，双二东坪还有多间房屋。房屋一般中后部有圆形坑灶，居住面抹白灰、料姜石粉或草拌泥，双二东坪墙壁上还可能有红、黑色图案。莲花台房屋中部有两个大柱洞，纵深靠近两侧壁各有一排较细柱洞，可以复原成两面坡顶建筑。张家嘴、姬家川、莲花台、双二东坪窖穴集中分布，多圆形袋状，也有少量长方形直壁窖穴和圆形锅底状灰坑。

核桃庄、莲花台都有成片墓地。核桃庄小旱地墓地有墓葬 367 座，可以分成东西两个墓区，墓上多有石块作为标志（图二六三）。墓葬多数为圆角长方形或长方形竖穴土坑墓，极少数为偏洞室墓。竖穴土坑墓又有一小部分附有头龛、足龛、头坑和足坑（图二六四），偏洞室墓在竖穴和偏洞之间以木板或木棍封门（图二六五）。有三分之一左右有二层台，并以木棺作为葬具。有约三分之二墓葬为人骨散乱而无法区别葬式的"二次扰乱葬"，人骨保持完好者以仰身直肢葬最多，极少数为程度较轻的侧身屈肢。大部分墓葬随葬 3 件左右陶器，置于头、足部以及头龛、足龛、头坑和足坑内，以头端最多，也有随身的铜、石、骨质的装饰品。莲花台墓葬与此类似，在墓上多见坟丘和石块标志。簸箕掌的石棺墓有特色。

10. 卡约文化

莫不拉遗址发现有圆角方形的房屋，四周有柱洞，没有明显墙体，估计为以木柱

---

[1] 吕智荣：《李家崖古城址 AF1 建筑遗址初探》，《周秦文化研究》，陕西人民出版社，1998 年，第 116～123 页。

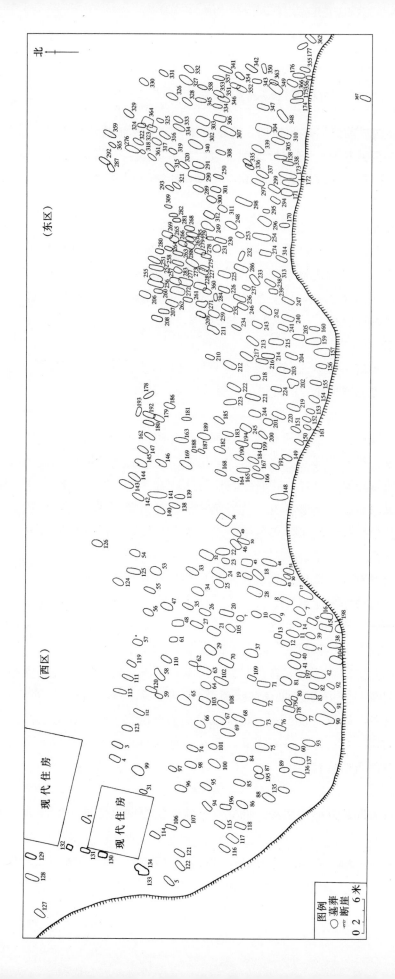

图二六三　核桃庄小旱地墓地墓葬分布图

（图中阿拉伯数字为墓号）

支撑并抹泥垒石为墙，或者就是帐篷类；有石头堆成的灶，灶坑内见有烧过的羊粪灰。灰坑长方形或圆形。鲍家藏屋墙为河卵石垒砌，有的还是双室。

　　大华中庄墓葬基本都是长方形土坑竖穴墓，少数有二层台，有的带小龛，形态多样，多数有木棺。流行单人葬，个别为 2 人合葬。以二次扰乱葬为多，葬式清楚者绝大多数为仰身直肢，也有侧身屈肢者。随葬品和辛店文化情况类似，每墓随葬数件陶器，还有各类装饰品和武器：镞及箙仅见于男性，针仅见于女性。约三分之一墓葬中殉有牛、羊、马、狗骨，往往以头、四肢、蹄、尾象征整头家畜；且男性多见马骨，女性多见牛骨。有的墓口有焚烧痕迹，应为火葬的一种形式，

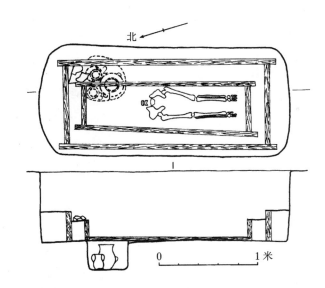

图二六四　核桃庄小旱地 M171 平、剖面图
1. 陶瓮　2. 陶罐　3. 陶盆

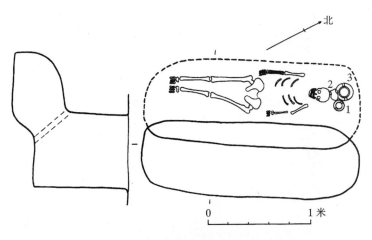

图二六五　核桃庄小旱地 M111 平、剖面图
1～3. 陶罐

还发现石块堆成或有烧土、烧骨的祭祀坑。有的尸骨上还压有石块。山坪台墓地分为两个墓区，基本类似大华中庄，有随葬桦树皮箭箙现象。有婴孩瓮棺葬，以大盆、瓮相套为葬具，上部器具均钻有小孔。火葬现象还发现于阿哈特拉和半主洼，由于直接焚烧墓坑而使人骨架和木棺都带有焚烧痕迹。

　　与上述墓葬不同的是，潘家梁墓地有在墓口旁边放置四耳陶罐的习俗，或许原先

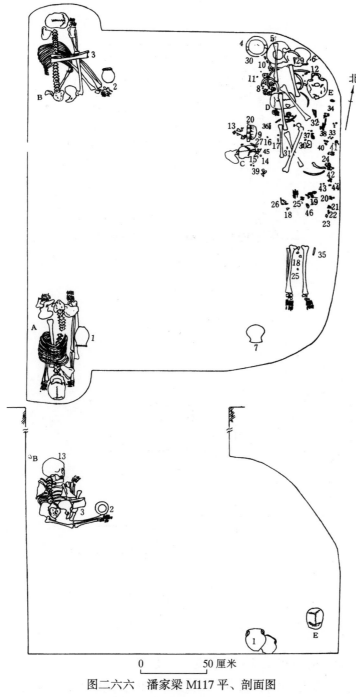

图二六六　潘家梁 M117 平、剖面图

还有坟丘。大多数为竖穴偏洞室墓葬，有的以木板封堵洞口，也有竖穴土坑墓，个别有木棺。盛行二次扰乱葬，有时甚至将人骨砸碎。扰乱后可能在墓口放置陶罐，个别竖穴内还填以整具的狗、牛、羊等家畜，或者人骨架，当属殉牲殉人性质。也有更多是在第一次埋葬时殉葬的情况，一般每墓殉人一两个，呈跪姿（捆绑）被安置在竖穴一角，有的在掏出的小龛内。随葬品与大华中庄墓地基本近似，有随葬桦树皮器皿的习俗。陶器一般 1～3 件，多者可达数百件，可见存在明显的贫富分化：如 M103 随葬品达到 525 件，仅钺、斧、矛等铜器就有 20 余件；M117 有随葬品 81 件，也有铜钺，还有殉人（图二六六）。这些富有墓葬的主人应当为首领人物。苏志发现 2 座带坟丘墓，周围还有围墓沟或柱洞。

A、B. 殉人　C. 多出的骨头　D、E. 墓主人　1、2、4、5、6、7. 陶罐　3. 牛腿骨　8、10～12、14、16、17、20、36、43. 铜泡　9. 铜钺　13、15、18、21、39、45. 铜铃　19、34、41、42、46. 海贝　22、24、31、33、37、40、44. 鹿牙饰　23. 铜镞　25、26、28、29、32、35、38. 骨镞　27. 骨锥　30. 石斧

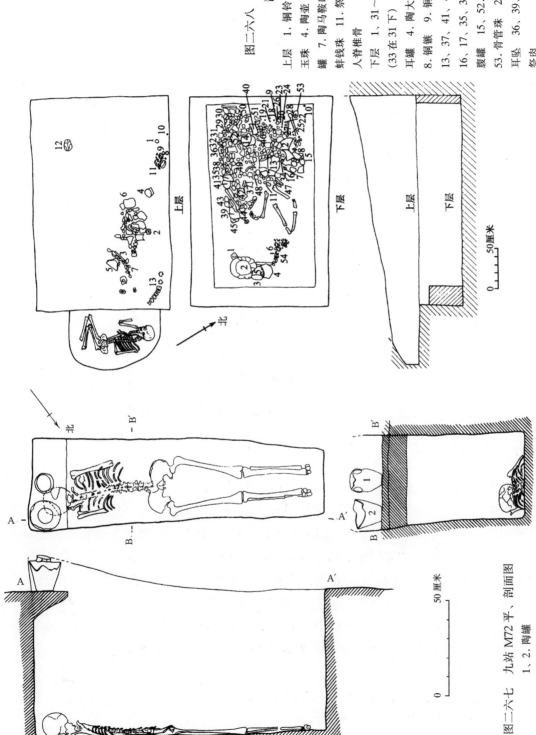

图二六八　徐家碾 M86 平、剖面图

上层　1. 铜铃　2. 小石块　3、9. 玉珠　4. 陶壶　5. 陶簋　6. 陶圆腹罐　7. 陶马鞍口罐　8. 骨管珠　10. 蚌线珠　11. 祭肉　12. 人颅骨　13. 人脊椎骨

下层　1、31～33、40. 陶马鞍口罐（33 在 31 下）　2. 陶盒　3. 陶双大耳罐　4. 陶大口罐　5、6. 贝　7、13、37、41、49、50. 铜泡　8. 铜镞　9. 铜铃　10. 玉珠　11～14. 陶簋　15、52. 骨管珠　16、17、35、38、42～44、51. 陶圆腹罐　18～28、29、30. 陶鬲　34. 骨耳坠　36、39、45～48. 陶壶　53. 陶长颈壶　54. 祭肉

图二六七　九站 M72 平、剖面图

1、2. 陶罐

11. 寺洼文化

九站遗址发现有地面式房屋、圆形袋状或锅底状窖穴（灰坑），以及石板垒砌的水槽状设施。九站墓地发现 80 座墓葬，都是竖穴土坑墓，有的墓葬为口小底大的覆斗形。多数有二层台，多在头部稍高处还挖有 1 个小龛（图二六七），个别还有足龛。基本都有单棺，有的一棺一椁。一般为单人葬，个别双人合葬。葬式清楚者多为仰身直肢葬，也有少数屈肢葬，有较多二次扰乱葬，个别还有殉人。大多数在头龛内随葬有陶器，也在棺内外随葬生产工具、装饰品，以及羊等动物骨殖。最多者随葬陶器不过30 余件，贫富分化不很严重。徐家碾墓葬与此类似，分群埋葬，常见两座一组，并有分层埋葬习俗。随葬陶器多者达 46 件，有青铜兵器戈，少数有殉人，贫富分化更严重一些，常见随葬牛、马、猪、羊的头肢，还有一例填土中瘗埋牛骨者（图二六八）。栏桥墓葬也为竖穴土坑墓，但不见头龛，随葬品就直接放在墓坑内，有的墓葬填土中还埋有羊骨架。该墓地墓葬均有随葬品，最少者也有 13 件，其级别也应当高于九站。有的墓葬随葬陶器达 50 余件，还有铜戈等重要武器，其墓主人应为军事首领。寺洼有个别火葬，火化后将骨灰装在马鞍口陶罐中。

三、经济形态

（一）青铜时代前期

仍主要为农业经济，大何庄居址、墓葬陶器中就发现有烧焦的粟粒、粟壳，不过畜牧业和狩猎业的比重进一步提升。生产工具与龙山时代的老虎山文化和齐家文化近同，收割工具数量最多，主要为石刀（爪镰）。朱开沟文化的厚背弯身石刀便于手握，该文化还出现石镰，表明收割效率明显提高（图二六九）。另外，畜牧业有很大发展。秦魏家和大何庄的猪、羊等家畜数量很多。朱开沟居址出土的兽骨，大部分为猪（33.12%）、绵羊（35.67%）、牛（15.29%）、狗（4.46%）等家畜，少量属捕获的马鹿、狍、青羊、獾、豹等野生动物（11.4%）[1]。此外，朱开沟、总寨墓葬都有随葬羊角或者殉葬绵羊、家猪的习俗。可见以养羊为主的畜牧业占据重要地位。骨梗石刃刀、骨柄铜刀、铜刀、刮削器等工具都是割剥动物皮肉的工具，穿孔砺石可以随身携带，短齿骨梳可用于疏理兽毛，正适应较为发达的畜牧、狩猎经济的需要，细石器镞、骨（铜）镞可能也用于狩猎。畜牧经济渐趋发达的同时，人们的移动性也明显增加。

---

[1]　黄蕴平：《朱开沟遗址兽骨的鉴定与研究》，《朱开沟——青铜时代早期遗址发掘报告》，文物出版社，2000 年，第 400～421 页。

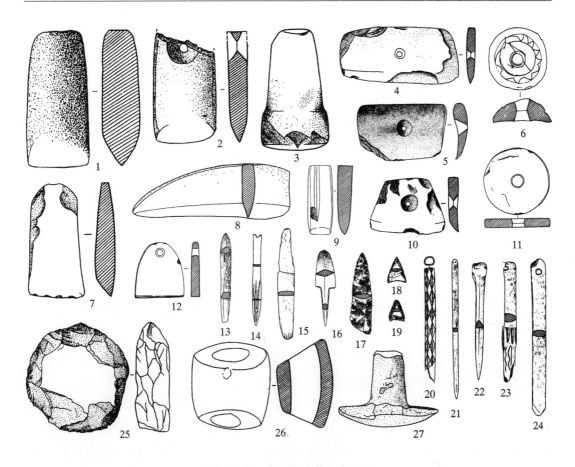

图二六九　朱开沟文化生产工具

1. 石斧（F2035:5）　2. 石铲（H1039:1）　3. 石杵（T234④:1）　4、5、10. 石刀（H1077:2、F1005:3、F1020:4）　6. 陶纺轮（QH100:1）　7. 石锛（T209②:1）　8. 石镰（T216②:1）　9. 石凿（H1066:3）　11. 石纺轮（F2014:1）　12. 穿孔砺石（QH64:1）　13、16. 骨镞（T127③:5、T121②:2）　14. 骨织针（QH8:3）　15. 骨兽毛梳（T127③:2）　17. 细石器矛形器（T127①:1）　18、19. 细石器镞（F2014:3、T227②:1）　20. 骨针筒（T228④:2）　21. 骨针（T124④:3）　22. 骨锥（H1071:1）　23. 骨梗石刃刀（H2052:1）　24. 骨匕（F2027:2）　25. 石盘状器（C:65）　26. 筒状陶垫（T231④:1）　27. 蘑菇状陶垫（T104②:2）（均出自朱开沟遗址）

　　陶器仍主要为泥条筑成法手制，大、中型器物分段制作再衔接。横阵等所见旋纹圆腹罐明显为利用慢轮修制，不见快轮制陶。发现蘑菇状和筒状陶垫。朱开沟发现横穴式陶窑，有"非"字形火道。朱开沟此时铜器中纯铜占三分之一多，锡铅合金的含铅量低，一半以上为锻造成型[①]。而西部的秦魏家、大何庄、总寨等遗址则多数为青铜

　　①　李秀辉、韩汝玢：《朱开沟遗址出土铜器的金相学研究》，《朱开沟——青铜时代早期遗址发掘报告》，文物出版社，2000 年，第 422~446 页。

器。此外，在微量元素上和中原地区有区别，说明所用原料与中原不同。纺织缝纫工具仍为陶（石）纺轮、骨（铜）锥、骨（铜）针等，朱开沟文化还出现骨织针，南沙村发现红色纺织品残迹。此时玉器制造业较为发达，尤以陕北最为突出。海贝的发现表明可能与沿海地区存在远距离交换行为。

（二）青铜时代后期

经济形态明显分化为两类，除农业占绝对优势并有家畜饲养业的农业经济外，新出半农半牧经济，也就是虽然有农业，但畜牧业或者狩猎业占有相当比重者。

1. 农业经济

属于农业经济者有关中地区的商文化、刘家文化、先周文化和周文化。沣西 H18 出土炭化粟米，碾子坡 H820 壁龛中发现带皮的炭化高粱。与龙山时代相比，周原王家嘴出土的农作物种子缺少了水稻，小麦则明显增加（占先周阶段总数的 14%）[1]。生产工具以刀、镰、铲等农业生产工具为主，碾子坡、老牛坡等遗址特殊的锤斧，更适合砍劈树木，颇具地方特点（图二七〇）。发现的家畜主要为牛、马、羊、猪、狗等，猪减少而羊的比例增加，家畜饲养业发达。也有鹿类野生动物骨骼，狩猎作为补充性经济仍然存在，周原甲骨文有"获兕"的记载[2]。

由于有发达的农业经济和高稳定性聚落作为基础，该类型制陶、青铜冶铸、骨器制作、玉器制作等手工业都很发达。在周原和丰镐遗址，存在明确的手工业分工，专业化程度颇高。张家坡、洛水村等地的制陶作坊有较大规模，南沙村陶窑附近的灰坑内包含制陶工具、陶坯等，也当属于制陶作坊。陶器制作较为规范，水平较高。泥质陶选料较为纯净，但多未经淘洗，自然含有砂粒；夹砂陶砂粒匀细，备料较为讲究。陶器不但有配合慢轮的泥条筑成法和模制法（袋足），而且西周时期更开始流行轮制。西周陶器常见旋纹，这是与先周文化明显不同的地方。陶器烧制方面最大的变化是普遍出现竖穴式陶窑，见于南沙村、老牛坡、郑家坡（图二七一）、岸底等遗址，这样可以明显增强火焰冲力、提高烧制温度。当然仍有横穴式窑。窑室直径达 1.5～2 米，容积增加。西周陶器陶色颇为纯正，反映对火候的控制很是成熟。此外，西周釉陶（原始瓷）、印纹硬陶的制作有特殊之处，前者挂豆青色或米黄色釉，后者拍印方格乳钉纹、方格纹、回纹等印纹，二者的硬度也都较高，或许使用单独陶窑烧制。

---

① 周原考古队：《周原遗址（王家嘴地点）尝试性浮选的结果及初步分析》，《文物》2004 年第 10 期，第 89～96 页。

② 李学勤：《西周甲骨的几点研究》，《文物》1981 年第 9 期，第 7～12 页。

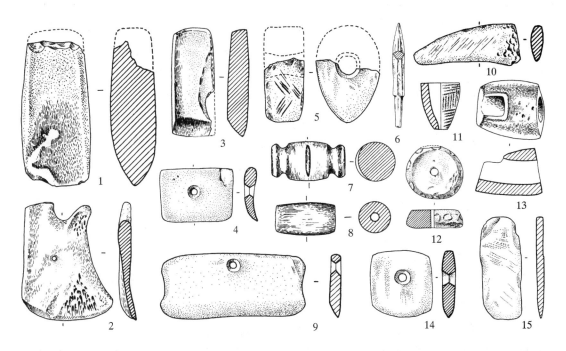

图二七〇　老牛坡商文化四期生产工具

1．石斧（86XLⅠ3T6③：7）　2．骨铲（87XLⅠ2T16③：3）　3．石锛（88XLⅡ：011）　4、9．石刀（87XLⅠ2H11：7、86XLⅠ3T3⑤：9）　5．石锤斧（87XLⅠ2T8④：2）　6．骨镞（88XLⅠ2H34：1）　7、8．陶网坠（86XLⅠ3T2④：9、86XLⅠ3T6③：1）　10．石镰（88XLⅠ2H29：3）　11．陶模（86XLⅠ3T1③：4）　12．陶纺轮（86XLⅠ3T7③：5）　13．筒状陶垫（86XLⅠ：05）　14．石铲（87XLⅠ2H8：1）　15．石凿（88XLⅠ2H25：53）

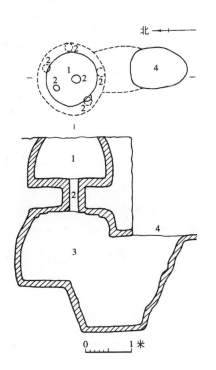

图二七一　郑家坡 Y1 平、剖面图

1．窑室　2．火眼　3．火膛　4．火膛口

在周原、怀珍坊都发现青铜器冶铸作坊，老牛坡还发现制造铜镞等的陶范。青铜器的范铸方法有浑铸和分铸的不同。合金成分主要为铜锡二元或者铜锡铅三元合金，不同种类的器物合金往往不同，以适合不同用途①。周原云塘的制骨作坊规模宏大，主要是利用肢骨制作骨笄的场所。从工艺上看，有选料、切锉、打磨、嵌刻等工序，使用了铜刀、铜锯、砺石等工具；从兽骨看，牛骨占80％，马骨5％，其他还有羊、猪、狗骨，这都属于家畜；还有少量鹿、骆驼骨。张家坡制骨作坊也主要生产骨笄，还有镞、针等。西周玉器种类繁多，工艺先进。玉料有包括新疆昆仑软玉在内的多个来源②，往往用一块玉料制作成对玉器。有平雕、透雕以及个别圆雕，流行阴刻和线条一侧斜刻的技法。

2. 半农半牧经济

属于半农半牧经济者有甘青地区的辛店文化、卡约文化，陕北与鄂尔多斯地区的李家崖文化、西岔文化、西麻青类遗存等。

生产工具类似于齐家文化，以石刀等农业生产工具居多，大约农业经济仍总体更占优势，粮食作物主要是粟、小麦和大麦。畜牧业较为发达，牛、羊、马可能属于牧养，此外还有猪、狗等家畜。相当数量墓葬有殉牲习俗，见有牛、羊、马、狗骨殖，而少见猪骨，还以羊粪为燃料。莲花台灶坑内有狗的残骸，抑或竟食狗肉。与此相应，出现大量便于随身携带的环首、兽首、铃首青铜刀、剑等，以及可以随身携带的穿孔或两端有凹槽的砺石、梳理家畜毛的长体短齿骨梳、作为挂缰钩的弓形器等工具或武器。有意思的是，在陕北甘泉阎家沟还发现一青铜马，背部似有毡垫类，或许是马鞍的雏形，明确表明马已可供骑乘。在阎家沟还有一种羊铃首勺形器，上带小环，实即早期马镳③。这样就把中国内地骑乘马的历史推到距今3000年以前。铜（骨）镞、网坠等表示渔猎经济的继续存在，狩猎的野生动物仍主要为鹿类。

同样属于半农半牧经济，各文化农业和畜牧业的比重实际上仍有差别，其中卡约文化的畜牧成分最大。即使是卡约文化，不同地区的经济形式又有区别。湟水流域的卡约类型，陶器少且小，基本不见石刀、石盘状器这些典型的农业工具，畜牧业成分可能更重一些，农作物可能主要为大麦（青稞）。在互助县丰台遗址发现的农作物种子中，大麦（属于裸大麦，很可能是青稞）占到92％，还有少量小麦和粟，也有野燕麦

①　杨军昌、孙秉君、王占奎等：《陕西岐山王家咀先周墓 M19 出土铜器的实验研究》，《考古与文物》2003 年第 5 期，第 84～90 页。

②　闻广、荆志淳：《沣西西周玉器地质考古学研究——中国古玉地质学研究之三》，《考古学报》1993 年第 2 期，第 251～280 页。

③　杨建华：《从晋陕高原"勺形器"的用途看中国北方与欧亚草原在御马器方面的联系》，《西域研究》2007 年第 3 期，第 110～130 页。

等各类田间杂草[①]。对青海大通上孙家人骨进行^{13}C分析，发现其C_4类植物占29.9%，可能对应对粟类作物的食用；C_3类植物占70.1%，既可能与麦类植物的直接摄入有关，也可能与食用吃C_3牧草的动物有关。^{15}N分析结果显示其存在一定量的肉食摄入[②]。黄河沿岸的阿哈特拉类型，陶器稍多且大，发现石刀、粟等，可见农业经济的成分更大。

半农半牧经济的聚落面积小、文化层薄、稳定性稍差，卡约文化房屋甚至为简陋的地面式房屋或者帐篷，制陶手工业明显不如农业经济者发达，流行铸造青铜武器、工具而非容器。陶器数量少，卡约文化陶器仅占墓葬随葬品的十分之一。制作粗糙，主要为泥条筑成法手制。陶器主要采用开放式陶窑烧成红褐色，陶色多斑驳不均，烧制温度不高。纺织缝纫仍使用石（骨、陶）纺轮、骨针、骨（铜）锥等工具。仍有较多辗转来自沿海地区的海贝。

值得注意的是，该类型男女分工明确，男性随葬镞、斧、戈、刀等武器或工具，以及马、羊骨，显然是牧人、狩猎者兼武士形象；女性随葬锥、针、纺轮、牛，主要在家内进行农牧和纺织业活动。

朱开沟文化和寺洼文化的经济形态实际上介于上述二者之间。与农业经济相比，羊、牛等家畜比例更高，还有一些与畜牧业相关的北方式青铜器。与半农半牧经济相比，聚落较大且定居程度高，农业的比重更大，手制陶器制作也更发达。尤其寺洼文化的制陶技术明显分为两个系统，一为占据主体的土著的泥条筑成法技术系统（袋足鬲的足为模制），器形多不甚规整，有的横断面呈椭圆形；器表不大平整，厚薄不均，陶质疏松；陶色不纯正，器表斑杂，烧成温度偏低。二为九站类型所见周文化轮制技术系统，陶器器形规整、厚薄均匀、陶质细密、砂粒匀细、陶色纯正。这部分陶器可能由来自关中的工匠制作，不排除有的陶器直接来自关中。

四、小结

青铜时代黄土高原区的文化格局有较大变动。前期为朱开沟文化和齐家文化对峙的局面，齐家文化大规模东扩并占据原分布有客省庄二期文化的关中地区，是此时文化格局上最大的变化。齐家文化以至于西方文化的影响还继续东向深入到朱开沟文化当中，并将青铜技术、花边罐等因素传播至二里头文化，对中原文明进入成熟阶段做

---

①　中国社会科学院考古研究所、青海省文物考古研究所：《青海互助丰台卡约文化遗址浮选结果分析报告》，《考古与文物》2004年第2期，第85~91页。

②　张雪莲等：《古人类食物结构研究》，《考古》2003年第2期，第62~75页。

出了重要贡献。后期朱开沟文化分化为李家崖文化和西岔文化；以齐家文化为主体分化出辛店文化、卡约文化、寺洼文化、刘家文化等①。这时商文化挺进关中并向内蒙古中南部和甘青地区施加强烈影响，商文化和上述两大系统文化共同交融的结果，便是诞生了先周文化并进一步发展为周文化，至西周晚期甚至北扩至宁夏南部和陕北。殷墟玉器中和田玉的发现，表明商文化和新疆地区还存在远距离关系。黄土高原区的古老文化基础虽然还存在，甘青文化也还存在若干彩陶，但西方文化和中原商文化在文化格局的调整中起到更加重要的作用。东西方文化的深层次、远距离交流至此已经十分明显起来，对东西方文明的影响也日渐显著。

此时经济形态显著分化，在关中地区为农业发达、辅助以狩猎经济的农业经济，猪、牛为主要家畜，刀、镰、铲类农业工具占据主体，陶器、青铜器等手工业发达；在甘青、内蒙古中南部和陕北等地则基本为农业和畜牧业并重的半农半牧经济，牧放羊、牛、马，北方式青铜器、穿孔砺石等别具特色，陶器、青铜器等手工业的发展受到限制。在不同的经济基础之上，聚落形态和社会发展也表现出明显分异。农业经济者聚落高度稳定，有中心聚落、次级中心聚落和一般性聚落的差别，并出现周原、丰镐这样的王国首都级聚落；社会分工细致、贫富分化严重，无疑已进入成熟国家阶段或者成熟文明社会。半农半牧经济者聚落面积小、文化层薄、稳定性稍差，聚落分化不很明显，社会分工不够细致、贫富分化有限，最多进入初级文明阶段，有的可能还未迈入文明的门槛。前一类型的社会虽然注入了较多东方中原的成分，但重视生民，仍显得较为简朴实际，与以前所谓"北方模式"有诸多联系；后一类型的社会则保留了更多北方模式的特点。

长城沿线早期畜牧业西早东晚，且西部比东部发达。养羊的畜牧业从铜石并用时代就已经在甘青地区萌芽，但至青铜时代才扩展至内蒙古中南部和陕北。这一过程与上述西方文化的东渐过程完全吻合。可见畜牧业并非当地农业文化自然转化的结果，而主要是西方文化渐次渗透影响的产物。但不可否认的是，只有晚期朱开沟文化才最早拥有环首刀、短剑、牌等成套的鄂尔多斯青铜器；朱开沟文化之后以鄂尔多斯为核心还兴起了包含花边鬲、蛇纹鬲和鄂尔多斯青铜器的文化带②。因此，朱开沟文化在中国畜牧—游牧文化的发展中有着后来居上的重要地位③。

---

①　水涛：《甘青地区青铜时代的文化结构和经济形态研究》，《中国西北地区青铜时代考古论集》，科学出版社，2001 年，第 193～327 页。

②　韩嘉谷：《花边鬲寻踪——谈我国北方长城文化带的形成》，《内蒙古东部区考古学文化研究文集》，海洋出版社，1991 年，第 41～52 页。

③　田广金、郭素新：《北方文化与草原文明》，《内蒙古文物考古文集》（第 2 辑），中国大百科全书出版社，1997 年，第 1～12 页。

第六节　早期铁器时代

黄土高原地区早期铁器时代的绝对年代约为公元前 800～前 221 年，相当于中原地区的春秋战国时期①。铁器从少到多，在经济生活和战争中的作用逐渐显现出来。农业经济和游牧经济两种经济类型社会的对抗日益尖锐，对文化发展产生深刻影响。大约以公元前 300 年为界，可以分为前后两个阶段。

一、文化谱系

（一）早期铁器时代前期

绝对年代大约在公元前 800～前 300 年，即春秋至战国早中期。经过春秋时期秦文化的扩展和整合，关中文化一致性大为增强，长城沿线则主要为杨郎文化、桃红巴拉文化等以游牧经济为主的文化。

1. 秦文化（前期）

分布在甘肃东南部和关中大部地区，至战国中期甚至扩展到陕北。包括陕西凤翔雍城都城遗址②和秦公陵园③、临潼栎阳遗址④，以及甘肃省的礼县大堡子山⑤、圆顶山⑥，

① 白云翔：《先秦两汉铁器的考古学研究》，科学出版社，2005 年。

② 陕西省社会科学院考古研究所凤翔队：《秦都雍城遗址勘查》，《考古》1963 年第 8 期，第 419～422 页；凤翔县文化馆等：《凤翔先秦宫殿试掘及其铜质建筑构件》，《考古》1976 年第 2 期，第 121～128 页；陕西省雍城考古队：《陕西凤翔春秋秦国凌阴遗址发掘简报》，《文物》1978 年第 3 期，第 43～47 页；陕西省雍城考古队：《凤翔马家庄一号建筑群遗址发掘简报》，《文物》1985 年第 2 期，第 1～29 页；陕西省雍城考古队：《秦都雍城钻探试掘简报》，《考古与文物》1985 年第 2 期，第 7～20 页。

③ 陕西省雍城考古队等：《凤翔秦公陵园钻探与试掘简报》，《文物》1983 年第 7 期，第 30～37 页。

④ 陕西省文物管理委员会：《秦都栎阳遗址初步勘探记》，《文物》1966 年第 1 期，第 10～18 页；中国社会科学院考古研究所栎阳发掘队：《秦汉栎阳城遗址的勘探和试掘》，《考古学报》1985 年第 3 期，第 353～382 页。

⑤ 戴春阳：《礼县大堡子山秦公墓地及有关问题》，《文物》2000 年第 5 期，第 74～80 页；早期秦文化考古联合课题组：《甘肃礼县大堡子山早期秦文化遗址》，《考古》2007 年第 7 期，第 38～46 页。

⑥ 甘肃省文物考古研究所、礼县博物馆：《礼县圆顶山春秋秦墓》，《文物》2002 年第 2 期，第 4～30 页；甘肃省文物考古研究所、礼县博物馆：《甘肃礼县圆顶山 98LDM2、2000LDM4 春秋秦墓》，《文物》2005 年第 2 期，第 4～27 页。

甘谷毛家坪，天水市区①、灵台洞山②、景家庄③，陕西省的陇县边家庄④、店子一至四期⑤、韦家庄⑥、霸关口⑦，宝鸡谭家村⑧、福临堡⑨、秦家沟⑩、太公庙⑪、姜城堡⑫、西高泉村⑬、李家崖⑭、益门村⑮、南阳村⑯、晁峪⑰，凤翔八旗屯⑱、西村⑲、高庄一至

① 汪保全：《甘肃天水市出土西周青铜器》，《考古与文物》1998 年第 3 期，第 82 页。

② 甘肃省博物馆文物队等：《甘肃灵台县两周墓葬》，《考古》1976 年第 1 期，第 39～48 页。

③ 刘得祯、朱建唐：《甘肃灵台县景家庄春秋墓》，《考古》1981 年第 4 期，第 298～301 页。

④ 尹盛平、张天恩：《陕西陇县边家庄一号春秋秦墓》，《考古与文物》1986 年第 6 期，第 15～22 页；陕西省考古研究所宝鸡工作站等：《陕西陇县边家庄五号春秋墓发掘简报》，《文物》1988 年第 11 期，第 14～23 页。

⑤ 陕西省考古研究所：《陇县店子秦墓》，三秦出版社，1998 年。

⑥ 宝鸡市考古队、陇县博物馆：《陕西陇县韦家庄秦墓发掘简报》，《考古与文物》2001 年第 4 期，第 9～19 页。

⑦ 陕西省考古研究所宝中铁路考古队：《陕西陇县霸关口遗址试掘简报》，《考古与文物》1998 年第 1 期，第 39～42 页。

⑧ 宝鸡市考古工作队：《宝鸡市谭家村春秋及唐代墓》，《考古》1991 年第 5 期，第 392～399 页。

⑨ 中国科学院考古研究所宝鸡发掘队：《陕西宝鸡福临堡东周墓葬发掘记》，《考古》1963 年第 10 期，第 536～543 页。

⑩ 陕西省文物管理委员会：《陕西宝鸡阳平镇秦家沟村秦墓发掘记》，《考古》1965 年第 7 期，第 339～346 页。

⑪ 宝鸡市博物馆等：《陕西宝鸡县太公庙村发现秦公钟、秦公镈》，《文物》1978 年第 11 期，第 1～5 页。

⑫ 王光永：《宝鸡市渭滨区姜城堡东周墓葬》，《考古》1979 年第 6 期，第 564 页。

⑬ 宝鸡市博物馆等：《宝鸡县西高泉村春秋秦墓发掘记》，《文物》1980 年第 9 期，第 1～9 页。

⑭ 何欣云：《宝鸡李家崖秦国墓葬清理简报》，《文博》1986 年第 4 期，第 5～9 页。

⑮ 宝鸡市考古工作队：《宝鸡市益门村秦墓发掘纪要》，《考古与文物》1993 年第 3 期，第 35～39 页；宝鸡市考古工作队：《宝鸡市益门村二号春秋墓发掘简报》，《文物》1993 年第 10 期，第 1～14 页。

⑯ 宝鸡市考古工作队等：《陕西宝鸡县南阳村春秋秦墓的清理》，《考古》2001 年第 7 期，第 21～29 页；宝鸡市陈仓区博物馆：《陕西宝鸡市陈仓区南阳村春秋秦墓清理简报》，《考古与文物》2005 年第 4 期，第 3～4 页。

⑰ 陕西省考古研究所：《陕西宝鸡晁峪东周秦墓发掘简报》，《考古与文物》2001 年第 4 期，第 3～8 页。

⑱ 陕西省雍城考古工作队等：《陕西凤翔八旗屯秦国墓葬发掘简报》，《文物资料丛刊》(3)，文物出版社，1980 年，第 67～85 页；陕西省雍城考古队：《一九八一年凤翔八旗屯墓地发掘简报》，《考古与文物》1986 年第 5 期，第 23～40 页。

⑲ 雍城考古队等：《陕西凤翔西村战国秦墓发掘简报》，《考古与文物》1986 年第 1 期，第 8～35 页。

三期①、邓家崖②，武功赵家来③，长武上孟村④，咸阳任家嘴一至四期⑤，长安客省庄⑥，临潼零口⑦，富平迤山村⑧，铜川枣庙一、二期⑨和王家河四期⑩，蓝田泄湖⑪，以及清涧李家崖⑫、神木寨峁第三期M1⑬、靖边五庄果墚墓葬等⑭。

陶容器以泥质灰陶为主，夹砂灰陶少量，个别灰褐、红褐陶。除素面和压光者外，常见暗纹、绳纹、旋纹，也有篮纹、麻点纹、方格纹、网格纹、锥刺纹、宽带纹等。遗址中的主要实用器类有鬲、甗、盆、盂、钵、罐、三足罐、釜、瓮、豆、甑等。随葬品除实用器类外，还有仿铜的鼎、簋、困、甗、壶、豆、盘、匜等；多数随葬品明显小于实用器，而且制作粗陋，属于明器性质。随葬品簋、壶等常见红白相间的彩绘，有云雷纹、回纹、折线纹、三角纹、圆点纹等纹样。陶容器中大喇叭口罐、茧形壶等很有特色（图二七二）。青铜器礼器有鼎、簋、壶、盘、盉、簠、甗、匜、勺、钟、镈、舟，部分为明器，主纹多为蟠螭纹（蟠虺纹），地纹多为云雷纹，还有重环纹、瓦

① 雍城考古队等：《陕西凤翔高庄秦墓地发掘简报》，《考古与文物》1981年第1期，第12～38页。
② 陕西省考古研究所雍城工作站：《凤翔邓家崖秦墓发掘简报》，《考古与文物》1991年第2期，第14～19页。
③ 中国社会科学院考古研究所武功发掘队：《陕西武功县赵家来东周时期的秦墓》，《考古》1996年第12期，第44～48页。
④ 陕西省考古研究所等：《陕西长武上孟村秦国墓葬发掘简报》，《考古与文物》1984年第3期，第8～17页。
⑤ 咸阳市博物馆：《咸阳任家嘴殉人秦墓清理简报》，《考古与文物》1986年第6期，第22～27页；咸阳市文物考古研究所：《任家咀秦墓》，科学出版社，2005年。
⑥ 中国科学院考古研究所：《沣西发掘报告》，文物出版社，1962年，第131～140页。
⑦ 陕西省考古研究所：《陕西临潼零口战国墓葬发掘简报》，《考古与文物》1998年第3期，第15～21页。
⑧ 井增利：《富平新发现一座战国秦墓》，《考古与文物》2001年第1期，第96页。
⑨ 陕西省考古研究所：《陕西铜川枣庙秦墓发掘简报》，《考古与文物》1986年第2期，第7～17页。
⑩ 陕西省考古研究所、北京大学考古实习队：《铜川市王家河墓地发掘简报》，《考古与文物》1987年第2期，第1～9页。
⑪ 中国社会科学院考古研究所陕西六队：《陕西蓝田泄湖战国墓发掘简报》，《考古》1988年第12期，第1085～1089页。
⑫ 陕西省考古研究所、陕北考古工作队：《陕西清涧李家崖东周、秦墓发掘简报》，《考古与文物》1987年第3期，第1～17页。
⑬ 陕西省考古研究所：《陕西神木县寨峁遗址发掘简报》，《考古与文物》2002年第3期，第3～18页。
⑭ 孙周勇：《靖边县五庄果墚仰韶晚期遗址和东周墓葬》，《中国考古学年鉴》（2002），文物出版社，2003年，第373～374页。

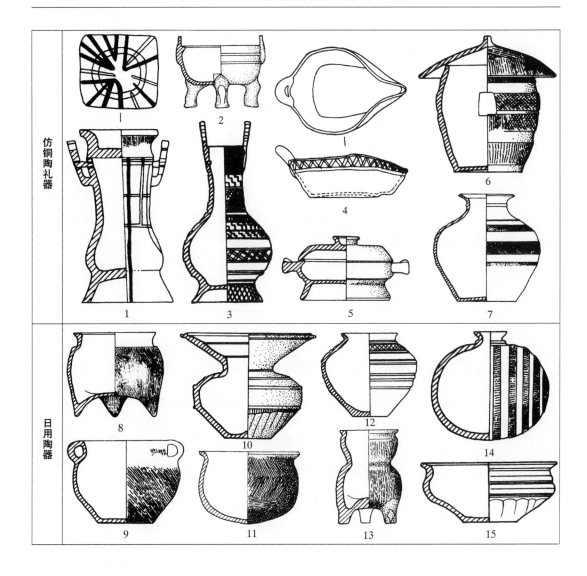

图二七二　任家嘴秦文化（前期）随葬陶器

1、3. 壶（M86:1、M105:2）　2. 鼎（M74:11）　4. 匜（M196:1）　5. 簋（M210:4）　6. 囷（M108:2）

7、12. 小口罐（M6:1、M105:4）　8. 鬲（M57:3）　9. 双耳罐（M220:1）　10. 大喇叭口罐（M42:3）

11. 釜（M133:3）　13. 甗（M74:3）　14. 茧形壶（M128:2）　15. 盆（M57:2）

纹、鸟纹、夔纹、蝉纹等（图二七三）。大堡子山、太公庙钟、镈等上有"秦公"铭
文[①]。生产工具有铁锸、铁铲、铜镢、环首铜（铁）削、金环首铁刀、金环首铜刀、铜

---

①　李学勤、艾兰：《最新出土的秦公壶》，《中国文物报》1994 年 10 月 30 日；李朝远：《上海博物
　　馆新获秦公器研究》，《上海博物馆集刊》第七期，上海书画出版社，1996 年，第 23～33 页。

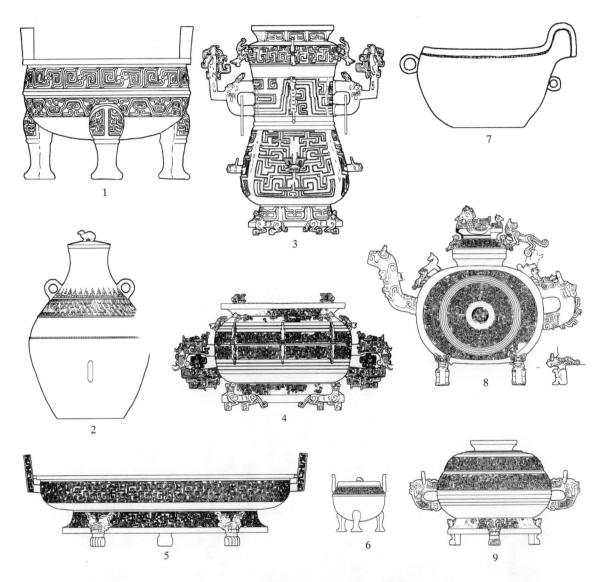

图二七三 圆顶山 98LDM2 随葬青铜礼器

1、6.鼎（98LDM2：25、38） 2.壶（98LDM2：37） 3.方壶（98LDM2：20） 4.簠（98LDM2：35） 5.盘
（98LDM2：41） 7.匜（98LDM2：27） 8.盉（98LDM2：39） 9.簋（98LDM2：32）

（玉）觿、铜镞、铜（石）斧、铁（石）锛、铜（石）凿、铜斨、石钻、石刀（双孔、单孔、两侧带缺口）、石夯头、陶纺轮、蘑菇状陶垫等，武器有铜（石）戈、铜剑、铜柄铁剑、金柄铁剑、铜矛、铜镞、铜恒矢等，装饰品有铜镜、铜（金、玉、铁）带钩、铜襟钩、金带扣、铜带饰、金（玉）环、金络饰、铜（铁）镯、铜铃、骨笄、玉璜、玉玦、玉璧、玉佩、玉牌、玉（石、陶）圭、金串珠、玛瑙（绿松石、料珠、料管）

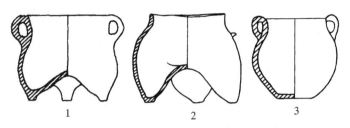

图二七四　秦文化（前期）中的铲形袋足鬲遗存因素

1.陶双耳鬲（韦家庄 M16:3）　2.陶双錾鬲（任家嘴 M91:1）

3.陶双耳罐（任家嘴 M80:2）

串饰、石贝、陶磬形饰、陶兽，以及铜兔、铜鱼、陶鸟、玉鱼、玉蚕等，车马器有金（铜）圆策、金（铜）圆泡、金方泡、金节约、铜马衔、金兽饰、铜曹、铜铺首、铜銮等，还有铜印章。

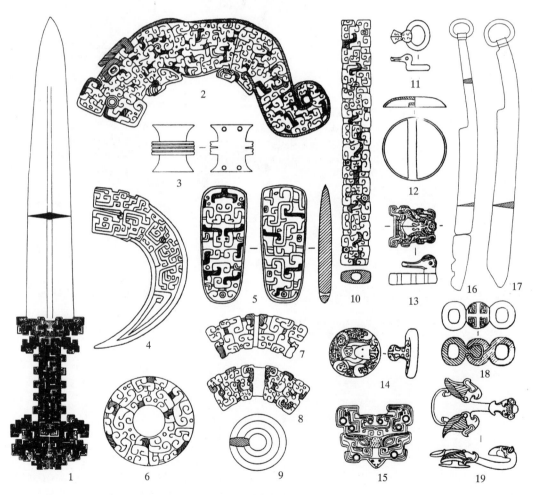

图二七五　益门村 M2 随葬品

1.金柄铁剑（M2:1）　2.玉虎形佩（M2:128）　3.玉亚字形佩（M2:187）　4.玉觿（M2:132）　5.玉斧形饰（M2:181）　6、9.玉璧（M2:106、108）　7、8.玉璜（M2:148、146）　10.玉长方形佩（M2:168）　11.金带扣（M2:34）　12.金圆泡（M2:46）　13、14.金带钩（M2:25、23）　15.金方泡（M2:27）　16.金首铜刀（M2:18）　17.金环首铁刀（M2:4）　18.铜转子（M2:194）　19.铜带钩（M2:205）

这些金、玉等器之上也常见类似青铜礼器上的纹饰。建筑材料包括砖瓦、瓦当、陶水管、铜钉等。砖瓦为青灰色，质地坚硬、火候高，陶土未经淘洗。瓦分为板瓦（又分普通的弧面板瓦、凹字形板瓦）、筒瓦，板瓦饰绳纹或绳纹加三角形几何纹，筒瓦细绳纹与抹光宽带纹相间。瓦当分为半瓦当和圆瓦当，有的素面，有的饰云纹、葵纹等。砖有铺地砖、空心砖、贴面砖、券砖等多种，除素面者外，还有蟠螭纹、饕餮纹、菱格纹、方格纹、网纹、回纹、同心圆纹（璧纹）、三角纹、绳纹、席纹、篮纹，以及树木纹等纹饰。铜"釭"有曲尺形、楔形、方筒形、小拐头等多种形制，多饰有复杂的蟠螭纹。陶器上常有刻划符号或陶文。还有彩绘陶俑、石俑。

春秋秦文化承接毛家坪 TM5 类西周秦文化而来。秦墓随葬陶器和青铜礼器丰富，时代特征比较清楚。韩伟主要依据陶器将其分为 6 期，其中前 4 期属于前期阶段，大致对应春秋早、中、晚期和战国早期[1]，这与陈平依据青铜礼器得出的分期结果[2]，以及滕铭予综合两者所得的结论[3]基本一致。秦文化统一性较强，地方差异微弱。其中韦家庄、任家嘴、高庄的素面双耳或双鋬鬲、双耳罐等可能属于杨郎文化、桃红巴拉文化因素（图二七四）。益门村春秋墓葬出土大量金器、车马器等，但不见青铜礼器和陶器，明显有北方戎狄风格（图二七五）[4]。剑格饰兽面纹的短剑[5]，其实广泛流行于北方草原地带和长城沿线，其源头应在西方，反映其与北方畜牧文化存在频繁交流[6]。灵台景家庄 M1 铜柄铁剑、礼县秦公墓地赵坪墓区 M2 的鎏金镂空铜柄铁剑均在春秋早期，为关中地区最早人工冶炼的铁器，可能是受到新疆早期铁器时代文化影响的结果[7]。陕西凤翔东社、东指挥村、宝鸡甘峪和甘肃礼县还发现有草原文化特色的铜镞[8]。牙齿人类学研究结果表明，店子、零口居民属于典型蒙古人种的东亚类群，与现代华北人关

---

[1] 韩伟：《略论陕西春秋战国秦墓》，《考古与文物》1981 年第 1 期，第 83～93 页。

[2] 陈平：《试论关中秦墓青铜容器的分期问题》，《考古与文物》1984 年第 3 期，第 58～73 页；《考古与文物》1984 年第 4 期，第 62～71 页。

[3] 滕铭予：《秦文化：从封国到帝国的考古学观察》，学苑出版社，2002 年。

[4] 赵化成：《宝鸡市益门村二号春秋墓族属管见》，《考古与文物》1997 年第 1 期，第 31～34 页；杜正胜：《周秦民族文化"戎狄性"的考察》，《周秦文化研究》，陕西人民出版社，1998 年，第 513～542 页。

[5] 张天恩：《再论秦式短剑》，《考古》1995 年第 9 期，第 841～853 页。

[6] 陈平：《试论宝鸡益门二号墓短剑及有关问题》，《考古》1995 年第 4 期，第 361～375 页。

[7] 唐际根：《中国冶铁术的起源问题》，《考古》1993 年第 6 期，第 556～564 页；安志敏：《塔里木盆地及其周围的青铜文化遗存》，《考古》1996 年第 12 期，第 76 页。

[8] 刘莉：《铜镞考》，《考古与文物》1987 年第 3 期，第 60～65 页；郭物：《青铜镞在欧亚大陆的初传》，《欧亚学刊》第一辑，1999 年，中华书局，第 122～150 页；滕铭予：《中国北方地区两周时期铜镞的再探讨——兼论秦文化中所见铜镞》，《边疆考古研究》第 1 辑，科学出版社，2002 年，第 34～54 页。

系最为密切①。

2. 杨郎文化（前期）

主要分布在宁夏中南部及甘肃中东部，也就是以六盘山为中心的黄土高原地区。以宁夏固原杨郎乡马庄墓地早期为代表②，包括宁夏固原于家庄③、鸦儿沟④、大北山、头营王家坪⑤、石喇村⑥、吕坪村⑦、撒门村⑧、官台村⑨，隆德吴沟村、沙塘乡机砖厂⑩，彭阳张街村⑪、米塬村、苋麻村、白草洼村、白岔村、店洼村⑫、孟塬⑬，西吉兴隆单北村槐湾⑭，中卫狼窝子坑⑮、中宁倪丁村⑯、双瘩村⑰，以及甘肃宁县袁家村，正

① 刘武、曾祥龙：《陕西陇县战国时代人类牙齿形态特征》，《人类学学报》第 15 卷第 4 期，1996 年，第 302～313 页；周春茂：《零口战国墓颅骨的人类学特征》，《人类学学报》第 21 卷第 3 期，2002 年，第 199～210 页。

② 宁夏文物考古研究所：《宁夏固原杨郎青铜文化墓地》，《考古学报》1993 年第 1 期，第 13～56 页；中国社会科学院考古研究所：《中国考古学·两周卷》，中国社会科学出版社，2004 年，第 541～547 页。

③ 宁夏文物考古研究所：《宁夏固原县于家庄墓地发掘简报》，《华夏考古》1991 年第 3 期，第 55～63 页；宁夏文物考古研究所：《宁夏彭堡于家庄墓地》，《考古学报》1995 年第 1 期，第 79～108 页。

④ 宁夏博物馆等：《宁夏固原县出土文物》，《文物》1978 年第 12 期，第 86～90 页。

⑤ 钟侃、韩孔乐：《宁夏南部春秋战国时期的青铜文化》，《中国考古学会第四次年会论文集 (1983)》，文物出版社，1985 年，第 203～213 页。

⑥ 罗丰：《宁夏固原石喇村发现一座战国墓》，《考古学集刊》第 3 集，中国社会科学出版社，1983 年，第 130～131 页。

⑦ 固原博物馆：《宁夏固原吕坪村发现一座东周墓》，《考古》1992 年第 5 期，第 469～470 页。

⑧ 罗丰、韩孔乐：《宁夏固原近年发现的北方系青铜器》，《考古》1990 年第 5 期，第 403～418 页。

⑨ 罗丰、延世忠：《1988 年固原出土的北方系青铜器》，《考古与文物》1993 年第 4 期，第 17～21 页。

⑩ 隆德县文管所等：《隆德县出土的匈奴文物》，《考古与文物》1990 年第 2 期，第 5～7 页。

⑪ 宁夏回族自治区文物考古研究所等：《宁夏彭阳县张街村春秋战国墓地》，《考古》2002 年第 8 期，第 14～24 页。

⑫ 杨宁国、祁悦章：《宁夏彭阳县近年出土的北方系青铜器》，《考古》1999 年第 12 期，第 28～37 页。

⑬ 罗丰、韩孔乐：《宁夏固原近年发现的北方系青铜器》，《考古》1990 年第 5 期，第 403～418 页。

⑭ 同⑬。

⑮ 周兴华：《宁夏中卫县狼窝子坑的青铜短剑墓群》，《考古》1989 年第 11 期，第 971～980 页。

⑯ 宁夏回族自治区博物馆考古队：《宁夏中宁县青铜短剑墓清理简报》，《考古》1987 年第 9 期，第 773～777 页。

⑰ 刘军：《中卫出土春秋青铜饰牌》，《考古与文物》2001 年第 2 期，第 30 页。

宁后庄，镇原庙渠、红岩、吴家沟圈①，庆阳五里坡②，庄浪石嘴村③、邵家坪④等地墓葬。最南端抵达秦安⑤、清水⑥一带，西端则已至永登⑦。此外，甘肃甘谷毛家坪 B 组遗存，合水九站东西向墓葬 M72，以及庄浪王宫和贺子沟等地遗存⑧，被称为"铲形袋足鬲遗存"，其实也当属于杨郎文化。

陶器极少，绝大多数为夹砂红褐陶，个别为夹砂灰、黑陶，基本都是素面，口沿或颈部饰附加堆纹、压印纹、刻划纹、圆圈纹等，有的足身还饰锯齿状堆纹。主要见双錾或双耳袋足鬲、单耳罐、双耳罐、单耳杯、高领罐、双耳圜底罐、勺等，罐类多大口平底，器底见烟炱痕，当为炊器（图二七六、二七七），有个别石勺。庆阳征集的一件双环耳铲形袋足青铜鬲也当属于此类，颈肩至足部饰有凸起的联珠式"蛇纹"⑨。铜占据主体，也有铁、金、银、骨器等。有铜（铁）短剑（包括铜柄铁剑）、铜戈、铜（铁）矛、铜（铁）刀、铁锸、铜（骨）镞、骨弓弭、铜鹤嘴斧、铜啄戈、铜有銎斧、铜锛、铜凿、铜（铁）锥、铜针筒和骨针、骨匕、铜镦、穿孔砺石等武器或工具，铜軎、铜（铁）马衔、骨（铁）马镳、铜（骨）节约、铜（骨）当卢、铜竿头饰、铜铃、铜铃形饰、骨弓形器等车马器（图二七八），铜牌饰或饰牌、铜（骨）带扣、铜连纽饰、铜兽头饰、铜泡饰、铜镜、铜钏、铜环、铜（铁）连环饰、铜马项饰、铜"L"形管饰、铜鹿、金耳环、银环饰、银耳坠、骨条形或梯形饰、骨（绿松石、玛瑙、琥珀）串珠或坠饰等装饰品。短剑有双鸟回首剑、菌首剑、三叉护手剑、单环首剑、心形格剑等多种形制。牌饰绝大多数为铜质，个别铁质或金质，有双"S"形、变形鸟纹、凸管形、圆形、椭圆形、长方形、涡轮形、联珠状、双鹿状、双豹状、马头形、蛇形、人驼形、羚羊形等多种形态，晚段还出现虎形和虎噬鹿形牌饰。

① 刘得桢、许俊臣：《甘肃庆阳春秋战国墓葬的清理》，《考古》1988 年第 5 期，第 413～424 页。
② 庆阳地区博物馆等：《甘肃庆阳城北发现战国时期葬马坑》，《考古》1988 年第 9 期，第 852 页。
③ 庄浪县博物馆等：《甘肃省庄浪县出土北方系青铜器》，《考古》2005 年第 5 期，第 94～95 页。
④ 庄浪县博物馆：《庄浪县邵家坪出土一批青铜器》，《文物》2005 年第 3 期，第 43～46 页。
⑤ 秦安县文化馆：《秦安县历年出土的北方系青铜器》，《文物》1986 年第 2 期，第 40～43 页。
⑥ 李晓青、南宝生：《甘肃清水县刘坪今年发现的北方系青铜器及金饰片》，《文物》2003 年第 7 期，第 4～17 页。
⑦ 甘肃博物馆文物工作队：《甘肃永登榆树沟的沙井墓葬》，《考古与文物》1981 年第 4 期，第 34～61 页。
⑧ 丁广学：《甘肃庄浪县出土的寺洼陶器》，《考古与文物》1981 年第 2 期，第 11～16 页。
⑨ 许俊臣、刘得桢：《介绍一件春秋战国铲足铜鬲》，《考古》1988 年第 3 期，第 230 页。

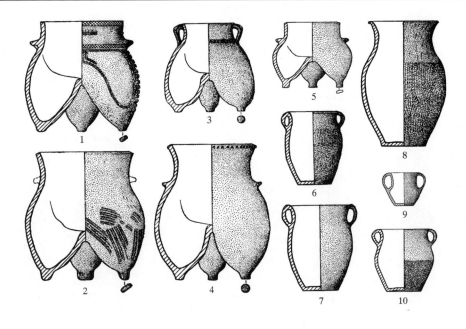

图二七六　毛家坪 B 组遗存陶器

1~5. 袋足鬲（LM4：1、LM8：1、LM11：1、LM5：1、采：01）　6、7、9、10. 双耳罐（LM5：2、T1③：2、T6③：1、T4③：1）　8. 圆腹罐（LM9：2）

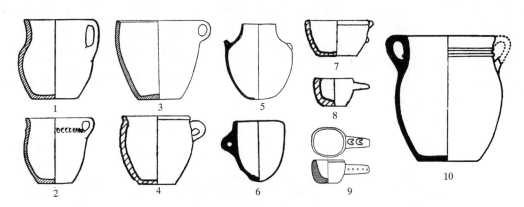

图二七七　杨郎文化（前期）陶器

1~4. 单耳罐（于家庄 NM2：19、M10：2，倪丁村 M2：18，狼窝子坑 M5：71）　5. 双錾罐（马庄IM5：20）　6. 单耳杯（马庄IM4：17）　7~9. 勺（狼窝子坑 M4：5、M3：9，倪丁村 M2：2）　10. 双耳罐（马庄IM2：24）

罗丰、杨建华均将杨郎文化（前期）分为 3 期①，也就是 3 段。早段即春秋早中

①　罗丰：《以陇山为中心甘宁地区春秋战国时期北方青铜文化研究》，《内蒙古文物考古》1993年第 1、2 期，第 29~48 页；杨建华：《春秋战国时期中国北方文化带的形成》，文物出版社，2004 年。

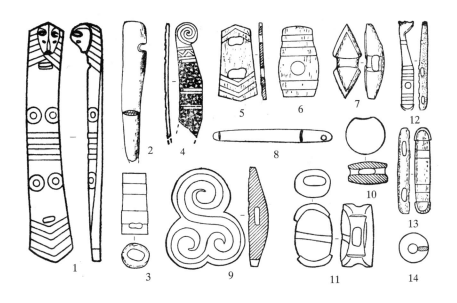

图二七八　于家庄杨郎文化（前期）骨器

1. 条形饰（NM2:14）　2. 弓弭（M17:17）　3. 管饰（M7:27）　4. 弓形器（NM2:15）　5. 梯形饰（NM2:12:1）　6. 柄端饰（NM2:8:1）　7. 亚腰形器（M1:33）　8. 匕（M9:11）　9. 饰牌（NM3:3:3）　10、11. 节约（NM2:4:2、M1:7）　12、13. 马镳（NM2:9:1、NM2:11:4）　14. 环（M20:14）

期，包括撒门村 M2、槐湾、孟塬、狼窝子坑 M3 及倪丁村 M1、M2 等。青铜器流行单环首刀、空首銎斧、矛等武器工具，铃、带纽圆牌、弧形马面饰（当卢）等车马器，以及泡饰等（图二七九）。中段即春秋晚期至战国早期，以于家庄主体遗存为代表，包括石喇村、官台村、撒门村 M1 和 M3，苋麻村、米塬村，狼窝子坑 M5 等，武器工具类普遍出现各种双鸟或双兽首剑（图二八〇），以及鹤嘴斧、镦、戈，新出泡状竿头饰、车辕饰、腹中空的动物饰、"S"饰牌，带扣普及（图二八一）。晚段即战国中期，包括马庄主体、于家庄晚段，以及鸦儿沟、吴沟村、张街村等，多见单环首剑，出现长方形牌式带扣、鹰首竿头饰，"S"饰牌纹饰简化（图二八二），出现一定数量的铁制品。该文化存在小的区域性差异。庆阳地区有较多中原因素，戈常见而不见鹤嘴斧，有马坑而不在墓内殉牲，还有虎噬龙、蟠虺纹饰。银川南部地区最早出现双鸟回首剑、单环首剑、三叉形护手铜柄铁剑、鹤嘴斧，带扣也有从单环向双环的完整过渡，却不见中原式戈；中宁倪丁村出土一件铜镜，外圈饰六个犀，内圈饰三个兽，很接近战国早期山西长治分水岭铜镜①。固原地区的车马器最有特色，还有矛、三叉形护手剑，也

① 山西省文物管理委员会、山西省考古研究所：《山西长治分水岭战国墓第二次发掘》，《考古》1964 年第 3 期，第 111～137 页。

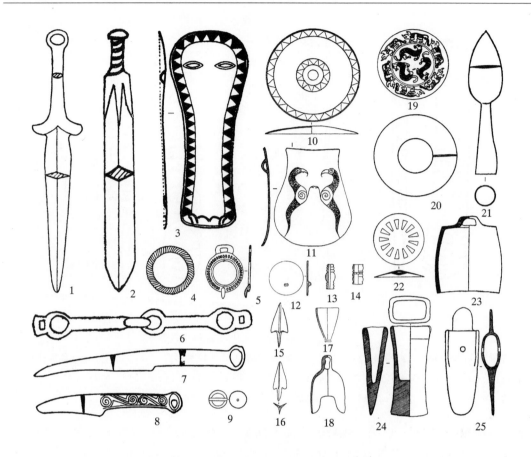

图二七九　杨郎文化前期早段青铜器和铁器

1、2.短剑（倪丁村 M2∶11，狼窝子坑 M3∶12）　3、11.当卢（倪丁村 M2∶4、7）　4、20.环（倪丁村 M2∶25、10）　5.扣具（倪丁村 M2∶19）　6.马衔（狼窝子坑 M3∶20）　7、8.环首刀（孟塬，槐湾）　9.泡（倪丁村 M2）　10、12、22.圆牌饰（倪丁村 M2∶14、24，撒门村 M2）　13、14.管状饰（倪丁村 M2）　15、16.镞（倪丁村 M2∶22、23）　17.墩（倪丁村 M2∶21）　18、23.铃（倪丁村 M1∶4，撒门村 M2）　19.镜（倪丁村 M2∶9）　21.矛（槐湾）　24.有銎斧（倪丁村 M1∶1）　25.管銎斧（倪丁村 M2∶1）（除 2 为铜柄铁剑外，其余均为铜器）

见中原式的害、戈、带钩等；彭阳发现一件有"二十七年晋"铭文的铜戈[1]，或许属于战国魏的产品，反映出其与河东地区的交流；三叉形护手剑还与中国西南地区有联系[2]。永登榆树沟鹰首竿头饰和带座鹿形饰共出，表现为在甘宁基础上，接受鄂尔多斯

①　杨明：《宁夏彭阳发现"二十七年晋"戈》，《考古》1986 年第 8 期，第 759～760 页。

②　林沄：《关于中国对匈奴族源的考古学研究》，《内蒙古文物考古》1993 年第 1、2 期，第 127～141 页。

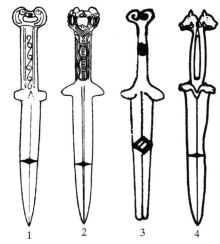

图二八〇　杨郎文化前期中段青铜双鸟、双兽首短剑

1～3.双鸟首短剑（苋麻村 XM:01、撒门村 M3、狼窝子坑 M5:

3）　4.双兽首短剑（撒门村）

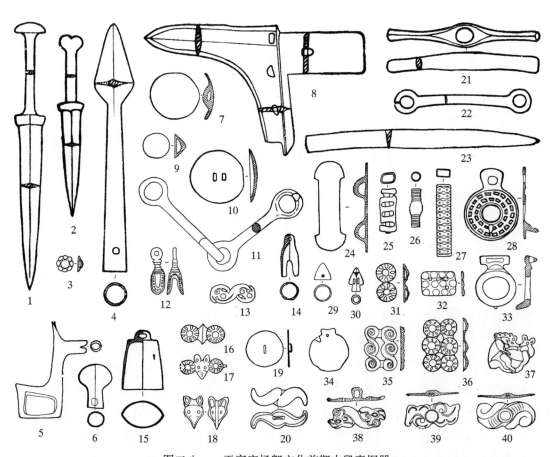

图二八一　于家庄杨郎文化前期中段青铜器

1、2.短剑（SM5:13、NM2:右 1）　3、9、16、17、31.扣饰（M14:22、M12:37、M12:29、M12:48、M15:

2）　4.矛（SM5:1）　5.鹿（M16:29）　6.竿头饰（SM5:40）　7、10.泡饰（M17:7、8）　8.戈（M17:

6）　11、22.马衔（SM2:8、NM2:5:1）　12、14.铃形饰（M14:24、M9:21）　13、20、38～40.鸟纹饰牌

（M14:19、SM2、M11:4:4、M14:10、M17:9）　15.铃（M11:1）　18.兽头饰（SM5:32）　19、34.圆形牌

饰（M14:29、M15:14）　21.鹤嘴斧（SM5:43）　23.刀（M7:16）　24.条形饰（M3:7:1）　25～27.管状

饰（SM5:27、M16:21、M15:10）　28、33.带扣（NM2:左 2、M11:23）　29、30.镞（NM2:右 4、M17:

10）　32、35、36.联珠牌饰（M9:17、M17:1:3、M12:13）　37.双鹿（M12:1）

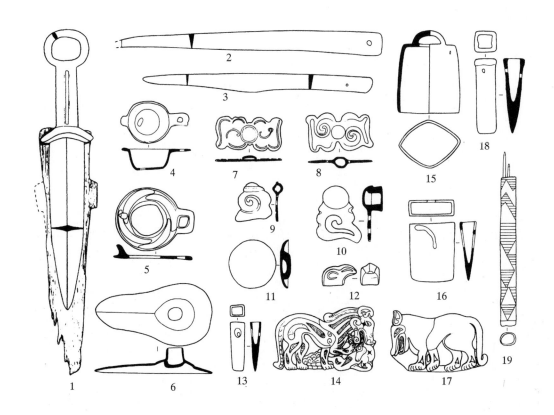

图二八二　张街村杨郎文化前期晚段青铜器

1. 环首短剑（M2:20）　　2、3. 刀（M3:19、ZK:4）　　4. 泡饰（M2:34）　　5. 带扣（ZK:3）　　6. 当卢（M2:
30）　　7、8. S形饰牌（M3:12、5）　　9、10. 变形鸟纹饰牌（M3:2、M2:24）　　11. 扣饰（M2:18）　　12. 鸟首
形杖头饰（M3:18）　　13、18. 凿（M2:28、ZK:1）　　14、17. 虎形牌饰（M2:17、16）　　15. 铃（M2:35）
16. 锛（M2:29）　　19. 针筒（M3:11）

地区的影响。

　　杨郎文化与寺洼文化有诸多联系，鬲、罐均继承寺洼文化同类器而来，只是鬲变
为柱状或铲形实足根，双耳罐已少见马鞍口。其鬲、罐上的绳纹明显为受到秦文化影
响所致，随葬绳纹罐且为洞室屈肢葬的九站 M48 可能本身就是一座秦人墓葬。反过来，
其对秦文化也持续不断地产生顽强影响①，春秋至战国早期在陇县店子、凤翔西村及高

①　俞伟超：《关于"卡约文化"和"唐汪文化"的新认识》，《先秦两汉考古学论集》，文物出版
　　社，1985 年，第 193～210 页；韩伟：《关于"秦文化是西戎文化"质疑》，《青海考古学会会
　　刊》第 2 期，1981 年。

庄等墓地都发现其铲形袋足鬲、双耳罐等因素，战国时期宝鸡斗鸡台、西安半坡、咸阳塔儿坡等地仍有铲形袋足鬲。杨建华认为，北方地区流行的双鸟回首剑、圆形鼓腹铜管、鹤嘴斧与马面饰（当卢），最早出现在银川南部地区，其后向杨郎文化的其他分布区，以及内蒙古地区甚至冀北地区传播。而双鸟回首剑的源头则在南西伯利亚一带，并在米努辛斯克盆地、克拉斯诺亚尔斯克、蒙古地区广泛存在。此外，纽柄镜、鹤嘴斧可能与来自图瓦和蒙古西部的影响有关①。

于家庄头骨接近现代北亚蒙古人种，甚至与蒙古族类型头骨十分接近，与新石器时代莱园文化居民体质特征有明显偏离②。其主要人群应来自北亚地区，或许与匈奴有一定关系。族属被推测为西戎，罗丰甚至建议命名为"西戎文化"③，具体来说，固原地区遗存或许属于乌氏之戎④，庆阳地区遗存可能属于义渠戎⑤，甘谷附近的"铲形袋足鬲遗存"被推测为冀戎遗存⑥。

3. 桃红巴拉文化（前期）

分布于内蒙古中南部，以内蒙古杭锦旗桃红巴拉墓葬为代表⑦。在西区鄂尔多斯高原，包括准格尔玉隆太⑧、速机沟⑨、瓦尔吐沟⑩、西沟畔 M3⑪、宝亥社⑫，伊金霍洛

---

① 杨建华：《春秋战国时期中国北方文化带的形成》，文物出版社，2004 年。
② 韩康信：《宁夏彭堡于家庄墓地人骨种系特点之研究》，《考古学报》1995 年第 1 期，第 109～125 页。
③ 罗丰：《以陇山为中心甘宁地区春秋战国时期北方青铜文化研究》，《内蒙古文物考古》1993 年第 1、2 期，第 29～48 页。
④ 罗丰：《固原青铜文化初论》，《考古》1990 年第 8 期，第 743～750 页。
⑤ 林沄：《关于中国对匈奴族源的考古学研究》，《内蒙古文物考古》1993 年第 1、2 期，第 127～141 页。
⑥ 赵化成：《甘肃东部秦和姜戎文化的考古学探索》，《考古类型学的理论和实践》，文物出版社，1989 年，第 145～176 页。
⑦ 田广金：《桃红巴拉的匈奴墓》，《考古学报》1976 年第 1 期，第 131～144 页。在《中国考古学·两周卷》中，称鄂尔多斯高原遗存为桃红巴拉文化，岱海地区遗存为毛庆沟文化，见中国社会科学院考古研究所：《中国考古学·两周卷》，中国社会科学出版社，2004 年，第 530～541 页。
⑧ 内蒙古博物馆、内蒙古文物工作队：《内蒙古准格尔旗玉隆太的匈奴墓》，《考古》1977 年第 2 期，第 111～114 页。
⑨ 盖山林：《内蒙古自治区准格尔旗速机沟出土一批铜器》，《文物》1965 年第 2 期，第 44～49 页。
⑩ 内蒙古文物工作队：《内蒙古出土文物选集》，文物出版社，1963 年。
⑪ 伊克昭盟文物工作站、内蒙古文物工作队：《西沟畔匈奴墓》，《文物》1980 年第 7 期，第 1～10 页。
⑫ 伊克昭盟文物工作站：《内蒙古准格尔旗宝亥社发现青铜器》，《文物》1987 年第 12 期，第 81～83 页。

旗公苏壕[1]、明安木独村[2]，包头西园[3]，土默特旗水涧沟门[4]，清水河阳畔[5]，乌拉特中后旗呼鲁斯太[6]，以及陕西神木纳林高兔[7]等地墓葬。在东区凉城—和林格尔一带，包括凉城毛庆沟[8]、饮牛沟[9]、崞县窑子[10]、小双古城[11]、忻州窑子[12]，和林格尔新店子[13]等地墓葬，重要发现还见于凉城前德胜村[14]、三道沟[15]，兴和沟里头[16]，和林格尔范家窑子[17]，准格尔黑麻介、董家圪旦[18]等地。

陶器很少但种类复杂，灰或红褐色，多素面，以单耳或双耳罐、壶、杯类为主，

①　田广金：《桃红巴拉的匈奴墓》，《考古学报》1976 年第 1 期，第 131～144 页。
②　伊克昭盟文物工作站等：《内蒙古伊金霍洛旗匈奴墓》，《文物》1992 年第 5 期，第 79～81 页。
③　内蒙古文物考古研究所等：《包头西园春秋墓地》，《内蒙古文物考古》1991 年第 1 期，第 13～24 页。
④　内蒙古自治区文物工作队：《大青山下发现一批铜器》，《文物》1965 年第 2 期，第 50 页。
⑤　曹建恩：《内蒙古中南部商周考古研究的新进展》，《内蒙古文物考古》2006 年第 2 期，第 16～26 页。
⑥　塔拉、梁京明：《呼鲁斯太匈奴墓》，《文物》1980 年第 7 期，第 11～12 页。
⑦　戴应新、孙嘉祥：《陕西神木县出土匈奴文物》，《文物》1983 年第 12 期，第 23～30 页。
⑧　内蒙古文物工作队：《毛庆沟墓地》，《鄂尔多斯式青铜器》，文物出版社，1986 年，第 227～315 页。
⑨　内蒙古自治区文物工作队：《凉城县饮牛沟墓葬清理简报》，《内蒙古文物考古》第 3 期，1984 年，第 26～32 页；内蒙古文物考古研究所、日本京都中国考古学研究会岱海地区考察队：《饮牛沟墓地 1997 年发掘报告》，《岱海考古（二）——中日岱海地区考察研究报告集》，科学出版社，2001 年，第 278～327 页。
⑩　内蒙古文物考古研究所：《凉城崞县窑子墓地》，《考古学报》1989 年第 1 期，第 57～82 页。
⑪　杨星宇：《凉城县小双古城东周时期墓地》，《中国考古学年鉴》（2004），文物出版社，2005 年，第 137～138 页；曹建恩：《内蒙古中南部商周考古研究的新进展》，《内蒙古文物考古》2006 年第 2 期，第 16～26 页。
⑫　曹建恩、胡晓农：《凉城县忻州窑子东周时期墓地》，《中国考古学年鉴》（2004），文物出版社，2005 年，第 138 页；曹建恩：《内蒙古中南部商周考古研究的新进展》，《内蒙古文物考古》2006 年第 2 期，第 16～26 页。
⑬　《和林格尔县春秋战国时期狄人氏族墓地》，《中国考古学年鉴》（2000），文物出版社，2002 年，第 133 页；曹建恩：《内蒙古中南部商周考古研究的新进展》，《内蒙古文物考古》2006 年第 2 期，第 16～26 页。
⑭　盖山林：《内蒙古乌盟南部发现的青铜器和铜印》，《考古》1986 年第 2 期，第 185～187 页。
⑮　内蒙古文物考古研究所、北京大学考古系：《内蒙古凉城县三道沟遗址的试掘》，《北方文物》2004 年第 4 期，第 15～18 页。
⑯　崔利明：《内蒙古兴和县沟里头匈奴墓》，《考古》1994 年第 5 期，第 473 页。
⑰　李逸友：《内蒙古和林格尔县出土的铜器》，《文物》1959 年第 6 期，封三。
⑱　曹建恩：《内蒙古中南部商周考古研究的新进展》，《内蒙古文物考古》2006 年第 2 期，第 16～26 页。

也有无耳小口绳纹罐等。还有个别石单耳杯形器。铜器为主体，也有铁、金、银、骨器等，总体上类似杨郎文化。关于该文化的分期，田广金和宫本一夫都做过探讨[①]，杨建华将其分为 3 期，也就是三段：早段即春秋早中期，仅见于西区，包括宝亥社、西园、水涧沟门、明安木独等，有单环首且柄部有纹饰的刀、有銎戈等武器，双环首马衔等车马器，扣饰、双联珠饰等服饰品，以及少量单体动物饰牌等。中段即春秋晚期至战国早期，见于东、西两区，包括西区的桃红巴拉、公苏壕、呼鲁斯太、西沟畔 M3 类、阳畔，东区的毛庆沟、饮牛沟、崞县窑子、沟里头、范家窑子，开始盛行武器尤其是青铜短剑，以双鸟回首剑最为典型，还出现鹤嘴斧；车马器出现带纽圆牌、马面饰（当卢）和辕饰，服饰品出现大量"S"形饰牌、兽头与花瓣形饰牌。晚段即战国中期，仅见于西区，包括玉隆太、瓦尔吐沟、速机沟、纳林高兔等墓葬，武器和工具多为铁制品，短剑和饰牌减少，镞的地位上升，新出大量立体动物和浮雕动物形象（马、盘角羊、羚羊、鹿、虎、狼、兽、鹤、鸟），见于车马器、服饰品和刀剑鞘等各个方面，尤其是竿头车饰上[②]（图二八三）。

　　田广金称该类遗存为鄂尔多斯式青铜器文化，又根据地方性差异分为西部鄂尔多斯高原的西园类型、桃红巴拉类型，和黄河以东的毛庆沟类型[③]，其实有的属于时代性差异。其中早段者有西园类型，见有较多骨镞、弓弭、骨环、弹簧式耳环等（图二八四），有双耳罐、单耳杯等极少量陶器（图二八六，1、2），流行洞室墓。中段，西部桃红巴拉类型的剑身剖面为菱形，流行带纽圆牌、当卢、辕饰、马衔、节约等车马器（图二八五），殉牲数量每墓多者达到数十。陶器极少且主要为夹砂红褐陶的单耳罐、壶、杯类，黑麻介遗址见有蛇纹铲形袋足鬲，还有石杯，受杨郎文化影响明显（图二八六，3~8）。东部毛庆沟类型的双环首剑、柱脊剑等不见于桃红巴拉类型，缺乏带纽圆牌、当卢和辕饰，少见马衔、节约，车马器不够多，殉牲数量少，说明养马不甚发达，但却有较多群体动物饰牌（图二八七）。陶器较多，几乎都是泥质陶，除素面外还常见绳纹、堆纹、旋纹、刻划纹、压印纹，有无耳小口的素面或绳纹罐，以及折肩或鼓肩双耳罐、大口鼎等，受到冀北和中原影响明显。毛庆沟遗址中出土的蛇纹铲形袋足鬲则体现出与甘宁地区的联系（图二八六，9~18）。即使这三个类型，也还不能完全反映其细致的区域特点。如最靠北的呼鲁斯太有的一座墓中就出土 27 具马头；偏北

①　田广金：《近年来内蒙古地区的匈奴考古》，《考古学报》1983 年第 1 期，第 7~24 页；宫本一夫：《鄂尔多斯青铜文化的地域性及变迁》，《岱海考古（二）——中日岱海地区考察研究报告集》，科学出版社，2001 年，第 454~481 页。
②　杨建华：《春秋战国时期中国北方文化带的形成》，文物出版社，2004 年，第 58~62 页。
③　田广金：《中国北方系青铜器文化和类型的初步研究》，《考古学文化研究》第 4 集，文物出版社，1997 年，第 266~307 页。

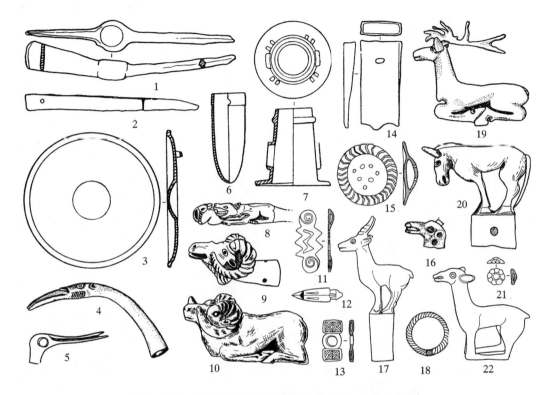

图二八三　桃红巴拉文化前期晚段青铜器、铁器和银器

1.鹤嘴斧（玉隆太 2264）　2.刀（玉隆太 2215）　3.圆形牌饰（玉隆太 2254:1）　4、5.鹤头形饰件（速机沟）　6.镦（玉隆太 2271:2）　7.軎（玉隆太 2249:1）　8.虎咬羊纹项圈（瓦尔吐沟）　9.盘角羊辕饰（玉隆太 2244）　10.盘角羊（瓦尔吐沟）　11.联珠饰（玉隆太 2223）　12.镞（玉隆太 2224）　13.亚腰形饰牌（玉隆太 2222）　14.锛（玉隆太 2252）　15、21.扣饰（玉隆太 2270、2226）　16.狼头形饰件（速机沟）　17.羚羊形饰件（玉隆太 2245）　18.环（玉隆太 2217:4）　19、22.鹿（玉隆太 2247、速机沟）　20.马形饰件（玉隆太 2266）（除 1 为铁器、8 为银器外，其余均为青铜器）

的西园与崞县窑子墓地有更多相似之处，如都随葬较多弓箭、残断刀身、弹簧式耳环等。说明越靠北游牧成分越大，且更容易有大规模的东西向互动。杨建华指出，呼鲁斯太的高直颈双耳壶和蒙古国西北部同一时代的乌兰固木墓地陶器类似[1]，可能与蒙古地区存在交流，不排除伴有人口的流动。

　　桃红巴拉文化的主要源头还应在商周时期的北方青铜文化，也有来自辽西夏家店上层文化的因素。早期（春秋时期）宝亥社还有镀形豆，上有中原常见的云雷纹等，也与商周时期北方系青铜文化的情况类似（图二八八）。其他中原因素还有西区玉隆太的车軎、桃红巴拉的丝织品，东区的戈、带钩、印章、泥质陶器等。双鸟回首剑、圆

---

① 杨建华：《春秋战国时期中国北方文化带的形成》，文物出版社，2004 年，第 112 页。

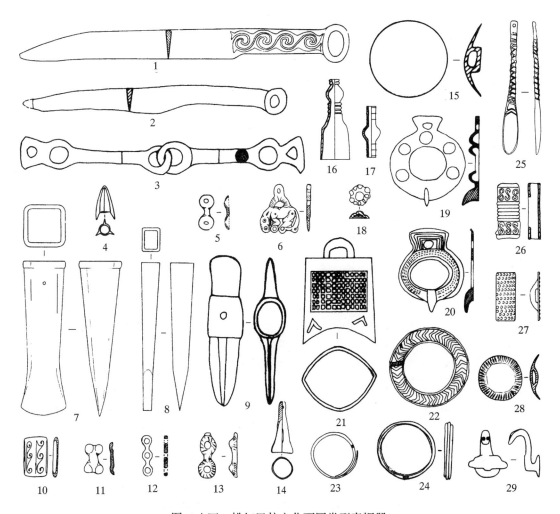

图二八四 桃红巴拉文化西园类型青铜器

1、2.刀（宝亥社、明安木独） 3.马衔（明安木独） 4.镞（西园 M5：18） 5、11～13.联珠饰（西园 M6：6、M6：11，宝亥社，西园 M2：4） 6.动物形饰牌（西园 M3：6） 7.锛（宝亥社） 8.凿（宝亥社） 9.管銎镐（明安木独） 10、16、17、26.管状饰（10 为西园 M5：14，余为明安木独） 14.铃形饰（西园 M6：6） 15、18、28.扣饰（西园 M4：1，明安木独，西园 M3：3） 19、20.带扣（明安木独） 21.铃（明安木独） 22.环（明安木独） 23、24.耳环（西园 M5：1、M3：4） 25.匙（西园 M6：2） 27.长方形牌饰（宝亥社） 29.带钩（西园 M5：13）

形鼓腹铜管、鹤嘴斧与马面饰（当卢）等可能来自杨郎文化。另外，内蒙古中南部东区很可能是动物纹牌饰的主要发源地：单体伫立状动物纹饰牌、单体带边框动物纹饰牌、群体猛兽咬杀牲畜饰牌，都以该地区最早出现[①]。呼鲁斯太的立兽柄镜、崞县窑子

① 杨建华：《春秋战国时期中国北方文化带的形成》，文物出版社，2004 年，第 114～121 页。

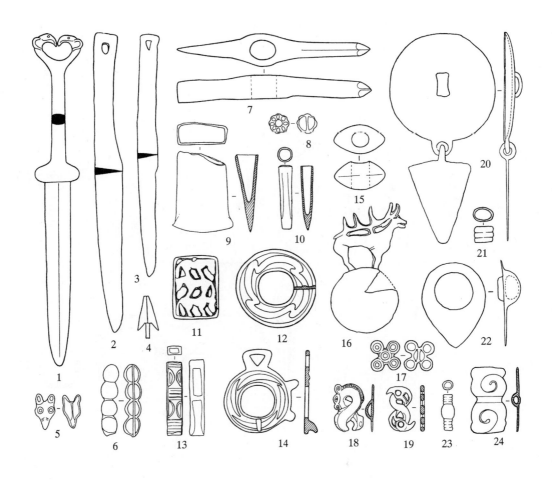

图二八五　桃红巴拉文化桃红巴拉类型青铜器

1. 短剑（公苏壕 M1:5）　2、3. 刀（桃红巴拉 M5:1，公苏壕 M1:6）　4. 镞（呼鲁斯太 M2:6）　5. 兽头形饰（桃红巴拉 M1:29）　6. 联珠饰（桃红巴拉 M1:40）　7. 鹤嘴斧（公苏壕 M1:1）　8、17. 扣饰（桃红巴拉 M1:36、30）　9. 锛（公苏壕 M1:3）　10. 凿（公苏壕 M1:4）　11. 长方形饰牌（桃红巴拉 M5:7）　12. 环（桃红巴拉 M1:33）　13、21、23. 管状饰（桃红巴拉 M5:9、M1:27、M1:37）　14. 带扣（桃红巴拉 M2:6）　15. 杖头饰（桃红巴拉 M2:3）　16. 鹿形饰牌（呼鲁斯太 M2:16）　18、19、24. 双鸟纹饰牌（桃红巴拉 M1:28、M1:31，公苏壕 M1:8）　20、22. 当卢（桃红巴拉 M1:14，呼鲁斯太 M3:18）

的纽柄镜，则可能与来自南西伯利亚的影响有关。从战国时期开始，毛庆沟类型受到中原影响较大，毛庆沟、饮牛沟墓地已经有一定数量南北向的中原式墓葬和传统北方式东西向墓葬共存，而且越到晚段南北向墓葬所占比例越大，表明农业民族越来越占上风。西区到战国中期以后中原因素才逐渐增多。

据研究，毛庆沟和饮牛沟 A 组（东西向墓葬）的种系成分以东亚类型的体质因素

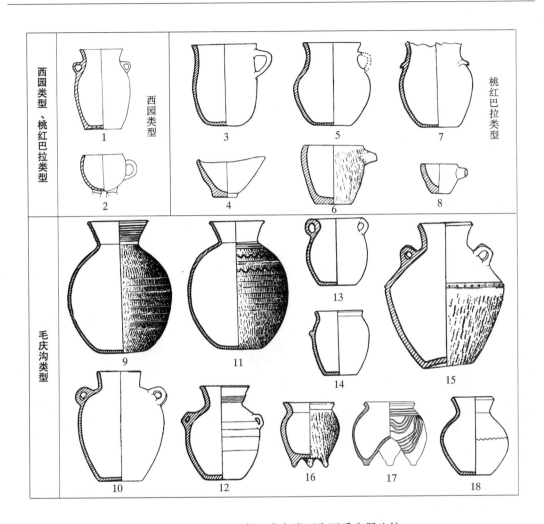

图二八六 桃红巴拉文化各类型陶石质容器比较

1、10、12、13、15. 双耳罐（明安木独，崞县窑子 M11:1，毛庆沟 M59:1、M42:3，崞县窑子 M22:1） 2、6、8. 单耳杯（明安木独，桃红巴拉 M2:1，桃红巴拉残墓采集） 3、5. 单耳罐（桃红巴拉 M1:1、M2:2）
4. 碗（公苏壕 M1:20） 7、14. 竖耳罐（公苏壕 M1:19，毛庆沟 M58:6） 9、11、18. 高领罐（毛庆沟 M45:6、M62:1、M33:1） 16. 三足罐（毛庆沟 M39:9） 17. 鬲（毛庆沟 H3:2）（除 6、8 为石器外，其余均为陶器）

为主，也包含了不少北亚类型体质因素；B 组基本属于东亚类型，也包含了个别北亚类型体质因素。崞县窑子则基本属于北亚类型[1]，在母系遗传上与现在的西伯利亚人群亲

---

① 潘其风：《毛庆沟墓葬人骨的研究》，《鄂尔多斯式青铜器》，文物出版社，1986 年，第 316～341 页；朱泓：《内蒙古凉城东周时期墓葬人骨研究》，《考古学集刊》第 7 集，科学出版社，1991 年，第 169～191 页。

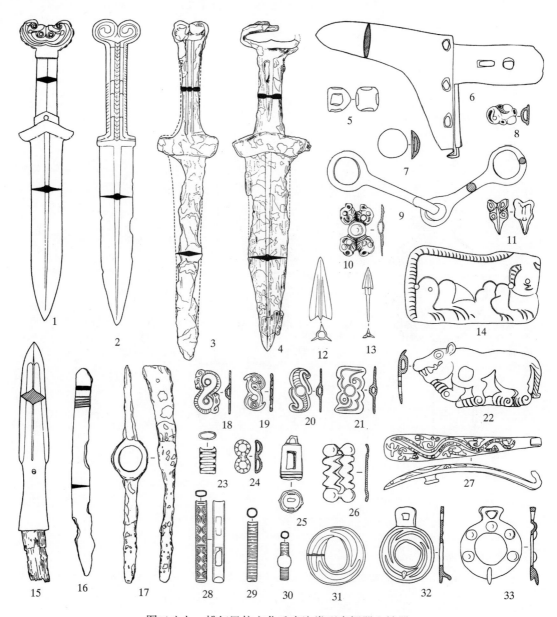

图二八七　桃红巴拉文化毛庆沟类型青铜器和铁器

1～4. 短剑（M59：2、M60：6、M6：12、M38：4）　5. 节约（M59：4·②）　6. 戈（M58：1）　7、24. 扣饰（M8：2·②、M8：1）　8、10. 鸟形饰牌（M61：3·②、M44：5）　9. 马衔（M59：3）　11. 兽头饰（M66：1）　12、13. 镞（M6：5·②、M59：5·③）　14、22. 虎纹饰牌（M5：6·①、M55：4）　15. 矛（M27：2）　16. 刀（M75：9）　17. 鹤嘴斧（M38：1）　18～21. 双鸟纹饰牌（M71：7·②、M7：2·⑤、M2：13·⑤、M43：1·⑤）　23、28～30. 管状饰（M2：5、M10：4·①、M6：7·①、M10：5）　25. 铃（M39：6）　26. 联珠饰（M2：8）　27. 带钩（M81：1）　31. 环（M66：4）　32、33. 带扣（M12：2、M6：4）（均出自毛庆沟墓地，除3、4、17为铁器外，其余均为青铜器）

缘关系最近①。新店子人群的
遗传学特征和崞县窑子近似②。
可见崞县窑子和新店子人群有
来自境外北方的可能性，毛庆
沟和饮牛沟 B 组显然来自中
原，A 组则当为两类人群血缘
交流的结果③。桃红巴拉人骨
与毛庆沟 A 组近似④。田广
金认为桃红巴拉类型属于白狄亦
即林胡，毛庆沟类型属于楼烦，
西园类型为北上的西戎，应当
大致不差⑤。

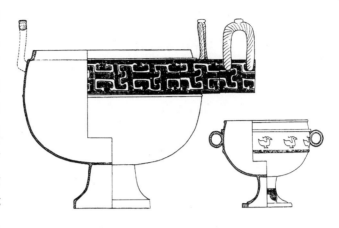

图二八八　宝亥社青铜镦形豆

（二）早期铁器时代后期

　　绝对年代大约在公元前 300～前 221 年，即战国晚期。由于铁工具的大量使用，促进
了农业文化的大发展，以及北向扩展。赵武灵王击破林胡、楼烦，迫使他们西迁至鄂尔
多斯甚至北方草原；同时，匈奴也兴起于北方，对秦、赵、燕造成新的威胁，所以各国
修筑长城以加强防御。赵于肃侯时始筑长城，破林胡、楼烦之后更筑长城于阴山之下，
东起于代，西至高阙⑥；同时置云中、雁门郡，其中云中郡在今内蒙古和陕西、山西交界

①　常娥、赵欣、朱泓等：《内蒙古凉城县崞县窑子墓地古人骨线粒体 DNA 研究》，《边疆考古研
　　究》第 5 辑，科学出版社，2006 年，第 356～363 页。

②　付玉芹、赵晗等：《内蒙古和林格尔东周时期古代人群的分子遗传学分析》，《吉林大学学报》
　　（理学版）第 44 卷第 5 期，2006 年，第 824～828 页。

③　DNA 分析表明，饮牛沟古代人群与现代东亚人群在母系遗传关系上较近，见王海晶、常娥、
　　葛斌文等：《饮牛沟墓地古人骨线粒体 DNA 的研究》，《吉林大学学报》（理学版）第 43 卷第
　　6 期，2005 年，第 847～852 页。

④　潘其风、韩康信：《内蒙古桃红巴拉古墓和青海大通匈奴墓人骨的研究》，《考古》1984 年第
　　4 期，第 367～375 页。

⑤　田广金：《中国北方系青铜器文化和类型的初步研究》，《考古学文化研究》第 4 集，文物出
　　版社，1997 年，第 266～307 页。

⑥　盖山林、陆思贤：《内蒙古境内战国秦汉长城遗迹》，《中国考古学会第一次年会论文集》，文物
　　出版社，1981 年，第 212～224 页；李兴盛、郝利平：《乌盟卓资县战国长城调查》，《内蒙古文
　　物考古》1994 年第 2 期，第 21～24 页；李逸友：《高阙考辨》，《内蒙古文物考古》1996 年第
　　1～2 期，第 39～44 页；包头市文物管理处等：《包头境内的战国秦汉长城与古城》，《内蒙古
　　文物考古》2000 年第 1 期，第 74～91 页；李逸友：《中国北方长城考述》，《内蒙古文物考古》
　　2001 年第 1 期，第 1～51 页。

处，涉及内蒙古中南部东区的凉城、和林格尔一带。秦昭襄王时伐义渠而置陇西、北地、上郡，也筑长城以拒胡（公元前 272 年）①；秦长城西起于临洮，经渭源、通渭、静宁②，东越陇山而至固原、彭阳、镇原县境③，至于黄河西岸。这时秦、赵文化拓展至长城沿线，长城外各类畜牧经济整合为匈奴，并和秦（西）、赵（东）对抗。甘青地区大约仍主要为以前畜牧文化部分延续，也时有铁器发现。

1. 秦文化（后期）

扩展至东部的大荔一带，秦统一前后还北向拓展至秦昭襄王所筑长城内外。包括陕西咸阳都城遗址④、临潼秦始皇陵园⑤和秦芷阳东陵⑥，以及甘肃省的平凉庙庄⑦、天

① 《史记·匈奴列传》：“秦昭王时，义渠戎王与宣太后乱，有二子。宣太后诈而杀义渠戎王于甘泉，遂起兵伐残义渠。于是秦有陇西、北地、上郡，筑长城以拒胡。而赵武灵王亦变俗胡服，习骑射，北破林胡、楼烦。筑长城，自代并阴山下，至高阙为塞。而置云中、雁门、代郡。”

② 甘肃省定西地区文化局长城考察组：《定西地区战国秦长城遗迹考察记》，《文物》1987 年第 7 期，第 50～59 页。

③ 宁夏回族自治区博物馆等：《宁夏境内战国、秦汉长城遗迹》，《中国长城遗迹调查报告集》，文物出版社，1981 年，第 51 页。

④ 陕西省社会科学院考古研究所渭水队：《秦都咸阳故城遗址的调查和试掘》，《考古》1962 年第 6 期，第 281～289 页；陕西省博物馆、文管会勘察小组：《秦都咸阳故城遗址发现的窑址和铜器》，《考古》1974 年第 1 期，第 16～26 页；秦都咸阳考古工作站：《秦都咸阳古窑址调查与试掘简报》，《考古与文物》1986 年第 3 期，第 1～9 页；陕西省考古研究所：《秦都咸阳考古报告》，科学出版社，2004 年。

⑤ 陕西省文物管理委员会：《秦始皇陵调查简报》，《考古》1962 年第 8 期，第 407～411 页；始皇陵秦俑坑考古发掘队：《秦始皇陵东侧第二号兵马俑坑钻探试掘简报》，《文物》1978 年第 5 期，第 1～19 页；秦俑坑考古队：《秦始皇陵东侧第三号兵马俑坑清理简报》，《文物》1979 年第 12 期，第 1～12 页；临潼县博物馆等：《秦始皇陵北二、三、四号建筑遗迹》，《文物》1979 年第 12 期，第 13～16 页；秦俑考古队：《临潼上焦村秦墓清理简报》，《考古与文物》1980 年第 2 期，第 42～50 页；秦俑坑考古队：《秦始皇陵东侧马厩坑钻探清理简报》，《考古与文物》1980 年第 4 期，第 31～41 页；秦俑坑考古队：《秦始皇陵园陪葬坑钻探清理简报》，《考古与文物》1982 年第 1 期，第 25～29 页；始皇陵秦俑坑考古发掘队：《秦始皇陵西侧赵背户村秦刑徒墓》，《文物》1982 年第 3 期，第 1～11 页；秦俑考古队：《秦始皇陵二号铜车马清理简报》，《文物》1983 年第 7 期，第 1～16 页；陕西省考古研究所、始皇陵秦俑坑考古发掘队：《秦始皇陵兵马俑坑一号坑发掘报告（1974～1984）》，文物出版社，1988 年；陕西省考古研究所、秦始皇兵马俑博物馆：《秦始皇帝陵园考古报告（1999）》，科学出版社，2000 年。

⑥ 陕西省考古研究所等：《秦东陵第一号陵园勘察记》，《考古与文物》1987 年第 4 期，第 19～28 页；陕西省考古研究所等：《秦东陵第二号陵园调查钻探简报》，《考古与文物》1990 年第 4 期，第 22～30 页；陕西省考古研究所秦陵工作站：《秦东陵第四号陵园调查钻探简报》，《考古与文物》1993 年第 3 期，第 48～51 页。

⑦ 甘肃省博物馆等：《甘肃平凉庙庄的两座战国墓》，《考古与文物》1982 年第 5 期，第 21～33 页。

水西山坪[①]、武山东旱坪[②]、宁县西沟[③]，陕西省的陇县店子五期，凤翔八旗屯、高庄四期[④]、黄家庄[⑤]，宝鸡斗鸡台[⑥]，扶风刘家[⑦]，户县宋村[⑧]、南关[⑨]，咸阳塔儿坡[⑩]、黄家沟[⑪]、任家嘴五期，西安半坡[⑫]、山门口[⑬]、临潼刘庄[⑭]，长安客省庄，渭南市区[⑮]，大荔朝邑[⑯]，铜川枣庙三期[⑰]、王家河五期[⑱]等地墓葬。

陶器仍有实用器和明器、仿铜礼器和日用陶器的区别，以泥质灰陶为主，夹砂灰陶仅限于实用炊器，总体在继承前期阶段的基础上略有变化，仍有鼎、罐、瓮、盆、豆、盂、钵、茧形壶、釜、鬲、杯，新出无耳平底壶、蒜头壶、缶、鍪、钫、盒、灶等，有

①　中国社会科学院考古研究所甘肃工作队：《甘肃天水西山坪秦汉墓发掘纪要》，《考古》1988年第5期，第425～427页。

②　甘肃省文物考古研究所：《甘肃武山县东旱坪战国秦汉墓葬》，《考古》2003年第6期，第32～43页。

③　李仲立等：《甘肃宁县西沟发现战国古城遗址》，《考古与文物》1998年第4期，第20～23页。

④　雍城考古工作队：《凤翔县高庄战国秦墓发掘简报》，《文物》1980年第9期，第10～14页；雍城考古队等：《陕西凤翔高庄秦墓地发掘简报》，《考古与文物》1981年第1期，第12～38页。

⑤　陕西省考古研究所雍城考古队等：《陕西凤翔黄家庄秦墓发掘简报》，《考古与文物》2002年增刊（先秦考古），第54～66页。

⑥　苏秉琦：《斗鸡台沟东区墓葬》，北平研究院史学研究所，1948年。

⑦　周原博物馆：《扶风刘家发现战国双洞室墓》，《文博》2003年第2期，第21～27页。

⑧　陕西省文管会秦墓发掘组：《陕西户县宋村春秋秦墓发掘简报》，《文物》1975年第10期，第55～67页。

⑨　曹发展：《陕西户县南关春秋秦墓清理记》，《文博》1989年第2期，第3～12页。

⑩　咸阳市文物考古研究所：《塔儿坡秦墓》，三秦出版社，1998年。

⑪　秦都咸阳考古队：《咸阳市黄家沟战国墓发掘简报》，《考古与文物》1982年第6期，第6～15页。

⑫　金学山：《西安半坡的战国墓葬》，《考古学报》1957年第3期，第63～92页。

⑬　王久刚：《西安南郊山门口战国秦墓清理简报》，《考古与文物》1994年第1期，第27～31页。

⑭　陕西省考古研究所秦陵工作站、临潼县文物管理委员会：《陕西临潼刘庄战国墓地调查清理简报》，《考古与文物》1989年第5期，第9～13页。

⑮　崔景贤、王文学：《渭南市区战国、汉墓清理简报》，《考古与文物》1998年第2期，第14～24页。

⑯　陕西省文管会、大荔县文化馆：《朝邑战国墓葬发掘简报》，《文物资料丛刊》（2），文物出版社，1978年，第75～91页。

⑰　陕西省考古研究所：《陕西铜川枣庙秦墓发掘简报》，《考古与文物》1986年第2期，第7～17页。

⑱　陕西省考古研究所、北京大学考古实习队：《铜川市王家河墓地发掘简报》，《考古与文物》1987年第2期，第1～9页。

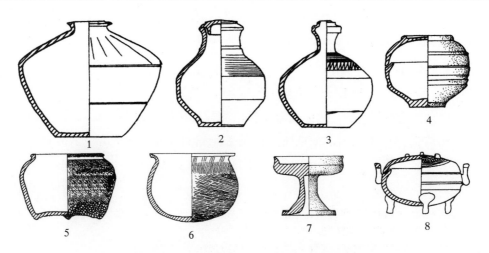

图二八九　任家嘴秦文化（后期）随葬陶器

1. 缶（M257:3）　2、3. 壶（M111:3、M257:6）　4. 盒（M111:1）　5. 鬲（M142:1）　6. 釜（M98:1）

7. 豆（M257:2）　8. 鼎（M257:5）

耳圈足壶、簋、瓢等彩绘仿铜礼器和囷、大喇叭口罐等基本消失（图二八九），明器类以兵马俑最负盛名。建筑用陶瓦当、空心砖、方砖等基本同前（图二九○）。青铜器似前而简化，仍有鼎、壶、匜、洗、勺、匕等礼器。铜镜和带钩的数量有明显增长。铜镜素面或饰卷云纹、羽状纹、叶脉纹、连弧纹、夔凤纹等。带钩有铜质有铁质，铜带钩有的包金错金银，有的为动物形，装饰云纹、涡纹、菱形纹、圆点（圆圈）纹等精美图案。还出现灯，有较多圆钱、印章（图二九一）。此外还有较多铁削、铁镰、铁锸、铜（铁）剑、铜（铁）镞等工具或武器，甚至还有釜、罐等铁质容器。玉器仍主要为璧、环、饼、璜、佩饰、带钩等装饰品，玉圭大为减少，还有玛瑙、水晶、绿松石、玻璃、骨头等各种质料的装饰品，以蜻蜓眼料珠最有时代特色。还有各种车马器。

　　天水西山坪有双耳绳纹罐，甚至咸阳塔儿坡还有双耳铲形袋足鬲，都暗示仍有来自北方游牧文化的影响。凤翔高庄一件青铜鼎被认为属于中山国器物，可能为通过战争辗转来自赵国。固原头营王家坪发现鼎、壶、卣、戈、剑、铃等铜器，还有银镦，估计应出自秦贵族或军事首领墓葬，反映战国末期秦确实已拓展至宁夏南部。

　　2. 晋文化

　　分布在内蒙古中南部东区的长城沿线，年代在战国晚期，当为赵武灵王击破林胡、楼烦后移民北上的产物。包括内蒙古卓资城卜子古城①、三道营古城②，呼和浩

　　①　内蒙古自治区文物考古研究所等：《卓资县城卜子古城遗址调查发掘简报》，《内蒙古文物考古文集》（第三辑），科学出版社，2004年，第129～143页。

　　②　李兴盛：《内蒙古卓资县三道营古城调查》，《考古》1992年第5期，第418～423页。

图二九〇　咸阳二号宫殿砖瓦图案

1. 空心砖（XYNⅡⅠ号台阶踏级:1）　　2、3. 方砖（XYNⅡJ2:42、XYNⅡT42④:36）　　4～7. 圆瓦当（XYN
ⅡT10④:39、XYNⅡT10④:15、XYNⅡT10④:21、XYNⅡT66④:25）

特陶卜齐古城①，和林格尔土城子古城和墓葬②，托克托古城村古城③、黑水泉战国遗

①　内蒙古文物考古研究所：《呼和浩特市榆林镇陶卜齐古城发掘简报》，《内蒙古文物考古文集》
（第二辑），中国大百科全书出版社，1997 年，第 431～443 页。

②　内蒙古自治区文物工作队：《和林格尔土城子试掘纪要》，《文物》1961 年第 9 期，第 26～
29 页；内蒙古自治区文物工作队：《和林格尔县土城子古墓发掘简介》，《文物》1961 年第 9
期，第 30～33 页；内蒙古文物考古研究所：《内蒙古和林格尔县土城子古城发掘报告》，《考
古学集刊》第 6 集，中国社会科学出版社，1989 年，第 175～203 页；陈永志、李强：《和林
格尔县土城子古城战国、汉代墓葬》，《中国考古学年鉴》（2004），文物出版社，2005 年，
第 138～139 页。

③　内蒙古自治区文物考古研究所等：《托克托县古城村古城遗址发掘报告》，《内蒙古文物考古
文集》（第三辑），科学出版社，2004 年，第 218～261 页。

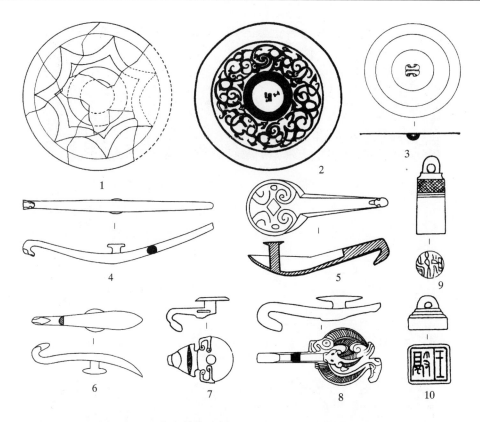

图二九一　黄家沟秦文化（后期）青铜镜、带钩和印章

1～3.镜（XYHJⅡM76:7、XYHJⅠM49:3、XYHJⅡM29:2）　　4～8.带钩（XYHJⅡM52:1、XYHJⅠM46:1、
XYHJⅡM34:1、XYHJⅠM48:6、XYHJⅡM62:3）　　9、10.印章（XYHJⅡM32:2、XYHJⅡM73:1）

存①，包头二〇八墓地②，清水河拐子上古城③、城嘴子战国遗存④，察右前旗呼和
乌苏墓葬⑤，丰镇十一窑子战国墓葬等⑥。此外，在包头市窝尔吐壕⑦、凉城县郭石匠

①　内蒙古自治区文物考古研究所等：《托克托县黑水泉遗址发掘报告》，《内蒙古文物考古文集》
　　（第三辑），科学出版社，2004年，第153～217页。

②　包头市文物管理处：《包头市二〇八墓地》，《内蒙古文物考古》1997年第2期，第72～74
　　页。

③　乌兰察布盟文物工作站：《清水河县拐子上古城调查》，《内蒙古文物考古》1991年第1期，
　　第54～57页。

④　内蒙古自治区文物考古研究所：《清水河县城嘴子遗址发掘报告》，《内蒙古文物考古文集》
　　（第三辑），科学出版社，2004年，第81～128页。

⑤　曹建恩：《察右前旗呼和乌苏战国汉代北魏墓葬》，《中国考古学年鉴》（1996），文物出版社，
　　1998年，第110～111页。

⑥　乌兰察布盟博物馆：《内蒙古丰镇市十一窑子战国墓》，《考古》2003年第1期，第44～48页。

⑦　李逸友：《包头市窝尔吐壕发现安阳布范》，《文物》1959年第4期，第73页。

沟①发现有布钱范，在土默特左旗发现三晋布币②。

陶器分为容器、建筑构件和工具，绝大多数为泥质灰陶，也有少量夹砂灰或褐陶。流行绳纹，还有旋纹、弦纹等，瓦当上见有云纹、同心圆纹等图案，瓦内侧常印有布纹、方格、菱格等。轮制流行，大型器物也用泥条筑成法。容器有尖圜底釜（个别带三足）、弧腹盆、折腹假圈足碗、侈口罐、小口罐、矮领瓮、直柄豆、高领壶等（图二九二），工具有纺轮、拍子，建筑构件有板瓦、筒瓦和云纹瓦当。生产工具有刀、铲等铁器。还有铜镞、铜带钩、铜环、玉璧、铁钉、布币等。一般认为，布币中的"兹氏"、"蔺"、"晋阳半"、"大阴"、"平阳"、"安阳"、"戈邑"等属赵币，"梁邑"则属魏币。在包头发现的"安阳"小方足布石范，凉城发现的"安阳"、"戈邑"布同范铁范，表明赵国曾在长城沿线铸造过布币。但在战国晚期大部分时间内，阴山以南鄂尔多斯地区当属匈奴人活动范围。

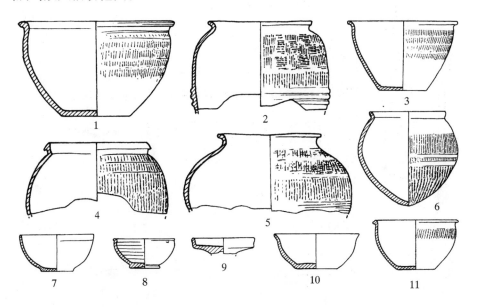

图二九二　城嘴子晋文化陶器

1、3、7、10、11. 盆（ⅠY1:1、ⅠY1:2、ⅡHG1②:1、ⅡHG1③:1、ⅡT2③:2）　2、6. 釜（ⅠY1:3、ⅢM1:1）　4、5. 罐（ⅠF1:1、ⅠY1:7）　8. 碗（ⅡT2④:2）　9. 豆（ⅡHG1②:3）

3. 杨郎文化（后期）

主要分布在宁夏中南部，退缩至秦昭襄王所筑长城之外，包括宁夏固原杨郎乡马

①　张文芳：《内蒙古凉城县发现安阳、戈邑布同范铁范》，《中国钱币》1996 年第 3 期，第 38 页。

②　《内蒙古土默特左旗发现的部分战国货币》，《中国钱币》1996 年第 2 期，第 78 页。

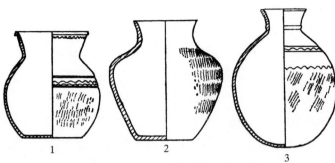

图二九三　杨郎文化（后期）陶罐

1、3.侯磨　2.陈阳川

庄晚期、蒋河村、白杨林[1]、侯磨村[2]，西吉陈阳川村[3]等地墓葬。即罗丰所分晚期后段或杨建华所分"甘宁地区"的晚期晚段。陶器最大变化是出现一些无耳小口绳纹罐，有的肩部带波纹（图二九三）。铁器增多，有短剑、矛、刀、锸、衔、镳、锥、镯、环、带饰等（图二九四），青铜器开始流行虎噬

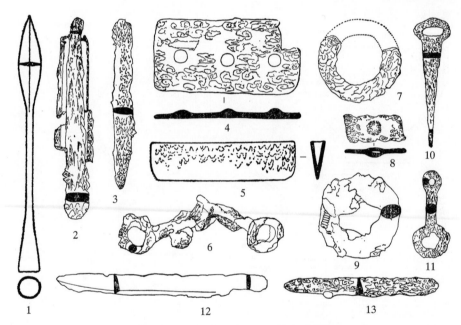

图二九四　马庄杨郎文化（后期）铁器

1.矛（ⅢM4:14）　2、3.短剑（ⅢM4:88、ⅠM3:10）　4、8.带饰（ⅢM5:16、17）　5.锸（ⅠT504③:2）
6.马衔（ⅢM5:22）　7.环（ⅢM5:18）　9.镯（ⅢM5:26）　10.锥（ⅠT504③:3）　11.马镳（ⅢM4:12）
12、13.刀（ⅠM2:45、ⅠM15:1）

① 罗丰、韩孔乐：《宁夏固原近年发现的北方系青铜器》，《考古》1990年第5期，第403～418页。
② 同①。
③ 罗丰、韩孔乐：《宁夏固原近年发现的北方系青铜器》，《考古》1990年第5期，第403～418页；延世忠、李怀仁：《宁夏西吉发现一座青铜时代墓葬》，《考古》1992年第6期，第573～575页。

动物带扣和牌饰、耳坠以及大卷角羊饰牌、辕饰、带座鹿饰等。虎噬动物题材有虎噬鹿、虎噬驴等（图二九五）。大卷角羊题材、带座鹿饰等反映有较多来自鄂尔多斯地区的影响，虎噬动物带扣和牌饰、无耳小口绳纹罐更可能直接来自内蒙古中南部东区，恰好此时该地的毛庆沟类型消失。这当与战国晚期赵国驱逐林胡、楼烦后北方民族被迫西移的背景有关。

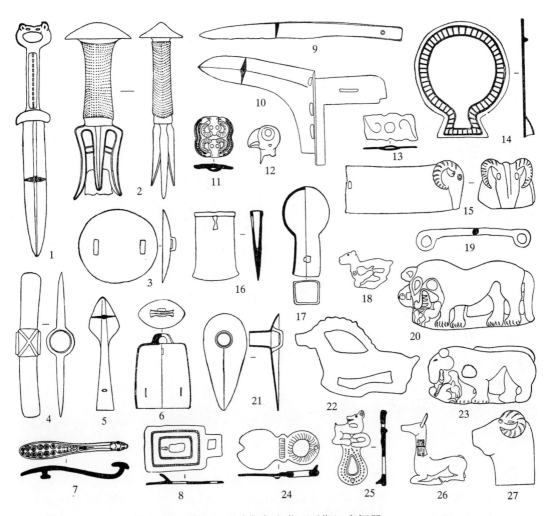

图二九五 马庄杨郎文化（后期）青铜器

1、2. 短剑（Ⅰ M4:11、Ⅰ M12:3） 3. 泡饰（Ⅱ M14:9） 4. 鹤嘴斧（Ⅰ M2:40） 5. 矛（Ⅱ M18:9） 6. 铃（Ⅲ M4:73） 7. 带钩（Ⅰ M5:19） 8、24、25. 带扣（Ⅲ M1:52、Ⅱ M14:19、Ⅰ M7:40） 9. 刀（Ⅰ M12:12） 10. 戈（Ⅰ M1:30） 11、13. 带饰（Ⅲ M6:11、Ⅰ M3:8） 12、17、27. 竿头饰（Ⅲ M1:51、Ⅰ M14:16、Ⅲ M4:1） 14. 单柄圆牌饰（Ⅲ M4:79） 15. 羊首车辕饰（Ⅲ M4:3） 16. 锛（Ⅲ M4:76） 18、22、26. 动物形饰（Ⅱ M17:2、Ⅲ M4:110、Ⅰ M1:33） 19. 马镳（Ⅰ M7:26） 20、23. 虎噬动物纹牌饰（Ⅲ M4:82、Ⅰ M12:5） 21. 当卢（Ⅲ M5:24）

4.桃红巴拉文化（后期）

仅分布于鄂尔多斯高原，南缘北移，东部区的毛庆沟类型消失。包括内蒙古准格

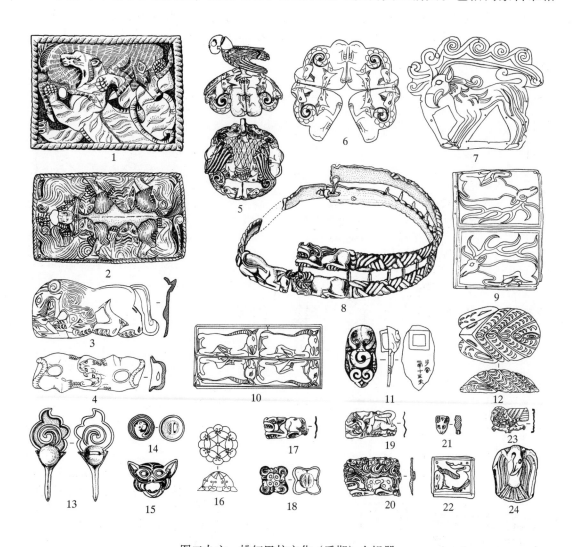

图二九六　桃红巴拉文化（后期）金银器

1.金虎豕咬斗纹饰牌（西沟畔 M2:27）　2.金虎牛咬斗纹饰牌（阿鲁柴登）　3.银虎噬鹿纹饰牌（石灰沟）
4.银双虎咬斗纹饰牌（石灰沟）　5.金鹰形冠顶饰（阿鲁柴登）　6.金鹰形冠顶饰下部图案展开图（阿鲁柴登）　7.金怪兽纹饰片（西沟畔 M2:29）　8.金冠带饰（阿鲁柴登）　9.金卧鹿纹饰片（西沟畔 M2:46）
10.金卧马纹饰片（西沟畔 M2:47）　11.银节约（西沟畔 M2:13）　12.银刺猬形饰件（石灰沟）　13.金火炬形饰针（阿鲁柴登）　14.金鸟纹饰扣（阿鲁柴登）　15.银虎头形饰件（阿鲁柴登）　16.银羊纹饰扣（石灰沟）　17.金虎纹饰片（阿鲁柴登）　18.金方形饰扣（阿鲁柴登）　19.银动物纹饰片（阿鲁柴登）　20.金虎鸟纹饰牌（阿鲁柴登）　21.金虎头形饰件（阿鲁柴登）　22.金马纹饰片（西沟畔 M2:74）　23、24.金鸟纹饰片（阿鲁柴登、西沟畔 M2:32）

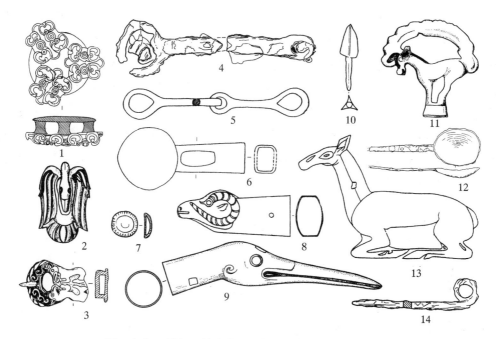

图二九七 桃红巴拉文化（后期）青铜器、铁器和铅器

1.龟形饰（石灰沟） 2.鸟形饰（西沟畔 M2:41） 3.带扣（西沟畔 M2:80） 4、5.马衔（西沟畔 M2:23、石灰沟） 6.车辕饰（石灰沟） 7.扣饰（西沟畔 M2:1） 8.盘角羊头形饰件（石灰沟） 9.鹤头饰件（西沟畔 M2:72） 10.镞（西沟畔 M2:6） 11.鹿形饰件（西沟畔 M2:9） 12.勺（西沟畔 M2:21） 13.卧鹿（石灰沟） 14.锥（西沟畔 M2:22）（除 1 为嵌铁鎏金铜器，2 为铅器，4、12、14 为铁器外，其余均为青铜器）

尔西沟畔 M2[①]，杭锦旗阿鲁柴登[②]，伊金霍洛旗石灰沟[③]，东胜碾房渠[④]等地墓葬或窖藏。最大变化是开始流行浮雕装饰的金银牌饰，以及金、银、宝石耳坠，有嵌铁鎏金、嵌宝石等工艺。有鹰形四狼四羊纹金冠饰、虎羊马金冠带、虎豕咬斗纹、虎牛咬斗纹、虎狼咬斗纹、虎鸟纹金饰牌（有的还镶嵌宝石），以及直立或卧姿怪兽纹、对称的二卧鹿纹、单双马或四卧马纹、双龙纹、双兽或三兽咬斗纹、虎形、羊形、鸟形、刺猬形、火炬形、蛇纹等的剑鞘金饰片，以及金项圈、耳坠、扣饰、指套、泡饰、管状饰、串

① 伊克昭盟文物工作站、内蒙古文物工作队：《西沟畔匈奴墓》，《文物》1980 年第 7 期，第 1～10 页。

② 田广金、郭素新：《内蒙古阿鲁柴登发现的匈奴遗物》，《考古》1980 年第 4 期，第 333～338 页。

③ 伊克昭盟文物工作站：《伊金霍洛旗石灰沟发现的鄂尔多斯式文物》，《内蒙古文物考古》1992 年第 1、2 期，第 91～96 页。

④ 伊克昭盟文物工作站：《内蒙古东胜市碾房渠发现金银器窖藏》，《考古》1991 年第 5 期，第 405～408 页。

珠、链，银狼鹿纹、虎噬鹿纹、双虎咬斗纹饰牌，银双虎咬斗纹、羊纹扣饰、银卧马纹饰片、银刺猬形饰件，铜卧鹿、鹤头形饰、盘角羊头形饰、车辕饰（图二九六），以及玛瑙饰（有的包金）、环、串珠，绿松石串珠等。还有铅饰。当然还有铁剑、刀等武器或工具，铜车辖、铜（铁）马衔、铜（铁）马镳、银（铜）节约（或称虎头）等车马器（图二九七）。饰牌中出现后肢翻转动物、斑条纹虎、怪兽母题，应当与此时来自阿尔泰地区的影响有关[①]。其青铜牌饰以及镀锡技术等可能对西南地区发生影响，而从西南传入鎏金技术[②]。西沟畔金牌饰和银节约上有铢两体系的文字，与秦、赵衡制接近[③]，其青铜镜也属于中原因素。

二、聚落形态

（一）早期铁器时代前期

1. 秦文化（前期）

　　秦雍城、栎阳都城均有夯土城垣和城壕。雍城略呈方形，南垣东西长 3480 米、西垣南北长 3130 米。主要宫殿建筑集中在城中部偏北，分别位于主干道附近，一般居民区则集中在南部。中部偏北的马家庄建筑遗址群面积达数万平方米。其中一号建筑基址是一坐北朝南的宗庙，四周环绕围墙，由北部正中的祖庙、东部的昭庙、西部的穆庙、中庭以及南部的门塾组成[④]，主体建筑周围还有回廊和散水，布局严谨对称。中庭内有各类祭祀坑 181 个，多数瘗埋牛羊，也有埋人、车的坑。三号建筑基址分为五进院落，其中第 2、3、5 院落都有大型建筑，周围有散水并散落板瓦、筒瓦残片。该建筑或许为秦公朝寝的宫殿（图二九八）。姚家岗春秋建筑遗址面积约 2 万平方米，有夯土台基、残墙、卵石散水，以及半瓦当、筒瓦、板瓦等，三个窖藏中出土 64 件铜质建筑构件，有人认为即壁柱门窗上面的装饰"釭"[⑤]；遗址南部有密集的祭祀坑，内有牛羊骨、玉璧、玉璜、玉圭等，可能与主体建筑有关。雍城遗址西北有贮冰的凌阴遗址，方形而四边夯筑土墙一周，正中有一个带回廊的长方形窖穴，以及水道，约可藏冰 190

---

① 杨建华：《春秋战国时期中国北方文化带的形成》，文物出版社，2004 年，第 146 页。
② 张增祺：《再论云南青铜时代"斯基泰文化"的影响及其传播者》，《云南青铜文化论集》，云南人民出版社，1991 年；韩汝玢、埃玛·邦克：《表面富锡的鄂尔多斯青铜饰品的研究》，《文物》1993 年第 3 期，第 80～96 页。
③ 田广金、郭素新：《西沟畔匈奴墓反映的诸问题》，《文物》1980 年第 7 期，第 13～17 页。
④ 韩伟：《马家庄秦宗庙建筑制度研究》，《文物》1985 年第 2 期，第 30～38 页。
⑤ 杨鸿勋：《凤翔出土春秋秦宫铜构——金釭》，《考古》1976 年第 2 期，第 103～108 页。

立方米。在城内西南角有出土陶、石范的兵器作坊遗址，在城北有四面围墙各开一门的长方形市场遗址。此外，还有陇县磨儿塬等小型城址。

秦墓至少可以分为四个级别[①]，以凤翔秦公陵园和大堡子山秦公陵园级别最高。凤翔秦公陵园位于雍城西南，东西长十几公里、南北宽三四公里，由 13 处陵园共 33 座大墓组成，大墓有"中"字形、"甲"字形、"目"字形、"凸"字形等多种形制，还有车马坑。每座墓葬、陵园乃至于整个陵区周围都挖有兆沟，而非筑围墙，每墓之上还应有享堂类建筑（图二九九）。这些大墓已经普遍使用填泥积炭以隔潮防盗的做法。大堡子山秦公陵园已发掘 M2、M3，其南端还有丛葬的两座刀形车马坑。墓葬为"中"字形，长达 88～115 米。墓室内二层台上漆棺内有直肢葬殉人（M2 为 7 人），墓道有人牲（M2 为 12 人），腰坑内殉狗和玉琮。墓主人仰身直肢葬于金箔漆棺内，随葬带有"秦公作铸"铭文的鼎、簋等青铜重器（图三〇〇）。第二级别墓葬以圆顶山和边家庄中型墓葬为代表，带二层台且葬具为一椁一棺，椁底部铺垫木板（棚木），彩绘红漆木棺。边家庄 M5 在椁室中部置一木车，衡木两端还各有一木俑，随葬品主要在椁室，仅青铜礼器就达 15 件，加上兵器、车马杂器等达 100 多件。5 鼎 4 簋符

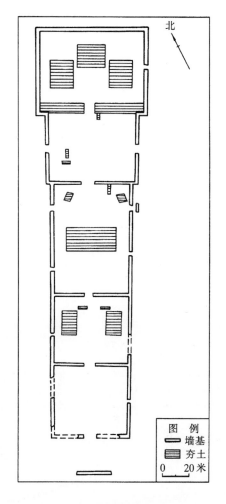

图二九八 凤翔秦雍城马家庄
三号建筑遗址平面图

合大夫的规制，应是贵族墓葬。圆顶山 98LDM2 发现 6 簋，殉人 7、殉狗 1，级别可能更高（图三〇一）。第三级别以景家庄墓葬为代表，随葬铜鼎 3 件，有车马坑，重要的是发现较多动物骨骼，如腰坑中殉猫，椁外殉狗，容器内置牛骨、鸡骨等。大体同类的还有秦家沟中型墓，墓室棚木上覆草席，椁上对称饰有铜饰 6 组、铜铃 6 颗。八旗屯中型墓葬还有殉人，多在壁龛中置匣盛殓，一匣一或两人，多者一墓殉葬 5 人，并有车马坑。第四级别以陇县店子墓地为代表，这 224 座秦墓绝大多数为长方形竖穴土

① 梁云：《秦墓等级序列及相关问题探讨》，《古代文明》（四），文物出版社，2005 年，第 105～130 页。

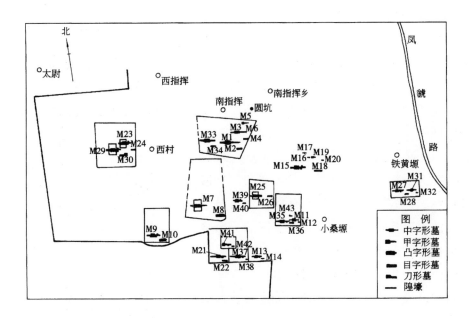

图二九九　凤翔秦公陵园分布示意图

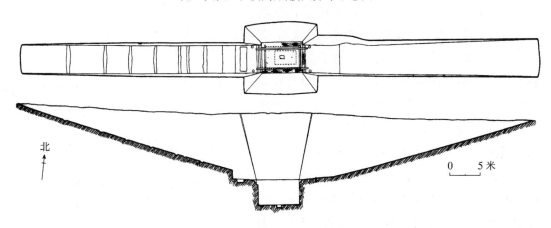

图三〇〇　大堡子山秦公墓地 M2 平、剖面图

坑墓，少数为洞室墓。长方形竖穴土坑墓分口小底大呈覆斗状、直壁状、口大底小几类；约三分之一有生土二层台，其上多摆放棚木；有的还有头龛、足窝等。洞室墓又分为横式（平行式）和纵式（直线式）两种，洞口以圆木、木板、土坯甚至夯土封门，有的也有二层台，或者在墓地铺垫一层卵石。大多数有木质棺椁作为葬具，分二椁一棺、一椁二棺、一椁一棺、一椁、一棺等形式，也有仅以草、席殓葬者。有椁者一般将随葬器物至于椁室一端或者头箱内，无椁者置于棺周围或者小龛内。绝大多数为单人屈肢葬，又分为仰身、侧身和蹲踞式几种，也有极少量仰身直肢葬。大多数墓葬有

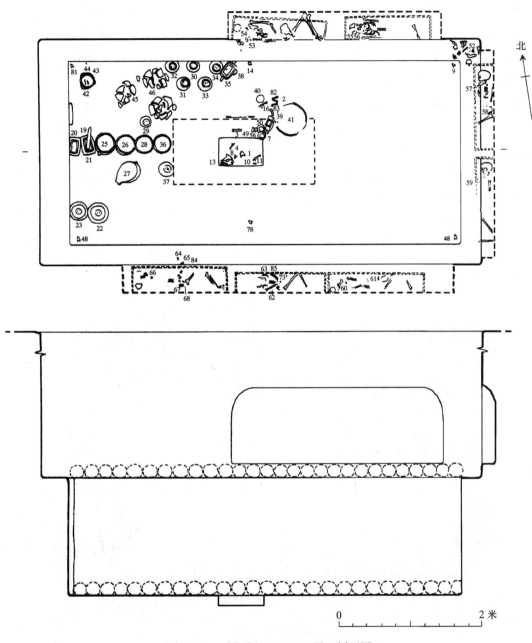

图三○一　圆顶山 98LDM2 平、剖面图

1、2、9、14、18、48、52、81.铜铃　3.鎏金铜柄铁剑　4、53、55、66、68.玉玦　5、49.石凿　6.玉绚纹环　7、50.石璧　8、17.石管　10.石四棱形饰　11.石剑　12、82、83.铜剑柄　13.铜戈　15、70～72、74～79.玉圭　16.铜削　19、44、61.石圭　20、21.铜方壶　22、23、45、46.陶大口罐　40、47.陶罐　24.陶甗　25、26、28、36.铜鼎　27.铜匜　29～34.铜簋　35.铜簠　37.铜圆壶　38.铜盖鼎　39.铜盉　41.铜盘　42.陶鬲　43、60.石珌　51、65、84.玉环　54.料珠　56、58、64、73.玉片饰　57、59.石玦　62.玉四棱形饰　63、68、85.玉贝　67.玉璜　69.棺下铜薄片

随葬品，以鼎、簋、壶等为主，流行随葬石圭，多者一墓达 10 余件；还有其他工具、武器、装饰品等。从随葬品来看，这个级别的墓葬仍有细致的等级之分：有随葬仿铜礼器、随葬实用陶器、不随葬陶器而随葬其他、无随葬品等情况，随葬仿铜礼器者地位稍高。第四类墓葬被推测属于"国人"墓地，与其同类的还有高庄、八旗屯、任家嘴等墓地。比较特殊的是益门村墓葬。该墓规模不大，却随葬 200 余件组器物，仅金器就有 104 件组，种类繁多、纹样复杂，有的还镶嵌绿松石、料珠等，极其精美绚丽，还有铁器 20 余件[①]。此外，铜川枣庙等开始有了彩绘陶俑。

秦墓的墓葬结构、腰坑内殉狗、流行殉人等厚葬习俗应与商文化传统有关。早期不少长方形竖穴土坑墓为覆斗状，又是沿袭了西周葬俗。

2. 杨郎文化（前期）

仅发现墓葬。经正式发掘的于家庄、马庄、张街村墓地均流行殉牲洞室墓（图三

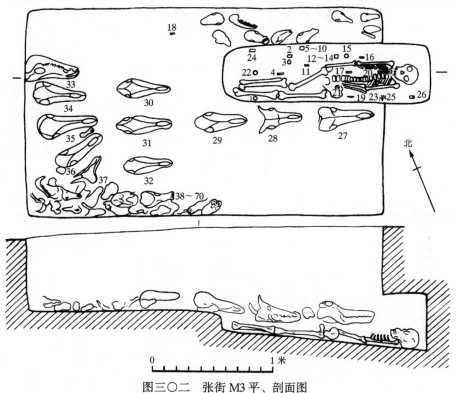

图三〇二　张街 M3 平、剖面图

1、3、21.铜泡饰　2.变形鸟纹牌饰　4.骨针　5～10、12～14.铜带饰　11、16、17.铜管　15.环状铁器　18.铜杖头饰　19.铜刀　20、23、25.坠饰（玛瑙珠饰等）　22.铜环　24.砺石　26.陶罐　27、28.牛头骨　29～37.马头骨　38～70.羊头骨

① 李学勤：《益门村金、玉器纹饰研究》，《文物》1993 年第 10 期，第 15～19 页；张天恩：《秦器三论——益门春秋墓几个问题浅谈》，《文物》1993 年第 10 期，第 20～27 页。

〇二），也有少量竖穴土坑墓。于家庄墓地的洞室墓均为纵式（直线式），成人墓葬的竖穴墓道部分多为较宽大的长方形，儿童墓葬的墓道则与洞室等宽；洞室多较浅而使人骨的下肢部分出露在墓道，呈足高头低（足西头东）之状，这些洞室墓当与新疆、中亚洞室墓存在联系[①]。都有殉牲，在墓道殉葬牛、马、羊的头和蹄，头吻部朝向墓室，以羊最多；多者如 M4 殉葬羊头骨 53、颌骨 130、牛头骨 2 具，少者如 M17 仅有牛、马头骨各 1 具。墓主人身体周围则随葬各种装饰品、工具、武器，个别还有陶器。该墓地应当存在一定的贫富分化。其他地点墓葬也常见殉牲，基本情况可能与此类似，只是多非正式发掘，所以不清楚是否为洞室墓。庆阳袁家村墓地葬马坑与墓葬分开，马坑中还有各种车马器，与中原传统接近。

3. 桃红巴拉文化（前期）

墓葬基本都是长方形竖穴土坑墓，也有洞室墓，流行单人仰身直肢葬，随葬各种装饰品和武器、工具，普遍殉牲。三个类型有明显的区域性差异。首先是毛庆沟类型。

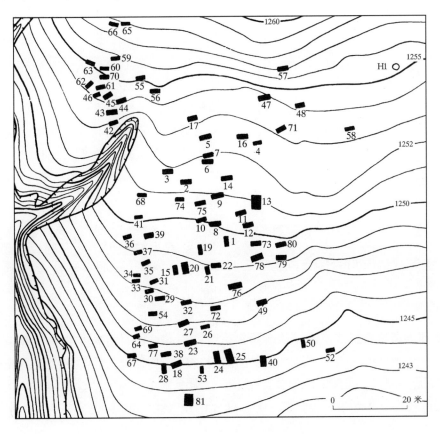

图三〇三 毛庆沟墓地墓葬分布图

---

① 韩建业：《中国先秦洞室墓谱系初探》，《中国历史文物》2007 年第 4 期，第 16～25 页。

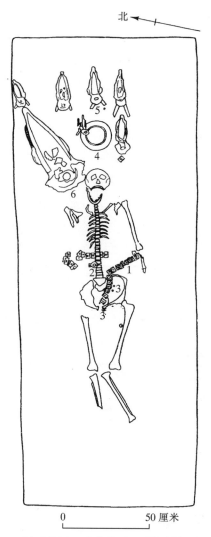

北 ←

0　　　　　50 厘米

图三〇四　毛庆沟 M43 平面图

1. 铜双鸟纹饰牌　2. 铜带扣　3. 铜扣饰
4. 陶罐　5. 羊头骨　6. 牛头骨

偏南的毛庆沟和饮牛沟墓地东西向和南北向墓葬并存（图三〇三）[①]，偏北的崞县窑子、忻州窑子、小双古城则只有东西向墓葬。东西向墓葬有的有头龛，小双古城更多为偏洞室墓；头东足西（有的头低足高，类似杨郎文化），头部或头龛中随葬陶器，身体部位有随身的各种饰牌、带扣、串珠等装饰品和短剑、刀、戈等（图三〇四）；崞县窑子发现骨镞和弓弭、鹤嘴斧。毛庆沟和饮牛沟墓地半数以上有少量殉牲，崞县窑子、忻州窑子、小双古城墓地几乎都有殉牲，一般每墓 3～5 具，多者 17 具，置于头部填土中，吻部向前，种类以羊为主，还有牛、马、鹿、狗、猪等；还常在墓葬内献祭羊的肩胛骨、下颌骨、距骨等。南北向墓葬有的有二层台和木棺椁，多随葬砸断为两截的铜或铁带钩，分置于死者的头足部位，还有铁斧、玉饰等。这两类墓葬并没有叠压打破关系，其时代应大体同时。不过仔细辨别，早段大约只有东西向墓葬（主要在毛庆沟墓地），晚段才有两类并存的情况。尤其值得注意的是，晚段东西向墓葬殉牲很少，且有些也出现棺椁、带钩、铁斧等，这明显是被南北向墓葬同化的结果。东西向墓葬应属于北方游牧民族墓葬，南北向墓葬则为典型中原风格。

南北向墓葬逐渐渗透到该地区并逐渐同化东西向墓葬，表明南来的农业人群与当地的游牧人群在该地区始而相争、继而相安的融合过程，其背景当然与赵国着力经营北方有关。其次，桃红巴拉类型墓葬多为南北向，头向朝北，均殉牲且以马、羊为主，也有牛，如呼鲁斯太 M2 就有 27 个马头，桃红巴拉 M2 有羊头 42、马头 3、牛头 4 个

① 毛庆沟墓地东西向墓葬 67 座，南北向 12 座；饮牛沟墓地两次调查和发掘共发现东西向墓葬各 16 座，南北向墓葬 22 座。

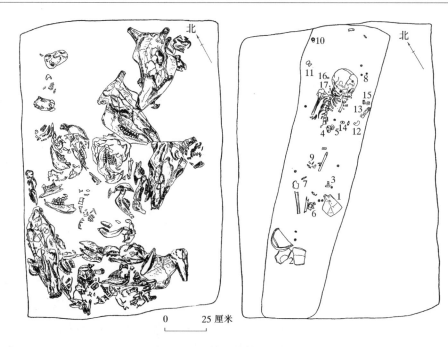

0　　25厘米

图三〇五　桃红巴拉 M2 平面图

左：殉牲　右：1.石杯　2.陶罐　3.铜棒头　4、5.铜环　6.铜带扣　7.铜圆管状饰　8.铜扣饰　9.小铁刀
10.角器　11.骨蝴蝶状器　12、13、15.骨器　14.骨环　16.绿松石珠　17.柱状石珠　18.骨珠

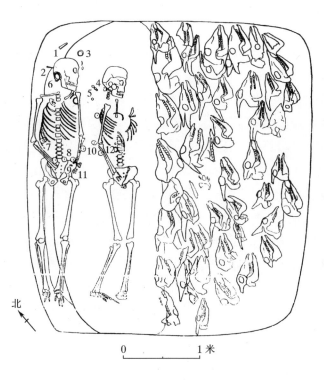

0　　1米

（图三〇五），数量明显多于毛庆沟类型。再次，西园类型最大的特点是均为偏洞室墓，装饰品占到随葬品总数的 95% 以上，武器中随葬骨镞和弓弭，刀仅见刀身一截。均殉牲，主要是牛和羊的头骨，如 M3 就殉葬羊头 40、牛头 6 个，摆放在墓坑右半部的二层台上，吻部朝向墓主人（图三〇六），也有的在墓中放置羊的肩胛骨。此外，还有专门的祭祀坑，内有羊、牛、马头骨。

图三〇六　西园 M3 平面图

1.铜刀　2.铜笄　3、12.铜环　4、6.铜耳环　5、9.铜管形饰　7、8、10.铜扣饰　11.铜动物形饰牌

（二）早期铁器时代后期

1. 秦文化（后期）

从公元前 350 年至公元前 206 年秦灭亡，咸阳一直是秦的都城。咸阳故城至今未发现城垣，仅在渭水以北正中位置发现宫城城垣以及宫殿遗址，主要营建时间应在秦统一前；其余兰池宫、望夷宫、六国宫室，以及渭水南岸诸遗址，主要扩建于秦统一以后。宫城夯土城垣为横长方形，周长 2747 米，城外有壕沟。宫城内发现 7 处建筑基址。一号宫殿是一座高台榭式建筑，平面略呈"凹"字形，东西通长 177、南北宽 45 米，夯土基残存最高 6 米。台顶中部有主体殿堂，四周有 10 间屋宇，再外周绕一圈回廊，还有 4 处排水池，东西两侧建筑可能还有飞阁复道连接。下层屋宇多有壁炉和盥洗沐浴的地漏，有的还有储冰之凌阴。其性质可能为朝寝建筑。二、三号宫殿比一号更为宏大，但残毁严重，总体面貌不够清楚。这三座宫殿彼此相连，整个建筑群错落有致、布局灵活、结构复杂、气势恢宏。值得注意的是在一、三号宫殿发现不少壁画残片，可能主要位于廊墙部位，有褐、绿、红、白、黑、蓝、紫各色，大致可分为人物车骑、动植物、台榭建筑、神灵怪异、图案装饰等内容，尤以一幅前后六套的四马一车的车马出行图最为壮观，这也是迄今发现的最早的此类题材壁画，图案装饰则以菱形最多。咸阳城内发现较多专门的手工业作坊，长陵车站为一处主要制作民间陶器的作坊，其他还有中央官署控制的胡家沟砖瓦作坊、兵器作坊等。此外，宁县西沟古城当为秦北逐义渠戎后所筑。

临潼秦始皇陵园有长方形双重城垣，占地面积 213 万平方米。陵墓位于内城南部，封土为覆斗形，底边约 350 米见方，高 35 米以上；地宫的形状和体量可能略小于封土，周围有砖砌宫墙、墓道、门阙等。内城北部有寝殿、便殿等多组地面建筑，西部有铜车马坑，东北有陪葬墓区。外城西部有饮官遗址、园寺吏舍遗址、珍禽异兽坑、马厩坑，东南有包含石铠甲、陶俑等的陪葬坑（图三〇七）。此外，在外城以东还有 4 座模拟军阵的兵马俑坑，东北有动物陪葬坑，东南有马厩坑。整个陵区背依骊山，俯瞰渭水，居高临下，气势宏伟，规模空前绝后。秦芷阳东陵共发现 4 座陵园，内有"亚"字形、"中"字形、"甲"字形大墓[①]。平凉庙庄中型墓在墓道部分埋葬一车四马，并有分散献祭的牛骨殖及羊头；墓室一椁二棺，随葬青铜礼器等，草编器内有献祭的牛骨殖。在咸阳原上还广泛分布着平民墓葬，以塔儿坡墓地为代表。该墓地发现 381 座墓葬，洞室墓占到三分之二以上，竖穴土坑墓其次，这是与前一阶段的显著区别。洞室墓又以纵式者为主（图三〇八），横式者较少；竖穴墓道部分均口大底小并在三面

---

① 赵化成：《秦东陵刍议》，《考古与文物》2000 年第 3 期，第 56～63 页。

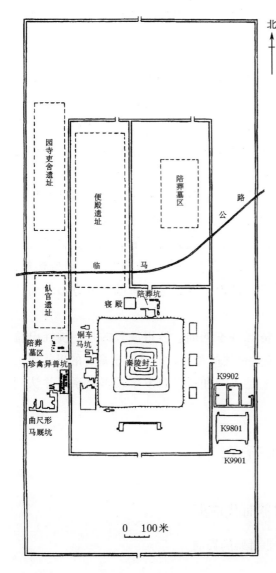

图三〇七　秦始皇陵园内外城遗迹分布示意图

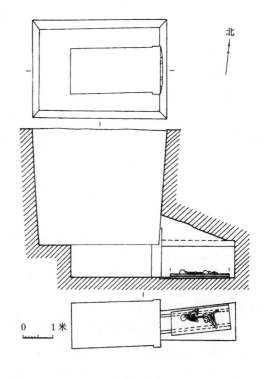

图三〇八　塔儿坡 M25104 平、剖面图

带二层台，多以圆木、木板封门，个别以土坯封门。竖穴墓也几乎均口大底小，多有生土二层台。两类墓葬均多设有龛（头龛、壁龛）、坑（头坑、脚坑、腰坑），内多置陶器和动物骨殖。基本都有木质葬具，绝大多数一棺，少数一椁一棺。虽仍以屈肢葬为主，但直肢葬者已占到 10％ 以上，比前一阶段也有所增加。绝大多数墓葬有随葬品，一般 5～6 件，多者也不过 27 件，没有明显的贫富差异。陶器均置于龛、坑中，随身小件装饰品、工具等发现于棺内墓主人身体周围；少数墓葬有以猪、羊、狗、鸡等动物献祭的情况，有的置于陶器内。该墓地还有极少数以瓮、盆为葬具的婴孩瓮棺葬。长陵作坊区也有婴孩瓮棺葬，但葬具形式多样，以陶瓮、鬲、釜、槽、瓦管甚至板瓦为葬具，或许有就地取材的性质。其他地区平民墓基本与塔儿坡类似。此外，

秦安上袁家殉葬大量马、牛、羊等的中型墓，其时应已进入秦代，其墓主人有可能为臣服于秦的北方民族[①]。

2. 晋文化

从对岱海地区的调查来看，晋文化遗址就多达160多处，相当密集[②]。赵长城起自河北蔚县，经内蒙古兴和、察哈尔右翼前旗、卓资、凉城、呼和浩特、包头，最后到达临河（高阙）。卓资城卜子、呼和浩特陶卜齐古城等，均为夯土版筑，规模较小，应为赵长城沿线的军事性质的障城类设施。城卜子古城为正方形，边长180米；城内遗迹主要在东北部和北城门两侧，城外东南有墓葬。陶卜齐古城为长方形，东西长730、南北宽365米；城内有方形石墙房屋。被推测为云中城的托克托古城村古城则为另一类。该城周长达7200米，当为地方行政经济中心。清水河城嘴子发现半地穴式石墙房屋，平面略呈长方形，墙壁抹草拌泥、白灰，室内靠后或靠墙一侧有坑灶。有成人竖穴土坑墓和婴孩瓮棺葬，竖穴土坑墓一般为单人仰身直肢葬，随葬陶釜、铜带钩等，瓮棺葬以陶釜为葬具，这显然都属于平民墓葬。此外，各遗址还有圆形或方形的筒状或袋状窖穴，以及陶窑、水井等。

此外，杨郎文化和桃红巴拉文化后期的情况基本同前。值得注意的是，桃红巴拉文化后期出现西沟畔M2那样随葬大量金银类贵金属的墓葬，显然属于富有的贵族酋长阶层所有。其中秦系统文字的发现，表明其上层人物和秦、赵发生较多联系，并认同中原文字和衡制系统。

三、经济形态

（一）早期铁器时代前期

主要是农业经济和新形成的游牧经济南北对峙的局面。

1. 农业经济

属于农业经济者主要有关中地区的秦文化。秦文化中除石刀外，还使用锄、锸、铲、镰等铁农具，生产效率较高。但相对中原来说，有更大的畜牧成分，有牛、羊、马、狗、猪、鸡等家畜。《史记·秦本纪》也记载秦的祖先非子"好马及畜，善养息

---

① 甘肃省文物考古研究所：《甘肃秦安上袁家秦汉墓葬发掘》，《考古学报》1997年第1期，第57～77页。

② 岱海中美联合考古队：《2002年、2004年度岱海地区区域性考古调查的初步报告》，《内蒙古文物考古》2005年第2期，第1～12页。

之"，俞伟超、林剑鸣甚至认为秦或为戎人的一支①。

　　秦文化手工业分工明确、水平很高。实用陶容器一般为轮制，腹壁多见轮旋而成的凸棱旋纹，有的器腹下部有刀削痕迹，也有的用泥条筑成法制作，耳、足多为模制。明器基本都是轮制而成，腹壁下部有刮削修整痕迹。瓦类均泥条筑成法制作，凹字形板瓦为将长方形泥筒一分为二，筒瓦为将圆形泥筒一分为二。绝大多数使用竖穴封闭式窑烧制，火候较高、陶质坚硬。除有水平颇高的青铜器、金银器、玉器制作外，还有发达的冶制铁业。春秋时期，秦国域内普遍发现铁器，表明其冶铁业已经具有相当基础，领先于其他中原地区诸侯国，这与铁器由西而东的传播方向有关。经分析，灵台景家庄铜柄铁剑、宝鸡益门村金柄铁剑都属于块炼铁渗碳钢制品②，凤翔秦公一号大墓出土的铁锸、铁铲为人工铸铁器。至战国中晚期，楚国的冶铸铁业才超过秦国。

2. 游牧经济

　　属于游牧经济者主要是长城沿线的杨郎文化和桃红巴拉文化。缺乏典型的农业工具，基本没有发现农作物遗存。环首或穿孔弯背刀、穿孔砺石是典型的畜牧工具，短剑、矛、戈等是专门武器。和长城沿线其他的畜牧业文化相比，杨郎文化车马器更为发达，反映广泛使用马拉战车。殉牲数量每墓往往数以十计，尤以羊为最多，马、牛次之，各种装饰题材中常见马、羊、驼、驴、鹿、虎、豹、鸟（鹰）、蛇等动物，也是其畜牧—游牧经济发达的反映，同时还狩猎鹿等野生动物。桃红巴拉文化桃红巴拉类型殉马数量较多，游牧和骑射程度超过东部甚至甘宁地区。毛庆沟类型殉牲墓葬数量只有一半左右，且每墓仅数具，殉马墓葬少，反映其游牧性质稍逊，接近半农半牧经济。尤其值得注意的是，殉羊、马墓葬仅见于毛庆沟类型早段，晚段主要殉牛，为我们清晰地描绘了该地区从畜牧经济向农业经济转化的图景。一般男性殉葬马、鹿，女性多殉葬牛，羊男女都有；男性随葬武器，女性随葬针和针筒。可见性别分工在游牧民族中仍然存在。大约骑马牧羊、狩猎主要是男性的事情，而家务和在居地附近牧牛则属于女性。当然早晚还发生变化，其骑射水平经历了由初始到发达的发展过程。无论如何，其活动范围不大且比较固定，游动性总体有限。

　　与此相应，这类经济方式的陶器很少，比例远少于河西走廊和新疆绿洲同时期遗存，而且还没有发现典型居址。陶器均为手制，器形不甚规整，陶胎较厚，器表斑驳，火候较低，反映制陶水平较低。东部的桃红巴拉文化毛庆沟遗址还发现有略呈三角形的窑址（图三〇九）。作为炊器的陶单耳罐或双耳罐均形体较小，大约并非炊煮牲肉，

　　① 俞伟超：《古代"西戎"和"羌"、"胡"文化归属问题的探讨》，《先秦两汉考古学论集》，文物出版社，1985年，第187页；林剑鸣：《秦史稿》，上海人民出版社，1981年，第25页。

　　② 白崇斌：《宝鸡市益门村M2出土春秋铁剑残块分析鉴定报告》，《文物》1994年第9期，第82～85页。

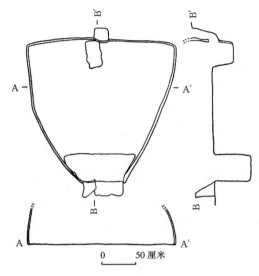

图三〇九　毛庆沟 Y1 平、剖面图

而是用来加热水、奶等。青铜器制作有其自身特点，牌饰还有先进的表面镀锡技术。

（二）早期铁器时代后期

1．农业经济

主要是秦文化和晋文化。发现很多城址和普通聚落，其中有房屋、窖穴、水井、陶窑等设施，生产工具以锄、锸、铲、镰等铁器为主（图三一〇），有了犁铧，仓囷普遍，秦国还修建郑国渠等大型水利工程①，生产力明显提高。手工业发达程度同前。长陵作坊陶窑多为略呈圆形的竖穴式窑，窑壁和火膛底部砌砖，后有烟道，发

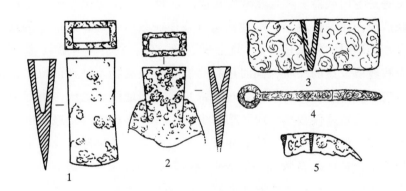

图三一〇　秦文化（后期）铁工具

1．锛（XYNⅡT16②：4）　2．铲（XYNⅡT5③：1）　3．锸（XYHJⅡM63：2）　4．削（XYHJⅡM62：4）
5．镰（XYNⅡT3③：9）（1、2、5 出自咸阳二号宫殿遗址，3、4 出自黄家沟Ⅱ区秦墓）

现陶器托等。附近还发现有陶器"窖藏"，其实可能是陶坊临时存放陶器的地方，有些灰坑也应当与制陶有关。附近还有瓦、砖砌的水井、地下水道、地面水道等。发现大量陶垫和陶拍，有的表面有方格纹、麻点纹，有的还有文字戳印。还有上带圆圈纹、菱形纹等的放置陶坯的陶垫圈，以及陶垫盘、支垫。在此制陶作坊和塔儿坡、黄家沟等墓地，发现大量"咸"字打头的陶戳印，基本都属咸阳地区生产的民营产品。值得

---

① 秦建明、杨政、赵荣：《陕西泾阳县秦郑国渠首拦河坝工程遗址调查》，《考古》2006年第4期，第12～21页。

注意的是，某类陶文多见于某类陶器之上，说明每个里的工匠可能主要生产某一类产品，但也兼做其他。这是"物勒工名"制度的体现，也有一定的品牌效应①。建筑技术高超，集中反映在咸阳宫的建造上。

2. 游牧经济

仍为杨郎文化和桃红巴拉文化。武器、工具的减少，可能与多为铁器而未保存下来有关。金银器制作水准很高，有镶嵌宝石、嵌铁鎏金等先进技术。车马器中竿头饰、腹中空的立体动物装饰和辕饰增多，说明更注重对车的装饰，或许是车的作用增强的反映。这些游牧人群既能骑马放牧，又能骑射车战，生产力和战斗力都比前期大为提高。

四、小结

早期铁器时代黄土高原区的文化格局变得相对简单。经过春秋时期秦文化的扩展和整合，关中农业文化一致性大为增强；长城沿线则发展为游牧经济的杨郎文化、桃红巴拉文化；甘青地区的半农半牧文化仍有不同程度的延续。值得关注的是，宁夏南部和甘肃东部一带在西周时期主要为周文化分布区，至春秋时期则被杨郎文化占据，这或许与西周末年周戎相争以至于犬戎入侵的背景有关②。准格尔一带在西周晚期还是周文化色彩浓厚的西麻青类遗存，春秋以后则让位于桃红巴拉文化。农业文化和游牧文化在长城沿线的南北对抗成为当时文化格局上最重要的特点③。游牧民族拥有一些从农业民族那里学来的先进技术，又骁勇善战，灵活多变，其对农业民族的影响是先前落后的狩猎人群所远远不能相比的。但从战国时期开始，农业文化就加强了北扩势头，战国中期就已经在陕北窟野河一带出现典型秦墓。至战国晚期，秦、赵以武力拓展至以前的游牧文化区，在这些地区实行屯垦，仅岱海地区短期内就有这类农业文化遗址160多处，开汉代大规模开拓边疆之先河，农业文化大规模北扩。秦、赵并修筑长城以拒胡，迫使游牧民族北移至长城以外——而这也为游牧民族加强东西向交流并进一步整合为匈奴文化提供了契机。以铁农具和农业经济为基础的秦、晋文化聚落高度稳定、分化严重，并出现雍城、栎阳、咸阳这样的王国甚至帝国首都；社会分工细致、贫富

---

① 咸阳市文物考古研究所：《塔儿坡秦墓》，三秦出版社，1998 年，第 196 页。

② 许倬云：《西周史》（增订本），生活·读书·新知三联书店，1994 年，第 287～289 页。

③ 田广金：《鄂尔多斯式青铜器的渊源》，《考古学报》1988 年第 3 期，第 257～276 页；田广金、郭素新：《北方文化与草原文明》，《内蒙古文物考古文集》（第 2 辑），中国大百科全书出版社，1997 年，第 1～12 页；乌恩：《欧亚大陆草原早期游牧文化的几点思考》，《考古学报》2002 年第 4 期，第 437～470 页。

分化严重，为秦帝国的大一统打好了坚实的基础。杨郎文化、桃红巴拉文化等游牧经济文化则未发现典型居址，移动性较强，但也有一定的社会分工和较为明显的贫富分化，尤其战国晚期应已进入国家阶段。

关于匈奴的起源，有很多不同的意见。《史记·匈奴列传》把秦以前见诸于史籍的北方各族均视为匈奴的祖先，这种观点一直流行到近现代，近人王国维还有更为精致的讨论①。田广金基本同意传统观点，提出匈奴文化是战国晚期由桃红巴拉类型所代表的"白狄"文化发展而来，此后又整合了西戎文化等，形成强大的匈奴联盟②。林沄等则不同意传统观点，强调匈奴族应具有北亚类型种系和随葬武器仅见弓箭等特殊习俗，认为戎狄并非匈奴真正前身，匈奴本体可能为从中国境外迁移而来③。这与蒙古、前苏联多数学者关于匈奴源于蒙古境内石板墓文化的看法有吻合之处。实际情况可能兼而有之④。春秋和战国早、中期的北方戎狄文化虽然在史籍中没有被直接称为匈奴，但其文化特征和战国晚期者一脉相承，且于家庄、崞县窑子墓地人类体质明显接近现代蒙古人种的北亚类型，崞县窑子随葬武器类也仅见弓箭，因此不能否认其与匈奴的切实联系。战国晚期的西沟畔等墓葬，已经与汉代匈奴遗存很是相近，大约就已经是匈奴文化了。可见赵武灵王破楼烦、林胡后虽筑建了长城，但对防御北方民族并未起到一劳永逸的目的，河以南鄂尔多斯高原仍为林胡（白狄、白羊）和可能东迁而来的楼烦的主要居地。《史记·廉颇蔺相如列传》记述，在公元前245年前不久，李牧"居代、雁门备匈奴"，而且"大破杀匈奴十余万骑，其后十余岁匈奴不敢近边"，这里的匈奴或者就包括楼烦白羊等，可算是继赵武灵王之后赵国第二次大规模反击北方民族，但仍只有十几年的功效。所以《史记·匈奴列传》记载汉初冒顿"南并楼烦白羊河南王"。但这可能只是说匈奴首领冒顿发动一系列兼并匈奴内部的战争，并未明确说楼烦白羊河南王就一定不属于匈奴。要之，匈奴可能是在长城沿线游牧民族的基础上，不断融合更北方的北亚人种而形成。战国晚期秦、赵、燕三国向北反击，修筑长城，加速了北方民族东西向的移动和交流，给他们彼此整合联盟创造了契机。

---

① 王国维：《鬼方昆夷猃狁考》，《观堂集林》第十三卷，中华书局，第583~606页。
② 田广金：《近年来内蒙古地区的匈奴考古》，《考古学报》1983年第1期，第7~24页；内蒙古文物工作队：《毛庆沟墓地》，《鄂尔多斯式青铜器》，文物出版社，1986年，第227~315页；田广金：《中国北方系青铜器文化和类型的初步研究》，《考古学文化研究》第4集，文物出版社，1997年，第266~307页。
③ 林沄：《关于中国对匈奴族源的考古学研究》，《内蒙古文物考古》1993年第1、2期，第127~141页；朱泓：《人种学上的匈奴、鲜卑和契丹》，《北方文物》1994年第2期，第7~13页。
④ 乌恩：《匈奴族源初探——北方草原民族考古探讨之一》，《周秦文化研究》，陕西人民出版社，1998年，第848~857页。

　　战国晚期，毛庆沟类型在内蒙古中南部东区消失，而可能发端于该处的单体伫立状动物纹饰牌、单体带边框动物纹饰牌、群体猛兽咬杀牲畜饰牌则流布至内蒙古中南部西区而发扬光大，单体伫立状动物纹饰牌、猛兽咬杀动物饰牌，甚至其典型陶器无耳小口绳纹罐等则更西播至宁夏南部。这或许正是赵武灵王击破林胡、楼烦后，楼烦西迁的结果。群体带边框的牌饰、无耳小口绳纹罐等成为后来汉代匈奴的典型文化因素，可见楼烦、林胡很可能是匈奴的源头一。

第四章　内蒙古半干旱草原区的文化发展

农业文化最早在新石器时代晚期才扩展到内蒙古半干旱草原区，此后还有铜石并用时代遗存。新石器时代之前的大部分时段和新石器时代的农业文化间歇期，该区可能分布着以细石器为代表的狩猎采集文化。该区也有青铜时代遗存，具体面貌不清。

第一节　新石器时代

在相当于新石器时代的这个阶段，该区实际上有着两类遗存，一是有农业、陶器和磨制石器的新石器遗存，二是没有农业、陶器和磨制石器，以狩猎采集为生计的所谓"细石器遗存"。

一、文化谱系

（一）新石器遗存

分为两大阶段。第一阶段在新石器时代晚期至铜石并用时代早期早段，基本属于仰韶文化系统，分属仰韶文化二期的白泥窑子类型和三期的海生不浪类型，绝对年代约为公元前4200~前3000年。之后的铜石并用时代早期晚段（庙底沟二期阶段）该区存在一个大约500年的间歇期（公元前3000~前2500年），表现为新石器文化的基本中断。第二阶段即龙山时代前期，大致属于老虎山文化前期遗存，绝对年代约为公元前2500~前2300年。之后没有明确的龙山时代后期遗存，可能出现了第二个间歇期。

1. 仰韶文化白泥窑子类型

包括商都狼窝沟[①]、章毛乌素（风旋卜子）F1类遗存[②]，还见于固阳西沙塔（南岔

①　内蒙古文物考古研究所、商都县文物管理所：《内蒙古商都县两处新石器时代遗址的调查与试掘》，《北方文物》1995年第2期，第4~20页。

②　内蒙古文物考古研究所、乌兰察布博物馆、商都县文物管理所：《商都县章毛勿素遗址》，《内蒙古文物考古文集》（第2辑），中国大百科全书出版社，1997年，第137~150页。

沁)①，商都朝天渠②，化德大东坡、赵家村、红光③，苏尼特右旗吉日嘎朗图④，阿巴嘎旗丹仑吐仑⑤等遗址。陶器为泥质红陶和夹砂褐陶，除素面外，流行绳纹，其次为旋纹，有宽横带以及圆点、勾叶、三角纹黑彩装饰。器类为铁轨式口沿绳纹罐、圜底钵、卷沿曲腹盆、大口瓮等（图三一一）。还有大量细石器镞、刮削器、石钻、石叶、石核等，也有磨制的石斧、石铲、石刀、石锛、石凿、石磨盘、石磨棒、石网坠、陶纺轮等工具，以及穿孔蚌饰、石珠等。

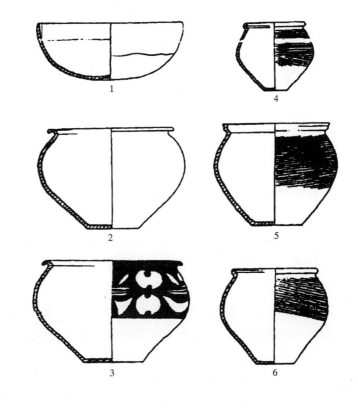

图三一一　章毛乌素 F1 陶器

1. 钵（F1:6）　2、3. 曲腹盆（F1:5、4）　4～6. 绳纹罐（F1:3、1、2）

　　这些遗址既有偏早的宽彩带钵，也有稍晚的饰圆点、勾叶、三角纹彩陶的卷沿曲腹盆，其时代包括了白泥窑子类型早段和晚段。白泥窑子类型遗存在当地没有来源，显然是黄土高原区同类文化北向拓展的结果。不过，他们也有一定的地方特点，如章毛乌素（风旋卜子）的

① 包头市文物管理所：《内蒙古大青山西段新石器时代遗址》，《考古》1986 年第 6 期，第 485～496 页。
② 内蒙古乌兰察布盟文物工作站：《内蒙古商都县新石器时代遗址调查》，《考古》1992 年第 12 期，第 1082～1091 页。
③ 国家文物局主编：《中国文物地图集·内蒙古自治区分册》（下），西安地图出版社，2003 年，第 567～568 页。
④ 纳古善夫：《内蒙古苏尼特右旗吉日嘎朗图新石器时代遗存》，《考古》1982 年第 1 期，第 103～105 页。
⑤ 国家文物局主编：《中国文物地图集·内蒙古自治区分册》（下），西安地图出版社，2003 年，第 497 页。

彩陶盆曲腹不显，花纹僵硬，还存在红顶钵等。

2. 仰韶文化海生不浪类型

包括商都棒槌梁[①]、章毛乌素（风旋卜子）T3[②]类遗存。见于包头腮大坝、固阳厂汗门洞[②]、化德九支箭[③]、察哈尔右翼后旗沙坡地[④]，以及苏尼特右旗吉日嘎朗图、伊尔丁曼哈等遗址[⑤]。陶器以夹砂红褐陶和砂质灰陶为主，也有泥质灰陶、红陶。除素面、绳纹、线纹外，并始流行附加堆纹，在筒形罐上绳纹和线纹呈菱格形或"之"字形。彩陶多为黑彩，也有红或紫红彩，有窄横带纹、弧线纹、圆点纹等。器类为侈口罐、筒形罐、小口鼓腹罐、钵等。明确发现大量精美的凹底三角形细石器镞、石钻、石叶，也有磨制的石铲、石刀、石斧、石磨盘、石磨棒，以及砺石、赭石、骨针及针筒、陶纺轮、骨匕、骨笄、刻纹骨器等。

该类遗存大致可以分为两小类：第一类以棒槌梁主体遗存为代表，陶罐卷沿或略呈铁轨式，钵敞口圜底且口沿内侧有窄彩带，附加堆纹少见，保留了较多白泥窑子类型的遗风（图三一二）；第二类以章毛乌素（风旋卜子）T3[②]为代表，也见于棒槌梁第一地点，侈口罐领部、筒形罐口沿外多箍附加堆纹，钵一般折腹平底（图三一三）。第一类遗存与岱海地区的红台坡下、王墓山坡中遗存近似，属于海生不浪类型初期；第二类遗存与东滩、王墓山坡上偏早遗存近似，属于海生不浪类型中期。

该区海生不浪类型可能主要是在当地白泥窑子类型基础上发展而来，但也肯定与黄土高原区海生不浪类型存在持续交流。此外，其花边卷沿圆腹绳纹罐保留了更多传统成分，显得有些滞后，类"之"字纹筒形罐显示出与红山文化的更多联系，饰紫红彩的钵以及大量细石器镞等也独具特色。

3. 老虎山文化

在苏尼特右旗吉日嘎朗图遗址采集到夹砂灰褐色的侈口罐陶片，可能有双耳，口部压印花边、领部戳印指甲纹、下饰横篮纹，与岱海地区老虎山文化前期同类器近似。采集的凹底三角形细石器镞、石钻、石叶、石核，以及磨制的石斧、石杵、石磨盘、石磨棒，以及砺石等有的也应当属于此期。此类遗存还见于化德大东坡、德善、卜拉

① 内蒙古文物考古研究所、商都县文物管理所：《内蒙古商都县两处新石器时代遗址的调查与试掘》，《北方文物》1995 年第 2 期，第 4～20 页。

② 包头市文物管理所：《大青山内发现的新石器时代遗址》，《内蒙古文物考古》2000 年第 1 期，第 67～69 页。

③ 国家文物局主编：《中国文物地图集·内蒙古自治区分册》（下），西安地图出版社，2003 年，第 567 页。

④ 乌兰察布盟文物工作站：《内蒙古乌兰察布盟北部地区新石器时代遗址调查》，《考古》1996 年第 2 期，第 9～16 页。

⑤ 齐永贺：《苏尼特右旗伊尔丁曼哈发现石器时代遗址》，《文物》1960 年第 5 期，第 85 页。

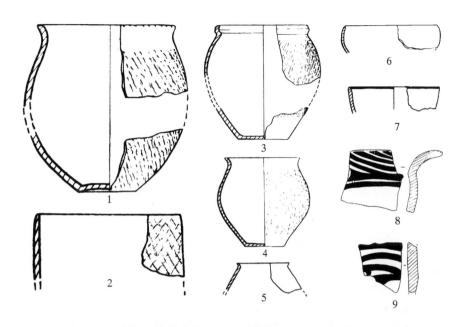

图三一二 仰韶文化海生不浪类型第一类遗存陶器

1、4. 卷沿绳纹罐（BⅡC:2、1) 2. 筒形罐（BⅠC:14) 3. 铁轨式口沿绳纹罐（BⅡC:3) 5. 小口鼓腹罐（BⅠC:21) 6、7. 钵（BⅡC:25、24) 8、9. 彩陶片（BⅡC)（2、5出自棒槌梁第一地点，其余出自棒槌梁第二地点)

勿素、团结村、郭家村、丰满、贾家村①等遗址。

此外还有一些遗址，如商都水泉南梁、水泉村、水泉西梁、新围子、东沟、新井子、灰菜沟、二吉淖、达营山、公鸡山、西山、小海子②、化德西坡、淮地③、通顺、大南山、卜拉勿素北、四道

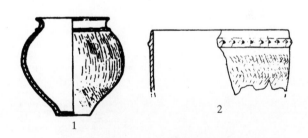

图三一三 仰韶文化海生不浪类型第二类遗存陶器

1. 卷沿绳纹罐（章毛乌素 T3②:7)

2. 筒形罐（棒槌梁第一地点 BⅠC:4)

---

① 国家文物局主编：《中国文物地图集·内蒙古自治区分册》（下），西安地图出版社，2003年，第567~568页。

② 乌兰察布盟文物工作站：《内蒙古乌兰察布盟北部地区新石器时代遗址调查》，《考古》1996年第2期，第9~16页。

③ 同②。

沟、三道沟①，察哈尔右翼后旗纳仁格日勒②，苏尼特左旗门德勒索木③、保力嘎、勿尔图保拉格、呼和陶勒盖、满都拉图、下玛塔拉、白音格、巴彦苏莫北④，阿巴嘎旗查干敖包、乾德门、汗贝庙东⑤，锡林浩特贝子庙北⑥，多伦三道沟⑦等，发现有大量镞、刮削器、石核、石片、石叶等细石器，以及磨制的石刀、石斧等，还采集到夹砂褐色、灰色和泥质红、灰色陶片，但时代不易确定。不过在这些地区比较清楚的新石器时代遗存均不出上述两大阶段，故推测这些遗存也应当大致在此范围之内。

（二）细石器遗存

在乌拉特中期巴音花⑧、达格图⑨，固阳五千营、上八分⑩，武川二道洼⑪，四子王旗阿玛乌苏⑫，察哈尔右翼中旗义发泉⑬，察哈尔右翼后旗二道沟⑭，苏尼特右旗赛乌苏⑮，

---

① 国家文物局主编：《中国文物地图集·内蒙古自治区分册》（下），西安地图出版社，2003 年，第 568 页。

② 乌兰察布盟文物工作站：《内蒙古乌兰察布盟北部地区新石器时代遗址调查》，《考古》1996 年第 2 期，第 9～16 页。

③ 刘志雄：《内蒙古北部地区发现的新石器》，《考古》1980 年第 3 期，第 279～281 页。

④ 国家文物局主编：《中国文物地图集·内蒙古自治区分册》（下），西安地图出版社，2003 年，第 499 页。

⑤ 国家文物局主编：《中国文物地图集·内蒙古自治区分册》（下），西安地图出版社，2003 年，第 497 页。

⑥ 国家文物局主编：《中国文物地图集·内蒙古自治区分册》（下），西安地图出版社，2003 年，第 496 页。

⑦ 国家文物局主编：《中国文物地图集·内蒙古自治区分册》（下），西安地图出版社，2003 年，第 505 页。

⑧ 国家文物局主编：《中国文物地图集·内蒙古自治区分册》（下），西安地图出版社，2003 年，第 625 页。

⑨ 汪宇平：《内蒙古阴山地带的石器制造场》，《内蒙古文物考古》创刊号，1981 年，第 123～129 页。

⑩ 包头市文物管理处：《固阳县细石器遗址调查》，《内蒙古文物考古》2000 年第 1 期，第 62～66 页。

⑪ 同⑨。

⑫ 同⑨。

⑬ 内蒙古自治区博物馆、文物工作队：《察右中期大义发泉村细石器文化遗址调查和试掘》，《考古》1975 年第 1 期，第 23～24 页。

⑭ 同②。

⑮ 国家文物局主编：《中国文物地图集·内蒙古自治区分册》（下），西安地图出版社，2003 年，第 500 页。

二连浩特额热恩达布苏[1]，苏尼特左旗艾力遇马兰、巴音艾乃勒、呼格吉勒图[2]、昌图锡力[3]，锡林浩特锡林高勒等遗址[4]，均在地表采集到石镞、石叶、刮削器、石片、石核等。由于青铜时代和早期铁器时代墓葬中基本不见这类打制石器和细石器，因此这些遗址的时代应当在此以前，大致相当于新石器时代，有的或者还可以早到旧石器时代晚期。这些遗址目前尚未发现陶器和磨制石器。即使将来在某些地点发现陶器及居址，也不能够否认大部分应当属于细石器遗存。

二、聚落形态

（一）新石器遗存

1. 仰韶文化白泥窑子类型

仅在乌兰察布盟北部就发现 20 多处遗址，这些遗址正处于低丘陵向草原过渡地带，多位于和水淖（沼）相邻的高岗地带，也有的在较高的山坡台地上。章毛乌素（风旋卜子）遗址高出周围约 3 米，其东北缘有一干涸的古河床，对岸 3 公里处有一小山。房址 F1 大体呈方形，长 4.3、宽 3 米，居住面垫以黑灰土，未发现门道和半地穴式结构，或许属于地面建筑。西南部有一圆形地面灶，烧烤成黑红色。北部偏西有一白色硬土面，可能为柱础。居住面出土夹砂罐、曲腹盆、钵等完整陶器和少量兽骨（图三一四）。这处聚落总体状况虽不甚明了，但聚落选择在平地、房屋可能为地面式等特征都已经很具地方特色。附近与其可能构成聚落群的还有狼窝沟、朝

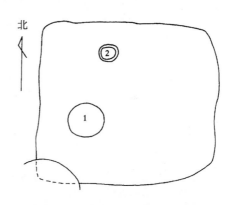

图三一四　章毛乌素 F1 平、剖面图
1. 灶面　2. 硬土面

①　国家文物局主编：《中国文物地图集·内蒙古自治区分册》（下），西安地图出版社，2003 年，第 497 页。

②　刘志雄：《内蒙古北部地区发现的新石器》，《考古》1980 年第 3 期，第 279～281 页。

③　国家文物局主编：《中国文物地图集·内蒙古自治区分册》（下），西安地图出版社，2003 年，第 499 页。

④　国家文物局主编：《中国文物地图集·内蒙古自治区分册》（下），西安地图出版社，2003 年，第 496 页。

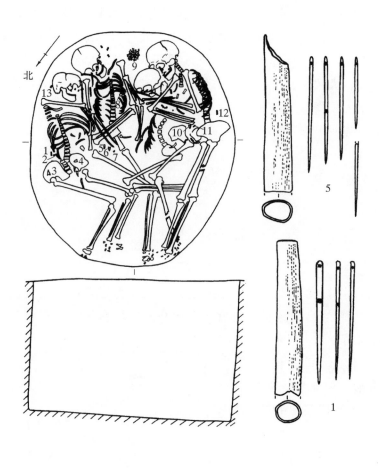

图三一五　章毛乌素 M1 平、剖面图及随葬针筒图

1、5.骨针筒及骨针　2、7、9、11.石刮削器　3、4、6、10.石镞
8.玛瑙块　12.骨针筒　13.骨哨

天渠等聚落。在狼窝沟第二地点发现的房屋也为地面式，有石板围砌的灶。此外，在固阳西沙塔遗址发现红烧土面（灶址）。

2.仰韶文化海生不浪类型

商都地区章毛乌素（风旋卜子）、棒槌梁等聚落在同一地区左右摇摆而形成不同地点，规模多只千米左右，聚落稳定性较差。章毛乌素（风旋卜子）聚落在一椭圆形竖穴坑内葬有 4 人，均侧身屈肢，随身葬有骨饰、骨针及针筒、石镞、石刮削器等（图三一五）。虽然是孤例，但也不排除竟是该区域普遍的埋葬方式，习俗与庙子沟聚落近似，应当是受到雪山一期文化影响的结果。

3.老虎山文化

在苏尼特右旗吉日嘎朗图有灰堆和烧过的兽骨，应当属于居址，具体情况不清。

（二）细石器遗存

在阴山山口和山北地带发现不少打制石器制造场或者石器地点，如四子王旗阿玛乌苏、乌拉特中旗达格图等处。察哈尔右翼中旗义发泉遗址也有可能属于此类。其他大部分遗址或许为临时性居址，也有的当为风蚀积聚的遗址附近的石器地点。

三、经济形态

（一）新石器遗存

内蒙古半干旱草原区的白泥窑子类型应属于农业经济，有刀、铲等农业工具，基本与阴山—大青山以南的白泥窑子类型大同小异。但镞等大量细石器的存在，说明其狩猎经济成分明显偏高。聚落面积小、文化层薄、稳定性较差，也正与其狩猎经济发达相吻合，也是农业经济有所局限的表现（图三—六）。

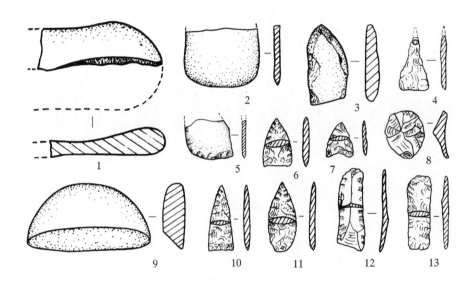

图三—六　狼窝沟第二地点白泥窑子类型石质工具

1. 磨盘（LⅡC:3）　2. 铲（LⅡC:16）　3. 砍砸器（LⅡC:18）　4. 钻　5. 刀（LⅡC:11）　6、7、10、11.镞　8、12. 刮削器　9. 磨棒（LⅡC:12）　13. 刀刃

该区海生不浪类型所处的环境与前近似。细石器镞不但制作精美且数量很多，还有大量石钻、石叶、石核等细石器，反映狩猎经济更加发达。但不能否认石（陶）刀等所代表的农业经济的存在（图三—七）。老虎山文化的情况可能与此类似。

（二）细石器遗存

镞等细石器适合狩猎草原中小型动物，细石器遗存自然代表狩猎经济。这类文化应当也存在临时性居址，但由于文化层薄、遗迹不明显而很难被发现。

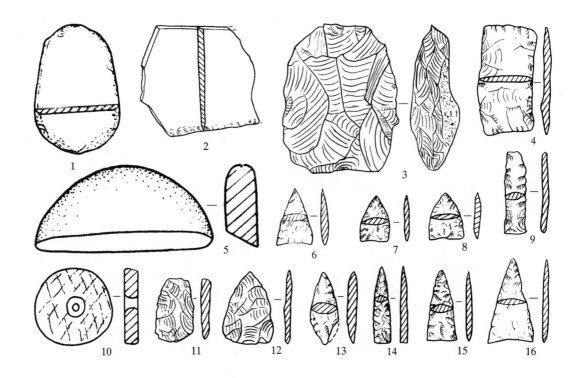

图三一七　棒槌梁海生不浪类型工具

1.石铲（BⅠC:5）　2.石刀（BⅠC:6）　3.石砍砸器（BⅠC:11）　4、9.石刀刃（BⅠC:32、BⅡC:34）

5.石磨棒（BⅠC:1）　6～8、12～16.石镞（BⅡC:16、21、18，BⅠC:31，BⅡC，BⅠC:6、13，BⅡC:12）

10.陶纺轮（BⅠC:11）　11.石刮削器（BⅠC:37）

四、小结

　　内蒙古半干旱草原区长期以来都是细石器遗存所代表的狩猎经济文化，由于游动性较大而难以留下具有较大面积、较厚文化层的聚落，估计也只能形成较为简单的社会。至新石器时代晚期大青山以南的农业文化——仰韶文化才拓展至此，但聚落遗址不多、面积小、文化层薄、稳定性较差，尤其是大量细石器的存在表明狩猎经济仍很发达。其社会发展阶段应与大青山以南的白泥窑子类型和海生不浪类型相似，而发达程度则明显不及。之后的龙山时代虽然还有老虎山文化扩展至此，但其狩猎成分或许更大。更为重要的是，在相当于仰韶文化庙底沟二期阶段和龙山后期，该区还存在两个农业文化的间歇期，期间全区应当基本是狩猎文化一统天下的局面。

第二节 青铜时代至早期铁器时代

青铜时代至早期铁器时代内蒙古半干旱草原区的情况总体不清，仅有一些线索。在东乌珠穆沁旗金斯太洞穴遗址，发现夹砂和泥质灰陶，有绳纹罐、蛇纹鬲、敛口瓮、钵等器类，还有镞、锥、珠等骨器，扣、泡等铜器。该遗址坩埚残片的发现，表明有在此铸造铜器的可能性[1]。商都水泉遗址采集有夹砂褐陶陶片，有的带附加堆纹花边，类似鬲的口沿。类似遗存还见于化德大南山、卜拉勿素遗址[2]。这些遗存总体上类似朱开沟文化中期遗存。在苏尼特左旗哈拉更图遗址也采集到夹砂灰褐陶陶片，以及铜镞、铜刀等，但文化性质不明[3]。在乌拉特后旗霍各乞铜矿遗址发现炼铜窑炉 5 座（已发掘2 座）、加工粉碎石臼 8 个、矿料存放堆 1 处、采矿坑道 3 处。窑炉由炉体、炉壁、入火口、风道、出铜口组成，炉体由石块砌筑，外方内圆，边长 1.8、通高 9 米，炉壁抹草拌泥。还发现大量动物烧骨和含铜废渣[4]。

金斯太、水泉、大南山、卜拉勿素等处遗存大体属于朱开沟文化，相当于青铜时代前期。由于有较多陶器，估计聚落有一定稳定性，可能存在农业经济。但羊、马骨骼以及扣、泡等铜器的发现表明同时还存在畜牧业，其畜牧成分可能高于大青山以南地区，总体属于半农半牧经济。在相当于青铜时代后期和早期铁器时代的阶段，该区情况尚不清楚，估计和大青山以南地区一样属于游牧经济文化，但游动性更大。此外，在阴山、狼山还发现不少岩画，有羊、马、牛、狗、骆驼、鹿、老虎等动物形象，以及蹄迹、人面像、太阳、车轮等，有的时代当在青铜时代至早期铁器时代[5]。

---

① 国家文物局主编：《中国文物地图集·内蒙古自治区分册》（下），西安地图出版社，2003 年，第 501 页。

② 国家文物局主编：《中国文物地图集·内蒙古自治区分册》（下），西安地图出版社，2003 年，第 568 页。

③ 国家文物局主编：《中国文物地图集·内蒙古自治区分册》（下），西安地图出版社，2003 年，第 499 页。

④ 国家文物局主编：《中国文物地图集·内蒙古自治区分册》（下），西安地图出版社，2003 年，第 618 页。

⑤ 国家文物局主编：《中国文物地图集·内蒙古自治区分册》（下），西安地图出版社，2003 年；盖山林：《阴山岩画》，文物出版社，1986 年。

第五章　西北内陆干旱区的文化发展

柴达木盆地小柴达木湖曾经发现旧石器时代晚期遗存，除石核、石片外，石器以各类刮削器占据主体，还有砍砸器、端刮器等，绝对年代约在距今23000年[①]。另外，曾在新疆吐鲁番交河故城沟西台地的晚更新世地层中采集到手镐和石叶各1件，在地表采集的石叶—端刮器类型的打制石器与这两件石制品风格类似，有理由相信他们属于同一时代，也就是旧石器时代晚期[②]。此外，在新疆乌鲁木齐柴窝堡湖畔[③]和甘肃肃北霍勒扎德盖[④]等处发现的石叶—端刮器类型石器也应当属于该时期。这些是更新世晚期从事狩猎采集经济人群的遗留。

进入全新世以后，在新疆哈密七角井、鄯善迪坎儿、木垒七城子与塔克尔巴斯陶[⑤]、于田巴什康苏拉[⑥]，以及阿尔金山山谷的野牛泉等处[⑦]，还采集到大量石叶、石核、刮削器、尖状器、镞等细石器，但未包含陶器和金属器，应当属于细石器遗存，有人因此还提出"细石器时代"，认为相对年代在旧石器时代晚期和青铜时代之间[⑧]。这说明西北内陆干旱区可能长期延续着旧石器时代以来古老的狩猎采集经济方式。据说最近在伊犁河流域吉林台遗址区，还发现有细石器遗存被安德罗诺沃文化遗存叠压

① 刘景芝、王国道：《青海柴达木盆地小柴达木湖旧石器时代遗址考察报告》，《新世纪的中国考古学——王仲殊先生八十华诞纪念论文集》，科学出版社，2005年，第34～56页。

② 伊弟利斯·阿不都热苏勒、张川、邢开鼎：《吐鲁番盆地交河故城沟西台地旧石器地点》，《考古文物研究——纪念西北大学考古专业成立四十周年文集（1956～1996）》，三秦出版社，1996年，第55～67页。

③ 新疆社会科学院考古研究所：《新疆柴窝堡湖畔细石器遗存调查报告》，《考古与文物》1989年第2期，第1～15页。

④ 谢骏义：《甘肃西部和中部旧石器时代考古的新发现及其展望》，《人类学学报》第10卷第1期，1991年，第27～33页。

⑤ 王博、覃大海、迟文杰：《新疆准噶尔盆地东部两处细石器遗址》，《考古与文物》1993年第5期，第1～7页。

⑥ 王博、张铁男：《新疆石器时代考古有新发现》，《新疆社会科学研究》1988年第11期。

⑦ 塔克拉玛干沙漠综考队考古组等：《阿尔金山细石器》，《新疆文物》1990年第4期。

⑧ 张川：《论新疆史前考古文化的发展阶段》，《西域研究》1997年第3期，第50～54页。

的地层关系①。不过，在青铜时代和早期铁器时代文化中经常发现细石器却也是一个不可否认的事实，显然不能将发现细石器的遗存统归入所谓"细石器时代"②。属于新石器时代的农业文化拓展到该区的年代很晚，马家窑文化到达河西走廊迟至公元前 3000 年左右，齐家文化更是至公元前 2200 年左右的龙山后期才出现。至于广大的新疆地区存在怎样的新石器时代文化或者"铜石并用时代"文化③，都尚未确证④。我们已知的事实是，以前曾被定在"新石器时代"的许多遗存实际上属于青铜时代和早期铁器时代⑤。即使以后在新疆发现新石器时代遗存，其时代也不见得会早于河西走廊，分布范围、遗址数量和发展水平也必定有限。青铜时代和早期铁器时代是该区的文化发达期⑥，青铜时代约从公元前 1900 年左右开始，延续至公元前 1300 年，相当于夏后期和商早期；早期铁器时代约从公元前 1300 年延续至公元前后，相当于晚商至西汉。和黄土高原区相比，虽然青铜时代的开始年代接近，但早期铁器时代的开始年代明显偏早，而下限则延续更晚（表二）⑦。

表二　西北内陆干旱区先秦文化谱系简表

年代（公元前）	3000～2500	2500～1900	1900～1300	1300～100
时代	铜石并用时代早期	铜石并用时代晚期	青铜时代	早期铁器时代
河西走廊、阿拉善	马家窑文化	马家窑文化、菜园文化、齐家文化	四坝文化、辛店文化	沙井文化、骟马类遗存
柴达木盆地				诺木洪文化

---

① 阮秋荣：《尼勒克县吉林台遗存发掘的意义》，《新疆文物》2004 年第 1 期，第 80～82 页。
② 于志勇：《新疆地区细石器研究的回顾与思考》，《新疆文物》1996 年第 4 期，第 64～71 页。
③ 羊毅勇：《新疆的铜石并用文化》，《新疆文物》1985 年第 1 期，第 39～45 页。
④ 例如，疏附县乌帕尔苏勒塘巴俄遗址采集有细石器、铜珠、铜棒、陶片等，因其铜器属于红铜且与细石器出于同一遗址，而被推测为属于公元前 3000 年前后的新石器时代。但该遗址并未经正式发掘，采集遗物的共存关系都还不清楚。见王博：《新疆乌帕尔细石器遗址调查报告》，《新疆文物》1987 年第 3 期，第 3～15 页。
⑤ 陈戈：《史前时期的西域》，《西域通史》，中州古籍出版社，1996 年，第6～10 页。
⑥ 陈戈：《新疆考古述论》，《吐鲁番学研究》2002 年第 1 期，第 16～29 页。
⑦ 韩建业：《新疆的青铜时代和早期铁器时代文化》，文物出版社，2007 年。

续表二

年代（公元前）	3000～2500	2500～1900	1900～1300	1300～100
时代	铜石并用时代早期	铜石并用时代晚期	青铜时代	早期铁器时代
哈密盆地—巴里坤草原			哈密天山北路文化	焉不拉克文化
吐鲁番盆地—中部天山北麓			克尔木齐类遗存	半截沟类遗存、苏贝希文化
阿勒泰				
罗布泊			古墓沟文化	
塔里木盆地北缘			新塔拉类遗存	察吾呼沟口文化
塔里木盆地南缘				流水文化、察吾呼沟口文化
伊犁河流域				伊犁河流域文化
帕米尔			安德罗诺沃文化	香宝宝类遗存
塔城				
石河子—乌苏			水泥厂类遗存	伊犁河流域文化

第一节　铜石并用时代

在铜石并用时代早期晚段，马家窑文化马家窑类型就拓展至河西走廊地区，此后该区域还有半山类型、马厂类型和齐家文化遗存。新疆地区铜石并用时代遗存还不易确定，至少马厂类型有已到达新疆的可能。这些文化均流行彩陶或包含少量彩陶。

一、文化谱系

在铜石并用时代早期晚段（公元前 3000～前 2500 年），河西走廊地区分布着马家窑文化马家窑类型；铜石并用时代晚期早段（公元前 2500～前 2200 年），演变为马家窑文化半山类型；铜石并用时代晚期晚段（公元前 2200～前 1900 年），西部变为马家窑文化马厂类型，东部被齐家文化所占据。

1. 马家窑文化马家窑类型

分布在河西走廊至阿拉善，已发现 10 余处，包括甘肃酒泉照壁滩[①]、武威塔儿湾和五坝山遗存[②]，还见于甘肃民勤茇茇槽、永昌蛤蟆滩[③]，内蒙古阿拉善左旗头道沙子[④]、阿拉善右旗象根吉林[⑤]等遗址。陶器基本同于黄河流域。李水城将河西走廊遗存分为甲、乙两组，实际上大致是早晚两个时期。早期以武威塔儿湾遗存为代表，陶器为夹砂和泥质红褐陶（橘黄或橘红色），彩陶流行圆圈卵点、弧线、三角纹，彩陶盆宽沿浅弧腹，也有夹砂侈口罐、小口瓮，年代在王保保期（图三一八）。晚期以酒泉照壁

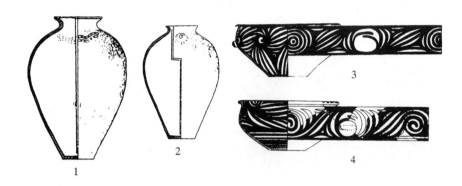

图三一八　塔儿湾马家窑类型陶器

1、2. 瓮（F101:5、4）　　3、4. 彩陶盆（F10:22、F102:1）

滩遗存和武威五坝山 M1 为代表，彩陶同样均为黑色彩，但线条宽粗饱满，内彩发达，有一定特色，有动物类像生纹，彩陶盆大口曲腹带盲耳，还有彩陶平底瓶、罐，年代约在小坪子期，也就是马家窑类型最晚期（图三一九）。此外，阿拉善左旗头道沙子还采集到红衣黑彩陶片，有横带纹、弧线纹等图案，类似宁夏海原菜园村马缨子梁遗存。河西走廊和阿拉善的马家窑类型自然是从黄河流域扩展而来，但到走廊西部后发生了一定程度的变异。

①　李水城：《河西地区新见马家窑文化遗存及相关问题》，《苏秉琦与当代中国考古学》，科学出版社，2001 年，第 121～135 页。

②　甘肃省文物考古研究所：《武威塔儿湾新石器时代遗址及五坝山墓葬发掘简报》，《考古与文物》2004 年第 3 期，第 8～11 页。

③　甘肃省文物考古研究所：《永昌三角城与蛤蟆墩沙井文化遗存·附录》，《考古学报》1990 年第 2 期，第 205～238 页。

④　李国庆、巴戈那：《阿拉善左旗头道沙子遗址调查》，《内蒙古文物考古》2004 年第 1 期，第 26～38 页。

⑤　塔拉、岳够明、孙金松：《内蒙古巴丹吉林沙漠区域性考古调查概要》，《中国文物报》2007 年 12 月 7 日第 5 版。

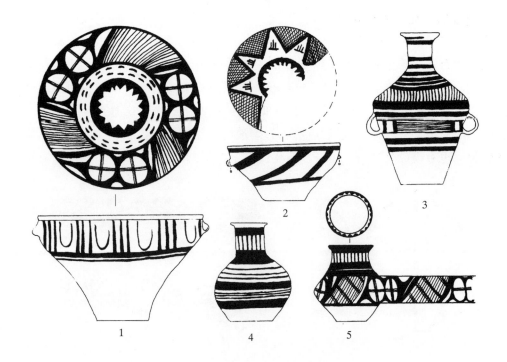

图三一九　五坝山 M1 随葬陶器

1、2.彩陶盆（M1:3、2）　3.彩陶瓶（M1:4）　4.彩陶壶（采01）　5.彩陶罐（M1:1）

2.马家窑文化半山类型

分布在河西走廊东部，发现很少，以甘肃永昌鸳鸯池早期遗存为代表①，还见于古浪尕家梁，武威半截墩滩、塔儿湾等遗址。面貌基本同于黄河流域兰州附近遗存，年代稍偏晚（图三二〇）。

3.菜园文化

目前仅发现于内蒙古阿拉善左旗头道沙子②、巴彦浩特鹿图山③等遗址。采集陶器多数为泥质和夹砂红褐陶，器表有绳纹、篮纹、附加堆纹、划纹、压印纹等，有小口鼓腹罐、花边圆腹罐、双耳罐、斝式鬲、单耳杯等器类，类似宁夏海原菜园村林子梁四期，当属于菜园文化晚期。同遗址采集的磨制石斧、石磨盘、石磨棒，以及石叶、

---

① 甘肃省博物馆文物工作队等：《永昌鸳鸯池新石器时代墓地的发掘》，《考古》1974 年第 5 期，第 299～308 页；甘肃省博物馆文物工作队等：《甘肃永昌鸳鸯池新石器时代墓地》，《考古学报》1982 年第 2 期，第 199～228 页。

② 李国庆、巴戈那：《阿拉善左旗头道沙子遗址调查》，《内蒙古文物考古》2004 年第 1 期，第 26～38 页。

③ 齐永贺：《内蒙古白音浩特发现的齐家文化遗物》，《考古》1962 年第 1 期，第 22 页。

石核、石镞、刮削器等细石器，部分也当属于菜园文化。这自然是菜园文化从宁夏南部北向扩展的产物。

4. 马家窑文化马厂类型

贯穿河西走廊东西，最西或许抵达新疆东部，已发现 50 多处。包括永昌鸳鸯池中晚期、古浪老城和高家滩①、酒泉照壁滩和高苜蓿地遗存，见于古浪大坡、谷家坪滩、青石湾子、小坡，武威磨嘴子②、头墩营、王家台、红水北湾、茂林山、

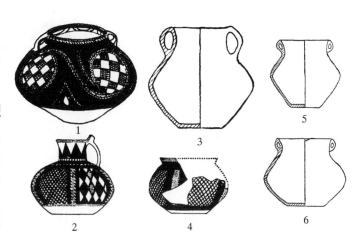

图三二○　鸳鸯池半山类型陶器
1、2、4. 彩陶罐（M188:1、M72:2、M72:3）
3、5、6. 双小耳罐（M72:1、5、4）

塔儿湾、永昌二坝、新队、南北滩、三角城外，山丹四坝滩③，民乐东灰山、西灰山，张掖下崖子，高台红崖子，金塔缸缸洼、三道梁子、金塔砖沙窝④，敦煌西土沟等遗址⑤。基本情况同于黄河流域。李水城将其分为甲、乙、丙三组：甲组以山丹四坝滩该期遗存为代表，有单耳长颈折线纹彩陶瓶、双耳大口菱格纹彩陶盆等，类似河湟地区马厂类型早期陶器。乙组以永昌鸳鸯池中晚期遗存为代表，有双耳罐、单耳罐、小口瓮、单把杯、敞口盆（钵）、鸭形壶、长颈瓶等，彩陶约占一半，以折线、回形、"X"形、"W"·形、圆形等为主纹，填以网格、横线等地纹，年代稍晚（图三二一）；长方形双孔石刀、骨梗石刃刀、骨梗石刃剑（匕首）有特色，并有一定数量的石叶、石核、刮削器等。丙组以酒泉照壁滩、高苜蓿地遗存为代表，素面泥质红陶为主，彩陶较少且构图简约，多见直线网格纹，未见内彩；夹砂红褐陶经常装饰两股一组的细泥条附加堆纹，其间穿插纵向波折纹，类似"蛇纹"，有双耳罐、钵、瓮，以及富有特色的带

①　武威地区博物馆：《甘肃古浪县老城新石器时代遗址试掘简报》，《考古与文物》1983 年第 3 期，第 1~4 页；武威地区博物馆等：《古浪县高家滩新石器时代遗址试掘简报》，《考古与文物》1983 年第 3 期，第 5~7 页。
②　甘肃省博物馆：《甘肃武威郭家庄和磨嘴子遗址调查记》，《考古》1959 年第 11 期，第 583~584 页。
③　安志敏：《甘肃山丹四坝滩新石器时代遗址》，《考古学报》1959 年第 3 期，第 7~16 页。
④　李水城：《半山与马厂彩陶研究》，北京大学出版社，1998 年，第 211~217 页。
⑤　西北大学考古系等：《甘肃敦煌西土沟遗址调查试掘简报》，《考古与文物》2004 年第 3 期，第 3~7 页。

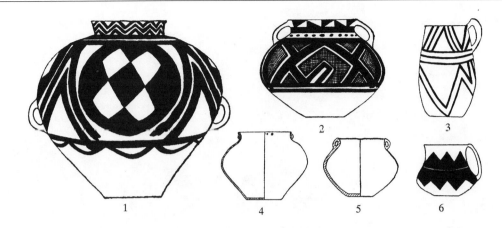

图三二一　鸳鸯池马厂类型陶器

1.彩陶双耳壶（M44：1）　2.彩陶双耳罐（M44：2）　3.彩陶单把杯（M44：4）　4、5.双小耳罐（M44：6、5）　6.彩陶单耳罐（M44：3）

盲耳的折沿小罐等器类。特别重要的是还发现铜锥和铜块各一①。其中以偏在走廊西部的丙组遗存最具特色。

李水城提出在马厂类型与四坝文化之间存在一个"过渡类型"②，其实可以暂作为马厂类型的最晚一个阶段。该类遗存见于山丹四坝滩，酒泉干骨崖、西河滩③，金塔榆树井、二道梁、缸缸洼，敦煌西土沟等遗址，武威黄娘娘台齐家文化同类彩陶的出现也可能与此有关。彩陶在颈部绘菱格纹、倒三角网格纹，腹部多绘垂带纹、成组折线纹，还有篮纹、细泥条"蛇纹"，器类主要有双耳罐、单耳罐、双耳盆、瓮等，罐类腹部多见乳突（图三二二）。有大量石叶、石核、刮削器、尖状器等细石器，还有磨制的刀、凿、纺轮，打制的斧、盘状器，以及针、锥、铲等骨器。

此外，在酒泉还发现西高疙瘩遗存，多为素面红陶，少数在肩腹部装饰细泥条堆纹（蛇纹），有很少的紫红彩和黑褐彩彩陶，组成简单的横带纹、垂弧纹等图案，器类有大口杯、双耳罐、单耳罐、腹耳罐、瓮等。有手斧、砍砸器、盘状器、石刀，以及刮削器、石片等打制石器，有穿孔石斧等磨制石器。其特征与河西马厂类型丙组和"过渡类型"近似，也当基本属于马厂类型范畴。

① 李水城：《西北与中原早期冶铜业的区域特征及交互作用》，《考古学报》2005年第3期，第239～278页。

② 李水城：《河西地区新见马家窑文化遗存及相关问题》，《苏秉琦与当代中国考古学》，科学出版社，2001年，第121～135页。

③ 王辉、赵丛仓：《酒泉市西河滩早期青铜时代遗址》，《中国考古学年鉴》（2004），文物出版社，2005年，第387～388页；《酒泉西河滩新石器晚期—青铜时代遗址》，《2004中国重要考古发现》，文物出版社，2005年，第44～48页。

河西马厂类型应为在当地半山类型基础上，继续接受河湟地区大量移民而形成，其背景与齐家文化强烈向西推进所带来的压力有关。当然至河西后文化也逐渐地方化，尤其马厂类型丙组、"过渡类型"和西高疙瘩遗存表现更为突出。这都为四坝文化的出现准备了条件。

5. 齐家文化

分布在河西走廊东部地区，以武威黄娘娘台遗存为代表[①]，还见于武威海藏寺遗址[②]。基本同于黄河流域。有少量菱格纹、折线纹、三角纹、垂带纹彩陶，尤其一种羊首形纹（有人称为变体蛙纹）最有特色，应为受马厂类型与四坝文化之间"过渡类型"影响的结果（图三二三）。其齿轮形石器或为权杖头。有一定数量的凹底镞、石核、石叶、刮削器等细石器。发现红铜质的刀、锥、凿、环、钻头、条形器等（图

图三二二　河西走廊过渡类型陶器

1~4、7、8、10、12. 彩陶双耳罐　5、6. 双耳罐

9. 彩陶单耳罐　11. 彩陶双耳盆

（采用李水城《河西地区新见马家窑文化遗存及相关问题》一文图六）

三二四），可见龙山时代即使在河西走廊地区，也还主要是红铜，或者说并未出现专门制作青铜的技术。此外还有保留灼痕的卜骨，多为羊骨，少数为牛、猪骨。皇娘娘台遗存年代在龙山后期，与马厂类型基本同时。随着齐家文化向西推进，马厂类型就退移到河西走廊西部。

此外，在内蒙古阿拉善左旗巴彦浩特[③]、吉兰泰[④]，以及阿拉善右旗额肯呼都格等

①　甘肃省博物馆：《甘肃武威黄娘娘台遗址发掘报告》，《考古学报》1960 年第 2 期，第 53~72 页；甘肃省博物馆：《武威黄娘娘台遗址第四次发掘》，《考古学报》1978 年第 4 期，第 421~448 页。

②　裴文中：《中国西北甘肃走廊和青海地区的考古调查》，《裴文中史前考古学论文集》，文物出版社，1987 年，第 256~273 页。

③　李壮伟：《内蒙古腾格里沙漠中的一处原始文化遗存》，《考古》1993 年第 11 期，第 981~984 页。

④　李壮伟：《内蒙古阿拉善左旗发现原始文化遗存》，《考古》1992 年第 5 期，第 385~388 页。

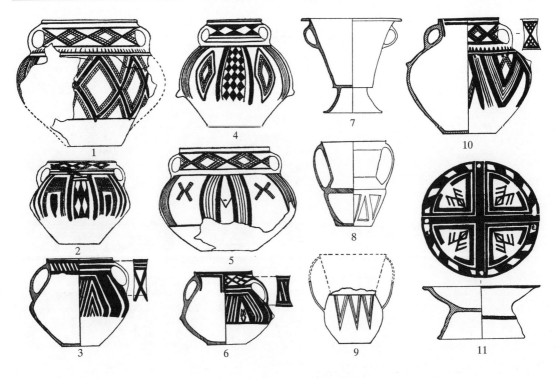

图三二三　皇娘娘台齐家文化陶器

1～6、10.彩陶双耳罐（M6、57M1、M31：1、57M1、M6、M30：2、M32：5）　7.圈足杯（M37：5）　8、9.
双大耳罐（M47：11、F8：6）　11.豆（M47：10）

遗址[1]，发现有大量镞、刮削器、石核、石片、石叶等细石器，以及磨制的石刀、石斧等，还采集到陶片，但时代不易确定。不过甘宁北部地区最早农业文化遗存的出现从仰韶晚期开始，推测这些遗存也应当在公元前3500年以后。在额济纳旗苏泊淖尔湖积阶地陡坎前还采集到打制的石斧形器，以及刮削器、石核、石片、石叶等细石器[2]。

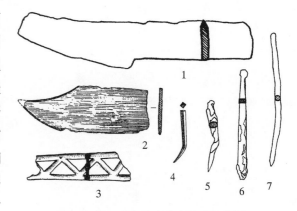

图三二四　皇娘娘台齐家文化红铜器

1、2.刀（T17：5、AT3（2））　3.条形器（H9（3））
4、5、7.锥（BT2（2）、T14：8、H6）　6.钻（T3：7）

① 国家文物局主编：《中国文物地图集·内蒙古自治区分册》（下），西安地图出版社，2003年，第631～633页。

② 迟振卿、姚培毅、王永等：《内蒙古额济纳旗苏泊淖尔石制品的发现及当时的环境特征》，《地质通报》第24卷第2期，2005年，第165～169页。

二、聚落形态

　　塔儿湾遗址有马家窑类型平地起建的双室房屋（F208），前室圆角长方形，中部有坑灶，后室圆形。老城遗址发现铺有小卵石和料姜石面的马厂类型房基，还有窖穴。重要的是在酒泉西河滩发现属于马厂类型和四坝文化"过渡类型"的大型聚落，面积在50万平方米以上。房屋成排分布，半地穴式或地面式、方形或长方形、单间或多间，内有羊、猪、牛等家畜的骨骼，房屋周围有不少储藏坑和"烧烤坑"。五坝山马家窑类型墓葬（M1）随葬彩陶和骨笄、绿松石、骨珠等。鸳鸯池墓地半山类型和马厂类型墓葬均为简陋的圆角长方形竖穴土坑墓，半山阶段多为单人葬，马厂阶段2~3人的合葬墓增多，流行仰身直肢葬，随葬少量陶器、工具和装饰品等。基本情况和黄河流域偏西区类似，只是聚落面积更小、文化层更薄。

　　属于齐家文化的黄娘娘台遗址发现有方形半地穴式房屋，中部有圆形或双圆形（葫芦形）坑

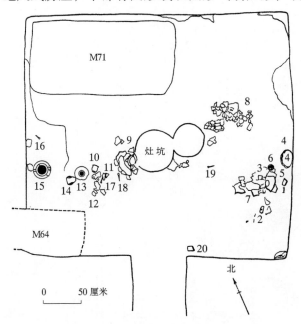

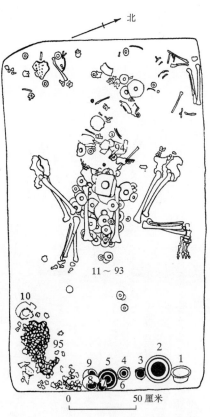

图三二五　皇娘娘台 F8 平面图

图三二六　皇娘娘台 M48 平面图

1. 石斧　2. 石刀　3、20. 砺石　4. 石敲砸器　5. 敛口陶器　6、14. 双大耳陶罐　7. 单耳陶罐　8、9. 双耳折腹灰陶罐　10、13. 侈口陶罐　11. 陶鬲足　12. 双小耳陶罐　15. 双耳陶罐　16~19. 骨锥

1、5. 陶尊　2. 双耳折肩陶罐　3. 三耳陶罐　4. 双小耳陶罐　6、7、9. 单耳陶罐　8. 敞口陶罐　10. 陶豆　11~93. 石璧　94. 玉璜　95. 小石块

灶或地面灶。地面多敷设白灰面，也有的为红烧土面，墙壁或有白灰墙裙（图三二五）。多见圆形锅底状或筒状窖穴，也有袋状窖穴。墓葬为不甚规整的长方形竖穴土坑墓，多为单人葬，少数二人或三人合葬墓。以仰身直肢葬为多，部分为侧身屈肢葬。除随葬陶器、工具和装饰品外，特别流行随葬石玉璧（璧芯）、石玉片、多粒小石子、猪下颌骨，个别还祭献羊头，有的在尸骨上有红色颜料。有明显的贫富分化和男女地位的分化。有的墓葬一无所有或仅有 1 件陶器，有的则随葬数十件（组）随葬品；猪下颌骨多者达到 7 个，且多置于男性附近。如 M48 为一男二女合葬墓，男性仰身直肢居中，女性侧身屈肢面向男性；在男性身上放置石璧 83 件、玉璜 1 件，脚下随葬陶器10 件、石子 304 颗。这种现象体现出男尊女卑的父系社会的观念（图三二六）。该墓地还发现乱葬坑，人骨身首分离或四肢不全，个别也随葬少量陶器和石璧。

三、经济形态

　　河西走廊马家窑文化和齐家文化的经济形态基本同于黄河流域，属于农业经济（图三二七）。鸳鸯池马厂类型陶瓮中就装有粟。李璠等曾在东灰山遗址采集到炭化的

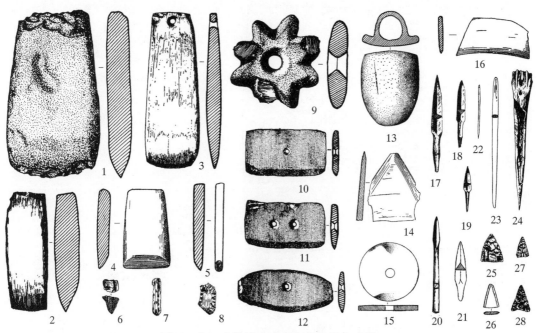

图三二七　皇娘娘台齐家文化工具和武器

1～3.石斧（采、T8:8、采）　4.石锛（采）　5.石凿（采）　6.石核（T11（3））　7.石叶（AT4（2））
8.石刮削器（T7（3））　9.石杖头（T4:13）　10～12.石刀（M63:3、采、T9:20）　13.陶垫　14.石矛
（M6（7））　15.石纺轮（采）　16.石镰（M6）　17～20.骨镞（H55:3、T10:7、T21:2、M37:14）　21、
26.磨制石镞（T8（3）、T2（3））　22、23.骨针（T9:11、T21:29）　24.骨锥（H63:1）　25、27、28.细
石器镞（T11（3）、BT1（2）、T11（3））

大麦、黑麦、高粱、稷、粟的籽粒[①]，测年在公元前2000年以前。这说明马厂类型时期栽培小麦已经东传至甘青地区[②]。但该区畜牧、狩猎经济成分更大，表现在细石器更多，还流行骨梗石刃刀、骨梗石刃剑等（图三二八）。家畜之类仍为羊、猪、牛、狗等，鹿等野生动物当为狩猎对象。在西河滩发现牲畜栏，照壁滩还发现动物像生纹彩陶。陶器基本用传统的泥条筑成法手制，在西河滩遗址还发现简陋的横穴式陶窑，当属于开放式窑，有的三个一组成排排列。

皇娘娘台墓地和海藏寺遗址相距仅1.5公里，在皇娘娘台墓地随葬玉料、玉芯，在海藏寺遗址发现大量玉、石原料和半成品，表明海藏寺遗址是一处玉、石器制造场所，甚至有部分玉料来自新疆和田的可能性[③]。

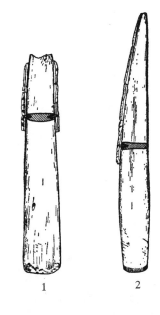

图三二八　鸳鸯池马厂
类型骨梗石刃器
1. 剑（M24∶14）
2. 刀（M57∶2）

四、小结

铜石并用时代以后，马家窑文化、菜园文化和齐家文化先后拓展至河西走廊地区和阿拉善地区，马厂类型甚至还有可能到达新疆东部哈密地区。其文化面貌、聚落形态和经济形态均和黄河流域同类文化大同小异，只是聚落面积更小、文化层更薄，而且包含更多细石器，动物题材也更常见，显示其畜牧、狩猎成分更大。尤其广大的新疆和内蒙古西部的阿拉善地区，此时使用细石器更加普遍，很可能以传统的狩猎采集经济为主。即使存在农业经济，其发展水平也应很有限。甚至有可能存在没有陶器或者包含很少陶器的农业文化。

---

① 李璠等：《甘肃省民乐县东灰山新石器遗址古农业遗存新发现》，《农业考古》1989年第1期，第56～69页。

② 李水城：《从考古发现看公元前二千年东西文化的碰撞和交流》，《新疆文物》1999年第1期，第53～65页；李水城、莫多闻：《东灰山遗址炭化小麦年代考》，《考古与文物》2004年第6期，第51～60页。

③ 梁晓英等：《武威新石器时代晚期玉石器作坊遗址》，《中国文物报》1993年5月30日第3版。

第二节　青铜时代

西北内陆干旱区青铜时代的绝对年代约为公元前 1900～前 1300 年，相当于中原地区的夏后期和商早期。除河西走廊和柴达木盆地区文化和黄河流域流行彩陶的文化有很多联系外，新疆地区文化基本属于另一个大的文化系统，其与西方的文化联系要明显多于和东方的联系。畜牧业和农业在这些文化的发展中几乎同时起到重要作用，只是程度不同。青铜器和青铜文化较为发达，社会日益复杂化，有的地区已进入文明社会的初期阶段。

一、文化谱系

该阶段遗存在河西走廊有四坝文化和辛店文化，在新疆至少可以分成哈密天山北路文化、古墓沟文化、安德罗诺沃文化、水泥厂类遗存、克尔木齐类遗存和新塔拉类遗存六类。

1. 四坝文化

分布在河西走廊中西部，以甘肃山丹四坝滩遗存为代表[1]，包括安西鹰窝树[2]，玉门火烧沟[3]、沙锅梁[4]，酒泉干骨崖[5]、下河清，民乐东灰山、西灰山[6]，山丹山羊堡滩遗存等[7]。绝对年代约为公元前 1900～前 1600 年。

陶器绝大多数为夹砂红褐色，也有含很少砂粒的"泥质陶"。除素面外，流行彩绘，还有绳纹、戳印纹、弦纹、刻划纹、附加堆纹，以及凸棱、乳突等。彩绘多为器物出窑后绘制，一般为紫红陶衣上绘浓黑彩，也有不涂陶衣直接绘黑彩或黄白陶衣上绘黑彩者。彩绘纹样有平行横带纹、折线纹、菱格纹、棋盘格纹、三角纹、网格纹、

---

① 安志敏：《甘肃远古文化及其有关的几个问题》，《考古通讯》1956 年第 6 期，第 9～18 页；安志敏：《甘肃山丹四坝滩新石器时代遗址》，《考古学报》1959 年第 3 期，第 7～16 页。

② 李水城：《四坝文化研究》，《考古学文化论集》（三），文物出版社，1993 年，第 80～121 页。

③ 甘肃省博物馆：《甘肃省文物考古工作三十年》，《文物考古工作三十年（1949～1979）》，文物出版社，1979 年，第 139～153 页。

④ 李水城：《四坝文化研究》，《考古学文化论集》（三），文物出版社，1993 年，第 80～121 页。

⑤ 同④。

⑥ 宁笃学：《民乐县发现的二处四坝文化遗址》，《文物》1960 年第 1 期，第 74～75 页；甘肃省文物考古研究所、吉林大学北方考古研究室：《民乐东灰山考古——四坝文化墓地的揭示与研究》，科学出版社，1998 年。

⑦ 甘肃省博物馆：《甘肃古文化遗存》，《考古学报》1960 年第 2 期，第 11～52 页。

垂带纹、卷云纹、回形纹、连弧纹、圆点纹、变体蜥蜴纹、手印纹，以及"N"、"Z"、"="、"X"、"S"形纹等，还有倒三角形上身的人形图像。刻划纹类似彩陶装饰，也有三角纹、折线纹以及"Z"、"="、"X"、"S"形纹。器形平底、有耳、带盖，有双耳罐、单耳罐、壶、四耳罐、无耳绳纹罐、豆、单把杯、盆、四足方盘（鼎）、多子盒、

图三二九　东灰山四坝文化陶器

1.素面双腹耳壶（M92:4）　2.彩陶双腹耳壶（M23:2）　3、21.彩陶盆（M12:1、M19:1）　4、11～13、16.双耳罐（M123:5、M94:3、M23:4、M48:1、M181:2）　5.花边罐（M9:1）　6.彩陶四耳带盖罐（M92:10）　7.素面四耳壶（M181:1）　8.圈足罐（M65:9）　9.四足方盘（M218:2）　10、17.单耳罐（M117:5、M59:2）　14.彩陶三耳壶（M2:1）　15.彩陶双耳罐（M158:3）　18.彩陶带鋬壶（M139:1）　19、20.彩陶豆（M108:5、M205:1）

带盖筒形罐、筒形杯、人形罐等器类（图三二九）。双耳罐和单耳罐都有素面和彩绘之别，有的双大耳罐上还黏附绿松石装饰。壶多为双腹耳，也有三耳、四耳者，盆多为单、双耳或单把曲腹盆。随葬品多个体小而火候低。有铜刀、铜削、有銎铜斧、铜镞、铜（骨）锥、骨匕、骨针、石砍砸器（盘状器）、石刮削器、石锄、石刀（爪镰）、石（玉）斧、石（骨）凿、石磨盘、石磨棒、石杵、石臼、石球、环状石器、陶纺轮、石网坠、穿孔或带槽砺石等工具或武器。石刀（爪镰）长方形，有单、双、四穿孔或两侧带缺口者，铜刀多为弧背环首。陶纺轮上多刻划折线纹、变体蜥蜴纹以及"十"、"X"形纹。有铜镯、铜泡、铜联珠饰、铜扣饰、铜（金、银）耳环、铜管，以及绿松石、牙、贝、蚌质的装饰品，还有玉石权杖头、铜羊首权杖头、陶埙、带灼痕卜骨等，卜骨多为羊肩胛骨。

四坝文化不但有阶段性变化[①]，还存在一定的地方性差异，其主体来源于马厂类型[②]。由于"过渡类型"的发现，四坝文化和马厂类型之间的承袭关系更加清楚了。但马厂类型不能自然发展为四坝文化，它应当还融合了大量哈密天山北路文化因素，如弧背刀、泡、联珠饰、耳环、有銎斧等青铜器（图三三〇）[③]，砷青铜、锡青铜等多种合金成分，铸造（石范）和热锻共存的加工方法，筒形罐、筒形杯等陶器，甚至其四足方盘（鼎）也可能与西部木盘或青铜盘有关联。当然砷青铜、弧背刀、喇叭口耳环、泡、联珠饰、权杖头等因素，以及大小麦、羊、马等，更早的源头在西亚至西伯利亚地区，并存在自西而东渐次传播的轨迹。可见四坝文化是东西方文化结合的产物[④]。此外，其变体蜥蜴纹、彩陶豆、彩陶罐等，与黄娘娘台齐家文化者近似，应都与"过渡类型"这个共同的源头有关。个别无耳花边绳纹罐类似秦魏家、大何庄齐家文化同类器物，应为受后者影响的产物。火烧沟、东灰山居民种系与甘青地区新石器时代居民体质一致，接近现代华北类型东亚蒙古人种，东灰山居民还有北亚蒙古人种的某些成分[⑤]，应大致属于羌人系统。

① 李水城：《四坝文化研究》，《考古学文化论集》（三），文物出版社，1993 年，第 80～121 页。
② 严文明：《甘肃彩陶的源流》，《文物》1978 年第 10 期，第 62～76 页。
③ 李水城、水涛：《四坝文化铜器研究》，《文物》2000 年第 3 期，第 43 页；梅建军、高滨秀：《塞伊玛—图比诺现象和中国西北地区的早期青铜文化》，《新疆文物》2003 年第 1 期，第 47～57 页。
④ 张忠培：《东灰山墓地研究——兼论四坝文化及其在中西文化交流中的位置》，《中国考古学九十年代的思考》，文物出版社，2005 年，第 206～241 页。
⑤ 郑晓瑛：《甘肃酒泉青铜时代人类头骨种系类型的研究》，《人类学学报》第 12 卷第 3 期，1993 年，第 327～336 页；朱泓：《东灰山墓地人骨的研究》，《民乐东灰山考古——四坝文化墓地的揭示与研究》，科学出版社，1998 年，第 172～183 页；韩康信、谭婧泽、张帆：《中国西北地区古代居民种族研究》，复旦大学出版社，2005 年。

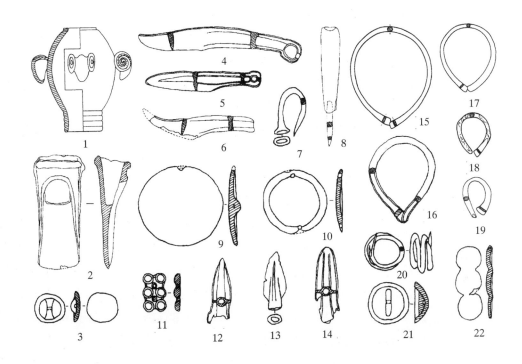

图三三〇　四坝文化铜器

1.四羊首权杖头　2.有銎斧　3、21.扣饰　4～6.刀　7、16～20.耳环　8.锥　9、10.泡饰　11、22.联珠
泡饰　12～14.镞　15.镯（根据李水城、水涛《四坝文化铜器研究》一文图一～三改绘，1.火烧沟　2、8、
12～14.干骨崖　15、17～19.东灰山　22.鹰窝树，其余不清）

2. 辛店文化

目前仅发现于内蒙古阿拉善左旗头道沙子遗址[1]，有可能还分布于河西走廊东部。调查发现的颈部略内曲的陶圆腹罐或鬲当属于辛店文化，有的口沿带花边，饰绳纹、成组横竖压印纹等，有的鬲上还有"蛇纹"。此外，有些富有特点的饰竖向压印纹的筒形罐类器物，以及部分磨制石器、细石器等，也有属于此类遗存的可能性。该类遗存与黄河流域辛店文化近似，当为辛店文化北向扩展的产物。陶蛇纹鬲、压印纹罐等与朱开沟文化中期遗存有相似的一面，表明与内蒙古中南部存在东西向的联系。

3. 哈密天山北路文化

分布在哈密盆地和巴里坤草原，以哈密天山北路墓地（又称雅林办墓地）为代表[2]，

---

①　李国庆、巴戈那：《阿拉善左旗头道沙子遗址调查》，《内蒙古文物考古》2004 年第 1 期，第
　　26～38 页。

②　吕恩国、常喜恩、王炳华：《新疆青铜时代考古文化浅论》，《苏秉琦与当代中国考古学》，科
　　学出版社，2001 年，第 179～184 页。

包括巴里坤南湾墓地①、兰州湾子遗存②、东黑沟石筑高台及石围居址③，还见于哈密五堡④、腐殖酸厂墓地⑤，伊吾军马场墓地⑥、卡尔桑遗址⑦，巴里坤石人子遗址等⑧。陶器基本为夹砂红褐色，彩陶发达，主要为黑彩，有网格纹、菱格纹、垂带纹、"Z"形纹、手形纹、叶脉纹等图案，特别是还有男、女人像图案，与四坝文化人像近似。构图复杂，严谨规矩，除个别波形纹外，缺乏其他弧线纹饰。以平底的双耳、单耳罐类器物最具特色，其他还有筒形罐、注流壶、鋬耳壶、单耳或无耳筒形杯、单耳曲腹或折腹钵、盆、匜、四系罐等。铜器有刀、剑、矛、斧、锛、凿、锥、镰、镞、矛、镜、耳环、手镯、铃、牌、泡、扣、珠、管、别针等（图三三一）。兰州湾子还发现有铜镤（也有人称其为镤或釜）。石器有磨盘、磨棒、杵、锤斧、砍砸器和细石器镞等。还有金、银、骨、贝、蚌类装饰品。该类遗存虽与四坝文化有相似之处，与马厂类型也有若干共同点，但自身特色也颇为突出。以前曾有过"雅林办墓地遗存"、"林雅遗存"等称呼，现可称其为"哈密天山北路文化"⑨。如果仔细辨析，会发现哈密盆地的天山北路墓地，同巴里坤草原的南湾、兰州湾子、东黑沟遗址间还有着若干差异，如前者彩陶明显比后者发达，前者构图繁复，后者纹样简单；前者的坯室墓葬、陶贯耳筒形罐，后者的石砌墓室、陶圜底双腹耳罐、陶双腹（或双鋬）釜、陶镤、铜镤等也都各具特色（图三三二、三三三）。排除前者的上限稍早等原因，两者之间主要体现的是地方性差异。

李水城曾将哈密天山北路文化（该文称"林雅遗存"）的陶器分成甲、乙两组，作为主体的甲组以单耳罐、双耳罐类为主，流行垂带纹、网格纹、菱格纹、手形纹等图

①　常喜恩：《巴里坤南湾墓地66号墓清理简报》，《新疆文物》1985年第1期，第4页；贺新：《新疆巴里坤县南湾M95号墓》，《考古与文物》1987年第5期，第7～8页；吕恩国、常喜恩、王炳华：《新疆青铜时代考古文化浅论》，《苏秉琦与当代中国考古学》，科学出版社，2001年，第184～187页。

②　王炳华等：《巴里坤县兰州湾子三千年前石构建筑遗址》，《中国考古学年鉴》（1985），文物出版社，1985年，第255～256页；西北大学考古专业、哈密地区文管会：《新疆巴里坤岳公台—西黑沟遗址群调查》，《考古与文物》2005年第2期，第3～12页。

③　新疆文物考古研究所、西北大学文化遗产与考古学研究中心：《2006年巴里坤东黑沟遗址发掘》，《新疆文物》2007年第2期，第32～60页。

④　新疆文物事业管理局、新疆文物考古研究所：《新疆维吾尔自治区文物考古五十年》，《新中国考古五十年》，文物出版社，1999年，第482～483页。

⑤　张承安、常喜恩：《哈密腐殖酸厂墓地调查》，《新疆文物》1998年第1期，第36～40页。

⑥　常喜恩：《伊吾军马场新石器时代遗址调查》，《新疆文物》1986年第1期，第14～15页。

⑦　吴震：《新疆东部的几处新石器时代遗址》，《考古》1964年第7期，第337～341页。

⑧　同⑦。

⑨　"天山北路"指哈密市区的天山北路，是个小地名。由于"天山北路文化"一名易引起误会，故在其前加"哈密"二字。

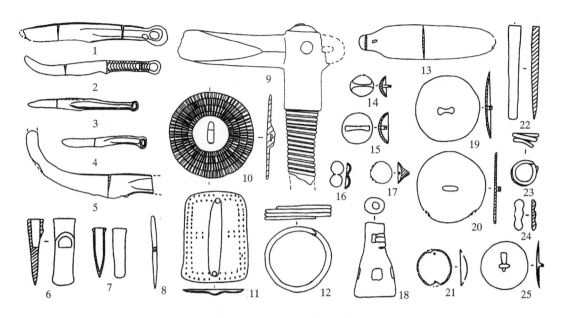

图三三一 哈密天山北路文化铜器

1～5.刀 6、7.锛 8.锥 9.管銎斧 10、19、20.镜 11.牌 12、23.耳环 13.矛 14、15、17、25.扣 16、21、24.泡 18.铃 22.凿（9、12、18、23.南湾，余为天山北路）

案的黑彩，特征与四坝文化陶器接近，其祖源在河西走廊①。不过问题是，可以列入甲组的双耳菱格纹彩陶罐等并非四坝文化典型器，而是与马厂类型的同类器相同②。这说明甘青文化西进新疆的时间可能提前到马厂类型时期。陶器以外其他因素的情况却与此显著不同。哈密天山北路文化的弧背铜刀、有銎（管銎）斧、泡（联珠形泡饰）、扣、镜、耳环等青铜器（尤其部分砷青铜），以及土坯等，其祖源应在中西亚地区而非甘青或中原。比如泡、扣、镜、耳环等铜器，早在公元前第四五千纪就已经出现在中亚地区的纳马兹加文化Ⅰ～Ⅲ期③；砷铜在公元前第三千纪也早就流行于西亚、中亚和欧亚草原④。这些因素在新疆地区的出现，很可能与中西亚及欧亚草原文化的东渐有

① 李水城：《从考古发现看公元前二千年东西文化的碰撞和交流》，《新疆文物》1999年第1期，第53～65页。
② 水涛早就注意于此，见水涛：《新疆青铜时代诸文化的比较研究——附论早期中西文化交流的历史进程》，《国学研究》第一卷，北京大学出版社，1993年，第447～490页。
③ E. N. Chernykh, *Ancient Metallurgy in the USSR*：*The Early Metal Age*, translated by Sarah Wright, Cambridge University Press, 1992, pp.26－30.
④ Jianjun Mei, Copper and Bronze Metallurgy in Late Prehistoric Xinjiang, *BAR International Series* 865, Oxford：Archaeopress, 2000, pp.39－40；潜伟、孙淑云、韩汝玢：《古代砷铜研究综述》，《文物保护与考古科学》2000年第2期，第48页。

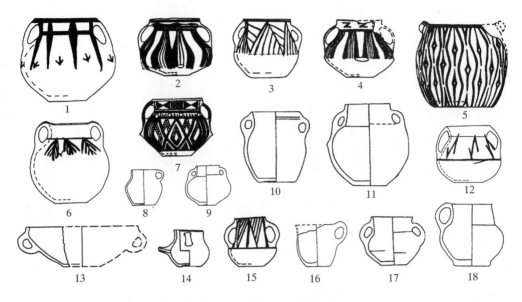

图三三二　哈密天山北路陶器

1～4、6、7、9～12、15、17. 双耳罐　5. 筒形罐　8、16、18. 单耳罐　13. 双耳盆　14. 注流壶

关。林梅村具体提出，哈密天山北路文化的弧背铜刀、空首凿（有銎斧）、铜锥等与奥库涅夫文化有关，青铜短剑、土坯等与辛塔什塔—彼德罗夫斯卡文化有关[①]，说明这些因素传入新疆的时间大致就在公元前二千纪前后。杨建华还指出其三叉护手剑在米努辛斯克盆地有更早的祖型[②]。同时，从陶器来说，被列为乙组的饰横向折线纹或竖列折线纹彩的双贯耳筒形罐，应当同欧亚草原的筒形罐文化系统存在联系；个别"松针纹"图案也可能与此相关[③]。此外，屈肢葬也是青铜时代前后流行于欧亚草原的代表性葬式，而非河西走廊传统。尤其在巴里坤草原还见有石室墓、铜镞等。不过实际上哈密天山北路文化并不与欧亚草原的那些文化直接接触，与其相邻的是新疆中西部的所谓"筒形罐文化系统"。由于上述屈肢葬、青铜刀、青铜镜、有銎斧等，恰也是新疆"筒形罐文化系统"的典型特征，则哈密天山北路文化中大量西（北）方因素的出现，显然应当是受到前者影响的结果。反之，前者中所见的单、双耳罐（包括彩陶）等则当

① 林梅村：《吐火罗人的起源与迁徙》，《新疆文物》2002 年第 3、4 期，第 77 页。他还推测，哈密五堡采集的一件实木车轮，属于辛塔什塔—彼德罗夫斯卡文化因素。见林梅村：《吐火罗神祇考》，《国学研究》第五卷，北京大学出版社，1998 年，第 1～26 页。王海城则推测此车轮与高加索地区有关联，见王海城：《中国马车的起源》，《欧亚学刊》第三辑，中华书局，2004 年，第 42 页。

② 杨建华：《春秋战国时期中国北方文化带的形成》，文物出版社，2004 年，第 154 页。

③ 水涛：《新疆青铜时代诸文化的比较研究——附论早期中西文化交流的历史进程》，《国学研究》第一卷，北京大学出版社，1993 年，第 447～490 页。

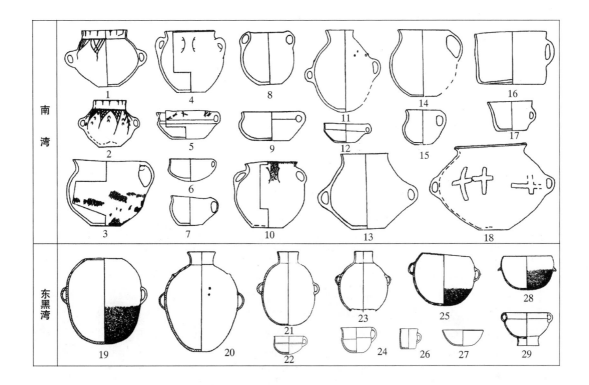

图三三三　南湾和东黑沟陶器

南湾：1、2、4、8、10、11、13、18. 双耳罐　3、14、15. 单耳罐　5～7、9、12. 单耳钵　16、17. 单耳筒形杯

东黑沟：19～21、23. 双耳罐（GT1Z2①:1、GT1⑥:3、GT1Z2①:3、GT1⑤a:27）　22、24. 单耳罐（F03Z1:2、F03③:23）　25. 双耳釜（GT1Z2②:2）　26. 单耳杯（GT1③:1）　27. 钵（GT1⑤a:13）　28. 双錾釜（GT1⑤a:14）　29. 双耳镟（GT1⑤a:26）

属后者因素。

　　一般来说，陶器、装饰品和葬式多同特定的生活方式和传统习俗密切相关，而工具类同经济方式关系更大。哈密天山北路文化的主体陶器属于东方系统，装饰品、葬式和工具类基本属于西（北）方系统，则该文化显然就是两大文化系统交流融合的产物。我们推测，大致在公元前二千纪前后，当马厂类型推进到河西走廊后可能发生分化，一支留在当地并发展为四坝文化，另一支进入哈密地区并遭遇"筒形罐文化系统"而形成哈密天山北路文化。哈密天山北路文化和四坝文化主体因素近同，应当是二者同源且持续频繁交流的结果。人头骨研究也表明以东北亚或东亚蒙古人种为主，与四坝文化接近，还有个别欧洲人种[1]。当然，这样说并非完全否定哈密地区存在早于青铜

---

① 王博等：《天山北路古墓出土人颅的种族研究》，《新疆师范大学学报》（哲社版）第24卷第1期，2003年，第97～107页。

时代的土著文化的可能性。

4. 古墓沟文化

分布于孔雀河下游的罗布泊附近，以古墓沟[①]和小河墓地[②]为代表。随葬品主要是随身遗物和装饰品，包括裹尸毛毯、毛织斗篷、尖顶毡帽、皮靴、草编小篓、麻黄小包，以及玉、骨珠饰。在部分墓葬内，还随葬有木质或石质人像、大鼻木雕人面像、涂彩牛头、木祖、木弓、木箭、木别针、锯齿形刻木、木梳、木盆、木碗、木杯、角杯，以及桂叶形细石器镞、小铜卷、小铜片等。草篓上的阶梯纹和三角纹，木箭杆、木梳上的锯齿形、连续菱形纹，都是具有特色的装饰花纹（图三三四）。此外，斯坦

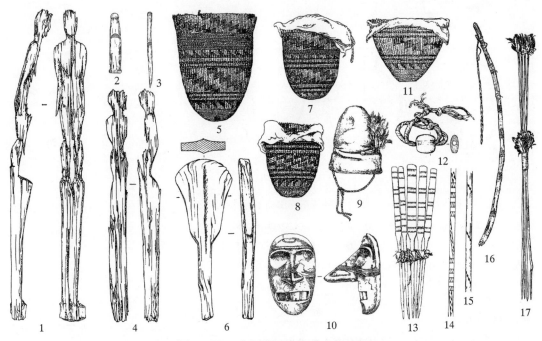

图三三四　小河墓地古墓沟文化遗物

1、4. 木雕人像（MC：118、MC：119）　2. 木祖（MC：38）　3. 木别针（M2：13）　5、7、8、11. 草编篓（MC：24、M2：11、MC：25、MC：23）　6. 立木（MC：121）　9. 毡帽（M4：7）　10. 木雕人面像（MC：93）　12. 玉饰（M4：13）　13. 刻纹木梳（M4：19）　14、15. 刻纹木箭杆（MC：51、MC：62）　16. 冥弓（M2：3）　17. 翎箭（M2：17）

①　新疆社会科学院考古研究所：《孔雀河古墓沟发掘及其初步研究》，《新疆社会科学》1983年第1期，第125～126页。

②　贝格曼：《新疆考古记》，王安洪译，新疆人民出版社，1997年，第75～183页；新疆文物考古研究所：《2002年小河墓地考古调查与发掘报告》，《新疆文物》2003年第2期，第8～64页；新疆文物考古研究所：《新疆罗布泊小河墓地2003年发掘简报》，《文物》2007年第10期，第4～42页。

因、贝格曼、黄文弼等学者曾在该地区采集到的细石器等遗物，也有属于该类遗存的可能性[①]。该类遗存缺乏陶器，与其他遗存判然有别，因此完全具备作为一个独立的考古学文化的条件。古墓沟墓地的发掘者已经提出"古墓沟文化"的命名，并指出其要早于同一地区包含彩陶的文化遗存[②]。也有学者称其为"小河—古墓沟文化"[③]。陈戈则建议称之为"小河文化"[④]。

　　由于缺乏陶器而使对该文化渊源的探讨变得分外困难。王炳华注意到古墓沟文化的尖底草篓与阿凡纳谢沃文化的尖底陶器有相似性[⑤]，林梅村更明确地将其与克尔木齐类遗存联系起来（该文称"克尔木齐文化"）[⑥]。人骨鉴定也表明偏早的第一种墓葬墓主的体质特征与欧洲人种的阿凡纳谢沃类型近同[⑦]。但还有另外的因素。小河墓地发现的大鼻露齿的木雕人面像，与辛塔什塔—彼德罗夫斯卡文化的石俑面像神似；编织在草篓和刻在箭杆上的三角纹、菱形纹、阶梯纹、折线纹等，也与辛塔什塔—彼德罗夫斯卡文化有相似性，显见古墓沟文化早期还接受到来自西方的影响。到了晚期，第二种墓葬墓主的体质特征与安德罗诺沃类型近同，表明应有一定数量的安德罗诺沃类型的人来到罗布泊地区生活。古墓沟文化流行仰身直肢葬，而当时伊犁、塔城等地广泛分布的安德罗诺沃文化也有一定数量的直肢葬，这可能正是二者存在实际联系的表现。晚期的古墓沟文化应当是阿凡纳谢沃传统和安德罗诺沃传统的融合体。不过，仅见仰身直肢葬而不见屈肢葬仍是古墓沟文化区别于当时新疆大部甚至西、北周邻地区的显著特点。总体来看，古墓沟文化可能主要来源于北方的阿凡纳谢沃文化—克尔木齐类遗存，并受到西方辛塔什塔—彼德罗夫斯卡文化—安德罗诺沃文化系统的越来越强烈的影响。当然北方文化也好，西方文化也好，在更高层次上其实归属于一个大文化系统。

5. 克尔木齐类遗存

　　分布在阿勒泰至中部天山北麓一带，以阿勒泰克尔木齐第1组墓葬为代表[⑧]，还包

①　参见威廉·蒙哥马利·麦高文：《中亚古国史》，中华书局，1958年，第57~217页。
②　新疆社会科学院考古研究所：《孔雀河古墓沟发掘及其初步研究》，《新疆社会科学》1983年第1期，第125~126页。
③　林梅村：《吐火罗人的起源与迁徙》，《新疆文物》2002年第3、4期，第76~80页。
④　陈戈：《序二》，《新疆的青铜时代和早期铁器时代文化》，文物出版社，2007年。
⑤　王炳华：《新疆地区青铜时代考古文化试析》，《新疆社会科学》1985年第4期，第50~60页。
⑥　林梅村：《吐火罗人的起源与迁徙》，《新疆文物》2002年第3、4期，第76页。
⑦　韩康信：《新疆孔雀河古墓沟墓地人骨研究》，《考古学报》1986年第3期，第361~382页。
⑧　新疆社会科学院考古研究所：《新疆克尔木齐古墓群发掘简报》，《文物》1981年第1期，第23~32页。

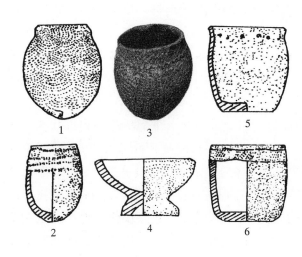

图三三五　克尔木齐类遗存陶器

1～3. 尖底罐（克尔木齐 M16:1、M16:3，坎儿子）

4. 豆形器（克尔木齐 M24:3）　　5、6. 平底筒形罐

（克尔木齐 M16:4、M7m1:1）

括布尔津阿和加尔墓葬①、奇台坎儿子土丘遗存等②。陶器以尖底橄榄形罐最具特色，也有平底筒形罐和豆形器，外表见压印或刻划的鳞纹、横带形篦纹、填斜线三角纹、网格纹、珍珠纹等几何形纹饰（图三三五）。石质的罐、钵、带把杯、灯等容器引人注目，还有细石器镞、骨镞、铜镞、铜刀、铜矛、铜斧等工具或武器。在一座墓葬附近还出土有铸造铲、匕、锥等铜器的石范母一套。

该类遗存的石板构筑的方形坟院、石棺墓、屈肢葬、尖底陶橄榄形罐、陶豆形器等因素，与分布在米努辛斯克盆地至阿尔泰山北麓的阿凡纳谢沃文化颇为相近，因此有学者将其归入阿凡纳谢沃文化范畴③。不过正如林梅村所指出的那样，其石俑、石容器、平底陶器以及铜器等许多特征都与阿凡纳谢沃文化有显著差别④，因此有作为独立的考古学文化的可能性。但限于资料，该类遗存的内涵尚不甚清楚，称"克尔木齐文化"⑤ 或 "切木尔切克文化"⑥都显得为时尚早，以暂称"克尔木齐类遗存"为宜。不过需要指出的是，该类遗存基本属于青铜时代应当没有多大问题。有学者将其上限定在战国西汉⑦或纳入早期铁器时代⑧，大概是由于未将该类遗存与同遗址晚期

① 张玉忠：《新疆布尔津县出土的橄榄形陶罐》，《文物》2007 年第 2 期，第 66 页。

② 奇台县文化馆：《新疆奇台县发现的石器时代遗址与古墓》，《考古学集刊》第 2 集，中国社会科学出版社，1982 年，第 22～24 页。

③ 王炳华：《新疆地区青铜时代考古文化试析》，《新疆社会科学》1985 年第 4 期，第 50～60 页。

④ 林梅村：《吐火罗人的起源与迁徙》，《新疆文物》2002 年第 3、4 期，第 73～75 页。

⑤ 陈光祖：《新疆金属时代》，《新疆文物》1995 年第 1 期，第 86～87 页。

⑥ 王博：《切木尔切克文化初探》，《考古文物研究——纪念西北大学考古专业成立四十周年文集（1956～1996）》，三秦出版社，1996 年，第 274～285 页。

⑦ 新疆社会科学院考古研究所：《新疆克尔木齐古墓群发掘简报》，《文物》1981 年第 1 期，第 23～32 页。

⑧ 陈戈：《史前时期的西域》，收入余太山主编：《西域通史》，中州古籍出版社，1996 年，第 25 页。

遗存区分开来的缘故；至于其口沿外饰珍珠纹的平底筒形陶罐等器物，是其区别于或稍晚于阿凡纳谢沃文化的表现，不能成为其属于卡拉苏克文化的证据①。从其铸造铜铲等的合范与安德罗诺沃文化的相似性来看，该类遗存的下限或许可晚至安德罗诺沃文化时期。

　　关于该类遗存的来源，或认为与颜那亚文化存在渊源关系②，或认为是阿凡纳谢沃文化向南发展的产物③，或认为与奥库涅夫文化有密切关系④，或认为其"主要接受了来自米奴辛斯克盆地卡拉苏克文化的影响，同时，也吸收了来自西部的安德罗诺沃文化的固有传统因素"⑤。这四种说法虽细节有异，但都将来源方向指向西或北方。的确，石砌长方形坟院、石棺墓、屈肢葬、尖圜底或平底筒形罐及其刻划纹、珍珠纹等⑥，在公元前第四千纪至前第二千纪的漫长时期，广泛存在于欧亚草原地带。克尔木齐类遗存甚至整个新疆青铜时代的"筒形罐文化系统"也不过是这一广大草原文化传统的组成部分。不过具体而言，由于该类遗存的铜器（包括石范母）与辛塔什塔—彼德罗夫斯卡文化、安德罗诺沃文化甚至奥库涅夫文化有接近之处，陶器又更接近阿凡纳谢沃文化，故其年代可能与阿凡纳谢沃文化相当或略晚；总体上既不会早至颜那亚文化，也不会晚至卡拉苏克文化时期。我们推测，或许颜那亚文化扩展至阿尔泰地区后，一支在阿尔泰山北麓至米努辛斯克盆地发展为阿凡纳谢沃文化，另一支至阿尔泰山南麓后与土著文化结合或发生变异而形成克尔木齐类遗存，二者由于同源且持续交流而存在诸多共性。与此同时，他们还可能共同接受来自南西伯利亚的辛塔什塔—彼德罗夫斯卡文化的影响；当稍后阿凡纳谢沃文化被奥库涅夫文化代替后，克尔木齐类遗存继续与奥库涅夫文化交流，同时又受到安德罗诺沃文化的冲击。

---

①　水涛：《新疆青铜时代诸文化的比较研究——附论早期中西文化交流的历史进程》，《国学研究》第一卷，北京大学出版社，1993 年，第 447~490 页。

②　N. L. Morgunova, Yamnaya (Pit-Grave) Culture in the South Urals Area, In *Complex Societies of Central Eurasia from the 3rd to the 1st Millennium BC*, edited by Karlene Jones-Bley and D. G. Zdanovich, institute for the Study of Man, Washington D. C. 2002, pp.251 – 264；林梅村：《吐火罗人的起源与迁徙》，《新疆文物》2002 年第 3、4 期，第 73~75 页。

③　王炳华：《新疆地区青铜时代考古文化试析》，《新疆社会科学》1985 年第 4 期，第 50~60 页。

④　陈光祖：《新疆金属时代》，《新疆文物》1995 年第 1 期，第 87 页。

⑤　水涛：《新疆青铜时代诸文化的比较研究——附论早期中西文化交流的历史进程》，《国学研究》第一卷，北京大学出版社，1993 年，第 447~490 页。

⑥　所谓珍珠纹为从内壁用圆形物向外戳压而成，最早流行于贝加尔湖沿岸新石器时代的伊萨科沃文化（公元前 4 千纪以前）、谢洛沃文化（公元前 3500~前 2000 年），见冯恩学：《俄国东西伯利亚与远东考古》，吉林大学出版社，2002 年，第 100~129 页。

6. 安德罗诺沃文化

分布在伊犁河流域、塔城和帕米尔地区，以尼勒克穷科克早期遗存[①]、托里萨孜村墓葬[②]和塔什库尔干下坂地Ⅱ号墓地主体遗存为代表[③]，也见于尼勒克萨尔布拉克、阿克不早[④]，霍城大西沟[⑤]，塔城市卫校、下喀浪古尔等遗址[⑥]。陶器主要为夹砂灰色或灰褐色，平底或假圈足，偏早者上饰锥刺纹、篦点纹、指甲纹等，组成三角纹、折线纹等图案，偏晚者一般素面。流行大口弧腹或折腹筒形罐，还有斜弧腹的碗、杯类（图三三六）。有木钵、杯、盘等盛食器（图三三七）。工具主要是磨盘、磨棒、杵、斧、砺石、纺轮等石器，也有木铲。装饰品最典型者为一端喇叭状的铜、银耳环，还有铜镯、铜戒指、铜泡、铜或琉璃珠。该地区采集的斧、镰、锛、凿、矛等青铜器，可能也属于该类遗存[⑦]。

一般认为，伊犁、塔城地区该期遗存，属于安德罗诺沃文化范畴[⑧]。尤其巩留出土的饰有叶脉纹的斧、饰折线纹的镰等，与安德罗诺沃文化同类器别无二致。但安德罗诺沃文化的葬式几乎均为侧身屈肢，而伊犁、塔城等地区则见有一定比例的直肢葬，这应当是地方性特点。尤其以下坂地Ⅱ号墓地为代表的遗存，其筒形罐素面无纹，形

① 新疆文物考古研究所：《尼勒克县穷科克一号墓地考古发掘报告》，《新疆文物》2002 年第 3、4 期，第 13～53 页。

② 新疆文物考古研究所、塔城地区文管所：《托里县萨孜村古墓葬》，《新疆文物》1996 年第 2 期，第 14～22 页。

③ 郭建国：《塔什库尔干下坂地水库区文物调查》，《新疆文物》2002 年第 3、4 期，第 67～68 页；新疆文物考古研究所：《塔什库尔干县下坂地墓地考古发掘报告》，《新疆文物》2004 年第 3 期，第 1～59 页。

④ 吉林台水库考古调查小组：《尼勒克县吉林台一级水电站库区的文物再调查》，《新疆文物》2002 年第 1、2 期，第 51～52 页；刘学堂、关巴：《新疆伊犁河谷史前考古的重要收获》，《西域研究》2002 年第 4 期，第 106～108 页；阮秋荣：《尼勒克县吉林台遗存发掘的意义》，《新疆文物》2004 年第 1 期，第 80～82 页。

⑤ 新疆维吾尔自治区文物普查办公室、伊犁地区文物普查队：《伊犁地区文物普查报告》，《新疆文物》1990 年第 2 期，第 5～6 页。

⑥ 李肖：《新疆塔城市考古的新发现》，《西域研究》1991 年第 1 期，第 104 页；李肖：《塔城市卫生学校古墓群及遗址》，《中国考古学年鉴》（1991），文物出版社，1992 年，第 328～329 页；于志勇：《塔城市二宫乡下喀浪古尔村古遗址调查》，《新疆文物》1998 年第 2 期，第 35～38 页。

⑦ 王博、成振国：《新疆巩留县出土一批铜器》，《文物》1989 年第 8 期，第 95～96 页；李肖、党彤：《准格尔盆地周缘地区出土铜器初探》，《新疆文物》1995 年第 2 期，第 40～49 页。

⑧ 陈戈：《新疆伊犁河流域文化初论》，《欧亚学刊》第二辑，中华书局，2002 年，第 14～15 页；A.H. 丹尼、V.M. 马松主编：《中亚文明史》第一卷，中国对外翻译出版公司，2002 年，第 259 页；Jianjun Mei, Copper and Bronze Metallurgy in Late Prehistoric Xinjiang, *BAR International Series* 865, Oxford: Archaeopress, 2000, pp.39－40.

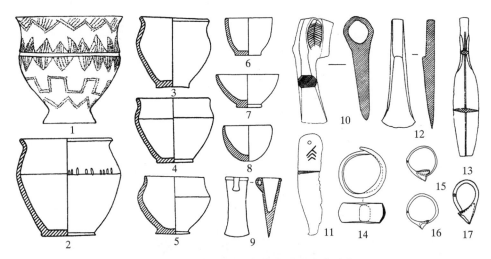

图三三六　新疆地区安德罗诺沃文化遗物

1～6.陶罐（萨孜村 M3：2，下坂地Ⅱ号墓地 M042：1、M036：1、M036：2、M062：9、M062：7）　7.陶碗（下坂地Ⅱ号墓地 M062：16）　8.陶杯（下坂地Ⅱ号墓地 M062：17）　9、10.铜斧（特克斯 91TR：1，巩留 A：3）　11.铜镰（巩留 A：6）　12.铜锛（塔城 0023）　13.铜矛（塔城 019）　14.铜手镯（下坂地Ⅱ号墓地 M042：3）　15、17.铜耳环（下坂地Ⅱ号墓地 M004：2①、M042：5）　16.银耳环（下坂地Ⅱ号墓地 M032：3）

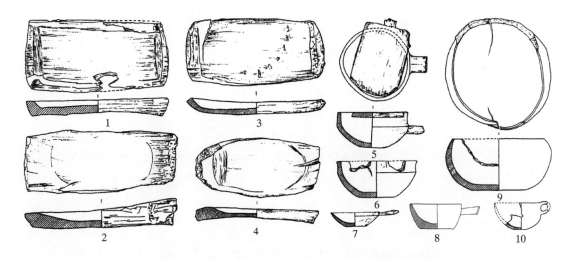

图三三七　下坂地Ⅱ号墓地安德罗诺沃文化木容器

1～4.木盘（M062：20、M062：22、M052A：2、M062：18）　5、6、9、10.木钵（M032：1①、M062：19、M077：1、M109：1）　7、8.木杯（M094：1、M054：1）

体小且假圈足不明显，与典型的安德罗诺沃文化有别，应当是安德罗诺沃文化末期的一种地方变体。

安德罗诺沃文化由辛塔什塔—彼德罗夫斯卡文化发展而来，也可以说辛塔什塔—

彼德罗夫斯卡文化是安德罗诺沃文化的初始阶段①。由于这一文化系统的核心在东乌拉尔地区，则其在新疆的出现，自然可被视为经哈萨克斯坦等中亚地区东向扩展的产物（图三三八）②。从克尔木齐类遗存、哈密天山北路文化、古墓沟文化中都存在辛塔什塔—

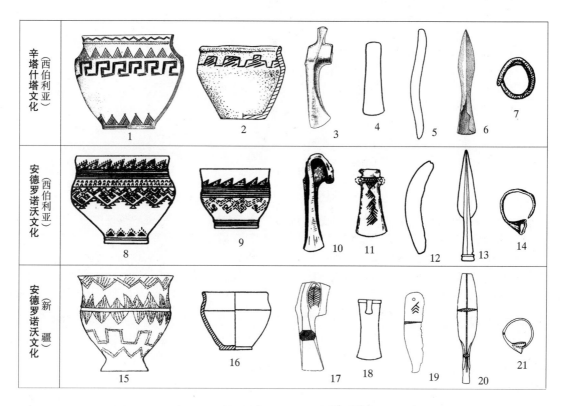

图三三八　新疆和西伯利亚辛塔什塔、安德罗诺沃文化遗物比较

1～7.Sintashta　8～11、14.Andronovo　12.Chernyaki　13.Bliznetsy　15.萨孜村（M3:2）　16、21.下坂地Ⅱ号墓地（M036:2、M004:2①）　17、19.巩留（A:3、A:6）　18.特克斯（91TR:1）　20.塔城（019）（1、2、8、9、15、16.陶筒形罐　3、4、10、11、17、18.铜斧　5、12、19.铜镰　6、13、20.铜矛　7、14、21.铜耳环）

①　David W. Anthony, The Opening of the Eurasian Steppe at 2000 BCE, in Victor H. Mair（ed.）. The Bronze Age and Early Iron Age Peoples of Eastern Central Asia. *The Journal of Indo - European Studies*, Monograph No.26, Washington: Institute for the Study of Man, 1998, pp.105 - 107.

②　Peng Ke, The Andronovo Bronze Artifacts Discovered in Toquztara County in Ili, Xinjiang, in victor H. Mair（ed.）. The Bronze Age and Early Iron Age Peoples of Eastern Central Asia. *The Journal of Indo - European Studies*, Monograph No.26, Washington: Institute for the Study of Man, 1998, pp.573 - 580; Mei Jianjun and Colin Shell, The Existence of Andronovo Cultural Influence in Xinjiang during the 2nd Millennium BC, in *Antiquity* 73（1999）, pp.570 - 578.

彼德罗夫斯卡文化因素的情况看，安德罗诺沃文化在初始阶段就可能已经出现于新疆西部。当其发展至成熟期后，就广泛分布于新疆塔城、伊犁至帕米尔地区，并强烈冲击着新疆中东部诸文化，并影响到四坝文化，其典型器喇叭口耳环则一直传播到西辽河流域的夏家店下层文化[1]。

7. 水泥厂类遗存

分布在石河子—乌苏地区，以石河子总厂水泥厂、总厂良种场一连墓地主体遗存为代表[2]，同类遗存还发现于石河子西洪沟遗址[3]。陶器为无耳平底的筒形罐、盆等，相当部分装饰有刻划和戳印的花纹，组成网格纹、填斜线的横带纹、三角纹、锯齿纹、联珠纹图案（图三三九）。还有细石器镞、铜镞、铜刀、砺石等工具。该类遗存与分布在鄂毕河上游和哈萨克斯坦的卡拉苏克文化有较大的相似性，但也有陶器器体偏矮等地方性特点[4]。鉴于其总体面貌尚不很清楚，我们暂称其为"水泥厂类遗存"。

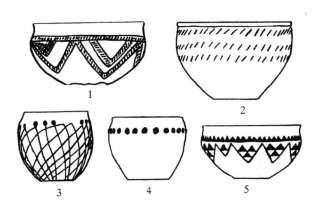

图三三九　水泥厂类遗存陶器

1、5. 盆（水泥厂 M01:2，良种场 M1:1）　2~4. 筒形罐（良种场 M01:1，水泥厂 M01:1、M1:1）

该类遗存既然可基本纳入卡拉苏克文化范畴，则其在新疆的出现，自然可以解释为该文化从鄂毕河上游和哈萨克斯坦等中心地区扩展至此的产物。不过，卡拉苏克文化的前身之一为安德罗诺沃文化，而新疆西部先前就被安德罗诺沃文化占据，故还存在主要在当地文化基础上形成水泥厂类遗存的可能性。南西伯利亚和哈萨克斯坦等地的卡拉苏克文化流行仰身直肢葬[5]，而水泥厂类遗存则以侧身屈肢为主，这或许正是当地安德罗诺沃文化的遗风。水泥厂类遗存的筒形罐口沿外常见有珍珠纹，这种纹饰还见于克尔木齐类遗存、新塔拉类遗存，但最早的源头却在贝加尔湖沿岸（图三四〇）。

①　林沄：《夏代的中国北方系青铜器》，《边疆考古研究》第 1 辑，科学出版社，2002 年，第 1~12 页。

②　新疆文物考古研究所等：《石河子市古墓》，《新疆文物》1994 年第 4 期，第 12~19 页。

③　新疆文物考古研究所等：《石河子市文物普查简报》，《新疆文物》1998 年第 4 期，第 55~56 页。

④　同②。

⑤　A.H. 丹尼、V.M. 马松主编：《中亚文明史》第一卷，中国对外翻译出版公司，2002 年，第 352~354 页。

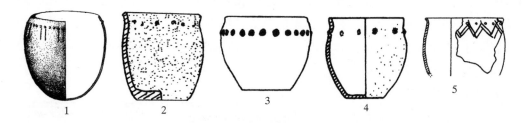

图三四〇　新疆地区和贝加尔湖沿岸的陶珍珠纹筒形罐

1. 阿塔兰加　2. 克尔木齐（M16:4）　3. 石河子水泥厂（M1:1）　4. 尼雅遗址以北（采集）　5. 下坂地Ⅱ号墓地（M018:C:4）

此外，该类遗存对察吾呼沟口文化、苏贝希文化也有一定影响，并最终被伊犁河流域文化代替。

8. 新塔拉类遗存

分布在塔里木盆地北缘和南缘，以和硕新塔拉早期遗存为代表[1]，在和硕曲惠、库车哈拉墩[2]、阿克苏喀拉玉尔衮[3]、民丰尼雅以北遗址也发现该类遗存[4]。陶器以夹砂红褐陶为主，器物表面多有刻划纹饰（也有戳刺和压印纹），主要纹样有三角纹、弦纹、菱纹、网纹、波纹，有的带小双耳或錾。器类有平底筒形罐、双耳罐和钵等（图三四一）。还有镰、斧、锤、镞、锥、磨盘、磨棒、穿孔砺石、杵、带把臼、纺轮、纺轮形器、珠饰等石、玉器[5]，以及双耳有鋬斧、刀、镞、锥、镜、泡、扣、镯、耳环等铜器。关于该类遗存，曾分别有过"新塔拉文化"、"哈拉墩文化"[6]、"尼雅北部类型"[7]等不同称谓。但鉴于其文化面貌还不甚清楚，建议暂称"新塔拉类遗存"。该类遗存本

---

① 自治区博物馆、和硕县文化馆：《和硕县新塔拉、曲惠原始文化遗址调查》，《新疆文物》1986 年第 1 期，第 1~13 页；新疆考古所：《新疆和硕新塔拉遗址发掘简报》，《考古》1988 年第 5 期，第 399~407 页；张平、王博：《和硕县新塔拉和曲惠遗址调查》，《考古与文物》1989 年第 2 期，第 16~19 页。

② 黄文弼：《新疆考古发掘报告（1957~1958）》，文物出版社，1983 年，第 93~118 页。

③ 新疆社会科学院考古研究所：《新疆考古三十年》，新疆人民出版社，1983 年，第 38~39 页。

④ 于志勇等：《民丰县北石油物探中发现的文物》，《新疆文物》1998 年第 3 期，第 41~44 页；新疆文物考古研究所：《新疆民丰尼雅遗址以北地区考古调查》，《新疆文物》1996 年第 1 期，第 16~21 页；岳峰、于志勇：《新疆民丰县尼雅遗址以北地区 1996 年考古调查》，《考古》1999 年第 4 期，第 11~17 页。

⑤ 新塔拉遗址曾采集有玉斧，其玉料或许来自和田地区。

⑥ 陈光祖：《新疆金属时代》，《新疆文物》1995 年第 1 期，第 83~88 页。

⑦ 岳峰、于志勇：《新疆民丰县尼雅遗址以北地区 1996 年考古调查》，《考古》1999 年第 4 期，第 17 页。

身也存在差异，如尼雅以北、哈拉墩和喀拉玉尔衮遗址的细泥条附加堆纹，新塔拉和曲惠遗址的彩陶都不互见，到底属于早晚差别还是地方性因素，还难以确定。

　　该类遗存仅有少量试掘和调查资料，总体面貌不清，要弄清其渊源还存在相当困难。大致来看，它与周围多种文化似乎都存在联系：尼雅以北（包括哈拉墩）的饰凸

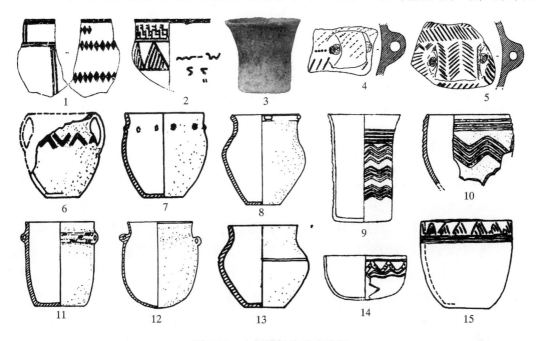

图三四一　新塔拉类遗存陶器

1、2、14.钵（新塔拉 T1－T2、新塔拉 T1－T2、尼雅以北遗址采集）　3、7、9～11、15.筒形罐（新塔拉 81H·A:73，余为尼雅以北遗址采集）　4、5.器耳（新塔拉 T1－T2）　6、12.双耳罐（尼雅以北遗址采集）8、13.侈口罐（尼雅以北遗址采集）

泥条折线纹的陶罐、杯，与塔吉克斯坦境内的瓦克什文化同类器相似[①]；新塔拉的带把石杯与克尔木齐遗存有关联，双耳罐、有銎铜斧、铜刀等与哈密天山北路文化关系密切[②]。可以补充的是，新塔拉、曲惠等遗址和哈密天山北路文化一样见有黑彩彩陶，只是二者图案各异。新塔拉的填斜线三角形、菱形网格纹等彩陶图案，可能是模仿了筒形罐上的刻划纹；横连或纵连菱形纹、"互"字纹、锯齿纹、梯格纹，则和古墓沟文化草篓、箭杆上的纹饰接近。此外，饰刻划纹的平底筒形罐与安德罗诺沃文化同类器近

①　岳峰、于志勇：《新疆民丰县尼雅遗址以北地区1996年考古调查》，《考古》1999年第4期，第11～17页；A.H.丹尼、V.M.马松主编：《中亚文明史》第一卷，中国对外翻译出版公司，2002年，第287～291页。

②　林梅村：《吐火罗人的起源与迁徙》，《新疆文物》2002年第3、4期，第80页。

似。尽管这些因素出现的先后顺序和具体过程还无法确定，但说新塔拉类遗存是多种文化因素在塔里木盆地绿洲交汇的产物，也许大体不差。

二、聚落形态

1. 四坝文化

聚落位于走廊绿洲。在东灰山遗址发现夯土墙和日晒砖，应存在地面式建筑，干骨崖遗址也有石墙房屋遗迹。总体上与黄河流域流行半地穴式和窑洞式房屋的情况有所不同。仍流行较大规模的氏族公共墓地。东灰山墓地共清理 249 座墓葬，大致成排密集排列。均为圆角长方形土坑竖穴墓，多呈东北—西南方向。约 1/5 带龛，一般在某一端有一个龛，也有两三个龛者（图三四二）。无龛者个别在一端或侧面有二层台，或有腰坑、端坑。个别发现木质葬具。盛行二次葬，多见人骨杂乱散置墓穴（可能为二次迁入），也有仅余零星碎骨者（可能为迁出墓），还有一些空墓。少数一次葬均为仰身直肢。多为单人葬，也有不少 2~6 人的合葬墓，以成年男女合葬墓最多，或许是一夫一妻制的反映。有约 2/3 墓葬有生活用具、生产工具、装饰品等随葬品，一般置于龛内或者墓葬底部；少则 1~2 件，多者不过 10 余件，贫富分化有限。火烧沟墓地共清理 312 座墓葬，多为偏洞室墓，有单侧的生土二层台，少数以木头封门。流行仰身直肢葬，少数侧身屈肢。富裕程度远超过东灰山，多者不但随葬 10 余件陶器，而且还伴出铜、金、银、玉器等，随葬铜器的墓葬就约 1/3。有些海贝置于死者口中或陶器内。有人殉或人牲的墓葬达 20 余座，并流行用牲畜的角和骨殖随葬，种类有羊、

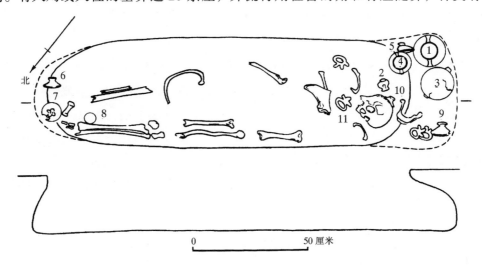

0　　　　　　　50 厘米

图三四二　东灰山 M157 平、剖面图

1.彩陶双耳罐　2、4.陶双耳小罐　3.彩陶腹耳壶　5~10.陶器盖　11.铜削

狗、猪、牛、马等，以羊最多。此外，干骨崖多为长方形竖穴土坑积石墓，无龛而有部分木质葬具，流行乱骨葬和多人叠压合葬。

2. 哈密天山北路文化

居址位于哈密盆地或巴里坤草原绿洲。在东黑沟、兰州湾子都发现石筑高台和大型石墙建筑。兰州湾子的石墙建筑主室为圆角方形、附室长方形，二者间有门道相通，总面积近200平方米。主室内有灶坑和残存木柱段的柱洞。该房址中出土大型铜镞、环首铜刀、陶罐、大砺石等，并发现17具人骨，应当属于首领或者公共活动的"殿堂"。附近还有方形石圈、长方形石构墓以及岩画等，岩画上有北山羊、鹿、狼等草原动物形象。哈密天山北路墓葬已发掘700多座，主要为长方形土坑竖穴和竖穴土坯室，个别墓壁以石垒砌，多东北—西南向，见有木框架式葬具。流行单人侧身屈肢葬，也有多人一次合葬和二次葬。随葬陶器一般每墓各一，也有工具、武器和装饰品等，贫富分化有限。南湾墓地与此大同小异，多数墓葬在头部栽植一根立木，个别墓壁以石垒砌。

3. 古墓沟文化

遗址位于罗布泊绿洲。其墓葬可以分成两种：第一种在地表无环状列木，只在墓室东西两端各有一根立木或箭杆；第二种在地表有七圈比较规整的环列木桩，之外为

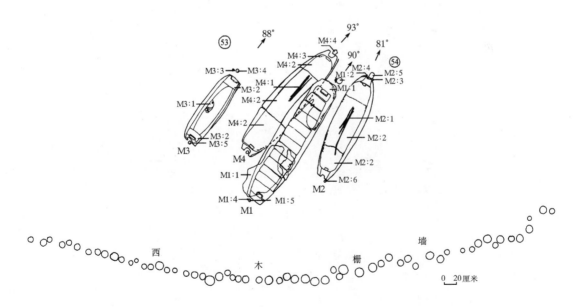

图三四三　小河 M1～M4 平面图

53、54. 立柱　M1:1、M2:2、M3:2、M4:2. 毛皮　M1:2、M1:5、M2:5、M2:6、M3:4、M3:5、M4:4. 立木　M1:4、M3:3. 箭杆　M2:1、M4:1. 红柳枝　M2:3. 冥弓　M2:4. 箭　M3:1. 墓主人头　M4:3. 小毡包

呈放射状展开的列木。在古墓沟墓地，见有第二种墓葬叠压第一种墓葬的地层关系，表明二者可能存在早晚关系；在小河墓地，仅发现有第一种墓葬。墓室均为竖穴沙室，有简陋的由胡杨木拼合而成的船形无底木棺，木棺之上覆盖牛皮，两端置立木加以固定；男性立木似船桨，女性立木呈尖头柱形，发掘者认为分别象征女阴和男根（图三四三）。一般为单人仰身直肢葬，也有两三人的合葬墓，部分死者的面部涂画红色线条，身上涂抹乳白色浆状物质，有以裹皮木雕人像代替墓主人者（图三四四）。随葬品主要是随身遗物和装饰品，多为毛、皮、木质，每墓必在斗篷外右侧放置一个草编篓。

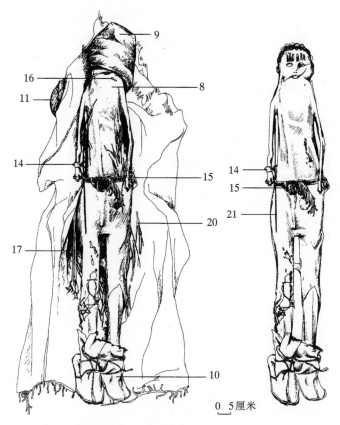

图三四四　小河 M2 棺中裹皮木雕人像

8.毛织斗篷　9.毡帽　10.皮靴　11.草编篓　14.玉手饰　15.腰衣　16.铜片　17.翎箭　20.麻黄枝　21.红柳枝（18、19分别为身下散落麦粒、粟粒及牛筋绳残段，图上未标出）

4. 克尔木齐类遗存

遗址位于草原。从铸铜石范母的发现可以看出，应当存在冶铸遗址，也应有居址存在。墓葬周围常以块石垒砌成长方形坟院，坟院内有数座墓葬，一般为没有封土的竖穴石棺墓；也有不在坟院当中的竖穴石棺墓。其中布尔津阿和加尔的石棺外壁见有网格纹加圆点图案的红色彩绘。在部分坟院或单墓前立有石刻人像或条石①。葬式多为单人侧身屈肢，还有俯身葬和多人二次扰乱葬。随葬品贫乏。

5.安德罗诺沃文化

遗址位于草原。在穷科克发现的卵石圈可能是地面式窝棚的遗留，还有居住面、灶坑（烧烤坑）、火烧面等遗迹，表明存在简易聚落。墓葬以下坂地Ⅱ号墓地为代表，地表有石堆、石围（或石堆加石围）标志，石堆圆形，石围长方形、方形或圆形。一般一个封堆下一个墓室，也有多个墓室者（图三四五）。墓葬主要分竖穴土坑墓、石室

图三四五 下坂地Ⅱ号墓地墓葬分布图（局部）

---

① 阿尔泰山南麓发现的以往一般当作突厥遗物的墓地石人，实际上有的属于青铜时代。见王博、祁小山：《新疆石人的类型分析》，《西域研究》1995年第4期，第67～76页。

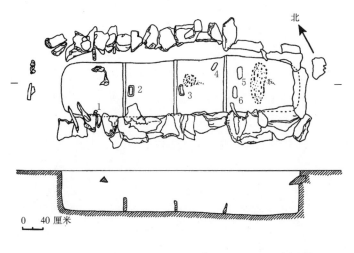

图三四六　　下坂地Ⅱ号墓地火葬墓 M110 平、剖面图

1. 陶罐　2~6. 木盘

墓和石棺墓：石棺墓一般为长方形单棺或双棺，口部盖石板；竖穴土坑、石室墓为长方形或椭圆形，口部盖石、草或棚木；有的墓室内有长方形木框架式葬具。葬式分土葬和火葬，土葬主要为单人侧身屈肢，也有仰身直肢、侧身直肢，还有二次葬；火葬分在墓室内直接焚烧尸骨和墓室底部撒放骨灰两类（图三四六）。随葬品少见，尤其陶器很少，有的陶器内置羊骨殖。

6. 水泥厂类遗存

总体情况不甚清楚。水泥厂、良种场墓葬有长方形竖穴土坑墓葬，墓主侧身屈肢，随葬少量陶器。

7. 新塔拉类遗存

遗址位于绿洲。在新塔拉有环绕土坯墙的聚落，面积约 3 万平方米，发现灶以及与其连通的土坯垒砌的土炕。

三、经济形态

大部分地区应当是半农半牧经济，东北部的阿尔泰地区可能为畜牧狩猎经济。

1. 半农半牧经济

包括四坝文化、哈密天山北路文化、古墓沟文化、安德罗诺沃文化、水泥厂类遗存和新塔拉类遗存。在这些文化中几乎都发现有小麦、粟等农作物，以及石磨盘和石磨棒等粮食加工工具，在安德罗诺沃文化和新塔拉类遗存还普遍有石镰这种农业工具[①]，在四坝文化中还有石刀并养猪，这些都表明旱作农业的存在。另外，普遍发现羊、牛、马骨，以及皮毛制品，墓葬也多以其头、角、蹄殉葬；巴里坤草原同时期岩

---

① 张平、陈戈：《新疆发现的石刀、石镰和铜镰》，《考古与文物》1991 年第 1 期，第 23~29 页。

画上还常见鹿、羊等动物形象，说明畜牧业占有很重要的地位。鹿、麝、鸟类则可能是狩猎对象。从工具来看，铜刀、弓箭（细石器镞、木镞）、穿孔砺石、铜镜、铜泡（扣）等也都与畜牧和狩猎经济有关。当然在不同区域，农业和畜牧的情况还有所差异。东部的四坝文化和哈密天山北路文化陶器发达、聚落稳定性大，农业经济更为发达（图三四七）；新疆中西部诸文化陶器很少、聚落稳定性差，畜牧业经济更发达。即使同样在四坝文化，偏南的干骨崖、东灰山少见殉牲，而偏北的火烧沟盛行殉牲，农业畜牧业的比重也不相同。对人骨的化学元素分析表明，火烧沟居民以植物性食物为主，动物性食物为辅[1]，而古墓沟居民则以动物性食物为主，植物性食物为辅[2]，正好反映出食谱上的差别。

　　陶器数量少，均为手制，主要采用传统的泥条筑成法。陶质多含砂粒，很少经淘

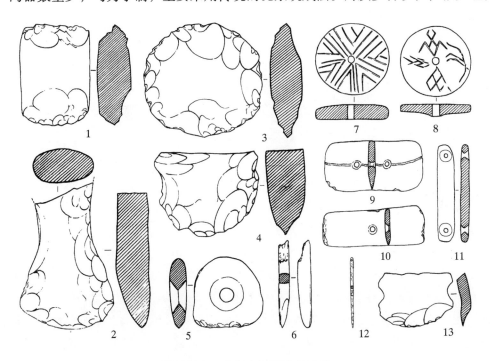

图三四七　东灰山四坝文化工具

1、5. 石斧（M59:9、0157）　2. 石锄（048）　3、4. 石砍砸器（070、051）　6. 石凿（TG②:3）　7、8. 陶纺轮（M94:6、M139:6）　9、10、13. 石刀（M230:5、T6③:16、050）　11. 穿孔砺石（TG②:2）　12. 骨针（M87:4）

---

①　郑晓瑛：《中国甘肃酒泉青铜时代人类股骨化学元素含量分析》，《人类学学报》第 12 卷第 3 期，1993 年，第 241～250 页。

②　张全超、朱泓、金海燕：《新疆罗布淖尔古墓沟青铜时代人骨微量元素的初步研究》，《考古与文物》2006 年第 6 期，第 99～103 页。

洗，比较粗糙。颜色基本都是红褐色，器表斑驳，或见烟熏火燎痕迹，说明采用氧化焰烧制，火候不均。四坝文化和哈密天山北路文化的铜器采用含砷、锡、锑的合金，这多半是共生矿冶炼的结果；石范铸造和热锻并存，与中原铜器有较为显著的不同。具体来说，属于四坝文化的东灰山铜器除个别为锡青铜外，其余均为砷青铜，所有铜器均为锻制；火烧沟红铜比例高于锡青铜和砷青铜，多为铸造成型；干骨崖锡青铜数量最多，铸造比例大于热锻比例[①]。哈密天山北路文化的铜器以锡青铜为主，还有红铜、砷青铜、砷锡青铜、铅锡青铜、锑锡青铜、铅砷青铜等多种合金，铁、砷、锑为合金中的主要杂质元素。加工也有铸造、铸造后冷加工、热锻、热锻后冷加工等多种方法，热锻比例略高于铸造[②]；从铅同位素比值来看，矿料来源可能与天山山系的铜矿和锡矿有关[③]。小河墓地出土的铜片也为锡青铜或砷锡青铜，锻造成型[④]。四坝文化的金、银耳环则是中国最早的金银制品。此外，贝类的发现表明与沿海地区存在远程贸易。

2. 畜牧狩猎经济

主要指克尔木齐类遗存。未发现明确居址。墓葬随葬品很贫乏，未发现农作物和农业工具，却有较多细石器镞、骨镞、铜镞、铜刀等工具或武器。推测其经济主要以畜牧和狩猎为主，不见得会存在农业。陶器数量很少、形态简单，也与其经济方式吻合。该类遗存应能够冶铸铜器，并发现有铸造铜器的石范母。

四、小结

该区青铜时代文化可以大致分为两个文化系统，其一为东部的"带耳罐文化系统"，包括河西走廊的四坝文化、阿拉善的辛店文化和哈密天山北路文化，陶器数量稍多、器类较复杂，盛行彩陶和单、双耳罐，炊器、饮食器、水器俱全，常见竖穴土坑墓。其主要源头在黄河流域，是甘青地区彩陶文化西进北扩的结果，但同时受到西方文化的强烈影响。其二为西部的"筒形罐文化系统"，占据新疆大部，包括古墓沟文化、安德罗诺沃文化、克尔木齐类遗存、水泥厂类遗存和新塔拉类遗存，陶

① 北京钢铁学院冶金史组：《中国早期铜器的初步研究》，《考古学报》1981年第3期，第287～302页；北京科技大学冶金与材料史研究所、甘肃省文物考古研究所：《火烧沟四坝文化铜器成分分析及制作技术的研究》，《文物》2003年第8期，第86～96页。
② 北京科技大学冶金与材料史研究所等：《新疆哈密天山北路墓地出土铜器的初步分析》，《文物》2001年第6期，第79～89页。
③ 梅建军等：《新疆东部出土早期铜器的铅同位素比值研究》，《东方考古》第2集，科学出版社，2006年，第303～311页。
④ 陈坤龙、凌勇、梅建军等：《小河墓地出土三件铜片的初步分析》，《新疆文物》2007年第2期，第125～128页。

器数量少或根本不见陶器，以筒形罐类为主体，主要用作炊器，彩陶少见或不见，流行几何形纹饰（刻划、压印、戳印），常见长方形石砌坟院、石棺墓。这一系统文化与西伯利亚地区的阿凡纳谢沃—辛塔什塔—安德罗诺沃文化有特别密切的关系。如果放大眼光，会发现该区青铜时代文化的形成其实都与西方文化的强烈东渐存在因果关系，砷青铜、日晒砖、马、小麦，以及青铜弧背刀、喇叭口耳环、泡、联珠饰、有銎斧等西方因素[①]，均大体在全区同时出现。新疆地区实际成为当时欧亚大陆两大文化系统交汇之地，哈密盆地为两大系统碰撞的前沿阵地。新疆人种主体属于古欧罗巴人种，哈密盆地以蒙古人种居多，河西走廊则纯为蒙古人种。说明"河西走廊一带东亚蒙古人种西迁哈密这一事件本身很可能在某种程度上遏制了高加索人种继续东进的势头"[②]。这时文化总态势表现为西强东弱，影响和传播的大方向也是从西而东、由北至南。

　　两类文化均主要分布在绿洲及河谷地带，呈板块状或条带状。除克尔木齐类遗存外，大部分都属于半农半牧经济，种植小麦、粟等，牧放羊、牛、马。但东部的"带耳罐文化系统"农业成分较重，西部的"筒形罐文化系统"畜牧业更为发达。除陶器制作外，青铜器也较为发达，其合金成分、制作方法都是多样并存，砷青铜更具西方特点，其社会的复杂化程度应当和黄土高原区的甘青、内蒙古中南部近似。尤其东黑沟、兰州湾子大型石构建筑表明存在明显的聚落分化，显示哈密天山北路文化的社会应已进入初级的文明或国家阶段。但其随葬品均为随身衣饰和日常生活用品，没有"礼器"，与中原社会显著不同。

第三节　早期铁器时代

　　西北内陆干旱区早期铁器时代的绝对年代约为公元前1300～前100年，相当于中原地区的晚商至春秋战国时期，下限可以延伸到汉代。虽然仍可以大致分为东、西两个文化系统，不过彼此间的交流比先前更加频繁和深入，尤其彩陶所代表的东方文化西向的渗透更加显著。农业虽然仍存在于大部分地区，但所占比重越来越低；畜牧业则在很大范围发展为游牧业，移动性总体大为增加。在继续使用青铜器的基础上，铁器越来越多，不过和青铜器一样仍主要局限在畜牧狩猎工具方面，并未成为主要的农

---

①　西伯利亚的辛塔什塔遗址上限在公元前2000多年，墓葬中已经殉葬成套的马和有辐双轮马车，还随葬带銎斧、矛、节约等铜器。见 Gening, V. F., Zdanovich, G. B., and Gening, V. V. Sintashta. Cheliyabinsk, 1992（俄文版）。

②　李水城：《从考古发现看公元前二千年东西文化的碰撞和交流》，《新疆文物》1999年第1期，第62页。

业工具，也就未发生如黄土高原区那样的经济上乃至于社会上的重大变革。

一、文化谱系

早期铁器时代可以分前后两个时期，二者大体以公元前 500 年左右进入战国时期为界。

（一）早期铁器时代前期

该阶段遗存在河西走廊有沙井文化和骟马类遗存，青海湖东北缘有诺木洪文化；在新疆主要有焉不拉克文化、苏贝希文化、察吾呼沟口文化、伊犁河流域文化、半截沟类遗存、香宝宝类遗存、流水文化等。

1. 沙井文化

分布在河西走廊中部的石羊河和金川河下游及湖沼沿岸的绿洲，以甘肃民勤沙井遗存为代表[①]，包括永昌三角城与蛤蟆墩[②]、西岗和柴湾岗[③]，还见于民勤柳湖墩[④]、沙井东[⑤]、东北火石滩、昌宁四方墩、沙岗墩、柴湾等遗址[⑥]。张掖木龙坝村出土的青铜器也可能属于此类[⑦]。绝对年代约为公元前 900～前 300 年，相当于西周晚期至战国时期。多为夹砂褐陶，也有少数灰陶，陶胎粗厚。以素面为主，也有附加堆纹、刻划纹、绳纹、旋纹和彩陶等。附加堆纹有条带、锯齿、乳钉、波折等形式，有的类似"蛇纹"，有的箍于器口外侧而成花边。流行紫红色陶衣，彩陶均为红彩，有横线纹、竖线纹、三角纹、波纹、网格纹、鸟纹、人形纹等，以连续尖长三角纹、生动鸟纹最有特

---

① 安特生著、乐森珥译：《甘肃考古记》，地质专报甲种第五号，1925 年；J.G.Andersson, Researches into the Chinese, *Bulletin of the Museum of the Eastern Antiquities* No.15, Stockholm, 1943.

② 甘肃省博物馆文物工作队等：《甘肃永昌三角城沙井文化遗址调查》，《考古》1984 年第 7 期，第 598～601 页；甘肃省文物考古研究所：《永昌三角城与蛤蟆墩沙井文化遗存》，《考古学报》1990 年第 2 期，第 205～238 页；蒲朝绂：《试论沙井文化》，《西北史地》1989 年第 4 期，第 1～12 页。

③ 甘肃省文物考古研究所：《永昌西岗柴湾岗——沙井文化墓葬发掘报告》，甘肃人民出版社，2001 年。

④ 甘肃省博物馆：《甘肃古文化遗存》，《考古学报》1960 年第 2 期，第 11～52 页。

⑤ 裴文中：《中国西北甘肃走廊和青海地区的考古调查》，《裴文中史前考古学论文集》，文物出版社，1987 年，第 256～273 页。

⑥ 李水城：《沙井文化研究》，《国学研究》第二卷，北京大学出版社，1994 年，第 493～524 页。

⑦ 萧云兰：《甘肃张掖市龙渠乡出土一批青铜器》，《考古与文物》1990 年第 1 期，第 109 页。

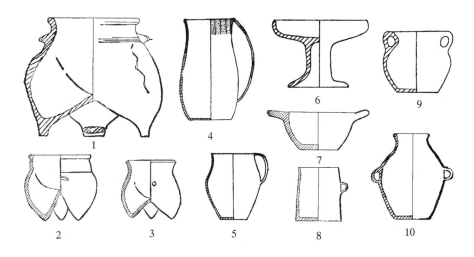

图三四八　三角城和蛤蟆墩沙井文化陶器

1~3.鬲（三角城 F1:1、采:03、T1②:4）　4、5.单耳罐（蛤蟆墩 M 采:01、TM2:1）　6.豆（三角城 T1②:8）　7.双耳盆（三角城 T1②:6）　8.单耳杯（三角城采:02）　9、10.双耳罐（蛤蟆墩 M16:3，三角城采:01）

色。器耳多较宽，有单耳杯、单耳罐、双耳圜底或平底罐、双耳壶、单耳钵、双錾盆、瓶、鬲、豆等器类（图三四八、三四九）。有长方形盒、筒状盒等木质容器。有铜（铁）刀、有銎铜斧、铜（骨）镞、铜（铁）剑、铁铧、铁铲、铁锸、铁锛、铜（骨）锥、骨（铜）针、骨匕、角觿、带柄石斧、环形石器、半月形石刀、砺石、石杵、石臼、石锄等生产工具或武器。铜刀有直背环首、弧背凹刃等多种形式（图三五〇）。有铜牌、金耳环、铜铃、铜扣、铜带扣、铜管、骨（绿松石、玛瑙、琉璃、玉）珠、琉璃耳珰、海贝、铜梳等装饰品。铜牌有二联珠、三联珠、四联珠、六联珠、九联珠、束腰形、多孔饰和狗、盘羊、蝙蝠形等多种形制，以三四个动物组成的长方形饰牌颇有特色（图三五一）。还出土有毛、麻纺织品残片，均为平纹织法，多为单一绿色，也有黄、绿、黑三色相间者。还有牛、马、羊皮加工而成的护手、刀鞘、腰带、眼罩等皮革品。有羊肩胛骨整治而成的卜骨，凿、钻兼施并见灼痕。

　　从陶器来看，沙井文化可能与董家台类型或者辛店文化有密切关系[①]，鬲类器甚至可能与杨郎文化的铲形袋足鬲有关，青铜的工具、武器和装饰品则与桃红巴拉文化和杨郎文化中段接近（图三五二）。总体来看，其来源可能与长城沿线半农半牧人群的西向移动有关。特别值得注意的是，在沙井文化晚期出现的偏洞室墓葬，其源头极可能

　　① 李水城：《沙井文化研究》，《国学研究》第二卷，北京大学出版社，1994 年，第 493~524页。

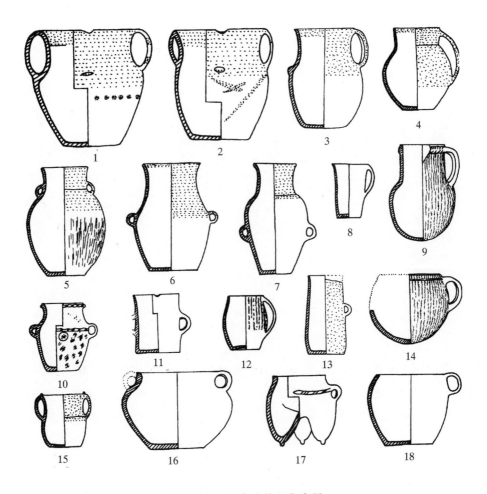

图三四九　西岗沙井文化陶器

1、2、15. 双耳罐（M118:1、M194:1、M333:2）　　3、4、9. 单耳罐（M325:1、M267:1、M255:1）　　5～7.
壶（M41:1、M115:1、采:03）　　8、13. 单耳直腹杯（M442:1、M308:1）　　10. 双腹耳罐（M66:1）　　11. 双
耳直腹杯（M214:1）　　12. 单耳弧腹杯（M317:1）　　14、18. 单耳深腹钵（M240:1、M108:1）　　16. 双耳盆
（M102:1）　　17. 鬲（M334:2）

在新疆，而与 1000 年前的四坝文化没有什么关系。偏洞室墓葬在公元前 1 千纪初期已
经出现于新疆的伊犁河流域，稍后传播至乌鲁木齐至吐鲁番地区的苏贝希文化，公元
前 5 世纪左右则扩展至河西走廊中部。无独有偶，晚期沙井文化新出的单耳或双耳直
腹杯也正与晚期苏贝希文化同类器近同——这类器物在新疆地区从公元前 2 千纪初期
以来一直延续发展，而在甘青地区自四坝文化之后就基本不再流行（图三五三）。个别
战国时期的瓦棱纹轮制灰陶罐应当来自黄河流域，西岗铁铧的出现表明其下限已至战
国中晚期。

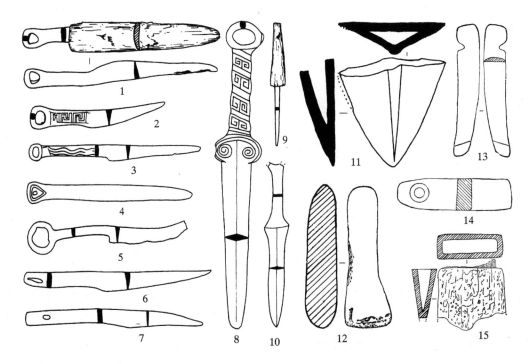

图三五〇　沙井文化工具和武器

1～7. 铜刀（柴湾岗 M14:2、M25:2，西岗 M429:3、M140:17，柴湾岗 M88:2、M5:6、M90:1）　8、10. 铜
剑（柴湾岗 M4:3、M61:5）　9. 木柄铜锥（柴湾岗 M75:9）　11. 铁铧（西岗 M446）　12. 石斧（三角城
H1:8）　13. 骨弓弭（蛤蟆墩 M18:7）　14. 穿孔砺石（蛤蟆墩 TM1:2）　15. 铁锛（三角城 H1:1）

沙井文化曾被推测为月氏遗存[①]。

2. 骟马类遗存

分布在河西走廊西部和内蒙古西端，发现于玉门骟马城遗址[②]，包括玉门蚂蟥河
M1[③]、安西兔葫芦[④]、酒泉赵家水磨遗存等[⑤]。陶器主要是粗陋的夹砂红褐、灰褐、灰

---

①　甘肃省文物考古研究所：《永昌三角城与蛤蟆墩沙井文化遗存》，《考古学报》1990 年第 2
期，第 205～238 页；蒲朝绂：《试论沙井文化》，《西北史地》1989 年第 4 期，第 1～12 页。

②　甘肃省博物馆：《甘肃古文化遗存》，《考古学报》1960 年第 2 期，第 11～52 页。

③　甘肃省文物考古研究所：《甘肃玉门蚂蟥河墓群发掘简报》，《考古与文物》2005 年第 6 期，
第 14～18 页。

④　安西县文化馆：《甘肃安西县发现一处新石器时代遗址》，《考古》1987 年第 1 期，第 91 页。
1986 年，李水城和水涛在该遗址采集到一些红褐和灰褐色陶片，有小口壶、双耳瓮、腰箍附
加堆纹的鬲等器类，认为可能是晚于骟马类遗存的另一类遗存。见李水城、水涛：《公元前 1
千纪的河西走廊西部》，《宿白先生八秩华诞纪念文集》，文物出版社，2002 年，第 63～75 页。

⑤　李水城、水涛：《公元前 1 千纪的河西走廊西部》，《宿白先生八秩华诞纪念文集》，文物出版
社，2002 年，第 63～75 页。

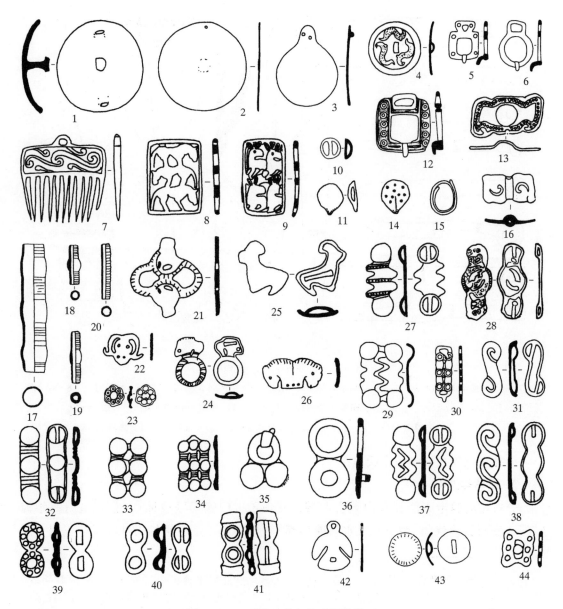

图三五一　西岗沙井文化青铜装饰品

1. 圆牌饰（M427:7）　2~4. 镜（M140:14、采:02、M427:9）　5、6、12、36. 带扣（M194:2、M146:5、M422:1、M392:2）　7. 梳（M53:3）　8、9. 长方形饰牌（M74:4-⑤、M74:1-②）　10、11、14、23. 扣（M262:1、M14:5、M140:10-②、M427:11）　13、16. 双鸟纹饰牌（M227:5、M209:2-②）　15. 耳环（M426:1）　17~20. 管状饰（M187:3、M106:3、M201:1、M365:11）　21. 牛首形饰（M375:4）　22. 羊首形饰（采:01）　24. 立牛饰（M11:5）　25. 动物形饰（采 M:01）　26. 马形饰牌（M114:2）　27~35、37~41. 联珠饰（M429:1-⑤、M14:2、M56:5、M:01、M9:2、M269:1-①、M257:1、M341:4、M53:4、M6:2、M120:1、M15:3-①、M22:2、M23:11-②）　42. 鸟形饰（M13:6）　43. 泡饰（M59:2-①）
44. 多孔饰（M96:1-①）

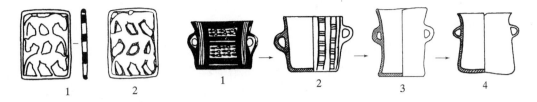

图三五二　沙井文化和桃红巴拉
文化青铜三马纹饰牌比较

1. 沙井文化（西岗 M74：4－⑤）
2. 桃红巴拉文化（桃红巴拉 M5：7）

图三五三　四坝文化、苏贝希文化和
沙井文化陶双耳直腹杯比较

1. 四坝文化（干骨崖 M48：2）　2、3. 苏贝希文化（洋海一号墓地 M129：1、洋海二号墓地 M2007：2）　4. 沙井文化（柴湾岗 M71：1）

黑陶，见有平底的双耳罐、无耳罐、小口壶、双耳瓮、腰箍附加堆纹的鬲、敞口杯，以肩部双乳、双耳饰松针纹的罐最有特色（图三五四）。有陶纺轮、石磨盘、石磨棒、半月形或长方形穿孔石刀、石斧、打制的石尖状器等生产工具，也有管銎斧、镞、凿、鹰形牌饰、山字形饰件、耳环、扣、泡、联珠、牌、镜、管等铜器。鹰形牌饰与宁城南山根 M4 夏家店上层文化铜鸟形饰近似[1]。此外，甘肃安西、敦煌以及内蒙古额济纳旗调查试掘发现的

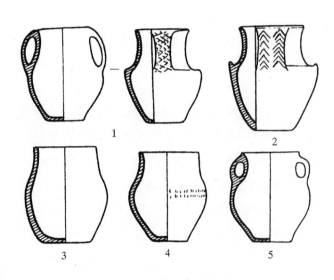

图三五四　骟马类遗存陶器

1、2、5. 双耳罐　3、4. 无耳罐（均采集自骟马城南遗址）

含鬲遗存，也有属于此类遗存的可能性[2]。这类遗存的鬲颇类沙井文化者，器耳饰竖折线划纹的情况也见于沙井文化，估计是大致与沙井文化同时并与其有密切关系的一类遗存，与新疆焉不拉克文化遗存也有相似之处，其年代可能在西周晚期至战国时期，

① 中国科学院考古研究所内蒙古工作队：《宁城南山根遗址发掘报告》，《考古学报》1975 年第 1 期，第 117～140 页。

② 甘肃省文物工作队：《额济纳河下游汉代烽燧遗址调查报告》，《汉简研究文集》，甘肃人民出版社，1984 年，第 62～84 页；李水城：《华夏边缘与文化互动——以长城沿线西段的陶鬲为例》，《新世纪的考古学——文化、区位、生态的多元互动》，紫禁城出版社，2006 年，第 292～313 页。

有人称其为"骟马文化"①。其族属或许为早期的乌孙。

3. 诺木洪文化

分布于柴达木盆地东部及其周围，以青海都兰诺木洪搭里他里哈遗存为代表②，包括都兰巴隆搭温他里哈、香日德下柴克③，布哈河畔水文站等遗存④。还见于格尔木、德令哈、乌兰、天峻等地，已发现 40 处左右⑤。年代下限大约在战国甚至汉代，上限或认为在西周早期即公元前 1000 年前后⑥，或认为接近新石器时代即公元前 2000 年⑦。至少其大部分时段应与青海东部的卡约文化同时。

陶器均为较粗糙的夹砂陶，以灰陶为主，红褐陶其次。素面为主，也有装饰压印纹、篮纹、锥刺纹、附加堆纹、旋纹、圆圈纹和彩陶者；占多数的压印纹有圆点、三角形、波纹、松针纹、"人"字形等。彩陶较少，多在器表或口沿内侧施灰黑色、红色或灰白色陶衣，用浓稠色彩绘出黑或红褐色纹样。器类有圈足碗、单耳盆、单耳罐、双耳罐、小口深腹罐、四耳罐、双耳瓮、四纽盆、四纽双耳缸等（图三五五）。发现有銎铜钺、有銎铜斧、石斧、骨（角）铲、石锛、石（骨）凿、带肩石锤、石杵、石磨盘、穿孔砺石、铜刀、石（骨）刀、铜（石、骨）镞、骨锥、骨针、石（骨、陶、木）纺轮、石弹丸、骨梳等工具或武器。石斧有带缺口、带槽、带柄、穿孔等多种形制，很有特色。长方形石刀（爪镰）带槽或穿孔，铜刀又分内弧刃、翘锋等形制（图三五六）。有椭圆形石饰、穿孔玛瑙饰、骨笄、骨管、穿孔牙饰、穿孔蛤蜊壳等简单装饰品。有羊毛纺成的绳、线、带和羊毛织品，采用"人"字形编织法或经纬线交错编织法，并染有黄、褐、红、蓝、灰、黑等不同颜色。还有牛皮履、骨笛、骨哨、陶塑牦牛等。

诺木洪文化与卡约文化有较多相似之处，如有銎斧、刀、有銎五孔钺等铜器，双耳罐、单耳罐、侈口罐等陶器，以及圈足器特征，共见于二者且形态接近。但诺木洪

---

① 李水城：《西北与中原早期冶铜业的区域特征及交互作用》，《考古学报》2005 年第 3 期，第 239～278 页。

② 青海省文物管理委员会等：《青海都兰县诺木洪搭里他里哈遗址调查与试掘》，《考古学报》1963 年第 1 期，第 17～44 页。

③ 青海省文物管理委员会：《青海柴达木盆地诺木洪、巴隆和香日德三处古代文化遗址调查简报》，《文物》1960 年第 6 期，第 37～42 页。

④ 顾文华：《青海布哈河畔的青铜器墓葬》，《考古》1978 年第 1 期，第 69～70 页。

⑤ 国家文物局主编：《中国文物地图集·青海分册》，中国地图出版社，1996 年。

⑥ 夏鼐：《碳-14 测定年代和中国史前考古学》，《考古》1977 年第 4 期，第 217～232 页；谢端琚：《甘青地区史前考古》，文物出版社，2002 年，第 202～221 页。

⑦ 水涛：《甘青地区青铜时代的文化结构和经济形态研究》，《中国西北地区青铜时代考古论集》，科学出版社，2001 年，第 193～327 页。

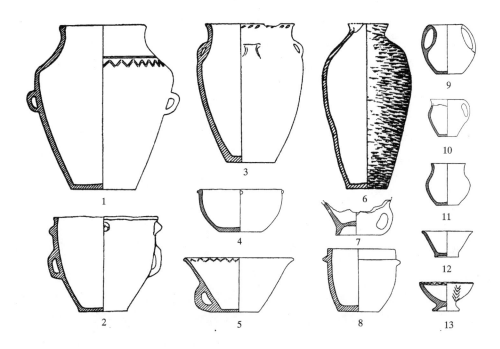

图三五五 诺木洪文化陶器

1. 双耳瓮（0916） 2. 四纽双耳缸（0340） 3. 四耳罐（0339） 4. 四纽盆（H1:14） 5. 单底耳盆（0905）
6. 小口篮纹罐（T16:60） 7. 底耳器（0902） 8. 大口罐（0910） 9. 双耳罐（0337） 10. 单耳罐
（0332） 11. 无耳小罐（T1:11） 12、13. 圈足碗（T16:24、0904）（均出自诺木洪遗址）

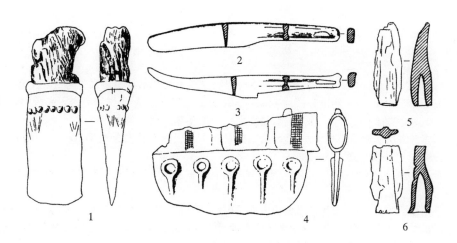

图三五六 诺木洪文化青铜器

1. 斧（074） 2、3. 刀（019、071） 4. 钺（0112） 5、6. 镞（0922、0174）（均出自诺木洪遗址）

的陶四纽盆、四纽双耳缸、底侧耳盆等则自具特色。该文化偏早的篮纹与齐家文化或许存在联系，其形成也当与齐家文化有一定关系，形成后则与卡约文化存在密切交流。其波折纹常见于寺洼文化，松针纹则类似骟马类遗存者。至于有手指印的湿泥土坯和有銎铜斧等则也见于新疆的苏贝希文化，更早的源头在中亚和西伯利亚地区，显然来自西方的影响在该文化的发展中也起过重要作用。

4. 焉不拉克文化（前期）

分布在哈密盆地和巴里坤草原，以哈密焉不拉克遗存为代表[①]，包括哈密五堡[②]、拉甫乔克[③]、艾斯克霞尔等遗存[④]，也见于哈密腐殖酸厂、白山[⑤]、亚旦、脱呼齐村西、小南湖、沙枣泉、新森林场临时营地遗址[⑥]，以及伊吾军马场[⑦]、三分场墓地等[⑧]。陶器基本都是夹砂红褐陶，流行红衣黑彩的彩陶，多波纹、垂带纹、多重鳞纹、"S"形和"C"形纹等弧线纹饰，构图较为随意、活泼。主要器类有单耳豆、高颈腹耳壶、单耳罐、双耳罐、单耳钵、单耳直腹杯等（图三五七）。也有桶、盘、碗、钵、匜、勺等木质容器，桶上见风格随意的松针形、垂帐形及不规则形彩绘（图三五八）。随葬品还包括铜（铁、木）刀、铜小刻刀、铁剑、铜（铁）镞、铜（铁、骨、木）锥、铜（骨）针、铜（骨、木）纺轮、石杵、石臼、石（木）铲、石磨盘、砺石、木（骨）马镳等工具、马具或武器（图三五九），铜镜、木（角、骨）梳、木发卡、铜（铁）笄、铜牌、铜（铁）戒指、铜耳坠（金耳环）、铜（铁、骨）扣、铁带扣、铜（铁、骨）管、铜羊距骨形器，以及铜、铁、金、石、骨质的珠子等装饰品或特殊用品（图三六〇）。此外还有性征明显的男女木俑及不少靴、袜、囊、护腕、刀鞘等毛、皮制品（图三六

---

① 黄文弼：《新疆考古发掘报告（1957～1958）》，文物出版社，1983 年，第 1～4 页；新疆维吾尔自治区文化厅文物处等：《新疆哈密焉不拉克古墓地》，《考古学报》1989 年第 3 期，第 325～362 页。

② 新疆文物事业管理局、新疆文物考古研究所：《新疆维吾尔自治区文物考古五十年》，《新中国考古五十年》，文物出版社，1999 年，第 482～483 页；新疆文物考古研究所：《新疆哈密五堡墓地 151、152 号墓葬》，《新疆文物》1992 年第 3 期，第 1～10 页。

③ 新疆考古所东疆队王炳华：《新疆哈密拉甫乔克发现新石器时代晚期墓葬》，《考古与文物》1984 年第 4 期，第 105～106 页。

④ 新疆文物考古研究所等：《新疆哈密市艾斯克霞尔墓地的发掘》，《考古》2002 年第 6 期，第 30～41 页。

⑤ 哈密地区文管所：《哈密沁城白山遗址调查》，《新疆文物》1988 年第 1 期，第 12～16 页。

⑥ 新疆文物考古研究所、哈密地区文物管理所：《1996 年哈密黄田上庙尔沟村 Ⅰ 号墓地发掘简报》（附记），《新疆文物》2004 年第 2 期，第 23～24 页。

⑦ 常喜恩：《伊吾军马场新石器时代遗址调查》，《新疆文物》1986 年第 1 期，第 14～15 页。

⑧ 新疆文物考古研究所等：《哈密—巴里坤公路改线考古调查》，《新疆文物》1994 年第 1 期，第 5～11 页。

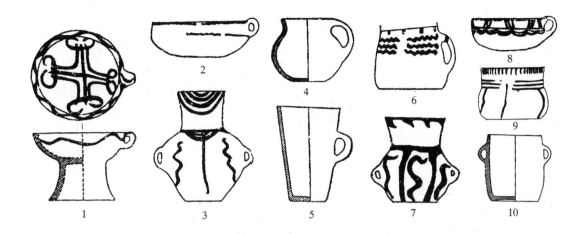

图三五七　焉不拉克文化（前期）陶器

1. 单耳豆（M75:16）　　2、8. 单耳钵（M75:14、T1:14）　　3、7. 高颈腹耳壶（M75:18、M53:1）　　4. 单耳
罐（M75:15）　　5、6、9. 直腹杯（M70:5、M75:20、M75:13）　　10. 双耳筒形罐（M4:1）（均出自焉不拉克
墓地）

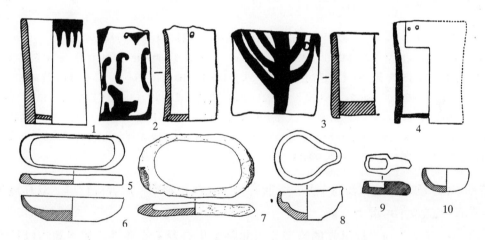

图三五八　焉不拉克文化（前期）木质容器

1~4. 木桶（艾斯克霞尔 M2:16，焉不拉克 M53:3、M47:11，五堡 M151:23）　　5~7. 木盘（焉不拉克 M7:1、
M45:2，艾斯克霞尔 M2:10）　　8. 木匣（焉不拉克 T2:1）　　9. 木勺（焉不拉克 M53:6）　　10. 木钵（焉不拉
克 T20:1）

一）。该类遗存已被命名为"焉不拉克文化"①。正如水涛、李水城所指出的那样，该文
化与当地早先的哈密天山北路文化（水文称"雅林办墓地遗存"、李文称"林雅遗存"）

---

① 陈戈：《略论焉不拉克文化》，《西域研究》1991 年第 1 期，第 81~96 页；陈戈：《焉不拉克
文化补说》，《新疆文物》1999 年第 1 期，第 48~52 页。

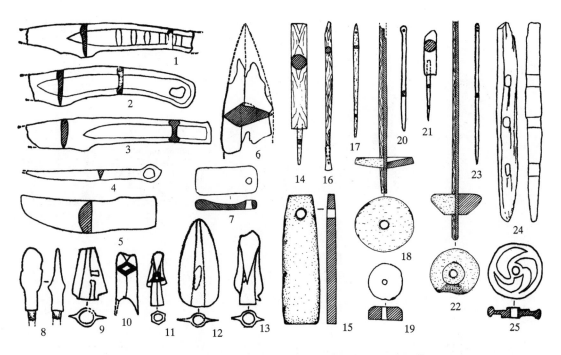

图三五九　焉不拉克文化（前期）武器、工具和马具

1～4.铜刀（焉不拉克 M33：1、M35：2、M75：36、M68：10）　5.铁刀（焉不拉克 M31：5）　6.铁剑（焉不拉克 M75：28）　7、15.穿孔砺石（焉不拉克 M68：12、艾斯克霞尔 M1：20）　8～13.铜镞（焉不拉克 M75：25、M75：42、M6：4、M68：2、M6：2、M68：3）　14、21.铜锥（艾斯克霞尔 M1：28、焉不拉克 M53：12）　16.铜刻刀（艾斯克霞尔 M1：4）　17、23.骨针（艾斯克霞尔 M1：29-2、焉不拉克 M20：1）　18、22.骨纺轮（艾斯克霞尔 M4：1、M2：27）　19.木纺轮（焉不拉克 M54：3）　20.铜针（焉不拉克 M76：4）　24.木马镳（五堡 M151：2）　25.铜纺轮（焉不拉克 M69：4）

有着基本的差别[①]，前者流行单耳豆、腹耳壶、弧线纹彩陶，后者流行单、双耳罐和直线纹彩陶，二者不可混为一谈。

　　焉不拉克文化与当地早先的哈密天山北路文化有着不少共性，如墓葬均以长方形土坑竖穴和竖穴土坯室为主，并都流行侧身屈肢葬；均盛行红衣黑彩，彩陶图案共见垂带纹、波纹、松针纹；均有较多单耳罐、双耳罐、单耳直腹杯、单耳钵等陶器，均有环首刀、镞、锥、镜、扣（牌）、耳环等铜器。此外，前者的双环耳直壁筒形罐与后者的双贯耳直壁筒形罐也可能存在关联。这足以证明两文化在总体上存在继承关系。但焉不拉克文化也出现了诸多新因素：其一，连续菱格纹、成组（两三个一组）垂带

---

①　水涛：《新疆青铜时代诸文化的比较研究——附论早期中西文化交流的历史进程》，《国学研究》第一卷，北京大学出版社，1993年，第447～490页；李水城：《从考古发现看公元前二千年东西文化的碰撞和交流》，《新疆文物》1999年第1期，第60页。

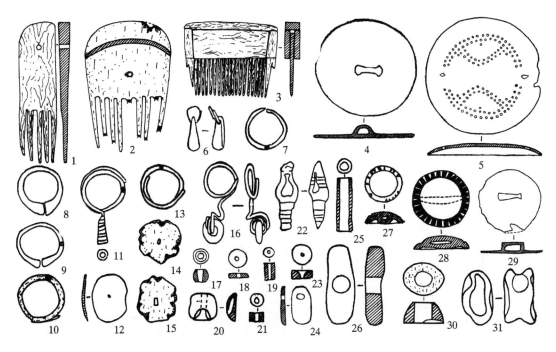

图三六〇　焉不拉克文化（前期）装饰品

1、3. 木梳（艾斯克霞尔 M4∶2、M5∶4）　2. 骨梳（艾斯克霞尔 M4∶12）　4、29. 铜镜（焉不拉克 M64∶3、M45∶3）　5. 铜牌（焉不拉克 M46∶1）　6. 金耳坠（焉不拉克 M75∶32）　7、8、10、11、13、16. 铜耳环（焉不拉克 M75∶34、M48∶2，艾斯克霞尔 M2∶18，焉不拉克 M45∶4、M6∶9、M31∶7）　9. 金耳环（焉不拉克 M68∶4）　12、14、15. 铜饰片（焉不拉克 M72∶4，艾斯克霞尔 M2∶28－5、M2∶28－6）　17、23. 石珠（焉不拉克 M75∶44，艾斯克霞尔 M1∶23）　18、19. 骨珠（焉不拉克 T12∶17、M54∶8）　20、27、28. 铜扣（艾斯克霞尔 M1∶9－3，焉不拉克 M70∶3、M68∶15）　21. 铜珠（焉不拉克 T11∶11）　22. 铜饰件（焉不拉克 M75∶23）　24、26. 骨饰件（焉不拉克 M48∶4、M66∶4）　25. 铜管（焉不拉克 M6∶10）　30. 骨扣（艾斯克霞尔 M1∶21－1）　31. 铜羊距骨形器（焉不拉克 C∶16）

纹彩陶图案，见于稍早的新塔拉类遗存，说明有来自焉耆盆地的影响（图三六二）[1]；其二，单耳陶豆或许与克尔木齐类遗存有关联；其三，男女木俑似乎与古墓沟文化有关；其四，同心螺旋纹铜纺轮等又显示其与哈萨克斯坦等中亚地区存在联系，有学者甚至认为五堡的纺织技术与高加索地区有关[2]。最具争议的当数与甘青地区文化的关

---

[1]　陈光祖早就注意到这一点。见陈光祖：《新疆金属时代》，《新疆文物》1995 年第 1 期，第 83～88 页。

[2]　Barber, E. J. W, Bronze Age Cloth and Clothing of the Tarim Basin: The Koraina (Loulan) and Qumul (Hami) Evidence. in victor H. Mair（ed.）. *The Bronze Age and Early Iron Age Peoples of Eastern Central Asia*. Philadelphia: University of Pennsylvania Museum, Vol. 2, pp. 647－655.

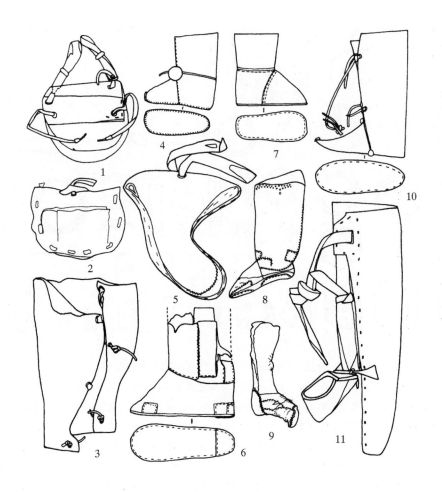

图三六一　焉不拉克文化（前期）皮制品

1、2、5.囊（M1:10、C:20、M4:10）　3.护腕（M2:5）　4、6～8、10.靴（M1:9、C:26、M1:13、M4:7、M2:28）　9.袜（M4:11）　11.刀鞘（M1:21）（均出自艾斯克霞尔墓地）

系：或认为其与辛店文化[①]，或认为其与卡约文化存在联系[②]。二者都认为焉不拉克文化的单耳豆源于甘青，但正如下文所述，这一点实际不能成立。仔细斟酌，卡约文化分布区虽稍近哈密，但其陶、铜器只与焉不拉克文化有一些笼统的相似点，实则关系不大；辛店文化虽更遥远，但通过河西走廊与哈密联系或许更为便捷，其"姬家川期"

---

① 陈戈：《略论新疆的彩陶》，《新疆社会科学》1982 年第 2 期，第 77～103 页。

② 水涛：《新疆青铜时代诸文化的比较研究——附论早期中西文化交流的历史进程》，《国学研究》第一卷，北京大学出版社，1993 年，第 447～490 页。

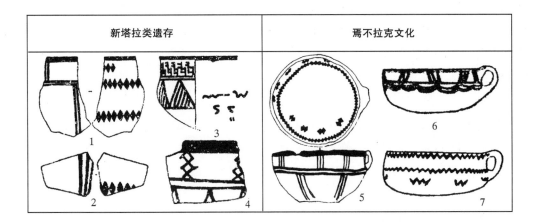

图三六二　新塔拉类遗存与焉不拉克文化（前期）陶器比较

1～4.新塔拉（T1－T2）　5.拉甫乔克（M1∶1）　6、7.焉不拉克（T1∶14、M64∶8）

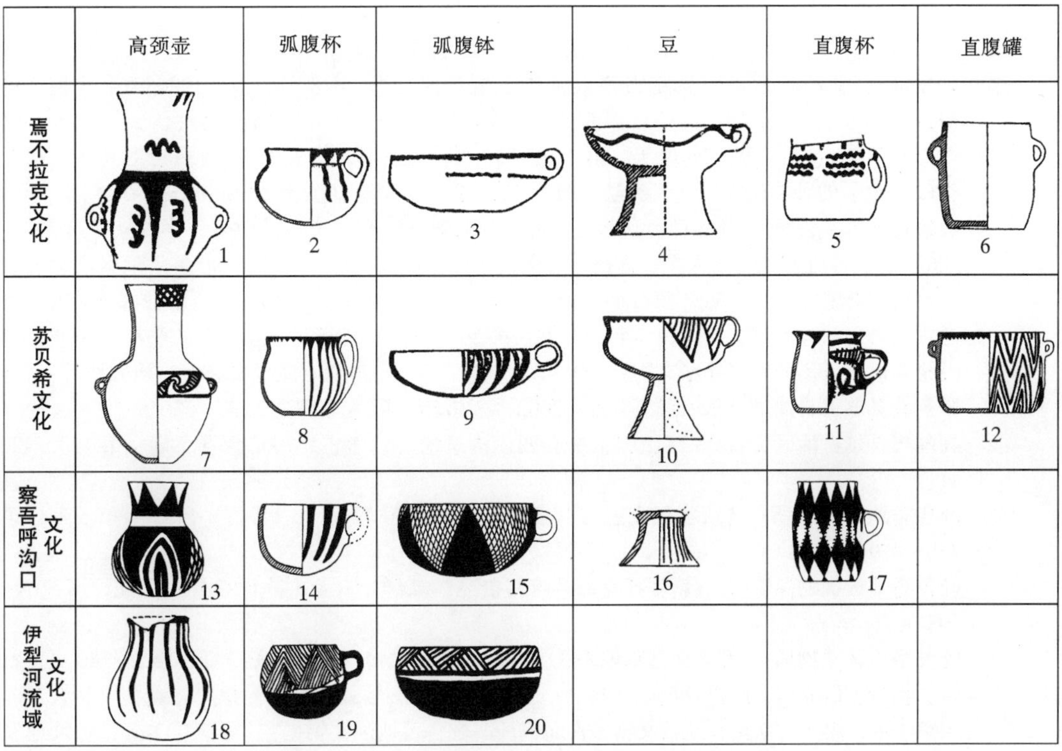

	高颈壶	弧腹杯	弧腹钵	豆	直腹杯	直腹罐
焉不拉克文化	1	2	3	4	5	6
苏贝希文化	7	8	9	10	11	12
察吾呼沟口文化	13	14	15	16	17	
伊犁河流域文化	18	19	20			

图三六三　"高颈壶文化系统"典型陶器

1～6.焉不拉克（M2∶3、M40∶4、M75∶14、M75∶16、M75∶20、M4∶1）　7、8、11.洋海二号墓地（M242∶2、M220∶2、M2205∶5）　9.艾丁湖（M48∶1）　10、12.洋海一号墓地（M43∶2、M105∶2）　13、15～17.察吾呼沟四号墓地（M156∶16、M237∶2、M185∶3、M20∶15）　14.察吾呼沟二号墓地（M223∶24）　18.奇仁托海（M97∶2）　19、20.穷科克（M4∶1、M9∶1）

的彩陶腹耳壶及其三个一组的垂带纹图案，极可能也是焉不拉克文化同类因素的源头之一。可见，焉不拉克文化正是在哈密天山北路文化的基础上，接受周围诸多文化因素而形成。这与其人骨种系以东亚蒙古人种为主、高加索类型欧洲人种其次，且二者存在混血的情况吻合[①]。

　　正如下文所分析的那样，焉不拉克文化对当时天山南北的"高颈壶文化系统"的形成起到了直接的推动作用，苏贝希文化、察吾呼沟口文化、伊犁河流域文化的主体陶器，包括高颈壶、弧腹杯、弧腹钵、豆、直腹杯、直腹筒形罐等，都较早产生于焉不拉克文化并渐次向西影响：越靠东这些器物的种类和数量越多，越偏西越少（图三六三）。

5. 苏贝希文化（前期）

　　分布在吐鲁番盆地和中部天山北麓地区，以鄯善苏贝希遗存为代表[②]，包括木垒四道沟[③]，托克逊英亚依拉克[④]、喀格恰克[⑤]，鄯善洋海一、二号墓地[⑥]、艾丁湖[⑦]、三个桥[⑧]，

① 韩康信：《新疆哈密焉不拉克古墓人骨种系成分研究》，《考古学报》1990 年第 3 期，第 371～390 页；何惠琴等：《3200 年前中国新疆哈密古人骨的 mtDNA 多态性研究》，《人类学学报》第 22 卷第 4 期，2003 年，第 329～337 页；何惠琴、徐永庆：《新疆哈密五堡古代人类颅骨测量的种族研究》，《人类学学报》第 21 卷第 2 期，2002 年，第 102～110 页。

② 吐鲁番地区文管所：《新疆鄯善县苏巴什古墓群的新发现》，《考古》1988 年第 6 期，第 502～506 页；新疆维吾尔自治区文物普查办公室、吐鲁番地区文物普查队：《吐鲁番地区文物普查资料》，《新疆文物》1988 年第 3 期，第 1～84 页；新疆文物考古研究所：《新疆鄯善县苏贝希考古调查》，《考古与文物》1993 年第 2 期，第 26～29 页；新疆文物考古研究所等：《鄯善县苏贝希墓群三号墓地》，《新疆文物》1994 年第 2 期，第 1～20 页；新疆文物考古研究所等：《新疆鄯善县苏贝希遗址及墓地》，《考古》2002 年第 6 期，第 42～57 页。

③ 新疆维吾尔自治区文管会：《新疆木垒县四道沟遗址》，《考古》1982 年第 2 期，第 113～120 页。

④ 吐鲁番地区文管所：《新疆托克逊县英亚依拉克古墓群调查》，《考古》1985 年第 5 期，第 478～479 页。

⑤ 吐鲁番地区文物保管所：《新疆托克逊县喀格恰克古墓群》，《考古》1987 年第 7 期，第 597～603 页。

⑥ 吐鲁番地区文物局：《鄯善洋海墓地采集文物》，《新疆文物》1998 年第 3 期，第 28～40 页；新疆文物考古研究所、吐鲁番地区文物局：《鄯善县洋海一号墓地发掘简报》，《新疆文物》2004 年第 1 期，第 1～27 页；新疆文物考古研究所、吐鲁番地区文物局：《鄯善县洋海二号墓地发掘简报》，《新疆文物》2004 年第 1 期，第 28～49 页；新疆文物考古研究所、吐鲁番地区文物局：《新疆鄯善县洋海墓地的考古新收获》，《考古》2004 年第 5 期，第 3～7 页。

⑦ 新疆维吾尔自治区博物馆等：《新疆吐鲁番艾丁湖古墓葬》，《考古》1982 年第 4 期，第 365～372 页。

⑧ 新疆文物考古研究所等：《新疆鄯善三个桥墓葬发掘简报》，《文物》2002 年第 6 期，第 46～56 页。

阜康大龙口[①]，乌鲁木齐柴窝堡等处遗存[②]。还见于木垒南郊[③]、水磨河[④]，阜康阜北农场基建队[⑤]、高宫河东岸[⑥]、吐鲁番阿斯塔那[⑦]、雅尔湖沟北[⑧]、哈拉和卓[⑨]，鄯善奇格曼[⑩]，吉木萨尔小西沟[⑪]，奇台红旗机械厂[⑫]，乌鲁木齐乌拉泊水库[⑬]、东风厂[⑭]、高崖子牧场[⑮]、东河坝破城子、苇子街村烂城子、阿拉沟大桥、温格尔霍拉、迪根萨拉沟口、星原道班、喀拉盖萨拉等遗址[⑯]。乌鲁木齐板房沟发现的铜器也当多属

① 迟文杰：《吉木萨尔县大龙口大型石堆墓调查简况》，《新疆文物》1994 年第 3 期，第 36～37 页；新疆文物考古研究所等：《吉木萨尔县大龙口古墓葬》，《新疆文物》1994 年第 4 期，第 1～11 页；新疆文物考古研究所：《新疆吉木萨尔县大龙口古墓葬》，《考古》1997 年第 9 期，第 39～45 页。

② 新疆文物考古研究所等：《乌鲁木齐柴窝堡古墓葬发掘报告》，《新疆文物》1998 年第 1 期，第 11～31 页；新疆文物考古研究所：《1993 年乌鲁木齐柴窝堡墓葬发掘报告》，《新疆文物》1998 年第 3 期，第 19～22 页；新疆文物考古研究所等：《乌鲁木齐柴窝堡林场Ⅱ号点墓葬》，《新疆文物》1999 年第 3、4 期，第 19～29 页；新疆文物考古研究所等：《乌鲁木齐市柴窝堡林场Ⅰ、Ⅲ、Ⅳ号点墓葬发掘》，《新疆文物》2000 年第 1、2 期，第 6～10 页。

③ 戴良佐：《新疆木垒县出土的石磨棒》，《考古》1985 年第 1 期，第 40 页；黄小江、戴良佐：《新疆木垒县发现古代游牧民族墓葬》，《考古》1986 年第 6 期，第 572～573 页。

④ 新疆维吾尔自治区文物普查办公室、昌吉回族自治州文物普查队：《昌吉回族自治州文物普查资料》，《新疆文物》1989 年第 3 期，第 48～98 页。

⑤ 于志勇、阎伦昌：《新疆阜康县阜北农场基建队古遗存调查》，《新疆文物》1995 年第 1 期，第 11～18 页。

⑥ 阜康县文管会阎伦昌：《阜康县发现青铜时代早期居住遗址》，《新疆文物》1991 年第 1 期，第 136 页。

⑦ 吴震：《新疆东部的几处新石器时代遗址》，《考古》1964 年第 7 期，第 337～341 页。

⑧ 联合国教科文组织驻中国代表处、新疆文物事业管理局、新疆文物考古研究所：《交河故城——1993、1994 年度考古发掘报告》，东方出版社，1998 年，第 15～74 页。

⑨ 陈戈：《新疆远古文化初论》，《中亚学刊》第四辑，1995 年，第 5～72 页。

⑩ 新疆维吾尔自治区文物普查办公室、吐鲁番地区文物普查队：《吐鲁番地区文物普查资料》，《新疆文物》1988 年第 3 期，第 1～84 页。

⑪ 阚耀平、阎顺：《吉木萨尔县小西沟遗址的初步调查》，《新疆文物》1992 年第 4 期，第 64～67 页。

⑫ 奇台县文化馆：《新疆奇台县发现的石器时代遗址与古墓》，《考古学集刊》第 2 集，中国社会科学出版社，1982 年，第 22～24 页。

⑬ 王明哲、张玉忠：《乌鲁木齐乌拉泊古墓发掘研究》，《新疆社会科学》1986 年第 1 期，第 70～76 页。

⑭ 张玉忠：《天山阿拉沟考古考察与研究》，《西北史地》1987 年第 3 期，第 106～116 页。

⑮ 乌鲁木齐市文物管理所：《乌鲁木齐县高崖子牧场文物简报》，《新疆文物》2002 年第 3、4 期，第 58～66 页。

⑯ 新疆维吾尔自治区文物普查办公室、乌鲁木齐市文物普查队：《乌鲁木齐市文物普查资料》，《新疆文物》1991 年第 1 期，第 2～15 页。

于此①。

　　陶器多为夹砂红褐色，流行红衣黑彩彩陶，也有红衣红彩，图案为网格纹、水波纹、折线纹、填斜线三角纹、锯齿条带纹、梯格纹、涡纹、鳞纹、垂带纹、飘带纹、火焰纹等，有的器物口沿外箍一周附加堆纹。器类有细长高颈壶、圜底或平底钵、小口双耳圜底素面罐、单耳垂腹杯、立耳杯、单耳直腹杯、篦形器、单耳豆、单或双耳罐、带流罐、盉形器等。还有木质的盘、碗、盆、豆、钵、杯、勺、罐、盒、桶等生活用具（图三六四、三六五），以及皮盒、皮篓、角质杯、石臼等，有些木桶口外雕、镶或绘有与彩陶风格相同的三角纹、涡纹、飘带纹等图案，腹刻山羊、鹿、马、狗、狼、虎、鸟等动物，造型与该地区岩画题材近同。工具、武器和马具类很多，有石磨

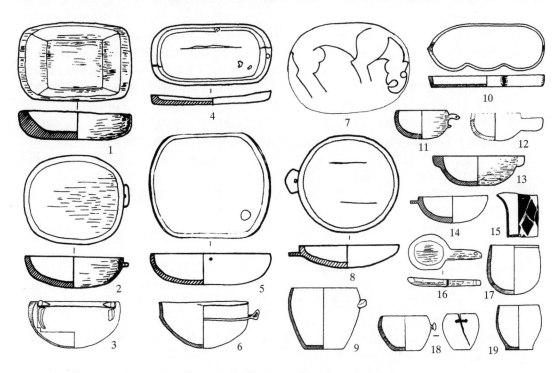

图三六四　苏贝希文化（前期）木容器

1、2、4、5、7、8、10. 盘（苏贝希三号墓地 M7:4、M6:13，洋海二号墓地 M2105:2，三个桥 M13:15，洋海二号墓地 M282:1、M243:1，洋海一号墓地 M105:3）　3、13、14. 盆（洋海一号墓地 M90:8、M25:3，洋海二号墓地 M2211:4）　6、18. 钵（洋海一号墓地 M149:1、M106:1）　9. 罐（洋海一号墓地 M82:1）　11. 碗（苏贝希三号墓地 M21:2）　12、16. 勺（三个桥 M13:16，苏贝希三号墓地 M15:2）　15. 带流杯（洋海一号墓地 M2:2）　17、19. 杯（洋海一号墓地 M177:1、M2:1）

---

①　乌鲁木齐文管所：《乌鲁木齐板房沟新发现的二批铜器》，《新疆文物》1990 年第 4 期，第97～99 页；王博：《新疆近十年发现的一些铜器》，《新疆文物》1987 年第 1 期，第 45～51 页。

图三六五　苏贝希文化（前期）木桶

1、2、5～8、10.洋海二号墓地（M273:5、M258:2、M927:1、M2056:5、M2204:2、M2068:2、M2069:1）

3、4、9.洋海一号墓地（M160:3、M23:4、M81:1）

盘、穿孔砺石、石刮削器、石杵、石锤、石（铜）斧、铜或铁刀（有的带有皮刀鞘）、铜（铁、骨）锥、铁针、铁钉、木鞭杆、皮鞭、铜马衔、骨马镳、骨觿、木拐杖、木橛、直角形木器、钻木取火器等，其中铜管銎或直銎斧、弧背环首铜刀很有特色。此外在男性墓葬中还常见石、角、骨、木、铜、铁等各种质料的镞，有的与木弓、皮弓箙、木撑板共存，有的撑板上雕刻的涡纹与彩陶涡纹图案类似；女性墓葬常见石、陶或木质的纺轮，上有同心涡纹、"S"形纹图案。装饰品有铁簪、铁牌、铜（或包金）牌饰、铜（铁、包金铁）泡饰、铜仿贝、铜铁复合带扣、木扣、铜（铁）带钩、角（木）梳、石化妆棒、铜镜（有的带柄）、皮（骨）扳指、铜簪、铜（金、银）耳环、铜铃、金圈饰、金箔饰、串珠、玛瑙饰等。墓葬中还常见保存较好的皮、毛制品，主要是衣、裤、枕、毡尖帽、手套、靴、护胸、臂鞲、鞍辔、囊等服饰及生活用品。乐器木箜篌和木俑、木骨泥俑也很引人注意。

　　该类遗存曾有过"雅尔湖沟北类型"、"阿拉沟类型"、"乌拉泊水库类型"[1]、"艾丁湖文化"[2] 等多种称呼，现在一般叫做苏贝希文化[3]。该文化存在一定的地方性差异。吐鲁番盆地东部的鄯善洋海类遗存，墓葬地表少见封堆，流行屈肢葬；陶器种类复杂，立耳杯等为其特有；彩陶发达、纹样繁复细致，多为器体瘦长的平底器。而乌鲁木齐附近的柴窝堡类遗存，墓葬地表几乎均有圆形石堆，其石棺墓颇具特色，流行仰身直肢葬；彩陶不甚发达，以矮胖的圜底器居多，豆、篦形器、双耳直壁筒形罐等基本不见；金箔类装饰品更为常见。我们可称前者为洋海类型（图三六六），后者为柴窝堡类型（图三六七）。

　　有学者曾提到苏贝希文化与哈拉和卓遗存和南湾遗存可能有关联[4]。仔细分析，属

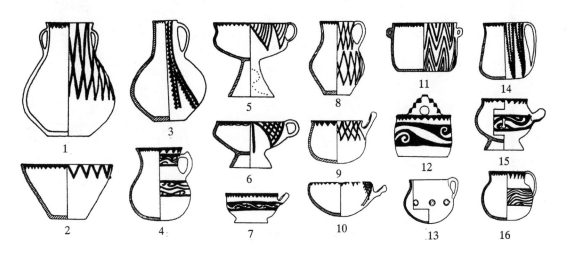

图三六六　苏贝希文化洋海类型陶器

1、3、4. 高颈壶（M87:2、M20:5、M164:6）　2. 平底钵（M166:1）　5、6. 单耳豆（M43:2、M14:1）　7、15. 篦形器（M1002:3、M26:3）　8、13、16. 单耳罐（M72:5、M16:2、M3:3）　9、14. 单耳杯（M105:1、M11:6）　10. 单耳圜底钵（M184:1）　11. 双耳筒形罐（M105:2）　12. 立耳杯（M1002:1）（均出自洋海一号墓地）

①　陈戈：《新疆远古文化初论》，《中亚学刊》第四辑，1995 年，第 5～72 页。
②　陈光祖：《新疆金属时代》，《新疆文物》1995 年第 1 期，第 88 页。
③　陈戈：《新疆史前时期又一种考古学文化——苏贝希文化试析》，《苏秉琦与当代中国考古学》，科学出版社，2001 年，第 153～171 页。
④　陈戈：《苏贝希文化的源流及其与其它文化的关系》，《西域研究》2002 年第 2 期，第 11～18 页。

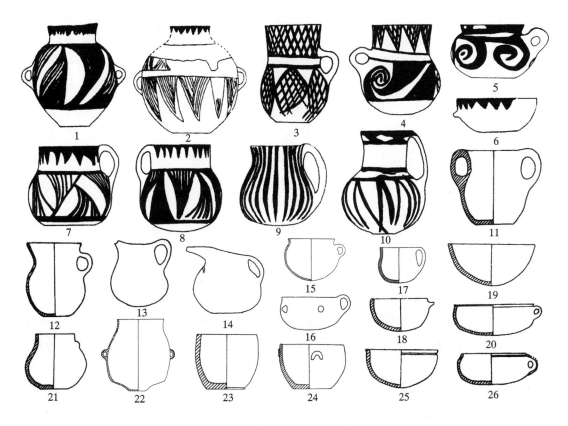

图三六七　苏贝希文化柴窝堡类型陶器

1、2、11. 双耳罐（ⅢM1A:1、ⅢM1B:1、ⅡM2:2）　3～5、7～10、12、15、17. 单耳罐（ⅡM3A:2、ⅡM9:

2、M4b:2、ⅡM1A:1、ⅡM?、ⅠM1:2、ⅡM8:1、ⅡM10B:1、M7:3、ⅡM4:4）　6、16、18～20、23～26.

钵（ⅠM1:1、ⅡM3A:1、ⅡM4:5、ⅡM5:1、ⅡM9:1、M20:1、ⅡM4:1、ⅡM6:1、ⅡM5:3）　13、14. 带流

罐（ⅡM5:2、M2:1）　21. 带鋬罐（ⅡM10B:2）　22. 双腹耳罐（M20:1）（均出自柴窝堡墓地）

哈密天山北路文化的南湾遗存的确与苏贝希文化有某些相似点，尤其后者个别垂带纹
彩陶图案就与前者风格近同[1]；至于哈拉和卓遗存，那只是苏贝希文化偏早阶段的遗
存，其本身的源头才是真正应当考察的。苏贝希文化的素面圜底罐、钵以及三角纹、
网纹等彩陶图案，应当直接承继自半截沟类遗存。个别双环耳直壁筒形罐上的梯格
纹[2]，和更早的奇台坎儿子遗存圜底罐上的纹饰很相近，带兽头把的陶钵、簋形器则与

①　如苏贝希三号墓地的 M6:20，见新疆文物考古研究所等：《新疆鄯善县苏贝希遗址及墓地》
　　（图一一，7），《考古》2002 年第 6 期，第 49 页。此外，苏贝希文化的陶四足盘或许间接与
　　四坝文化存在关联。

②　如洋海一号墓地 M80:2、M129:1，见新疆文物考古研究所、吐鲁番地区文物局：《鄯善县洋
　　海一号墓地发掘简报》（图二二，3、4），《新疆文物》2004 年第 1 期，第 13 页。

克尔木齐遗存的石器风格接近。可见苏贝希文化肯定继承了不少当地（或者更靠北）早先的文化因素，只是细节还不甚清楚。另外，苏贝希文化（尤其是洋海类型）与焉不拉克文化也有很多相似之处，如二者都有单耳豆、单耳直腹杯、单耳弧腹杯、双环耳直壁筒形罐等陶器，共见土坯、屈肢葬、环首铜刀、穿孔砺石等因素；即便前者的高颈壶双耳在颈部，也不能说与后者的腹耳高颈壶没有关联。显然，苏贝希文化的形成与来自焉不拉克文化的影响直接相关，这可能也是苏贝希墓地人骨显示存在一定数量蒙古人种因素的原因①。此外，还有些因素明确来自周围文化：其一，少数带流罐、带流杯属察吾呼沟口文化因素。其二，较晚出现的偏洞室墓和仰身直肢葬可能为伊犁河流域文化因素；这在偏西的柴窝堡类型中表现得至为明显，其石堆标志、较多圜底器也应当与伊犁河流域文化有关。其三，少数双耳鼓腹罐，与卡约文化、辛店文化同类器近似，可能体现出来自甘青地区的影响。其四，甚至还有与中原存在一定联系的可能性。如洋海一号墓地竖耳杯上的图案，颇似关中等地西周青铜器、玉器上的斜角云纹图案②。

最有意思的是苏贝希文化陶器上富有特色的涡纹和飘带纹彩陶图案。类似纹饰及其单耳豆早就发现于甘青地区的卡约文化和辛店文化，属于所谓"唐汪式陶器"的范畴。出于先入为主的原因，学界一般将甘青地区视为其源头所在。仔细分析，其在甘青地区是突然出现在辛店文化"张家嘴期"③，时间上明显较洋海一号墓地所代表的苏贝希文化早期为晚，而且苏贝希文化的单耳豆有焉不拉克文化乃至于克尔木齐类遗存这些更早的源头。因此，这类因素只能是从吐鲁番盆地传播到甘青地区而非相反。至于这些纹饰在苏贝希文化陶器上的出现，极可能是对当时皮、木、铜、金器上同类花纹的借用。这类涡纹或螺旋纹实际广见于欧亚草原的各类遗物之上。

苏贝希文化中能够与欧亚草原地带（包括以鄂尔多斯为核心的中国北方草原地带）联系起来的因素实际上还有更多，这也是其与焉不拉克文化最显著的不同之处。例如，偏晚的动物纹金属牌饰，或为虎叼羊纹④、或为卧马⑤、或为一对卧马正反相连呈"S"

---

① 陈靓：《鄯善苏贝希墓葬人骨研究》，《新疆文物》1998 年第 4 期，第 65～78 页。
② 这种云纹图案于二里岗上层文化时期已经在郑州出现，并延续至春秋早期。见朱凤瀚：《古代中国青铜器》，南开大学出版社，1995 年，第 403 页。
③ 张学正、水涛、韩翀飞：《辛店文化研究》，《考古学文化论集》（三），文物出版社，1993 年，第 122～144 页。该文推断，所谓"张家嘴期"约为距今 3200～2800 年。
④ 柳洪亮：《吐鲁番艾丁湖潘坎出土的虎叼羊纹铜牌饰——试论鄂尔多斯式青铜器在西域的影响》，《新疆文物》1992 年第 2 期，第 31 页。
⑤ 新疆文物考古研究所：《1993 年乌鲁木齐柴窝堡墓葬发掘报告》，《新疆文物》1998 年第 3 期，第 21 页。

形①，分别与宁夏固原马庄、河北宣化小白阳②、内蒙古杭锦旗桃红巴拉和凉城崞县窑子等墓地的同类器相近，表明其与中国北方草原地带春秋时期文化存在切实联系（图三六八）。洋海一号墓地、板房沟发现的铜长管銎斧，虽也存在于属察吾呼沟口文化的群巴克墓地和更早的属哈密天山北路文化的南湾墓地，但真正的来源应在西伯利亚草原③。木箜篌可能为从西亚、中亚、西伯利亚一带传播而来，因为这种乐器于公元前二千纪初期即已在西亚亚述一带出现。此外，时有所见的木鞭杆、皮鞭、铜马衔、骨马镳等马具，殉马或殉驼坑，墓葬封堆附近的"鹿石"或石人，各类遗物（包括岩画）上的山羊、鹿、马、狗、狼、虎等草原动物，同心螺旋纹铜纺轮、金箔饰、玛瑙饰等，无不昭示出苏贝希文化接受了来自欧亚草原骑马民族的强

图三六八　苏贝希文化、杨郎文化、桃
红巴拉文化和玉皇庙文化牌饰比较

1～3.苏贝希文化（艾丁湖采集、柴窝堡 M1：4、艾丁湖 M0：13）　4.杨郎文化（马庄Ⅲ M4：82）
5.玉皇庙文化（小白阳 M22：1）　6、7.桃红巴拉文化（桃红巴拉 M1：28、崞县窑子 M2：1）

烈影响。据研究，苏贝希文化人骨以欧洲人种为主④，这可能有两个主要来源：一为当地及西部早先的克尔木齐类遗存和安德罗诺沃文化所代表的欧洲人种后裔，二为从欧亚草原新来的欧洲人种游牧民族。

　　总之，苏贝希文化可能是在半截沟类遗存的基础上，受到焉不拉克文化的强烈影响而形成，并与欧亚草原文化存在广泛而深入的交流。

---

① 新疆维吾尔自治区博物馆等：《新疆吐鲁番艾丁湖古墓葬》，《考古》1982 年第 4 期，第 369 页。

② 张家口市文物事业管理所等：《河北宣化县小白阳遗址发掘报告》，《文物》1987 年第 5 期，第 48 页。

③ 杨建华：《春秋战国时期中国北方文化带的形成》，文物出版社，2004 年，第 153 页。

④ 陈靓：《鄯善苏贝希墓葬人骨研究》，《新疆文物》1998 年第 4 期，第 78 页；王博、崔静：《吐鲁番奇格曼古墓人颅的种系研究》，《吐鲁番学研究》2001 年第 2 期，第 28～32 页；崔银秋：《新疆古代居民线粒体 DNA 研究——吐鲁番与罗布泊》，吉林大学出版社，2003 年，第 73～233 页；崔银秋等：《吐鲁番盆地青铜至铁器时代居民遗传结构研究》，《考古》2005 年第 7 期，第 83～88 页。

6. 察吾呼沟口文化（前期）

分布在塔里木盆地北缘，以和静察吾呼一、二、四、五号墓地为代表[1]，包括和硕新塔拉晚期[2]，和静哈布其罕[3]、拜勒其尔[4]、哈尔哈提沟[5]、开都河南岸石围墓[6]，库尔勒上户乡[7]，轮台群巴克[8]、拜城克孜尔吐尔[9]、喀日尕依遗存等[10]，见于库车麻扎甫塘[11]、哈拉墩[12]、阿克热克城堡等遗址[13]。

陶器流行夹砂红褐陶，彩陶发达，多为白地红彩，也有黑彩，图案有连续菱形填网格纹或圆点纹、连续多重菱形纹、网格纹、三角纹、毛边三角纹、连续三角形填网格纹、多重三角纹、棋盘格纹、回纹、横带纹、波折纹、席纹、条带纹等，还有个别生动的卧驼纹。以平底、圜底陶器为主，最有代表性的是带流罐和带流杯，其他还有高颈壶、单耳或双耳罐、单耳或双耳釜、单耳圜底钵、单耳鼓腹杯、单耳筒形杯、单

①　新疆文物考古研究所：《新疆察吾呼——大型氏族墓地发掘报告》，东方出版社，1999 年。

②　自治区博物馆、和硕县文化馆：《和硕县新塔拉、曲惠原始文化遗址调查》，《新疆文物》1986 年第 1 期，第 1～13 页；新疆考古所：《新疆和硕新塔拉遗址发掘简报》，《考古》1988 年第 5 期，第 399～407 页；张平、王博：《和硕县新塔拉和曲惠遗址调查》，《考古与文物》1989 年第 2 期，第 16～19 页。

③　新疆文物考古研究所等：《和静哈布其罕Ⅰ号墓地发掘简报》，《新疆文物》1999 年第 1 期，第 8～24 页；新疆文物考古研究所等：《和静哈布其罕二号墓地发掘简报》，《新疆文物》2001 年第 3、4 期，第 16～22 页。

④　新疆文物考古研究所等：《和静拜勒其尔石围墓发掘简报》，《新疆文物》1999 年第 3、4 期，第 30～60 页。

⑤　吕恩国：《和静县哈尔哈提沟古墓群》，《中国考古学年鉴》（1994），文物出版社，1997 年，第 281～282 页。

⑥　周金玲：《开都河南岸石围墓葬的发掘及相关问题》，《西域研究》2000 年第 3 期，第 44～49 页。

⑦　巴音郭楞蒙古自治州文物保护管理所：《新疆库尔勒市上户乡古墓葬》，《文物》1999 年第 2 期，第 32～40 页。

⑧　中国社会科学院考古研究所新疆队等：《新疆轮台群巴克古墓葬第一次发掘简报》，《考古》1987 年第 11 期，第 987～996 页；中国社会科学院考古研究所新疆队等：《新疆轮台县群巴克墓葬第二、三次发掘简报》，《考古》1991 年第 8 期，第 684～703 页。

⑨　新疆文物考古研究所：《新疆拜城县克孜尔吐尔墓地第一次发掘》，《考古》2002 年第 6 期，第 14～29 页。

⑩　新疆文物考古研究所：《新疆拜城县克孜尔水库墓地第二次发掘简报》，《新疆文物》2004 年第 4 期，第 1～14 页。

⑪　新疆维吾尔自治区文物普查办公室、阿克苏地区文物普查队：《阿克苏地区文物普查报告》，《新疆文物》1995 年第 4 期，第 4～5 页。

⑫　黄文弼：《新疆考古发掘报告（1957～1958）》，文物出版社，1983 年，第 93～118 页。

⑬　新疆维吾尔自治区博物馆文物队等：《轮台县文物调查》，《新疆文物》1991 年第 2 期，第 2 页。

耳斜腹杯、勺杯、贯耳或双鋬盆、侈口罐等。还有木盘、木盆、木钵、木杯、牛角杯，以及个别铜碗、石碗等生活器皿，以牛角杯最具特色。有石（铁）镰、穿孔砺石、铜（铁）刀、铁剑、铜斧、铜匕、铜（骨、木）镞、木弓、铜（铁、骨、石）锥、铜针、陶（石、木、骨、铜）纺轮或纺轮形器、铜马衔、骨马镳、铜节约、木杖、钻木取火器等工具、马具或武器（图三六九、三七〇），还有铜镜、骨梳、石化妆棒、骨笄、铜带钩、石带扣、铜（骨、石、银）扣、铜环、铜泡、铜（骨）管、骨牌、铜铃、石（骨、玻璃）珠、铜戒指、铜（铁、银、金）耳坠或耳环、金箔等装饰品，其中一件铜镜上有卷曲狼纹，一件铜铃上有类似鹰头狮身兽的纹饰。毛皮制品时有发现。

该类遗存内涵清楚、特征鲜明，已被命名为"察吾呼沟口文化"[①]。它本身至少还可以分为三段：早段以察吾呼沟五号墓地主体遗存为代表，多素面，个别沿下饰斜线三角形刻划纹，沿下常见一周旋纹，假圈足状小平底富有特色；中段以察吾呼沟一号和四号墓地主体遗存为代表，彩陶较发达、题材丰富；晚段以察吾呼沟二号墓地主体遗存为代表，彩陶衰落，多为竖条带纹、横带纹或网格纹红褐彩（图三七一）。由于范围广大，地方性差异就比较显著。在陈戈所划分的三个地方类型中，属于该阶段的是焉耆盆地的"察吾呼沟口类型"和轮台—库车—拜城一带的"群巴克类型"（图三七二）[②]。前者流行墓上置石围或石堆标志、墓口盖石、墓室壁砌石的袋状墓，后者主要为墓上置土堆标志、墓口棚木（有焚烧现象）的竖穴土坑墓；前者彩陶构图严谨、菱形棋盘格纹富有特色，后者稍显随意、粗犷，流行成排三角纹、横带纹、填斜线三角纹、大折线纹；前者陶器多平底，后者多圜底；前者的单耳直腹杯、单耳斜腹杯、双系鼓腹罐、豆，后者的圜底釜等，都基本不互见。即使是同一地方类型，也还存在更低层次的地方性差异。如群巴克类型轮台一带的陶器多见填斜线三角纹彩，而拜城附近则流行成排三角纹、横带纹彩。

该文化前期早段和当地早先的新塔拉类遗存的确存在一些共性，如陶侈口鼓肩罐、双耳罐、带鋬罐等；但二者间也有着显著差异，如后者的筒形罐（杯）、细泥条附加堆纹、刻划纹、压印纹、黑彩及连续菱形纹彩陶图案等主要特征在前者中少见或不见，作为前者典型因素的带流罐、带流杯等陶器也不见于后者。可见，前者对后者虽有一定的继承，不过就现有资料，还难以将二者从总体上联系起来。这可能是由于新塔拉

① 陈戈：《新疆察吾呼沟口文化略论》，《考古与文物》1993年第5期，第42~50页；陈戈：《再论察吾呼沟口文化》，《吐鲁番学研究》2001年第2期，第18~27页。有学者还提出"察吾呼文化"的称谓，内涵仅限于察吾呼沟诸墓地，见吕恩国：《察吾呼文化研究》，《新疆文物》1999年第3、4期，第75~86页。

② 陈戈：《察吾呼沟口文化的类型划分和分期问题》，《考古与文物》2001年第5期，第30~39页。

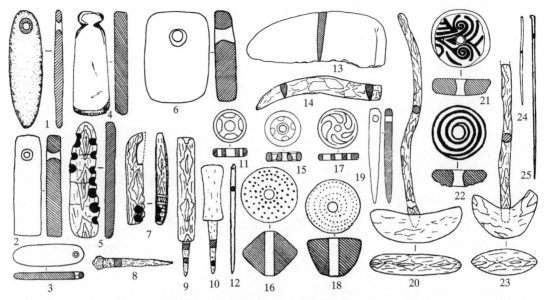

图三六九　察吾呼沟口文化（前期）工具

1～4、6.砺石（察吾呼沟四号墓地 M190:4，群巴克 M1:7、Ⅱ M1:13，察吾呼沟一号墓地 M275:3，克孜尔吐尔 M3:2）　5、7.木取火板（察吾呼沟一号墓地 M317:16，察吾呼沟五号墓地 M5:7）　8.铁锥（群巴克Ⅰ M27:39）　9、10.铜锥（察吾呼沟四号墓地 M104:1、M86:6）　11、15、17.铜纺轮形器（群巴克Ⅰ M12C:2、Ⅱ M10:22、Ⅰ M17:2）　12、24、25.铜针（哈布其罕Ⅰ号墓地 M10:3，群巴克Ⅰ M7A:1，察吾呼沟一号墓地 M253:4）　13.石镰（喀日尕依 M19:2）　14.铁镰（群巴克Ⅰ M27A:8）　16、18.陶纺轮（察吾呼沟四号墓地 M40:13，群巴克 M1:3）　19.石锥（群巴克 M1:13）　20、21、23.木纺轮（察吾呼沟四号墓地 M217:14、M141:8、M17:6）　22.铜纺轮（察吾呼沟四号墓地 M151:3）

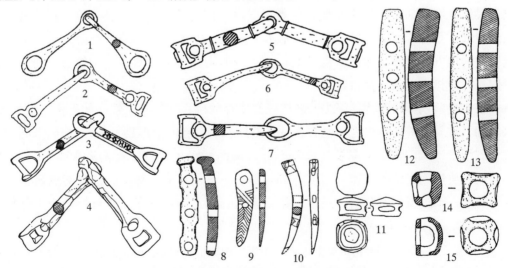

图三七〇　察吾呼沟口文化（前期）马具

1～7.铜马衔（察吾呼沟四号墓地 M8:2、M114:6，群巴克Ⅰ M5C:2、Ⅰ M9:2，察吾呼沟五号墓地 M10:4，察吾呼沟四号墓地 M247:5，察吾呼沟一号墓地采:3）　8～10、12、13.骨马镳（察吾呼沟四号墓地 M129:10、M51:5，群巴克Ⅰ M7:8，拜勒其尔 M206:59、M206:58）　11、14、15.铜节约（群巴克Ⅰ M17:21，察吾呼沟一号墓地 M8:8、M245:10）

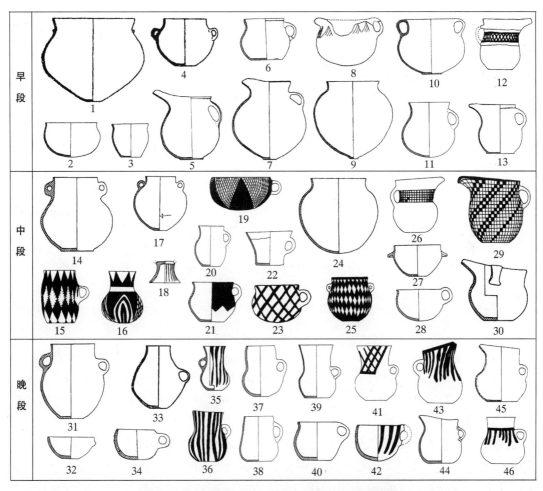

图三七一　察吾呼沟口文化察吾呼沟口类型陶器

1、9、24.侈口罐（新塔拉 T3-T4，察吾呼沟五号墓地 M4：1，察吾呼沟一号墓地 M313：1）　2、8、11.釜（察吾呼沟五号墓地 M2：2、M24：1、M16：1）　3.筒形罐（察吾呼沟五号墓地 M14：3）　4、10、14、17、25、31.双耳罐（新塔拉 T3-T4，察吾呼沟五号墓地 M22：1，察吾呼沟四号墓地 M234：9、M234：12、M131：6，察吾呼沟二号墓地 M202：1）　5、7、12、13、26、29、30、43～45.带流罐（杯）（察吾呼沟五号墓地 M21：1、M15：1、M7：3、M5：2，察吾呼沟四号墓地 M114：10、M88：5、M175：4，察吾呼沟二号墓地 M223：16、M223：20、M212：9）　6、15、20～22、35～41、46.单耳杯（察吾呼沟五号墓地 M12：4，察吾呼沟四号墓地 M20：15、M24：27、M101：2、M154：5，察吾呼沟二号墓地 M203F1：1、M212：4、M223：1、M305：6、M305：3、M223：14、M223：18、M223：15）　16.高颈壶（察吾呼沟四号墓地 M156：16）　18.豆（察吾呼沟四号墓地 M185：3）　19、27、32.钵（察吾呼沟四号墓地 M237：2、M147：1，察吾呼沟二号墓地 M3：16*）　23、28、34、42.勺杯（察吾呼沟四号墓地 M77：4、M113：3，察吾呼沟二号墓地 M1A：1*、M223：24）　33.单耳壶（察吾呼沟西残墓标本 25）（察吾呼沟墓群中，带 * 者为中国社会科学院考古研究所等发掘，其余为新疆文物考古研究所等发掘）

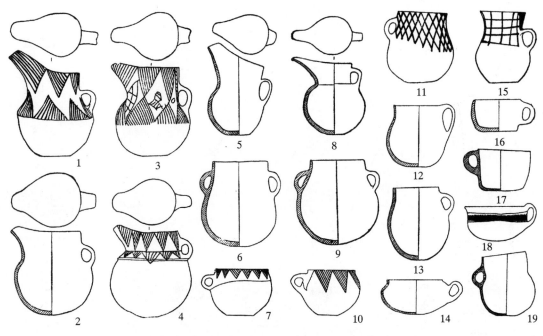

图三七二　察吾呼沟口文化群巴克类型陶器

1～5、8.带流罐（ⅡM7:11、ⅠM18:1、M3D:5、M3D:7、ⅠM21:2、ⅡM10:37）　6、9.双耳釜（ⅠM8:14、
ⅡM4D:2）　7、10、18.勺杯（ⅡM10F:4、M3:24、ⅡM10Q:1）　11～13、15～17、19.单耳杯（ⅠM9A:
1、ⅡM10:45、ⅡM1:9、ⅡM4E:1、ⅠM27A:3、M4:1、M3:39）　14.单耳钵（M3:59）（均出自群巴克墓
地）

类遗存的总体情况尚不甚清楚，也可能是二者间还有中间环节没有发现的缘故。仔细
分析，察吾呼沟口文化早期带流罐、带流杯的器体，和与其共存的带耳罐、单耳杯近
同，只是口部多出一个稚拙的流而已。在没有其他更早来源的情况下，可以视其为当
地的发明。此外，察吾呼沟口文化早期的圜底釜、平底弧腹筒形罐、双耳圜底壶这样
一组新陶器，竟与香宝宝类遗存的主体器类近同；前者的假圈足或小平底风格也是后
者及其更早的安德罗诺沃文化陶器的典型特征。显然，察吾呼沟口文化早期还接受了
来自帕米尔地区的影响。正如下文所述，这类来自帕米尔的因素还可能一直向东影响
到天山北麓的半截沟类遗存，这样长距离的传播或许只有伴随着人群的移动才能够做
到。反过来，在察吾呼沟口文化早期的带流杯上也有半截沟类遗存流行的网格纹彩陶
图案，表明存在着互相的交流；甚至彩陶上的成排三角形（尤其是带毛边的三角形）
等半截沟类遗存典型因素，也可能已于此时传播至焉耆盆地，只是尚未被发现①。

　　该文化前期中、晚段发生的变化主要表现在三个方面：其一，中段新出高颈壶、

————————

①　这些彩陶图案流行于察吾呼沟口文化前期中段。

单耳钵、单耳鼓腹杯、单耳筒形杯、单耳斜腹杯、勺杯、豆等大量陶器,应是受到焉不拉克文化强烈影响的结果。尤以偏东的察吾呼沟口类型更加明显。其二,晚段流行的饰垂带纹彩的长颈壶和个别口沿外箍附加堆纹的小口壶等,应属苏贝希文化因素;尤其哈布其罕二号墓地所见个别单耳高颈涡纹陶壶,更是与苏贝希文化同类器近同,有可能是从后者直接传入。其三,彩陶上的菱形或方形棋盘格纹、回纹、连续多重菱形纹、席纹等不见于其他遗存,有当地发明的可能性。中、晚段还有一些因素来自与周围地区的广泛交流。其一,中段个别鸟形纹彩陶图案流行于辛店文化甚至更早的四坝文化,有通过哈密天山北路文化—焉不拉克文化传播至此的可能性,但也可能直接从欧亚草原传播而来,因其最早产生于辛塔什塔—彼德罗夫斯卡文化。其二,中段饰刻划折线纹和戳印点纹的圜底罐或平底罐,与卡拉苏克文化的器形或纹饰近似,有可能是通过石河子水泥厂类卡拉苏克文化遗存传播而来①。其三,群巴克类型流行圜底器、少见器耳的风格应为受到伊犁河流域文化影响的结果。

此外,察吾呼沟口文化墓葬地表的石围石堆标志、石室墓、屈肢葬和火葬习俗,可能与早先的安德罗诺沃文化有某种关联。铜马衔、骨马镳、铜节约等马具,殉马坑、卷狼纹、鹰头狮身兽、卧驼纹等因素,也都与欧亚草原游牧文化相关。尤其是晚期的群巴克Ⅰ号墓地,出土颇多可与欧亚草原联系的游牧特色十分浓厚的遗物,包括"S"形双马头饰、长管銎铜斧、有柄镜、马衔、节约、同心螺旋纹纺轮、泡饰等铜器,以及铁剑、骨镳等②。类似中国北方草原地带的牌饰等则很少发现。可见该文化与欧亚草原西部地带的联系较多,与欧亚草原东北地带的联系则远不如苏贝希文化。

察吾呼沟口文化对周边文化也产生了一定影响,尤其是其带流罐(杯)类器物流播到苏贝希文化和伊犁河流域文化,对"高颈壶文化系统"的形成起到一定推动作用(图三七三)。最值得注意的是察吾呼沟口文化与楚斯特文化的关系。楚斯特文化于公元前2千纪末期和第1千纪初期分布在费尔干纳盆地③,该文化一定数量的红衣红彩陶器及其网格纹、菱形纹、菱形棋盘格纹、三角纹等图案,钵、单耳杯、单耳罐、双耳罐等器类,均与察吾呼沟口文化相似(图三七四)。由于前者的彩陶与早先的纳马兹加文化Ⅰ~Ⅲ期彩陶存在很大缺环,而后者的彩陶则上承甘青文化系统,有着完整的演

---

① 如拜勒其尔 M203:3,见新疆文物考古研究所等:《和静拜勒其尔石围墓发掘简报》(图一九,6),《新疆文物》1999年第3、4期,第49页。

② 中国社会科学院考古研究所新疆队等:《新疆轮台县群巴克墓葬第二、三次发掘简报》(图一四、一五),《考古》1991年第8期,第693~694页。

③ 卢立·A·札德纳普罗伍斯基著、刘文锁译:《费尔干纳的彩陶文化》,《新疆文物》1998年第1期,第107~112页;A.H. 丹尼、V.M. 马松主编:《中亚文明史》第一卷,中国对外翻译出版公司,2002年,第342~345页。

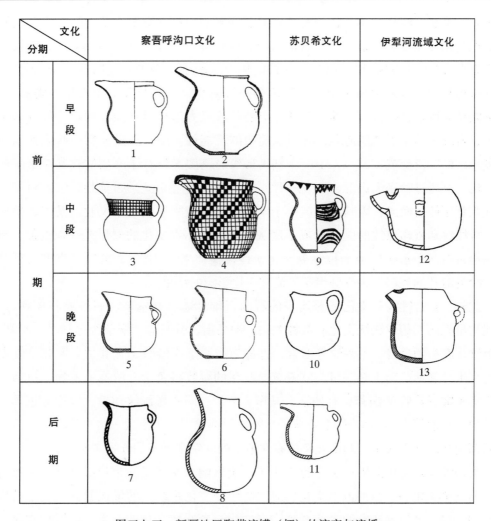

图三七三　新疆地区陶带流罐（杯）的演变与流播

1、2. 察吾呼沟五号墓地（M5:2、M21:1）　3、4. 察吾呼沟四号墓地（M114:10、M88:5）　5、6. 察吾呼二号墓地（M223:20、M212:9）　7、8. 扎滚鲁克（M92:4、M4:10）　9. 洋海二号墓地（M2018:1）　10. 柴窝堡二号墓地（ⅡM5:2）　11. 交河故城沟北墓地（M05:5）　12. 穷科克（M39:1）　13. 索墩布拉克（M33:3）

变序列，故推测当时彩陶的流播大势是自东而西，察吾呼沟口文化曾对楚斯特文化产生过强烈影响①。

　　据研究，察吾呼沟四号墓地的人骨多数属于欧洲人种，并与古墓沟墓地人种类型

①　水涛认为当时以从费尔干纳盆地到塔里木盆地南北缘的东向传播为主，见 SHUI Tao, On the Relationship between the Tarim and Fergana Basin in the Bronze Age, in victor H. Mair（ed.）. *The Bronze Age and Early Iron Age Peoples of Eastern Central Asia*. *The Journal of Indo-European Studies*, Monograph No. 26, Washington: Institute for the Study of Man, 1998, pp.162－167.

和焉不拉克墓地的欧洲
人种比较接近，但也有
少量蒙古人种存在①。我
们可以试做解释：作为
察吾呼沟口文化可能前
身的新塔拉类遗存，本
身就是包括古墓沟文化
在内的周邻多种文化因
素汇聚的产物，其主体
可能就是欧洲人种。该
文化形成和发展过程中，
又受到香宝宝类遗存、
焉不拉克文化、半截沟
类遗存、苏贝希文化等

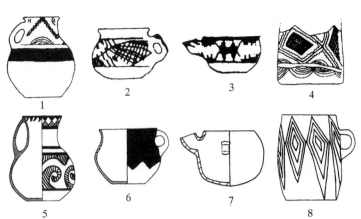

图三七四　新疆早期铁器时代文化与楚斯特文化陶器比较

1～4.楚斯特文化（3为费尔干纳，余为舒拉巴沙特）　　5、6、8.察吾呼
沟口文化（哈布其罕二号墓地 M3：2，察吾呼沟四号墓地 M101：2、M66：
2）　7.伊犁河流域文化（穷科克 M39：1）（1、5.壶　2、6.单耳罐　3、
7.带流罐　4、8.单耳杯）

周邻文化的不同程度的影响；既保留了早先安德罗诺沃文化的因素，又与当时欧亚草
原文化存在交流。这其中仅焉不拉克文化的欧洲人种比例少于蒙古人种，其余均主要
属于欧洲人种。在这种背景下，察吾呼沟口文化自然会以欧洲人种居于主体。

7.伊犁河流域文化（前期）

主要分布在伊犁河流域，还扩展到石河子—乌苏地区，包括尼勒克穷科克②、奇
仁托海③，察布查尔索墩布拉克④，以及石河子南山墓地⑤，也见于昭苏夏台⑥，新源黑

①　新疆文物考古研究所：《新疆察吾呼——大型氏族墓地发掘报告》，东方出版社，1999 年，
　　第 330～331 页；谢承志、刘树柏、崔银秋等：《新疆察吾呼沟古代居民线粒体 DNA 序列多
　　态性分析》，《吉林大学学报》（理学版）第 43 卷第 4 期，2005 年，第 538～540 页。
②　新疆文物考古研究所：《尼勒克县穷科克一号墓地考古发掘报告》，《新疆文物》2002 年第 3、
　　4 期，第 13～53 页。
③　新疆文物考古研究所：《伊犁州尼勒克县奇仁托海墓地发掘简报》，《新疆文物》2004 年第 3
　　期，第 60～87 页。
④　新疆文物考古研究所：《察布查尔县索墩布拉克古墓葬发掘简报》，《新疆文物》1988 年第 2
　　期，第 19～26 页；新疆文物考古研究所：《新疆察布查尔县索墩布拉克古墓群》，《考古》
　　1999 年第 8 期，第 59～66 页。
⑤　张玉忠、邢开鼎：《石河子市南山发现一批 2000 多年前的墓葬》，《新疆文物》1998 年第 3
　　期，第 100 页；新疆文物考古研究所等：《新疆石河子南山古墓葬》，《文物》1999 年第 8 期，
　　第 38～46 页。
⑥　新疆维吾尔自治区博物馆、新疆社会科学院考古研究所：《建国以来新疆考古的主要收获》，
　　《文物考古工作三十年（1949～1979）》，文物出版社，1979 年，第 174～175 页。

山头①，尼勒克奴拉赛②、库吉尔沟、萨尔布拉克、阿克不早沟、别特巴斯陶③，乌苏安集海④，石河子总厂水泥厂等遗址⑤。陶器主要为夹砂红褐陶，三分之一左右装饰有彩陶。彩陶一般为红衣黑彩或红彩，有连续杉针纹、连续重三角纹、填斜线三角纹、填菱块三角纹、重弧纹、折线纹、网格纹、锯齿纹、垂带纹等图案，内彩主要为对顶三角纹和横带纹。基本均为圜底器，大部分无耳，器类主要为高颈壶、深腹或浅腹钵、深腹杯、单耳罐，以及勺杯、带流罐等。还有木盆、木钵、铜壶、铜钵等食储器，穿孔砺石、石磨盘、石杵、陶（骨）纺轮、铁（铜）刀、铁（骨）锥、铜耳勺、铁剑、骨镞、骨节约等工具、马具或武器，石化妆棒（眉笔）、铜镜、铜（铁）簪、铜（金）耳环、铜扣、骨（铜）带扣、玛瑙（玻璃、骨）珠饰等装饰品。

　　该类遗存曾有过"索墩布拉克类型"、"索墩布拉克文化"等称谓⑥，陈戈新提出"伊犁河流域文化"的命名⑦。其实际分布范围至少还包括哈萨克斯坦、吉尔吉斯斯坦、塔吉克斯坦等国的伊犁河流域，但不宜扩展到帕米尔等地。其早期阶段目前仅见偏东的穷科克墓地一类遗存（图三七五），晚期阶段则至少可分为西、东两个地方类型：伊犁河流域西部以索墩布拉克墓地为代表的遗存，可称为索墩布拉克类型；伊犁河流域东部至石河子地区以南山、奇仁托海、黑山头墓葬为代表的遗存，可称为南山类型。就陶器来说，前者彩陶流行松针纹并于器物下腹遍涂红衣，后者常见逗点纹、垂带纹；前者带耳器少而圜底器多，后者正好相反；前者的带流器多为管状流，后者为不封闭流。

　　该文化的陶器与当地早先的安德罗诺沃文化存在很大差异，表明二者基本没有承继关系，或者之间还有缺环。与其最接近者当属察吾呼沟口文化，二者的高颈壶、深腹或浅腹钵、单耳弧腹杯、单耳直腹杯、勺杯、带流罐等主体陶器，菱块纹、网格纹、

① 张玉忠：《伊犁河谷土墩墓的发现和研究》，《新疆文物》1989年第3期，第14～15页。

② 王明哲：《尼勒克县古铜矿遗址的调查》，《中国考古学年鉴》（1984），文物出版社，1984年，第176～177页。

③ 吉林台水库考古调查小组：《尼勒克县吉林台一级水电站库区的文物再调查》，《新疆文物》2002年第1、2期，第51～52页；刘学堂、关巴：《新疆伊犁河谷史前考古的重要收获》，《西域研究》2002年第4期，第106～108页；阮秋荣：《尼勒克县吉林台遗存发掘的意义》，《新疆文物》2004年第1期，第80～82页。

④ 新疆文物考古研究所：《1995年乌苏县巴音沟牧场安集海村古墓葬发掘报告》，《新疆文物》1996年第4期，第41～56页。

⑤ 新疆文物考古研究所等：《石河子市古墓》，《新疆文物》1994年第4期，第12～19页。

⑥ 羊毅勇：《新疆古代文化的多样性和复杂性及其相关问题的探讨》，《新疆文物》1999年第3、4期，第117～118页。

⑦ 陈戈：《新疆伊犁河流域文化初论》，《欧亚学刊》第二辑，中华书局，2002年，第1～35页。

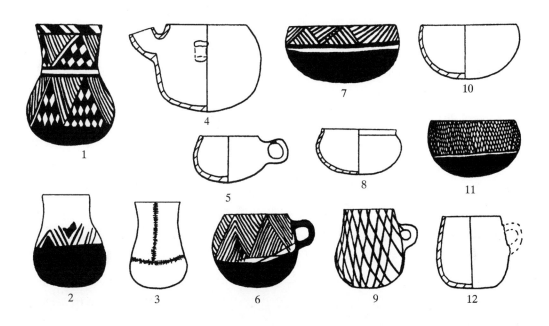

图三七五　穷科克伊犁河流域文化（前期）陶器

1~3.高颈壶（M46A:1、M36:1、M28:1）　4.带流罐（M39:1）　5.勺杯（M12:2）　6、9、12.单耳深腹杯（M4:1、M35:1、M46B:1）　7、8、10、11.钵（M9:1、M34:1、M39:2、M56A:1）

三角纹、垂带纹等大部分彩陶图案均有很大的相似性。甚至奴拉赛铜矿遗址出土的冰铜锭的铅同位素成分也和察吾呼沟墓地的铜器很接近，暗示二者间有可能存在实际联系[1]。由于这些因素早先已流行于察吾呼沟口文化甚至焉不拉克文化，故其在伊犁河流域的出现，只能视为东部文化西向扩展并地方化的结果。值得注意的是，有些高颈壶有刻划或压印的带状纹饰，似为模仿皮囊上的缝制痕迹，说明陶圜底高颈壶也有仿皮囊而产生的可能性。或者圜底高颈壶正是东部因素和当地习俗融合的产物。另外，该文化的偏洞室墓在新疆地区年代最早，不过却晚于中亚地区。分布于阿姆河流域的萨帕利文化和瓦克什文化，年代至少可早至公元前2千纪中叶，就已经出现典型偏洞室墓，且在偏洞室口斜盖石板或以卵石填堵竖穴部分；瓦克什文化墓葬还流行在封堆底部布置1~4圈石围的现象[2]。这些都与伊犁河流域文化近似，说明伊犁河流域文化的墓葬明显受到来自中亚地区的影响。但伊犁河流域文化的葬式一般仰身直肢，与萨帕

①　梅建军等：《新疆奴拉赛古铜矿冶遗址的科学分析及其意义》，《吐鲁番学研究》2002年第2期，第45~59页。

②　A.H.丹尼、V.M.马松主编：《中亚文明史》第一卷，中国对外翻译出版公司，2002年，第254、287~291页。

利文化和瓦克什文化流行屈肢葬不同，其源头或许在卡拉苏克文化。此外，伊犁河流域文化陶器上的杉针纹当为接受西伯利亚的影响，素面釜类大约属于香宝宝类遗存因素①。殉马坑、节约、玛瑙或玻璃珠饰等也都是与游牧文化相关的因素。

伊犁河流域文化早期的中心大概在偏东的尼勒克一带，晚期开始向东西两端扩展：西向扩展至察布查尔—昭苏一线，形成索墩布拉克类型；并进而向西延伸至哈萨克斯坦、吉尔吉斯斯坦境内的整个伊犁河流域，甚至还对楚斯特文化产生影响。东向扩展至石河子—乌苏小区，形成南山类型；其偏洞室墓、直肢葬等典型因素则向东传播至乌鲁木齐甚至吐鲁番地区的苏贝希文化当中。

索墩布拉克墓地的人种分为两组：第Ⅰ组属于欧洲人种中亚两河类型，第Ⅱ组属于古欧洲人类型，应与安德罗诺沃文化的居民有较多联系②。南山墓地的人骨也主要与欧洲人种的中亚两河类型接近，但个别头骨上可能有蒙古人种因素混入③。在当地早于伊犁河流域文化的正是安德罗诺沃文化，二者在文化上虽还难以直接联系，但人种上存在较多关联则是可以理解的，更何况作为伊犁河流域文化重要来源的察吾呼沟口文化的居民也与此近同；另外，伊犁河流域文化与中亚文化有密切交流，则中亚两河类型欧洲人种较多出现就不足为奇了。

8. 流水文化

分布在塔里木盆地南缘，以于田流水墓地为代表④，也见于尼雅北遗址。陶质以夹砂红褐陶为主，器物表面多有刻划、戳刺和压印的三角纹、弦纹、菱纹、网纹和波纹等，偶见斜"目"字纹和麦穗纹。基本均为圜底器，流行束颈双耳罐、束颈单耳罐、深腹罐、钵等器类。有铜刀、双耳有銎铜斧、铜矛、铜（骨）镞、穿孔砺石、铜（角）马镳、铜马衔等工具或马具，铜镯、铜扣、铜（金）耳坠、铜（金）珠、骨珠、料珠、玛瑙珠、玉佩、金带、铜镜、石眉笔（化妆棒）等装饰品。另有数件刀类铁器。该类遗存的绝对年代大约在公元前1000年，发掘者已经将其命名为"流水文化"。其几何纹饰显示与新塔拉类遗存有一定的承袭关系，与同时期的香宝宝类遗存关系密切，早期铁器时代后期融入南下的察吾呼沟口文化当中。

---

① 陈戈还提到伊犁河流域文化的偏洞室墓和单耳筒形杯可能源自沙井文化，见陈戈：《新疆伊犁河流域文化初论》，《欧亚学刊》第二辑，中华书局，2002年，第15页。实际上伊犁河流域文化的偏洞室墓可能来自中亚，单耳筒形杯为通过哈密天山北路文化—焉不拉克文化—察吾呼沟口文化辗转而来。

② 陈靓：《新疆察布查尔县索墩布拉克墓地出土人头骨研究》，《考古》2003年第7期，第79～90页。

③ 陈靓：《石河子南山石堆墓出土颅骨研究》，《新疆文物》1999年第1期，第66～75页。

④ 中国社会科学院考古研究所新疆队：《新疆于田县流水青铜时代墓地》，《考古》2006年第7期，第31～38页。

9. 香宝宝类遗存

分布在帕米尔地区，以塔什库尔干香宝宝墓地①和下坂地Ⅰ号墓地②为代表，以前多被划在新石器时代的疏附县阿克塔拉、温古洛克、库鲁克塔拉、德沃勒克等遗址③，也包含该类遗存。陶器基本为夹砂红褐陶，素面无彩，圜底、平底或假圈足，有釜、罐、钵、壶等器类（图三七六）。还有木盘、木钵、木勺等食储器，以及铜（铁、石、木）刀、石镰、石磨盘、石（陶）纺轮、石（铜）镞、钻木取火器等工具或武器，铜（铁）管、铜泡、铜扣、铜（铁）镯、铜环、铜耳环、铜指环、铁戒指、铜（石、骨、玛瑙）珠、铜（金）牌饰、铜羊角形饰、金箔饰等装饰品。该类遗存曾被纳入伊犁河流域文化范畴，实际上缺乏彩陶而以素面釜、钵类为主，自成特色，以暂称"香宝宝类遗存"为宜。

该类遗存墓葬地表的石堆或石围标志、屈肢葬、火葬、石镰、铜扣、铜耳环、平底筒形陶罐等因素，都应当为承继早先的安德罗诺沃文化而来，或者可将其视为安德

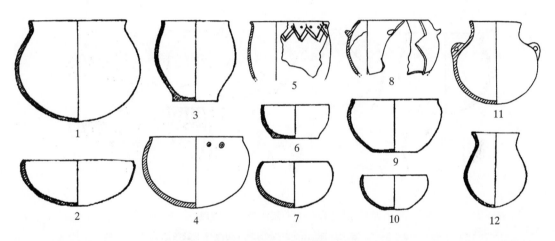

图三七六　香宝宝类遗存陶器

1、4、8. 釜（香宝宝 M10∶3，下坂地Ⅱ号墓地 M018∶1、M018∶C∶2）　2、6、7、9、10. 钵（香宝宝 M10∶8、M39∶4、M39∶6、M39∶1、M39∶3）　3、5. 筒形罐（香宝宝 M5∶1，下坂地Ⅱ号墓地 M018∶C∶4）　11、12. 壶（下坂地Ⅱ号墓地 M018∶C∶1、香宝宝 M10∶1）

①　新疆社会科学院考古研究所：《帕米尔高原古墓》，《考古学报》1981 年第 2 期，第 199～216 页。

②　郭建国：《塔什库尔干下坂地水库区文物调查》，《新疆文物》2002 年第 3、4 期，第 67～68 页；新疆文物考古研究所：《塔什库尔干县下坂地墓地考古发掘报告》，《新疆文物》2004 年第 3 期，第 1～59 页。

③　新疆维吾尔自治区博物馆考古队：《新疆疏附县阿克塔拉等新石器时代遗址的调查》，《考古》1977 年第 2 期，第 107～110 页。

罗诺沃文化传统的最后堡垒；而圜底釜、钵等陶器则可能与楚斯特文化存在关联。陶器口沿外的珍珠纹或许属于水泥厂类遗存因素，羊角形等铜（金）牌饰则体现出和欧亚草原游牧文化的联系。另外，香宝宝类遗存对东部诸文化也有一定影响，其典型因素圜底釜、筒形罐、双耳圜底壶等陶器，先后传播至伊犁河流域文化、察吾呼沟口文化甚至半截沟类遗存。该类遗存经鉴定的一例人骨属于欧洲人种[①]。

10. 半截沟类遗存

以奇台半截沟遗存为代表[②]，总体面貌尚不明晰。发现有双耳圜底釜、双小耳罐、盆、钵等陶器，其上多饰深红色或紫色彩，见成排三角纹、网格纹等图案（图三七七）。石器有穿孔锤、臼、杵、璧形器等。该类遗存与同一地区的苏贝希文化存在一定的差异：前者彩陶红或紫色，后者黑色；前者的小扁耳罐、圜底釜，后者的单耳豆、高颈壶、单耳罐、簋形器等也都各有特色。因此虽然二者都有成排三角纹、网格纹彩陶，但就目前的资料，还是将二者分开为好。

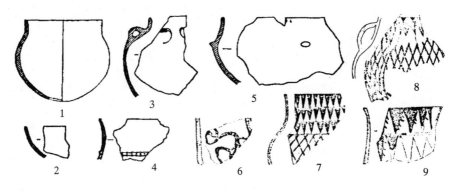

图三七七　半截沟类遗存陶器

1、3～5. 釜　2. 钵　6～9. 彩陶器（均出自半截沟遗址）

吐鲁番盆地—中部天山北麓地区和哈密盆地的文化发展并不完全同步。当焉不拉克文化在哈密盆地已经形成的时候，占据中部天山北麓地区的还是半截沟类遗存。该类遗存陶器的耳、鋬类或许确与南湾遗存有一点联系，个别曲线纹彩陶图案可能与焉不拉克文化有关。最值得注意的是圜底釜，其形态与察吾呼沟口文化早期同类器很相似，更早的渊源可能在帕米尔地区的香宝宝类遗存。不过由于总体面貌不清，其更具自身特色的红色或紫色彩及其图案等的来源都还难以确定。

---

① 韩康信：《塔什库尔干塔吉克自治县香宝宝古墓出土人头骨》，《丝绸之路古代居民种族人类学研究》，新疆人民出版社，1993 年，第 371～377 页。

② 新疆维吾尔自治区博物馆考古队：《新疆奇台县半截沟新石器时代遗址》，《考古》1981 年第 6 期，第 552～553 页。

（二）早期铁器时代后期

该阶段基本延续早期各文化，在河西走廊有沙井文化，青海湖东北缘有诺木洪文化；在新疆主要有焉不拉克文化、苏贝希文化、察吾呼沟口文化、伊犁河流域文化这四类。帕米尔小区和阿勒泰小区也有该阶段遗存。由于沙井文化和诺木洪文化基本情况同前，故不再述及。

1. 焉不拉克文化（后期）

包括哈密寒气沟[①]、庙尔沟Ⅰ号墓地[②]、黑沟梁墓地、东黑沟墓葬[③]等。随葬品与前近同，只是彩陶少见而以素面陶为主，且出现较多双鋬罐，高颈腹耳壶的双腹耳消

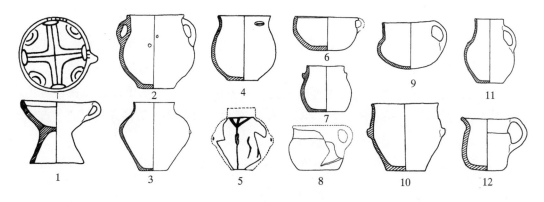

图三七八　焉不拉克文化（后期）陶器

1. 单耳豆（M2:6）　2. 双耳罐（M4:2）　3、4、7、10. 鋬耳罐（M4:8、M4:9、M2:4、M2:8）　5. 双耳壶（MC:3）　6. 单耳钵（MC:2）　8、9、11. 单耳罐（M3:2、M2:2、MC:1）　12. 单耳杯（M4:7）（均出自寒气沟墓地）

失或退化为小双鋬（图三七八）。还发现双羊纹铜牌饰、铜带扣、铁刀、铁马衔，金耳坠、金花、金泡、金箔、金银牌饰，以及较多玛瑙、玻璃质的珠子等，以东黑沟发现的模压有鸟首、鹿角、马蹄足的格里芬形象的金箔最有特色。寒气沟墓地的发掘者曾提出焉不拉克文化寒气沟类型的名称，但寒气沟墓地与焉不拉克遗存的差别，主要当

① 新疆文物考古研究所等：《哈密—巴里坤公路改线考古调查》，《新疆文物》1994 年第 1 期，第 5～11 页；新疆文物考古研究所等：《新疆哈密市寒气沟墓地发掘简报》，《考古》1997 年第 9 期，第 33～38 页。

② 哈密地区文管所：《哈密黄田庙尔沟墓地调查》，《新疆文物》1998 年第 1 期，第 32～35 页；新疆文物考古研究所、哈密地区文物管理所：《1996 年哈密黄田上庙尔沟村Ⅰ号墓地发掘简报》，《新疆文物》2004 年第 2 期，第 1～28 页。

③ 新疆文物考古研究所、西北大学文化遗产与考古学研究中心：《2006 年巴里坤东黑沟遗址发掘》，《新疆文物》2007 年第 2 期，第 32～60 页。

由于时代的不同，并不能成为划分地方类型的理由。庙尔沟Ⅰ号墓地和寒气沟墓地遗存大同小异，后者较多的双小耳罐等或许算是地方特点，但仅此也还不足以划分出两个地方类型。

此时出现较多马镳、羊形牌饰、格里芬形象、金银器、玛瑙珠、玻璃珠等因素，显然是游牧文化自西北向东南进一步渗透扩展的结果。还有漆器、铜镜等汉文化因素的进入。值得注意的是，位于天山山口的寒气沟遗存中包含较多陶双耳鼓腹罐，颇似古老的哈密天山北路文化的孑遗。寒气沟颅骨与焉不拉克С组接近，属于欧洲人种和蒙古人种的混合体，但以前一成分更大[①]。

2. 苏贝希文化（后期）

包括鄯善苏贝希一号墓地[②]和洋海三号墓地[③]，见于吐鲁番交河故城沟北[④]、交河故城沟西[⑤]，乌鲁木齐阿拉沟[⑥]，以及托克逊博斯坦[⑦]、阜康南泉[⑧]、三工乡等墓地[⑨]。陶器表面常覆红陶衣，残留少量三角纹、垂带纹等图案的黑彩彩陶。主要器类为单耳的壶、杯、钵类，还有罐、三足钵等。在交河故城沟西、沟北墓地还常见在器腹塑出连续半圆形凸起装饰（图三七九）。以明器木车（阿拉沟出土）、方座承兽铜盘、虎形金牌饰、对虎纹金箔带、鹰嘴怪兽搏虎金牌饰、金鹿饰、驼形金饰、鹰头形金饰、对鸟金饰、银牛头饰、六角形或菱形金花饰片、各种金泡饰片以及银牌、骨鹿首雕最富于

① 王博、崔静、郭建国：《哈密寒气沟墓地出土颅骨研究》，《新疆文物》1998 年第 1 期，第83～87 页。

② 新疆文物考古研究所：《鄯善苏贝希一号墓地发掘简报》，《新疆文物》1993 年第 4 期，第1～13 页；新疆文物考古研究所等：《新疆鄯善县苏贝希遗址及墓地》，《考古》2002 年第 6期，第 42～57 页。

③ 新疆文物考古研究所、吐鲁番地区文物局：《鄯善县洋海三号墓地发掘简报》，《新疆文物》2004 年第 1 期，第 50～68 页。

④ 联合国教科文组织驻中国代表处、新疆文物事业管理局、新疆文物考古研究所：《交河故城——1993、1994 年度考古发掘报告》，东方出版社，1998 年，第 15～74 页。

⑤ 新疆文物考古研究所：《1996 年新疆吐鲁番交河故城沟西墓地汉晋墓葬发掘简报》，《考古》1997 年第 9 期，第 46～54 页。

⑥ 新疆社会科学院考古研究所：《新疆阿拉沟竖穴木椁墓发掘简报》，《文物》1981 年第 1 期，第 18～22 页；吐鲁番地区文管所：《阿拉沟竖穴木棺墓清理简报》，《新疆文物》1991 年第 2期，第 18～20 页。

⑦ 吐鲁番地区文物局：《托克逊博斯坦墓群清理简报》，《新疆文物》1996 年第 3 期，第 24～25页。

⑧ 新疆文物考古研究所：《新疆阜康市南泉"胡须"墓》，《新疆文物》1996 年第 2 期，第 10～13 页。

⑨ 新疆文物考古研究所：《阜康市三工乡古墓葬发掘简报》，《新疆文物》1999 年第 3、4 期，第 61～66 页。

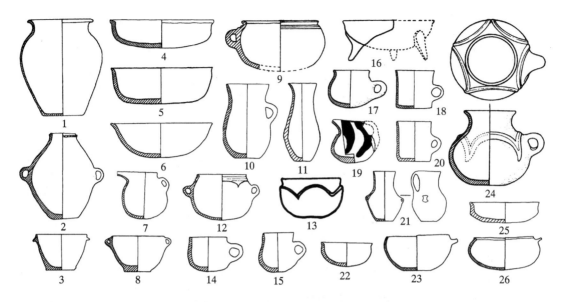

图三七九　交河故城沟北、沟西苏贝希文化陶器

1. 侈口罐（沟西 M04:1）　2、10、11、21. 壶（沟北 M16mc:2、M10:23、M16②北偏室:19、M06:6）　3~
6、8、9、12、13、16、22、23、25、26. 钵（沟北 M22:2、M16mh:3，沟西 M13:1，沟北 M16mj:3、M16③:
2，沟西 M1:5，沟北 M02:3，沟西 M01:6、TYC:2，沟北 M05:4、M16②北偏室:36、M17:1、M16②北偏室:
18）　7、19. 带流罐（沟北 M05:5，沟西 TYC:1）　14、15、17、18、20. 单耳杯（沟北 M16①:11、M28:
40，沟西 M7:4、M9:1，沟北 M32:1）　24. 单耳罐（沟西 M16:12）

特色，其虎、鹰、鹿等属于典型斯基泰式的"后肢翻转动物"形象（图三八〇）。此外，马鞍辔、漆盘、木耳杯、长方形雕花木盒、五铢钱等具有鲜明的时代特色。

富蕴县塔勒德萨依墓葬也当属于这个阶段[1]，出土个别陶高颈壶和残铁器，文化性质不明，估计和苏贝希文化存在联系。

出现漆盘、耳杯、五铢钱、汉式镜，表明汉文化开始渗入吐鲁番盆地—天山北麓小区。阿拉沟所见青铜承兽盘等，常见于哈萨克斯坦，当为通过伊犁河流域文化与中亚交流的结果。阿拉沟、交河古城、苏贝希等地所见虎噬羊纹铜牌、虎纹圆金牌、对虎纹金箔带、狮形金箔、兽面金饰片、对鸟纹金饰片、六角形或菱形金花饰片、各种金泡饰片以及银牌等，显示其与包括中国北方草原、阿尔泰、蒙古在内的欧亚草原地带继续存在广泛交流。尤其各类遗物上典型斯基泰式的"后肢翻转动物纹"题材，早在公元前八九世纪的图瓦阿尔金王陵就已经出现[2]，并以公元前 6~前 4 世纪阿尔泰的

①　新疆文物考古研究所、阿勒泰地区文物局：《富蕴县塔勒德萨依墓地发掘简报》，《新疆文物》2006 年第 3~4 期，第 29~34 页。

②　A.H. 丹尼、V.M. 马松主编：《中亚文明史》第一卷，中国对外翻译出版公司，2002 年，第 362 页。

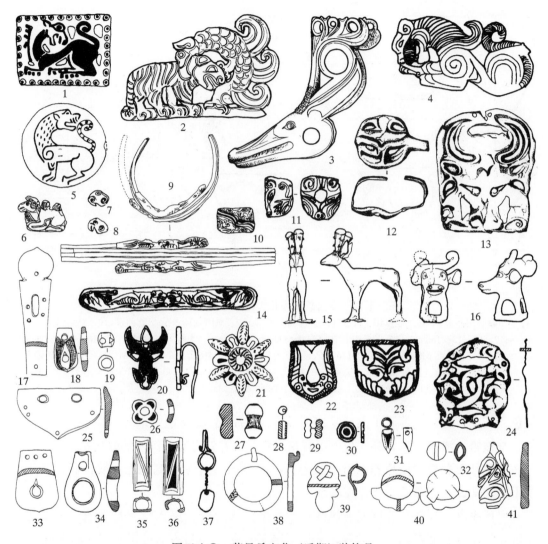

图三八〇　苏贝希文化（后期）装饰品

1．包金卧虎铜牌（苏贝希85SASM：40）　　2．金鹰嘴怪兽搏虎牌饰（交河故城沟北 M01mb：1）　　3．骨鹿首雕（交河故城沟北 M28：41）　　4．金虎形牌饰（阿拉沟 M30）　　5．虎纹金箔饰（苏贝希 85SASM：41）　　6．金驼形饰（交河故城沟北 M01：15）　　7、8．金鹰头形饰（交河故城沟北 M16②北偏室：12、M16②北偏室：12）　　9．金冠饰（交河故城沟西 M1：6）　　10．金对鸟饰（交河故城沟北 M16②北偏室：118）　　11、13．金兽面饰（阿拉沟 M18：10（2），交河故城沟西 M16：11）　　12．金戒指（交河故城沟西 M1：4）　　14．金箔对虎纹带（阿拉沟 M30：5）　　15．金鹿饰（交河故城沟北 M16②北偏室：35）　　16．银牛头饰（交河故城沟北 M16②墓道：4）　　17、26、41．骨饰（交河故城沟北 M28：19、M16k9：1、M04：4）　　18、25、33、34．骨扣（交河故城沟北 M29：4、M28：8、M06：2、M28：29）　　19、28．骨珠（交河故城沟北 M28：14、M16②南偏室：112）　　20、30．金耳饰（交河故城沟西 M1：2，洋海三号墓地 M368：5）　　21．金饰（交河故城沟北 M04：2）　　22、23．银兽面牌饰（阿拉沟 M30、M30：2）　　24．金牌饰（交河故城沟西 M16：15）　　27．石饰（交河故城沟北 M16②南偏室：109）　　29．石串珠（交河故城沟北 M28：39）　　31、35、36．骨管饰（交河故城沟北 M28：36、M28：17、M28：9）　　32．铜扣（交河故城沟北 M16②北偏室：76）　　37．金坠饰（洋海三号墓地 M312：1）　　38．铁带扣（交河故城沟北 M16②北偏室：76：47）　　39、40．铁扣饰（交河故城沟北 M16②北偏室：75、M16②南偏室：127）

巴泽雷克大墓最具代表性①。而与其同样的六角形金花饰，还见于黑海北岸的俄罗斯克拉斯诺达尔出土的公元前六七世纪的金冠之上。据对阿拉沟墓葬头骨的研究，仍以多类型的欧洲人种为主，蒙古人种少量②。

3. 察吾呼沟口文化（后期）

主要可分为两小类。第一小类分布在塔里木盆地南缘，以且末扎滚鲁克墓地为代表③，包括且末加瓦艾日克④、洛浦山普拉⑤、民丰尼雅 93MNⅢ号墓地⑥、玉田圆沙古城墓地遗存⑦。陶器表面多有黑色陶衣，器类主要为单耳或无耳的高颈圜底壶（罐）、圜底带流罐、折腹或弧腹钵、单耳杯、无耳釜形罐、双耳罐、折腹罐等，还有个别简单的折线纹红彩（图三八一）。其他常见物品如石臼、角杯、角勺、木杯、木碗、木盘（有的带四足）、木盆、木盒、木筒、木桶等属盛食器（图三八二），骨（角、木）梳、木腰牌、木花押、铜（铁、骨）带扣、铜戒指、铜环、铜镜、铜牌饰、铜（石、骨、玻璃）珠等属装饰器，木弓箭、铁镞、木纺轮、铁（铜）刀、鞣皮木刮刀、打纬木刀、铁剑、铁镰、砺石、石磨盘、骨针、木马镳、皮鞭、钻木取火器等为工具、马具或武器，还有乐器木箜篌。木盒和木桶上的装饰花纹，既有羊、骆驼、鹿、狼等具象的动物形象，也有变形狼羊纹、双钩纹、"S"纹等较抽象图案。还有保存较好的毛布套头长袍、毛布开襟长袍、毛布帽、毛布护胸、毛布套头短上衣、毛布开襟短上衣、皮靴、

---

① 杨建华：《春秋战国时期中国北方文化带的形成》，文物出版社，2004 年，第 142~147 页。

② 韩康信：《阿拉沟古代丛葬墓人骨研究》，《丝绸之路古代居民种族人类学研究》，新疆人民出版社，1993 年，第 71~175 页。

③ 巴音格楞蒙古自治州文管所：《且末县扎洪鲁克古墓葬 1989 年清理简报》，《新疆文物》1992年第 2 期，第 1~14 页；新疆博物馆文物队：《且末县扎滚鲁克五座墓葬发掘报告》，《新疆文物》1998 年第 3 期，第 2~18 页；新疆博物馆等：《新疆且末扎滚鲁克一号墓地》，《新疆文物》1998 年第 4 期，第 1~53 页；新疆博物馆等：《且末扎滚鲁克二号墓地发掘简报》，《新疆文物》2002 年第 1、2 期，第 1~21 页；新疆维吾尔自治区博物馆等：《新疆且末扎滚鲁克一号墓地发掘报告》，《考古学报》2003 年第 1 期，第 89~136 页。

④ 中国社会科学院考古研究所新疆队等：《新疆且末县加瓦艾日克墓地的发掘》，《考古》1997年第 9 期，第 21~32 页。

⑤ 新疆维吾尔自治区博物馆：《洛浦县山普拉古墓发掘报告》，《新疆文物》1989 年第 2 期，第1~48 页；新疆文物考古研究所：《洛浦县山普拉Ⅱ号墓地发掘简报》，《新疆文物》2000 年第 1、2 期，第 11~35 页；新疆维吾尔自治区博物馆、新疆文物考古研究所：《中国新疆山普拉：古代于阗文明的揭示与研究》，新疆人民出版社，2001 年。

⑥ 新疆文物考古研究所：《新疆民丰ニャ遺跡 93MNⅢ号墓地 1993 年、1997 年の調查の発掘概要》，《日中中日共同尼雅遺跡学術調查報告書》第三卷，（日本）真陽社，2007 年，第 15~27 页。

⑦ 新疆文物考古研究所等：《新疆克里雅河流域考古调查概述》，《考古》1998 年第 12 期，第34~36 页。

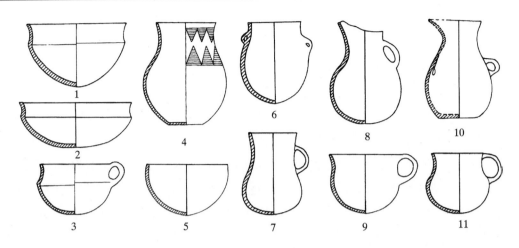

图三八一　察吾呼沟口文化扎滚鲁克类型陶器

1～3、5.钵（M102:4、M84:1、M102:2、M65:4）　　4、7.高颈壶（M77:1、M4:16）　　6.双耳罐（M92:5）
8、10.带流罐（M4:10、M34:T20）　　9、11.单耳杯（M20:1、M14:30）（均出自扎滚鲁克墓地）

毡靴、毛织裤等服饰，偏晚阶段还出现了丝织品和漆器。其余情况基本同于之前的群巴克类型。该类遗存可称为察吾呼沟口文化"扎滚鲁克类型"①。其中山普拉 M6 出土的铜"日光镜"显示其下限已至西汉晚期。第二小类分布在塔里木盆地北缘，以西部的温宿包孜东②、阿合奇县库兰萨日克墓地③为代表。随葬陶器表现出陶色变灰、彩陶消失、器流加长或出现管状流等诸多新特点，种类有带流罐（杯）、单耳鼓腹杯、折腹圈底钵、壶、盂等。包孜东出土的铜兽纹牌饰、库兰萨日克出土的马形金牌饰，动物都翻转后肢，后者出土的鹰鹿金饰也颇具特点。该小类遗存大体属于察吾呼沟口文化范畴，可作为其地方类型之一，称"包孜东类型"。此外，在和静地区可能还有一小类，以察汗乌苏沟Ⅰ号墓地 C 区的竖穴土坑木棺墓和竖穴土坑石棺墓为代表④。随葬有带流罐等陶器和铁、铜器，甚至还有丝织品和漆器，出土的连弧纹铜镜显示其下限可能晚至东汉。

　　扎滚鲁克类型可算是察吾呼沟口文化传统的忠实继承者，其屈肢葬习俗一直保持

---

①　陈戈：《察吾呼沟口文化的类型划分和分期问题》，《考古与文物》2001 年第 5 期，第 30～39 页。

②　自治区博物馆等：《温宿县包孜东墓葬群的调查和发掘》，《新疆文物》1986 年第 2 期，第 1～14 页。

③　新疆文物考古研究所：《阿合奇县库兰萨日克墓地发掘简报》，《新疆文物》1995 年第 2 期，第 20～28 页。

④　新疆文物考古研究所：《和静县察汗乌苏古墓群考古发掘新收获》，《新疆文物》2004 年第 4 期，第 40～42 页。

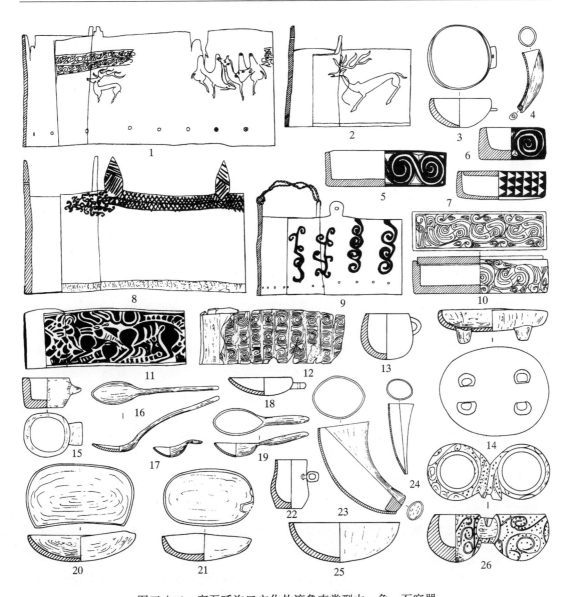

图三八二　察吾呼沟口文化扎滚鲁克类型木、角、石容器

1、2、8、9.木桶（M17:4、M92:1、M90:3、M95:1）　　3、18.木钵（M4:19、M55:7）　　4、23、24.角杯
（M30:1、M64:26、M36:1）　　5～7、10.木盒（M64:9、M14H:47、M24:6、M24:13）　　11、12.木筒
（M24:12、M12B:4）　　13、22、26.木杯（M24:14、M44:T9、M24:7）　　14、20、21.木盘（M64:27、M64:
15、M64:11）　　15.石臼（M81:4）　　16、17、19.角勺（M34:T22、M72:2、M68:1）　　25.木盆（M14H:
19）（均出自扎滚鲁克墓地）

到汉代。具体而言，丛葬、焚烧墓口等习俗与群巴克类型更为相似，或许与晚期群巴
克类型的南向移动有关。其钵、罐类折腹的特征，早就见于流水文化，也可能与楚斯

特文化有关①。山普拉墓地的人骨基本属于欧洲人种地中海类型，也显示此时存在自西向东的人口流动②。殉牲、牌饰、木箜篌、草原动物形象（羊、骆驼、鹿、狼、变形狼羊纹）等，尤其个别鹿纹后肢翻转的现象，表明游牧文化已渗透到塔里木盆地南缘。偏晚墓葬中出现的五铢钱、汉式镜、丝织品和漆器，无疑属于内地汉文化因素。此外，圆沙古城出土一仿皮囊的高颈圜底壶，上饰仿皮囊壶的缝隙、针眼痕迹，可见这类壶与皮囊仍有关联。有趣的是，西藏拉萨曲贡等属于公元前第 1 千纪的石室墓中常随葬圜底带流罐③，有可能是扎滚鲁克类型圜底带流罐向南传播的结果；带流罐在西藏甚至延续至隋唐时期④。包孜东类型或许也是在群巴克类型的基础上变异而来。其封闭管状流的壶等还见于中亚，尤其狮形铜扣饰、马形金牌饰、鹰鹿金饰等，以及动物纹翻转后肢的风格，显示其与欧亚草原游牧文化存在更多联系。和静察汗乌苏沟 I 号墓地所代表的一小类遗存与察吾呼沟口类型的关系尚不明了，其竖穴土坑木棺墓、竖穴土坑石棺墓、仰身直肢葬等特点与阿拉沟墓葬近似，说明与末期苏贝希文化有密切联系。其丝织品、漆器、连弧纹铜镜等属于汉文化因素。

4．伊犁河流域文化（后期）

包括尼勒克哈拉图拜⑤、加勒克斯卡茵特山北麓⑥，新源巩乃斯种羊场⑦、铁木里克⑧，巩留山口水库⑨，特克斯恰甫其海 A 区 IX 号⑩、X 号⑪和 XV 号墓地⑫，昭苏萨尔

① 卢立·A·札德纳普罗伍斯基著、刘文锁译：《费尔干纳的彩陶文化》，《新疆文物》1998 年第 1 期，第 107～112 页；A.H. 丹尼、V.M. 马松主编：《中亚文明史》第一卷，中国对外翻译出版公司，2002 年，第 342～345 页。

② 韩康信、左崇新：《新疆洛浦桑普拉古代丛墓葬头骨的研究与复原》，《考古与文物》1987 年第 5 期，第 91～99 页。

③ 中国社会科学院考古研究所等：《拉萨曲贡》，中国大百科全书出版社，1999 年，第 185～215 页。

④ 霍巍：《西藏高原古代墓葬的初步研究》，《文物》1995 年第 1 期，第 53～56 页。

⑤ 新疆维吾尔自治区博物馆：《尼勒克县哈拉图拜乌孙墓的发掘》，《新疆文物》1988 年第 2 期，第 17～18 页。

⑥ 新疆文物考古研究所、伊犁哈萨克自治州文物局：《尼勒克县加勒克斯卡茵特山北麓墓葬发掘简报》，《新疆文物》2006 年第 3～4 期，第 1～28 页。

⑦ 新疆社会科学院考古研究所：《新疆新源巩乃斯种羊场石棺墓》，《考古与文物》1985 年第 2 期，第 21～26 页。

⑧ 新疆文物考古研究所：《新疆新源铁木里克古墓群》，《文物》1988 年第 8 期，第 59～66 页。

⑨ 新疆文物考古研究所：《2005 年度伊犁州巩留县山口水库墓地考古发掘报告》，《新疆文物》2006 年第 1 期，第 1～40 页。

⑩ 新疆文物考古研究所：《特克斯县恰甫其海 A 区 IX 号墓地发掘简报》，《新疆文物》2006 年第 2 期，第 6～18 页。

⑪ 新疆文物考古研究所、新疆特克斯县文物管理所：《特克斯县恰甫其海 A 区 X 号墓地发掘简报》，《新疆文物》2006 年第 1 期，第 41～47 页。

⑫ 新疆文物考古研究所、西北大学文化遗产与考古学研究中心：《新疆特克斯恰甫其海 A 区 XV 号墓地发掘简报》，《文物》2006 年第 9 期，第 32～38 页。

霍布、种马厂等墓地①，也见于乌苏安集海，尼勒克特克斯②、奴拉赛，昭苏夏台、波马等墓地③，以及新源七十一团一连渔塘遗址④。陶器为夹砂红陶，多有红色陶衣，器壁厚且制作粗糙；彩陶衰落，有三角纹、网纹等。壶多变为小口大腹，有特殊的带管状流的圜底壶。钵流行折腹或折沿，还见无耳釜形罐、单耳罐、杯等。其他物品还有铁剑、铁刀、铜（骨）镞、铜锥、石磨盘等工具或武器，铜镜、铜笄、铜（金）耳环、铜（骨、玛瑙）珠、骨环、骨管、铜泡、金片饰等装饰品，在恰甫其海 A 区Ⅸ号墓地甚至出现铁马镫。在新源、巩留等县采集的跪姿武士俑、三足釜、承兽方盘、对虎环、对飞兽环等大型铜器也可能属于该类（图三八三）⑤。这类遗存还保持着先前伊犁河流

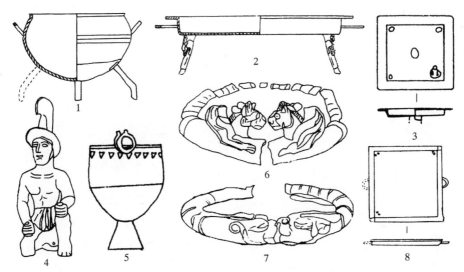

图三八三　伊犁河流域文化（后期）铜器

1. 三足釜（新源渔塘 83XYQY:006）　　2、3、8. 方盘（察布查尔、新源渔塘 83XYQY:002、巩留）　　4. 武士俑（新源渔塘 83XYQY:001）　　5. 镊（巩留）　　6. 对飞兽环（新源渔塘 83XYQY:005）　　7. 对虎环（新源渔塘 83XYQY:004）

①　中国科学院新疆分院民族研究所考古组：《昭苏县古代墓葬试掘简报》，《文物》1962 年第 7、8 期，第 98～102 页。
②　张玉忠：《伊犁河谷土墩墓的发现和研究》，《新疆文物》1989 年第 3 期，第 12～13 页。
③　新疆维吾尔自治区博物馆、新疆社会科学院考古研究所：《建国以来新疆考古的主要收获》，《文物考古工作三十年（1949～1979）》，文物出版社，1979 年，第 174～175 页。
④　新疆博物馆文物队：《新源县七十一团一连渔场遗址》，《新疆文物》1987 年第 3 期，第 16～23 页；新疆维吾尔自治区博物馆文物队：《新疆新源县七十一团一连渔塘遗址发掘简报》，《考古与文物》1991 年第 3 期，第 5～15 页。
⑤　王博：《新疆近十年发现的一些铜器》，《新疆文物》1987 年第 1 期，第 45～51 页；张玉忠：《伊犁河谷土墩墓的发现和研究》，《新疆文物》1989 年第 3 期，第 15～16 页；李肖、党彤：《准格尔盆地周缘地区出土铜器初探》，《新疆文物》1995 年第 2 期，第 40～49 页；翰秋：《新疆巩留县发现一件青铜武士俑》，《文物》2002 年第 6 期，第 96 页。

域文化的基本特征。此外，以下坂地Ⅱ号墓地 M013 为代表的遗存，出土漆马鞍、铁马嚼、铁短剑、铁刀、铁镞、木钵、木罐，以及弓和弓箙等物。偏洞室墓葬以及仰身直肢葬特点，与伊犁河流域文化有些接近，但该类遗存的总体面貌不明。

　　该文化末期的石堆石圈墓、圜底陶壶、陶钵，以及高足承兽盘、三足釜、武士像等青铜器，同样流行于哈萨克斯坦等地①，表明其与中亚伊犁河流域及附近地区的游牧文化已融为一体。昭苏墓葬人骨的主要成分为欧洲人种帕米尔—费尔干类型，少数为欧洲人种和蒙古人种的混合类型②，也与中亚地区"乌孙"人种近同。其仰身直肢葬③、偏洞室墓等典型因素逐渐遍及全疆大部，显示其影响强盛。该文化所见汉文化因素最弱，但也有五铢钱等，表明已进入汉代。

二、聚落形态

遗迹多数是墓葬，居址发现很少，总体情况不甚清楚。

（一）早期铁器时代前期

1. 沙井文化

聚落均分布在绿洲。三角城城堡面积 2 万多平方米，城墙用黄土垒砌而成，城内有房址、窖穴；柳湖墩则有土围墙村落。房屋为圆形或椭圆形地面式。其中三角城 F4 呈圆形，直径 4.5 米，室内中部有一坑灶，北墙根下一长方形火塘，居住面为红烧土层叠而成，可复原为锥形顶蒙古包式房屋（图三八四）。窖穴多为圆形或椭圆形筒状，有的内设台阶。

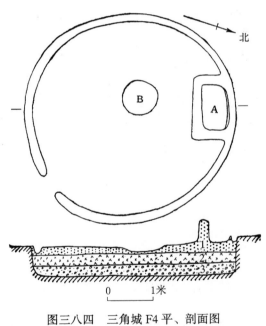

图三八四　三角城 F4 平、剖面图
A. 火塘　B. 灶坑　1～3. 红烧土层

---

① （俄）Γ·C 德儒玛别科娃著，王博译：《谢米列奇青铜高足盘》，《新疆文物》2002 年第 3、4期，第 151 页。

② 韩康信、潘其风：《新疆昭苏土墩墓古人类学材料的研究》，《考古学报》1987 年第 4 期，第503～523 页。

③ 新疆地区仰身直肢葬自成系统且逐渐自西向东扩展，看不出与河西走廊的仰身直肢葬传统存在直接关联。但汉代以后仰身直肢葬在新疆占据主体，显然与汉文化的影响有关。

　　墓地一般选择地势略高的台地，多者如西岗墓地达452座墓葬。早期为竖穴土坑墓，晚期流行竖穴偏洞墓。竖穴偏洞墓普遍在墓底留有二层台，少数有两层二层台；偏洞口以圆木或木棍封堵，最后以草或草席覆盖；有个别双竖井土洞墓。葬式以仰身直肢葬为主，少数侧身屈肢葬，还有二次葬和合葬。个别较高级墓葬人骨上有烧灼熏燎痕迹，表明有火葬习俗。人骨下常先垫白灰，上铺草或草席。一般都有多少不等的陶器、金属器等各类随葬品，流行殉葬羊、牛、马等家畜的头、蹄等，一般置于竖穴填土或墓主身侧。其中蛤蟆墩M15总共殉牲30多具，随葬品20多件，是一座较为富有的墓葬（图三八五）。蛤蟆墩M5随葬一精美鞭形器，以铜管、銮铃、六联珠等八种铜饰用皮条缀合而成。

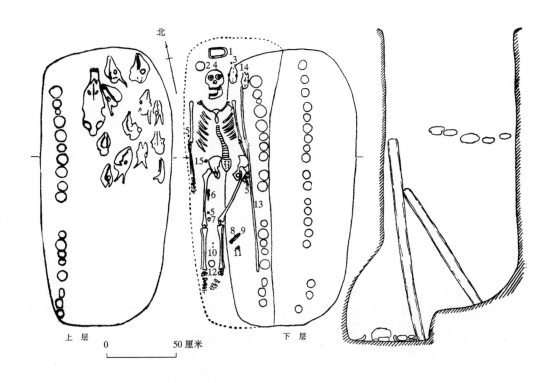

图三八五　蛤蟆墩M15平、剖面图

1.长方形木盒　2.桦皮圆木盒　3.石珠　4.铜泡（2个）　5.骨珠（3枚）　6.铜刀（带鞘）　7.圆形骨饰　8、9.弓弭（2对）　10.绿松石珠（2个）　11.骨镞　12.圆木盒　13.长木条　14.羊头骨（2个）　15.铜泡

2. 骟马类遗存

　　总体情况不清。蚂蝗河M1为椭圆形竖穴土坑墓，墓主身首分离，可能属于二次扰乱葬，随葬夹砂褐陶罐、镂空铜管、铜泡等。

3. 诺木洪文化

诺木洪聚落由若干沙土包围成圆圈状，中央形成一个较为空阔的活动场所。聚落内有土坯院墙、房址、土坯坑、圈栏等建筑遗迹，还有瓮棺葬。土坯院墙分成若干单元，每一个单元都由两个院子组成。院子形制有椭圆形和长方形，每个面积约 300～400 平方米，有门道、柱洞等；围墙以土坯垒砌，土坯之间用炭灰加少量白灰黏合。房址有方形和圆形两种，有的还有小套间；土坯墙表面抹泥，有木柱或柱洞遗迹，内有圆形坑灶、放置器物的成排圆坑；在木柱上发现圆形、方形的榫卯结构。这应当是一种地面式的土木结构房屋（图三八六）。土坯坑多在房址周围，有圆形、椭圆形和长方形，一般口大底小，当属于窖穴。牲畜圈栏以木柱和横木、树枝组成篱笆墙，地面发现大量羊粪，以及牛、马、骆驼粪，还有野牛角、车毂。瓮棺葬以罐、缸套合作为葬具，头部有赤铁矿粉末。

4. 焉不拉克文化（前期）

聚落均位于哈密盆地绿洲。在焉不拉克和艾斯克霞尔发现有土坯垒砌的古城堡。焉不拉克城堡在一四周环绕水草地的土丘之上，仅 50 米见方，附近还有地面式房屋。艾斯克霞尔城堡周围原有古河道，城堡建在雅丹陡崖之上，东西长约 50、残高 6～7米。为土木结构，有的房屋分上下两层，有门、窗、瞭望孔等，附近还有堆积厚达 1米羊粪等的牲畜圈。

墓地多位于遗址附近的台地上。焉不拉克墓地墓葬排列密集，似乎成排分布，头向基本为西北—东南向。流行长方形竖穴土坑或竖穴二层台墓葬，墓壁与二层台或为生土，或以土坯垒砌，土坯上常见手指按划出的点、叉、槽、圆圈、"井"字形等图案；有的在二层台上置木框架，或在墓口、二层台上盖木头、苇席。多人合葬和单人葬共存，合葬人数 2～9 人不等，葬式一般为侧身屈肢（图三八七）。随葬品多为夹砂陶质生活用品，每墓少者一两件，多者数十件，也有装饰品、工具、武器等，并流行随葬羊距骨，木盘或陶器中常置牛、羊骨殖，有一定的贫富分化。五堡墓地与焉不拉克墓地类似，M151 保留有女性墓主人的棕色长发辫，身穿彩条毛布长袍，外着皮毛大衣，腰扎毛布带，穿高腰皮靴，小腿到靴腰扎毛布绑腿；身下铺毛皮，下垫毛毡；身旁随葬羊骨、木桶、谷类烤饼残块。艾斯克霞尔墓地墓葬为竖穴土坑墓，有的有二层台，有的墓壁贴圆饼形泥片以加固。其中 M1、M2 都保存良好，M1 尸体以皮衣包裹，面盖皮覆面，身盖皮衾，头缠彩色条纹裹布，其上缝缀彩色毛线编织带和串珠饰。身旁随葬红柳枝编器（内有皮靴）、木杯（内置铜刻刀 2 件、皮边角料和石臼各 1 件）、皮刀鞘（内置木刀、穿孔砺石、骨扣各 1 件）等。五堡 M151 和艾斯克霞尔 M1 大概能够代表焉不拉克文化墓主人的一般妆殓情况。

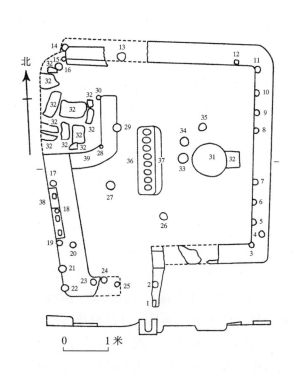

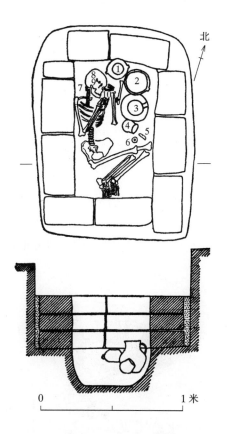

图三八六　诺木洪 F9 平、剖面图

1～30.木柱　31.灶坑　32.土坯　33～35.放置陶器坑

36.一排椭圆形坑穴　37.槽　38.窗户横木　39.隔墙

图三八七　焉不拉克 M31 平、剖面图

1～4.陶器　5.铁刀　6.陶纺轮

7、8.铜耳环　9.石珠　10.石饰

5. 苏贝希文化（前期）

聚落位于山间盆地绿洲或河边台地。苏贝希聚落位于吐峪沟旁台地，发现有长方形地面式房屋。F1 在一长方形广场的后面，现存部分为并排三连间，均向南开门，主要为垛泥墙，部分为土坯墙，有少量柱洞。每间面积约 35 平方米，总面积 110 平方米。其中西房靠西墙有土筑的长方形设施，或许为草料池，室内坑穴中残留杂有糜子壳的草屑，性质可能为牲房。中房门侧有圆形灶，还有东房一陶窑的火门也在中房东南角，该房应为居室。东房西南角有一陶窑，中部有 3 个料池（1 个圆形、2 个长方形），可能用作制陶作坊。F1 将居室、牲房和陶坊安排在一起，生动地显示出其主人倚重牲畜、自给自足的情形，这或许正是一个数人普通牧民家庭的生活写照（图三八八）。

常于较高台地之上发现几十至数百座墓葬的公共墓地，墓葬多大体成排分布。地

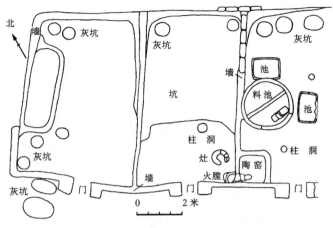

图三八八　苏贝希 F1 平面图

面多有石、土封堆或石围标志，墓室主要为长方形或长椭圆形的竖穴土坑墓、竖穴二层台墓和竖穴偏洞室墓，也有石棺墓。较为复杂的竖穴土坑墓的底部放置木质葬具和草垫、苇草等物，墓口以木头、苇帘、苇草等苫盖，其上再压以泥土和石块。竖穴偏洞室墓一般在偏洞室口立有圆木。较大型者如洋海二号墓地 M249，与其他墓葬间有较大距离，在直径 13 米的土堆下有圆形土坯围墙，附近有殉马或殉驼坑，显示墓主人具有特殊地位，社会分化明显。有的封堆附近还发现"鹿石"或石人。葬式既有侧身或仰身屈肢，也有仰身直肢；单人葬和多人葬并存、一次葬与二次葬共见，并有一墓多层埋葬的现象。其中苏贝希Ⅲ号墓地 M29 为一长方形竖穴土坑墓，人骨分为两层。上层为一仰身屈肢成年男性，着皮衣、皮靴，左肩一侧有两具幼童骨架，随葬 2 件陶器。下层也为仰身屈肢成年男性，下铺干草，着皮衣、皮裤、皮靴，随葬 3 件陶器和 1 件装有乳制品的皮袋（图三八九）。基本妆殓情况类似焉不拉克文化墓葬。

6. 察吾呼沟口文化（前期）

基本未发现明确居址。公共墓地位于山坡或台地之上，墓葬一般多达数百座、排列密集，附近还有石圈石堆"祭坛"。墓葬地表有石围和土石堆标志，大致由三角形或熨斗形石围向圆形、椭圆形石围发展，最后变成土石堆（或下压石围）。一般每个封堆下一个墓室，少数有多个墓室。墓室多为长圆形袋状，流行在墓壁砌石：从两侧或

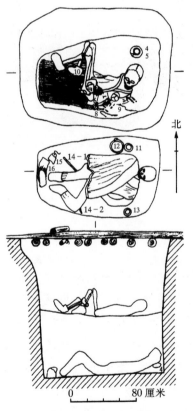

图三八九　苏贝希三号墓地
M29 平、剖面图

1、3. 陶片　2. 木工具　4. 陶杯　5、12. 陶钵　6. 食物　7. 皮带　8. 面饼　9. 毛皮残片　10、16. 皮靴　11. 陶罐　13. 陶罐形杯　14. 芦苇支杆　15. 皮袋（1～3 在木盖上出土，图中未标出）

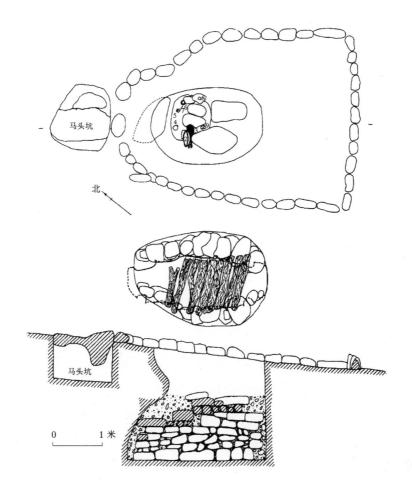

图三九〇　察吾呼沟四号墓地 M154 平、剖面图

1.陶片（填土中）　2.木盆　3.木箭杆　4.陶勺杯　5、6.陶杯　7.木镢　8.陶带流杯

三侧砌石，发展到四面砌石，最后变为石砌直壁；也有竖穴土坑和竖穴土坯墓；甚至还有将尸骨直接堆放在石堆下石围中的情况①。墓口多盖石板，也有横搭圆木者，墓底铺草、席、石片、排木等（图三九〇）。墓道、儿童祔葬坑、殉马坑经历了一个从无到有、由少到多的过程，并有着焚烧墓口棚木的火葬习俗。流行仰身屈肢葬，其次为侧身屈肢和仰身直肢葬，也有二次葬。除单人葬外，偏晚流行多人合葬（有的多达 40 余人），有的分层掩埋。以察吾呼沟四号墓地为例，现存的 248 座墓葬密集排列在长约150、宽约 50 米的长方形范围内，在墓区东北侧还有 10 座可能用于墓祭的石圈土石堆

---

① 以察汗乌苏沟Ⅰ号墓地 B 区为代表，发掘者称其为"地面石室墓"，见新疆文物考古研究所：《和静县察汗乌苏古墓群考古发掘新收获》，《新疆文物》2004 年第 4 期，第 41 页。

的"祭坛",局部残留灰烬。墓葬少见叠压打破关系,大体同时。墓地没有空间上群、组的区分,由于按次序先后规划安排而使东西向大致成排,但也并未在空间上强调每一排。如果整个墓地代表一个氏族,则强调的自然就是氏族的集体风俗和利益。该墓地流行合葬墓,其中2～4人的合葬墓比例占到全部有人骨墓葬(247座)的近70%。在这类合葬墓中,多数为成年男女合葬,有的还带儿童,同一墓内的人员极可能就属于同一个核心家庭的成员。还有15%为5～21人的合葬墓,同墓内的人员多应当已经超出核心家庭范围,或许是同一扩展家庭的成员。总体看来,该墓地主要强调家庭和氏族两级社会组织,这应当能够反映察吾呼沟口文化墓葬,乃至于整个新疆地区同时期墓葬的一般情况,与黄河流域同时期的情形则明显不同。

7. 伊犁河流域文化(前期)

基本未发现明确居址。在奴拉赛铜矿遗址发现矿洞和冶炼遗迹,出土冰铜锭、炉

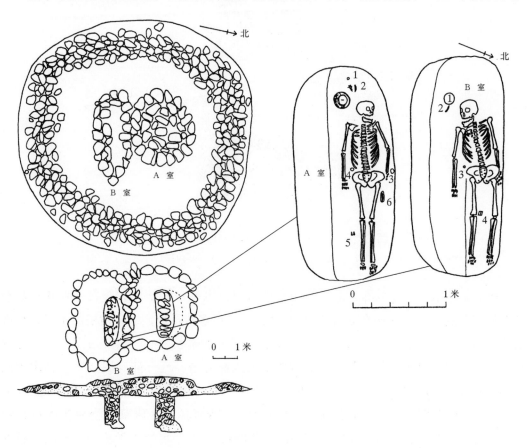

图三九一　穷科克M46平、剖面图

A室:1.陶高颈无耳罐　2.小铁刀　3.残铁件　4.骨饰　5.骨镞　6.砺石

B室:1.陶杯　2.小铁刀　3.骨器　4.羊距骨

渣和亚腰形石器等。公共墓地有的成排分布，附近一般还有土石堆筑的圆形"祭坛"。绝大多数墓葬地表有圆形土石封堆和石围圈标志，还发现石头或土石堆筑的圆形墓祭坛。一般一个封堆下有1个墓室，也有一个封堆下2～3个墓室的异穴合葬墓。多为圆角长方形或头部宽足部窄的梯形墓室，分竖穴土坑墓和竖穴偏洞室墓两大类：竖穴土坑墓有的有二层台，有的墓口棚盖圆木；偏洞室墓与洞室相对的另一侧为二层台，有的洞室口部斜立一排圆封木或石板。墓壁有的以石垒砌，见有木框架等葬具，也有少数在地表垒砌的石棺墓。见个别殉马坑。流行单人仰身直肢葬，少数为屈肢葬或二次葬，较为特别的是不少个体的手指骨或脚趾骨缺失。墓内还常见羊骨，以骶骨最多（图三九一）。

8. 流水文化

流水墓地集中分布着52座墓葬，应当代表一个关系密切的社会群体。墓葬地表有土石堆筑的坟丘或石围，部分石堆或石围表面有焚烧的痕迹。值得注意的是，近一半墓葬石堆或石围东部有一个小石圈相连，小石圈内多有用火痕迹。墓室多为椭圆形或圆角长方形竖穴土坑，接近人骨处殉葬有家畜头骨和四蹄，一般以山羊为主，个别用马。有的墓葬底部有尸床朽木的痕迹。绝大多数墓葬为多人合葬，骨架常被分层埋葬

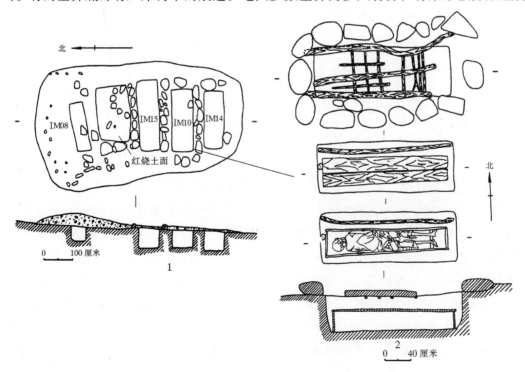

图三九二　下坂地Ⅰ号墓地墓葬
1. ⅠM08、10、14、15封堆及墓室平、剖面图　2. ⅠM10平、剖面图

（1~3 层），一次葬葬式为仰身或侧身屈肢。随葬品多寡不一，少的没有葬品，多者有 7 件陶器或 4 把铜刀。

9．香宝宝类遗存

墓葬地表有圆形石堆或石围标志，下有 1~2 个墓室，有的有多个墓室。墓室为圆形、椭圆形或长方形竖穴，有的墓口盖圆木、墓底置木框。葬式有土葬和火葬之分：土葬者多为侧身屈肢葬和二次葬，偏晚见有仰身直肢葬；火葬多为先行火化后将骨灰撒于墓底（或墓室石块上），个别是在墓室直接火化（图三九二）。随葬品主要出于土葬墓，陶器很少。

（二）早期铁器时代后期

1．焉不拉克文化（后期）

在山区见有砾石墙建筑，可能为居住或祭祀遗迹。与前期相比，墓葬地表多见石围圈、石堆标志，墓室也开始流行长方形竖穴石室，同时也有长方形竖穴土坑墓，墓口盖石块、棚木等，有的有木棺。仍主要为单人屈肢葬，也有仰身直肢葬、二次扰乱葬和合葬。

2．苏贝希文化（后期）

同一墓地内墓葬数目有所减少。墓葬地表或有石封堆或石围，大型者在土堆下仍有圆形土坯围墙，附近有殉马或殉驼坑。墓室可分两类：一为长方形竖穴偏洞室墓，与洞室相对一侧有二层台，多在洞室口挡圆木，上口盖树枝、干草等；二为长方形竖穴墓，有的内以多层圆木搭成木框架，底置尸床。葬式以仰身直肢为主，有单人葬和 2~3 人的合葬墓。有的墓室见焚烧现象，表明存在火葬。以交河故城沟北墓地为例，多为地表有石封堆的竖穴土坑墓，个别为长方形竖穴偏洞室墓，墓地附近还有一座"享堂"类石墙房屋建筑。其中 M16 和 M01 规模巨大、结构复杂。这两座墓葬地表均有大型石封堆，前者直径达 26 米、后者直径 15 米，石堆下都有土坯围墙。前者围墙内有南北并列的 2 个大墓穴，墙外石堆下还有 9 座祔葬墓和 23 座殉马殉驼坑；后者围墙内有一座大墓穴，围墙外有 15 座祔葬墓和 22 座殉马殉驼坑。两墓中心主墓均为长方形竖穴偏洞室墓，有的墓口长度和深度超过 4 米，偏洞室口以立木封堵。这两座大墓与周围小墓形成鲜明对照，其墓主人或许是《后汉书》所载的车师国之王或贵族（图三九三）[①]。该墓地还出土大量精美的金银器、骨器等，多为装饰品，其规格也远高于一般墓葬，反映其在吐鲁番盆地和中部天山北麓地区具有特殊地位。可见苏贝希文

---

① 羊毅勇：《交河故城沟北一号台地墓葬所反映的车师文化》，《西域研究》1996 年第 2 期，第 15~22 页。

化后期的社会已经复杂到进入国家的阶段。

3. 察吾呼沟口文化（后期）

扎滚鲁克类型的墓地位于河流旁阶地上。地表或有堆土，墓室竖穴土坑，口部明显大于底部，口部一般椭圆形，底部圆角长方形。有的在一角带墓道，有的置木架、草席类棚架。仍流行仰身或侧身屈肢葬，且常见分层合葬（丛葬），多者达数十人（图三九四），末段开始以仰身直肢葬为主。墓葬中存在殉牲现象，种类多为羊（角、头、肩胛骨）和马（头、牙、下颌骨、肩胛骨），还有牛角。如扎滚鲁克一号墓地 M14 为一单墓道带二层台的 19 人丛葬墓，墓内立柱

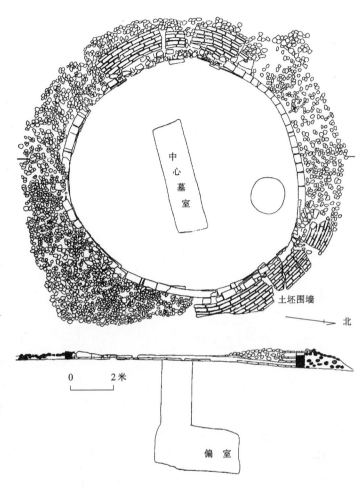

图三九三　交河故城沟北 M01 平、剖面图

搭有棚架，随葬各类器物三四十件；人骨多仰身屈肢，男女老少俱全，可能为同一扩展家庭或家族的成员。包孜东类型墓地位于河边台地，墓葬地表有石堆或石围标志，之下一般有一个墓室（个别 2~3 个），为圆角长方形竖穴土坑墓，墓口或有盖木；多见二次葬，单人或者多人合葬。其中包孜东墓地墓葬呈线状成组排列，代表的社会组织或许比前期的察吾呼沟诸墓地复杂。此外，和静察汗乌苏沟Ⅰ号墓地 C 区流行竖穴土坑木棺墓和竖穴土坑石棺墓，葬式以仰身直肢和侧身直肢为主，似乎与苏贝希文化有较多联系。

4. 伊犁河流域文化（后期）

新源七十一团一连渔塘遗址发现有长方形和椭圆形的半地穴式房屋，以及筒状或

袋状窖穴。墓葬多位于河边台地或山坡下，地表有圆形土石封堆或石围，有的在不同时期还形成里表石堆、内外石圈；下有 1～3 个墓室，每墓室 1～2 人。墓室多为长方形或梯形竖穴，有的以石板垒砌成石棺，有的在二层台上或墓口置圆木。少数为偏洞室墓，有的在偏洞口挡立圆木。一次葬多仰身直肢，常见二次葬。墓中还常见插有铁刀的羊骨。其中巩乃斯种羊场有的大墓石封堆高 10 米以上、直径近百米，哈拉图拜M1～M3 石封堆直径 36～40 米，一般墓葬石封堆直径仅数米，分化非常显著。此外，下坂地Ⅱ号墓地 M013 一类遗存，墓葬地表也有土石堆标志，墓室为圆角长方形竖穴偏洞室，墓主仰身直肢，有墓内殉马习俗。

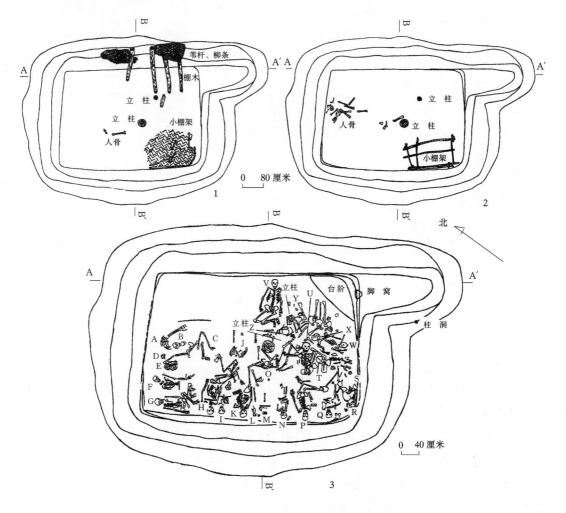

图三九四　扎滚鲁克二号墓地 M1 平面图

1. 棚木、小棚架和填土中人骨（上层）　2. 棚木、小棚架和填土中人骨（下层）　3. 墓地人骨（A～Z. 人骨）

三、经济形态

（一）早期铁器时代前期

基本属于畜牧—游牧经济。又可大致分为两小类。

第一类，主要分布在天山地区、帕米尔、南疆、河西走廊、柴达木盆地，普遍发现由地面式房屋和窖穴等组成的聚落，表明存在一定程度的定居。普遍发现粟、小麦、大麦类作物遗存（种子、穗、秆），在墓葬中还常随葬烤制或蒸制的饼、面条类食品。普遍发现石杵、石臼、石磨盘、石磨棒等粮食加工工具，在帕米尔地区还有农业工具石镰，河西走廊和柴达木盆地有农业工具石刀、石铲、骨末、铁锸、铁锄等，这些都显示旱作农业经济的存在。不过，这些地区畜牧业应当占有更加重要的位置，狩猎经济也依然存在。当时牧放的畜类主要是山羊、绵羊、马、牛、骆驼和驴，并借助狗的帮助，需要对抗的野兽有狼、虎等，狩猎对象主要是鹿和鸟类（天鹅、大雁、鹤、鹳、野鸭）。以上各种动物的骨骼不但经常发现于遗址和墓葬，而且其形象还被单独或成群地描绘在各类遗物之上，甚至岩画上也有类似的题材。还经常发现积有大量粪便的牲畜圈栏。在墓葬容器中常盛放羊、牛骨（原应为带骨肉）和乳制品，随葬大量毛皮制品，并有以羊距骨随葬的习俗。尤其在苏贝希文化、察吾呼沟口文化当中，还发现殉马或殉驼坑。与畜牧经济相关的工具有钻木取火器、小刀（鞘）、皮囊，带有耳、孔、柄以方便携带的砺石，短齿兽毛梳、铜镜、眉笔（化妆棒）、小觿，人、马随身的各类佩饰、坠饰等，还有带流的适合装用奶制品的陶器；而各种弓箭、骨弓弭、石弹丸等则主要当为狩猎工具。从马具（镳、衔、节约、鞭）的出现和日益增多来看，当时对马的控制已达到较高水平，已明确出现以骑马牧羊为特征的游牧经济[1]。化学元素分析表明，察吾呼沟口四号墓地古代居民的饮食结构以肉类食物为主，植物类食物为辅[2]。对焉不拉克墓地人骨进行 ^{13}C 分析，发现其 C_4 类植物占 41.3%，可能对应对粟类作物的食用；C_3 类植物占 58.7%，既可能与小麦等植物的直接摄入有关，也可能与食用吃 C_3 牧草的动物有关。^{15}N 分析结果显示其 ^{15}N 值很高，表明肉食食入量很大[3]。穷科克一

① 水涛：《论新疆地区发现的早期骑马民族文化遗存》，《中国西北地区青铜时代》，科学出版社，2001 年，第 86～98 页。
② 张全超、王明辉、金海燕等：《新疆和静县察吾呼沟口四号墓地出土人骨化学元素的含量分析》，《人类学学报》第 24 卷第 4 期，2005 年，第 328～333 页。
③ 张雪莲等：《古人类食物结构研究》，《考古》2003 年第 2 期，第 62～75 页。

号墓地的食物结构分析结果与此近同①。这与兼有农业的畜牧—游牧经济的食谱吻合。

在这种牧业为主的经济模式下，也存在各种手工业，当然除毛织、皮革等外，总体上不如黄土高原区发达。陶器数量少而小，而且越偏西越少。一般为泥条筑成法手制，少数模制。陶质多夹砂、粗糙，陶胎较厚。绝大多数为红褐色，显然是在氧化气氛中烧制而成。土坯多为湿泥模制，这与黄河流域以湿土夯制者不同。已经发现若干铜矿矿冶遗址，以尼勒克奴拉赛最为著名。奴拉赛的矿料可能被伊犁河流域文化、察吾呼沟口文化，甚至焉不拉克文化使用②。在当地传统的石范铸造铜器的基础上，可能也有泥范或失蜡法铸造，这样才会铸造出铜镜、承兽铜盘等复杂容器。而从成分来说，主要是锡青铜而非铅青铜③，东部砷铜比例增加④。铁器越来越多，多为刀、镞、衔、镳、牌、簪、带钩、锥、针等小件的武器、马具、工具或装饰品，从焉不拉克等墓地铁器分析来看，均属块炼铁⑤。大量纺轮、骨针、骨锥的存在，反映毛织业发达。毛线织品有衣、裤、袍、帽、靴、巾、带、囊、褥等，有平纹、斜纹之分，纺线均匀、细密平整、种类多样、颜色丰富、图案精美，有的还缝缀各种铜扣、铜片等装饰。还有毡、毡袜、毡枕、盒等。皮革制作更具特色，皮革产品和毛制品种类相仿佛，特殊者有皮护腕（臂韝）、护胸、刀鞘、衾、枕、覆面、眼罩等。在哈密五堡、艾斯克霞尔墓葬中还发现成套的加工皮革的工具，有铜刻刀、装胶的石臼、抹胶木匕等。木器制作也比较特别，其桶、盒、盘、盆、碗、钵、勺等容器，以及俑、箜篌等，均显示出熟练的工艺技术。此外，还有金银器、骨器、琉璃器制作技术。普遍发现海贝，三角城一陶罐内有海贝100多枚，或许有货币功能，也是这些地区和沿海存在联系的证据。

第二类，分布在塔城、阿勒泰、巴里坤等地区，很少发现属于该阶段的包含陶器的文化遗存。陶器的有无及多少一般与定居的程度相关，大概这时的北疆地区大部已转变为游牧经济，游动性比前明显增加，居无常处而少有遗存，也不见得存在农业。

---

① 张全超、李溯源：《新疆尼勒克县穷科克一号墓地古代居民的食物结构分析》，《西域研究》2006年第4期，第78～81页。

② 哈密腐殖酸厂墓地的一件铜扣（156号样品）由铜、砷、铅三元合金制成，与奴拉赛铜锭成分吻合。见梅建军等：《新疆东部出土早期铜器的铅同位素比值研究》，《东方考古》第2集，科学出版社，2006年，第303～311页。

③ 梅建军等著，鲁礼鹏译：《新疆早期铜器和青铜器的冶金学研究》，《新疆文物》1999年第3、4期，第151～165页；伊弟利斯·阿不都热苏勒等：《拜城克孜尔水库墓地出土铜器的冶金学研究》，《新疆文物》2002年第1、2期，第53～59页；梅建军等：《新疆察吾呼墓地出土铜器的初步科学分析》，《新疆文物》2002年第3、4期，第109～115页。

④ 潜伟：《新疆哈密地区史前时期铜器及其与临近地区文化的关系》，知识产权出版社，2006年。

⑤ Wei Qian, Ge Chen. The Iron Artifacts Unearthed from Yanbulake Cemetery and the Beginning Use of Iron in China. *Proceedings of Beginnings of the Use of Metals and Alloys-V*, Gyeongju, Korea, 2002, pp.189－194.

（二）早期铁器时代后期

情况与前大同小异，铁器明显增多，而铁杯等容器的发现，以及圆沙古城白口铁的发现，都表明当时已能够制造铸铁[1]。从马具中马鞍、马嚼的出现和增多，以及殉马（驼）习俗的流行来看，这时新疆人对马的控制驾驭能力明显增强，游牧化的程度进一步提高。尤其连扎滚鲁克类型也出现殉牲、动物牌饰、木箜篌、草原动物形象（羊、骆驼、鹿、狼、变形狼羊纹）等，表明游牧文化已渗透到塔里木盆地南缘。这可能正是此时文化能够大范围快捷交流的直接原因。但农业在大部地区仍然存在。铅同位素比值显示，黑沟梁和庙尔沟墓地出土的两面铜镜为铜铅锡三元合金，与中原地区战国晚期铸镜成分很相似，可能为从中原传入[2]。

四、小结

除伊犁河流域外，其他区域早期铁器时代前期文化基本都是在当地早先青铜时代文化的基础上演变而来，而各相邻文化间的频繁交流，既为各区域文化的变革提供了动力和契机，又促使各文化间的联系越来越紧密。具体来说，该阶段还可以分成三个小的阶段。早段，诺木洪文化、焉不拉克文化、半截沟类遗存、察吾呼沟口文化、香宝宝类遗存形成，以香宝宝类遗存的东向影响较为显著。中段，流行彩陶的焉不拉克文化向西渐次发生强烈渗透，不但直接促使苏贝希文化形成，而且使察吾呼沟口文化发生转型；察吾呼沟口文化接着向西施加影响，促使伊犁河流域文化形成，并对费尔干纳盆地的文化发展和转型起到重要作用。在此基础上形成了焉不拉克文化、苏贝希文化、察吾呼沟口文化、伊犁河流域文化组成的"高颈壶文化系统"（以水器或奶器为核心）。与这一系统区别甚大的是偏于西南的香宝宝类遗存，它很少随葬或不随葬陶器，所见多为素面无耳的圜底釜和平底筒形罐类（多半为炊器），可称"圜底釜文化系统"。这就从更高层次上再次将新疆文化分成了两大文化系统，只是东强西弱，文化局势发生了根本性的转变。同时，沙井文化也在河西走廊出现。晚段，各文化互动更加频繁，尤其伊犁河流域文化的东西双向拓展，不但使"高颈壶文化系统"东西两端融会贯通，而且还将这一系统延伸至中亚地区。此外，焉不拉克文化、察吾呼沟口文化和苏贝希文化也都与甘青地区存在看得见的交流。正是通过新疆—河西走廊—甘肃东

---

① 北京科技大学冶金与材料史研究所、新疆文物考古研究所：《新疆克里雅河流域出土金属遗物的冶金学研究》，《西域研究》2000 年第 4 期，第 1～11 页。

② 梅建军等：《新疆东部出土早期铜器的铅同位素比值研究》，《东方考古》第 2 集，科学出版社，2006 年，第 303～311 页。

部这一通道，最早起源于西亚地区的冶铁技术传播到关中和中原地区（西周末和春秋初），并扩展至全国各地，对战国时期中国社会的巨大变革，乃至于秦汉帝国的建立奠定了基础。

该阶段全区普遍开始流行游牧特色的因素，如殉马、殉驼习俗，皮鞭、马衔、马镳、节约等马具，动物纹金属牌饰，长管銎斧、剑、同心螺旋纹纺轮等工具或武器，有柄镜、金箔饰、玛瑙饰、玻璃饰等装饰品。这里的人们骑马放牧打仗，但剑和车器的缺乏表明并不流行车和车战。由于马、马具和相关的马文化的起源中心在西西伯利亚草原，则此类因素在新疆和甘青的大量出现，自然主要可视为骑马民族自西北强烈影响的结果①。其中苏贝希文化与欧亚草原乃至于中国北方草原文化带的关系最为密切。该阶段全区文化影响和传播的大方向转为从东到西、由北至南。这时的新疆已真正成为欧亚大陆东、西两大文化系统的交融、汇聚之地，先前位于哈密盆地东缘的两大系统的重要界限已变得十分模糊甚至不复存在。从人种来看，除河西走廊、柴达木盆地和哈密盆地外，新疆大部仍以欧洲人种为主；只是蒙古人种逐渐向西渗透到吐鲁番盆地和天山南北麓，欧洲人种类型也更加复杂化，这与文化上互动融合的情况正相吻合。

早期铁器时代后期基本保持了前期的文化格局，但也出现了一些变化，表现为原来的各文化内部发生了一定程度的分化，自身的凝聚力降低。最有代表性的是察吾呼沟口文化，其扎滚鲁克类型和包孜东类型间就存在更为明显的差异。与此同时，新疆大部地区的共性却在进一步加强，文化又开始了重新整合的趋势。例如，具有石堆（石圈）标志的墓葬几乎遍及全区；偏洞室墓葬不但存在于伊犁河流域文化和苏贝希文化，而且还扩展到帕米尔地区；仰身直肢葬除在伊犁河流域文化和苏贝希文化当中盛行外，在其他以屈肢葬为主体的文化当中的比例也有所增加，二次葬普遍增多；高颈壶、单耳杯、钵等陶器，以及动物纹牌饰、玻璃珠饰、各类遗物上的"后肢翻转动物纹"题材普遍出现，承兽盘青铜器等同时出现于伊犁河流域和中部天山北麓；铁器、金器显著增多，漆器和丝织品时有所见。这些共性因素大幅度的增加，主要是出于游牧业发展引起的全疆范围内更迅捷有效、深入广泛的文化交流，同时也与汉文化、匈奴文化自东向西的强烈渗透有关。从马具中马鞍、马嚼的出现和增多，以及殉马（驼）习俗的流行来看，这时新疆人对马的控制驾驭能力明显增强，游牧化的程度进一步提高，但农业在大部地区仍然存在。

总体来看，一方面，西北内陆干旱区早期铁器时代墓葬明显分化，尤其后期在接

---

①　水涛：《论新疆地区发现的早期骑马民族文化遗存》，《中国西北地区青铜时代》，科学出版社，2001 年，第 86～98 页。

受了较多东方汉、匈文明和西方文明的基础上，社会得到迅速发展，出现交河故城沟北墓地 M16 和巩乃斯种羊场大墓那样的"王墓"。另一方面，墓葬缺乏礼器，空间分布显示社会组织不如黄河流域复杂，文化的区域性颇为显著，始终未能形成大规模的中心聚落，不存在影响和涵盖全疆的政治力量，其社会大约仍然停留在"小国林立"的早期国家阶段。

第六章　自然环境与文化发展的关系

西北地区环境复杂多样、气候敏感多变，各区域文化的发展深受自然环境及其演变过程的制约，最直接的表现是在资源利用和经济形态方面，进一步则影响到文化的兴衰盛亡、发展更替、传播迁徙，影响到聚落形态乃至于文化和社会模式的形成，并对社会发展进程产生制约。反过来，人类的开发行为也会对该地区自然环境产生不同程度的影响，自然环境还会将其所受到的影响反馈给人类，这可以从环境的"非自然"的变化，以及由此引起的人类文化的异常反映等方面进行观察。

西北地区旧石器时代文化总体上可以分为两大系统，即以旧石器时代早期的蓝田人文化为代表的大型砾石器传统，和以旧石器时代晚期宁夏水洞沟为代表的细石器—小石器传统。前者在西北地区很少发现，大约存在于暖湿的森林环境，大型砾石工具适合砍伐树木或挖取植物根茎，代表采集狩猎经济类型。后者在西北地区分布广泛，大约存在于草原地带，其石叶等细石器适合作为工具的刃部，刮削器等可以直接加工猎获动物，代表"专业"的狩猎经济类型[①]。可见旧石器时代文化的确深受自然环境制约。西北地区在渭河流域最早出现农业文化是在距今 8 千纪以后，其他区域进入农业文化阶段的时间更晚且不很一致，总体上是南方早于北方、东部早于西部。就自然环境来说，恰好也是东南方比西北方湿润，进入全新世适宜期的时间也是东南方早于西北方。可见自然环境对农业文化存在明显影响。但在从旧石器时代晚期到各地农业文化出现之前的数千年时间内，西北地区大部不可能毫无人烟，极可能仍延续旧石器以来的狩猎采集传统。由于气候还不适宜发展农业，或者农业文化一时还未扩展开来，所以才有那么多文化"空白"点。

全新世以后，西北地区人类文化大概主要是两大类形态，一是农业和畜牧业文化，可以对应考古学上的新石器时代、青铜时代、铁器时代；二是狩猎采集文化，大概对应调查发现的一些不包含陶器的所谓"细石器遗存"。前者属于目前考古学研究的主要内容，已经能够初步构建其时空体系；而后者却很少有经过正式发掘而能够真正搞清楚其面貌者，事实上还基本没有纳入考古学家的视野。有鉴于此，本章仍然按照传统

---

① 王幼平：《中国远古人类文化的源流》，科学出版社，2005 年。

上划分的考古学文化的各个发展阶段，对西北地区全新世或先秦时期自然环境与文化
发展的关系进行宏观考察；对于同时期的"细石器遗存"仅简要涉及。另外，西北地
区各区域的文化发展也并非完全同步，比如说新疆地区就还没有发现明确的新石器时
代和铜石并用时代的遗存，其进入早期铁器时代的时间也要明显早于黄土高原区；本
章各阶段的划分主要还是建立在黄土高原区的分期基础之上。

第一节　新石器时代中期

1. 环境变化对文化变迁的影响

进入全新世大暖期，尤其是经过距今 8200 年以后的短暂干冷期后，气候日趋暖
湿，中国新石器时代中期文化进入一个新的发展阶段。这时中原的裴李岗文化蓬勃发
展，对外影响十分显著，西向在渭河流域和汉水上游开拓经营的结果，就是使这些地
区出现了白家文化（图三九五）。白家文化主要种植粟和黍，这两种作物比较耐旱，但
在生长期要求平均气温达到 20℃ 左右，还需要满足日照需要。好在全新世大暖期初期
渭河流域温度和降水要高于现在，其气候条件应当完全可以满足粟和黍生长的需要。
在这种气候背景下，提供了适宜土壤形成的空气、湿度与生物条件，从而形成具有团
粒结构的初期褐红色顶层埋藏土或古土壤，利于涵养空气、水和有机质，利于通过毛
细管作用让植物吸收养分，同时也利于农作物扎根生长。因此，就使白家文化发展农
业具备了一个良好的物质基础[1]。不过无论如何，白家文化西北部最远也只分布到秦
安、天水，这同样应当主要是受环境制约的结果。现在秦安、天水稍北的环县、静宁、
通渭、临洮一线即为温带，以南为暖温带，推测当时也是一个重要的气候分界线，此
线以北大概还不很适合原始农业的发展。当时人们对种子的优选改良可能尚处于初级
阶段，性状特点当接近于野生品种，加之耕作技术简单粗放，因此对于自然环境的依
赖性就会更大。

大约同时的青海贵南拉乙亥遗存没有发现种植农业的迹象，较多的动物骨骼中也
没有找到驯化的痕迹，反映其经济方式为渔猎采集。当地显然缺乏原生农业的条件，
当时也还不适合发展农业，东、西方农业文化也都尚未波及于此，因此可能还延续着
狩猎采集的古老传统。西北大部地区人们的生存方式大约与此类似。

2. 文化对自然环境的适应

白家文化房屋均为地穴与半地穴式，这需要区域内拥有相当数量的林木，实际上，
秦安大地湾自然剖面的孢粉分析表明，葫芦河流域当时的确分布有暖温带的落叶阔叶

---

[1]　周昆叔：《周原黄土及其与文化层的关系》，《第四纪研究》1995 年第 2 期，第 174～181 页。

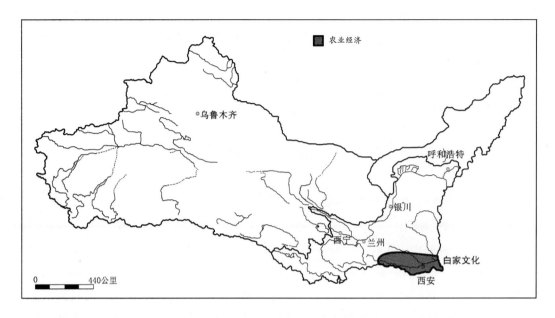

图三九五　中国西北地区新石器时代中期文化分布态势图（公元前 6000～前 5000 年）

林。另外，该文化房屋结构简单，有的甚至没有灶，看来在同一个聚落定居的时间可能不是很长，这可能与食物来源还不是很稳定有关。也说明当时水热条件毕竟有限，对才诞生不久的农业生产造成一定限制。大地湾一期遗址多坐落在河谷的一级阶地上，说明当时水位尚低①。同时，猪、牛等家畜既能在较低的河岸山坡放养，还可以圈养，能够适应以农业为主体的定居生活。

3. 人类对自然环境的影响及其反馈

由于发展农业需要破坏自然植被，房屋建筑、炊煮食物也都要消耗树木资源，所以白家文化的发展对环境存在一定影响是可以肯定的。和裴李岗文化类似，白家文化的作物收割工具主要是镰而非刀（爪镰）。刀（爪镰）只适合掐割谷穗，而镰则可以割取作物茎干。收割下来的植物茎干极有可能被搬运到聚落中进行脱粒，之后茎干还可以用于柴薪、建筑等，这样就会减少田地本身的碳含量。如果没有专门的施肥技术的话，积累下去会降低土壤肥力。当时土地资源广阔，轮休轮种或不断开辟新的土地大约是适应土地贫瘠化的主要手段。这就可能导致在一个地方定居的时间不会很长，聚落规模和人口必然有限，社会也难以复杂化。当然，当时聚落密度规模小、人口少，负面影响的程度还很有限。

①　李非、李水城、水涛：《葫芦河流域的古文化与古环境》，《考古》1993 年第 9 期，第 822～842 页。

第二节　新石器时代晚期

前期仰韶文化在黄土高原区大力发展，而且一度拓展至内蒙古半干旱草原区，显然得益于全新世中期温暖湿润的气候环境和丰富的动植物资源。而仰韶文化范围在西北、北方的伸缩变动，也无不与自然环境的变迁有关。

笼统来说，在环境适宜期，各地文化都会有很大的发展，其实不然。因为这里所说的环境适宜，主要指温度的增高和降水的增加。对于华南的热带和亚热带地区，这种波动可能没有什么意义；对于长江和淮河流域的部分地方，降水的增加可能使水位升高，河流沼泽泛滥，反而不利于人类生存，有些地区的居民可能还要向北迁移；对黄河流域大部来说，这时候更适于人类生存，是该地区文化发展的十分难得的机遇；而对于内蒙古半干旱草原区，不但原先能够发展农业的地区更适于耕种，而且有些原来不能种庄稼的地方也开始能够发展农业；一些纯粹游猎采集的人们集团当有条件向更北方移动。

一、零口类型期

1. 环境变化对文化变迁的影响

白家文化发展到距今 7000 年左右戛然而止，恰好与此时发生的气候干冷事件对应[①]。处于农业发展早期阶段的白家文化，大概基本处在靠天吃饭的阶段，对自然环境的依赖性还很强。气候干冷到一定程度，关中地区粮食产量会持续降低，甘肃东部大概已不适合发展农业生产。这些都会对整个社会文化产生深刻影响。零口类型应当是这次气候干冷事件之后发展起来的。它虽然主体上继承了白家文化，但也舍弃了许多传统因素，而且分布范围仅局限在关中，已不再包括甘肃东部。零口类型的陶旋纹罐、锥足圆腹鼎、大口尖底罐等并不见于当地先前的白家文化，而是与中原甚至山东地区文化有关，说明公元前 5 千纪初期气候转暖后中原山东文化有再度西进的趋势（图三九六）。

和白家文化相比，该时期聚落房屋规整、面积增大，还有可以储藏粮食等的袋状窖穴，说明定居程度比前提高。刀形或圆片状"爪镰"代替锯齿状镰而成为主要收割工具，是旱作农业有显著发展的标志。这些又都与更为暖湿的环境条件相关。

---

① 安成邦、冯兆东、陈发虎：《甘青地区全新世中期的环境变化与文化演进》，《西北大学学报》（自然科学版）第 3 卷第 6 期，2003 年，第 730～740 页。

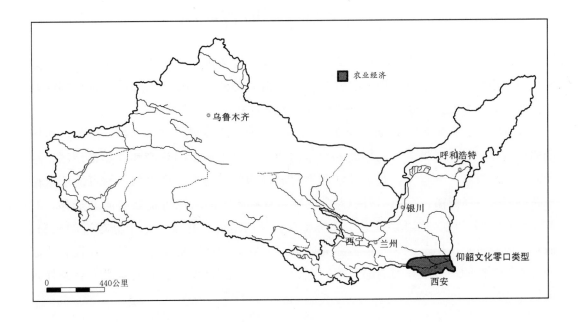

图三九六　中国西北地区新石器时代晚期——零口类型期文化分布态势图

（公元前 5000～前 4500 年）

2. 文化对自然环境的适应

零口类型聚落一般位于河边台地或山坡上，这样既可方便利用水资源，又可避免水患。既方便狩猎野生动物，又可以采集森林植物果实；聚落近周平地还适宜种植农作物。零口居民的狩猎对象包括斑鹿、麝、四不象、山羊、豪猪、貉、狗獾、雉等，这些都是北方森林—草原环境下常见的野生动物。

3. 人类对自然环境的影响及其反馈

首先，零口类型发展农业需要破坏自然植被，房屋建筑、炊煮食物也都要消耗树木资源。尤其是半地穴式房屋均以木柱承重，顶盖可能使用粗椽细枝，再搭草敷泥，这些都要耗费大量树木，是以存在丰富的森林资源为前提的，但也肯定对森林环境有相当程度的破坏。聚落周围树木的稀少应肯定与人为有关。其次，持续的种植可能带来植被破坏、土壤养分流失而土地严重贫瘠的现象。广种薄收乃至于易地轮作可能是当时农业生产的基本特点。不过值得注意的是，由于此时收割谷物主要是掐穗而非割茎秆，所以大部分茎秆有可能保留在田地，这样无疑会增加土地碳含量和肥力，对农业文化的可持续发展有重要意义。

二、半坡类型期

1. 环境变化对文化变迁的影响

距今6800～6600年这次向干冷的波动，可能为零口类型向半坡类型转变提供了契机。此后温度和降水迅速回升，半坡类型以及太行山以东的后岗类型等都得到蓬勃发展。随着人口的急剧增加，他们迫切需要寻求新的发展空间，而此时晋中至内蒙古中南部一带也开始变得比较适于发展农业。在这种背景下，已快速扩展至陕北和鄂尔多斯偏西地区的半坡类型，和已经占据冀西北的后岗类型，都向内蒙古中南部和晋中挺进。

石虎山类型就是在气候重新趋于暖湿以后突然出现于岱海地区的[①]。东部镇江营一期类遗存所代表的人群顺着洋河河谷，通过黄旗海地区到达岱海，或沿着桑干河河谷，通过大同盆地来到岱海，都是可能之途。东部势力继续西进，与半坡类型人们及其文化始而相抗、继而相安，最终互相融合成为鄂尔多斯地区的鲁家坡类型，也促成岱海地区石虎山类型由素面风格向流行绳纹的转变（图三九七）。

至距今6200年左右，气候趋于全新世暖湿之最，黄河中游文化，尤其是晋南文化得到空前发展，形成了富有特色的东庄类型，激发了其旺盛的创新、进取和开拓精神，同时也可能使其人口暴涨，于是就向周围迅速扩张。首先向文化相对薄弱、空白地带多的晋中、内蒙古中南部挺进，在基本为文化"空白"地带的岱海地区留下了王墓山坡下这样的聚落，其文化面貌几乎和晋南的东庄类型没有什么差异；在鄂尔多斯地区与鲁家坡类型融合形成白泥窑子类型，产生了白泥窑子、后城嘴、庄窝坪、官地等具有一定地方特色的聚落。其次，向西强烈影响，使半坡类型的发展方向发生变化，使其进入晚期阶段（史家类型）。更为重要的是，半坡类型晚期（史家类型）继续向西扩张，终于在白家文化结束800年之后重新占据甘肃东部地区；而白泥窑子类型也大幅度向北拓展，在现在内蒙古半干旱区的固阳、商都等地也留下了该类遗存。

2. 文化对自然环境的适应

由于水热条件更加适宜，因此给文化发展带来更多机遇。这时的半坡类型早期发现有半坡、姜寨等较为完整的环壕聚落。一般位于山前的河谷平原，水源充足，资源辐聚。聚落布局有序、向心凝聚，强调集体精神，体现出一种蓬勃向上的社会风尚。如姜寨建造考究的大房子为地面式木结构房屋，有的可达100多平方米，中央明柱直

---

① 田广金、史培军：《中国北方长城地带环境考古学的初步研究》，《内蒙古文物考古》1997年第2期，第44～51页。

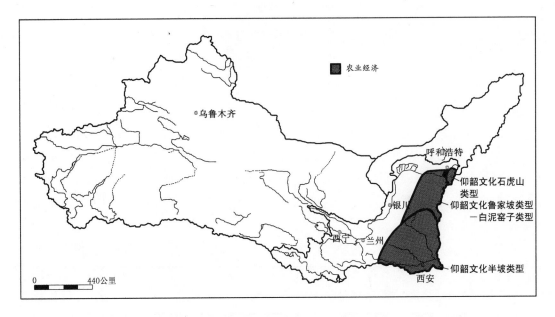

农业经济

○乌鲁木齐

呼和浩特

仰韶文化石虎山类型

仰韶文化鲁家坡类型
—白泥窑子类型

○银川

西宁○兰州

仰韶文化半坡类型

西安

0　　440公里

图三九七　　中国西北地区新石器时代晚期——半坡类型期文化分布态势图

（公元前 4500～前 4000 年）

径最大者约 0.4 米，这显然以附近有良好森林资源作为前提。半坡类型流行鱼纹彩陶图案，说明鱼在其社会生活中的重要性。在石虎山 I 聚落发现水牛等动物，还采集到大量果核，说明宽阔的湖面、深广的森林给人们渔猎采集提供了更加丰富的动植物资源。

至偏晚阶段，气候更趋适宜，不过由于不同区域自然环境存在一定差异，文化的表现方式和发达程度也各不相同，实际上自然环境是影响地区发展的不平衡的重要因素。关中地区水热资源最佳，姜寨等聚落从总体规模、房屋面积、手工业水平等方面也首屈一指。岱海湖边山坡下的王墓山坡下聚落也发现水牛、马鹿等大型哺乳动物的骨骼，可以利用的土地资源在气候适宜时也可以更广阔、肥沃一些，其房屋也颇为规整讲究，但聚落总体规模、房屋面积等均次一等。鄂尔多斯地区南流黄河两岸和岱海地区类似。包头附近大青山南麓东流黄河北岸的西园、白泥窑子等聚落均较小，房屋柱洞细少且不甚规整，再次一级。属于半干旱草原区的商都章毛乌素（风旋卜子）、狼窝沟等处该期聚落范围小、堆积薄、房屋简陋，显得最为落后。商都这些聚落遗址中采集到不少蚌饰，表明附近应存在河流湖泊，但聚落仅高出周围地面约 3 米，可见当时河流水量有限（现在仅见干涸古河床遗迹）。

3. 人类对自然环境的影响及其反馈

人类对环境的开发方式没有大的变化，但文化却在该时期迅猛发展，推测对自然资源的利用程度应明显加大。比如此时出现的地面式木构建筑，尤其是有着粗高明柱的大房子，需要的树木数量增多、质量提高。但处于气候最适宜期，自然环境的自我恢复功能空前提高，至少在黄土高原区人类对自然环境的负面影响可能反而微不足道。

但边缘地区的情况可能就不太一样。这时农业文化已经扩展至岱海地区尤其是内蒙古半干旱草原区，这些地区的自然环境十分敏感多变，人类的影响容易在此留下伤痕。比如商都的章毛乌素（风旋卜子）等地，由于地表覆盖一薄层黑色沙质土壤（最厚30厘米），因此可以耕种。但土壤下面为沙和沙砾层，经过耕种和风蚀破坏，就很容易遭到破坏。现在这些地方多已沙层裸露，变为沙质洼地或沙丘。

三、泉护类型期

1. 环境变化对文化变迁的影响

距今6000年前后，中原、西北地区气候仍处于最适宜期。在此背景下，晋南豫西中心力量进一步增强，庙底沟类型迅猛发展，并向周围急剧扩张和施加影响，造成仰韶文化面貌空前统一的局面。西北地区的泉护类型和白泥窑子类型自然也深受庙底沟类型的影响，以至于和晋南豫西地区文化面貌十分接近。更为重要的是，泉护类型还大规模西扩至青海东部和宁夏南部，白泥窑子类型北扩至内蒙古半干旱草原区的固阳、商都、化德，甚至苏尼特右旗、阿巴嘎旗等地（图三九八）。这些地区现代自然环境较

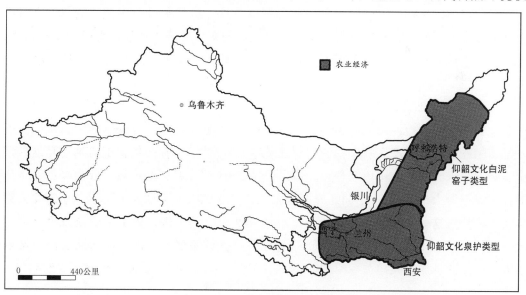

图三九八　中国西北地区新石器时代晚期——泉护类型期文化分布态势图

（公元前4000～前3500年）

为恶劣，尤其处于浑善达克沙地边缘的商都、化德、苏尼特右旗、阿巴嘎旗等地，现在主要为草原沙地相间的区域，不适合发展农业。但在当时气候最适宜期，这些地方年降水量可达500～600毫米，年平均气温最高可达到6℃，并分布有针阔叶混交林，完全能够满足谷物生长需要。这是农业文化能够扩张至此的根本原因。

在接近距今5500年的时候，气温开始逐渐降低，降水也略有减少。这就使得中原核心晋南豫西地区文化的发展放慢了脚步，对周围地区的影响逐渐减弱；使得仰韶文化向西、北方向停止了扩张的步伐；使得仰韶文化各区域之间的交流明显减少，泉护类型期末段的地方特色日渐浓厚起来。更为重要的是，东部红山文化—雪山一期文化于此时西进岱海而形成海生不浪类型初期遗存，这或许是因为东部地区气候转变早于岱海地区的缘故。而这次文化变迁极可能伴随着人口的迁移。

2．文化对自然环境的适应

文化对自然环境的适应基本同前。葫芦河流域半坡类型期遗址坐落在河谷的一级阶地，而此时遗址则上移至二级阶地，或许与气候暖湿引起的河水水面抬升有关。

这时黄土高原大部地区水热条件良好，农业发达，文化繁荣。社会逐渐复杂起来，聚落群出现，聚落之间也开始有了一定程度的分化，出现泉护村那样拥有特大型房屋和高级别墓葬的聚落。

而新拓展的边缘地区则有所不同。青海东部的胡李家遗址发现炭化小米，说明种植谷物，但同时还有骨梗石刃刀等典型的与狩猎经济相联系的工具。内蒙古半干旱区的固阳、商都、化德、苏尼特右旗、阿巴嘎旗等地，虽然也可能种植谷物，但大量细石器的存在却表明其狩猎成分很浓厚。这些地区的文化发展水平恐怕难以和黄土高原，尤其是关中地区相比。地区发展不平衡更加明显地表现出来，这与自然环境的区域性差异有关。

3．人类对自然环境的影响及其反馈

在甘肃秦安葫芦河流域的孢粉组合中，遗址区乔本植物花粉骤然减少，植物炭屑及旱生植物花粉和可能属农作物的植物硅酸体大量增加[①]。在气候最适宜期出现这些情况，肯定与人类大量砍伐树木有关。像泉护村F201那样的大型房屋，仅直径约0.3米的柱子就需要大约40根，中间还应当有直径约0.5米的大明柱，梁架屋顶还需要大量木料。估计仅这一座房屋所需砍伐大中型树木就应有几十株，更不用说整个聚落的建设，以及柴薪所需树木。或许在气候最适宜期这些对邻近地区自然环境从总体上影响不大，但由此养成的人地关系模式却不能不延续下来，并在以后才产生看得见的后果。

---

① 施雅风、孔昭宸、王苏民等：《中国全新世大暖期气候与环境的基本特征》，《中国全新世大暖期气候与环境》，海洋出版社，1992年，第1～18页。

第三节　铜石并用时代早期

全新世中期气候突变肯定会对文化产生较大影响[1]。后期仰韶文化和马家窑文化社会的分化和复杂化，分布范围的北缩南伸，以及畜牧业的发展，均与仰韶后期气候向冷湿方向的发展存在因果关系。降温在不同地区的表现并不一样，给人类所带来的影响也各不相同。对于华南的热带和亚热带地区，这种波动可能同样没有什么意义；对黄河流域大部来说，这时候种庄稼就不那么容易，但还不至于有太大的变化，只是生活压力加大；而对于北方地区，发展农业就会面临更大的困难，畜牧业和狩猎、捕捞、采集等补充性经济的地位上升；一些纯粹游猎采集的人们集团当被迫向南方移动，并可能部分融入农业人群中间。

1. 环境变化对文化变迁的影响

距今5500年左右，西北地区甚至整个欧亚大陆北部气候都趋于冷湿，可能由此引起的较为重要的文化变迁有以下几项：其一，在此背景下，中原核心地区文化的对外影响显著减弱，关中、晋南等地农人向北移动的可能性减小，中原和西北地区文化的北向拓展势头受到遏制。加上各类型之间的相互交流也减少，这就使得各地区域性特征明显增强。其二，气候变化引起广泛的文化互动和格局调整，在很大程度上破坏了原本较为单纯的仰韶文化的统一性，对后期仰韶文化发展方向的转变起到重要促进作用。从小范围来说，东北地区红山文化和雪山一期文化的东南向移动，使得内蒙古中南部出现面貌一新的海生不浪类型；从大范围说，极可能此时西亚—中亚地区文化已经伴随着牧羊人渗透到甘青地区，对马家窑文化石岭下类型的诞生做出了一定贡献，甚至卜骨所代表的特殊宗教形式的诞生也可能与此背景有关[2]。而石岭下类型一经产生，就积极向外施加影响，其彩陶、双灶带门斗房屋等因素还一度传播到内蒙古中南部（图三九九）。此外，北亚蒙古人种开始少量渗透到内蒙古中南部一带。

距今5000年左右，气候寒冷达到谷底，对文化变迁的影响更加显著，农业文化的

---

① 施少华：《中国全新世高温期中的气候突变事件及其对人类的影响》，《海洋地质与第四纪地质》第13卷第4期，1993年，第65～73页；朱艳、陈发虎、张家武等：《距今五千年左右环境恶化事件对我国新石器文化的影响及其原因的初步探讨》，《地理科学进展》第20卷第2期，2001年，第111～121页。

② 刘莉甚至认为案板等遗址出土的陶塑人像多具有大鼻、深目、窄脸等中亚人种风格，是当时高加索人种已少量渗入渭河流域的表现，见刘莉：《中国新石器时代——迈向早期国家之路》，文物出版社，2007年，第81～85页。

图三九九　　中国西北地区铜石并用时代早期——半坡晚期类型期文化分布态势图
（公元前3500～前3000年）

南移趋势更加明显。首先，内蒙古半干旱草原区和黄土高原区的岱海—黄旗海地区文化突然"中断"或出现间歇，农业文化范围大幅度向南收缩。这些地区气候敏感，当环境恶化到一定程度，就可能极大地限制农业生产的进行，甚至可能有不少人群西南向移动到甘青地区[①]。其次，马家窑类型从甘肃西南大幅度向南扩张，一直到达更暖湿的四川西北部岷江上游，为该类型开创了更为广阔的发展空间。再次，马家窑类型还西向扩展至青海共和盆地、河西走廊和阿拉善地区，这可能是由于这次气候事件的主要特征是变冷，水分减少并不明显，加上青海湖、河西走廊和阿拉善地区的气候敏感程度也不如岱海—黄旗海地区的缘故（图四○○）。

2. 文化对自然环境的适应

半坡晚期类型期经济形态方面最大的变化，是黄土高原区边缘地带各类型中畜牧业的发展和狩猎经济成分的增加。这当与气候趋冷引起的森林退化、草原带南移有关，是人类适应环境变化的结果。对绵羊和山羊的畜养，一般认为起源于西亚地区，此时则已经传播至石岭下类型。羊与猪的最大区别是羊需要较大草场才能放养。羊在甘青地区能够牧养并得到发展，当与此时当地大面积草场的出现有关。与

[①]　韩建业：《论雪山一期文化》，《华夏考古》2003年第4期，第46～54页；韩建业：《距今5000年和4000年气候事件对中国北方地区文化的影响》，《环境考古研究》（第三辑），北京大学出版社，2006年，第159～163页。

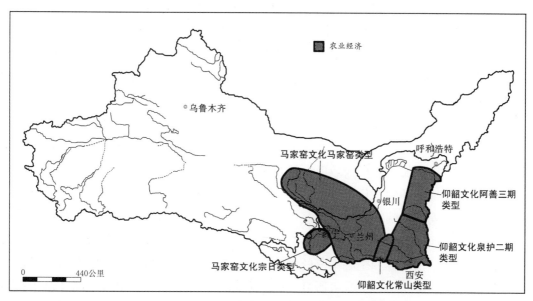

图四〇〇　中国西北地区铜石并用时代早期——庙底沟二期类型期文化分布态势图
（公元前 3000～前 2500 年）

此同时，石岭下类型、海生不浪类型中出现较多骨梗石刃刀，后者中细石器镞的数量也突然增多，这又与狩猎草原动物的需要增加有关。随着长城沿线各区域逐渐草原化，大型动物随之减少而中、小型动物相对增多，而这种薄小的细石器镞更适于射杀中、小型动物。另外，从聚落形态来看，泾河流域的阳坬遗址此时出现了西北地区最早的窑洞式建筑，这可能同样是适应气候变化的产物。典型的窑洞式房屋完全是在生黄土中掏挖而成，所以它诞生在黄土较发育的泾河流域正在情理之中。由于基本不用柱子，就大大减少了对森林资源的破坏。当然窑洞式房屋还有冬暖夏凉和减少风沙侵害等优点，这都更能适应愈来愈严酷的气候环境。不过这时水热条件较好的关中、陇东局部地方可能仍有水稻种植。

　　至泉护二期类型期，聚落形态进一步发生变革，最具代表性的是包头以东黄河两岸地区"石城"和石墙房屋的大量出现，以及窑洞式房屋在黄土高原其他地区的扩展。首先，"石城"的出现当与环境恶化而引起的愈来愈频繁的原始战争有关。随着森林的减少、草原带的南移，长城沿线偏北以狩猎和采集为生的北方民族迫于生存压力而南下，就可能成为爆发原始战争的直接理由。内蒙古中南部这些"石城"恰好呈带状分布在长城沿线，与后世长城的作用何其相似！我们甚至可将其视为长城的"原型"①。

---

① 韩建业：《试论作为长城"原型"的北方早期石城带》，《华夏考古》2008 年第 1 期，第 48～53 页。

其次，"石城"和石墙房屋的出现也是适应当地自然环境的结果。随着森林资源的减少，人们还沿用传统的以柱椽为骨架的房屋就变得越来越困难；而植被的退化和破坏又使得更多的岩石裸露出来。这时候一旦人们认识到这些石板的用途，就可能一发而不可收。这个过程与前一期窑洞式房屋的出现缘由多么相似！再次，这时窑洞式房屋从泾河流域扩展至关中地区，适应了黄土高原大部地区环境恶化的现状。

再放大眼光，会发现此时西北地区乃至于中国大部地区社会普遍明显发生变革，而变革的深层次原因仍然在于自然环境的变化。由于气候变冷和自然环境恶化，使得包括西北地区在内的北方广大地区自然资源减少、生存压力越来越大，加之北方狩猎民族南侵而导致连环的文化南移反应，这都深深地触动着原本比较稳定的社会格局，使之有机会出现大的调整和变革。战争成为人们日常面对的大事，筑城、聚落位置上移、改善箭镞武器，都是为了聚落防卫的需要。更进一步，父系家族的凸现、军事首领地位的突出、聚落群和中心聚落的普遍出现，则是从社会结构和组织方面应对挑战的必要变化。甚至祭坛、卜骨等所显示的宗教色彩的日趋浓厚，也可能同样出于组织军事力量的需要，或者是释放压力的手段。其最终结果，就是从此进入铜石并用时代，中国大部地区开始了迈入文明社会的步伐①。但在不同地区可能有不同的表现形式。具体到西北地区尤其是狭义的"北方地区"，在出现频繁战争、家庭和家族地位明显突出的同时，贫富分化、社会地位分化和社会分工并不明显，从而形成所谓"北方模式"。这种发展模式从表面上看比较迟缓、落后，但却与较严酷的自然环境相适应，可以在很大程度上避免资源的过度浪费，而能量的有效蓄积也显然更有利于长期的发展。

3. 人类对自然环境的影响及其反馈

这时人类还基本维持原先长时期形成的生产和生活方式，建筑和柴薪的树木使用量更大。仅以大地湾乙址 F901 主室来说，就使用了直径 0.5 米左右大木 2 根、0.2～0.4 米中柱（附壁柱）16 根、0.2 米以下细柱（中心小附柱）6 根；加上后室和东西厢房用柱，以及梁架结构，整栋房屋需要砍伐的大小树木当不下 50 株。整个聚落的树木用量将会更加惊人，更不用说聚落群。本来气候变冷就会引起森林植被退化，而这种缺乏节制的对森林的砍伐将会雪上加霜，进一步破坏自我修复功能正日益降低的植被。

另外，养羊畜牧业的发展和狩猎经济地位的提高，既是人们被迫适应环境的结果，

---

① 韩建业：《中国北方地区新石器时代文化研究》，文物出版社，2003 年；吴文祥、刘东生：《5500 年气候事件在三大文明古国古文明和古文化演化中的作用》，《地学前缘》2002 年第 9 卷第 1 期，第 155～160 页；吴文祥、葛全胜：《全新世气候事件及其对古文化发展的影响》，《华夏考古》2005 年第 3 期，第 60～67 页。

也可一定程度上视为自然环境对其所受干预的反馈①，又减少了对植被的进一步破坏，客观上起到了保护环境的作用。长城沿线这种经济方式的适时调整，无意中使得自然环境有可能在条件适宜时得到恢复，对文化的可持续发展意义重大。

第四节　铜石并用时代晚期

1. 环境变化对文化变迁的影响

大约距今 4500 年，气温和降水再度回升，只不过与距今 6000 年左右的暖湿情况已不可同日而语。在此背景下，文化经重组后再度繁荣，社会又前进了一步，进入龙山时代或铜石并用时代晚期。就连环境条件较差的岱海地区，也从文化"空白"迎来了文化发展的又一个高潮，出现了较为发达的老虎山文化的聚落群②；甚至连内蒙古半干旱草原区也有了老虎山文化遗存。菜园文化则从宁夏南部北扩至宁夏大部，甚至进入现在被腾格里沙漠覆盖的阿拉善左旗南部。客省庄二期文化则焕发活力并西向扩展，从而形成有一定地方特点的齐家文化（图四〇一）；而强盛的陶寺类型又远距离施加影响，尤其其玉器传统传播至菜园文化、齐家文化，甚至还可能与新疆连成一体而构成一条"玉石之路"。同时，起源于西亚的小麦在西北地区的种植，说明西方文化和经济方式进一步东向渗透，而其传播路线极可能仍是通过新疆。可见这时的新疆可能已经成为联系东西方文化的最重要的纽带。

到距今约 4300～4200 年，气候日渐恶劣，距今 4000 年左右还出现所谓"小冰期"。受其影响，龙山后期文化格局又发生动荡，北方文化有明显的南下趋势。气候十分敏感的岱海地区的反映最为剧烈。园子沟、老虎山等聚落仅仅繁荣了 200 年左右以后，就消失或极度衰落了③。其他地方虽没有岱海地区那样明显的"断档"现象，但其反响也不小。从这时候鬲类器物的大量南下，以及对晋南陶寺类型的巨大影响等来看，老虎山文化人口南迁的规模相当可观。其斝式鬲、细石器镞、卜骨等因素更向黄河中下游地区广泛流播，对整个龙山时代文化的发展也起到重要作用。与此同时，齐家文

①　严文明：《岱海考古的启示（代序）》，《岱海考古（一）——老虎山文化遗址发掘报告集》，科学出版社，2000 年。

②　田广金、史培军：《内蒙古中南部原始文化的环境考古研究》，《内蒙古中南部原始文化研究文集》，海洋出版社，1991 年，第 119～132 页；田广金、史培军：《中国北方长城地带环境考古学的初步研究》，《内蒙古文物考古》1997 年第 2 期，第 44～51 页。

③　方修琦、孙宁：《降温事件：4.3k 年岱海老虎山文化中断的可能原因》，《人文地理》第 13卷第 1 期，1998 年，第 72～76 页；韩建业：《距今 5000 年和 4000 年气候事件对中国北方地区文化的影响》，《环境考古研究》（第三辑），北京大学出版社，2006 年，第 159～163 页。

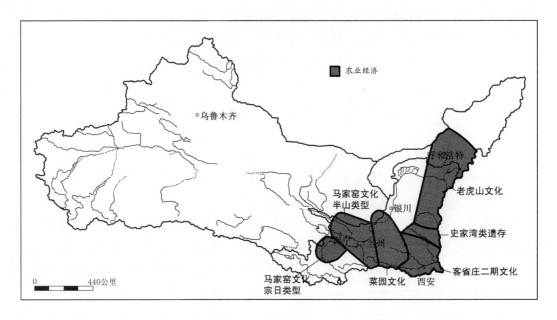

图四〇一　中国西北地区铜石并用时代晚期——龙山前期文化分布态势图

（公元前 2500～前 2200 年）

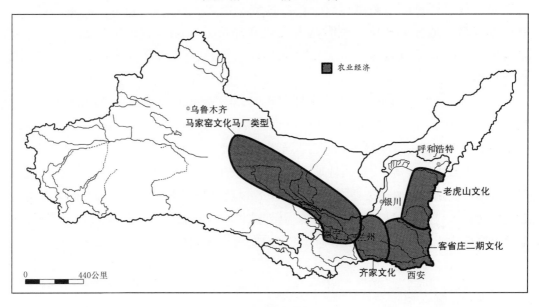

图四〇二　中国西北地区铜石并用时代晚期——龙山后期文化分布态势图

（公元前 2200～前 1900 年）

化向西推进至河西走廊东部，将马厂类型压缩至走廊西部，甚至有到达新疆东部哈密盆地的可能性（图四〇二）。

2. 文化对自然环境的适应

黄土高原乃至于整个西北地区的生态环境已不可能再像往日那样暖湿。岱海聚落群以至于整个黄土高原地区窑洞式建筑的流行，正是人类对森林持续萎缩等现象的被迫适应。西北地区曾经流行过半地穴式房屋，也有过木骨泥墙、夯土墙或石墙地面式建筑，但最终都为耗费木料最少、最具"天人合一"色彩的窑洞式房屋所替代。斝式鬲和鬲、甗属于比较节能的炊器，其三空足的容积和受热面积都比较大，可以明显提高加热效率。这些空三足器在黄土高原的盛行，客观上减少了对柴薪的使用量，同样可以视为对森林植被日益减少的适应。另外，这时甘青、关中地区已经出现小麦。小麦虽然对养分和水分条件的要求比粟黍高，但也并非仅依赖于灌溉，在西北地区一些稍湿润之处即能够生长。而且这样一来，还可以提高旱作农业的多样性，降低农业风险。此外，水热条件最好的泾渭河流域局部地方仍有水稻种植。

所谓北方模式的持续存在也主要出于环境的限制。因为在同样的生产力发展水平下，北方地区一定时间内的人均生产值要远远低于中原东方等地，这样就难以积累起很多的剩余财富。在这种较严酷的生存环境下，在一个有血缘关系的或友好的人群内部，就容易形成团结的氛围和相对平等的结构。当然即使在西北地区内部，各区域环境对经济和社会方式的不同影响仍然可以看得出来，处于农业边缘位置的马家窑文化、菜园文化、齐家文化的农业发达程度就次于关中地区，狩猎成分更浓厚，以羊为代表的畜牧业更加发达，器耳盛行和穿孔砺石等也显示其移动性更大。而同样属于半山类型，木质葬具就主要集中在黄河、湟水流域，这应该是这些地方森林资源较为丰富的缘故。

这时各文化遗址继续保持上移趋势，有的已经进入山梁顶部，在葫芦河流域、岱海地区都有清楚表现。这仍然主要是出于加强防御的需要，但也不排除是为避免洪水危害的可能。从老虎山聚落附近自然剖面和园子沟聚落文化层的分析可知，在距今4300年左右老虎山文化衰落之际，遗址区曾形成厚达50厘米的砾石层，表明曾经有过一场较大规模的洪、冲积过程。老虎山文化在岱海地区的突然中衰，也许与气候的湿干暖冷变化有关，也可能是由于山洪暴发：各聚落所在山坡陡峭，粉砂质黄土易淋溶，如果雨量突增，就极可能造成大幅度的水土流失，给人们赖以生存的土地和房屋造成严重破坏。至于气候的渐趋干冷，与短期的雨量突增，这二者之间并不矛盾。位于官亭盆地的青海民和喇家齐家文化聚落，就被认为是地震、大洪水等自然灾害所造成[①]。

---

① 夏正楷、杨晓燕、叶茂林：《青海喇家遗址史前灾难事件》，《科学通报》第48卷第11期，2003年，第1020～1024页。

而传说中的大禹治水，也正大致发生在龙山前后期之交①。

3．人类对自然环境的影响及其反馈

从窑洞式房屋和鬲甗炊器的流行、畜牧业的发展、狩猎经济成分的上升等来看，这时西北地区人类已经在相当程度上适应着越来越走下坡路的自然环境，从一定程度上对自然环境起到保护作用。但另一方面，这时人类的活动范围更加广阔、聚落分布密度也更大，对自然资源的需求总体上可能仍然在增长，对环境的负面影响还在继续。内蒙古伊金霍洛旗杨家湾古土壤剖面孢粉分析显示，距今4150年左右出现一次炭屑浓度峰值②。这可能除与自然火灾有联系外，更可能是老虎山文化晚期的人群垦殖开发的结果。当时的乔灌木覆盖度已经不高，但还要被作为建筑材料或薪炭而大量砍伐，这样就会出现雪上加霜的效应。

第五节　青铜时代

西北地区青铜时代的上限约在公元前1900年。下限各区并不一致，在黄土高原区为公元前800年左右，在西北内陆干旱区为公元前1300年左右。从整个西北地区着眼，我们将本节的讨论约略限制在公元前19～前14世纪。

1．环境变化对文化变迁的影响

距今4千纪之初，西北地区的文化局势发生了前所未有的重大变化，首先是广大的西北内陆干旱区出现多个青铜文化，其次是黄土高原区整合为两个文化，尤其是齐家文化的大范围东扩最引人注目。这些文化大多数为半农半牧经济或有较大畜牧业成分的农业经济，因此使得原始的狩猎采集经济文化区范围大为缩小，考古遗存急剧增多，西北地区进入一个新的文化发展阶段③。这时文化上的一系列变化实际上互有联系，共同构成声势浩大的文化变迁过程，其变化趋势是西早东晚，传播方向主要是从西到东。刀、泡、喇叭口耳环等青铜器，砷青铜，日晒砖，权杖，麦作农业，山羊和绵羊代表的畜牧业，甚至可能包括马和马车，都大致沿着从西到东的方向依次出现于新疆的安德罗诺沃文化、克尔木齐类遗存。至东疆后，由于黄河流域传统的彩陶文化

① 崔建新、刘尚哲：《4000a前中国洪水与文化的探讨》，《兰州大学学报》（自然科学版）第39卷第3期，2003年，第94～97页。

② 许清海、孔昭宸、陈旭东等：《鄂尔多斯东部4000余年来的环境与人地关系的初步探讨》，《第四纪研究》第22卷第2期，2002年，第105～112页。

③ 俞伟超先生曾指出，由原始锄耕农业向畜牧业经济形态的转变，是人类社会发展的一大进步。见俞伟超：《关于"卡约文化"和"唐汪文化"的新认识》，《先秦两汉考古学论集》，文物出版社，1985年，第193～210页。

和蒙古人种已经占据着哈密盆地，因此就大大减缓和阻止了欧洲人群继续东进的步伐，在当地留下了哈密天山北路文化。而西方文化因素则继续流播至河西走廊的四坝文化，再部分传播至齐家文化，并通过齐家文化的东向扩展影响到朱开沟文化和夏家店下层文化，有些因素甚至还一直渗透到中原地区，为二里头文化的形成和发展提供了重要契机（图四〇三）。

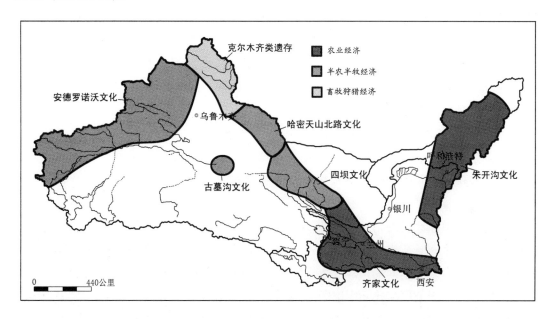

图四〇三　中国西北地区青铜时代（前期）文化分布态势图（公元前 1900～前 1500 年）

欧亚大陆文化大范围自西北向东南的移动趋势，与距今 4000 年左右欧亚大陆发生的"小冰期"事件应当存在关联[1]。这次"小冰期"对乌拉尔山南部地区影响至大，促使这里形成以马和马拉战车为代表的畜牧业经济，产生辛塔什塔—彼德罗夫斯卡文化。在同样的气候背景下，加上辛塔什塔—彼德罗夫斯卡文化的推动，西伯利亚、中亚地区普遍出现畜牧化趋势。当然在这些地区农业也都还一定程度的存在，实际多属于半农半牧的经济类型。为了追逐肥美的草场和耕地资源，这些操印度—伊朗语的半农半牧的人群大规模向南方和东南拓展[2]，并形成强有力的冲击波，将各种西方因素传播至

[1]　V. A. Demkin and T. S. Demkina, Paleoecological Crises and Optima in the Eurasian Steppes in Ancient Times and the Middle Ages, In *Complex Societies of Central Eurasia from the* 3*rd to the* 1*st Millennium BC*, edited by Karlene Jones-Bley and D. G. Zdanovich, Institute for the Study of Man, Washington D. C. 2002, pp.389 – 399.

[2]　E. E. Kuzmina, The First Migration Wave of Indo-Iranians to the South, In *The Journal of Indo-European Studies*, edited by James P. Mallory, Volume 29, Number 1, 2001.

沿途各处，并对欧亚大陆北方草原畜牧业经济带的兴起起到重要推动作用。

在这次"小冰期"之后不久的距今 3800～3700 年，气候又稍趋于暖湿。在此背景下，中原二里头文化形成并得到迅猛发展，进入晚期夏王朝所代表的成熟的国家阶段[①]。当二里头文化北扩至晋西南后，与三里桥类型结合而形成二里头文化东下冯类型[②]。而二里头文化因素则西向、北向传播至齐家文化和朱开沟文化。西方文化的东进潮流和二里头文化的外扩态势，使得西北地区（尤其是黄土高原区）同时接受东西两方面的文化因素，也同时受到来自两方面的压力。这为西北地区文化的变革提供了前所未有的重要契机。正在此时，朱开沟文化中期遗存也扩展至鄂尔多斯北部和岱海地区，甚至伸入到内蒙古半干旱草原区，还影响到阿拉善乃至于河西走廊地区，进入其蓬勃的发展时期。辛店文化也北扩至阿拉善地区。

距今 3500 年以后，西北地区气候干冷的趋势越来越明显。这时在新疆地区出现新塔拉类遗存，甘青地区分化出辛店文化、卡约文化、寺洼文化和诺木洪文化等，内蒙古中南部和陕北地区则为颇显衰落的晚期朱开沟文化。这些文化均以半农半牧经济为基础，文化发展水平有限，社会充其量只达到早期国家阶段。这不能不说是受自然环境制约所致。中原地区的情况却不是这样。这里虽然也存在气候渐趋干冷的趋势，但程度却要小得多，而适当的环境压力可能更有利于刺激其变革和发展。这时诞生的早商文化极具活力，迅速向周围强力扩张。二里岗下层时期已经扩展至水热条件较好的关中东部，二里岗上层文化更是扩张至关中大部，形成有一定地方特点的关中地区商文化。关中商文化拥有大型中心聚落，社会复杂化程度很高，显示出成熟国家阶段的风貌（图四〇四）。

2. 文化对自然环境的适应

距今 4000 年以后，西北地区一改传统的农业经济和狩猎经济二元对立的局面，畜牧业开始占据越来越重要的地位。这固然与西方文化的东渐有关，但更是适应当地自然环境变化的产物[③]。距今 4000 年实际是欧亚大陆气候的重要转折点，此后虽有暖湿波动，但大趋势却是越来越干旱，西北地区大部也由森林草原转变为草原环境。辽阔的草原越来越不适合发展农业，却变成了山羊、绵羊、牛、马等的乐园。当然，此时

---

① 多人已经注意到距今 4000 年左右气候事件对旧大陆古代文明的重要影响，见吴文祥、刘东生：《4000aB.P. 前后降温事件与中华文明的诞生》，《第四纪研究》第 21 卷第 5 期，2001 年，第 443～451 页；王巍：《公元前 2000 年前后我国大范围文化变化原因探讨》，《考古》2004 年第 1 期，第 67～77 页；王绍武：《2200～2000BC 的气候突变与古文明的衰落》，《自然科学进展》第 15 卷第 9 期，2005 年，第 1094～1099 页。

② 李伯谦：《东下冯类型的初步分析》，《中原文物》1981 年第 1 期，第 25～29 页。

③ 水涛：《甘青地区早期文明兴衰的人地关系》，《中国西北地区青铜时代》，科学出版社，2001 年，第 168～186 页。

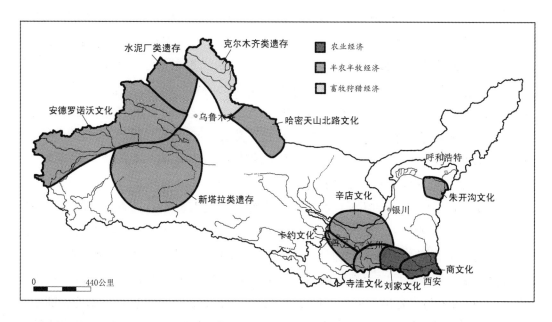

图四〇四　中国西北地区青铜时代（后期）文化分布态势图（公元前1500~前1300年）

的畜牧业还只是处于初级阶段，分布范围有限，在不同文化中所占比重也有差别。具体来说，北疆阿尔泰地区气候寒冷，难以发展农业，可能为畜牧狩猎经济。河西走廊和新疆大部依托绿洲草原，宜牧可农，就出现了不少半农半牧型文化，只是较温暖的地方以种植小麦和粟为主，青藏高原等寒冷地区则以大麦（青稞）为主。黄土高原区水热条件最好，所以仍为农业型文化，但各小区域也有较大差异：甘青、内蒙古中南部和陕北干旱化趋势较为明显，出现大面积草原，因此畜牧业比重显著增加，已经接近半农半牧的状态；只有关中地区仍适合发展农业，成为传统农业文化的坚强基地，但可能已经不再种植水稻，而麦作农业明显发展。特别值得注意的是，中期朱开沟文化曾一度拓展至整个内蒙古半干旱草原区，其范围和全新世最暖湿期的仰韶文化白泥窑子类型差不多。这并非由于距今4000年以后气候大幅度趋于暖湿，而可能与经济方式的一定程度的转变有较大关系。朱开沟文化虽总体上属于农业文化，但已经较多牧放羊牛，其畜牧业成分较仰韶文化和老虎山文化明显为多。这样近似于半农半牧的经济模式更能够适应干旱环境，从而更富有生命力。随着草原地带畜牧业成分的愈来愈多，纯粹的狩猎文化基本趋于消亡。从整个西北地区来说，宜农则农、宜牧则牧，就构成一种比较自然和谐的人地关系。

　　除了经济形态，文化对自然环境的适应还表现在聚落形态方面。首先，这时的聚落仍多位于河、湖边的台地或阶地上。尤其在西北内陆干旱区的绿洲，遗址附近必定有河流、湖泊或者水量丰沛的泉水。值得注意的是，遗址位置比前有降低的趋势，葫芦河流域寺洼文化遗址已经回落到河谷阶地[①]。这大概与气候干旱导致的水位降低有关。其次，黄土高原区仍流行窑洞式、半地穴式房屋，当以当地深层黄土的存在作为前提，尤其窑洞式房屋更能适应森林萎缩的现状。而土壤浅薄的西北内陆干旱区则多为石墙、土坯墙地面式建筑（有的地方甚至就是简陋的帐篷类），其墓葬也多见石围、石堆、石院、石室、石棺等，这显然与当地地表存在大量裸露石块有关。最有趣的是处于塔里木盆地边缘的小河墓地和古墓沟墓地，墓葬都挖在沙子里面，葬具和地表设施均用胡杨木，这当然是因为附近没有土石可用的缘故。

3. 人类对自然环境的影响及其反馈

在气候日趋干旱化的背景下，西北地区大部明显加大畜牧业比重，并基本上做到了宜农则农、宜牧则牧，这显然是一种比较自然和谐的人地关系，人类对自然环境的负面影响也必定有限。但就局地来说，人类对环境的破坏明显可以看得出来。例如，内蒙古伊金霍洛旗杨家湾古土壤剖面孢粉分析显示，距今 4000 年以后有两次炭屑浓度峰值[②]。这很可能与朱开沟文化人群过度的垦殖开发有关。当时气候趋于干冷，鄂尔多斯地区乔木可能已很稀少，仍被大量砍伐的结果，就可能会造成自然环境难以逆转的恶化。再如新疆的古墓沟和小河墓地，使用了大量胡杨木来建造墓地。胡杨木生长期长，大量砍伐后难以在短时间内得到自我修复，开了破坏罗布泊地区生态环境的先河。

第六节　早期铁器时代

西北地区各区域早期铁器时代的年代也不一致：在西北内陆干旱区大约开始于公元前 1300 年，结束于公元前 1 世纪的西汉时期；在黄土高原区晚至公元前 800 年左右的西周末期才开始，结束年代一般以公元前 221 年秦统一为准。从整个西北地区着眼，我们将本节的讨论约略限制在公元前 13 世纪至公元前 1 世纪。还可以分别以公元前 1100、前 800、前 500、前 300 年左右为界，将早期铁器时代分为五期。

1. 环境变化对文化变迁的影响

距今 3300 年以后，西北地区气候干冷化趋势加剧，至距今 3000 年左右达到一个新的低谷，此为 I 期（图四〇五）。这次气候事件对西北地区文化变迁的影响集中体现在两个方面。一是西北内陆干旱区早期铁器时代诸文化的兴起。虽然这些早期铁器时代文化总体是在当地青铜时代文化基础上发展而来，但也出现了诸多新的变化，除铁

---

① 李水城：《区域对比：环境与聚落的演进》，《考古与文物》2002 年第 6 期，第 33～38 页。
② 许清海、孔昭宸、陈旭东等：《鄂尔多斯东部 4000 余年来的环境与人地关系的初步探讨》，《第四纪研究》第 22 卷第 2 期，2002 年，第 105～112 页。

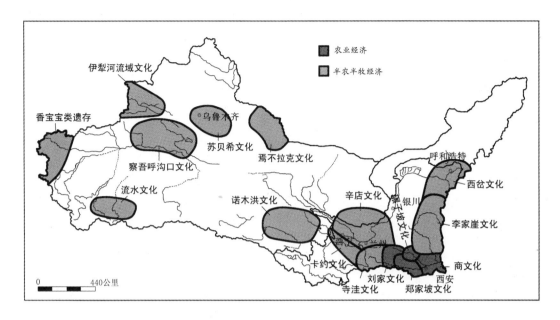

图四〇五　中国西北地区早期铁器时代（Ⅰ期）文化分布态势图（公元前 1300～前 1100 年）

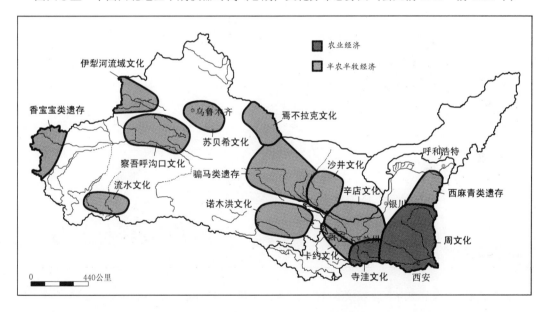

图四〇六　中国西北地区早期铁器时代（Ⅱ期）文化分布态势图（公元前 1100～前 800 年）

器外，普遍开始流行游牧色彩的因素，如殉马、殉驼习俗，皮鞭、马衔、马镳、节约等马具，动物纹金属牌饰等。由于马、马具和相关的马文化的起源中心在西西伯利亚草原，则此类因素在新疆等地的大量出现，自然主要可视为骑马民族自西北强烈影响的结果。而这一过程很可能与当时气候严寒引起的草原退化有关。二是西周王朝的建立。周人以农为本，而这次干冷气候事件对其农业生产肯定有较大影响，加上周围的畜牧民族也为严寒所迫而纷纷南下，就对周人造成极大压力。在这种背景下，周人对内调整应对策略，对外则强力东扩，并最终消灭商王朝。至西周晚期逐渐北扩至宁夏南部、陕北甚至鄂尔多斯一线，此为Ⅱ期（图四〇六）。

　　距今 2800 年左右的西周末年，干冷气候有所缓解，但大势依旧。而且经过较长时期的干冷过程，内蒙古、甘青大部地区都已经被半干旱草原所覆盖。这就为北亚蒙古人种的南下和北方长城沿线形成发达的游牧业文化——杨郎文化和桃红巴拉文化准备了条件，而甘青地区各半农半牧文化的畜牧成分也明显增加。为争夺资源，这些游牧或半农半牧文化和以农业为主的周文化频繁战争，西周王朝时常面临威胁，周人的控制范围也从宁夏南部和陕北一线退缩至关中地区。在公元前 771 年发生的一次冲突中，周人最终被赶出关中，从而开始了秦人占据关中的时代，此为Ⅲ期（图四〇七）。也正是在游牧民族（戎狄族）南下东进的背景下，马、马具、骑马技术，铜镳，尤其是铁器逐渐渗透传播到关中乃至于中原，就连三门峡地区也于西周末年出现铁器[①]。

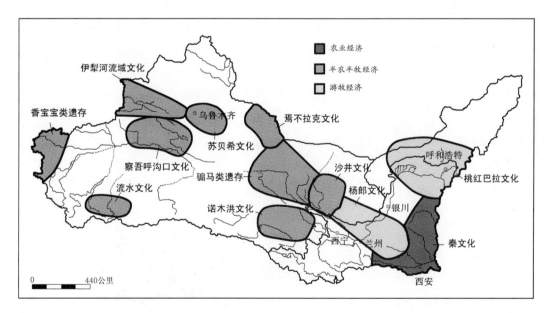

图四〇七　中国西北地区早期铁器时代（Ⅲ期）文化分布态势图（公元前 800～前 500 年）

　　距今 2500 年左右进入战国时期以后，气候稍趋暖湿，气候带略向北推移，这就为人群的北向移动提供了可能。战国中期就已经在陕北窟野河一带出现典型秦墓，说明

---

① 以虢国墓地 M2001 出土的铜柄铁剑为代表，见河南省文物研究所、三门峡市文物工作队：《三门峡上村岭虢国墓地 M2001 发掘简报》，《华夏考古》1992 年第 3 期，第 104～113 页。

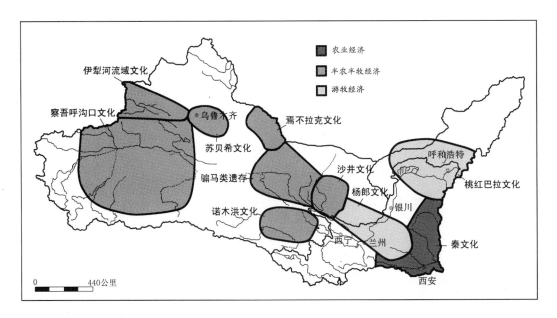

图四〇八　中国西北地区早期铁器时代（Ⅳ期）文化分布态势图（公元前500～前300年）

农业人群可能已经扩展至此，此为Ⅳ期（图四〇八）。至战国晚期即Ⅴ期，燕、赵、秦诸国均向北拓土垦田，强力打击北方游牧民族。由于东部靠近海洋，季风气候向暖湿方向的转变也总是东部早于西部，因此农业民族对游牧民族的胜利也是先东后西，就连长城的修筑年代也遵从自东而西的次序。而被挡在长城之外的游牧民族则形成由东向西移动的趋势，并大大加强了东西向的联合，同时融入北亚人群而逐渐形成匈奴民族。与此同时，在自然环境改善背景下强大起来的秦国则加紧了攻伐关东的行动，并最终于公元前221年统一六国，建立了秦帝国。14年以后，它又被更具生命力的西汉帝国所取代。长城沿线的匈奴人群也迅猛发展，在汉文明影响之下而建立了匈奴帝国。西汉时期气候仍较适宜，强大的汉匈文明加快了向西拓展的步伐（图四〇九）。公元前2至公元1世纪，以张骞出使西域为先导，西汉对新疆诸小国达到一定程度的控制，丝绸之路终于得以贯通。

2．文化对自然环境的适应

距今3000年左右的气候干冷事件，造成气候带大范围南移。面对这次新的考验，西北地区各文化进一步调整经济方式，普遍提高游牧化程度，较好地适应了自然环境的变化。以骑马放牧为特征的游牧业的普遍出现，虽然与来自西伯利亚的影响有关，但也的确扩大了当地对牧群的控制范围，极大地提高了放牧效率，一定程度上克服了草场载畜量减少而带来的困难。当然，随着各地自然环境的差异，经济方式还存在多种细微的差别。北疆气候更为寒冷，地域开阔，草场面积大，因此就发展出较为纯粹

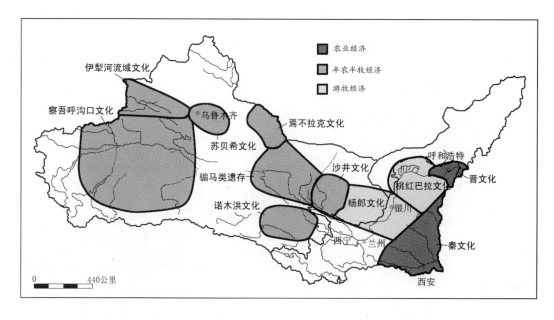

图四〇九　中国西北地区早期铁器时代（Ⅴ期）文化分布态势图（公元前300～前100年）

的游牧业。同样较为寒冷而地势开阔的内蒙古中南部和陕北地区，先是由农业型文化转变为半农半牧的李家崖文化和西岔文化，后又进一步演变为游牧经济的桃红巴拉文化。与其密切相关的还有宁夏地区从事游牧经济的杨郎文化。天山、南疆和甘青地区气候稍温暖，为沙漠戈壁和河流山峰限制而地域狭窄，草场多呈条块状，不适宜进行大规模的游牧，却能够在河湖边的绿洲、山坡、台地从事农作物种植作为补充，也就形成兼有农业的畜牧—游牧文化。即使是后一文化区，由于自然地理位置的不同，也会形成一些局地性的特点。例如，甘青地区很少发现马具，少见骑马牧羊的现象[①]，可见骑马文化到达东疆后其东进趋势受到严重阻滞。焉不拉克文化与欧亚草原，尤其是中国北方草原地带的联系要少得多，显然与哈密盆地相对封闭的地理特点有关；而且哈密盆地通过河西走廊只能与甘青文化发生交流，难以与鄂尔多斯地区直接联系。又如吐鲁番盆地—中部天山北麓区面向阿勒泰地区和开阔的准噶尔盆地，较容易与欧亚草原的游牧民族发生交流，所以苏贝希文化中就有更多来自欧亚草原的游牧特色的因素。但不管怎样，建立在游牧经济和半农半牧经济基础上的这些社会终究发展水平有限，并最多只达到前国家或早期国家的阶段。

　　水热条件最好的关中地区，这时虽仍以农业经济为主，但发展农业的压力明显增

_____

①　水涛：《20世纪中国西部与中亚史前考古学的主要进展》，《中国西北地区青铜时代》，科学出版社，2001年，第187～192页。

大。东方特点浓厚的崇尚奢华的商文化于此时逐渐退出关中，或许就与其不能很好地适应气候变化有关。而根植于西北地区的周文化虽继承了商文明的精华，却弃人殉、重生民，简朴实际，与以前的"北方模式"有诸多联系，更能够适应较为严酷的自然环境。秦人虽源于东方，也有人殉等习俗，但其发展壮大的基础却是周文化。秦文化不但有周文化简朴实际的优点，而且由于使用铁农具而明显提高了农业生产效率，由于与游牧民族频繁交流而拥有更多对待游牧民族的斗争经验，所以才能够继周人之后在关中牢固地站稳脚跟，并最后完成统一中国的大业。

虽然环境演变的总体趋势一致，但西北内陆干旱区气候的敏感程度却远不及黄土高原和内蒙古半干旱草原区，气候变化对文化的制约也就远不及后两个区域。在距今3000 年左右气候干冷化背景下，以哈密地区的焉不拉克文化为先导，新疆地区还能够形成"高颈壶文化系统"由东向西的影响潮流，不能不说与其特殊的自然环境有关。

这时的聚落仍多位于河、湖边的台地或阶地上，遗址位置继续降低。从房屋形式和建筑材料来看，黄土高原南部区仍流行窑洞式、半地穴式、地面式房屋，尤其关中的周原、丰镐、雍城、栎阳、咸阳等地则营建有大规模的宫殿和陵墓，这自然以秦岭存在良好的森林资源为前提。文献记载，秦修建咸阳城和始皇陵，还曾大量远距离征用蜀地的木料。而西北内陆干旱区在聚落和墓葬中仍流行使用石头和土坯材料，辅助以胡杨、红柳、芨芨草、麦草等。

3. 人类对自然环境的影响及其反馈

在商末周初的气候干冷期，西北地区普遍调整经济方式，提高农业和游牧业效率，较好地应对了来自自然环境的挑战，人地关系总体上仍较为协调。不过也有证据表明周人在开发关中时，对自然环境造成了一定程度的破坏。这时泾河上游土壤顶部发生较大变化，土层质地疏松，时见灰烬、黑斑膜和木炭屑及褐黑色烧土块，且土壤的各项理化指标均有较明显的突变，这属非正常自然变化，而是人类活动对土壤发育影响的结果[①]。对陕西彬县和长武县之间的碾子坡遗址区进行采样分析，也发现当时木炭屑浓度大幅度增加[②]。

从战国时期，尤其是战国晚期开始，随着铁农具逐渐普及带来的农垦能力的极大提高，情况就发生了明显变化。这时秦、赵诸国北逐戎狄、拓边垦田，内蒙古中南部逐渐变为农田。据研究，内蒙古毛乌素沙地在距今 2700～2400 年间，作为荒漠植被中主要组成的藜科植物增加，全碳量减少，但炭屑含量却略有增加，表明在气候渐趋干

---

① 周群英、黄春长、庞奖励：《泾河上游黄土高原全新世成壤环境演变与人类活动影响》，《干旱区地理》第 27 卷第 2 期，2004 年，第 142～147 页。

② 赵文宇、庞奖励、黄春长：《泾河中游 ETC 全新世剖面木炭屑记录的环境信息解译》，《宝鸡文理学院学报》（自然科学版）第 25 卷第 3 期，2005 年，第 224～227 页。

旱的过程中，人类活动反而有所加剧[①]。战国时期干旱大局已不可逆转，游牧业仍然应当是适合当地的最佳经济方式。而在这些地方大面积的垦殖，就会对生态环境造成严重破坏。

汉代以后拓边垦田的规模更大。不但内蒙古中南部，就连内蒙古半干旱草原区也进入农垦范围。太仆寺剖面距今 2170 年前后的地层中就存在小麦植硅体，推测此时浑善达克沙地附近已经出现农业[②]。到汉末干冷期到来时，内蒙古中南部一带沙漠扩大、植被凋敝，很难再发展农业，社会于是就进入"五胡乱华"的两晋南北朝时期。同样，当西汉初步控制河西、新疆之后，也致力于在绿洲屯田，致使当地生态环境开始遭到持续性破坏。

---

① 刘东生主编：《西北地区水资源配置生态环境建设和可持续发展战略研究》（自然历史卷），科学出版社，2004 年，第 212 页。

② 黄翡、K.Lisa、熊尚发等：《内蒙古中东部全新世草原植被、环境及人类活动》，《中国科学 D 辑·地球科学》第 34 卷第 11 期，2004 年，第 1029～1040 页。

第七章 结 语

中国的西北地区大山、丘陵、盆地高下相间，森林、草原、戈壁、沙漠左右纵横，自然环境复杂多样，可以大体分为黄土高原区、西北内陆干旱区和内蒙古半干旱草原区这三个自然区域。在全新世上万年的时间内，气候曾多有波动，基本经历了早全新世升温期、中全新世适宜期和晚全新世降温干旱期这样的演变过程，总体上显示出明显的大陆性、干旱化和脆弱性的气候特点。在这片辽阔而略显苦涩的土地上，自几十万年的旧石器时代早期以来就不断有人繁衍生息，但直至距今约 8000 年出现农业以后，才进入人类文化蓬勃发展的新时期，并和旧大陆多数地区一样，经历了新石器时代、青铜时代和早期铁器时代这样几个大的阶段。如果从总体文化局势来看，当以新石器时代和青铜时代之间的变化最为巨大，并以距今 4000 年左右为界可将西北地区先秦文化分为前后两个大的时期。在前一个时期，农业文化主要局限在黄土高原区，有时波及内蒙古半干旱草原区。广大的西北内陆干旱区，尤其是新疆地区，基本长期依赖于细石器所代表的狩猎采集经济，这实际上可以视为旧石器时代以来古老传统的绵长延续。只是到该时期的末叶，才有农业文化从东西两端进入这个神秘广大的区域，但也并未掀起多大的波澜。这时期社会较为稳定、互动范围小、文化内涵较为单纯。在后一个时期，不但黄土高原区出现农业文化、半农半牧文化和游牧业文化，而且西北内陆干旱区也普遍出现半农半牧文化和游牧业文化。这使得西北地区人类文化无论是在广度还是深度方面都达到前所未有的程度，社会冲突不断、互动范围显著扩大、文化内涵颇为复杂。单从经济方式来说，西北地区大概经历了距今 8000 年前的狩猎采集经济、距今 8000~4000 年新石器时代的农耕畜牧经济、距今 4000~3000 年青铜时代的农业—畜牧混合经济、距今 3000~2000 年早期铁器时代的农业和游牧业并存经济。这与科林·伦福儒提出的欧亚草原经济类型的四个发展阶段基本吻合①。只是西北地区的第四阶段在关中还存在发达农业，不能将这一阶段概括为"铁器时代发达的游

① Colin Renfrew, Pastoralism and Interaction: Some Introductory Questions, In *Ancient Interactions: East and West in Eurasia* ed. Katie Boyle, Colin Renfrew and Marsha Levine McDonald Institute Monographs Cambridge 2002；杨建华：《欧亚草原经济类型的发展阶段及其与中国长城地带的比较——读〈欧亚草原东西方的古代交往〉》，《考古》2004 年第 11 期，第 84~90 页。

牧经济"。

纵观西北地区先秦时期的自然环境和文化发展，会看到以下几项显著特征：

（1）当气候向干冷或暖湿趋势发展时，植被带随之向南或向北移动，多数情况下会带动不同经济方式的人群南北移动。由于东亚季风呈西北—东南走向，因此也以西北—东南向的植被带和文化带移动最为明显。

距今 8000 年以后气候转暖，中原文化西北向进入渭河流域，黄土高原区就有了最早的农业文化——白家文化；距今 6500～6000 年的暖湿气候，使仰韶文化得以占据黄土高原大部，并扩展至内蒙古半干旱草原区；距今 5500 年开始的湿冷趋势，则中止了仰韶文化的进一步北扩，并使得东北地区文化西南向移动；距今 5000 年的寒冷低谷期，整个内蒙古半干旱草原区以及岱海、黄旗海地区都进入农业文化的"空白"或极度衰弱期，并有东部文化西移现象；距今 4500 年左右的稍趋暖湿，使得内蒙古半干旱草原区南缘和岱海地区又充满了农业文化的生机；距今 4300～4000 年的明显干冷，再次中断了内蒙古半干旱草原区和岱海地区发展农业的步伐，同时可能为西方半农半牧文化从西伯利亚、中亚向新疆、甘青、内蒙古中南部和中原地区的东南向移动和影响提供了契机；距今 3800～3700 年的稍趋暖湿，使得中原的二里头文化蓬勃发展并向西北地区施加较大影响，而朱开沟文化也于此时扩展至鄂尔多斯北部和岱海地区，甚至还伸入到内蒙古半干旱草原区；距今 3000 年前后的明显干冷，使得发源于西伯利亚的游牧文化大范围东南向扩展；距今 2500 年以后气候再度趋于暖湿，就为战国秦、赵、燕诸国和秦汉皇朝的北拓提供了条件。这样，对于一般包含较多陶器的农业文化来说，实际上就在长城沿线形成一条南北有所伸缩的农业和陶器的北界线[①]。

（2）人群的南北移动常常伴随着战争和冲突，尤以农业人群和非农业人群间的冲突最为剧烈，同时彼此间文化和血缘上的交流也更加频繁。

距今 5500 年东北地区文化西南向移动，引起仰韶文化海生不浪类型文化因素的多元化、北亚人种成分的出现、对聚落防御性的重视等，而羊和西方文化因素也可能已少量进入甘青。距今 5000 年北方狩猎采集民族大规模南下，仰韶文化阿善三期类型人群纷纷修筑"石城"以自保，从而在长城沿线形成一条可视为长城"原型"的石城带[②]。距今 4500 年农业文化挺进岱海地区，和狩猎采集民族的矛盾应当仍然继续，石城带也就延伸到此；而麦作农业可能已经在甘青（或者新疆）扎根。距今 4000 年以后农牧混合文化和游牧文化相继兴起，和农业民族的矛盾更加尖锐起来。无论是商王朝

---

① 韩建业：《先秦时期长城沿线陶器遗存的北界线及相关问题》，《中国历史文物》2004 年第 2 期，第 72～82 页。

② 韩建业：《试论作为长城"原型"的北方早期石城带》，《华夏考古》2008 年第 1 期，第 48～ 53 页。

和舌方、土方、鬼方、羌方，还是西周王朝及其秦、赵、燕诸国与戎、狄、胡之间发生的冲突，都与这一背景相关。尤其战国晚期随着农业文化的北进，二者间的矛盾白热化，秦、赵、燕长城的出现就是明证。由于北方人群不断南下，就使得黄土高原区和河西走廊以东原本东亚人种占据绝对优势的情况逐渐发生变化[①]，北亚人种成分越来越多，有的墓地甚至以北亚人种为主，为匈奴民族的形成奠定了基础。同时，欧洲人群基本占据新疆地区，西方文化也一步一步向东渗透，在很大程度上改变了西北地区文化的内容和发展方向。

（3）自然环境及其变化往往直接制约着西北地区的经济方式和经济水平，进一步影响到社会发展水平和阶段性变化，长期以后还形成了适合当地环境的社会发展模式——北方模式。

西北地区长期沿袭传统的狩猎采集方式，其农业的出现比长江黄河中下游地区晚至少一两千年，这自然与其自然环境总体较为干冷有关。距今 8000 年转暖以后首先出现农业的地方也仅限于水热条件良好的渭河流域。距今 7000 年后逐渐进入全新世气候最适宜期，黄土高原区甚至内蒙古半干旱草原区自然环境显著改善，才为仰韶文化的大范围传播和较快发展提供了可能性，不过以种植粟黍类为主的广种薄收的旱作方式，使得其发展水平终究略低于中原。西北地区仰韶文化又以关中最为繁荣发达，周边水热较差的地区狩猎成分明显较关中大。距今 5500 年以后的气候转型对西北地区影响很大，发展农业遭遇困难，狩猎经济成分普遍加大，甘青地区畜牧业有长足发展。在内部矛盾显著增加的情况下，加上北方狩猎民族南下的压力，使得西北地区仰韶文化的社会出现动荡、分化和变革，战争越来越频繁、父系家族地位凸现、聚落群普遍出现，表明社会逐渐进入一个新的发展阶段，这和中国其他地区向文明社会迈进的步伐基本一致。但西北地区贫富分化、社会地位的差异和社会分工均十分有限，而且窑洞式建筑、石墙房屋等明显具有顺应自然的特点，从而形成社会发展的"北方模式"。这种发展模式从表面上看比较迟缓、落后，但却与较严酷的自然环境相适应，可以在很大程度上避免资源的过度浪费，而能量的有效蓄积也显然更有利于长期的发展。距今 4000 年以后，西北地区发展农业的条件进一步恶化，大部地区出现半农半牧的混合经济，距今 3000 年左右还出现游牧业。建立在这些经济基础上的社会发展水平有限，至多进入前国家或者早期国家阶段，北方模式的特点还有很多延续。只有以农为本的关中地区有得天独厚的优势，因此成就了辉煌的周秦文明，并最终缔造了煊赫的秦帝国。

（4）在极端气候期，不同的应对策略会带来明显不同的结果。

---

① 朱泓称之为"古西北类型"，见朱泓：《中国西北地区的古代种族》，《考古与文物》2006 年第 5 期，第 60~65 页。

距今 5000 年和距今 4000 年左右气候干冷显著，或者可称之为"极端气候事件"。在前一次极端气候期，甘青地区马家窑文化中出现了以牧羊为特征的畜牧业，一定程度上缓解了恶劣气候带来的负面影响。而仰韶文化的经济方式并未发生明显变化，只是狩猎成分略有增加，没有能够很好地应对气候变化。因此，马家窑文化在这时还西北向挺进到共和盆地和河西走廊，而仰韶文化则从内蒙古半干旱草原区，从岱海、黄旗海地区全面退出。当然这也与东、西部气候的敏感程度不同有关。在后一次极端气候期，西北地区大部都调整为灵活的半农半牧经济，从而使其适应能力大为增强。不但朱开沟文化能够重新进入岱海和半干旱草原区，而且连广大的新疆地区都被半农半牧的人群所占据。换句话说，这次气候事件不但未造成农业文化区的缩小，反而使得调整后的半农半牧文化大规模扩展。可见，在极端气候期，适时适地调整经济方式至关重要[①]。

（5）农业文化的西—西北向持续拓展与西北内陆干旱区特殊的自然环境有关。

距今 4000、3000 年西方文化的东南向扩展和影响，正好与两次气候干冷事件对应，可视为人类适应自然环境变化的结果。而东方农业文化的西—西北向拓展则与之明显不同。从距今 6000 年以后仰韶文化挺进青海东部和宁夏南部开始，这个过程就几乎在持续进行，在气候干冷期也不例外：距今 5000 年马家窑文化到达共和盆地和河西走廊东中部，距今 4200 年马家窑文化到达河西走廊西部甚至新疆东部，距今 3300 年以后源于甘青的"高颈壶文化系统"占据新疆大部并西进到伊犁河下游，还对费尔干纳盆地产生较大影响。这样一个长时期的顽强的西拓过程，似乎有些逆潮流而动的意味，实际上与西北内陆干旱区特殊的自然环境有关：该区域气候变化不如东部季风气候区敏感，且多以雪水绿洲为生存基础，气候事件对自然环境的影响较小，给东亚人类的能动开发过程留下了更多余地。

以上人地关系特点不但适合于西北地区，而且对整个欧亚草原也有一定意义。在此基础上再来观察整个欧亚大陆的文化发展，将会是一件十分有趣的事情。严文明先生曾说，如果我们着眼于陶器和农业的起源和发展道路，"可以在恒河流域和印度河流域之间清楚地划出一条分界线"[②]：此界线以西作为生活用品主体的陶器虽出现较晚，

① 韩建业：《距今 5000 年和 4000 年气候事件对中国北方地区文化的影响》，《环境考古研究》（第三辑），北京大学出版社，2006 年，第 159～163 页。

② 严文明：《长江文明的曙光——与梅原猛对谈录》，《长江文明的曙光》，湖北教育出版社，2004 年，第 104 页。

但却是小麦、大麦、山羊、绵羊、马（马具）等农作物和家畜的起源地，以及马车[1]、铁器甚至青铜器（主要作为武器和工具）的主要源头，人群主体则是外向的欧洲人种；此界线以东陶器出现很早，是稻、粟、猪等农作物和家畜的主要起源地，盛行作为礼器的青铜器、玉器等，人群主体则是内向的蒙古人种。将此界线向东北机械延长，正好贯穿新疆中部，可见新疆在地理和文化方面具有天然的过渡性特点[2]。东西方文化的交流当然不止于新疆，而是通过新疆这个纽带向两端极力延伸。大约从公元前第3千纪开始，西方的麦、羊甚至青铜冶炼技术就可能已传至甘青东部地区[3]，东方的粟、彩陶可能已到达东疆。进入公元前第2千纪初期，西方以马、马车和刀、牌、泡、镜等铜器为代表的有浓厚畜牧特色的文化因素通过新疆向东流播[4]，对河西走廊四坝文化的产生，对稍后辛店文化、卡约文化甚至朱开沟文化等半农半牧特点的形成，甚至对二里头文化所代表的中原青铜文明的兴起，可能都起到直接或间接的作用；反之东方以彩陶为代表的因素也继续西移。公元前第2千纪末期以后，西方以马具（骑马）和铁器为代表的游牧文化因素渗透至鄂尔多斯甚至内蒙古东部地区[5]，东方的彩陶传统则西进至中亚伊犁河下游。尽管偏早时期西方的影响更大，但偏晚时期东方的势力却更强；尽管东西方文化间的交流伴有碰撞和战争，但总趋势则是融合与和平；总体绝非"西

---

[1] Littauer and Crouwel, The Origin and Diffusion of the Cross - bar Wheel, *Antiquity* 51, 1977；王巍：《商代马车渊源蠡测》，《中国商文化国际学术讨论会论文集》，中国大百科全书出版社，1998年，第380~388页。

[2] Jeannine Davis - Kimball, Tribal Interaction between the Early Iron Age Nomads of the Southern Ural Steppes, Semirechiye, and Xinjiang, In Victor H. Mair（ed.）. *The Bronze Age and Early Iron Age Peoples of Eastern Central Asia*. *The Journal of Indo - European Studies*, Monograph No. 26, Washington：Institute for the Study of Man, 1998, pp.238 - 263.

[3] 李水城：《从考古发现看公元前二千年东西文化的碰撞和交流》，《新疆文物》1999年第1期，第53~65页；李水城、莫多闻：《东灰山遗址炭化小麦年代考》，《考古与文物》2004年第6期，第51~60页。

[4] 安志敏：《试论中国的早期铜器》，《考古》1993年第12期，第1110~1119页；Louisa G. Fitsgerald - Huber（1995），Qijia and Erlitou: The Question of Contacts with Distant Cultures, *Early China*, 20；孙淑云：《甘肃早期铜器的发现与冶炼、制造技术的研究》，《文物》1997年第7期，第75~84页；梅建军等著、鲁礼鹏译：《新疆早期铜器和青铜器的冶金学研究》，《新疆文物》1999年第3、4期，第151~165页；梅建军、高滨秀：《塞伊玛—图比诺现象和中国西北地区的早期青铜文化》，《新疆文物》2003年第1期，第47~57页；刘学堂：《中国早期铜镜起源研究——中国早期铜镜源于西域说》，《新疆文物》1998年第3期，第55~72页。

[5] 安志敏：《塔里木盆地及其周围的青铜文化遗存》，《考古》1996年第12期，第76页；水涛：《论新疆地区发现的早期骑马民族文化遗存》，《中国西北地区青铜时代》，科学出版社，2001年，第86~98页。

风压倒东风"或"东风压倒西风"的状况。以前所谓"中国文化西来说"、"彩陶文化西来说"固然充满偏见和错误①，现在也不存在提出"中亚文化东来说"或"中亚彩陶东来说"的必要。这条早就存在的东西文化通道，或许可称之为"彩陶之路"，或"铜铁之路"，或"羊马之路"，或"小麦之路"，或"玉石之路"，无论叫什么，都应当是汉代以后丝绸之路的前身，或者裴文中所说史前时期的"丝绸之路"②，而且曾对东西方文明的发展产生过更为深远的影响③。同时我们看到，东方文化的西拓以西北地区为出发点，而西方文明对东亚文明的影响也是间接通过西北地区才起作用。西北地区是东西方文明的交汇和缓冲区，是农牧文明的碰撞和融合带，在欧亚古代文明的发展中占有十分重要的历史地位。

　　总之，先秦时期大部分时间内西北地区生产力发展水平有限，自然环境及其变化对文化发展有明显的制约；反过来，多样性的人类文化多数时候都能够有效适应环境特点及其变化，在极端气候期有时还能够做出积极有效的应对，对自然环境的负面影响有限。表面上似乎人类只是在被动适应自然，但实质上却也是不断实践、主动选择的过程。这种比较和谐的人地关系，成为西北地区数千年文化持续发展的基础机制。从战国晚期开始，生产力水平明显提高，就有能力不去适应而是"改造"自然环境，实际上就明显加大了对自然环境的破坏程度。秦汉帝国时期击匈奴、通西域，做出了许多变绿洲草原为农田的壮举，却以对西北地区自然环境的不可逆破坏为代价。其后虽然有魏晋南北朝和宋元时期的短暂缓歇，但也有唐代和清代以来的大规模的多半是不当的开发，严重地加剧了西北地区土壤沙漠化、气候干旱化的程度。我们只有从西北地区自然环境的实际特点出发，贯彻人与自然和谐共存的原则，转变经济增长方式，调整产业结构，合理安排生态环境建设，适当保护文化的多样性，才有可能在"西部大开发"的过程中，实现西北地区环境资源可持续利用、社会经济可持续发展的战略目标④。

---

① 参见裴文中：《新疆之史前考古》，《中央亚细亚》第 1 卷第 1 期，第 34～39 页，1942 年；严文明：《甘肃彩陶的源流》，《文物》1978 年第 10 期，第 62～76 页；邵望平、莫润先：《评瓦西里耶夫〈中国文明的起源〉》，《考古》1989 年第 12 期，第 1132～1140 页。

② 裴文中：《中国西北甘肃走廊和青海地区的考古调查》，《裴文中史前考古学论文集》，文物出版社，1987 年，第 256～273 页。

③ 李水城：《文化馈赠与文明的成长》，《庆祝张忠培先生七十岁论文集》，科学出版社，2004 年，第 8～20 页。

④ 钱正英主编：《西北地区水资源配置生态环境建设和可持续发展战略研究》（综合卷），科学出版社，2004 年，第 51 页。

后　记

本书是在同名的国家社会科学基金资助项目结题成果的基础上修改而成。本项目研究还得到教育部新世纪优秀人才支持计划和北京市属市管高校人才强教计划资助。

2007年12月，这个项目被批准结项且结题成果被鉴定为优秀。国家社科办发布的成果验收情况报告中提到，这项成果是"迄今为止有关先秦时期我国西北地区自然环境和文化发展最全面、最深入的综合性研究著作"。尽管如此，从专家匿名反馈意见看，还存在不少问题：如对各区论述不够平衡，尤其对内蒙古半干旱草原区的"细石器遗存"关注不够；研究方法上定性分析多，定量分析少，中间论证环节欠缺；没有充分利用《中国文物地图集》等区域调查资料；对考古年代数据和地质年代数据间的差异关注不够；把春秋战国时期长城沿线的文化划分为杨郎文化和桃红巴拉文化，或统归为游牧文化，都不很合适；对北亚蒙古人种南下的环境背景重视不够等。

这些意见基本都切中肯綮，因此成为我修改成书时的重要参考。但毋庸讳言，不少问题不是我个人短时间内所能解决，只好将其如实列出。希望本书的这些不足之处，能够成为进一步研究相关课题的出发点。

有人说，考古学永远是一门充满遗憾的学问。它所面对的实物遗存是那样的局部片面、残缺不全，考古发现又很具偶然性和不平衡性，而考古学的研究目的却偏偏是"复原"历史，这谈何容易。以我有限的学识和精力，选择这样一个宏大的题目：时间上跨越新石器时代、青铜时代和早期铁器时代，空间上囊括中国领土面积的三分之一还多，并要兼顾考古学和地学两大学科——怎能不留下种种遗憾！何况按照课题需要，观察角度还当扩大到整个欧亚大陆才好。而我对国外考古和地学资料的生疏，又为这项研究增添了更多遗憾。

但也收获良多。环境方面，梳理地学界关于西北地区全新世环境演变的各项局地研究，而终能发现其大致节奏。文化方面，不但建立了大的时空框架，而且在一些细节方面也有新的认识，如白家文化来源于裴李岗文化、零口二期类遗存属于初期仰韶文化、半山类型的形成与东部文化的西迁有关、晚期齐家文化的东渐影响到二里头青铜文明的兴起、"唐汪式"陶器其实源自苏贝希文化等。人地关系方面，则总结出五项特征。此外还提出"北方模式"、"陶器北界线"等概念。这些观点有的以前我已经发表，有的早有思路而借做该项目融会贯通，更多的则是做项目以来的新收获。它们虽然都以众多微观分析为基础，但更得益于宏观观察。

两千多年前，司马迁慨叹小国僻远之秦竟终能一统天下，实在是"天所助焉"，又进一步说"夫作事者必于东南，收功实者常于西北"（《史记·六国年表》）。除了对客观事实的归纳和宿命式的感伤，他终究没有找到背后的原因。其实现在看来，司马迁所说的"天"不就是自然界吗？而西北人群常能东南向发展并最终成功的原因，也正是环境变迁所带来的动力。

有幸参加中国工程院重大咨询项目"西北地区水资源配置、生态环境建设和可持续发展战略研究"，成为我申报这个项目的直接原因。正如严文明先生在书序中所说，刘东生先生是由于想宏观上了解全新世以来西北地区的文化发展与自然环境演变的关系，才邀请严先生参加研究，严先生则把这个难得的机会交给了我和陈洪海学兄。期间参加过几次刘东生先生主持的会议，每次都能从他们那儿学到很多东西，也感受到他们关注现实、关注西部大开发的迫切心情。最后我们虽然完成了《黄土高原新石器时代—青铜时代环境变迁的考古学观察》专题的研究，但限于时间，梳理得并不透彻，而且也仅局限于西北地区的一个区域。我感到西北地区文化发展与自然环境的关系这个题目意义重大，有继续深入研究的必要。正好 2004 年的国家社会科学基金项目指南中有"中国西部地区的自然环境和文化发展"这样的内容，于是我进行申报并获得批准。当年 8 月份，我就到我最为陌生的新疆进行调查，其后两年还到西北其他各省区调查。由于范围太大，调查并不求深入，但借此达到熟悉已发表考古资料的目的即可。在此基础上以已经发表的考古和地学资料为基础展开研究，于 2007 年 6 月完成结题报告。

现在书要出版了，我要对我的恩师、北京大学考古文博学院的严文明先生表示深深的感谢！先生一直是我学术道路上的引路人，这次的项目申报与他让我参加中国工程院课题直接相关，项目进行过程中又多蒙教导和鼓励。先生还为本书写了序，对我的关爱之情溢于言表。

内蒙古自治区文物考古研究所的田广金老师对我研究北方考古，以及探究北方文化和自然环境的关系，给予了很多指导和帮助。可他没有看到这个项目的完成，就于 2006 年年底辞世。我将永远感激田老师对我的指导之恩。

感谢北京大学考古文博学院的李伯谦先生和张江凯、李水城、赵化成老师，故宫博物院的张忠培先生，中国社会科学院考古研究所的陈戈、王仁湘老师，内蒙古自治区文物考古研究所的郭素新老师，吉林大学考古系的林沄先生、杨建华老师，南京大学历史系的水涛老师。陈戈老师多次面对面的指导，引我踏上新疆考古之路。张江凯老师多年来一直关心和和鼓励我。其他诸位先生和老师关于北方考古的种种新颖而深刻的论点，都深深影响着我。

感谢中国科学院地质与地球物理研究所的刘东生和周昆叔先生，北京大学环境科学与工程学院的宋豫秦老师、城市与环境学院的唐晓峰和莫多闻老师。1992年发掘河南驻马店杨庄遗址的时候，宋豫秦和莫多闻老师带我调查遗址周围环境，使我首次体验到环境考古的魅力。周昆叔先生近年对我的环境考古研究多所指导，去年年底大雪期间还亲自带我到河南邙山考察全新世黄土剖面，并为本书提出了修改意见。

感谢调查参观时为我提供方便的西北各地的师友同仁，尤其感谢新疆文物考古研究所的于志勇、张玉忠学兄，新疆吐鲁番文物局的李肖学兄，西北大学考古文博学院的陈洪海学兄。

感谢各位评审专家对本书提出宝贵意见。

感谢我的大学同学、现在美国的张良仁和王玉冬。张良仁帮我翻译了英文提要，而且还就提要提出有益批评，王玉东又进行了精心校改。

感谢我所任教的北京联合大学领导和同事们的鼓励和支持。

感谢我的父母亲和妻子对我的支持。

我生长在大西北黄土高原，对那里的梁峁沟壑和父老乡亲有着永远的眷恋之情。愿把本书献给我热爱着的西北家乡人民。

2008年3月于北京华严北里

（本书出版得到北京市优秀人才培养专项经费资助和北京联合大学应用文理学院学术著作出版经费资助）

The Environment and Cultural Development in Pre-Qin Northwestern China

(Abstract)

Han Jianye

Northwestern China in this book refers to the Yellow River Valley and other inland river valleys in present-day Xinjiang, Qinghai, Gansu, Shaanxi, and Inner Mongolia. The region can be roughly divided into three sub-regions according to geographical features: loess plateau (in Shaanxi Province and east of Gansu), arid deserts (in Xinjiang, Qinghai, Gansu, Ningxia), and semi-arid steppes (in Inner Mongolia).

This book covers the time period from the Neolithic period through the emergence of the Qin Empire. The period is characterized by cyclical climatic changes. Its Pleistocene era began with a warming trend during 11500 – 8500BP. The region's temperature reached its climax during 8500 – 3000BP and has declined since 3000BP. In general, the climate in northwestern China is continental, arid, and fragile. In this vast and harsh land the presence of human occupation can be traced to the early Paleolithic Age about a half million years ago. Human societies began to thrive since 8000BP when agriculture spread into northwestern China. As the case with other early human societies in the Old World, these societies also underwent Neolithic, Bronze, and early Iron Ages. The cultural turning point in this region took place around 4000BP when the regional culture evolved from the Neolithic Age to the Bronze Age. Prior to this point, agricultural culture was confined to the loess plateau, with occasional happenings in the semi-arid steppes in Inner Mongolia. The vast arid Xinjiang region still maintained the hunting-gathering economy that was characterized by microlithic tools inherited from the Paleolithic Age. Only near the cultural turning point did agriculture penetrate into this region yet incurring no significant impact on human culture. Early human societies in this region were comparatively stable, isolated, and culturally pure. After this cultural point, while developed in the loess plateau, agriculture and pastoral economies also expanded rapidly in the arid desserts. Along with this change, human societies in the entire northwestern China underwent broad and thorough transformations, including intensified social conflicts, expanded social interaction, and complex culture.

To put it in simple economic terms, human societies in northwestern China underwent the stages of hunting-gathering economy before 8000BP, agriculture-pastoral economy during the Neolithic Age (8000 – 4000BP), agriculture-pastoralism composite economy during the Bronze Age (4000 – 3000BP), and agriculture-nomadism separate economy during the early Iron Age (3000 – 2000BP).

In general, the dynamic interactions between natural environment and cultural development in northwestern China before the Qin exhibit the following trends:

1) When climate became cold-arid or warm-humid, vegetation zones shifted towards south or north accordingly and populations under different economies moved south or north as well. Because East Asian monsoons run in the direction of northwest-southeast, vegetation and cultural zones shifted likewise.

After 8000BP, temperature climbed up; Central Plain cultures moved northwest into the Weihe River valley. This gave rise to the earliest agricultural culture in the loess plateau – the Baijia culture. As the warm and humid climate reached its climax during 6500 – 6000BP, the Yangshao culture occupied most of the loess plateau and spread to the semi-arid steppes in Inner Mongolia. When it turned to the dry and cold trend in 5500BP, the expansion of the Yangshao culture came to a halt. When the climate sank to its lowest point in 5000BP, the entire semi-arid steppe zone, the Daihai Lake and Huangqihai Lake basins, witnessed a retreat of agricultural culture and a westward movement of such culture. The slight ascension of temperature around 4500BP reinvigorated agricultural culture in the southern part of the semi-arid steppes and the Daihai Lake basin. The return of arid-cold climate in 4300 – 4000BP again disrupted the development of agriculture in the semi-arid steppes and the Daihai Lake basin. This may also have prompted the spread of the mixed economy of agriculture and pastoralism from Siberia and Central Asia in the West to Xinjiang, Gansu, Qinghai, central and southern Inner Mongolia and the expansion of Central Plain cultures to their southeast. It reverted to a warm and humid climate in 3800 – 3700BP. As a result, the Erlitou Culture in the Central Pain prospered and exerted powerful influence upon northwestern China; in the meantime the Zhukaigou Culture extended into the northern Ordos area, the Daihai Lake basin, and the semi-arid steppe zone in Inner Mongolia. The significant drop of temperature and humidity around 3000BP drove the Siberian pastoral culture to expand southeastward forcefully. The fluctuation of the climate back to the warm and wet one around 2500BP set into motion the northern advance of the Qin, Zhao, and Yan states and the Qin and Han Empires. Thus for the agricultural societies characterized by pottery production, the territory along the Great Wall marked the northern limit of agricultural culture and its pottery.

2) The northward and southward migrations of populations often concurred not only with warfares and conflicts – especially those between agriculturalists and non-agriculturalists – but also with increasingly intense interactions between cultures and populations.

The southwestward movement of cultures from northeastern China around 5500BP brought about the diversification of cultural elements of the Haishengbulang Type of the Yangshao Culture, the appearance of northern Asian populations, and the increase of defensive measures. Meanwhile some western elements maybe already flew into Gansu. Around 5000BP, the northern hunter-gatherer tribes flocked southward. This caused populations of the Ashan Phase III Type of the Yangshao culture to construct stone walls to protect themselves, the constellation of which formed the prototype of the Great Wall. Around 4500BP, agricultural cultures expanded into the Daihai Lake basin, and the conflict with hunter-gatherer populations brought the stone-wall line to the north. In the meantime the wheat agriculture planted its root into the Gansu and Qinghai soil (or even Xinjiang). Around 4000BP, the composite agriculture-pastoral economy and nomadic pastoral economy arose, and the associated populations underwent intensified conflicts with agriculturalists. Conflicts such as those between the Shang kingdom and the Gong, Tu, Gui, and Qiang tribes, and those between Western Zhou and Qin, Zhao, and Yan states and Rong, Di, and Hu tribes were staged under such circumstances. The northern expansion of agricultural culture during the late Warring States period sharpened the friction, as testified by the Qin, Zhao, and Yan Walls. In the meantime, northern populations kept moving south, stirring up the population to the east of the loess plateau and the Hexi Corridor. The increase of north Asian stock and its dominance in some cemeteries laid the foundation for the formation of the ethnic Xiongnu group. In the west, Europoid populations occupied almost the entire Xinjiang. Western cultures flooded eastward into this region, which eventually altered the content and developmental path of northwestern cultures.

3) The general climatic conditions in northwestern China bridled the economic development, and furthered the social development, thus giving form to a distinctive cultural pattern — Northern pattern.

The hunting-gathering economy lagged in northwestern China; agriculture appeared there one or two millennia later than that in the Yangtze and Yellow River valleys. This was related to the general arid and cold environment. When it turned warm in 8000BP, agriculture appeared only in the Weihe River valley, where the natural environment was most favorable. Around 7000BP, when the climate was in its rising trend, the Yangshao culture was able to expand rapidly. Agriculture, however, was limited to millet. The productivity was low and the development slow. While the Yangshao culture was most prosperous in the Weihe River valley, the surrounding regions, where the natural environment was less favorable, were tempered with greater percentages of the hunting economy. The climatic shift after 5500BP had a profound impact upon northwestern China, thwarting the development of agriculture and giving leash to the hunting and pastoral economies in the Gansu and Qinghai regions. The intensification of the internal conflict and the pressure from the northern hunting populations caused instability, stratification, warfare, rise of patriarchal clans, and the mushrooming of settlement clusters among the Yangshao culture societies. All these evidently ushered in a new developmental stage in these societies, ultimately leading towards civilization as the case with cultures in other regions in China. The social stratification and social division in northwestern China was rather limited, nonetheless. After 4000BP, natural environment in northwestern China worsened, the result of which include the increase of the composite agriculture-pastoralism economy and the eventual formation of nomadic pastoralism around 3000BP. Social development upon these economic bases was modest, merely crossing the threshold of state or early state stage. Only the Weihe River valley, due to the favorable environment, saw the rise of the Zhou and Qin civilizations.

4) In the periods of radical climates, different strategic approaches brought about different results.

Around 5000BP and 4000BP, the climate was unprecedentedly cold. During the first period, there arose the sheep-herding-centered pastoralism among the Majiayao culture in Gansu and Qinghai. To a certain extent, this approach alleviated the impact of the radical climate. By contrast, no significant change occurred to the economic form of the Yangshao culture, which did little to cope with the climatic change adequately. The Majiayao culture therewith strided into the Gonghe basin and the Hexi corridor, whereas the Yangshao culture completely withdrew from the Inner Mongolian semi-arid steppes, the Daihai Lake, and Huangqihai Lake basins. During the second period, northwestern China shifted to the flexible composite agriculture-pastoral economy. Not only did the Zhukaigou culture re-enter the Daihai Lake basin and the semi-arid steppes, but also the composite agriculture-pastoralists occupied the Xinjiang region. In other words, this radical climate did not cause the shrinkage of the agricultural culture, but let loose the agriculture-pastoral culture.

5) The westward-northwestward expansion of agricultural culture was contingent upon the unique arid environment in northwestern China.

The southeastward spread of western cultures around 4000BP and 3000BP may also have resulted from human adaptation to climatic changes during these periods. The northwestward expansion of eastern agricultural cultures displaced previous cultural patterns. Since 6000BP, the Yangshao culture extended into eastern Qinghai and southern Ningxia and kept expanding even during the dry-cold interims. In 5000BP, the Majiayao culture reached the Gonghe basin and Hexi corridor, and in 4200BP, the west of the Hexi corridor and eastern Xinjiang. Around 3300BP, the "Long-neck-pot culture system" originating in Gansu and Qinghai came to occupy most of Xinjiang and even leaped into the lower Yili River, invoking repercussion in the Fergana basin. Although this persistent westward expansion seemed to work against the climatic trend, it was fact consistent with the unique arid environment in this region. This region was not as sensitive as the monsoon-affected one in the east, and human societies were concentrated in oases.

The dynamic history of human-environment interactions in northwestern China resonated with what occurred in contemporaneous Eurasia. In terms of the origin and development of agriculture, we may draw a line between the Ganges and Indus Rivers. The section to the west saw a late appearance of pottery, but it was the cradle of barley, wheat, goat, sheep, horse (harness) as well as chariot, iron, and bronze (weapons and tools). The main population was Europoid. The section to the east saw the early invention of pottery and the origin of rice, millet, and pig; ritual objects made of bronze and jades were prominent. The main population was Mongoloid. This line extended northeastward, cutting cross central Xinjiang. The west-east interaction was certainly not limited to Xinjiang. Since the third millennium BC, wheat, sheep, and copper metallurgy from the west were introduced into Gansu and Qinghai, whereas millet and painted ceramics from the east was brought to Xinjiang. When it came to the beginning of the second millennium BC, western elements of pastoral culture origin (such as horse, chariot, knives, plaques, bump, and mirrors) passed Xinjiang and nurtured the Siba culture in the Hexi corridor. This may have directly or indirectly impacted the Xindian, Kayue, Zhukaigou, and even Erlitou cultures and thus marked the beginning of the Bronze Age civilizations in the Central Plain. Reversely, painted ceramics from the east spread westward. After the second millennium BC, elements of the western horse-riding and iron-using nomadic cultures penetrated into the Ordos region and eastern Inner Mongolia, whereas the eastern painted ceramic tradition reached the lower Yili River valley. This long-existing connection was the precursor of the Silk Road and can be variously named as "Painted Ceramic Road", "Copper and Iron Road", "Sheep and Horse Road", "Wheat Road", or "Jade Road".

Overall, social development in northwestern China prior to the Qin Dynasty was lagging behind as it was limited by general environmental conditions. Human beings in most times could effectively adapt themselves to the changing environment conditions without much negative impact upon environment, even during periods of radical climates. They were only seemingly passive in adjusting themselves to changing environments. In fact they actively chose where to live. This relatively harmonious human-nature relationship was the foundation of the steady cultural development during the past millennia. Ever since the late Warring States, the improvement of production technologies enabled human beings to abandon an adaptation approach. Instead, they took an "aggressive" approach, which accelerated the damage of environment. The military actions against the Xiongnu nomads and colonization of the western regions during the Qin and Han empires led to the remarkable reclamation of oasis land but at the price of irreversible destruction of environment. In spite of some brief hiatus periods during the Northern and Southern Dynasties and Song and Yuan Dynasties, such activities were resumed at grander scales in later historical periods, expediting the desiccation of northwestern China.

　　Some lessons that may be learned from that part of human history include: first, we must be aware of the fragile nature of the environment of northwestern China. Second, we need to pursue a harmonious human-nature relationship in re-organizing the economic growth strategies and industrial structures and in fulfilling sustainable utilization of the environmental resources and sustainable economic development.